HANDBUCH DER EXPERIMENTELLEN PHARMAKOLOGIE

BEGRÜNDET VON A. HEFFTER

ERGÄNZUNGSWERK

HERAUSGEGEBEN VON

W. HEUBNER UND **J. SCHÜLLER**
PROFESSOR DER PHARMAKOLOGIE   PROFESSOR DER PHARMAKOLOGIE
AN DER UNIVERSITÄT BERLIN   AN DER UNIVERSITÄT KÖLN

ZWEITER BAND

NARKOTICA DER FETTREIHE

VON

M. KOCHMANN-HALLE

MIT 29 ABBILDUNGEN

BERLIN

VERLAG VON JULIUS SPRINGER

1936

ISBN 978-3-642-51218-6   ISBN 978-3-642-51337-4 (eBook)
DOI 10.1007/978-3-642-51337-4

Inhaltsverzeichnis.

A. Inhalationsanaesthetica[1].

Allgemeines.

Was im ersten Bande dieses Handbuchs über die Inhalationsanaesthetica gesagt wurde, besteht auch heute noch zu Recht. Sie unterscheiden sich nicht durch ihren Wirkungsmechanismus von den übrigen Gliedern der Alkoholnarkotica, sondern nur durch die Form ihrer Darreichung und der daraus sich ergebenden Resorption durch die Lungenalveolen; denn in dampf- oder gasförmigem Zustande gelangen sie in die Lungen und treten ihrem Partiardruck gemäß durch die Alveolarwand in das Blut über. Dies geschieht so lange, bis ein Ausgleich der Konzentration zwischen Einatmungs- und Alveolarluft, dem Blut und den Organen vorhanden ist, natürlich unter der Voraussetzung, daß die Konzentration des Narkoticums in der Einatmungsluft gleich gehalten wird. Theoretisch muß ein solcher Ausgleich immer gelingen, wenn eine hinreichend lange Zeit zur Verfügung steht. Praktisch ist dies aber, besonders bei Äther und Chloroform, nicht der Fall, so daß beim Kranken, um den Eintritt der Narkose nicht allzulange hinauszuzögern oder, was dasselbe ist, die Organe in verhältnismäßig kurzer Zeit mit hinreichenden Mengen an Narkoticum zu sättigen, anfangs Konzentrationen gewählt werden müssen, die bei längerer Einatmung toxisch oder tödlich wirken würden. In aller Schärfe habe ich dies bereits 1913 betont. Die Tatsache, daß anfänglich toxische Konzentrationen in der Einatmungsluft vorhanden sind, läßt die Folgerung berechtigt erscheinen, daß Narkoseapparate vom Standpunkt der Dosierung, auch wenn sie eine solche wirklich ermöglichen, keine größere Sicherheit gewährleisten. Dies trifft unbeschränkt für Chloroform, Äther und ähnliche Narkotica zu, aber nicht oder wenigstens in geringerem Umfange für die sog. Gasnarkotica vom Typus des Acetylens; denn bei diesen kann man im allgemeinen den Eintritt möglicherweise mit annähernd den gleichen Konzentrationen in der Einatmungsluft hervorrufen, die auch für die Unterhaltung notwendig sind. Die Gründe hierfür sollen in dem Abschnitt „Gasnarkotica" auseinandergesetzt werden.

Die Chloroformnarkose hat wegen der großen ihr innewohnenden Gefahren in der Klinik ganz erheblich an Boden verloren. Die Äthernarkose wird bevorzugt, aber auch nicht mehr in reiner Form, sondern in Kombination mit anderen Narkoticis. Ist dieses zweite Narkoticum wiederum ein Inhalationsanaestheticum, z. B. Äthylen, Stickoxydul usw., so gelangt man zu einer „Mischnarkose". Ist das zweite Narkoticum eine Substanz, die enteral oder parenteral in den Organismus eingeführt wird, so spricht man am besten von einer „kombinierten" Narkose im engeren Sinne. Hierbei sind zwei Möglichkeiten vorhanden: Die eine besteht darin, daß das enteral oder parenteral einverleibte Narkoticum, z. B. Morphin-Scopolamin, nur den Eintritt und die Unterhaltung der Narkose erleichtern

---

[1] Ein nicht unerheblicher Teil der im folgenden angeführten Arbeiten mußte nach Referaten, besonders in den Berichten über die gesamte Physiologie und experimentelle Pharmakologie zitiert werden, da sie im Original schwer oder gar nicht zugänglich waren. Das gilt besonders von ungarischen, finnischen, norwegischen und anderen Veröffentlichungen. Im übrigen sei bemerkt, daß Vollständigkeit zwar erstrebt wurde, aber nicht im entferntesten erreicht werden konnte.

soll (Pränarkoticum), während der Hauptanteil von dem Inhalationsanaestheticum, z. B. Äther, getragen wird. Die andere Möglichkeit liegt vor, wenn der Hauptteil der Narkose von dem enteral oder parenteral dargereichten Narkoticum getragen wird (Basisnarkoticum). Die Narkose wird dann durch ein Inhalationsanaestheticum nur vervollständigt, dessen Konzentrationen je nach Bedarf verschieden gewählt und verändert werden können. Sehr treffend hat man es deshalb als steuerbares Narkoticum bezeichnet.

Im übrigen aber hat es den Anschein, als ob in der Klinik der Äther seinerseits wieder zum Teil von den Gasnarkotica, zum Teil aber von den Kurznarkotica verdrängt werden solle. Diese, wie z. B. das Evipan, bedingen eine schnell eintretende und infolge seiner schnellen Zerstörung im Organismus sehr rasch vorübergehende Narkose, die für kleinere, aber auch größere Eingriffe genügt. Diese Kurznarkose unterscheidet sich bis zu einem gewissen Grade bei fließenden Übergängen vom „narkotischen Rausch", bei dem, wie der Name besagt, ein Rauschzustand mit Analgesie, aber keine wirkliche Narkose mit Bewußtseinsverlust eintritt. Durch die Kurznarkose hat auch die örtliche Betäubung an Boden verloren, nachdem sie durch die Zusammenarbeit des Chemikers, Pharmakologen und Klinikers einen gewissen Höhepunkt erreicht hatte. Die Kurznarkose hat vor der lokalen Betäubung den unendlich großen Vorteil, daß dem Kranken die psychischen Erregungen, die mit einem operativen Eingriff immer verbunden sind, erspart bleiben.

Im folgenden sollen nun die Ergebnisse der pharmakologischen Arbeiten über Chloroform, Äther usw. wiedergegeben werden. Um Zeit und Raum zu sparen, werden nur selten die Auseinandersetzungen des I. Bandes wiederholt werden, sofern es nicht für das Verständnis notwendig erscheint. In einem besonderen Abschnitt werden dann die Gasnarkotica besprochen werden, deren pharmakologische Durchforschung und klinische Anwendung im letzten Jahrzehnt erstaunliche Fortschritte gemacht hat.

Diäthyläther.
(vgl. Bd. I, S. 218).

Eigenschaften, Nachweis usw. An dieser Stelle sind die allgemeinen *Eigenschaften* des Äthyläthers eingehend auseinandergesetzt. Es wurde auf die Anforderungen hingewiesen, welche an einen reinen, für die Narkose beim Menschen brauchbaren Äther gestellt werden müssen.

Um diese Reinheit dauernd zu gewährleisten, ist eine sehr sorgfältige Aufbewahrung notwendig. Mita[1] weist darauf hin, daß sich bei langem Stehen unter Zutritt von Luft und Licht eine sehr giftige Substanz, Dioxyäthylperoxyd bilden könne. Sie entsteht nach Wieland[2] aus Acetaldehyd und Hydroperoxyd, indem sich zunächst der Äther mit Sauerstoff unter Dehydrierung in Vinyläthyläther und Hydroperoxyd umsetzt und der Vinyläther weiterhin in Alkohol und Aldehyd hydrolytisch zerfällt. Die Giftwirkung läßt sich am Frosch deutlich zeigen. Praktisch ist es wichtig, daß ein Zusatz von Aluminiumamalgam die Entstehung dieses giftigen Produktes verhindert. Es kann keinem Zweifel unterliegen, daß ein solcher verunreinigter Äther den Anforderungen, die das Deutsche Arzneibuch stellt, nicht genügt.

Offergeld[3] zeigt, daß Äther, selbst der besten chemischen Fabriken, Spuren von Vinylalkohol und Superoxyd enthält, sie dürfen aber wegen der Gering-

---

[1] Mita, J.: Arch. f. exper. Path. **104**, 276 (1924).
[2] Wieland, H.: Liebigs Ann. **431**, 301 (1923); zit. n. Mita.
[3] Offergeld, H.: Arch. klin. Chir. **161**, 172 (1930).

fügigkeit der Menge nicht als schädlich betrachtet werden. Wenn der Äther zweckmäßig, besonders unter Ausschluß von Sonnenlicht aufbewahrt wird, so ist die Autoxydation so gering, daß Unglücksfälle bei der Betäubung der Narkosetechnik und nicht dem Äther zur Last zu legen sind. Es hat also den Anschein, daß der reine Narkoseäther allen Anforderungen genügt; STORM VAN LEEUVEN[1] wenigstens fand bei solchen Präparaten im Blut die gleichen Äthermengen, die für eine tiefe Narkose erforderlich sind.

Mit dem quantitativen *Nachweis* des Äthers (s. Bd. I, S. 220) beschäftigen sich verschiedene Arbeiten, die neben der Bestimmung des Äthers in der Luft auch besonders die im Blut zum Ziele haben.

Fast alle neuerdings angegebenen Methoden gehen auf das NICLOUXsche Verfahren zurück, bei dem mannigfache Verbesserungen eingeführt wurden. Bei dieser Methode wird bekanntlich der Äther, der durch Destillation oder Durchlüftung aus dem Blut gewonnen ist, durch Kaliumbichromat und Schwefelsäure oxydiert und die Menge des verbrauchten Kaliumbichromates durch Titration festgestellt. Die Oxydation des Äthers erfolgt gewöhnlich bis zur Essigsäure (NICLOUX selbst, GRAMÉN[2], VAN MECHELEN[3], SHAFFER u. RONZONI[4], KRUSE[5], KÄRBER[6]). Die Titration wird jetzt fast allgemein jodometrisch vorgenommen. SCOTTI-FOGLIENI[7] reduziert das nichtverbrauchte Kaliumbichromat durch Ferroammonsulfat und titriert dessen Überschuß mit Kaliumpermanganat zurück. Die für eine Analyse benötigte Blutmenge beträgt bei dieser Methode 5—10 ccm. KÄRBER kommt bei dem von ihm gebrauchten Verfahren mit 2 ccm und KRUSE sogar mit 1 ccm aus. Letzterer fügt zu diesem 1 ccm Blut 15 ccm 1proz. Tanninlösung zu und oxydiert den durch Kochen aus dem koagulierten Blut ausgetriebenen Äther nach NICLOUX. HAGGARD[8] hat unter Verwendung von Jodpentoxyd ein Verfahren ausgearbeitet, bei dem der Äther bis zu Wasser und Kohlensäure oxydiert wird und elementares Jod entsteht. Ein Übelstand scheinen die hohen Temperaturen zu sein, die möglicherweise Verluste bedingen.

Für die Narkosefrage sind offenbar zwei Arbeiten von Bedeutung, die in der ersten Abhandlung noch nicht erwähnt worden sind. Sie beschäftigen sich mit dem Verteilungsverhältnis des Äthers zwischen Blut und Luft, wobei ein bestimmtes Volumen der mit Äther geschwängerten Luft mit Blut, Wasser usw. in Berührung gebracht wird. SHAFFER und RONZONI bestimmen den Teilungskoeffizienten bei verschiedenen Temperaturgraden unter Benutzung des Blutes von Rind, Hund und Mensch. Dieser Verteilungs- (Löslichkeits-) Koeffizient $\frac{\text{Flüssigkeit}}{\text{Luft}}$ ist beispielsweise für Wasser 14,2, für Rinderblut 13,5, für Menschenblut 13,5 und für Hundeblut 13,8. Es wird also bei den verschiedenen Blutarten ungefähr die gleiche Verteilung obwalten müssen, während beim Wasser die Verteilung offenbar in geringem Maße zu dessen Gunsten abweicht. Dies ist um so auffallender, als der Äther in den Lipoiden des Blutes nach der allgemein herrschenden Ansicht sich besser hätte lösen müssen. Zu ganz ähnlichen Ergebnissen kommt SCOTTI-FOGLIENI[9], der den Verteilungskoeffizienten, d. h. also

---

[1] STORM VAN LEEUWEN, W.: Proc. roy. soc. Med. **17**, 17 (1924).
[2] GRAMÉN, K.: Acta chir. scand. (Stockh.) **1922**; S. 1. Suppl..
[3] VAN MECHELEN, V.: Arch. internat. Pharmacodynamie **32**, 73 (1926).
[4] SHAFFER, P. A., u. E. RONZONI: J. of biol. Chem. **57**, 740 (1923).
[5] KRUSE, T. K.: J. of Pharmacol. **21**, 215 (1923) — J. of biol. Chem. **56**, 127 und 139 (1923).
[6] KÄRBER, G.: Arch. f. exper. Path. **160**, 428 (1931).
[7] SCOTTI-FOGLIENI, L.: C. r. Soc. Biol. Paris **107**, 1009 (1931).
[8] HAGGARD, H. W.: J. of biol. Chem. **55**, 131 (1923).
[9] SCOTTI-FOGLIENI, L.: C. r. Soc. Biol. Paris **107**, 1013 (1931).

das Verhältnis der Äthermenge in 100 ccm Flüssigkeit im Austausch zu 100 ccm Ätherdampf bei 0° 760 mm Druck bestimmte. Die Lipoide üben keinen spezifischen Einfluß auf diesen Koeffizienten aus, und die Werte bei den Versuchen mit reinem Wasser bzw. Serum sind annähernd gleich. Spuren von Hämoglobin im Serum erhöhen den Koeffizienten etwas, wässerige Hämoglobinlösungen lassen ihn unbeeinflußt. Im Gegensatz dazu wird der Löslichkeitskoeffizient durch kolloidale Hämatinlösungen beträchtlich erhöht.

Einfluß auf Eiweiß, Lipoide, Bakterien usw. (*zu Bd. I, S. 221*). Daß diese Substanzen durch Äther und Ätherdämpfe eine Veränderung erleiden, ist bekannt. An einem Serumtropfen, der unter einer Glasglocke Ätherdämpfen ausgesetzt war, hat SEPTELICI[1] gezeigt, daß durch Aufhebung der Diffusions- und Kohäsionserscheinungen nach 5—10 Minuten Veränderungen im Aussehen und sonstigen Eigenschaften des Tropfens eintreten. Nach Entfernung des Ätherdampfes konnte die Veränderung reversibel gestaltet werden.

Wenn Äther der Milch zugesetzt wird, so wird nach PORCU[2] das Fett spezifisch leichter und sammelt sich sehr schnell an der Oberfläche an. Ähnliche Erscheinungen sind am Seifenschaum zu bemerken, weil das spezifische Gewicht der Seifen unter Aufnahme von Äther geringer wird. Bei Chloroform ist sowohl für Milch wie für Seifenschaum das umgekehrte Verhalten zu beobachten. Diese Wirkung scheint dafür zu sprechen, daß die Narkotica sich besonders leicht in dem Fettanteil der Milch zu lösen vermögen. Die unterschiedliche Wirkung des Ätherdampfes auf die verschiedenen Bakterien wurde von TEMPÉ und UHLHORN[3] untersucht. Colibacillen bleiben im Ätherdampf 3 Stunden am Leben, Milzbrandsporen mehr als 12 Stunden, sterben aber innerhalb 24 Stunden. Der Bakteriophage für Colibacillen zeigt eine große Widerstandsfähigkeit.

Wirkung auf Pflanzen, Flimmerzellen usw. (*zu Bd. I, S. 221*). Äther wie alle anderen Narkotica der aliphatischen Reihe vermögen die Pflanzenzellen zu plasmolysieren. Mit den feineren Vorgängen bei der Plasmolyse hat sich WEBER[4] beschäftigt. Er findet, daß 2proz. Ätherlösungen während der plasmolytischen Vorgänge zu einer Verminderung der Viscosität der Grenzschichten führen und die Adhäsion deutlich herabsetzen. Diese Veränderungen des Plasmas sollen dem narkotischen Stadium der Ätherwirkung entsprechen. LEPESCHKIN[5] beschäftigt sich ebenfalls mit der Einwirkung des Äthers auf Pflanzenzellen, deren Permeabilität durch 0,5—1,5proz. Lösung verändert wird. Ätherunlösliche Farbstoffe wie Methylenblau und Gentianaviolett können nur in ganz geringem Maße unter der Einwirkung des Äthers in die Zelle eindringen, während die Permeabilität der Zellgrenzschichten für das ätherlösliche Neutralrot vermehrt ist. Lösungen über 1,5% vergrößern die Permeabilität für alle Farbstoffe. Wenn diese aber durch mechanische Einflüsse erhöht wird, so vermag der Äther sie wiederum zu vermindern. Die Versuche von BANCROFT[6] an Mimosa pudica und der Tomate zeigen eine reversibel koagulierende Wirkung des Äthers auf Eiweiß, die von BANCROFT für eine Theorie der Narkose verwertet wird.

Die *Flimmerbewegung* kann bekanntlich durch Äther in kleinen Konzentrationen angeregt und durch große gelähmt werden. MENDENHALL[7] findet an den Cilien der Kiemen und Tastepithelien der Auster eine Schädigung durch 3proz.

---

[1] SEPTELICI, L.: C. r. Soc. Biol. Paris **89**, 707 (1923).

[2] PORCU, S.: Boll. Soc. Biol. sper. **3**, 248 (1928) — Studi Sassar. **6**, 133 (1928).

[3] TEMPÉ, G., u. M. UHLHORN: C. r. Soc. Biol. Paris **109**, 657 (1932).

[4] WEBER, F.: Pflügers Arch. **208**, 705 (1925).

[5] LEPESCHKIN, W. W.: Amer. J. Bot. **19**, 568 (1932).

[6] BANCROFT, W. D., u. J. E. RUTZLER, J. physic. Chem. **36**, 273 (1932).

[7] MENDENHALL, W. L., u. R. CONNOLY: J. of Pharmacol. **43**, 315 (1931).

Ätherlösung. Er glaubt, die postnarkotischen Ätherpneumonien durch diese Einwirkung auf die Flimmerbewegung erklären zu können. An Fibroblasten finden ROSENFELD und WEINBERG[1] durch geringe Konzentrationen keine Veränderungen, durch große eine reversible Überführung des Kernes in einen mehr gelartigen Zustand, der sich durch ein opakes granuliertes Aussehen anzeigt. Zellen in Teilung werden durch Äther zu besonders lebhaften Bewegungen, erhöhten Protoplasmaströmungen und Ausstoßung amöboider Fortsätze angeregt. Die Empfindlichkeit der verschiedenen Kulturen ist vom Alter und der Wachstumstendenz abhängig.

Gehirn, Leber, Niere und Muskel von Ratten, die 4 Stunden lang mit Äther narkotisiert waren, zeigen im feinzerschnittenen Zustande eine Verminderung der Gewebsatmung, während das Lungengewebe nur ausnahmsweise eine Beeinträchtigung erfährt (TRINCAS[2]).

Resorption. Verteilung. Ausscheidung. *(Bd. I, S. 224.)* Nach früheren Angaben ist die Resorption des Äthers von der Haut, den Schleimhäuten und dem Unterhautzellgewebe sichergestellt. Die Resorption durch die Lungen ist eingehend experimentell untersucht und die Bedingungen der Aufnahme weitgehend geklärt worden. Auch die Verteilung im Blut und den Organen, insbesondere im Gehirn und Rückenmark, ebenso wie die Ausscheidung durch die Lungen ist vielfach experimentell untersucht worden.

Inzwischen sind eine Reihe noch nicht besprochener Arbeiten erschienen, die sich mit diesen Verhältnissen von neuem beschäftigen und die älteren Angaben ergänzen. Bei der Resorption und ebenso bei der Ausscheidung spielen zwei Gesichtspunkte eine entscheidende Rolle, der eine berücksichtigt die Menge des vom Körper (Blut und Organe) aufgenommenen Äthers, die Resorptionsgröße, der andere die Zeit, in der die Aufnahme erfolgt, die Resorptionsgeschwindigkeit. Beide Faktoren sind für die Absättigung des Organismus bei einem bestimmten Gehalt der Einatmungsluft, dem Partiardruck des Äthers maßgebend.

Was zunächst die Resorptionsgröße angeht, so wird von allen Forschern von neuem betont, daß die Konzentration in der Atmungs- bzw. Alveolarluft an Äther bestimmend ist. Aber eine ebenso wichtige Rolle spielt, worauf RONZONI[3] u. a. hinweisen, auch der Löslichkeitskoeffizient oder, was fast dasselbe ist, der Verteilungskoeffizient zwischen Alveolarluft und Blut bzw. den Organen (HAGGARD[4]). Je größer der Partiardruck und die Löslichkeit ist, um so größere Mengen werden vom Körper aufgenommen.

Für die Geschwindigkeit des Übertritts aus der Einatmungsluft ins Blut ist zunächst der möglichst schnelle Ausgleich zwischen dieser und der Alveolarluft eine Vorbedingung. Bei oberflächlicher und langsamer Atmung wird er weniger schnell vonstatten gehen als bei tiefer und gleichzeitig schneller Atmung. Aus diesem Grunde kann die Resorption durch CO_2-Atmung beschleunigt werden (HAGGARD). Die eigentliche Resorption, d. h. der Übertritt des Äthers aus der Alveolarluft ins Blut und von da in die Organe — nicht zu verwechseln mit der Schnelligkeit des Ausgleichs — ist wiederum vom Löslichkeitskoeffizienten, der beim Äther sehr hoch ist, abhängig. So kommt es, daß nach VAN MECHELEN[5] in 2 Sekunden, d. h. weniger als der Dauer eines Atemzuges, 95% des eingeatmeten Äthers resorbiert werden. Im weiteren Verlauf der Narkose verlangsamt sich die Aufnahme ziemlich erheblich, da gewissermaßen das Gefälle wegen

[1] ROSENFELD, M., u. T. WEINBERG: J. of Pharmacol. **45**, 271 (1932).
[2] TRINCAS, M.: Riv. Pat. sper. **4**, 496 (1929).
[3] RONZONI, E.: J. of biol. Chem. **57**, 761 (1923).
[4] HAGGARD, H. W.: J. of biol. Chem. **59**, 737 (1924).
[5] MECHELEN, V. VAN: Zit. S. 3.

des bereits im Blut befindlichen und immer mehr zunehmenden Äthers immer kleiner wird.

Die Absättigungsgröße des Körpers für einen bestimmten Partiardruck des Äthers in der Einatmungsluft geht der Menge parallel, die aufgenommen werden kann. Da diese aber wegen der hohen Löslichkeit des Narkoticums sehr groß ist, so wird sich der Ausgleich verhältnismäßig langsam vollziehen (vgl. TREN-DELENBURG[1]). HAGGARD hat die Verhältnisse der Absorption durch eine *Kurve* dargestellt, die nach ihm nicht nur für den Äther, sondern auch für alle Dämpfe und Gase gültig sein soll.

Der Zeitpunkt, zu dem der Ausgleich erreicht ist, wird dadurch bestimmt sein, daß der Gehalt der Ein- und Ausatmungsluft die gleiche Größe erreicht. Ein weniger gutes Maß ist das Gleichwerden des Äthergehalts im arteriellen und venösen Blut, eine Methode, deren sich ROBBINS[2] bedient hat. Aber HAGGARD macht darauf aufmerksam, daß der Befund nur für die Absättigung des Organes spricht, aus dem das venöse Blut abfließt, jedoch nicht für die Absättigung des ganzen Körpers. Wenn also z. B. das Blut der Carotis und der V. jugularis den gleichen Äthergehalt aufweist, so zeigt dies die Absättigung des Gehirns an, während in den anderen Organen noch kein Ausgleich erreicht zu sein braucht. Aus diesem Grunde hält HAGGARD den Ausgleich erst dann für gegeben, wenn arterielles Blut und das venöse des rechten Herzens denselben Äthergehalt zeigen. Der oben abgebildeten Absorptionskurve liegen diese Betrachtungen zugrunde. Da nun die Löslichkeit des Äthers in Blut und Organen etwa im

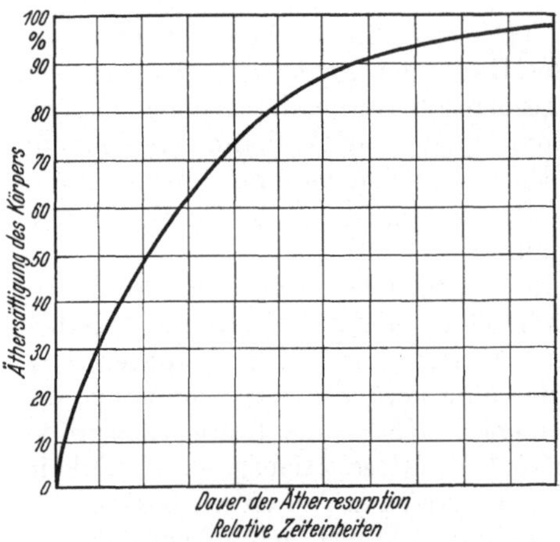

Abb. 1. Absorptionskurve eines nicht reaktiven Gases. Der Wert von 100% entspricht dem völligen Ausgleich zwischen Organismus und Einatmungsluft. Abszisse bezeichnet die Zeiteinheiten. (Nach HAGGARD.)

Verhältnis von 1:1 steht, so läßt sich seine Menge bei vollem Ausgleich für einen bestimmten Partiardruck durch das Produkt aus dem Prozentgehalt der Einatmungsluft, dem Löslichkeitskoeffizient und dem Körpergewicht berechnen.

Ob ein Ausgleich überhaupt erreicht werden kann, ist eine Frage, die verschieden beantwortet wurde. Man muß dabei zwischen einem Ausgleich unterscheiden, bei dem das arterielle Blut und das venöse des rechten Herzens den gleichen Äthergehalt aufweisen, und dem Ausgleich, bei dem der Blut-Äthergehalt auch dem Löslichkeitskoeffizienten von 1:14—15 entspricht. Letzteres läßt sich anscheinend kaum erzielen, selbst wenn die gleiche Ätherkonzentration ohne Schwankung viele Stunden lang zur Einatmung gelangt. Das geht aus den Versuchen von HAGGARD selbst und von ROBBINS hervor. Auch VAN MECHELEN leugnet die Ausgleichsmöglichkeit. KRUSE[3] allerdings findet, wenn auch nur selten, das theoretisch zu errechnende Gleichgewicht zwischen Einatmungsluft und Blut bei sehr langdauernden Narkosen. Um es in kürzerer Zeit zu erzielen, haben HAGGARD, ROBBINS u. a. zunächst höhere Konzentrationen einatmen lassen und sind dann auf die niedrigere zurückgegangen. ROBBINS sagt wörtlich: „By this method we obtained ratios of 1:13,5—1:14,5, but we were unable to

---

[1] TRENDELENBURG, P.: Narkose u. Anästh. **1929**, H. 1.
[2] ROBBINS, B. H.: J. of Pharmacol. **51**, 129 (1934); **53**, 251 (1935).
[3] KRUSE, T. K.: Amer. J. Physiol. **68**, 110 (1924).

get the higher ratios unless high concentrations were given first and than lowered." Wenn die gleiche Konzentration von anfang an während des ganzen Versuches zur Einatmung gebracht wurde, so war in Übereinstimmung mit VAN MECHELEN das Verhältnis Einatmungsluft und Blut wie 1:10, und bei diesem Grad des „Ausgleichs" war die Narkose in 45—60 Minuten herbeizuführen[1]. Auch Kohlensäureatmung konnte kein höheres Verhältnis als 1:10 herstellen.

Eine sehr wichtige Frage ist es nun, ob das theoretisch mögliche Gleichgewicht zwischen Einatmungsluft und ganzem Körper erreicht werden muß, wenn die Narkose durch die *minimal* narkotischen Konzentrationen des Äthers eintreten soll. Diese Frage kann nach den Versuchen HAGGARDs verneint werden; denn es kommt nicht auf die Absättigung des ganzen Körpers, sondern des Gehirns an. Da nun HAGGARD gezeigt hat, daß die Geschwindigkeit des Ausgleichs zwischen Blut und den einzelnen Organen außer von der Bindungsfähigkeit vor allem von der Durchblutung abhängt, so werden die reichlich durchbluteten Organe, zu denen das Gehirn gehört, am ehesten abgesättigt werden. So kann es kommen, daß die Minimalkonzentrationen, die überhaupt einen bestimmten Narkosegrad erzeugen können, das Gehirn mit den zur Wirkung nötigen Mengen bereits versorgt haben, während zur selben Zeit eine Absättigung des ganzen Körpers noch nicht festgestellt werden kann und erst nach viel längerer Zeit eintreten würde. Man sieht also, daß sich der Äther nach der Aufnahme ins Blut gewissermaßen zwischen dem Gehirn, dessen Gehalt für die narkotische Wirkung bestimmend ist, und dem übrigen Körper, auf den er dem Wesen nach keine Wirkung ausübt, verteilt. Da dieser Teil des Organismus ein sehr großes Fassungsvermögen besitzt, so spielt er für die Aufnahme wie für die Ausscheidung die wichtige Rolle eines Puffers. Bei völligem Ausgleich mit irgendeiner Konzentration des Äthers in der Einatmungsluft kann nach HAGGARD der Gehalt des arteriellen Blutes für den Grad der Narkose als bestimmend angenommen werden.

Die *Ausscheidung* des Äthers ist eine ziemlich vollständige. Nach HAGGARD werden durch die Lungen 87% des eingeatmeten Narkoticums ausgeschieden. Ein kleiner Teil verläßt den Körper durch die Nieren und die serösen Häute. Die Ätherkonzentrationen des Urins entsprechen anscheinend denen des Blutes im Augenblick der Harnabsonderung. Eine Veränderung des Äthers im Organismus konnte nicht festgestellt werden. Daß eine solche aber gänzlich ausgeschlossen ist, kann auch nicht mit Sicherheit behauptet werden, da es bisher nicht gelungen, die Gesamtmenge des eingeatmeten Äthers wiederzufinden, was natürlich auch auf die ungeheueren methodischen Schwierigkeiten zurückgeführt werden kann.

Was die Geschwindigkeit der Ausscheidung durch die Lungen anlangt, so vollzieht sich diese ebenso wie die Resorption nur anfänglich ziemlich schnell. Waren in den Versuchen von RONZONI am Ende der Narkose 140—170 mg% Äther im Blut, so finden sich nach 20 Minuten nur noch 30—40 mg%, nach 40 Minuten 20 bis 48, nach 60 Minuten 17—34 mg%. Zu ähnlichen Ergebnissen war früher schon NICLOUX (Bd. I, S. 226) in sehr umfangreichen Versuchen gekommen; er konnte nach 2 Stunden noch meßbare Mengen im arteriellen und

---

[1] KÄRBER und LENDLE haben bei fast vollem Ausgleich zwischen arteriellem Blut und venösen des rechten Herzens beim Kaninchen ein Verhältnis von 1 : 11,2 im Durchschnitt (Einatmungsluft : Blut) erhalten. Sie glauben diesen Wert auf den vom Hund verschiedenen Löslichkeitskoeffizienten des Kaninchenblutes zu beziehen. Da sie aber einmal (unter 8 Versuchen) das Verhältnis von 1 : 14 gefunden haben, so ist, zumal sie den Löslichkeitskoeffizienten nicht bestimmt haben, ebensogut anzunehmen, daß wohl ein Ausgleich zwischen arteriellem und Blut des rechten Herzens erzielt war, aber das theoretische Gleichgewicht nicht zustande gekommen ist. Für die Fragestellung der Forscher war dies aber ohne Belang. [Arch. f. exp. Path. **160**, 440 (1931).]

venösen Blut nachweisen. Nach GRAMÉNS[1] Untersuchungen am Menschen geht die Ausscheidung noch viel langsamer vonstatten, da sich selbst nach 48 Stunden noch 0,08 mg% im Blut nachweisen ließen.

Daß nach Aussetzen der Zufuhr während der Ausscheidung das arterielle Blut aller Organe weniger Äther enthält als das venöse, erscheint als eine Selbstverständlichkeit und ebenso, daß das schlecht vascularisierte Gewebe, wie beispielsweise die Fettdepots, den Äther lange Zeit festhalten und seine Ausscheidung verzögern. Gleich wie die Resorption des Äthers durch eine ausgiebige Atmung beschleunigt wird, so macht sich der gleiche Umstand bei der Ausscheidung bemerkbar; auch hier wird also die Einatmung von Kohlensäure die Atmung und dadurch die Ausscheidung des Äthers durch die Lungen erhöhen (RONZONI, HAGGARD).

Aus allen diesen Versuchen ergibt sich, daß für die Vorgänge der Resorption und Ausscheidung die Gasgesetze maßgebend sind und im allgemeinen auch zutreffen. Aus diesem Grunde ist es HENDERSON[2] und HAGGARD gelungen, diese Vorgänge mathematisch auszudrücken und in Form einer Exponentialkurve darzustellen. Die wichtigsten Schlußfolgerungen lassen sich etwa folgendermaßen zusammenfassen: Die Geschwindigkeit und Größe der Resorption und Ausscheidung sind außer vom Partiardruck und dem Löslichkeitskoeffizienten von dem Umfang der Atmung, viel weniger vom Kreislauf abhängig. Für die Schnelligkeit der Anreicherung des Äthers in den einzelnen Organen spielt neben der Bindungsgröße des Äthers in den Geweben die Blutdurchströmung eine ausschlaggebende Rolle. Der Ausgleich zwischen dem Äthergehalt der Einatmungsluft und dem ganzen Organismus ist durch das Gleichwerden des Äthergehaltes im arteriellen Blut und dem venösen des rechten Herzens, der Ausgleich zwischen Blut und Organen durch den entsprechenden Befund in dem zu- und abströmenden Blut des Organes gegeben. Bei vollem Ausgleich des ganzen Körpers läßt sich die absorbierte Äthermenge berechnen und der Grad der Narkose an dem Gehalt des arteriellen Blutes ermessen.

Nach dem Ausgleich ist der Gehalt der Organe untereinander verschieden, wie aus den im Bd. I, S. 225 angegebenen Zahlen hervorgeht. Neuere Versuche am Kaninchen stammen von HANSEN[3], dessen Ergebnisse in folgender Tabelle wiedergegeben sind.

Tabelle 1.

Organ	1	2	3	4	5	Mittel
Venöses Blut	0,99	0,85	1,04	1,14	1,07	1,02
Großhirn	1,15	0,98	1,27	1,12	1,06	1,22
Kleinhirn	1,17	—	1,29	1,22	1,10	1,20
Vierhügel	—	—	1,45	—	—	1,45
Kopfmark	—	—	1,43	1,20	1,37	1,33
Halsmark	—	—	1,72	1,50	—	1,61
Leber	1,04	0,69	1,11	1,09	1,03	0,99
Niere	1,03	0,79	1,02	1,09	0,96	0,98
Milz	0,61	0,56	1,09	—	0,95	0,80
Herz	0,94	—	1,35	1,17	1,15	1,15
Muskulatur	0,62	0,54	0,92	0,86	0,82	0,75
Verschiedenes Fettgewebe						
Mittelwerte	1,94	1,53	5,05	4,95	5,38	—

Der Äther wurde in langdauernden Versuchen bis zum Atemstillstand per inhalationem einverleibt.

[1] GRAMÉN, K.: Acta chir. scand. (Stockh.) Suppl. **1929**, 1.
[2] HENDERSON, Y.: Brit. med. J. **1926**, 41.
[3] HANSEN, K: Skand. Arch. Physiol. **46**, 315 (1925).

Über die Mengen oder vielmehr die Konzentrationen des Äthers, die in der Einatmungsluft vorhanden sein müssen, die bei vollständigem oder annäherndem Konzentrationsausgleich eine Narkose herbeizuführen, gehen die Angaben der verschiedenen Forscher erheblich auseinander. Dies ist auf mehrere Ursachen zurückzuführen. Einmal ist zweifellos die Narkose kaum jemals so lange fort-

Tabelle 2.

Tierart	Nark. Konzentration in der Einatmungsluft Vol.-%	mg% im Blut	Tödl. Konzentration in der Einatmungsluft	mg% im Blut	Untersucher
Mensch	6,2				BERT 1884/85
	6,0				DRESER 1896
	6,7				BOOTHBY 1914
		80			GRAMÉN 1922
		110 l. Nark.			WEBB[1] 1925
		110—170 tief			
Hund	6,2 l. Nark.				BERT
	10,65 t. Nark.				
		105—110 leicht			"
		130—140 volleNark.		160—170	NICLOUX 1908
	(2,5—3) berechn.	110—130 leicht	4,35—5,4	190—237	" RONZONI 1923
	(3 —4) berechn.	130—178 tief			"
	3,7—4,0	117—125	4,9 —5,4	154—170	HAGGARD 1924
	3,7—4,5 (Ent-spannung)[2]	113 (100—120)			ROBBINS 1935
	5,4 (Corneal-reflex —)	143			"
	5,6 (Knierefl.—)	150	6,9 (6,7—8)	187 (170-190)	ROBBINS 1935
Katze	3,19—3,62—4,45		6,0		SPENZER 1894
		84—134 (Beuge-reflex —)			STORM VAN LEEU-WEN 1916
		71—142			LE HEUX 1920
Kanin-chen	3,6				LASSAIGNE, SNOW 1847/48
	3,19—3,62		6,0		SPENZER 1894
	2,1 —7,9				KIONKA 1889
	6,8 —9,7				HONIGMANN 1889
	3,6				SCHWINNING 1904
	4,2 —5,0				MADELUNG 1910
	6,0 leicht		10,6		RIETSCHEL u. STANGE 1912
	10,0 sehr tief				
	2,0 erregend aufAtmg.	60			KÄRBER u. LENDLE 1931
	5,4—6,2 Co—	166—191	gleiche Konz. führen zum Tode 10—13		KÄRBER u. LENDLE 1931 CZILLAG 1928
Ratte	3,2				HENNICKE 1895
Maus	3,9				BERT 1881
	2,7		3,9		LENDLE 1929
	2,58—3,23 (nach Mäusestäm-men schwankend)		4,3		SCHRAMM, FOECKLER, KUNTZ 1933/4
Spatz	5,48—5,8				BERT
Kaul-quappen	0,25 (3,5)[3]				OVERTON 1901

[1] WEBB [Proc. Soc. exper. Biol. a. Med. **23**, 75 (1925)] hatte vorher Morphin-Atropin gegeben.

[2] Wenn die Narkose durch höhere Konzentrationen erzwungen wird, so läßt sie sich durch 3—3,5 Vol.-% unterhalten.

[3] 0,25% Äthergehalt der über dem Wasser stehenden Luft, 3,5% berechneter Äther-gehalt des Wassers beim Löslichkeitskoeffizienten von 1 : 15.

geführt worden, bis der Ausgleich erreicht war. Wenn man bedenkt, daß in einem Versuch von HAGGARD (S. 762 seiner Mitteilungen) nach Einatmung von 0,2 g Äther im Liter Luft nach Ablauf von 2 Stunden das arterielle Blut erst 1,51 g/Liter enthielt, während bei dem Löslichkeitskoeffizienten von 1:15 im Ausgleich etwa 3 g/Liter Blut hätten vorhanden sein müssen, so ergibt sich daraus, daß nach 2 Stunden erst 50% der theoretischen Sättigung erreicht waren. Nach der früher wiedergegebenen Kurve würde unter diesen Umständen der volle Ausgleich erst nach ungefähr 7—8 Stunden eingetreten sein. In keinem der in der Tabelle aufgeführten Versuche sind derartige lange Versuchszeiten angewendet worden. Bei den Versuchen von HAGGARD ist der Ausgleich auf andere Weise (Vordosierung mit höheren Konzentrationen) erzielt worden.

Ein zweiter Grund für die mangelnde Übereinstimmung ist darin zu suchen, daß der Auswertung der Zahlen ganz verschiedene Narkosegrade zugrunde gelegt wurden. Und schließlich ist die Bestimmung des Äthers in der Einatmungsluft, sofern sie überhaupt vorgenommen wurde, häufig ungenau gewesen. In den Versuchen von SPENZER[1], BOOTHBY[2] und HAGGARD selbst ist es auffallend, daß aus der Menge des zur Einatmungsluft zugegebenen Äthers fast die doppelte Konzentration berechnet wurde im Vergleich zu den Zahlen, die durch Analyse gefunden wurden. HAGGARD vermag eine Erklärung für die mangelnde Übereinstimmung nicht zu geben. SPENZER wertet nun die Analysen höher, während BOOTHBY den rechnerisch gefundenen Zahlen den Vorzug gibt. So kommt es, daß beide die gleiche Äthermenge zur Einatmungsluft zugesetzt haben (etwa 7%), SPENZER aber nur den analytischen Wert von ungefähr 3,5% als richtig annimmt. Auf die Fehlerquellen der SPENZERschen und ähnlicher Versuchsanordnungen ist in der Arbeit von RITSCHEL und STANGE[3] aufmerksam gemacht worden.

Blut. Es ist bekannt, daß in vitro die Erythrocyten durch Äther hämolysiert werden, doch ist nach intravenöser Injektion auch eine Hämolyse in vivo möglich. Nach Untersuchungen von LEAKE[4] und Mitarbeiter wird die Widerstandsfähigkeit der roten Blutkörperchen während der Ätherinhalationsnarkose geändert, im Anfang, ungefähr 10 Minuten nach Beginn der Narkose, ist die Widerstandsfähigkeit der Erythrocyten gegenüber osmotischen Einwirkungen deutlich erhöht, während sie sich nach halbstündiger Narkose erheblich vermindert zeigt. Die anfängliche Veränderung wird auf die Ausschaltung wenig widerstandsfähiger Erythrocyten und möglicherweise auf die Ausschwemmung resistenter Formen, vielleicht aus der Milz, zurückgeführt. NIEDEN und SCHNEIDER[5] beobachteten eine „Reversion der Hämolyse", die auf das Auftreten jugendlicher Erythrocytenformen bezogen wird. Die Zahl der Erythrocyten ist jedenfalls während der Äthernarkose vermehrt (HAWK, BLOCH, Bd. I, S. 227). ELLINGER und ROST[6] beobachteten bei länger dauernden Äthernarkosen Methämoglobinbildung im Blut der Katze. Nach PONZI[7], der bei 20 Frauen vor und nach einer Äthernarkose das Isoagglutinationsvermögen der Sera und die Agglutinabilität der Blutkörperchen untersuchte, erwies sich das Agglutinationsvermögen des Serums nicht verändert, die Agglutinabilität zeigte sich jedoch in 4 Fällen, die alle der Gruppe A angehörten, nach der Narkose deutlich vergrößert. Bei Hunden wird,

---

1 SPENZER, J. G.: Arch. f. exper. Path. **33**, 407 (1894).
2 BOOTHBY, W. M.: J. of Pharmacol. **5**, 379 (1903).
3 RITSCHEL, W., u. O. STANGE: Arch. internat. Pharmacodynamie **23**, 191 (1913).
4 LEAKE, C. D., CH. BACKUS, H. BURCH u. K. O'SHEA: Proc. Soc. exper. Biol. a. Med. **25**, 92 (1927).
5 NIEDEN, H., u. H. SCHNEIDER: Dtsch. Z. Chir. **235**, 1 (1932).
6 ELLINGER, PH., u. FR. ROST: Arch. f. exper. Path. **95**, 281 (1922).
7 PONZI, E.: Riv. ital. Ginec. **15**, 439 (1923).

wie BONSMANN und BRUNELLI[1] nachwiesen, der kolloidosmotische Druck, der 380 bis 400 mm H_2O beträgt, um 60—180 mm gesenkt, ohne daß eine Veränderung der Serumeiweißwerte (6,1—6,5%) eintrat.

In Bestätigung früherer Versuche (OLIVA) findet TRABUCCHI[2] eine Abnahme der Oberflächenspannung des Serums, die nicht auf sekundäre Veränderungen des Blutes bezogen wird, sondern auf die Anwesenheit des Äthers, da nach dessen Abdunsten die Verminderung, die in vitro einem Äthergehalt des Blutes von 300 mg% entsprechen würde, zum größten Teil wieder verschwindet. Allerdings sind nach den analytischen Befunden solche Äthermengen während der Narkose des Hundes im Blute gewöhnlich nicht vorhanden.

Die *Viscosität* und der *Refraktionswert* des Blutserums in der Äthernarkose des Menschen wurden von DRÜGG[3] meistens erniedrigt gefunden, während der Eiweißgehalt unverändert blieb. War der Globulingehalt erhöht, so führte die Äthernarkose zu einer weiteren Erhöhung; bei normalem Gehalt zeigte sich in der Hälfte der Fälle eine Erniedrigung. Am Kaninchen ist nach INAMI[4] der Reststickstoff im Gefolge einer Äthernarkose vermehrt; der Höchstwert wurde nach 4 Stunden beobachtet; er war von der Konzentration der Ätherdämpfe in größerem Umfange abhängig als von der Dauer der Narkose und dem Gesamtverbrauch des Äthers. Mit der Vermehrung des Rest-N ging auch eine Vermehrung des Harnstickstoffes parallel. Auch beim Hund ließ sich in den Versuchen von BICH[5] neben Abnahme der Alkalireserve eine Zunahme des Reststickstoffs im Blute nachweisen.

Chinesische Untersucher, KING-LI-PIN und WOO-PIN-SOUNG[6], fanden an Kaninchen während der Äthernarkose eine Erhöhung des Blutharnstoffspiegels, der regelrechterweise bei 0,350% liegt.

RUGGIERI[7] findet beim Menschen nach Äthernarkose eine Verminderung des Glutathions, die wahrscheinlich mit der Acidosis und Hyperglykämie in Zusammenhang steht.

Der Diastasegehalt des Blutes und auch des Urins wird, vielleicht infolge einer Funktionsschädigung des Pankreas durch die Narkose, nach Untersuchungen von CASTRO[8] erhöht, ein Ergebnis, das mit den Befunden von ZUCKER[9] in einem gewissen Einklang steht, der beim Menschen und Hund eine Vermehrung der Blutamylase feststellte.

Abweichend von früheren Befunden (Bd. I, S. 228) soll nach RABINOVICH[10] die Gerinnungszeit des menschlichen Blutes während der Äthernarkose manchmal recht beträchtlich abnehmen (bis um 40%). In geringerem Maße traten die Veränderungen nach subcutaner Injektion von 3 ccm Äther in den Unterarm auf. EMERSON[11] erörtert bei seinen Versuchen am Hund die Frage, ob die Verringerung der Blutgerinnungszeit nicht durch Aphyxie bei gleichzeitiger Vermehrung des Kalkgehaltes bedingt sein könnte.

Im Gegensatz zu früheren Ergebnissen (Bd. I, S. 229) wird, wie PERACINO[12] angibt, die bactericide Kraft des Blutes (gegen Pyogenes) nach einer Äther-

[1] BONSMANN, M. R., u. B. BRUNELLI: Arch. f. exper. Path. **156**, 125 (1930).
[2] TRABUCCHI, E.: Arch. di Fisiol. **26**, 645 (1928).
[3] DRÜGG: Dtsch. Z. Chir. **222**, 159 (1930).
[4] INAMI, R.: Tohoku J. exper. Med. **17**, 39 (1931).
[5] BICH, A.: Arch. ital. Chir. **25**, 691 (1930).
[6] KING-LI-PIN u. WOO-PIN-SOUNG: C. r. Soc. Biol. Paris **115**, 55 (1934).
[7] RUGGIERI, E.: Arch. ital. Chir. **28**, 69 (1931).
[8] CASTRO, T.: Arch. Ist. Biochem. ital. **4**, 361 (1932).
[9] ZUCKER, T. F.: Proc. Soc. exper. Biol. a. Med. **29**, 294 (1931).
[10] RABINOVICH, M.: Brit. J. exper. Path. **8**, 343 (1927).
[11] EMERSON, W. C.: J. Labor. a. clin. Med. **14**, 195 (1928).
[12] PERACINO, M.: Giorn. Batter. **11**, 974 (1933).

narkose erhöht, was mit dem Auftreten der Ätheracidose in Verbindung gebracht
wird. Auch PFALZ und RITTAU[1] finden sowohl in Äther- wie Chloroformnarkose
die Bactericidie erheblich erhöht. Dabei handelt es sich um eine unspezifische,
die Abwehrkräfte fördernde Reaktion, nicht etwa um eine bactericide Wirkung
des Narkoticums selbst.

Sehr zahlreich sind die Arbeiten, die sich mit den Veränderungen des Blutzuckers und dem Auftreten einer Acidosis unter dem Einfluß des Äthers beschäftigen[2]. Das Vorhandensein einer Hyperglykämie (Bd. I, S. 228) wird
allenthalben bestätigt. Nur ZIEGLER[3] gibt an, daß im Beginn von *kurzdauernden*
Äthernarkosen des Kaninchens infolge einer parasympathisch bedingten Hemmung der Zuckermobilisation eine Verminderung des Blutzuckergehaltes eintrete,
die sich aber sehr bald nach der Narkose wieder ausgleiche. TACHI, TAKAI und
FUJII[4] geben an, die Hyperglykämie bei der Äthernarkose verhindern zu können,
wenn die Körpertemperatur künstlich auf regelrechter Höhe gehalten würde
(Gegensatz zu den Befunden früherer Arbeiten von ROSS und HAWK, Bd. I,
S. 244).

Über den Mechanismus der Hyperglykämie werden die verschiedensten Ansichten geäußert. STEINMETZER und SWOBODA[5], die beim Hunde eine Steigerung
des Blutzuckers um 30—50% feststellten, führen diese auf einen zentral bedingten
Vorgang, eine Enthemmung des im Hirnstamm gelegenen Zuckerzentrums
zurück. Auch MÜLLER[6] sucht den Angriffspunkt des Äthers im „Zuckerzentrum",
das durch das Narkoticum erregt würde. Er stellte außerdem fest, daß bei
Kindern der Anstieg des Blutzuckers schneller erfolgt und bei alten Leuten
langsamer vor sich gehe als bei Menschen mittleren Alters. CAMPBELL und
MORGAN[7], die beim Menschen eine deutliche Steigerung des Blutzuckers nach
peroraler Verabreichung, aber eine kaum festzustellende Einwirkung bei subcutaner Darreichung von 2—3 ccm Äther beobachteten, kommen auf Grund
ihrer Versuche gleichfalls zu der Ansicht, daß das Zuckerzentrum gereizt werde
und dieses über eine vermehrte Adrenalinausschüttung aus den Nebennieren die
Leber zu einer erhöhten Glykogenolyse veranlasse. Damit würde der Befund
SCHLOSSMANNS und MÜGGES[8] im Einklang stehen, die nach $1^1/_2$ stündiger Äthernarkose einen Adrenalingehalt von 1:2,5 Milliarden im Blut der A. femoralis
nachweisen konnten. Sie führen allerdings diese Adrenalinvermehrung im Blut
auf eine Senkung des Blutdruckes zurück. STEWART und ROGOFF[9] konnten eine
Vermehrung des Adrenalingehaltes im Nebennierenvenenblut nicht finden, doch
war vielleicht der Nachweis des Adrenalins damals noch nicht einwandfrei.
PHILLIPS und FREEMANN[10] geben an, daß die Erhöhung des Blutzuckerspiegels
durch Inaktivierung der Nebennieren und durch Entnervung der Leber zwar
verringert werde, aber selbst nach Exstirpation der Nebenniere nicht vollkommen
unterdrückt werde, was auch aus den Versuchen von BERTRAM[11] und MEKIE[12]

---

[1] PFALZ, G. J., u. M. RITTAU: Arch. Gynäk. **141**, 182 (1930).

[2] Diese Veränderungen, die mit dem Stoffwechsel besonders der Kohlehydrate und vielleicht auch des Fettes in Wechselbeziehungen stehen, nehmen einen großen Teil der Angaben
über den Stoffwechsel vorweg.

[3] ZIEGLER, K., u. M. DÖRLE: Klin. Wschr. **1931**, 1898.

[4] TACHI, H., K. TAKAI u. I. FUJII: Tohoku J. exper. Med. **7**, 411 (1926).

[5] STEINMETZER, K., u. F. SWOBODA: Biochem. Z. **198**, 259 (1928).

[6] MÜLLER, H. C.: Arch. Ohrenheilk. **133**, 169 (1932).

[7] CAMPBELL, D., u. TH. N. MORGAN: J. of Pharmacol. **49**, 456 (1933).

[8] SCHLOSSMANN, H., u. H. MÜGGE: Arch. f. exper. Path. **144**, 133 (1929).

[9] STEWART, G. N., u. J. M. ROGOFF: Amer. J. Physiol. **51**, 366 (1920).

[10] PHILLIPS, R. A., u. N. E. FREEMANN: Proc. Soc. exper. Biol. a. Med. **31**, 286 (1933).

[11] BERTRAM, F.: Z. exper. Med. **37**, 99 (1923).

[12] MEKIE, E. C.: Surg. etc. **55**, 329 (1931).

hervorgeht. Diese beiden Forscher fanden auch keine deutliche Einwirkung von Ergotoxin, Atropin und Pilocarpin auf den Blutzuckergehalt in der Äthernarkose, ebensowenig eine Beeinflussung durch Exstirpation des Pankreas. MEKIE verlegt den Angriffspunkt in die Leber, da im Leberblut der Zuckergehalt auf 800—900 mg% ansteigt, histologisch eine Glykogenverminderung der Leberzellen festzustellen ist, und zwar in einem um so höheren Umfang, je länger die Narkose dauert und nach Ausschaltung der Leber die Hyperglykämie ausbleibt. Vielleicht spricht auch die Beobachtung von CAMPBELL und MORGAN[1] für eine Wirkung auf die Leber, wenn sie nach subcutaner Einverleibung des Äthers keine eindeutige Steigerung des Blutzuckers wahrnehmen konnten, wohl aber nach peroraler Darreichung. Ebenso halten EISLER und HEMPRICH[2] eine Beeinflussung der Leber für sehr wahrscheinlich, und auch FUSS[3] ist der Ansicht, daß die Narkosehyperglykämie durch eine Zuckerausschwemmung aus der Leber zustande komme, deren Glykogengehalt für die Größe der Glykämie ausschlaggebend ist. Die schon erwähnten Versuche von FRÖHLICH und POLLAK, die bei Durchspülung der Froschleber mit Ätherlösung eine Mobilisierung des Zuckers feststellten, sind als Beweis für eine Beteiligung der Leber an dem Zustandekommen der Hyperglykämie nicht ohne weiteres heranzuziehen, da die Ätherkonzentrationen viel höher waren als in der Narkose des ganzen Tieres. Dasselbe trifft wohl auch für die Versuche von IWASE[4] zu, der bei Durchströmung der isolierten Kaninchenleber nach 25 Minuten eine Steigerung des Zuckerspiegels um fast 30% beobachten konnte. MAHLER[5] kommt auf Grund des Befundes, daß das Blut in der Äthernarkose wie beim Diabetes mellitus lipämisch wird, zu der Ansicht, die Hyperglykämie sei auf eine Lähmung der Insulinabsonderung des Pankreas zu beziehen. Der *Cholesteringehalt* nimmt dabei proportional der Erhebung des Zuckerspiegels zu, die durch 10 Insulineinheiten verhindert werden konnte. Schon Ross und Mitarbeiter[6] hatten 1921 die Narkoseglykämie auf eine Insuffizienz des Pankreas zurückgeführt. Immerhin ist bemerkenswert, daß EISLER und HEMPRICH[2] das Insulin auch während der Äthernarkose noch wirksam fanden; die Narkosehyperglykämie erklären sie nicht durch eine Beeinflussung des Pankreas oder eine Hemmung der Insulinwirkung. Eine solche stellte auch ESCHWEILER[7] nicht fest; denn beim Kaninchen konnte die Ätherglykämie durch Insulin unterdrückt werden, und FERRADAS[8] gelangte beim Hund zu demselben Ergebnis, obwohl durch Vorbehandlung mit Morphin bei gleichzeitiger Äthernarkose eine sehr starke Hyperglykämie entstand.

Die geschilderten Versuche geben kein abgerundetes und einheitliches Bild von dem Mechanismus der Ätherhyperglykämie, die auch auftritt, wenn sonstige den Blutzuckerspiegel erhöhende Wirkungen wie die Asphyxie ausgeschaltet werden (s. PHILLIPS und FREEMANN[9] u. a.). Wahrscheinlich ist eine ganze Reihe von Einflüssen vorhanden, die nach der Art der Verabreichung, der Dauer der Ätherwirkung, der Tiefe der Narkose bald mehr oder weniger in den Vordergrund treten. Da die Leber im Mittelpunkt der Blutzuckerregulation steht, so ist anzunehmen, daß sie durch den Äther irgendwie beeinflußt wird; aber ob diese

---

[1] CAMPBELL, D., u. TH. N. MORGAN: Zit. S. 12.
[2] EISLER, B., u. R. HEMPRICH: Z. exper. Med. **83**, 439 (1932).
[3] FUSS, H.: Z. exper. Med. **73**, 524 (1930).
[4] IWASE, M.: Mitt. med. Akad. Kioto **10**, 968 (1934).
[5] MAHLER, A.: J. of biol. Chem. **69**, 653 (1926).
[6] ROSS, E. L., ELISON u. DAVIS: Amer. J. Physiol. **54**, 474 (1921).
[7] ESCHWEILER, H.: Arch. f. exper. Path. **161**, 21 (1931).
[8] FERRADAS, J.: Rev. sud-amér. Méd. (Paris) **3**, 391 (1932).
[9] PHILLIPS, R. A., u. N. E. FREEMANN: Proc. Soc. exper. Path. a. Med. **31**, 286 (1933).

Beeinflussung unmittelbar oder mittelbar (nervös, hormonal und ional) vor sich geht, ist vorläufig nicht zu entscheiden.

Ebenso ist die Frage noch nicht vollkommen geklärt, wie sich der Mechanismus der Acidose gestaltet, die während und nach der Narkose beobachtet wurde. Soviel scheint festzustehen, daß sie auch auftreten kann, wenn andere zu einer Acidose führende Einwirkungen Asphyxie, Muskelkontraktionen, operative Eingriffe ausgeschaltet bzw. vermieden werden (vgl. Fuss). Daß es sich nicht um eine „Gasacidose", sondern um eine „primär hämatogene" Acidose im Sinne von Bonomo[1] handelt, wurde schon verhältnismäßig früh erkannt. Becker[2] hatte bereits 1891 im Anschluß an eine Narkose im Urin des Patienten Aceton nachweisen können, eine Beobachtung, die in der Folge vielfach bestätigt wurde. Da aber, wie Fuss[3] ausführt, das Auftreten von Aceton im Urin noch kein Beweis für seine Anhäufung im Blut ist, so konnte die Frage, ob eine Blutacidose vorliegt, erst der Lösung nahegebracht werden, nachdem Sellard und van Slyke u. a. die theoretischen und technischen Grundlagen für derartige Untersuchungen geliefert hatten. Diese aber führten zu der fast allgemein angenommenen Anschauung, daß tatsächlich eine acidotische Veränderung des Blutes durch eine Narkose hervorgerufen wird. So fanden van Slyke, Austin und Cullen[4] sowie Stehle und Mitarbeiter[5] beim Hund, Magee und Glennie[6] beim Kaninchen eine Vermehrung der H-Ionenkonzentration, was auch mit den Ergebnissen von Ronzoni, Koechig und Eaton[7] im Einklang steht (vgl. auch Koehler[8]). Beim Menschen war auch schon vorher eine Abnahme des Alkalicarbonats gefunden worden (Caldwell und Cleveland[9]). Die späteren Untersucher berichten über gleiche Ergebnisse. Tomasson[10] glaubt, daß man die zumeist am Tier erhobenen Befunde nicht ohne weiteres auf den Menschen übertragen dürfe; denn er findet merkwürdigerweise bei zwei gesunden Menschen während der Narkose eine Verschiebung der H-Ionenkonzentration nach der alkalischen Seite. Gleichzeitig war die Na- und N-Ausscheidung durch den Urin vermindert, allerdings ohne nachweisbare Veränderung im Blut, während der Serumkalk erheblich erhöht war (z. B. von 10,32 auf 13,66 mg%). Dieser Befund ist aber eigentlich von keinem späteren Untersucher in diesem Umfang bestätigt worden. Zwar sprechen Chabanier[11] und Mitarbeiter von einer „Alcalose gazeuse" (Gleichbleiben der H-Ionenkonzentration bei verminderter Alkalireserve und Abnahme des Cl-Quotienten) während des Exzitationsstadiums, aber in der tiefen Narkose war der Cl-Quotient $\left(\dfrac{\text{Cl-Blutkörperchen}}{\text{Cl-Plasma}}\right)$ und die H-Ionenkonzentration erhöht und die Alkalireserve vermindert. Auch in dem Urin wurden Veränderungen im Sinne einer Säuerung festgestellt. Beim Erwachen traten wieder ähnliche Verhältnisse zutage wie im Exzitationsstadium. Nach Wymer und Fuss[12] kommt es bei reiner Äthernarkose im Anschluß an eine 1. Phase der Hypokapnie mit Säuerung des Urins 24—28 Stunden nach der Narkose zu einer Umkehr der Verhält-

[1] Bonomo, V.: Ann. ital. Chir. 7, 1076 (1928).
[2] Becker: Zbl. Chir. 1894, 895; zit. n. Fuss: Zit. S. 13.
[3] Fuss, H.: Dtsch. Z. Chir. 232, 113 (1931).
[4] van Slyke, D. D., J. H. Austin u. G. E. Cullen: J. of biol. Chem. 53, 277 (1922).
[5] Stehle, R. L., W. Bourne u. H. G. Barbour: J. of biol. Chem. 53, 341 (1922).
[6] Magee, H. E., u. A. E. Glennie: J. of Physiol. 64, X (1927).
[7] Ronzoni, E., I. Koechig u. E. P. Eaton: J. of biol. Chem. 61, 465 (1924).
[8] Koehler, A. D.: J. of biol. Chem. 62, 435 (1924).
[9] Caldwell, C. A., u. M. Cleveland: Surg. etc. 25, 23 (1917); nach van Slyke.
[10] Tomasson, H.: Biochem. Z. 170, 330 (1926).
[11] Chabanier, H., C. Lobo-Onell u. E. Lelu: C. r. Soc. Biol. Paris 110, 1282 (1932).
[12] Wymer, I.: Dtsch. Z. Chir. 195, 353 (1926). — Wymer, I., u. H. Fuss: Narkose u. Anästh. 1, 283 (1928).

nisse, Hyperkapnie, Alkalisierung des Harnes und verminderte Ammoniakausscheidung.

Die Alkalireserve ist jedesfalls immer vermindert, wie von fast allen Untersuchern bei Tier und Mensch festgestellt wurde, u. a. von Fuss[1], von Bartoli[2], der nicht allein unter Ätherwirkung, sondern auch in der Chloroformnarkose an 65 Kranken die Alkalireserve vermindert fand.

Welche Säuren pathologischerweise auftreten und zur Acidose führen, darüber besteht kaum vollständige Übereinstimmung. Die Gegenwart von Acetonkörpern im Urin, die des öfteren beobachtet wurde, legt den Gedanken nahe, diesen die Wirkung zuzuschreiben. Immerhin ist nach Wymer und Fuss eine Vermehrung der Ketonkörper, vor allem des Acetons und der p-Oxybuttersäure im Urin noch kein Beweis für ihre Anhäufung im Blut. Doch konnten Leake und Koehler[3] bei kurzdauernder Äthernarkose des Hundes eine Zunahme der Blutacetonkörper feststellen, während sie bei langen Narkosen vermißt wurde. Zu einem ähnlichen Ergebnis gelangte Fuss[4] insofern, als er eine wesentliche, in Betracht kommende Vermehrung der Acidosekörper im Blut des ätherisierten Hundes nicht auffand. Nur die β-Oxybuttersäure war vermehrt, aber die Gesamtmenge der Acetonkörper so gering, daß nach seiner Ansicht die erhebliche Blutacidose dadurch nicht erklärt wird. De la Vega[5] hat jedoch neuerdings auch beim Menschen eine erhebliche Zunahme der Ketonkörper, insbesondere des Acetons und der β-Oxybuttersäure, beobachtet, wobei er sich in Übereinstimmung mit früheren Untersuchern findet. Da in den Versuchen von Leake und Koehler bei langdauernder Äthernarkose die Ketonämie fehlte, so sprechen diese Forscher die Vermutung aus, daß die Acidose auf eine Abwanderung alkalischer Äquivalente aus dem Blut in die Gewebe und auf ihre Ausscheidung durch den Urin zu beziehen sei. Stehle und Bourne[6] haben in Übereinstimmung mit diesen Ansichten tatsächlich eine Vermehrung der Ausscheidung der Alkalien in Begleitung der Phosphorsäure beim Hund feststellen können. Eine ähnliche Anschauung scheinen auch Austin, Cullen, Gram und Robinson[7] zu vertreten, doch erörtern sie später auch die Möglichkeit des Auftretens einer Säure. Ronzoni, Koechig und Eaton[8] scheinen zum erstenmal das Vorkommen von Milchsäure im Blut von ätherisierten Hunden nachgewiesen zu haben, ein Befund, der mit den Untersuchungen von Collajo und Moselli[9] in Einklang steht. Beim Menschen stellte H. Schmidt[10] eine Vermehrung der Blutmilchsäure fest, während Achelis[11] sie vermißte. Hübner[12] konnte aber einwandfrei zeigen, daß unabhängig von der Dauer der Narkose und der verbrauchten Äthermenge auch beim Menschen die normalen Blutmilchsäurewerte von 4,8—14,9 mg% bei der Äthertropfnarkose um 9 mg%, bei der Äthersauerstoffnarkose um 4,2 mg% zunehmen. Sehr eingehende Versuche über die Vermehrung der Blutmilchsäure beim Hund hat Fuss[1] angestellt. Sowohl während wie nach der Narkose kommt es im Blut zu einer Erhöhung des Gehaltes an Milchsäure, die schneller und

<hr>

[1] Fuss, H.: Zit. S. 12 u. 14.   [2] Bartoli, O.: Giorn. Clin. med. **8**, 548 (1927).

[3] Leake, C. D., u. E. W. u. A. E. Koehler: J. of biol. Chem. **56**, 319 (1923).

[4] Fuss, H.: Z. exper. Med. **72**, 313 (1930); **73**, 506, 524, 532, 540 (1930); **76**, 731 (1931) — Dtsch. Z. Chir. **232**, 113 (1931); **240**, 42 (1933) — Arch. f. exper. Path. **156**, 64 (1930).

[5] De la Vega, J. F.: An. Acad. méd.-quir. españ. **18**, 75 (1932).

[6] Stehle, R. L., u. W. Bourne: J. of biol. Chem. **60**, 17 (1924).

[7] Austin, J. H., G. E. Cullen, H. C. Gram u. H. W. Robinson: J. of biol. Chem. **61**, 829 (1924).

[8] Ronzoni, E., I. Koechig u. E. P. Eaton: J. of biol. Chem. **61**, 465 (1924).

[9] Collajo u. Moselli: Zit. nach Fuss.

[10] Schmidt, H.: Schmerz, Narkose usw. **3**, 209 (1930).

[11] Achelis u. Schneider, zit. nach Fuss.

[12] Hübner, H.: Inaug.-Dissert. Bonn 1931.

rascher ansteigt als der Blutzucker. Zwischen dem Milchsäuregehalt des Blutes der A. und V. femoralis wie V. portae und hepaticae sind keine feststehenden Unterschiede vorhanden, was aber zu den Versuchsergebnissen von RONZONI und Mitarbeitern[1] im Gegensatz steht. Bei der Äther*sauerstoff*narkose wird die Steigerung der Blutmilchsäurebildung stark eingeschränkt. FUSS kommt zu der Ansicht, daß weder eine Ausschwemmung der Milchsäure aus der Leber noch Muskulatur die Ursache der Erhöhung des Milchsäurespiegels sei, und daß am wahrscheinlichsten eine Resynthesestörung in den Zellen und Geweben dafür verantwortlich zu machen sei. Milchsäure und Acidosis gehen einander parallel. Die Milchsäurevermehrung muß also auf eine Störung im Kohlehydratstoffwechsel zurückgeführt werden und entspricht einer Hemmung der oxydativen Vorgänge, die durch den Befund einer Verminderung des Sauerstoffgehaltes und Vergrößerung des Sauerstoffdefizits des arteriellen Blutes erklärt wird. Dieses Defizit kann möglicherweise trotz oder vielleicht gerade wegen des durch eine Hämoglobinvermehrung vergrößerten Bindungsvermögens des Blutes durch eine relative Sauerstoffverarmung infolge ungenügender Ventilation, teilweiser Verdrängung des Sauerstoffes durch den Ätherdampf und einer Reizexsudation in den Alveolen herbeigeführt sein. Bei der Äthersauerstoffnarkose, bei der auch das Auftreten der Milchsäure verringert ist, läßt sich weder eine Verminderung des O_2-Gehaltes noch eine Zunahme des Defizits feststellen.

Im übrigen hatten schon RONZONI, KOECHIG und EATON[1] ähnliche Versuche angestellt, die allerdings ein anderes Ergebnis gehabt hatten. Nach ihrer Ansicht ist der Äthergehalt ohne Einfluß auf den Milchsäurespiegel des Blutes. Für eine mangelhafte Oxydation der Milchsäure, die von vornherein nicht unmöglich war, ergeben sich aber keine experimentellen Unterlagen; denn die Untersuchung des O_2-Defizites des arteriellen Blutes und des Unterschiedes im O_2-Gehalt des arteriellen und venösen Blutes ließ keine ungenügende Sauerstoffversorgung der Gewebe erkennen. Der Befund eines Überschusses von 16 mg% Milchsäure im Blut der V. femoralis über das der Venae portae, ein Befund, dessen Richtigkeit übrigens von FUSS[2] anscheinend angezweifelt wird, veranlaßte die Forscher, den Ort der Milchsäurevermehrung in den Muskeln zu suchen. Da gleichzeitig mit der Milchsäure Phosphorsäure, die allerdings von der Leber abgefangen wird, in das venöse Blut strömt, so wurde das Lactacidogen mit dem vermehrten Auftreten von Milchsäure in Verbindung gebracht. Daß tatsächlich Phosphat von den Muskeln abgegeben und in der Leber zurückgehalten wird, haben STEHLE und BOURNE[3] am Hund dadurch bewiesen, daß sie den Phosphorgehalt der Muskeln erniedrigt und den der Leber erhöht fanden. Außerdem konnten sie noch zeigen, daß das p_H der Muskeln unverändert blieb, der Leber aber erhöht war, und daß die Phosphate in vermehrtem Maße durch den Urin ausgeschieden wurden. Die Untersuchungen von RONZONI und Mitarbeitern[1] ließen es im übrigen zweifelhaft, ob eine Mehrbildung von Milchsäure oder eine mangelhafte Oxydation der aus dem Lactacidogen entstandenen Milchsäure die letzte Ursache sei. FUSS hat sich, wie auseinandergesetzt wurde, für die mangelhafte Verbrennung in den Geweben entschieden, wohl besonders auf Grund der Beobachtung, daß das Auftreten der Milchsäure durch die Sauerstoffatmung gehemmt werden könne. Allerdings sieht er nicht die Muskulatur als den Sitz der Resynthesestörung an.

Daß aber die Vorgänge in der Muskulatur für die Erhöhung des Milchsäurespiegels mit gutem Recht verantwortlich gemacht werden können, geht deutlich

---

[1] RONZONI, E., I. KOECHIG u. E. P. EATON: Zit. S. 15.
[2] FUSS, H.: Z. exper. Med. **73**, 532 (1930).
[3] STEHLE, R. L., u. W. BOURNE: Zit. S. 15.

aus Versuchen EICHLERS[1] hervor, der im Muskel ätherisierter Frösche eine Vermehrung der Milchsäure fand. Ferner zeigten LANGE und MAYER[2], daß der Lactacidogengehalt des Muskels ätherisierter Frösche und anscheinend auch die Gesamtphosphorsäure vermehrt ist. In Übereinstimmung damit steht das Versuchsergebnis von MAJOR und BOLLMANN[3], daß der Glykogengehalt der Skeletmuskulatur von Hunden durch eine Äthernarkose vermindert wird. Die Ansicht von der Störung der Resynthese der Milchsäure im Muskel ist aber auch nicht unwidersprochen geblieben. SCHMIDT[4] gibt an, daß die Resynthese im Muskel narkotisierter Kaltblüter eher vermehrt als verringert sei, und daß infolgedessen die in der Narkose beobachtete Erhöhung des Blutmilchsäurespiegels um 50 bis 70% am ehesten durch eine vorübergehende Störung der Lebertätigkeit erklärt werden könne. Er spricht auch die Ansicht aus, daß die langdauernden Störungen des Säurebasengleichgewichtes nicht allein auf die Vermehrung der Milchsäure zurückzuführen sind. Auch RONZONI[5] und Mitarbeiter hatten bereits ein feststehendes gesetzmäßiges Verhältnis zwischen Verminderung der Alkalireserve und Milchsäuregehaltes des Blutes nicht beobachten können.

Die Ansicht von der Vermehrung der Milchsäure und der Störung ihrer Wegschaffung während der Narkose entspricht auch der Beobachtung SEBENINGS[6], daß die Milchsäure nach intravenöser Injektion von 4 g der Säure in Form einer 20proz. Natriumlactatlösung beim ätherisierten Menschen viel langsamer aus dem Blut verschwindet als ohne Narkose.

Aus den vorstehenden Auseinandersetzungen ist also kein ganz klares Bild von dem Zustandekommen der Acidose zu gewinnen.

Die Abwanderung alkalischer Äquivalente in die Gewebe oder ihre Ausscheidung durch den Urin erscheint fraglich, obwohl einige Versuchsergebnisse (siehe folgenden Abschnitt) mit dieser Anschauung übereinstimmen könnten. Das Auftreten von Acetonkörpern (insbesondere der β-Oxybuttersäure) wird von den meisten Forschern zwar zugegeben, aber ihre Menge für ungenügend gehalten, um die gleichzeitig beobachtete erhebliche Acidose zu erklären. Daß die Milchsäure eine Rolle spielt, dürfte unzweifelhaft sein. Ihr vermehrtes Auftreten im Blut wird ziemlich übereinstimmend einer mangelhaften Beseitigung zugeschrieben. Über den Sitz dieser Störung, Leber, Muskeln oder andere Zellkomplexe ist eine Übereinstimmung noch nicht erzielt, doch scheint eine Störung der Resynthese erst in zweiter Linie zu stehen. Außerdem scheint es vielleicht fraglich, ob ihre Menge und ihr zeitliches Auftreten allein die Acidose restlos erklären kann. Man gewinnt den Eindruck, daß die verschiedenen, eben geschilderten und als möglich hingestellten Ursachen zusammen wirksam sind. Vielleicht sind auch noch andere Störungen im Stoffwechsel der Kohlehydrate an dem Zustandekommen beteiligt. Da die Anschauungen über die chemischen Vorgänge bei der Kontraktion des Muskels sich geändert haben — es sei nur an die Kreatinphosphorsäure (Phosphagen) und Adenylphosphorsäure erinnert, über deren Verhalten noch keine Untersuchungen während der Narkose vorzuliegen scheinen —, so würde dies durchaus möglich sein.

Jedenfalls wird man gut tun, sich nicht einseitig auf eine bestimmte Ursache festzulegen, sondern mannigfache Ursachen in den Bereich der Möglichkeit zu ziehen.

Einige Forscher haben, wie vorher auseinandergesetzt wurde, die Acidosis bzw. die Verminderung der Alkalireserve auf eine Abwanderung und Aus-

---

[1] EICHLER, O.: Narkose u. Anästh. **1929**, H. 4.
[2] LANGE, H., u. M. E. MAYER: Hoppe-Seylers Z. **141**, 233 (1924).
[3] MAJOR, S. G., u. J. L. BOLLMANN: Proc. Soc. exper. Biol. a. Med. **29**, 1109 (1932).
[4] SCHMIDT, H., u. E. SCHMUTZLER: Schmerz usw. **3**, 309 (1930).
[5] RONZONI, E.: Zit. S. 15.   [6] SEBENING, W.: Schmerz usw. **4**, 104 (1931).

scheidung alkalischer Äquivalente aus dem Blut zu erklären versucht. Aus diesem
Grunde seien im folgenden die Veränderungen der anorganischen Bestandteile
im Blut wiedergegeben, von denen nicht nur die Kationen, sondern auch die
anionischen Komponenten wichtig sind.

Die Kohlensäuremenge und Spannung wurde bei allen Tieren erniedrigt
gefunden (MACKAY[1] [Mensch], PITT[2] [Kaninchen], LUTZ[3] [Katze]), was mit
dem Auftreten einer Säure in Übereinstimmung steht. Nicht ganz einheitlich
lauten die Angaben über die Änderungen des Blutphosphorgehaltes, doch
wurde meistens eine Vermehrung festgestellt. Da das Phosphat bei der Spaltung und Resynthese des Lactacidogens eine charakteristische Rolle spielt, so
sind die Befunde besonders bedeutungsvoll. Allerdings kann eine Vermehrung
oder Verminderung auch andere Ursachen haben und andererseits braucht eine
geringe oder gar keine Veränderung des Phosphatspiegels nicht gegen eine vermehrte Bildung aus Lactacidogen oder gegen eine verminderte Resynthese
sprechen, da der sich ergebende P-Überschuß von den anderen Organen beseitigt
oder abgefangen werden kann (z. B. in der Leber, Niere). Beim Kaninchen fanden
MAGEE, ANDERSON und GLENNIE[4] eine Steigerung des anorganischen Phosphors:
STEHLE und BOURNE[5] konnten bei Hunden oft, wenn auch nicht regelmäßig,
eine Erhöhung des Phosphatspiegels feststellen; das Phosphat stammt aus den
Muskeln, die daran verarmen, und wird offenbar der Leber zugeführt. EISLER,
GENESS und DIENERSTEIN[6] konnten beim Hund wohl eine Vermehrung des Ge-
samtphosphors feststellen, aber der anorganische Phosphoranteil zeigte sich
erniedrigt. LIPOW[7] und Mitarbeiter beobachteten beim Hund erst gegen Ende
der Narkose eine Zunahme des anorganischen Phosphors, und auch nach MARENZI
und GERSCHMANN[8] ist nach einstündiger Äthernarkose des Hundes der Phosphatgehalt erhöht. Im Serum ätherisierter Kaninchen fand KATZENELLENBOGEN[9]
gelegentlich eine Abnahme. Zu dem gleichen Ergebnis gelangte BOLLIGER[10] in
Versuchen am Hund während und nach der Narkose, er findet den Phosphat-
spiegel im Blut erniedrigt, nur bei Asphyxie ist er vermehrt.

Der Chlorgehalt des Blutes hat insofern eine besondere Bedeutung, als eine
relative Abnahme im Plasma oder Serum und eine Zunahme in den Erythrocyten,
also die Vergrößerung des Quotienten $\dfrac{\text{Cl-Blutkörperchen}}{\text{Cl-Plasma}}$ von manchen Forschern
als ein sehr feines Reagens für das Vorhandensein einer Acidose gewertet wird.
Die Ergebnisse der im folgenden erwähnten Untersuchungen widersprechen einander in erheblichem Ausmaß. MACKAY und DYKE[11] fanden bei gleichbleibendem
Cl-Gehalt im Gesamtblut des Menschen während der Narkose eine Abwanderung
in das Plasma, allerdings war kaum eine reine Äthernarkose, sondern eine Äther-
Chloroformnarkose zur Anwendung gekommen. Bei reiner Äthernarkose ist nach
CHABANIER[12] im Exzitationsstadium der Cl-Quotient vermindert, in der tiefen
Narkose aber bei vermindertem p_H und verringerter Alkalireserve deutlich

---

[1] MACKAY, R. L., u. S. C. DYKE: Brit. J. Anaesth. **6**, 61 (1928).
[2] PITT, N. E.: J. of Physiol. **64**, XXIV (1927).
[3] LUTZ, B. R., u. L. C. WYMAN: Amer. J. Physiol. **73**, 264 (1925).
[4] MAGEE, H. E., W. ANDERSON u. A. E. GLENNIE: Brit. J. exper. Path. **9**, 119 (1928).
[5] STEHLE, R. L., u. W. BOURNE: J. of biol. Chem. **60**, 17 (1924).
[6] EISLER, B., S. GENESS u. S. DIENERSTEIN: Z. exper. Med. **68**, 529 (1929).
[7] LIPOW, E., W. K. WEAVER u. C. I. REED: Amer. J. Physiol. **90**, 432 (1929).
[8] MARENZI, A. D., u. R. GERSCHMANN: C. r. Soc. Biol. Paris **113**, 475; **114**, 1226
(1933).
[9] KATZENELLENBOGEN, S.: Arch. of Neur. **24**, 525 (1930).
[10] BOLLIGER, A.: J. of biol. Chem. **67**, LVI (1926).
[11] MACKEY, R. L., u. S. C. DYKE: Brit. J. Anaesth. **6**, 61 (1927).
[12] CHABANIER, H., u. Mitarbeiter: C. r. Soc. Biol. Paris **110**, 1282 (1932).

erhöht. BICH und BOBBIO[1] stellte beim Hund zwar eine Abnahme des Gesamt-chlorgehaltes fest, aber eine verhältnismäßig stärkere Verminderung im Plasma; also würde sich auch hier eine Zunahme der Cl-Quotienten errechnen lassen. Bei Versuchen in vitro zeigten AUSTIN und GRAM[2], daß der Cl-Quotient im Verhältnis zu dem der CO_2 um 6% höher liegt, was wohl auf eine relative Verarmung des Plasmas zurückzuführen ist. Nach den Versuchen von MARENZI und GERSCHMANN[3] (Gesamtblut) sowie EISLER[4] und Mitarbeiter (Serum) am Hunde waren Veränderungen des Chlorgehaltes nicht zu erkennen.

Über den Natriumgehalt liegen Angaben von MARENZI und GERSCHMANN[3] sowie LIPOW[5] vor, die aber keine charakteristischen Veränderungen fanden.

Bezüglich des Kaliumgehaltes widersprechen sich die Versuchsergebnisse. EISLER und Mitarbeiter finden im Serum des Hundes eine Vermehrung des Kaliumgehaltes, ein Ergebnis, das dem von BARDU-GRENU[6] insofern ähnelt, als bei unverändertem K-Gehalt des Gesamtblutes eine Zunahme im Plasma festgestellt wurde. KATZENELLENBOGEN sowie MARENZI und GERSCHMANN, die die Methode der K-Bestimmung von BARDU-GRENU ablehnen, weisen eine Abnahme des K-Gehaltes im Serum bzw. Plasma des Hundes nach. LIPOW fand anfangs eine Abnahme, der später eine Zunahme folgte.

Der Magnesiumgehalt wurde von LIPOW, KATZENELLENBOGEN und MARENZI untersucht. Die Veränderungen waren nicht charakteristisch (geringe Abnahme oder Gleichbleiben). Dem Kalkgehalte wurde besondere Aufmerksamkeit geschenkt, weil bekanntlich CLOETTA und seine Schule[7] dem Ca-Ion eine besondere Bedeutung beim Zustandekommen des Schlafes zumessen. Die Ergebnisse der Untersuchung widersprechen einander außerordentlich. Wurde eine Verminderung gefunden, so sahen die Untersucher zum Teil eine Bestätigung der CLOETTA-schen Ansicht, andernfalls kommen sie zu einer nicht immer berechtigten Ablehnung. KATZENELLENBOGEN findet eine Abnahme des Calciums, ebenso LIPOW, nach anfänglicher Zunahme. Nach MAGEE[8] ist beim Kaninchen eine geringe Abnahme von 14 auf 13 mg% festzustellen. Eine geringe Senkung des Ca-Serumgehaltes wird auch von EMERSON[9] sowie MARENZI und GERSCHMANN[3] bis um 8% beobachtet. EISLER[4] (beim Hund) und TOMASSON[10] (beim Menschen) fanden dagegen eine zum Teil nicht unwesentliche Vermehrung, letzterer z. B. von 10,32 auf 13,66 mg%.

Wie die mangelnde Übereinstimmung aller Versuchsergebnisse zu erklären ist, läßt sich nur schwer entscheiden. Die Verschiedenheit der untersuchten Tierarten (Pflanzenfresser, Fleischfresser, Mensch), der Zeitpunkt, an dem die Untersuchung während einer über eine Stunde und darüber hinaus sich erstreckenden Äthernarkose vorgenommen wurde, die Schwierigkeit der Dosierung des Äthers bei Aufnahme per inhalationem, der zum Teil keine besondere Beachtung geschenkt wurde und die demzufolge meistens nicht angegeben wird; etwaige Störungen der Atmung können aber wohl mit Recht zur Erklärung herangezogen werden.

Nach diesen Auseinandersetzungen über die Veränderungen des Blutes, die ja die Folgen eines gestörten Stoffwechsels sind, ist über diesen kaum noch etwas

[1] BICH, A., u. A. BOBBIO: Arch. ital. Chir. **33**, 97 (1933).
[2] AUSTIN, J. H., u. H. C. GRAM: J. of biol. Chem. **59**, 535 (1924).
[3] MARENZI, A. D., u. R. GERSCHMANN: Zit. S. 18.
[4] EISLER, B., u. Mitarbeiter: Zit. S. 18.   [5] LIPOW, E., u. Mitarbeiter: Zit. S. 18.
[6] BARDU-GRENU, R.: C. r. Soc. Biol. Paris **112**, 633 (1933).
[7] CLOETTA, M., H. FISCHER u. M. R. VAN DER LOEFF: Arch. f. exper. Path. **173**, 589 (1934).
[8] MAGEE, H. E., W. ANDERSON u. A. E. GLENNIE: J. of exper. Path. **9**, 119 (1928).
[9] EMERSON, W. C.: J. Labor. a. clin. Med. **14**, 195 (1928).
[10] TOMASSON, H.: Biochem. Z. **170**, 330 (1926).

zu sagen. Nach KRUSES[1] Versuchen nehmen Sauerstoffverbrauch und CO_2-Ausscheidung durch die Lungen im Verlauf der Äthernarkose ziemlich gleichmäßig ab, um nach Aussetzen der Ätherzufuhr wieder höhere Werte zu erreichen. In tiefer Narkose soll der Respirationsquotient absinken. Zu den gleichen Ergebnissen kommt auch unter anderen KINOSHITA[2] am Kaninchen. Über den Eiweißstoffwechsel scheinen keine neueren Angaben vorzuliegen. Die Veränderung unter Ätherwirkung ist zweifellos sehr gering (vgl. Bd. I).

Nervensystem (*Bd. I, S. 230*). Die alte Streitfrage, ob das Exzitationsstadium der Narkose durch Fortfall von Hemmungen oder wirkliche Erregung hervorgerufen wird, sucht SCHLÜTER[3] durch Versuche an der Maus zu entscheiden. Es gelingt, die durch verschiedene andere Narkotica bedingte leichte Narkose (Seitenlage) durch Zufuhr kleiner Ätherkonzentrationen zu durchbrechen. Wenn durch höhere Ätherkonzentrationen die narkotische Wirkung von Schlafmitteln vertieft wird, so kann bei Aussetzen der Ätherzufuhr die Aufweckwirkung des Äthers vorübergehend in Erscheinung treten; ist der Äther dann völlig aus dem Organismus verschwunden, so machen sich die Wirkungen des Schlafmittels wieder bemerkbar. Ähnliche Ergebnisse hat auch FÖCKLER[4] bei der Kombination von Äther mit Evipan erzielen können. SCHLÜTER machte ferner noch die interessante Beobachtung, daß Ätherkonzentrationen, die bei unvorbehandelten Tieren keine Erregung hervorbrachten, bei durch Schlafmittel leicht gelähmten Tieren excitierend wirken.

In einer russischen Arbeit, deren Einzelheiten nicht zugänglich sind, untersuchte CETVERIKO[5] den aufeinanderfolgenden Ausfall der Motilität, der Sensibilität und der einzelnen Reflexe während der Äthernarkose und vergleicht sie mit denen der Chloroformnarkose. Es läßt sich leider nicht feststellen, inwiefern die Versuche von RITSCHEL und STANGE[6] (Bd. I, S. 230) und von STORM VAN LEEUWEN[7] bestätigt werden, von denen die ersteren darauf aufmerksam machen, daß der Äther im Gegensatz zum Chloroform das Rückenmark verhältnismäßig lange unbeeinflußt läßt.

Es war früher die Frage aufgeworfen worden, ob der Äther ebenso wie andere Narkotica morphologische und chemische Veränderungen in den Ganglienzellen des Gehirns bedingen könne. Insbesondere hatte WINTERSTEIN[8] die vorliegenden positiven Befunde einer ablehnenden Besprechung unterzogen. WEIL[9] verteidigt aber die Möglichkeit, indem er nachweist, daß 3—5stündige Narkosen an Hunden und Katzen Veränderungen in den NISSLschen Körperchen hervorrufen und Vermehrung des Acetonextraktes der grauen und weißen Hirnsubstanz sowie eine Verminderung des Alkoholextraktes bedingen. Es ist nicht außer acht zu lassen, daß bei kürzeren Narkosen derartige Veränderungen nicht zutage treten, was WEIL selbst bis zu einem gewissen Grade bestätigt, da die morphologischen Veränderungen erst in der zweiten Stunde beginnen. Daß es sich dabei um sekundäre Vorgänge handelt, läßt sich vielleicht auch aus den Untersuchungen von MEYER und BLUME[10] folgern, die bei Narkosen mit Atemstörungen ebenfalls histopathologische Veränderungen nachweisen konnten, die denen bei Erstickung ähnelten.

[1] KRUSE, T. K.: J. of biol. Chem. **56**, 139 (1923).
[2] KINOSHITA, T.: Mitt. med. Akad. Kioto **5**, 1922 (1931).
[3] SCHLÜTER, H.: Arch. f. exper. Path. **149**, 296 (1930).
[4] FÖCKLER, K. H.: Inaug.-Dissert. Halle 1933.
[5] CETVERIKO, N.: Russk. Klin. **7**, 766 (1927); zit. n. Ber. d. Physiol. **44**, 834 (1928).
[6] RITSCHEL, W., u. O. STANGE: Arch. internat. Pharmacodynamie **23**, 191 (1913).
[7] STORM VAN LEEUWEN, W.: Pflügers Arch. **165**, 594 (1916).
[8] WINTERSTEIN, H.: Die Narkose. 2. Aufl. Berlin: Julius Springer 1926.
[9] WEIL, A.: Proc. Soc. exper. Biol. a. Med. **26**, 776 (1929).
[10] MEYER, A., u. W. BLUME: Z. Neur. **149**, 678 (1934).

Der elektrische Widerstand des nervösen Gewebes im Kleinhirn, Rückenmark und auch des peripheren Nerven nimmt nach GAVRILESCU[1] unter dem Einfluß der Narkotica zu. Diese Zunahme verschwindet, wenigstens teilweise, nach Entfernung des Äthers (und des Chloroforms).

Mit der Einwirkung des Äthers auf das *vegetative* Nervensystem beschäftigen sich eine Anzahl von Arbeiten. Die Empfindlichkeit des parasympathischen Nervensystems ist nach Versuchen von RYDIN[2] sowie von SHITA und SHIRAI[3] in der Äthernarkose gesteigert, was sich an Tier und Mensch aus der leichteren Ansprechbarkeit auf parasympathisch erregende und lähmende Gifte ergibt (Acetylcholin, Pilocarpin und Atropin, z. B. am Herzvagus). Andererseits ergibt sich aus den Versuchen von GOLD, GRYZWAEZ und NOWIKI[4], daß eine tiefe Äthernarkose beim Hund die vaguserregende Wirkung des Morphins beseitigt. Nach SHATIA und BURN[5] bedingt die Äthernarkose bei decerbrierten und spinalen Katzen eine Erregung des sympathischen Nervensystems, die zum kleinen Teil auf eine Ausschüttung von Adrenalin aus den Nebennieren zurückzuführen sei. Im Gegensatz dazu konnten SHITA und SHIRAI[3] in der Äthernarkose bei Frauen, bei denen zwar das parasympathische Nervensystem erregbarer geworden war, keine Veränderung der Anspruchsfähigkeit des Sympathicus nachweisen.

Die etwas widerspruchsvollen Ergebnisse werden wohl durch die verschiedenen Dosierungen des Äthers erklärt werden können.

Daß beim *peripheren* Nerven kleinere Konzentrationen des Äthers eine Erregung und größere eine Lähmung hervorrufen, wird von THÖRNER[6] bestätigt. Diese Wirkung wird aber, wie es scheint, nicht auf eine unmittelbare Wirkung des Äthers zurückgeführt, sondern auf Erstickungsstoffe, die durch mangelhafte Oxydation entstehen. OVERTON[7] zeigt durch Versuche am Frosch, daß durch Konzentrationen des Narkoticums, die das Zwei- bis Dreifache des bis zur vollständigen Reflexlosigkeit nötigen Mengen im Blutplasma betragen, auch die motorischen Nerven unerregbar werden können.

Aus diesen Ergebnissen kann wohl ungezwungen der Schluß gezogen werden, daß die für eine vollständige Narkose notwendigen Ätherkonzentrationen den peripheren Nerven im allgemeinen unbehelligt lassen oder wenigstens nicht im lähmenden Sinne beeinflussen.

Quergestreifte und glatte Muskulatur (*Bd. I, S. 243*). Die Einwirkung des Äthers auf die quergestreiften Muskeln besteht zunächst in einer Zunahme der Erregbarkeit, der eine Lähmung folgt. Am isolierten Sartorius von Rana pipiens hat GRAHAM[8] die Höhe der Reizschwelle verschiedener Narkotica bei isometrischer Versuchsanordnung untersucht. Die Reizschwelle stieg nach Einwirkung des Äthers anfangs langsam, doch plötzlich sehr stark an; die Lähmung war je nach der Dauer des vorher einwirkenden Narkoticums mehr oder minder rückgängig zu machen. Es mußten für die Muskelnarkose 3—4mal so hohe Konzentrationen verwendet werden, wie sie für die Allgemeinnarkose des Säugetieres notwendig sind. Das Ergebnis steht also in gewisser Übereinstimmung zu den Versuchen, die OVERTON[7] an den motorischen Nerven des ätherisierten Frosches angestellt hat.

[1] GAVRILESCU, N.: Arch. Sci. biol. **13**, 39 (1929).
[2] RYDIN, H.: Arch. internat. Pharmacodynamie **33**, 1 (1927).
[3] SHITA, H., u. S. SHIRAI: Mitt. med. Akad. Kioto **10**, 31 (1934).
[4] GOLD, H., P. L. GRYZWAEZ u. V. A. NOWIKI: Amer. Heart **4**, 336 (1929).
[5] SHATIA, B. B., u. I. K. BURN: J. of Physiol. **77**, 30; **78**, 257 (1933).
[6] THÖRNER, W.: Pflügers Arch. **204**, 747 (1924).
[7] OVERTON, E.: Skand. Arch. Physiol. **46**, 335 (1925).
[8] GRAHAM, H. T.: J. of Pharmacol. **37**, 9 (1929).

LÄWEN und FREY[1] zeigen, daß bei der Allgemeinnarkose des Menschen der Muskeltonus sehr erheblich herabgesetzt wird. Man wird diesen Befund wohl kaum auf eine unmittelbare Beeinflussung des Muskels, als vielmehr des Nervensystems beziehen müssen.

Bei Untersuchung der Ätherwirkung auf die *glatte* Muskulatur ergeben sich von neuem Widersprüche. Beim Kaninchen zeigt sich nach MUN[2] im Verlauf einer bis zum Tode durchgeführten Äthernarkose anfangs eine vorübergehende Vergrößerung der Kontraktionen und Tonusanstieg der Darmmuskulatur; im weiteren Verlauf nimmt die Kontraktionshöhe ab, aber die Darmtätigkeit bleibt regelmäßig. Die anfängliche Steigerung ließ sich durch Atropin und Vagotomie hemmen. Diese Versuchsergebnisse stehen im Einklang mit denen von GUENTHER und BINGER[3], die ebenfalls eine Steigerung der Bewegung und des Tonus in leichter Äthernarkose feststellten. Atropin kehrt diese Erregung in eine Lähmung um. Die Forscher schließen die Folgen einer Asphyxie und eine Erregung zentral nervöser Elemente aus und suchen den Angriffspunkt in peripher nervösen Erregungen der Darmwand. MILLER[4] dagegen konnte bei ätherisierten (und chloroformierten) Hunden lediglich einen hemmenden Einfluß der Narkose auf Magen, Dick- und Dünndarm feststellen. Auch hier werden wohl die Unterschiede in der Dosierung des Äthers zur Erklärung der verschiedenen Ergebnisse heranzuziehen sein.

Atmung (*Bd. I, S. 241*). Die Wirkung des Äthers auf die Atmung besteht darin, daß eine kleinere Konzentration in der Einatmungsluft eine Steigerung der Atmung hervorruft, was auf eine Erregung des Atemzentrums zurückgeführt wird, während größere Konzentrationen eine bis zum Atemstillstand fortschreitende Schädigung herbeiführen. KÄRBER und LENDLE[5] haben den Einfluß des Äthers auf die Atmung des Kaninchens bei genauer Dosierung untersucht. Sie finden bei Konzentrationsausgleich zwischen Ausatmungsluft und Blut eine nicht unerhebliche Vergrößerung des Atemvolumens, das bei einem Äthergehalt der Luft von etwa 2% bis auf das Doppelte ansteigt. Diese Vermehrung war hauptsächlich auf eine Steigerung der Atemfrequenz zurückzuführen. Wenn der Äthergehalt der Einatmungsluft so weit gesteigert wurde (etwa 6 Vol.-%), daß der Cornealreflex erlosch, so kam es zu einer Verringerung des Atemvolumens, die bei Fortsetzung der Narkose immer zum Atemstillstand führte. Damit bestätigten sie die Beobachtungen von CSILLAG[6], die damit einen Beweis für das „Alles-oder-nichts-Gesetz" der Narkose im Sinne von MANSFELD erblickte. KÄRBER und LENDLE können sich aber dieser Auffassung nicht anschließen, da nach ihrer Ansicht sekundäre Schädigungen die reversible Lähmung der Atmung mitbedingen können. Schon früher war HAGGARD[7] am Kaninchen bzw. Hund zu ähnlichen Ergebnissen gekommen, da er bei einem Äthergehalt von 1,54 und 1,70 g im Liter Blut einen ziemlich plötzlichen Atemstillstand beobachtete, während nur unwesentlich kleinere Äthermengen (1,17—1,25 g im Liter Blut) lediglich den Cornealreflex zum Verschwinden brachten.

Aus diesen Versuchen geht hervor, daß beim Kaninchen und Hund die Unterschiede der Äthermengen in der Einatmungsluft und im Blut, die eine tiefe, mit Erlöschen des Cornealreflexes einhergehende Narkose einerseits und den Tod

---

[1] LÄWEN, A., u. S. FREY: Bruns' Beitr. **148**, 323 (1929).
[2] MUN, M.: Keijo J. Med. **2**, 237 (1931).
[3] GUENTHER, A. E., u. M. W. BINGER: Amer. J. Physiol. **72**, 226 (1925).
[4] MILLER, G. K.: J. of Pharmacol. **27**, 41 (1926).
[5] KÄRBER, G., u. H. LENDLE: Arch. f. exper. Path. **160**, 440 (1931).
[6] CSILLAG: Arch. f. exper. Path. **131**, 279 (1928).
[7] HAGGARD, H. W.: J. of biol. Chem. **59**, 783, 795 (1924).

andererseits bedingen, sehr gering sind, somit die Beobachtung von RITSCHEL und STANGE[1] eine Bestätigung findet.

Ob die am Tier gewonnenen Versuchsergebnisse sich immer auf den Menschen übertragen lassen, scheint zweifelhaft zu sein (vgl. FRANKEN[2]). Jedenfalls verdient vom praktischen Standpunkt aus die Tatsache größte Beachtung, daß der Atemstillstand, der durch kurzdauernde Überdosierung des Äthers hervorgebracht wird, aber nicht reflektorisch bedingt ist, durch künstliche Atmung zu wiederholten Malen reversibel gestaltet werden kann (s. Bd. I).

Kreislauf (*Bd. I, S. 235*). Aus den früheren Versuchen ging hervor, daß unter dem Einfluß des Äthers der Blutdruck steigt, was auf eine zentral bedingte Verengerung im Splanchnicusgebiet zurückgeführt werden kann, obwohl im Coronargebiet, im Gehirn, in den Hautgefäßen und in den Lungen eine Gefäßerweiterung beobachtet wird. Der Anteil des Herzens an der Blutdrucksteigerung scheint nicht eindeutig, da zwar beim Froschherzen eine Tätigkeitsvermehrung, nicht aber beim Warmblüterherzen festzustellen war. Immerhin ist es aber möglich, daß das Herz des ganzen Tieres durch eine bessere Durchblutung des Coronargefäßsystems günstig beeinflußt wird. BLALOCK[3] konnte am Hund feststellen, daß in der Äthernarkose das Minutenvolumen um 76% zunahm. Er führte diese Wirkung auf einen unmittelbaren Einfluß des Äthers zurück und nicht auf eine Änderung der Wasserstoffionenkonzentration, was von mancher Seite behauptet worden ist. Die Pulsbeschleunigung, die während der Äthernarkose beobachtet wird, soll nach SAMAAN[4] zum Teil durch eine Verringerung des Vagustonus, zum Teil durch eine Acceleransreizung bedingt sein. Auch KOBACKER und RIGLER[5] konnten an der Katze feststellen, daß die Vaguserregbarkeit in der Äthernarkose abnahm, während die Nervi accelerantes selbst in verhältnismäßig tiefer Narkose keine Lähmung aufweisen. Es fehlt aber nicht an Stimmen, die umgekehrt eine Erhöhung der Vaguserregbarkeit in der Äthernarkose annehmen (s. Nervensystem). Wenn durch hohe Konzentrationen des Äthers eine Blutdrucksenkung eintritt, so kommt es nach FRANKEN[6] zu einer Verminderung der zirkulierenden Blutmenge.

Aus all diesen Versuchen ergibt sich, daß neue Gesichtspunkte für die Beeinflussung des Kreislaufes nicht gewonnen wurden. Nur die Versuche von BLALOCK[3] zeigen, daß an der Blutdrucksteigerung, welche bei vorsichtiger Dosierung des Äthers beobachtet werden kann, das Herz beteiligt zu sein scheint. Ob es sich hier um eine unmittelbare Einwirkung des Äthers handelt oder nur um eine bessere Durchblutung des Herzmuskels, wurde auch durch diese Versuche nicht entschieden.

Sinnesorgane (*Bd. I, S. 243*). Eine spezifische Beeinflussung durch den Äther scheint kaum vorzuliegen. Bekanntlich wurde der Pupillenweite während der Narkose erhebliche Aufmerksamkeit geschenkt, um daraus die Tiefe der Narkose zu ermessen. Für den Äther sind im Gegensatz zum Chloroform die Angaben nicht ganz eindeutig. Nach GOLD und SUSSMAN[7] kommt es in früheren Stadien der Narkose zu einer Verengerung, bei tiefer Narkose zu einer Erweiterung der Pupille, was im wesentlichen mit den früheren Beobachtungen von TRENDELENBURG und BUMKE[8] übereinstimmt, die in der tiefen Narkose Pupillenerweiterung und Starre, beim Abklingen eine Miosis feststellten.

[1] RITSCHEL, W., u. O. STANGE: Zit. S. 20.
[2] FRANKEN, H.: Arch. Gynäk. **140**, 496 (1930).
[3] BLALOCK, A.: Arch. Surg. **14**, 732, 921 (1927).
[4] SAMAAN, A.: C. r. Soc. Biol. Paris **115**, 1755 (1934).
[5] KOBACKER, J. L., u. R. RIGLER: J. of Pharmacol. **37**, 161 (1929).
[6] FRANKEN, H.: Arch. Gynäk. **140**, 496 (1930) — Narkose u. Anästh. **1**, 437 (1928).
[7] GOLD, H., u. M. L. SUSSMAN: Proc. Soc. exper. Biol. a. Med. **26**, 3 (1928).
[8] TRENDELENBURG, W., u. O. BUMKE: s. Bd. I, 243.

Bei der Narkose der Riechschleimhaut durch Äther erwies sich die Erregbarkeit gegenüber allen untersuchten Riechstoffen gleichmäßig vermindert. Eine elektive Wirkung für gewisse Riechstoffe konnte nicht gefunden werden (Mitsumoto[1]).

Körpertemperatur (*Bd. I, S. 245*). Der Abfall der Eigenwärme, wurde wie früher ausgeführt, auf eine Störung der Wärmeregulation bei Verminderung der Wärmebildung und Vermehrung der Abgabe aufgefaßt. Damit stimmt die Beobachtung von Heymans und Regniers[2] bis zu einem gewissen Grade überein, die das Methylenblaufieber beim Hunde durch Äther zwar nicht aufheben konnten, aber die Sauerstoffaufnahme und Kohlensäureausscheidung (Verminderung der Oxydationen) vermindert fanden. Daß aber auch eine vermehrte Wärmeabgabe durch Erweiterung der Hautgefäße während der Äthernarkose stattfindet, geht aus folgenden Versuchen hervor: Während bei den meisten Menschen mit normalen Gefäßen eine Gefäßverengerung in den Beinen sich nachweisen läßt, die in den Knien beginnt und nach den Zehen zunimmt, verschwinden die dadurch bedingten Temperaturunterschiede in der Äthernarkose. Da dies auch bei Ausschaltung des sympathischen Nerven der Fall ist, so schließen Scott, Merle und Morton[3] aus ihren Beobachtungen auf eine Lähmung der Vasoconstrictoren. Zu ähnlichen Ergebnissen kommt Meyer[4], der die Fußsohlentemperatur während der Äthersauerstoffnarkose bis um 5° erhöht fand. Es versteht sich von selbst, daß durch diese Lähmung der Vasomotion die Wärmeabgabe vermehrt sein kann. Die Störung der Wärmeregulation bei Hunden wird von Barbour und Bourne[5] betont; sie geht auch aus den Versuchen Sheards[6] und Mitarbeitern hervor, die die reaktive Vasokonstriktion der Hautgefäße des Hundes auf Kältereiz vermindert fanden.

Die neueren Versuche haben also im wesentlichen eine Bestätigung der obenerwähnten Ergebnisse gebracht.

Drüsen (*Bd. I, S. 241*). Eine Beeinflussung der Leber war früher kaum festgestellt worden. Zu ähnlichen Ergebnissen kommt jetzt auch Takana[7] in Versuchen am Kaninchen, bei dem die Eliminationsdauer von 3—5 mg intravenös injizierten Bilirubins nicht gestört ist. Auch die Gallensekretion und der Bilirubingehalt der Galle sowie die Ausscheidung von intravenös einverleibtem Kongorot durch die Galle (Choledochusfistel) verlief ohne wesentliche Störung. Nach den Befunden, die Sostegni[8] am operierten Menschen erheben konnte, erwies sich die Äthernarkose aber nicht ganz so harmlos für die Funktion der Leber. Zwar blieb die Glykogenese der Leber unverändert, doch erwies sich die antitoxische und fixierende Funktion nach Darreichung von Salicylsäure sowie die äußere Sekretion durch die Äthernarkose beeinträchtigt.

Die Einwirkung des Äthers auf die *Niere* wurde in den früheren Arbeiten im allgemeinen als geringfügig betrachtet. Die Wasserdiurese war gehemmt und die Ausscheidung von Farbstoffen im Anschluß an eine Äthernarkose gemindert. Die Hemmung der Diurese wird auch jetzt wieder bestätigt. Dooley und Wells[9] konnten eine Anurie nach Ätherinhalation beobachten. Da sie aber eine resorptive Wirkung des Äthers ausschalteten, so beziehen sie diesen Äthereinfluß auf eine

---

[1] Mitsumoto, P. T.: Z. Sinnesphysiol. **57**, 166 (1926).
[2] Heymans, C., u. P. Regniers: Arch. internat. Pharmacodynamie **32**, 311 (1926).
[3] Scott, W. I. Merle u. J. J. Morton: Proc. Soc. exper. Biol. a. Med. **27**, 945 (1930).
[4] Meyer, E.: Dtsch. Z. Chir. **236**, 97 (1932).
[5] Barbour, H. G., u. W. Bourne: Amer. J. Physiol. **67**, 399 (1924).
[6] Sheard, Ch., E. H. Rynearson u. W. McCraig: J. of Physiol. **97**, 558 (1931).
[7] Takana, S.: Arch. klin. Chir. **170**, 672 (1932).
[8] Sostegni, A.: Osp. magg. **20**, 345 (1932).
[9] Dooley, M. S., u. Ch. Wells: J. of Pharmacol. **31**, 204 (1927).

von der Trachea ausgehende Reflexhemmung, die durch die Reizwirkung des Äthers auf die Luftröhrenschleimhaut zustande kommt. Die Anurie bleibt angeblich aus, wenn der Äther peroral, rectal oder intravenös gegeben wird oder die Tracheaschleimhaut vorher cocainisiert wird. HAINES und MILLIKEN[1] beziehen die Ätheranurie auf eine Schädigung der Nierenfunktion, da sie die Ausscheidung von Indigocarmin aufgehoben, die von Phenolrot stark vermindert finden. Auch beim Menschen verschlechtert die Äthernarkose die Farbstoffausscheidung, und die Forscher geben an, regelmäßig eine Albuminurie und Cylindrurie beobachtet zu haben. Da aber die Farbstoffausscheidung bei entnervten Nieren vollkommen regelrecht vonstatten geht, so beziehen sie die Funktionsstörung der Niere auf eine reflektorisch bedingte Ischämie und lehnen die Ansicht ab, daß der Äther die Nierenepithelien selbst schädige. Im Gegensatz dazu neigen STEHLE und BOURNE[2] dazu, die beobachtete Oligurie mit einer unmittelbaren Funktionsschädigung der Nierenepithelien in Zusammenhang zu bringen. Nach kurzdauernder Äthernarkose fand LANGE[3] zwar eine geringe Erhöhung des Farbstoffwertes des Harns, aber keine wesentlichen Veränderungen, aus denen auf eine Schädigung der Nierensekretion geschlossen werden konnte. BONSMANN[4] stellte beim Hund eine einschneidende Störung der Wasserdiurese fest, die lange Zeit anhalten kann. Diese Hemmung wird mit dem narkotischen Vorgang in Zusammenhang gebracht und einer Beeinflussung zentraler Regulationsvorgänge zugeschrieben. Bei Wasserbelastung ist nach WALTON[5] die Wasserausscheidung etwas gehemmt und ebenso, wenn auch in geringerem Maße, die Ausscheidung von Phenolsulfophthalein. Ohne Belastung konnte jedoch keine Störung der Ausscheidung in 24 Stunden nachgewiesen werden. Ob vielleicht eine Wasserverarmung des Blutes während der Äthernarkose durch eine Abwanderung in die Gewebe die Wasserausscheidung dauernd beeinflussen kann, erscheint fraglich, da die Bluteindickung verhältnismäßig nur gering ist, wenn sie auch von STEHLE und BOURNE[2] sowie von BARBOUR und BOURNE[6] nachgewiesen wurde.

Aus allen diesen Versuchen geht wohl hervor, daß der Äther das Nierenparenchym selbst eigentlich kaum schädigt und nur reflektorisch bedingte Vorgänge die Funktion verschlechtern.

Nebennieren. Wie schon bei Erörterung der Hyperglykämie auseinandergesetzt wurde, soll die Nebenniere dabei eine gewisse Rolle spielen. Aus diesem Grunde ist die Frage erörtert worden, ob der Gehalt der Nebennieren an Adrenalin durch die Einwirkung des Äthers vermindert werde. FUJII und TAKAI[7] bejahen diese Frage durch Versuche am Hund, und KODAMA[8] kommt durch Versuche an Katze und Hund zu demselben Ergebnis. Letzterer findet aber gleichzeitig eine Verminderung der Adrenalinbildung, so daß die Verarmung der Nebennieren wenigstens nicht allein durch eine vermehrte Abgabe von Adrenalin erklärt werden kann. Nur wenn eine Asphyxie eintritt, wird die Adrenalinabgabe vergrößert.

Im Gegensatz dazu finden SCHLOSSMANN und MÜGGE (Zit. S. 12), daß der Adrenalingehalt des arteriellen Blutes (A. femoralis) bis zu 1:2,5 Milliarden erhöht sein kann. Doch erklären sie diesen Befund nicht durch eine unmittelbare

---

[1] HAINES, W. H., u. L. F. MILLIKEN: J. of Urol. 17, 147 (1927).
[2] STEHLE, R. L., u. W. BOURNE: Arch. int. Med. 42, 248 (1928).
[3] LANGE, M.: Schmerz, Narkose usw. 3, 161 (1930).
[4] BONSMANN, M. R.: Arch. f. exper. Path. 156, 160 (1930).
[5] WALTON, R. P.: Proc. Soc. exper. Biol. a. Med. 29, 1072 (1932).
[6] BARBOUR, H. G., u. W. BOURNE: Amer. J. Physiol. 67, 399 (1924).
[7] FUJII, J. u. K. TAKAI: J. of Biophysics 1, XXXVIII (1924).
[8] KODAMA, S.: Tohoku J. exper. Med. 4, 601 (1924).

Einwirkung des Äthers auf die Nebennieren, sondern halten sie für eine Folge der Blutdrucksenkung.

Synergismus, Antagonismus. Um die Konzentration des Äthers bei der Narkose zu vermindern und damit gewisse Unannehmlichkeiten und Gefahren auszuschalten, wurde, wie früher Bd. I, S. 224 auseinandergesetzt wurde, vielfach versucht, den Äther mit anderen Narkotica zu kombinieren. Dies geschah entweder durch Mischen des Ätherdampfes mit den Dämpfen bzw. Gasen anderer Narkotica oder durch Kombination mit anderen Narkoticis, hauptsächlich aus der Reihe der Schlafmittel. Man würde also eine Mischnarkose und eine Kombinationsnarkose unterscheiden können. Bei ersterer handelt es sich, wie ersichtlich, um eine Mischung zweier dampf- oder gasförmiger Narkotica, die per inhalationem aufgenommen werden, während bei der kombinierten Narkose die Inhalationsnarkose (beispielsweise mit Äther) durch perorale oder parenterale Darreichung eines anderen Narkoticums unterstützt wird. Wird der Hauptteil der Narkose durch das Inhalationsanaestheticum getragen, so könnte man dieses als eine Kombinationsnarkose im engeren Sinne bezeichnen, während man eine Narkose, deren Hauptanteil dem Schlafmittel zuzuschreiben ist, als Basisnarkose bezeichnet, die durch die steuerbare Zugabe von Äther vervollständigt wird. Auf diese Verfahren soll bei den einzelnen Narkotica eingegangen werden (siehe Avertin, Pernocton und die gasförmigen Narkotica). Über die Unterstützung der Äthernarkose durch Morphin, Morphin-Scopolamin, Paraldehyd und andere Schlafmittel ist früher berichtet worden. Neuere Arbeiten auf diesem Gebiete sind nur in geringerem Umfange erschienen. HALSEY und LACEY[1] berichten über Versuche an Hunden, bei denen durch intravenöse Injektion von ein Fünftel der tödlichen Dosis von Dial oder Nembutal die Äthernarkose mit dosierten Äther-Luftgemischen deutlich vertieft wurde, während CALDERONE[2] durch Kombination von Äther und Barbitursäurederivaten keine günstige Wirkung gesehen hatte. Die Unterstützung der Äthernarkose durch andere Schlafmittel ist von STARLINGER[3] (Paraldehyd) und RÖSLER[4] (Chloralhydrat) auf Grund von Tierversuchen als günstig geschildert worden.

Die Kombination von Äther mit Magnesiumsalzen war von MELTZER und AUER[5] empfohlen worden, da die Hälfte der für sich allein narkotisch wirkenden Gaben von Magnesiumsulfat bei subcutaner Darreichung genügt, um die Ätherkonzentration auf zwei Drittel oder weniger herabzudrücken. GWATHMEY und HOOPER[6], die allerdings den Äther rectal verabreichen, bestätigen insofern die Ergebnisse von MELTZER und AUER, als sie einen potenzierenden Synergismus in ihren Versuchen an der Ratte feststellen, ein Befund, der aber von SHACKELL und BLUMENTHAL[7] nicht bestätigt werden konnte. Auch STARLINGER[8] steht dem Verfahren von GWATHMEY skeptisch gegenüber. BLESS[9], die ebenso wie bei der Avertinnarkose nicht nur durch Magnesiumchlorid, sondern auch durch Kaliumsalze eine Verbesserung der Narkosebreite beobachten konnte, wenn gleichzeitig der Äther rectal verabreicht wurde, hatte keinen günstigen Eindruck von dieser Kombination, da die Tiere sich erst einige Tage nach der Narkose wieder vollkommen erholten.

[1] HALSEY, J. T., u. C. F. LACEY: Proc. Soc. exper. Biol. a. Med. **30**, 1429 (1933).
[2] CALDERONE, F. A.: J. of Pharmacol. **45**, 254 (1932).
[3] STARLINGER, F.: Z. exper. Med. **59**, 421 (1928).
[4] RÖSLER, A.: Dissert. Hannover 1933.
[5] MELTZER, S. J., u. I. AUER: Zbl. Physiol. **27**, 632 (1913).
[6] GWATHMEY, J. T., u. CH. W. HOOPER: J. Labor. a. clin. Med. **10**, 641 (1925).
[7] SHACKELL, L. F., u. R. BLUMENTHAL: J. of Pharmacol. **45**, 274 (1932).
[8] STARLINGER, F.: Z. exper. Med. **56**, 535 (1927).
[9] BLESS, G.: Arch. f. exper. Path. **148**, 129 (1930).

Daß Kaninchen gegen Äther empfindlicher werden, wenn sie mit Schilddrüsensubstanz gefüttert werden, wird von Kikuchi[1] auf eine Verschiebung der Alkalinität und Calciumionenkonzentration zurückgeführt.

Die Beeinflussung der Äthernarkose durch gleichzeitige Kohlensäureeinatmung, deren Anwendung bei der Inhalationsnarkose auf Henderson[2] und später auf Haldane[3] zurückgeht, ist verschiedentlich untersucht worden. Die Zunahme der Atemgröße durch Kohlensäure führt zu einem schnelleren Eintritt der Narkose. Lendle[4] zeigte aber auch, daß tatsächlich eine Vertiefung der Äthernarkose zustande kommt, allerdings unter Verkleinerung der Narkosenbreite. Derartige Verhältnisse sind auch bei Verwendung der Ombrédanneschen Maske anzutreffen. Nach Kleindorfer[5] vertiefen 5—10% Kohlensäuremischungen die Äthernarkose insofern, als weiße Ratten schon durch 60% der sonst narkotischen Ätherkonzentration (3,5—3,8%) vollkommen betäubt werden; eine Schädigung wurde dabei nicht beobachtet (Messung des Blutdrucks und der Atmung). Zu ähnlichen Ergebnissen scheint auch schon vorher Deckers[6] gekommen zu sein, der allerdings von etwas anderen Gesichtspunkten seine Versuche am Kaninchen anstellte. Er benutzte die Kohlensäureeinatmung dazu, die Atemschädigung durch Morphin aufzuheben und konnte nunmehr feststellen, daß die Äther- (und auch Chloroform-) Narkose durch die Hälfte der sonst notwendigen Narkoticakonzentrationen im Blut unterhalten wurde. Nach Gitnik[7] erwachen die narkotisierten Kranken schneller aus der Betäubung, wenn ihnen CO_2 zugeführt wird. King[8] zeigte, daß durch Einatmung von 25proz. Kohlensäure der Blutdruck des ätherisierten Hundes gesteigert werden kann, wenn er auch bei längerer Einatmung abfällt.

Wie aus den Angaben hervorgeht, ist das Urteil über die Zweckmäßigkeit der Kohlensäurezugabe zu der Inhalationsnarkose keineswegs einheitlich. Von klinischer Seite werden die Vorteile gerühmt, die pharmakologischen Ergebnisse aber müssen etwas skeptischer stimmen. Die Meinungsverschiedenheiten lassen sich aber ohne weiteres überbrücken, wenn man die Wirkungen der Kohlensäure in Betracht zieht. Sie ist ein mächtiges Anregungsmittel der Atmung, aber sie besitzt auch selbst narkotische Wirkung. Wenn man von der Kohlensäurebeimischung nur eine Vertiefung der Atmung und eine Zunahme des Atemvolumens erwartet, um dadurch einen schnelleren Konzentrationsausgleich der Ätherkonzentration zwischen Einatmungs- bzw. Alveolarluft und Blut zu erreichen, so wird man einmal nur solche verhältnismäßig geringen Gaben der Kohlensäure wählen, die die Atmung stark erregen, und andererseits die CO_2 nur so lange anwenden, bis die Narkose eingetreten ist, und dann die Zufuhr aufhören lassen. Zur Anwendung könnte sie erst dann wieder kommen, wenn es sich darum handelt, den Äther nach Aussetzen der Zufuhr durch eine ausgiebige Atmung schnell zur Ausscheidung zu bringen. Ob man sich der narkotischen Komponente mit Vorteil bedienen kann, erscheint nach den Versuchen Lendles noch fraglich zu sein. In diesem Falle müßte die Kohlensäurezufuhr während der ganzen Zeit der Ätherisierung in zweckmäßiger Dosierung fortgesetzt werden. Es wäre vielleicht wünschenswert, wenn weitere Versuche angestellt würden, die diese eben entwickelten Anschauungen und Möglichkeiten berücksichtigen.

---

[1] Kikuchi, Ch.: Fukuoka-Ikwadaigaku-Zasshi (jap.) **22**, dtsch. Zusammenfassg. 25 (1929).
[2] Henderson, Y.: Brit. med. J. **1925**, 1170; **1926**, 41.
[3] Haldane, J. S.: Proc. roy. Soc. Med. **19**, 33 (1926).
[4] Lendle, L.: Arch. f. exper. Path. **147**, 68 (1929).
[5] Kleindorfer, G. B.: Proc. Soc. exper. Biol. a. Med. **28**, 623 (1931).
[6] Deckers, L.: Arch. internat. Pharmacodynamie **31**, 371 (1926).
[7] Gitnik, M.: Z. sovrem. Chir. (russ.) **5**, 430 (1930).
[8] King, M. J.: Amer. J. Physiol. **105**, 62 (1933).

Da die Anregung der Atmung von praktischer Bedeutung ist, so wurde versucht, das Lobelin antagonistisch auch bei der Äthernarkose zu verwenden. Zwar zeigte GUNS[1] in Übereinstimmung mit den Versuchen von WIELAND und BEHRENS[2], daß beim ätherisierten Kaninchen selbst kleine Gaben des Lobelins schädlich sind. Aber wie WIELAND und BEHRENS bewiesen, trifft das nur für das Kaninchen zu, während bei Katzen und Hunden selbst in der tiefen Narkose Lobelininjektionen die Atmung anregen, den Blutdruck steigern und eine Narkoseasphyxie aufheben. Ebenso finden KING, ROSMER und DRESBACH[3], daß durch die intravenöse Injektion von 0,08—0,12 mg Lobelin/kg (Hund, Katze) die Atmung ausgesprochen erregt werde. Auch der Blutdruck zeigte eine Erhöhung; bei ganz tiefer Narkose allerdings war die günstige Lobelinwirkung nicht zu beobachten.

BANCROFT[4] hat auf Grund seiner Vorstellungen über das Zustandekommen der Narkose die Ansicht ausgesprochen, daß durch Rhodanide die Wirkung des Äthers und anderer Narkotica aufgehoben werden könne. BURKHOLDER[5] sowie HIRSCHFELDER und CUNNINGHAM[6] konnten aber durch ihre Versuche am Tier eine derartige antagonistische Wirkung nicht wahrnehmen.

Vom praktischen Gesichtspunkt aus sind Versuche von Bedeutung, die die Frage beantworten sollten, ob die Toxizität der Lokalanaesthetica durch die allgemeine Narkose mit Äther beeinflußt würde. Schon MACHT[7] hatte gezeigt, daß die Giftigkeit von Cocain und Alypin wesentlich gesteigert wird, da bei Katzen die tödliche Gabe von 30—40 mg Cocain/kg auf 15 mg, bei Alypin von 24—30 mg auf 6—7 mg vermindert wird. Ein ähnliches Ergebnis haben auch die Versuche von PEREZ-CIRERA[8] gezeigt, der eine Erniedrigung der tödlichen Gabe des Novocains von 90 auf 25 mg/kg bei der Maus und bei der Katze von 55 auf 40 mg beobachten konnte.

Eine eigenartige Veränderung in der Äthernarkose zeigt die Histaminwirkung, indem die beim nichtnarkotisierten Tier auftretende Erweiterung der kleinen Gefäße bei gleichzeitiger Verengerung der Zentralarterie des Kaninchenohres durch die Ätheranästhesie in eine Verengerung umschlägt. Damit scheint auch die Beobachtung in Einklang zu stehen, daß in der Äthernarkose die blutdrucksenkende Wirkung des Histamins nicht zustande kommt, sondern sogar einer Erhöhung Platz macht (HOSOYA[9]).

Die Wirkung parasympathisch reizender Substanzen, wie Acetylcholin am Herzen und Darm, wird durch Äther verstärkt, aber auch die blutdrucksteigernde Wirkung des Adrenalins kann durch kleine Äthergaben wahrscheinlich durch Erhöhung der Erregbarkeit der Gefäßmuskulatur vergrößert werden. Am isolierten Uterus des Meerschweinchens wurde von SAITO[10] gezeigt, daß die erregende Wirkung des Hypophysins, Pituglandols und Histamins durch Äther aufgehoben werden kann. Allerdings sind größere Konzentrationen des Äthers notwendig, um den erregten Uterus zu lähmen als das spontan ohne Vorbehandlung sich kontrahierende Organ.

---

[1] GUNS, P.: Arch. internat. Pharmacodynamie **32**, 173 (1926).
[2] WIELAND, H., u. B. BEHRENS: Z. exper. Med. **56**, 454 (1927).
[3] KING, M. J., H. R. ROSMER u. M. DRESBACH: Amer. J. Physiol. **81**, 491 (1927).
[4] BANCROFT, W., u. I. E. RUTZLER: J. physiol. Chem. **36**, 273 (1932).
[5] BURKHOLDER, TH.: J. Labor. a. clin. Med. **18**, 29 (1932).
[6] HIRSCHFELDER, A. D., u. R. W. CUNNINGHAM: Proc. Soc. exper. Biol. a. Med. **30**, 866 (1933).
[7] MACHT, D. I.: Proc. Soc. exper. Biol. a. Med. **21**, 156 (1923).
[8] PEREZ-CIRERA, R.: Brit. J. Anaesth. **8**, 67 (1931).
[9] HOSOYA, K.: Arch. f. exper. Path. **159**, 41 (1931).
[10] SAITO, Y.: Z. exper. Med. **41**, 570 (1924).

Daß der Äther zentral erregenden Krampfgiften gegenüber eine antagonistische Wirkung entfalten kann, ist eine Selbstverständlichkeit, ebenso wie seine therapeutische Anwendung am Krankenbett zur Unterdrückung von Krampfzuständen. PAGNIEZ und Mitarbeiter[1] zeigen durch Versuche am Meerschweinchen, die durch Reizung der epileptogenen Zonen die Erscheinungen einer BROWN-SÉQUARDschen Epilepsie darboten, daß die tiefe Äther- und Chloroformnarkose die Krämpfe unterdrücken könne, während die Schlafmittel eine viel geringere Wirkung entfalten.

Anhang: Divinyläther.

Von LEAKE und Mitarbeitern[2] ist 1933 der *Vinyläther* als Narkoticum empfohlen worden. Sie haben ihn als den stärkst wirksamen Körper unter einer Reihe ähnlicher Substanzen herausgefunden. Über diese Versuche gibt folgende Tabelle Aufschluß.

Tabelle 3.

Name der ungesättigten Äther	Formel	Molekulargewicht	Kp.	Teilungskoeffizient Öl : Wasser bei 20°	mg/l	Teile Dampf in 1 Mill. etwa	Wirkung auf Mäuse		
							Narkose nach Min.	Erholung nach Min.	Reizwirkung
Diäthyläther	$CH_3 \cdot CH_2$ $CH_3 \cdot CH_2$$>O$	74	34,5°	2,3($\pm$0,1)	355	117000	98	85	+
Vinyläthyläther	$CH_2 : CH$ $CH_3 \cdot CH_2$$>O$	72	34—36°	0,5 ($\pm$0,1)	346	„	440	1140	+++
Divinyläther	$CH_2 : CH$ $CH_2 : CH$$>O$	70	36—39°	2,5 ($\pm$0,2)	336	„	60	80	0
Allyläthyläther	$CH_2 : CH \cdot CH_2$ $CH_3 \cdot CH_2$——$>O$	86	68—74°	2 (?)	413	„	182	104	+++
Isopropenyläthyläther	$CH_2 : C$—— $CH_3 \cdot CH_2$$>O$	86	59—63°	0,61$\pm$(0,1)	413	„	195	380	++
Diallyläther	$CH_2 : CH \cdot CH_2$ $CH_2 : CH \cdot CH_2$$>O$	98	92—98°	2 (?)	470	„	288	160	++++

Wirkung auf weiße Mäuse im Vergleich mit Äthyläther Konzentr. 0,0048 Mol./Liter (4-Litergefäß).

Divinyläther ist eine wasserhelle, stark lichtbrechende, leicht entflammbare und deshalb feuergefährliche Flüssigkeit vom spez. Gewicht 0,77, deren Siedepunkt nach den letzten Untersuchungen (KILLIAN[3]) bei 27—29° und nicht bei 36—39° liegt. Teilungskoeffizient zwischen Öl/Wasser beträgt 2,5. Die Wasserlöslichkeit und der Löslichkeitskoeffizient werden vermutlich ähnlich wie beim Äthyläther sein. Divinyläther ist ein unbeständiger Körper, der durch Zersetzung und Polymerisation toxische Produkte (Peroxyde, Formaldehyd, Ameisensäure) entstehen läßt. Ein durch 3,5% Alkohol und 0,01% eines nichtflüchtigen Amins stabilisiertes Präparat wird „Vinethen" genannt.

Divinyläther ist flüchtiger als Diäthyläther und wirkt rascher und stärker als dieser. Örtliche Reizerscheinungen fehlen, wenn ein reines Präparat zur Verwendung kommt. Beim Menschen ist manchmal eine vermehrte Speichelabsonderung festzustellen, die nach KILLIAN die Anwendung von Atropin wünschenswert macht.

Die narkotischen Grenzkonzentrationen betragen bei der weißen Maus 3,9 Vol.-% gegen 4,7 Vol.-% für den Diäthyläther. Etwa doppelt so hohe Kon-

[1] PAGNIEZ, P., A. PLICHET u. N. K. KOANG: C. r. Soc. Biol. Paris **113**, 49 (1933).
[2] LEAKE, C. D., u. MEY-YÜ-CHEN: Proc. Soc. exper. Biol. a. Med. **28**, 151 (1930). — LEAKE, C. D., P. K. KNOEFEL u. A. E. GUEDEL, J. of Pharmacol. **47**, 5 (1933).
[3] KILLIAN, H.: Chirurg **1935**, 433.

zentrationen wirken tödlich (LEAKE und Mitarbeiter). KILLIAN und v. BRANDIS geben als absolut tödliche Konzentration 0,0215 ccm Äther und 0,024 ccm Divinyläther in 100 ccm Dampfgemische an. Das würde etwa 4,6 und 5,3 Vol.-%

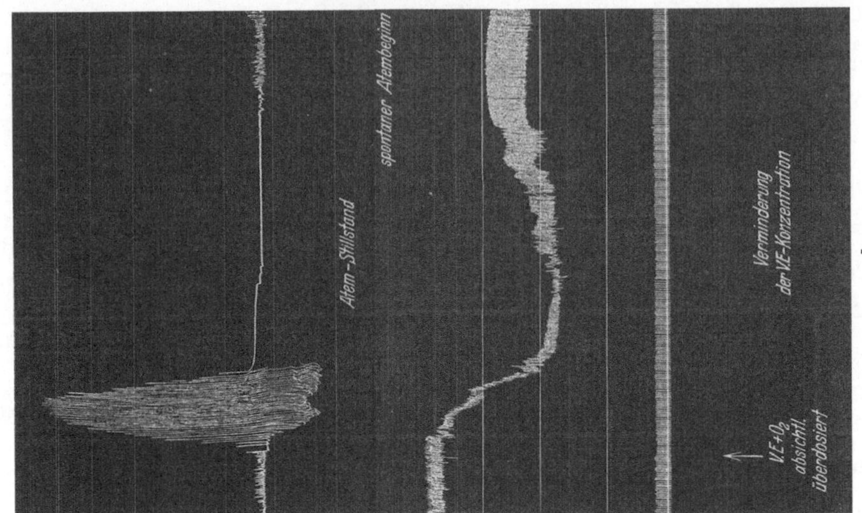

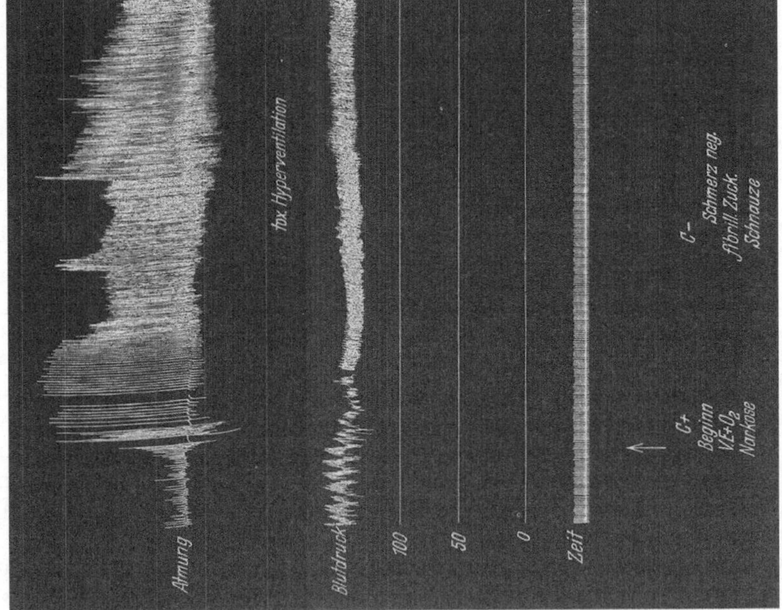

Abb. 2. Narkose mit Vinethen-Sauerstoff am Kaninchen. a) Anflutung bis zur völligen Entspannung. b) Absichtliche Überdosierung und spontane Erholung. C = Cornealreflex. Zeit = 1 Sekunde. (Nach KILLIAN.)

entsprechen[1]. Am Hund erwies sich der Divinyläther nach LEAKE als 3mal stärker wirksam als der Äthyläther insofern, als bei letzterem die Zeit bis zum

---

[1] Die mangelnde Übereinstimmung zwischen den Versuchsergebnissen LEAKES und KILIANS ist schwer zu erklären. Doch sind derartige Unstimmigkeiten auch beim Äther vorhanden, bei dem trotz gleicher Versuchsanordnung je nach der Jahreszeit, der Ernährung, dem Mäusestamm und vor allem nach der Umgebungstemperatur sehr wechselnde Konzentrationen für den Eintritt der Narkose und des Todes erhalten werden.

Eintritt der Narkose entsprechend länger war. Doch ist es wohl kaum erlaubt, aus der Geschwindigkeit auf den Narkosegrad zu schließen. Nach GOLDSCHMIDT und Mitarbeiter[1] soll die zum Eintritt der Narkose erforderliche Blutkonzentration 28 mg% betragen (Äther 116, Chloroform 37,5 mg%), doch scheinen, wie KILLIAN vermutet, Fehler der analytischen Bestimmung die Ergebnisse beeinflußt zu haben.

Während der Narkose ist die Atmung des Kaninchens und der Katze in hohem Grade verstärkt, während der Blutdruck sich anscheinend nicht verändert (s. Abb. 2). Bei Überdosierung kommt es zum Atemstillstand und erheblichem Blutdruckabfall. Bei Verminderung der Konzentration in der Einatmungsluft steigt er wieder an und die Atemtätigkeit setzt spontan wieder ein. Das Elektrokardiogramm zeigt während der Narkose keine Schädigung des Herzens. Bei länger dauernder oder täglich wiederholter Narkose konnten an den Organen des Hundes keine pathologischen Veränderungen wahrgenommen werden, sofern anoxämische Zustände vermieden wurden. Die Funktionsprüfung der Leber während der Narkose ergab nach BOURNE und RAGINSKY[2] keine Störungen der Organtätigkeit.

GELFAN und BELL[3] haben das Präparat in Selbstversuchen geprüft (Tropfnarkose). Das Toleranzstadium trat ohne Erregung mit voller Muskelentspannung in wenigen Minuten ein. Die Atmung blieb ungestört und der Blutdruck sank höchstens um 10 mm Hg ab. Das Erwachen aus der Narkose erfolgte rasch, und Brechwirkungen blieben trotz absichtlicher Magenfüllung aus. Reizerscheinungen von seiten der Schleimhäute fehlten im Gegensatz zum Äthyläther.

Im wesentlichen stimmen die klinischen Erfahrungen mit diesen Angaben überein. KILLIAN hält den Divinyläther für ein brauchbares Inhalationsanaestheticum, das sich bei zeitlicher Beschränkung der Narkosedauer sowohl für die Rausch- wie Vollnarkose eignen könnte. Der Forderung KILLIANs nach weiterer eingehender pharmakologischer Untersuchung und klinischer Beobachtung muß man durchaus beistimmen. Divinyläther scheint seiner Wirkung nach zwischen Äther und den Gasnarkotica zu stehen, besonders was den schnellen Eintritt und die rasche Erholung angeht.

Chloroform.

(vgl. Bd. I, S. 137).

Bestimmung. Um kleine Mengen des Chloroforms, besonders im Blut und in Organen quantitativ zu erfassen, erwiesen sich die bisherigen Makromethoden als nicht ausreichend. Diesem Mangel wird durch das Verfahren von NICLOUX[4], der seine Makro- zu einer Mikromethode umarbeitete, und durch das von COLE[5] abgeholfen. Letzterer gestaltete den qualitativen Nachweis von FUJAWARA mit Hilfe des Pyridins zu einer empfindlichen quantitativen Methode um.

NICLOUX geht in der Weise vor, daß er z. B. 5 ccm Blut mit dem 6—8fachen Volumen Alkohol und 1 ccm 5proz. alkoholischer Weinsäurelösung destilliert, bis 12 ccm übergegangen sind. Dieses Destillat wird mit 5 ccm einer Natriumäthylatlösung (aus 1 g Natrium und 50 ccm Alkohol hergestellt), auf dem sieden·den Wasserbade am Rückflußkühler 30 Minuten erhitzt, wobei Verseifung des Chloroforms stattfindet. Dann wird der Alkohol abdestilliert und das noch

[1] GOLDSCHMIDT, S., u. J. S. RAVDIN usw.: J. amer. med. Assoc. **102**, 21 (1934).
[2] BOURNE, W., u. B. B. RAGINSKY: Brit. J. Anaesth., zit. nach KILLIAN.
[3] GELFAN, S., u. I. R. BELL: J. of Pharmacol. **47**, 1 (1933).
[4] NICLOUX, M.: C. r. Soc. Biol. Paris **91**, 1282 (1924); **97**, 1320 (1927).
[5] COLE, W. H.: J. of biol. Chem. **71**, 173 (1926).

vorhandene Äthylat durch Zusatz von 1—2 ccm Wasser zersetzt, worauf man mit 20 Tropfen Salpetersäure ansäuert und mit einer 0,4267proz. Silbernitratlösung fällt. Von dieser Silbernitratlösung entspricht 1 ccm 1 mg Chloroform. Man filtriert schließlich von dem ausgeschiedenen Chlorsilber ab und titriert den Überschuß der Silberlösung mit einer Rhodanammoniumlösung, die 4mal schwächer als die Silbernitratlösung ist. Als Indicator dient Eisenammonalaun. Diese Methode gestattet, 0,5 mg Chloroform mit einem Fehler von 1—2% nachzuweisen. Gewebe werden in ähnlicher Weise wie Blut behandelt, nachdem sie unter Alkohol fein zerschnitten worden waren.

Die Bestimmung von COLE läßt sich für Chloroformkonzentrationen von 100—0,1 mg% anwenden. Sie wird folgendermaßen ausgeführt: In ein enges Reagensglas von 10 ccm gibt man 2 ccm 20proz. Natronlauge, 1 ccm reines Pyridin sowie 1 ccm der zu untersuchenden Lösung. Das lose verschlossene Röhrchen taucht man für eine Minute in siedendes Wasser. Dabei setzt sich eine Lösung des entstandenen roten Farbstoffes in Pyridin oben ab, sie wird mit einer Pipette abgehoben und colorimetrisch mit einer Standardlösung verglichen. Als solche dient, da die Pyridinverbindung sich leicht zersetzt, eine Lösung von basischem Fuchsin in 50proz. Alkohol mit 0,01% Säure. Eine mit Farbstoff gesättigte Lösung entspricht der Farbe, die man aus einer 0,1proz. Chloroformlösung erhält. Wenn die Fuchsinlösung genau eingestellt ist, kann man aus ihr durch passende Verdünnung alle benötigten Testlösungen bereiten. Organe werden unter angesäuertem Wasser in einem Mörser zerkleinert, eine Stunde stehengelassen, die Flüssigkeit abgegossen und sofort untersucht. Ist Blut vorhanden, so muß das Destillat untersucht werden.

Zum Nachweis der Verbrennungsprodukte des Chloroforms (Phosgen, Salzsäure, Chlor) dient der GERLINGERsche Apparat. Noch einfacher läßt sich der Nachweis nach THIELMANN[1] führen, indem man ein mit Chloroform getränktes Filtrierpapier in die Nähe einer Gasflamme hält, die mit einem Lampenzylinder als Kamin versehen ist. Über diesem befinden sich Reagenspapiere (Lackmus, Kongo, schwarzes mit Silbernitrat getränktes Papier, KJ-Stärkepapier).

Die Einwirkung des Chloroforms auf *Pflanzen, Bakterien, Amöben* usw. ist früher ausführlich geschildert worden. Neuere Arbeiten auf diesem Gebiete sind nur spärlich vorhanden. Aufschwemmungen der lebenden Zellen einer Meeresalge, Ulva lactuca, zeigen nach RAY[2] bei Einwirkung einer 0,25proz. Chloroformlösung zuerst Anstieg der Kohlensäurebildung, dem später eine Verminderung folgt. Bei Zusatz von 0,5% findet nur Atmungshemmung statt. Totes Material bildet nur dann Kohlensäure, wenn H_2O_2 und Ferrisulfat zugegen sind. Diese CO_2-Bildung kann durch 1% Chloroform fördernd und hemmend beeinflußt werden, je nachdem geringe oder größere Fe-Mengen vorhanden sind. Die Befunde am toten Material lassen sich den Versuchsergebnissen desselben Untersuchers an die Seite stellen, der zeigt, daß Chloroform die Kohlensäurebildung in einem System von ungesättigten organischen Verbindungen wie Ölsäure u. a., Ferrisulfat und Wasserstoffsuperoxyd hemmt, häufig aber auch steigert.

Interessante Beobachtungen machten NADSON und MEISL[3] insofern, als sie zeigen, daß Hefe, durch Chloroform bis zur morphologischen Veränderung geschädigt, sich noch zu regenieren vermag. MEISSEL[4] konnte ferner beobachten, daß Hefekulturen, die in einer mit Chloroform gesättigten Luft aufbewahrt wurden, atypische Kolonien mit veränderten Einzelindividuen bilden. Diese

[1] THIELMANN, F.: Arch. f. exper. Path. **138**, 167 (1928).
[2] RAY, G. B.: J. gen. Physiol. **5**, 469, 611, 741 (1923).
[3] NADSON, G. A., u. N. M. MEISL: C. r. Acad. Sci. Paris **183**, 82 (1926).
[4] MEISSEL, M.: J. de Microbiol. **6**, 255, 309 (1928).

Formen bleiben erhalten, obwohl 2 Jahre lang immer neue Kulturen von diesen Kolonien angelegt wurden.

Auf Colpoda und Paramaecium wirkt, wie viele andere Narkotica, Chloroform lähmend, und bei beiden Organismen wird die Katalasewirkung und der Sauerstoffverbrauch eingeschränkt[1].

Örtliche Wirkung und Resorption. Die zahlreichen Arbeiten über die lokale Wirkung des Chloroforms sind schon früher ausführlich beschrieben worden. Aus ihnen geht hervor, daß durch lokale Anwendung an der Haut und Schleimhaut je nach Konzentration und Dauer der Einwirkung Hyperämie mit Erweiterung der Capillaren, aber auch Schädigungen schwererer Art in Gestalt von Blasenbildungen wie bei Verbrennungen zweiten Grades hervorgerufen werden. Die Ergebnisse werden von LAPIDUS[2] durch Versuche am Mensch und Tier bestätigt. In eigenartiger Weise wird die örtliche Wirkung durch SPAGNOL[3] sinnfällig gemacht. Wird einem Kaninchen intravenös kolloidales Quecksilbersulfid eingespritzt und gleichzeitig 15 Sekunden lang ein mit Chloroform getränkter Wattebausch auf die Haut der Flanke gebracht, so findet sich an dieser Stelle im subcutanen Bindegewebe ein schwarzer Fleck von Quecksilbersulfid. Ein ähnlich angelegter Versuch mit Trypanblau beim Meerschweinchen zeigt nach einer Stunde eine Farbstoffablagerung im Unterhautzellgewebe.

Die Resorption von der äußeren Haut, die bereits durch die früheren Versuche bewiesen wurde, wird von LAPIDUS mit Hilfe analytischer Methoden noch einmal untersucht. Taucht man beide Kaninchenohren in Chloroform ein, so werden nach 3—7 Stunden von jedem Ohr etwa 40—70 mg resorbiert. Die Hauptmenge befand sich im Ohrlöffel, nur sehr wenig in den inneren Organen. Im Gehirn waren nur Spuren nachzuweisen. Demzufolge war keine Narkose, sondern nur ataktischer Gang und Mattigkeit zu beobachten.

Nach Einträufelung von Chloroform in den äußeren Gehörgang oder Einspritzung in das Mittelohr durch das Trommelfell hindurch, kommt es in den Versuchen von ECKEL[4] beim Meerschweinchen zu einer degenerativen Veränderung an den höher differenzierten Epithelien, aber auch zu entzündlichen Erscheinungen des Innenohrs. Zweifellos handelt es sich hier um eine örtliche Einwirkung des Chloroforms, wobei entweder die Entzündungsreize vom äußeren oder Mittelohr auf das innere Ohr übergriffen oder das Chloroform vielleicht durch die Lymphspalten bis zum inneren Ohr gelangte.

Wie vorauszusehen war, ist die Resorption von der Bauchhöhle sehr erheblich. LIACI[5] gelang es, beim Kaninchen durch Verabreichung von 2 ccm einer öligen Chloroformlösung vom Peritoneum aus eine so starke Resorption zu erzielen, daß die Tiere eine reversible Narkose zeigten. Auch beim Hunde von $4^1/_2$ kg führten 12 ccm einer 33proz. Lösung zu dem gleichen Ziele. Mit wässerigen Lösungen von 0,5% konnte eine Narkose nicht herbeigeführt werden.

Die gewöhnliche und praktisch bedeutungsvolle Resorptionsstätte sind bekanntermaßen die Lungenalveolen. Der Umfang der Resorption hängt, wie allgemein bekannt, von der Konzentration in der Einatmungsluft ab. Die Schnelligkeit aber dürfte mit der Tiefe der Atmung im Zusammenhang stehen, die dadurch wiederum die Geschwindigkeit des Konzentrationsausgleichs zwischen Einatmungsluft, Blut und Geweben beeinflußt. So ist es zu erklären, daß die

---

[1] BURGE, W. E.: Amer. J. Physiol. **69**, 304 (1924).
[2] LAPIDUS, G.: Arch. f. Hyg. **102**, 124 (1929).
[3] SPAGNOL, G.: Atti Accad. naz. Lincei **8**, 515 (1928).
[4] ECKEL, H.: Arch. Ohr- usw. Heilk. **118**, 139 (1928).
[5] LIACI, L.: Rass. Ter. e Pat. clin. **5**, 638 (1934), Referat.

Ventilationssteigerung durch Beimischung von Kohlensäure zur Einatmungsluft die dynamischen Verteilungsvorgänge beschleunigt[1].

An dieser Stelle sei eine Tabelle über die Gabengrößen des Chloroforms eingefügt. Sie ist der Monographie von H. WINTERSTEIN, Die Narkose, 2. Auflage, Berlin: Julius Springer 1926, entnommen.

Tabelle 3.

Tierart	Nark. Konzentration in der Einatmungsluft	mg im Blut	Tödl. Konzentration	mg im Blut	Untersucher
Mensch	1,6		3,67		BERT[2]
	1,5—2,0				ALCOCK[3]
		15—24,7			
Hund	1,6—1,8		3,67		BERT
	0,51—0,62	32,8—47			GUMTOW[4]
	0,86—1,03	27,6—31,4			HÖLSCHER[5]
	0,81—0,85	27,6—31,4			GÜNTER[6]
		50			NICLOUX[7]
		29,0—46,4		Mittel	TISSOT[8]
		Mittel 37,6		32,8	
		24,5—42,2			LATTES[9]
Katze	1,4				BEHR[10]
		24—37		Mittel 40	BUCKMASTER u. GARDNER[11]
		19—36			STORM VAN LEEUWEN[12]
Kaninchen	1,0				KIONKA, HONIGMANN, MADELUNG, ROSENFELD[13—15]
	0,51—0,62	33,5			GUMTOW
	0,88—1,0	38			HÖLSCHER
	0,81—0,85	29			GÜNTER
	1,65—1,7		2,1		RITSCHEL u. STANGE[16]
		18—25			MAGOS[17]
Ratte	1,0				HENNICKE[18]
Maus	1,2		2,35		BERT
Frosch	12 mg Atemwasser				OVERTON[19]
Kaulquappen	16 „ „				„

Verteilung. Für die wichtige Frage der Verteilung des Chloroforms im Organismus ist die Bestimmung der Löslichkeit in den verschiedenen Flüssigkeiten, Wasser, Blut usw., von größter Bedeutung. Die früheren Untersuchungen,

[1] DAUTREBANDE, L.: Biol. med. **21**, 322 (1931).
[2] BERT, P.: C. r. Acad. Sci. Paris **93**, 768 (1881); **98**, 63 (1884) — C. r. Soc. Biol. Paris **35**, 241, 409, 522, 665 (1883).
[3] ALCOCK, N. H.: Proc. roy. Soc. Lond. **2**, 15 (1908).
[4] GUMTOW, A.: Inaug.-Dissert. Gießen 1904.
[5] HÖLSCHER, F.: Inaug.-Dissert. Gießen 1906.
[6] GÜNTER, E.: Inaug.-Dissert. Gießen 1906.
[7] NICLOUX, M.: Les anesthésiques généraux. Paris: Oct. Doin 1908.
[8] TISSOT, J.: J. Physiol. et Path. gén. **8**, 417, 442 (1906).
[9] LATTES, L.: Münch. med. Wschr. **1910**, 2084.
[10] BEHR, V.: Inaug.-Dissert. Würzburg 1903.
[11] BUCKMASTER, G. A., u. J. A. GARDNER: Proc. roy. Soc. Lond. **79**, 555, 579 (1907).
[12] STORM VAN LEEUWEN, W.: Pflügers Arch. **159**, 291 (1914).
[13] HONIGMANN, F.: Arch. klin. Chir. **58**, 730 (1899).
[14] MADELUNG, W.: Arch. f. exper. Path. **62**, 409 (1910).
[15] ROSENFELD, M.: Arch. f. exper. Path. **37**, 52 (1896).
[16] RITSCHEL, W., u. O. STANGE: Arch. internat. Pharmacodynamie **23**, 191 (1913).
[17] MAGOS, H.: Arch. internat. Pharmacodynamie **26**, 27 (1922).
[18] HENNICKE, W.: Inaug.-Dissert. Bonn 1895.
[19] OVERTON, E.: Studien über die Narkose. Jena: Gustav Fischer 1901.

die in dieser Richtung angestellt worden sind, wurden noch weitergeführt. WINTERSTEIN und HIRSCHBERG[1] haben die maximale Löslichkeit des Chloroforms bei Zimmertemperatur in verschiedenen Flüssigkeiten untersucht. Die gefundenen Werte sind in Tabelle 4 vereinigt.

Von Bedeutung ist die Frage, wie groß die Löslichkeit des Chloroforms bei einem bestimmten Partiardruck in der Luft ist, die mit den Lösungsflüssigkeiten in Berührung kommen. NICLOUX und SCOTTI-FOGLIENI[2] haben derartige Versuche angestellt, indem sie ein Gemisch von Luft und Chloroform mit einer Dampfspannung von 16—18 mm Hg ins Spannungsgleichgewicht mit Wasser, Gesamtblut und Serum verschiedener Tierarten sowie Milch brachten und darin die Löslichkeit des Chloroforms bei verschiedenen Temperaturen bestimmten (Löslichkeitskoeffizient).

Tabelle 4.

	Gew.-%
Aqua destillata.	0,55
Physiol. NaCl-Lösung . .	0,50
Serum.	0,56—0,77
Gesamtblut	0,75—0,86

Tabelle 5.

Temp. Grad	Wasser	Mensch Blut	Mensch Serum	Rind Blut	Rind Serum	Schwein Blut	Schwein Serum	Milch
13	12,9	12,2	18,3	18,5	17,0	30,2	16,4	—
20	7,7	—	—	17,5	17,6	25,0	14,0	77,5
25	7,0	—	—	10,2	—	—	—	—
30	6,2	15,3	12,5	9,7	9,3	15,9	9,8	38,1
37	3,8	10,3	9,1	8,4	7,4	14,0	8,9	26,9
40	3,5	—	—	—	—	—	—	—

Die Löslichkeit ist also im allgemeinen im Wasser am geringsten, sie ist im Gesamtblut größer als im Serum und nimmt mit steigender Temperatur ab. Sehr erhebliche Mengen von Chloroform vermag die Milch zu binden. Bemerkenswert ist es, daß das Blut der verschiedenen Tierarten zum Teil sehr stark voneinander abweichende Werte gibt. Das größte Lösungsvermögen besitzt das Schweineblut, das unter gleichen Bedingungen 30—40% mehr bindet als das des Rindes.

Aus diesen eben erwähnten Versuchen ergibt sich, daß im Serum, noch mehr im Gesamtblut Substanzen vorhanden sein müssen, die Chloroform besser zu lösen vermögen als Wasser. Im Gesamtblut sind natürlich die Erythrocyten dafür bestimmend, was ja schon 1891 von POHL nachgewiesen worden war, da nach seinen Angaben die roten Blutkörperchen 4mal mehr von den Narkoticum enthalten als das Plasma. WINTERSTEIN und HIRSCHBERG[1] bestätigen diese Angaben, indem sie bei nahe an der Sättigung liegenden Werten etwa doppelt soviel Chloroform finden als im Plasma und bei niedrigeren Konzentrationen das 4—6fache. Sie folgern aus ihren Versuchen, daß dabei Adsorptionsvorgänge eine wesentliche Rolle spielen. Zu diesen Ergebnissen kommen auch LAZAREW[3] und NUSSELMANN, die den Teilungskoeffizienten zwischen Erythrocyten und Plasma bzw. Serum verschiedener Tierarten bestimmten. Er war am größten im Blut des Schweines und in dem des Hundes und Rindes am geringsten; er nimmt im Schweineblut mit der Giftkonzentration ab. Die Beziehungen zwischen den Chloroformkonzentrationen in dem Erythrocyten und im Serum lassen sich hinreichend genau durch die FREUNDLICHsche Adsorptionsgleichung

---

[1] WINTERSTEIN, H., u. E. HIRSCHBERG: Biochem. Z. **186**, 172 (1927).

[2] NICLOUX, M., u. L. SCOTTI-FOGLIENI: C. r. Soc. Biol. Paris **97**, 1720 (1927) — Ann. de Physiol. **5**, 434 (1929).

[3] LAZAREW, N. W., u. E. NUSSELMANN: Biochem. Z. **244**, 417 (1932).

$C_{Er} = 11{,}5\, C_{Ser}^{0,7}$ mg% ausdrücken. Somit kommen diese Forscher zu der Ansicht, daß dem geschilderten Verhalten eine Adsorption zugrunde liege und die Löslichkeit des Chloroforms in den Lipoiden der roten Blutkörperchen keinen oder keinen wesentlichen Anteil habe. Auch SCOTTI-FOGLIENI[1] schreibt den Lipoiden keinen maßgebenden Einfluß zu, sondern nimmt auf Grund seiner Versuche an, daß das Hämoglobin Chloroform in erhöhtem Maße zu binden vermöge.

An dieser Stelle sei auch eine neue Bestimmung des Teilungskoeffizienten des Chloroforms zwischen Wasser und Öl durch LINDENBERG[2] angeführt, der ihn unabhängig von der absoluten Chloroformkonzentration mit 100 angibt, übrigens ein Beweis dafür, daß derartige Modellversuche nicht ohne weiteres mit den Vorgängen im Organismus gleichgesetzt werden können, da ja der Teilungskoeffizient zwischen Erythrocyten und Plasma mit steigender Konzentration des Narkoticums abnimmt.

Eine Folge der Bindung und Verteilung des Chloroforms ist der Gehalt der verschiedenen Organe an Chloroform während der Narkose und bei tödlichen Vergiftungen. Von neueren Arbeiten auf diesem Gebiet seien erwähnt:

Tabelle 6.

	Beginnende Narkose	Tiefe Narkose	Tödliche Narkose
Großhirn	26,6	42,8	52,5
Bulbus	31,6	52,7	75,5[4]
Kleinhirn	20,7	—	55,8
N. pneumogastric. . .	73,7	114,0	166,0
N. ischiadicus	43,3	50,0	76,3
Art. Blut	28,2	48,1	56,7
Ven. Blut	—	44,8	50,8
Leber	22,8	37,9	46,1
Niere	26,5	27,6	43,6
Milz	18,2	19,0	22,2
Herz	20,0	—	40,0
Muskel	9,3	—	25,1
Lunge	—	—	25,5
Subcut. Fett	43,1	—	—
Nierenfett	—	—	138,0

NICLOUX und YOVANOVITSCH[3] haben mit Hilfe des von NICLOUX angegebenen Mikroverfahrens den Chloroformgehalt von einzelnen Organen des Hundes in verschiedenen Stadien der Narkose bestimmt, wobei sich folgende Zahlen in Milligrammprozent ergeben.

Besonders auffallend sind die hohen Werte im peripheren Nerven, und auffallend viel Chloroform enthält, wie auch noch eine weitere Mitteilung zeigt, der Vagus (100 mg% in der Narkose und 200 mg% bei tödlicher Vergiftung), der Phrenicus und die sympathischen Ganglien, während die Nn. brachialis, ischiadicus und opticus viel weniger aufweisen. Dabei ist bemerkenswert, daß das Chloroform auf dem Blutwege an den peripheren Nerven herangebracht wird und nicht etwa vom Zentralnervensystem aus in den Nerven einwandert.

Den Gehalt endokriner Organe von Hunden nach 30 Minuten langer Narkose hat FABRE[5] bestimmt. Er findet im Pankreas 30—38,5 mg%, in den Hoden 15—32, in der Schilddrüse 19,5—38,9, im Nebennierenmark 46—93, in der Nebennierenrinde 79—146 mg%. Vergleichsweise enthielt das Blut 32—48 mg%. Aus diesem verschwindet es verhältnismäßig langsam, da 24 Stunden nach der Narkose noch etwa 7% der ursprünglichen Menge nachweisbar sind, und die Schilddrüse

---

[1] SCOTTI-FOGLIENI, L.: C. r. Soc. Biol. Paris **106**, 1049 (1931).

[2] LINDENBERG, A.: C. r. Soc. Biol. Paris **112**, 1524 (1933).

[3] NICLOUX, M., u. A. YOVANOVITSCH: C. r. Soc. Biol. Paris **91**, 1285 (1924); **93**, 272 (1925) — Ann. de Physiol. **13**, 444 (1925).

[4] Zu ähnlichen Ergebnissen kommen Versuche von GETTLER und BLUME [Arch. of Path. **11**, 841 (1931)], die im Gehirn von Hunden im narkotischen Stadium einen Chloroformgehalt des Gehirns von 27,0—28,4 mg% und bei tödlichen Narkosen einen solchen von 55 mg% fanden.

[5] FABRE, R.: C. r. Soc. Biol. Paris **116**, 278 (1934).

sogar noch ungefähr 20% und die Nebennieren 29% der während der Narkose gespeicherten Chloroformmengen enthalten. Der hohe Gehalt dieser Drüsen wird mit ihrem erheblichen Lipoidgehalt in Verbindung gebracht.

Bei der Ratte hat Cole[1] den Chloroformgehalt des Gehirns bei verschiedenen Konzentrationen der Einatmungsluft bestimmt, wobei die Narkose bis zum Aufhören der Atmung fortgesetzt wurde. Der Atemstillstand trat, wie vorauszusehen war, um so schneller ein, je größer die Gabe des Narkoticums war. 0,1 ccm auf 1 l Luft war nach 35 Minuten subletal, 0,2 ccm töteten das Tier in etwa 11 Minuten, 1 ccm in $3^{1}/_{2}$ Minuten und bei 5 ccm trat der Tod schon nach 1 Minute ein. Für den Chloroformgehalt des Gehirns ergeben sich folgende Werte, aus denen hervorgeht, daß der $CHCl_3$-Gehalt bei den wechselnden Gaben nicht gleich ist.

Tabelle 7.

	ccm	ccm	ccm	ccm	ccm	ccm	Anästhesie	
Dosis Chloroform . . .	0,2	0,4	0,8	1,0	2,0	4,0	schwach	tief
$CHCl_3$ im Gehirn . . .	0,039	0,036	0,07	0,091	0,089	0,092	0,012	0,03

Bei Anwendung dosierter Chloroform-Luftgemische zum Teil bis zum Konzentrationsausgleich hat McCollum[2] bei Hunden die Verteilung des Chloroforms in den verschiedenen Geweben, insbesondere im Blut und Gehirn, durchgeführt. Zur Einleitung der Inhalationsnarkose wurde zunächst ein Luftgemisch mit 2,5 Vol.-% Chloroform und zur Unterhaltung der Anästhesie ein solches von 1 Vol.-% zugeführt. Die Tiere wurden nach verschieden langer Zeit getötet; längstens nach 5 stündiger

Tabelle 8.

Gewebe	mg Chloroform pro 100 g Gewebe	
	Hund 8 6,9 kg 0,7 % $CHCl_3$	Hund 9 8,4 kg 1,0 % $CHCl_3$
Arterielles Blut	27,9	20,6
Venöses Blut	30,0	22,0
Gehirn	42,0	27,5
Niere	32,0	26,1
Muskel	15,2	20,0

Tabelle 9. Operationsreife.

Gewebe	I Min.	I mg	II Min.	II mg	III Min.	III mg	IV Min.	IV mg	V Min.	V mg	VI Min.	VI mg	VII Min.	VII mg
Blut	20	56	20	43	40	19,2					17	8	12	7
											38	10	33	11,7
Blutkörperchen					40									
Plasma					10						63	14,6	62	15,5
Gehirn	20	28	20	69			10	14,7	13	14,6	17	22,4	11	12,9
							46	17,7	49	16,6	38	23,6	33	33,1
							75	21,8	106	20,2	63	41,8	62	43,7
							75	25,2	106	23,2				
Herz	20	32	20	64										
Leber	20	43	20	40										
Muskel	20	23	20	29			25	5,1	26	5,3				
							75	12,2	106	7,6				
Niere	20	56	20	53			18	13,7	16	12,5				
							75	24,8	106	26,2				
Nierenfett . .	20	68	20	68										
Nerven	20		20	78	40	99,3								
Rinde					40	45,1								
Weiße Subst. .					40	64,0								
Mark					40	62,9								

[1] Cole, W. H.: Proc. Soc. exper. Biol. a. Med. **24**, 340 (1927).
[2] McCollum, J. L.: J. of Pharmacol. **40**, 305 (1930).

Narkose, wobei das Verteilungsgleichgewicht zwischen der Chloroformkonzentration in der Einatmungsluft, dem Blut und den Geweben eingetreten sein sollte. Nach dem Tode der Tiere wurde außer dem Chloroform-, der Lipoid- und Wassergehalt der Organe bestimmt.

Es ergibt sich aus den Zahlen, daß die Chloroformspeicherung in den Hirnzellen fortlaufend zunimmt, und daß die Anästhesie dann erreicht war, wenn die Hirnzellen die Hälfte des Chloroforms aufgenommen hatten, die sie bei langdauernden Narkosen ohne Lebensgefahr aufnehmen können. Eine Berechnung der Verteilungsbedingungen auf Grund des Lipoid- und Wassergehaltes sowie des Verteilungskoeffizienten Öl/Wasser, der mit 110 festgelegt wurde, stimmte nicht mit den erhobenen Befunden überein, so daß nach Angabe des Verfassers die Ergebnisse nicht zur Stütze der MEYER-OVERTONschen Narkosetheorie herangezogen werden können. Für diese der Theorie nicht zustimmende Ansicht führt McCOLLUM in der gleichen Arbeit noch Versuche in vitro an, die in ähnlicher Weise die Verhältnisse bei der Verteilung des Chloroforms in den roten Blutkörperchen und der Flüssigkeit zum Gegenstand hatten. Zur Erklärung der Ergebnisse ließen sich möglicherweise eine Verschiedenheit der Lipoidmischungen in beiden Phasen (Blutkörperchen/Plasma bzw. Serum) oder adsorptive Bindungen heranziehen, eine Meinung, die, wie oben erwähnt, schon WINTERSTEIN, LAZAREW und bis zu einem gewissen Grade auch SCOTTI-FOGLIENI ausgesprochen haben.

Von Bedeutung ist eine Mitteilung von GETTLER und BLUME[1], weil sie den Chloroformgehalt in einigen Organen von Menschen untersuchten, die einerseits durch Überdosierung des Chloroforms, andererseits aus anderen Ursachen in der Narkose gestorben waren (s. Tabelle 10).

Tabelle 10.

CHCl$_3$-Gehalt	Gehirn	Leber	Lunge
Chloroform-Tod .	37—48	19—27,5	19,0—28,0
Narkose	12—18	65—88	9,2—14,5

Daß die Verteilung des Chloroforms bzw. der Gehalt der Organe durch Einflüsse experimenteller Art geändert werden kann, geht aus Versuchen von P. und P. HOUSSA[2] hervor. Meerschweinchen wurden durch ein Gemisch von 2 ccm Chloroform auf 16 l Luft (ungefähr 3,5 Vol.-%) narkotisiert, wodurch nach etwa 3—4 Stunden Reflexlosigkeit eintrat. Der Chloroformgehalt des Blutes betrug etwa 11,5 mg%, der des Gehirns 39 mg%. Wurden aber die Tiere durch perorale Eingabe von 1 ccm 5proz. Salzsäure 30 Minuten vor der Narkose (mit gleichen Chloroformkonzentrationen) acidotisch gemacht, so wurde schon nach 3 Minuten eine volle Narkose erzielt, und in ihrem Gehirn fanden sich im Mittel 50 mg% Chloroform.

Schließlich seien noch Versuche von LALLEMAND[3] erwähnt, der Hühnereier 50 Stunden in einer bei 18° C mit Chloroform gesättigten Luft bis zum Ausgleich beließ und dann im gelben Dotter 65 mg%, im weißen Teil 6 mg% Chloroform fand. Bei 5stündigem Aufenthalt waren die Eier, die sich in den ersten Stunden sehr rasch mit Chloroform anreicherten, nicht mehr entwicklungsfähig.

Die neueren Arbeiten scheinen insofern wichtig, als sie genaue Angaben über die Löslichkeit und den Löslichkeitskoeffizienten des Chloroforms in den verschiedensten Flüssigkeiten und über den Chloroformgehalt in den Organen enthalten. Besonders wichtig sind die Untersuchungen, bei denen die Narkose mit dosierten und gleichmäßigen Gemischen von Luft und Chloroform bis zum völligen Ausgleich zwischen Einatmungsluft, Blut und Geweben durchgeführt wurden. Sie lassen weiter erkennen, daß die Verteilung des Chloroforms im Blut und in den Organen nicht restlos durch den Wasser- oder Lipoidgehalt erklärt

---

[1] GETTLER, A. O., u. H. BLUME: Arch. of Path. 11, 554 (1931).
[2] HOUSSA, P., u. P. HOUSSA: C. r. Soc. Biol. Paris 113, 1511 (1933).
[3] LALLEMAND, S.: C. r. Acad. Sci. Paris 194, 1396 (1932).

werden kann, sondern daß auch noch andere Vorgänge, wahrscheinlich adsorptive Prozesse, eine wesentliche Rolle dabei spielen.

Blut. Neuere Forschungen bestätigen die alten Beobachtungen, daß die Chloroformnarkose die geformten Elemente des Blutes nicht erheblich verändert. So geben Takijama[1] und Shita[2] an, das während und im Gefolge der Narkose die Anzahl der Erythrocyten und der Hämoglobingehalt des Kaninchenblutes gleich bleiben. Nur die Zahl der roten Blutkörperchen mit Substantia reticularis filamentosa soll nach Shita[2] vermehrt sein. Die Leukocytenzahl vermindert sich nach demselben Forscher im Anschluß an die Narkose, um nach 48 Stunden die Ausgangszahl wieder zu erreichen. Die Zahl der Blutplättchen soll vermehrt sein. Die Widerstandsfähigkeit der Erythrocyten gegenüber osmotischen Einwirkungen scheint geringer zu werden.

Während frühere Untersuchungen ein wechselndes Bild von den physikalisch-chemischen Änderungen des Blutes unter dem Einfluß der Chloroformnarkose gaben, zeigen neuere Beobachtungen, daß wesentliche Wirkungen als sicher anzunehmen sind, wenn auch jetzt noch manche Widersprüche aufzuklären wären.

Nach den Versuchen von Montemartini[3] am Hund und von Shita am Kaninchen wird die Blutviscosität erhöht. Grico[4] findet die Viscositätserhöhung beim Hund nur im Serum narkotisierter Tiere, während im defibrinierten Blut angeblich eine Abnahme zu beobachten ist. Im Zusammenhang damit scheint nach Shita die Zunahme des Berechnungsindex zu stehen.

Die Zunahme der Leitfähigkeit und der Gefrierpunktserniedrigung, die von Grico beim Hund festgestellt wurde, soll auf das Einströmen von salzreicher Lymphe in die Blutbahn zurückzuführen sein. Die Oberflächenspannung wird im Kaninchenblut als vermindert angegeben (Shita), während Grico keine Veränderung sehen konnte. Die Senkungsgeschwindigkeit der Erythrocyten, die ja wohl von der Beschaffenheit des Plasmas abhängt, ist nach einer Narkose zunächst verzögert und später vermehrt. Rourke[5] sieht bei toxischer Chloroformwirkung auf die Leber eine Abnahme der Senkungsgeschwindigkeit, während Takijama[1] beim narkotisierten Kaninchen eine Beschleunigung feststellte. Zweifellos sind die Unstimmigkeiten der Angaben auf die verschiedene Gabengröße und Dauer der Narkose zurückzuführen.

Die Einwirkung des Chloroforms auf die chemische Zusammensetzung des Blutes macht sich in verschiedener Richtung geltend. Chiariello[6] findet in der Chloroformnarkose eine Hyperlipämie, wobei der Gehalt an freiem Cholesterin und Neutralfetten erhöht, der an Fettsäuren vermindert ist. Eine Zunahme finden auch Kinoshita[7] beim Kaninchen, Hospers[8] bei Kaninchen und Hund, Montemartini[9] beim Hund und Benso[10] beim Menschen. Der Eintritt und die Dauer der Cholesterinvermehrung wird verschieden angegeben. Hospers findet sie im Beginn der Narkose, während im weiteren Verlauf eine Abnahme eintritt, nach Kinoshita liegt das Maximum 3 Stunden nach Aufhören der Chloroformzufuhr, Montemartini findet sie nur bei leichter Narkose, bei toxischen Gaben ist der Cholesteringehalt verringert, und nach Benso ist der Cholesterinspiegel des Blutes

[1] Takijama, S.: Jap. J. Obstetr. **10**, 28 (1927).
[2] Shita, H.: Mitt. med. Akad. Kioto **10**, 611 (1934).
[3] Montemartini, G.: Boll. Soc. ital. Biol. sper. **3**, 140 (1928).
[4] Grico, F.: Rass. Ter. e Pat. clin. **3**, 645 (1931).
[5] Rourke, M. D., u. E. D. Plass: Amer. J. Physiol. **84**, 42 (1928).
[6] Chiariello, A.: Ann. ital. Chir. **9**, 853 (1930).
[7] Kinoshita, T.: Mitt. med. Akad. Kioto **5**, 1857, 1891 (1931).
[8] Hospers, C. A.: Arch. Surg. **26**, 909 (1933).
[9] Montemartini, G.: Boll. Soc. ital. Biol. sper. **3**, 1153 (1928).
[10] Benso, F.: Giorn. Batter. **10**, 362 (1933).

beim Menschen 24 Stunden nach der Narkose wieder auf den Ausgangswert zurückgekehrt. Im Gegensatz zu diesen Angaben konnte TAKIJAMA bei einer 1 stündigen
Narkose des Kaninchens keine Veränderung des freien Cholesterins nachweisen.

Der Blutzucker wird in Übereinstimmung mit früheren Angaben von MONTE-
MARTINI bei Mensch und Hund und von IWANAGA[1] beim Hund vermehrt gefunden. Eine Sympathicusreizung und vielleicht auch eine Erhöhung der Zucker-
ausscheidungsschwelle der Nieren soll an dem Zustandekommen der Hyperglykämie beteiligt sein. Die Blutzuckervermehrung scheint aber an eine bestimmte Narkosetiefe gebunden zu sein, da BECKA[2] bei kurzfristigen Narkosen
des Kaninchens keine Blutzuckervermehrung feststellen konnte und MONTE-
MARTINI sowie CUTLER[3] sie ebenso bei Leberschädigungen durch toxische Gaben
vermißte. KINOSHITA[4] spricht die Ansicht aus, daß nur der freie Blutzucker
erhöht wird, der gebundene aber in demselben Grade abnimmt.

Der Milchsäurespiegel ist nach den Untersuchungen von KINOSHITA[4], CATA-
LIOTTI[5], FOGLIANI[6] bei Mensch, Hund und Kaninchen vermehrt. Auch das
Gesamtaceton wird von KINOSHITA als vermehrt angegeben, während Acetaldehyd eine Abnahme erfährt. Die Alkalireserve ist nach FOGLIANI vermindert.
Es liegen also ähnliche Verhältnisse vor wie bei der Äthernarkose, bei der sie im
weitesten Ausmaß untersucht worden sind. Auch die Erklärung der Entstehung
der Blutacidose sind die gleichen, denn CATALIOTTI[5] führt die Erhöhung des Milchsäurespiegels auf mangelhafte Oxydation und vermehrte Bildung in den Muskeln
zurück. Der Gehalt des Blutes an Aminosäuren nimmt nach SIMON[7] beim narkotisierten Kaninchen zu, und Guanidin erscheint, wie CUTLER[3] angibt, im Blut
des Hundes, der knochenlos und fettarm ernährt wird. Dadurch wird eine
Schädigung der Leber begünstigt, die ihrerseits mit dem Auftreten des Guanidins
in ursächlichem Zusammenhang stehen soll.

Als Ausdruck einer Leberschädigung wird auch in Übereinstimmung mit
früheren Untersuchungen eine Verminderung des Fibrinogens im Blut angesehen
(ROURKE)[8], wobei gleichzeitig Gallenfarbstoff auftritt. Es versteht sich von
selbst, daß in solchen Fällen die Blutgerinnung verzögert oder aufgehoben ist[9].
Bei nichttoxischen Gaben kann sie aber unter Zunahme der Viscosität sogar
vermehrt sein (SHITA). Derselbe Untersucher findet übrigens auch eine Abnahme
der Albumine zugunsten der Globuline des Blutes, und ROURKE macht auf eine
Abnahme des Gesamteiweißes aufmerksam.

Die anorganischen Bestandteile des Blutes zeigen keine sicheren und einheit-
lichen Veränderungen. AGNOLI[10] gibt eine Verminderung von Magnesium und
Calcium beim Hund an, MARENZI[11] eine Abnahme des Kaliums bei der gleichen
Tierart, BECKA[12] und FABRE[13] undeutliche Verschiebungen im Gehalt von Calcium,
Natrium, Kalium, Chlor und Phosphor.

[1] IWANAGA, Y.: J. of Biochem. **16**, 417 (1932).
[2] BECKA, J.: Arch. f. exper. Path. **171**, 246 (1933).
[3] CUTLER, J.: J. of Pharmacol. **41**, 337 (1931).
[4] KINOSHITA, T.: Mitt. med. Akad. Kioto **5**, 57 u. 1899 (1931).
[5] CATALIOTTI, F.: Fisiol. e Med. **4**, 476 (1933).
[6] FOGLIANI, U.: Riv. Pat. sper. **8**, 316 (1932).
[7] SIMON, A., u. E. ANNAU: Arch. f. exper. Path. **152**, 129 (1930).
[8] ROURKE, M. D., u. E. D. PLASS: Proc. Soc. exper. Biol. a. Med. **24**, 793 (1927).
[9] Die Wirkungen des Chloroforms auf die Blutgerinnung in vitro sind von BORDET
[Arch. internat. Physiol. **31**, 47 (1929) — C. r. Soc. Biol. Paris **100**, 751, 753 (1929)] genauer
untersucht worden.
[10] AGNOLI, R.: Boll. Soc. Biol. sper. **4**, 579 (1929).
[11] MARENZI, A. D., u. R. GERSCHMANN: Rev. Soc. argent. Biol. **8**, 638 (1932).
[12] BECKA, J.: Arch. f. exper. Path. **170**, 377 (1933).
[13] FABRE, R.: Verh. 14. internat. Kongr. Physiol. **1932**, 76.

Die antiinfektiösen Eigenschaften des Blutes, Bactericidie, Phagocytose, werden durch die Chloroformnarkose nach den Versuchen von PODETTI[1] nicht wesentlich beeinflußt.

Der Einfluß auf die *Fermente* des Blutes ist verhältnismäßig wenig geprüft worden. Nur KESSEL[2] und PAZZI[3] geben an, daß die Lipasewirkungen erhöht werden. KESSEL schreibt dies einer Ausschwemmung von Lipase aus den Organen und PAZZI dem Auftreten eines neuen aus der Leber stammenden, chininfesten Fermentes zu, das die Lipasewirkung verstärkt.

Gehirn und periphere Nerven. Die Einwirkung auf das Zentralnervensystem wurde im allgemeinen bisher mit der Beantwortung der Frage zu beleuchten versucht, welche seiner Teile der narkotischen Wirkung unterliegen und ob Erregungszustände der Narkose vorangehen oder ihr folgen. In dieser Richtung liegt auch die Untersuchung von A. und B. CHAUCHARD[4], die die Chronaxiewerte der motorischen Zentren chloroformierter Hunde während der Betäubung und nach dem Erwachen feststellten. In letzterem Stadium sinkt sowohl die Chronaxie wie die Rheobase erheblich ab, d. h. die Erregbarkeit steigt wieder an. Die unter den motorischen Rindenfeldern liegenden Fasern verhalten sich ähnlich.

Einen anderen Weg, um den Angriffspunkt des Chloroforms im Gehirn festzustellen, schlägt LE CLERE[5] ein, der Kaninchen intravenös verschiedene Farbstoffe injizierte (Trypaflavin, Neutralrot, Pikrinsäure und Methylviolett). Nur bei den Versuchen mit Methylviolett fand er den Farbstoff in der grauen Substanz stärker angereichert als bei den Kontrollen.

Zahlreicher sind die Arbeiten, welche sich mit der Klärung der Frage beschäftigen, ob chemische Veränderungen durch die Chloroformnarkose hervorgerufen würden. Selbstverständlich sind bei diesen sehr schwierigen Untersuchungen, bei denen die Dosierung des Narkoticums kaum berücksichtigt wurde, die Ergebnisse nicht einheitlich. MANCEAU[6] untersuchte den Lipoidgehalt des Gehirns narkotisierter Meerschweinchen, aber auch den verschiedener anderer Organe und Gewebe, Leber, Lunge, Nieren, Nebennieren, Milz und Blut. Ein deutliches Absinken der Cholesterin- und Lecithinwerte konnte nicht beobachtet werden, nur in den Nebennieren war eine deutlichere Veränderung festzustellen, doch scheint es sich auch hier nur um eine scheinbare Abnahme zu handeln.

BIANCALANI und HOPFINGER[7] finden nach einer kurzdauernden Narkose den Gesamtlipoidgehalt des Gehirns chloroformierter Tiere erhöht. An dieser Zunahme sind fast alle Fraktionen beteiligt; Myelin aber zeigt keine Veränderungen und Lecithin eine deutliche Abnahme. Es läßt sich nicht mit Sicherheit entscheiden, inwieweit diese Befunde mit der Funktion im Zusammenhang stehen. TSCHERKES und GORODISSKY[8] stellen bei narkotisierten Kaninchen schon nach kurzer Einwirkung des Chloroforms, aber auch des Äthers und Chloralhydrats eine Abnahme der ungesättigten Phosphatide und eine Zunahme der Lipoide des alkoholischen Auszuges fest. Die Veränderungen in der Zusammensetzung des zentralen Nervensystems sind selbst 24 Stunden nach Beendigung der Narkose noch nicht vollkommen ausgeglichen. Auch der Gesamtstickstoff zeigte eine deutliche Abnahme. Alle diese Veränderungen wurden mit der Funktionsstörung des

[1] PODETTI, V.: Giorn. Batter. **12**, 250 (1934).
[2] KESSEL, F.: Ž. eksper. Biol. i Med. **1926**, 52, 71.
[3] PAZZI, D. M.: Biochimica e Ter. sper. **17**, 402 (1930).
[4] CHAUCHARD, A., u. B. CHAUCHARD: C. r. Soc. Biol. Paris **96**, 1263 (1927).
[5] LE CLERE, P.: C. r. Soc. Biol. Paris **101**, 865 (1929).
[6] MANCEAU, P.: C. r. Soc. Biol. Paris **93**, 1507 (1925).
[7] BIANCALANI, G., u. H. HOPFINGER: Arch. di Fisiol. **27**, 53 (1929).
[8] TSCHERKES, A., u. H. GORODISSKI: Biochem. Z. **168**, 48 (1926).

Gehirns in Zusammenhang gebracht, doch lassen sich auf die Bedeutung der einzelnen Lipoidfraktionen für die Tätigkeit des Gehirns keine Schlüsse ziehen.

Nach den Versuchen von SEREJSKI[1] an chloroformierten Hunden, die allerdings vorher eine Morphininjektion erhalten hatten, findet sich eine nur geringfügige Vermehrung des Gesamt- und Reststickstoffs, was auf eine Behinderung der Beseitigung der Stickstoffschlacken bezogen wird. Auch nach REVO[2] ist der Stickstoffgehalt des Gehirns vermehrt. Außerdem konnte eine Vermehrung aller Lipoidfraktionen festgestellt werden. Besonders tritt diese Zunahme bei den ungesättigten Phosphatiden in Erscheinung und ist in der weißen Substanz stärker als in der grauen. Zu gleichen Ergebnissen kommt NEUMARK-TOPSTEIN[3] bei Versuchen an Hunden. Es werden Wassergehalt, Trockensubstanz, Cholesterin, ungesättigte Phosphatide, Cerebroside und gesättigte Phosphatide sowie der Gesamtphosphorgehalt bestimmt. Anscheinend liegen den Veröffentlichungen SEREJSKIS und der eben erwähnten Forscher die gleichen Untersuchungen zugrunde.

Den Einfluß des Chloroforms auf die Oxydationsvorgänge des Gehirns in vitro haben QUASTEL und WHEATLEY[4] untersucht. Nach einer 3 stündigen Vorperiode, innerhalb welcher der Sauerstoffverbrauch auf einen gleichmäßigen niedrigen Wert absinkt, wird Chloroform unter gleichzeitigem Zusatz von Traubenzucker, milchsaurem und brenztraubensaurem Natrium und Glutamin hinzugefügt. Die durch die Beigabe der Intermediärprodukte bedingte Zunahme der „Extraoxydation" wird durch Chloroform, aber auch durch andere Narkotica gehemmt, während die ursprüngliche „Autooxydation" nicht beeinflußt wurde. Das Gehirn chloroformierter Mäuse verhielt sich im wesentlichen ebenso. Hefe zeigte unter gleichen Versuchsbedingungen keine Veränderungen des Sauerstoffverbrauchs, und auch andere Gewebe wiesen eine geringere Empfindlichkeit auf als das Gehirn.

AMANTEA[5] benutzt das Chloroform, um bei örtlicher Anwendung die Tätigkeit gewisser Hirnteile auszuschalten und dadurch ihre physiologische Bedeutung zu erkennen. Dabei zeigt sich, daß bei dieser Form der Anwendung das Chloroform alle Hirnteile zu lähmen vermag, während Strychnin umgekehrt nur bestimmte Zentren erregt.

Daß auch die peripheren Nerven in der Chloroformnarkose eine Veränderung ihrer Erregbarkeit erleiden, was bisher noch nicht mit Sicherheit festgestellt war, zeigen Versuche von CHAUCHARD[6] und RENESCU[7]. CHAUCHARD stellte fest, daß die Rheobase und Chronaxiewerte des N. sublingualis beim Hunde während der Anästhesie zunehmen. Ähnliche Befunde wurden auch an marinen Crustaceen erhoben. RENESCU fand die Chronaxiewerte des N. ischiadicus bei Hunden zwar meistens erhöht, bei Kaninchen dagegen im allgemeinen niedriger. Bei tödlichen Dosierungen stiegen Chronaxie und Rheobasewerte des Kaninchenischiadicus immer an.

Muskeln. Es wurde früher (Bd. I, S. 198) auseinandergesetzt, daß hohe Konzentrationen von Chloroform sowohl die glatte und quergestreifte Muskulatur wie die des Herzens in den Zustand einer irreversiblen Kontraktur bringen. Dabei scheint das Chloroform zunächst als chemischer Reiz zu wirken und dann

---

[1] SEREJSKI, M.: Biochem. Z. **182**, 188 (1927).

[2] REVO, A.: Med.-biol. Ž. **4**, 76 (1928).

[3] NEUMARK-TOPSTEIN, R.: Med.-biol. Ž. **3**, 123, 126 (1927) — Schmerz **1**, 265 (1928).

[4] QUASTEL, J. H., u. A. H. M. WHEATLEY: Proc. roy. Soc. Lond. **112**, 60 (1932).

[5] AMANTEA, G.: Arch. di Fisiol. **22**, 279 (1925).

[6] CHAUCHARD, A., B. CHAUCHARD u. P. CHAUCHARD: C. r. Soc. Biol. Paris **113**, 136; **114**, 907 (1933).

[7] RENESCU, N.: Arch. f. exper. Path. **161**, 732 (1931).

eine stoffliche Veränderung der Eiweißsubstanzen, insbesondere in der contractilen Substanz herbeizuführen. NAGEOTTE[1] hat den Vorgang mikroskopisch untersucht. Er findet die Fibrillen im Froschsartorius verdickt, kontrahiert und stärker färbbar. Im polarisierten Licht ist anfangs eine äußerst feine Querstreifung zu erkennen, die später allerdings vollständig verschwindet. Schließlich kommt es zur Ausstoßung von Sarkoplasma, die durch die Verkürzung der Muskelfasern hervorgerufen wird, da sie ausbleibt, wenn man den Muskel mechanisch an der Zusammenziehung hindert. In Bestätigung dieser Beobachtungen kommt auch GAVRILESCU[2] zu der Ansicht, daß bei der Kontraktur durch Chloroform nicht nur eine Verschiebung der iso- und anisotropen Substanz unter Erhaltung der Querstreifung zu beobachten ist, sondern daß bei längerer Einwirkung eine tiefgreifende Veränderung der Myofibrillen Platz greift, die schließlich unter Tröpfchenbildung zerfallen.

Die frühere Annahme, daß die Kontraktur nur auftritt, wenn eine Säuerung des Muskels infolge des Kontraktionsvorganges besteht, sucht RITCHIE[3] dadurch zu entkräften, daß er bei Froschmuskeln in eisgekühlter Ringerlösung eine Chloroformkontraktur beobachtet, bevor durch Neutralrot eine Säuerung angezeigt wird, die in anderen Versuchen auch durch eine Spur Ammoniak verhindert wird. Auch dieser Forscher sieht, daß die Querstreifung verlorengeht und gleichzeitig kleine stark lichtbrechende, mit Osmiumsäure färbbare Kügelchen an der Oberfläche auftreten. Daraus schließt RITCHIE, daß die Wirkung des Chloroforms auf einer schweren Schädigung der Oberflächenbeziehung zwischen den wässerigen und fettartigen Bestandteilen der Muskelfibrillen beruhe. Auch LIPPAY[4] sieht die Chloroformkontraktur beim Froschmuskel eintreten, wenn die Milchsäurebildung durch vorherige Injektion von Monojodessigsäure gehindert wird.

Die Kontraktur der *glatten* Muskulatur von Warmblütern durch Einwirkung von Chloroform ist nach den Untersuchungen von FRAENKEL[5] und MORITA zu erhalten, sofern die Struktur der Muskulatur noch nicht zerstört ist. Sie tritt aber auch auf, wenn die elektrische Erregbarkeit bereits erloschen ist, eine Beobachtung, die frühere Ergebnisse bestätigt.

Daß auch an der Muskulatur des Blutegels, die ja mikroskopisch eine Mittelstellung zwischen glatter und quergestreifter Muskulatur einnimmt, durch hohe Konzentrationen eine Starre herbeigeführt werden kann, hat CARLSTRÖM[6] beobachtet. Derselbe Forscher hat die Einwirkung geringer Konzentrationen untersucht. 0,15—0,25proz. Lösungen erhöhen die Erregbarkeit der Blutegelmuskulatur für einzelne Induktionsschläge, während die zur Kontraktur führenden Lösungen zunächst die Erregbarkeit aufheben.

Die Wirkung des Chloroforms auf die glatte Muskulatur in situ war mehrfach Gegenstand der Untersuchungen. Dabei findet RUCKER[7] eine Abnahme der Zahl und Stärke der Uteruskontraktionen, die mit Hilfe eines in die Cervix eingeführten Gummibeutels registriert werden. Die Beeinträchtigung der Uterusbewegungen ist der Tiefe der Narkose etwa proportional. MILLER und PLANT[8] beobachteten im Toleranzstadium der Chloroform- und Äthernarkose einen völligen Stillstand der Magen-, Dünndarm- und Dickdarmbewegungen, die erst

---

[1] NAGEOTTE, J.: C. r. Acad. Sci. Paris **180**, 1963 (1925).
[2] GAVRILESCU, N.: C. r. Soc. Biol. Paris **101**, 771 (1929).
[3] RITCHIE, A. D.: J. of Physiol. **49**, LXXXIII (1925).
[4] LIPPAY, F.: Pflügers Arch. **229**, 538 (1932).
[5] FRAENKEL, M., u. G. MORITA: Pflügers Arch. **207**, 165 (1925).
[6] CARLSTRÖM, B.: Skand. Arch. Physiol. **48**, 8 (1926).
[7] RUCKER, M. P.: J. Labor. a. clin. Med. **10**, 390 (1925).
[8] MILLER, G. H., u. O. H. PLANT: J. of Pharmacol. **25**, 147 (1925).

verhältnismäßig lange Zeit nach Aussetzen der Narkoticumzufuhr wieder auftreten. Die Versuche wurden an Hunden mit permanenter Magen-, Dünndarm und Colonfistel in der Weise ausgeführt, daß nach völliger Ausheilung der Operationswunden ein mit Wasser gefüllter Gummiballon in den betreffenden Darmabschnitt eingebracht wurde. Nach MUN[1] kam es in Versuchen am Kaninchendarm während der Narkose zunächst zu einer vorübergehenden Steigerung der Darmtätigkeit. Da sie nach Vagusdurchschneidung oder Atropinisierung ausblieb, wird sie als Folge einer Vaguserregung gedeutet. Im Anschluß an die Narkose war die Darmtätigkeit vermindert, sie ließ sich aber durch Pilocarpin und Bariumchlorid bis zu einem gewissen Grade wieder auslösen. Aus diesem Grunde glaubt der Untersucher die Beeinträchtigung der Darmbewegungen sekundär auf eine Veränderung des Blutkreislaufes zurückführen zu können. Eine Schädigung der Magenbewegungen des Kaninchens, Hemmung der Peristaltik und Tonusabnahme hat NAKAYAMA[2] beobachtet, nur die Peristaltik des Antrums war erhalten. Im Anschluß an die Narkose trat eine verzögerte Entleerung des Magens auf, obwohl die Zeit bis zur ersten Entleerung verringert erschien.

Herz und Kreislauf. Die Schädigung des Kreislaufes durch Chloroform nicht nur in toxischen Gaben, sondern auch in therapeutisch zulässigen Konzentrationen ist bekannt. Sie wird auf eine Lähmung der vasomotorischen Zentren und Beeinflussung des Herzens zurückgeführt. Es ist selbstverständlich, daß dieser ungünstige Einfluß des Chloroforms weitgehend rückgängig gemacht werden kann, sobald das Narkoticum hinreichend entfernt wird. Andererseits ist die Tatsache nicht aus der Welt zu schaffen, daß meistens infolge mangelhafter Narkosetechnik Überdosierung und manchmal aber auch durch nicht erklärbare Umstände irreversible Lähmungen des Kreislaufes mit tödlichem Ausgang vorkommen.

Viel erörtert wurde der sog. primäre Herzstillstand im Anfang der Chloroformdarreichung, der zweifellos in vielen Fällen durch eine Überdosierung verursacht sein dürfte. Von manchen Forschern wird er aber auf eine Reizung des Vagus bzw. der Hemmungszentren in der Medulla oblongata zurückgeführt (DASTRE u. a.); von anderen wird aber diese Möglichkeit bestritten. Auch ARTHUS[3] findet nun am Kaninchen, daß wohl ein von der durch Chloroformdämpfe gereizten Nasenschleimhaut ausgehender Reflex zu einer erheblichen Verlangsamung des Herzschlages, niemals aber zu einem Stillstand des Herzens führe. Im Augenblick des Eintritts der wirklichen Narkose, gekennzeichnet durch Aufhebung des Hornhautreflexes, steigt die Pulsfrequenz im allgemeinen wieder zur Norm an, wobei der Vagus bei direkter Reizung seine Erregbarkeit nicht verloren hat, während er sich reflektorisch von der Nasenschleimhaut nicht mehr erregen läßt. Vorheriger oder gleichzeitig auftretender Atemstillstand kann bei der Herzverlangsamung eine große Rolle spielen.

Beim Hund und Menschen scheint dieser Vagusreflex viel schwerer hervorgerufen zu werden. BEILINE und CHAUCHARD[4] können in der Chloroformnarkose des Hundes keine Veränderung der Vaguserregbarkeit nachweisen, da die Chronaxiewerte ziemlich gleichbleiben. Im Gegensatz dazu schreibt RYDIN[5] dem Chloroform eine Wirkung auf den Vagus zu, da er angibt, daß geringe Konzen-

<hr>

[1] MUN, M.: Jap. J. med. Sci., Trans. IV Pharmacol. **5**, 23 (1931).

[2] NAKAYAMA, S.: Jap. J. Obstetr. **13**, 148 (1930).

[3] ARTHUS, H.: Arch. internat. Physiol. **22**, H. 3, 259 (1924).

[4] BEILINE, B., u. A. B. CHAUCHARD: C. r. Soc. Biol. Paris **99**, 396 (1928).

[5] RYDIN, H.: Upsala Läk. Förh. **31**, 223 (1926) — XLI. Internat. Physiol.-Kongr. Stockholm **1926**, 143.

trationen den hemmenden Einfluß der durch elektrische Reizung oder durch Acetylcholin erregten Parasympathicusendigungen verstärken, in großen Konzentrationen diese aber lähmen. GARRELON, THUILLANT und GALLET[1] kommen in Versuchen an Hunden zu Ergebnissen, die eine Beteiligung des Vagus unter bestimmten Umständen wahrscheinlich machen, indem der Herzstillstand, der dem Atemstillstand vorangeht, durch intrakardiale Einspritzung von Atropin aufgehoben werden kann. Dagegen zeigt sich Atropin erfolglos, wenn der Stillstand der Atmung eher eintritt als der des Herzens.

Daß auch dem Accelerans bei den Chloroformschädigungen des Herzens ein Einfluß zugeschrieben wird, geht aus Versuchen von TIEMANN[2] an der Katze hervor, der bei der Nachprüfung früherer Untersuchungen von G. Lévy (1912) fand, daß in der Chloroformnarkose durch Reizung des Accelerans Kammerflimmern erzeugt werden kann (s. auch Adrenalin und Chloroform). Am leichtesten läßt sich dies in leichter Narkose zeigen, wenn diese einer tiefen Narkose folgt.

STEINFELDT[3] schließt aus seinen Versuchen am Menschen mit Hilfe des Pulszeitschreibers von FLEISCH, daß die Leistungsfähigkeit des Herzens und seine Reservekraft vermindert wird. Gleichzeitig wird eine gesteigerte Neigung zu Extrasystolen auch nach Aufhören der Narkose beobachtet.

Daß durch Chloroform schwere Störungen am Herzen herbeigeführt werden, zeigen die Versuche von EISMAYER und WACHSMUTH[4] am Hund, bei dem Formänderungen des Elektrokardiogramms, Überleitungsstörungen vom Vorhof auf den Ventrikel, Hemmung des Sinusrhythmus und Erwachen sekundärer und tertiärer Reizzentren beobachtet werden. Auch in den Versuchen von FROMMEL[5] an Meerschweinchen zeigt sich in tiefer Narkose mit unregelmäßiger Atmung eine mit Leitungsstörungen verbundene Bradykardie, die gewöhnlich mit einem kompletten Herzblock endet, der allerdings bei Abbruch der Narkose vorübergehen kann. In seltenen Fällen treten Extrasystolen auf. An diesen Erscheinungen ist eine Übererregbarkeit des Vagus beteiligt, da bei Ausschaltung des Vagus z. B. durch Atropin nur eine geringe Verlangsamung, aber keine Reizleitungsstörungen beobachtet wurden. Wird die Narkose bis zum Tode fortgeführt, so tritt eine vollständige Vorhofkammerdissoziation oder ein tödliches Herzflattern ein, dem gegenüber die Ausschaltung des Vagus machtlos ist. Auch am isolierten Herzen von Bufo vulgaris lassen sich, wie die Versuche von LEVI[6] zeigen, Überleitungsstörungen nachweisen. Dabei gehen Mechano- und Elektrokardiogramm durchaus parallel. Wenn andere Untersucher noch elektrische Erscheinungen am scheinbar stillstehenden Herzen beobachteten, so liegt das allein daran, daß die gewöhnliche graphische Methode nicht fein genug gestaltet werden kann.

Wie früher erwähnt wurde, bedingen hohe Chloroformkonzentrationen eine systolische Kontraktur des isolierten Herzens. Interessant ist es nun, daß auch verhältnismäßig geringe Konzentrationen unter 7% eine langsam einsetzende Kontraktur bedingen, wenn der Ventrikel des isolierten Herzens von Kröte und Schildkröte nach Aufhören der automatischen Bewegungen elektrisch gereizt wird. In der Kontraktur, die übrigens nach nicht allzu starker Vergiftung spontan wieder zurückgehen kann, ist die elektrische Erregbarkeit vollkommen erloschen.

---

[1] GARRELON, L., R. THUILLANT u. T. GALLET: C. r. Soc. Biol. Paris **103**, 904 (1930).
[2] TIEMANN, F.: Z. exper. Med. **62**, 17 (1928).
[3] STEINFELDT, W.: Z. exper. Med. **87**, 81 (1933).
[4] EISMAYER, G., u. W. WACHSMUTH: Dtsch. Z. Chir. **217**, 289 (1929).
[5] FROMMEL, E.: Schweiz. med. Wschr. **57**, 490 (1927) — Arch. Mal. Cœur **20**, 705 (1927).
[6] LEVI, M.: Arch. di Fisiol. **22**, 479 (1925) — Boll. Soc. ital. Biol. sper. **1**, 102 (1926).

Am isolierten Kaninchenherzen wuchs nach LEPPER[1] bei Abnahme der Schlagzahl die Amplitude an, bei länger anhaltender Chloroformzufuhr nahm die Hubhöhe bei Steigerung der Pulsfrequenz ab. Es hat sich hier um verhältnismäßig geringe Konzentrationen gehandelt; denn in früheren Versuchen zeigten die nach LANGENDORFF isolierten Herzen Abnahme der Schlagzahl und Hubhöhe bis zum Herzstillstand.

Die Einwirkung des Chloroforms auf die vasomotorischen Zentren wird von VAN ESVELD[2] genauer untersucht, der ihre Erregbarkeit bei der narkotisierten Katze gegenüber Kohlensäure vermindert fand. TACHIKAWA[3] beobachtete eine Erweiterung der Coronar- und Lungengefäße, und nach VERCAUTEREN[4] werden die Carotissinusreflexe in der Chloroformnarkose aufgehoben.

Daß durch die Einwirkung des Chloroforms auf Herz und vasomotorische Zentren der Blutdruck absinkt, erscheint selbstverständlich und ist auch durch frühere und neuere Versuche experimentell bewiesen. Von diesen seien die von HALSEY, REYNOLDS und BLACKBERG[5] erwähnt. Sie fanden bei Hunden nach Chloroform in Gaben, die noch keine Muskelerschlaffung und noch keine Lähmung der Reflexe mit sich brachten, eine Senkung des Blutdruckes und eine Verminderung des Minutenvolumens mit Steigerung der Pulsfrequenz. Im Einklang damit stehen Beobachtungen von MASNATA[6] am Menschen, der wegen des Blutdruckabfalles in der Chloroformnarkose diese für minderwertig hält, ein Urteil, das doch wohl nicht ganz gerechtfertigt erscheint.

Die Einwirkung des Chloroforms auf die isolierten Gefäße hat LEPPER untersucht, der feststellte, daß schwächere Konzentrationen die Gefäße verengen und hohe erweitern. Ob diese Wirkungen beim unverletzten Tier eine Rolle spielen, ist sicher nur schwer festzustellen. Diese Frage ist mit der gleichzustellen, ob Konzentrationen von Chloroform, die die isolierten Gefäße beeinflussen, während der Narkose überhaupt vorkommen.

Stoffwechsel. Die Untersuchungen des Stoffwechsels unter dem Einfluß des Chloroforms — gewöhnlich in den toxischen Gaben — hatten als wesentliches Ergebnis eine Vermehrung der Ausscheidung des Harnstoffes und des Gesamtstickstoffes mit negativer Stickstoffbilanz, eine Verminderung der Sauerstoffaufnahme und der Kohlensäureabgabe, sowie Störungen des Kohlehydratstoffwechsels, die sich durch eine Hyperglykämie, Schwund des Leberglykogens, Vermehrung der Blutmilchsäure und eine Acidose ausdrückten. In den neueren Arbeiten kommen gewisse Teilfragen, besonders auch des intermediären Stoffwechsels zur Untersuchung.

NARINS[7] beobachtete die Sauerstoffaufnahme von Kaulquappen (Rana clamitans), die sich eine Stunde lang in wässerigen Chloroformlösungen von 0,01 bis 0,125% befanden. Dabei zeigte sich eine Verminderung des Sauerstoffverbrauches von 30—67,5%. In giftfreiem Wasser erholten sich die Tiere sehr bald, wobei die O_2-Werte wieder ihren Ausgangspunkt erreichten.

MONTEMARTINI[8] vergleicht am Menschen, bei denen eine Chloroformnarkose vorgenommen war, den Stickstoff- und Harnstoffgehalt des Blutes mit der Ausscheidung durch den Urin. Im Blute ist N_2 und Harnstoff in den ersten Stunden

[1] LEPPER, L.: Pflügers Arch. **204**, 489 (1924).
[2] VAN ESVELD, L. W.: Ber. staatl. Gesdhfürs. i. d. Niederland. **10**, 1325 (1928).
[3] TACHIKAWA, R.: Arb. III. Abt. anat. Inst. Kyoto **2**, 75 (1931).
[4] VERCAUTEREN, E.: C. r. Soc. Biol. Paris **109**, 563 (1932).
[5] HALSEY, J. T., CH. REYNOLDS u. S. N. BLACKBERG: J. of Pharmacol. **32**, 89 (1927). — REYNOLDS, CH., u. S. N. BLACKBERG: Proc. Soc. exper. Biol. a. Med. **24**, 870 (1927).
[6] MASNATA, G.: Boll. Special. med.-chir. **6**, 143 (1932).
[7] NARINS, S. A.: Physiologic. Zool. **3**, 519 (1930).
[8] MONTEMARTINI, C.: Boll. Soc. ital. Biol. sper. **3**, 279 (1928).

nach der Narkose vermehrt, im Harn kommt es erst, nach einer anfänglichen Verminderung, zu einer Erhöhung der Werte, Erscheinungen, die mit einer zeitweiligen Hemmung der Harnstoffbildung in der Leber in Zusammenhang gebracht werden. Wenn die Blutwerte bereits zur Norm zurückgekehrt sind, ist die Ausscheidung durch den Urin noch vermehrt.

Die Beeinflussung des intermediären Stoffwechsels zeigt sich in Versuchen von MINOT und CUTLER[1], die bei mit calciumarmer Fleischkost ernährten Hunden eine Anhäufung von Guanidin fanden. Die Tiere zeigten krankhafte Erscheinungen, die einer Guanidinvergiftung ähnelten und durch Calciumzulage oder kohlehydratreiche Nahrung gehemmt werden konnten. Die Guanidinanreicherung, die sowohl durch Chloroform wie Tetrachlorkohlenstoff in toxischen Gaben hervorgerufen wird, läßt sich mit der Giftwirkung auf die Leber in Zusammenhang bringen.

Nach MARONGIU[2] findet unter der toxischen Einwirkung einer Chloroformnarkose auf das Muskelgewebe eine abnorme Ausscheidung von Kreatin statt, das sonst in der Leber in Kreatinin umgewandelt wird.

Der Zustand des Glutathions in der Muskulatur verschiedener Fischarten erfährt in der Chloroform- und Äthernarkose keine Änderungen, während beide Narkotica die Oxydation des reduzierten Muskelglutathions in vitro hemmen (GAVRILESCO)[3].

Durch Versuche von JURA[4] an Hunden, die einer einstündigen Chloroform- oder einer Äthernarkose unterworfen wurden, zeigte sich eine Verminderung des Glutathions in der Nebennierenrinde und Leber, eine Vermehrung im Gehirn und ein Gleichbleiben im Herzmuskel. Der Gehalt an Tripeptiden schien besonders in den Organen vermindert zu sein, die sich regelrechterweise durch eine erhebliche Menge auszeichnen. Zu ähnlichen Ergebnissen kommt KUSHIYAMA[5] bei seinen Versuchen am Kaninchen, bei dem der Glutathiongehalt nach einer 30 Minuten währenden Chloroformnarkose in den Nebennieren, der Leber, im Dünndarm und Rückenmark absank, im Gehirn, aber auch in den Muskeln, der Milz und Thymus sich erhöhte. Noch nach 24 Stunden waren die Veränderungen nicht vollkommen ausgeglichen.

Der mit den Kohlehydraten in engster Beziehung stehende Phosphatstoffwechsel wurde ebenfalls untersucht. Nach den Versuchen SCHENKS[6] am Hund wird durch eine 4 stündige Chloroformnarkose der Glykogenvorrat des Skeletmuskels vermindert, die Zwischenkohlehydrate und die Milchsäure, ebenso das Lactacidogen erheblich vermehrt. Der Phosphorsäurestoffwechsel geht diesen Veränderungen im allgemeinen parallel. Auch im Herzmuskel sind ähnliche Umsetzungen festzustellen, doch werden sie erst sinnfällig, wenn die Tiere zweimal einer 3 stündigen Narkose unterzogen werden. Die Phosphatausscheidung durch den Urin wird nach BOLLIGER[7] im Anschluß an eine Narkose mit Chloroform und anderen Narkoticis vermehrt, während gleichzeitig der Phosphatgehalt des Blutes sinkt, wobei eine gesetzmäßige Beziehung zu der verringerten Kohlensäurekapazität und der auftretenden Acidose des Blutes nicht zu bestehen scheint. Der Zusammenhang mit dem Umsatz der Kohlehydrate wird dadurch aber bewiesen, daß pankreaslose Hunde keine Veränderungen des Phosphatumsatzes erkennen lassen.

---

[1] MINOT, A. S., u. J. T. CUTLER: Proc. Soc. exper. Biol. a. Med. **26**, 138 (1928) — J. clin. Invest. **6**, 369 (1928).

[2] MARONGIU, M.: Policlinico Sez. chir. **33**, 619 (1926).

[3] GAVRILESCO, N.: Bull. Soc. Chim. biol. Paris **13**, 47 (1931).

[4] JURA, V.: Riv. Pat. sper. **6**, 411 (1931).

[5] KUSHIYAMA, I.: Jap. J. Obstetr. **16**, 360 (1933).

[6] SCHENK, P.: Arch. f. exper. Path. **99**, 206 (1923).

[7] BOLLIGER, A.: J. of biol. Chem. **69**, 721 (1926).

Der Wasserhaushalt von Fröschen, die sich in Wasser mit darüber stehenden Chloroform- oder Ätherdämpfen befinden, wird, wie NEILD und SERRITELLA[1] zeigen, in der Weise beeinflußt, daß sich die Tiere bei Eintritt der Anästhesie mit Wasser anreichern, was durch Gewichtszunahme ermittelt wird. Nach Absetzen der Narkose wurde das Wasser wieder ausgeschieden.

Aus allen diesen Versuchen geht mit Sicherheit hervor, daß die Chloroformnarkose und -vergiftung tiefgreifende Störungen im Eiweiß- und Kohlehydratstoffwechsel hervorruft.

Leber. Aus den früheren Arbeiten ging mit Sicherheit die Tatsache hervor, daß Chloroform die Leber schädigen könne. Am leichtesten ließ sich die Wirkung bei peroraler und subcutaner Darreichung zeigen, weniger deutlich, wenn das Narkoticum per inhalationem aufgenommen wurde, doch kommt es auch bei dieser Darreichungsform durch sehr langdauernde oder wiederholte Einverleibung zu schweren Schädigungen der Leber, die unter dem Bilde einer toxischen Fettleber oder Leberatrophie den Tod von Mensch und Tier veranlassen. Immerhin wurden selbst bei erheblichen Schädigungen der Leber Regenerationsvorgänge beobachtet. Aber selbst wenn noch keine morphologischen Veränderungen eingetreten waren, konnte die Funktionsprüfung eine Veränderung aufzeigen.

Die neueren Arbeiten gehen kaum über die Ergebnisse der früheren hinaus; bis zu einem gewissen Grade vervollständigen sie diese aber und sollen deshalb Erwähnung finden. GYÖRGY[2] stellt tierexperimentell fest, daß nach der Narkose die Galaktosetoleranz bedeutend sinkt und diese Senkung 2—3 Tage anhält. Sie ist auch vorhanden, wenn pathologisch anatomisch das Organ noch nicht verändert ist. Auch FILIPPA[3], der die Funktionsprüfung mit Bengalrosa vornahm, kommt beim Hund zu dem Ergebnis, daß schon eine 30 Minuten währende Narkose die Leberfunktion schädigt. Daß auch bei Leberverfettung nach chronischer Chloroformvergiftung des Hundes die Funktion der Leber, gemessen an der Lävulosetoleranz, gestört ist, erscheint demnach selbstverständlich. Leberverfettung und Toleranzabnahme gehen nach BODANSKY[4] einander fast parallel.

Die Funktionsprüfung der Leber nach klinischen Chloroformnarkosen des Menschen ergibt nach DUBUS[5] ebenfalls eine Beeinträchtigung der Tätigkeit. Bei der Durchströmung der Leber von chloroformvergifteten Ratten treten in der Durchströmungsflüssigkeit (Kalbsblut) Acetonkörper in erhöhtem Maße auf. Zusatz von Acetessigsäure zum Durchströmungsblut zeigt, daß die Chloroformleber das Vermögen eingebüßt hat, die zugesetzte Substanz weiter zu verarbeiten. Im Gegensatz dazu baut sie Oxybuttersäure ab, die wahrscheinlich durch Reduktion eine Umsetzung erfährt. Die beobachteten Erscheinungen werden auf das Unvermögen der chloroformvergifteten Leber zurückgeführt, die Zwischenprodukte des Fettstoffwechsels weiter zu oxydieren[6].

Mit der anatomischen Veränderung der Kaninchenleber nach subcutaner Injektion von Chloroform beschäftigt sich ZALKA[7]. Er findet Nekrose der Zellen ohne wesentliche Fettinfiltration, die nur an der Grenze zwischen nekrotischen und normalen Stellen höhere Grade erreicht. Glykogen ließ sich in den nekrotischen Zellen nicht nachweisen, dagegen waren Einlagerungen von phosphorsaurem Kalk wahrzunehmen. Die Endothelzellen in den nekrotischen Teilen der Leber sind

---

[1] NEILD, H. W., u. A. F. SERRITELLA: Amer. J. Physiol. **108**, 550 (1934).
[2] GYÖRGY, E.: Magy. orv. Arch. **30**, 227 (1929).
[3] FILIPPA, C.: Bull. Accad. med. Roma **56**, 50 (1930).
[4] BODANSKY, M.: J. of biol. Chem. **58**, 515 (1923).
[5] DUBUS, A.: J. Physiol. et Path. gén. **22**, 321, 335 (1924).
[6] HÜRTHLE, R.: Arch. f. exper. Path. **110**, 153 (1925).
[7] ZALKA, Ö.: Magy. orv. Arch. **27**, 523, 536 (1926) — Amer. J. Path. **2**, 167 (1926).

vermehrt und bilden Riesenzellen. Nach mehreren Tagen werden die geschädigten Zellen durch Phagocytose entfernt, nachdem schon vorher Regenerationserscheinungen aufgetreten sind, die sich durch Auftreten zahlreicher Mitosen in den normalen Leberzellen anzeigen.

Auf die Verminderung des Leberglykogens bei den Katzen im Anschluß an die Darreichung von Chloroform bei gleichzeitiger Erhöhung des Blutzuckerspiegels macht auch MURPHY[1] aufmerksam. Die Regenerationsvorgänge in der Leber chloroformvergifteter Tiere werden von MACNIDER[2] und ANDERSON[3] in funktioneller Beziehung näher untersucht. Mit verschiedenen Methoden gelingt ihnen der Nachweis, daß die jungen regenerierten Zellen gegenüber den schädigenden Wirkungen des Chloroforms widerstandsfähiger sind als die Zellen des normalen Organs.

Während wohl allgemein angenommen wird, daß der Angriffspunkt des Chloroforms in den Leberzellen selbst zu suchen sei, glauben LOEFFLER und NORDMANN[4], daß das Primäre Kreislaufstörungen seien, während die Parenchymschädigung erst sekundär durch diese bedingt seien.

Die Wirkungen des Chloroforms auf die Leber werden von manchen Klinikern für so erheblich gehalten, daß sie nicht nur die Narkose mit dieser Substanz bei offenbaren Lebererkrankungen vermieden sehen wollen, sondern auch vorschlagen, vor jeder Narkose die Bilirubinämie, die alimentäre Glykosurie, den Ammoniakkoeffizienten, die Farbstoffausscheidungsgrößen zu prüfen und die ROSENTHALsche Probe anzustellen. MONTEMARTINI[5] hält die Anstellung aller dieser Proben für zu weitgehend, empfiehlt aber, sich vor jeder Chloroformnarkose von der Unversehrtheit des Kohlehydratstoffwechsels zu überzeugen, wobei er darauf aufmerksam macht, daß die Anwendung von Insulin bei Narkosestörungen ernster Art lebensrettend wirken kann.

Endokrine Drüsen. Während eine Anzahl von Forschern angeben (Bd. I, S. 197), daß die Narkotica, insbesondere das Chloroform, den Adrenalingehalt des Nebennierenmarks vermindere, konnten andere Untersucher diese Angabe nicht bestätigen. Aus den neueren Arbeiten geht aber hervor, daß Chloroform die Nebennieren doch zu schädigen vermag. PASQUALE[6] findet an Hunden, die in einer Woche wiederholten Chloroformnarkosen unterworfen wurden, eine Hyperämie der Rinde mit Ödem besonders in der Pars fascicularis, in der auch Austritte von Erythrocyten gesehen wurden. In der Marksubstanz konnte eine Abnahme der chromaffinen Substanz festgestellt werden. Aber auch nach einer einmaligen Chloroformnarkose ist nach OGAWA[7] der Adrenalingehalt der Nebenniere des Kaninchens beträchtlich vermindert, unter Umständen läßt sich beim Vergleich mit dem Adrenalingehalt der vor der Narkose exstirpierten linken Nebenniere in der rechten nach längerer Chloroformzufuhr nur ein Zwanzigstel des normalen Adrenalins nachweisen. Im Erregungsstadium und im Anfang einer tiefen Narkose findet OGAWA allerdings eine geringe Zunahme der Adrenalinmenge. Erst 8 Stunden nach Beendigung der Narkose haben sich alle Veränderungen wieder ausgeglichen. Eine Bestätigung dieser Angaben ist in den Versuchsergebnissen von MATSUSHITA[8] zu finden, der beim geschlechtsreifen weiblichen Kaninchen den Adrenalingehalt der Nebennieren mit 0,0964 mg/kg angibt, während er nach

---

[1] MURPHY, G. E., u. F. G. YOUNG: J. of Physiol. **76**, 395 (1932).
[2] MACNIDER, WM. DE B.: Proc. Soc. exper. Biol. a. Med. **30**, 238 (1932).
[3] ANDERSON, R. M.: Arch. of Path. **14**, 335 (1932).
[4] LOEFFLER, L., u. M. NORDMANN: Virchows Arch. **257**, 119 (1925); **269**, 771 (1928).
[5] MONTEMARTINI, G.: Studi sassar. **6**, 323 (1928).
[6] PASQUALE, B. B.: Sperimentale **77**, 5 (1923).
[7] OGAWA, S.: Beitr. Physiol. **3**, 111 (1925).
[8] MATSUSHITA, T.: Mitt. med. Akad. Kioto **10**, 195 (1934).

der Narkose eine Verminderung beobachtet, die nach 24 Stunden am ausgesprochensten ist (0,0643 mg/kg). Sowohl Ogawa wie Matsushita geben weiter an, daß anfänglich der Adrenalingehalt des Blutes zunehme und dann absinke. Kodama[1], der die Adrenalinausschüttung aus den Nebennieren untersuchte, stellte fest, daß die Chloroformnarkose eine erhebliche Verminderung der in das Blut übertretenden Adrenalinmenge herbeiführe, die nach Abklingen der Narkose wieder allmählich zunimmt.

Nikolaeff zeigte in Durchströmungsversuchen an der isolierten Nebenniere des Rindes, daß ein Zusatz von $1/4\%$ Chloroform zur Lockelösung eine Gefäßerweiterung hervorruft und nach einer kurzdauernden Vermehrung der Adrenalinausschüttung eine Hemmung eintreten läßt.

Die Wirkung des Chloroforms auf andere endokrine Organe ist verhältnismäßig wenig untersucht worden.

Ein Einfluß von Chloroform, Alkohol und anderen Substanzen auf die Ausscheidung des uteruserregenden Anteils des Hypophysenhinterlappenhormons in den Liquor cerebrospinalis konnte von Dixon nicht beobachtet werden. Über die Wirkung auf die Tätigkeit der Schilddrüse liegt nur die Arbeit von Schwarz[2] vor. Es ist bekannt, daß das Serum normaler Kaninchen in vitro Atropin unwirksam machen kann, während das Serum thyreoidektomierter diese Fähigkeit nicht besitzt. Im abgeschwächten Umfang ist die das Atropin inaktivierende Wirkung auch im normalen Menschenserum vorhanden, und als normal kann ein Serum bezeichnet werden, wenn es von einem Menschen mit regelrechter Schilddrüsentätigkeit stammend, mit einer Atropinlösung von 1 : 2000 vermischt, innerhalb von 4 Stunden die Katzenpupille um das 8fache erweitert. Mit dieser Methode läßt sich eine Beeinträchtigung der Schilddrüsentätigkeit unter dem Einfluß des Chloroforms feststellen.

Durch langdauernde bzw. wiederholte Chloroformnarkose wird nach Pasquale auch die Thymus ebenso wie die Nebenniere stark in Mitleidenschaft gezogen, indem eine Hyperämie mit einzelnen hämorrhagischen Herden auftritt, und zwar um so deutlicher, je geringer die Involution des Organes fortgeschritten ist. Unter Umständen können sogar nekrobiotische Vorgänge an den lymphoiden Elementen und Verminderung der Lipoide beobachtet werden.

Mittels der Konschen Silbermethode zeigt Ito[3], daß nach subcutaner Einspritzung von 0,5—0,8 ccm Chloroform/kg Kaninchen eine auffallende Vermehrung der Silbergranula in den Epithelkörperchen auftritt, während 2—5 Tage nach der Chloroformdarreichung die Granula vermindert sind. In der Schilddrüse war eine fortschreitende Abnahme der Granula festzustellen, die auch in der Thymus beobachtet wurde. Im Gegensatz dazu war eine Änderung der Granulazahl in der Nebenniere und Hypophyse anscheinend nicht vorhanden. Inwieweit von diesen Feststellungen auf eine Tätigkeitsänderung der untersuchten endokrinen Organe geschlossen werden darf, entzieht sich vor der Hand der Beurteilung.

Unter Berücksichtigung aller angeführten Arbeiten kann man die Folgerung ziehen, daß die Chloroformnarkose wohl mit Sicherheit die Nebennierentätigkeit zu beeinflussen vermag, während die Wirkung auf andere Hormondrüsen, außer bei stark toxischen Gaben, noch nicht ganz einwandfrei festgelegt ist.

Antagonismus, Synergismus. Lévy (s. Bd. I, S. 211) hatte die merkwürdige Beobachtung gemacht, daß die intravenöse Einspritzung von Adrenalin bei chloroformierten Katzen eine verschiedene Wirkung ausübt, je nachdem die Adrenalininjektion bei einer leichten oder tiefen Narkose erfolgt; in letzterem Falle könne der

---

[1] Kodama, S.: Tohoku J. exper. Med. **5**, 149 (1924).

[2] Schwarz, N. W.: Arch. klin. Chir. **153**, 386 (1928).

[3] Ito, H.: Trans. jap. path. Soc. **20**, 236 (1930).

Kreislauf wieder hergestellt oder gebessert werden, im ersteren aber ginge das Tier unter Herzflimmern zugrunde. Diese Befunde sind von mehreren Forschern im wesentlichen bestätigt worden. BARDIER und STILLMUNKÉS[1] zeigen in Versuchen an Hunden, deren Herz in tiefer Chloroformnarkose sehr langsam, unregelmäßig und schwach schlug, daß die intrakardiale Einspritzung von Adrenalin augenblicklich zur Wiederbelebung führen kann. Häufig aber ist die Adrenalineinspritzung doch wirkungslos, insofern nämlich, als es schließlich zum Herzstillstand kommt, obwohl die Kontraktionen bereits wieder kräftig und regelmäßig geworden und der Blutdruck wieder im Steigen begriffen war. Befand sich das Herz aber im Stadium des Flimmerns, so war Adrenalin unwirksam. Wird bei einem chloroformierten Hund ein starker Aderlaß vorgenommen, so kann eine intrakardiale Adrenalininjektion die Herz- und Atemtätigkeit verbessern. TOURNADE, MALMÉJAC und DJOURNO[2] konnten bei Hunden, bei denen durch Überdosierung des Chloroforms Herzstillstand eingetreten war, durch intravenöse Darreichung von 0,5 mg Adrenalin und Herzmassage eine Wiederbelebung herbeiführen, doch tritt in 10% der Fälle später Kammerflimmern auf, ähnlich wie bei Adrenalininjektionen, die in leichter Chloroformnarkose gegeben werden, während tiefnarkotisierte Tiere gegen Kammerflimmern geschützt sind.

Während im allgemeinen Katzenherzen eine größere Bereitschaft zum Flimmern zeigen sollen (TIEMANN)[3], findet SMIRNOV[4] umgekehrt, daß intravenöse Adrenalininjektionen, die beim Hund unter gleichen Versuchsbedingungen nach kurzdauernder Beschleunigung des Herzkammerrhythmus zum Herzflimmern und Stillstand beider Ventrikel führen, bei der chloroformierten Katze zu einer Herzbeschleunigung mit Ansteigen des Blutdruckes Veranlassung geben. Ein Stillstand des Herzens konnte nicht beobachtet werden.

Über die Ursachen für das Zustandekommen des Herzflimmerns sind die verschiedensten Ansichten geäußert worden. In dem Lehrbuch von MEYER und GOTTLIEB wird die Ansicht ausgesprochen, daß die durch Adrenalin ausgelöste Blutdrucksteigerung eine Vagusreizung hervorruft, die ihrerseits das Flimmern des Herzens bedinge. SMIRNOV neigt aber im Gegensatz dazu zu der Ansicht, daß durch Steigerung des Vagustonus das Herz gegen die Adrenalinschädigung geschützt werde, und LÉVY hatte schon früher gezeigt, daß das Flimmern auch bei vagotomierten Tieren möglich ist. TIEMANN vertritt die Ansicht, daß in der leichten Chloroformnarkose die Erregbarkeit der untergeordneten Herzzentren ansteige und sie für die durch Adrenalin bedingten Acceleransreize empfänglicher mache; auch die elektrische Reizung des Accelerans kann nach TIEMANN bei der Katze Herzflimmern hervorrufen, sofern die tiefe Narkose von einer oberflächlicheren abgelöst wird. TOURNADE und Mitarbeiter[5] bringen alle Adrenalinwirkungen, sowohl die wiederbelebende in tiefer, wie die flimmerbewegungerzeugende mit dem Zustand der Herzmuskelerregbarkeit in Zusammenhang. Bei einem Chloroformgehalt des Blutes von 60 mg bleibt das Herz gegenüber faradischen Reizen unerregbar, bei einem Gehalt von 35 mg% werden durch Reizung Kontraktionen ausgelöst und bei einem Blutgehalt von 15 mg% wird bei der faradischen Reizung Flimmern erzeugt. Adrenalin, dessen Wirkungen offenbar mit denen des elektrischen Stromes verglichen werden, müßte demnach ähnlich wirken und in leichter Narkose Flimmern herbeiführen. Zweifellos stehen diese Befunde von TOURNADE bis zu einem gewissen Grade mit den von TIEMANN geäußerten

---

[1] BARDIER, E., u. A. STILLMUNKÉS: C. r. Soc. Biol. Paris **91**, 157 (1924); **92**, 1048 (1925).
[2] TOURNADE, A., J. MALMÉJAC u. A. DJOURNO: C. r. Soc. Biol. Paris **110**, 540 (1932).
[3] TIEMANN, F.: Z. exper. Med. **62**, 17 (1928).
[4] SMIRNOV, A.: Ž. eksper. Biol. i Med. **8**, 132 (1927).
[5] TOURNADE, A., G. SÉNEVET u. J. MALMÉJAC: C. r. Soc. Biol. Paris **98**, 652 (1928).

Ansichten im Einklang und geben auch eine zahlenmäßige Unterlage für das unterschiedliche Verhalten der Tiere gegenüber dem Adrenalin in leichter und tiefer Narkose

Die belebende Wirkung des Adrenalins im kardiotoxischen Stadium der Chloroformnarkose, sofern sie überhaupt zustande kommt, wird von FROMMEL[1] dadurch erklärt, daß die lähmende Wirkung des Chloroforms auf die Reizleitung und Erregbarkeit des Herzens durch Adrenalin ausgeglichen und überwunden wird.

Auf einem etwas anderen Gebiete liegen die Versuche von DOUGLAS[2], der zeigte, daß Adrenalin eine Schutzwirkung gegen den Chloroformherztod entfalte, wenn man es einem Hunde vor der Narkose intravenös injiziert. Bei subcutaner Injektion vermag nach FROMMEL das Adrenalin in Versuchen am Meerschweinchen weder die narkotische Wirkung des Chloroforms noch seine schädigenden Einflüsse auf das Herz zu verändern.

Die Frage, ob dem Adrenalin eine prophylaktische Wirkung bei den Schädigungen der Chloroformnarkose zukomme, sucht PISTOCCHI[3] auf anderem Wege zu beantworten, indem er Meerschweinchen gleichzeitig Chloroform und Adrenalin subcutan injiziert und die Organe mikroskopisch untersucht. Er findet dabei nach Gaben von 0,5 ccm Chloroform und 1 mg Adrenalin 12 Stunden nach der subcutanen Injektion geringere degenerative Veränderungen in der Leber und anderen Organen bei den mit Adrenalin behandelten Tieren als bei den Vergleichstieren, die nur Chloroform erhalten hatten. Nach 24 Stunden waren aber die Organschädigungen bei den Adrenalintieren größer als bei den reinen Chloroformtieren. Auch bei Tieren, die Auszüge aus der Nebennierenrinde erhalten hatten, fanden sich nach 24 Stunden erheblichere Veränderungen. Eine sichere Erklärung für die beobachteten morphologischen Veränderungen lassen sich wohl kaum geben.

Einen eigentümlichen Befund erheben PAPILIAN, COSMA und RUSSU[4], die beim Hund in Chloroformnarkose die herzschädigende Wirkung einer intravenösen Adrenalininjektion vermissen, wenn sie vorher Pankreas und Milz exstirpiert hatten. BARDIER und STILLMUNKÉS[5] sind geneigt, auch die toxische Herzwirkung des Nicotins bei Hunden in Chloroformnarkose mit dem Adrenalin in Beziehung zu setzen. Während bei gesunden Hunden die tödliche Gabe des Nicotins 5—6 mg/kg beträgt, kommt es bei den Tieren in der Chloroformnarkose bereits nach Darreichung von 1 mg/kg zum sofortigen dauernden Herzstillstand. Bei der Eröffnung des Brustkorbes kann man fibrilläre Ventrikelbewegungen, also Flimmern, beobachten, ein Befund, der an die Wirkung des Adrenalins erinnert. Da aber nach Ausschaltung des Vagus durch Vagotomie oder Atropinisierung kein Herzstillstand erfolgt, könnte gerade dieser Befund den Gedanken nahelegen, daß dem Einfluß des Nicotins keine Adrenalinwirkung zugrunde liegt, obwohl Nicotin eine Ausschüttung von Adrenalin aus der Nebenniere hervorruft (ANITSCHKOV). Auch TOURNADE, SÉNEVET und MALMÉJAC[6] hatten die Nicotinsynkope in der Chloroformnarkose auf die durch das Alkaloid bewirkte vermehrte Adrenalinsekretion zurückgeführt. Zu einem ähnlichen Ergebnis kommen sie bezüglich des Lobelins. Hunde, die Chloroform bis zur beginnenden Blutdrucksenkung und Verringerung des Atemvolumens einatmeten, zeigen nach intravenöser Injektion von Lobelinsulfat in einem Viertel der Fälle sofort Blutdruck-

---

[1] FROMMEL, E.: Arch. Mal. Cœur **21**, 1 (1928).
[2] DOUGLAS, B.: C. r. Soc. Biol. Paris **91**, 1419 (1924).
[3] PISTOCCHI, G.: Arch. Sci. med. **47**, 83 (1924).
[4] PAPILIAN, V., I. COSMA u. G. RUSSA: C. r. Soc. Biol. Paris **115**, 311 (1934).
[5] BARDIER, E., u. A. STILLMUNKÉS: C. r. Soc. Biol. Paris **88**, 1178 (1923).
[6] TOURNADE, A., G. SÉNEVET u. J. MALMÉJAC: C. r. Soc. Biol. Paris **98**, 652 (1928).

senkung, Herzverlangsamung und beschleunigte Atmung. Etwa 30 Sekunden später steigt der Druck wieder auf die ursprüngliche Höhe, um unmittelbar danach auf den Nullpunkt abzufallen; die Ventrikel flimmern, während die Vorhöfe noch regelmäßig schlagen.

Nach RONZINI[1] kann der Chloroformherzstillstand, wenigstens in 40% der Fälle, durch eine intrakardiale Injektion eines Gemisches von Adrenalin, Atropin, Pitruitin und Lobelin aufgehoben werden. Auch durch Atropin allein kann, wie GARRELON, THUILLANT und MALEYRIE[2] zeigen, die Chloroformsynkope narkotisierter Hunde therapeutisch beeinflußt werden. Werden nämlich die Tiere vor der Narkose mit Atropin behandelt, so tritt der Herzstillstand erst nach größeren Chloroformgaben ein als bei nicht atropinisierten Tieren, und bei Hunden, die bis zum Herzstillstand narkotisiert waren, konnte durch intrakardiale Atropininjektion und kurze Herzmassage die Lähmung überwunden werden.

MODRAKOWSKI und SIKORSKI[3] gelang es bei der Katze, die durch eine schnelle und tiefe Chloroformnarkose gelähmte Atmung und den stark gesunkenen Blutdruck durch eine intravenöse Injektion einer 25proz. Natriumsalicylatlösung wiederherzustellen. Hexeton, das bekanntlich in einer solchen Natriumsalicylatlösung gelöst ist, hatte keine bessere Wirkung.

Wie GUNS[4] berichtet, vermag Coramin, das bekanntlich bei Schlafmittelvergiftungen starke antagonistische Wirkungen entfaltet, nur bei leichten Chloroformnarkosen die Atemtätigkeit zu heben, während bei vermindertem Atemvolumen durch Coramin die Atmung noch weiter geschädigt wird. Durch diese Versuche am Kaninchen werden also den therapeutischen Anwendungen keinerlei experimentelle Grundlagen gegeben. Ob der negative Ausfall der Versuche der Dosierung zuzuschreiben ist, läßt sich nicht mit Sicherheit entscheiden.

Die Darreichung von Glucoselösung per os oder intravenös, die bei der Äthernarkose die Verschiebung des Säure-Basen-Gleichgewichtes teilweise aufzuheben vermag, erweist sich nach MACNIDER[5] bei der Chloroformnarkose schwangerer Tiere als unwirksam. Nach NECHKOVITCH[6] sind Kaninchen, die durch Insulin hypoglykämisch gemacht wurden, besonders empfindlich gegen die Einwirkung von Äther, Chloroform und Chloralhydrat. Durch Injektion von Glucoselösungen soll die Erholung beschleunigt werden. MAURIAC und AUBERTIN[7] berichten, daß die hypoglykämische Wirkung des Insulins bisweilen von der blutzuckersteigernden Wirkung des Äthers und Chloroforms aufgehoben werden könne[8].

Hierher gehören vielleicht auch Versuche, welche die Aufgabe, den Umfang der Chloroformschädigung nach langen Narkosen durch die Art der Ernährung zu verringern, zum Gegenstand hatten. STANDER[9] gibt an, daß beim Menschen eine Kost, die reich an Kohlehydraten und Milch, aber arm an Fett ist, eine günstige Wirkung in dieser Beziehung besitze, und FÜHNER[10], der übrigens die Chloroformspätschädigungen wenigstens teilweise auf die Entstehung von Phosgen zurückführt, zieht aus seinen Versuchen an der weißen Maus den Schluß, daß

---

[1] RONZINI, M.: Policlinico Sez. chir. **35**, 90 (1928).
[2] GARRELON, L., R. THUILLANT u. R. MALEYRIE: C. r. Soc. Biol. Paris **115**, 801 (1934).
[3] MODRAKOWSKI, G., u. H. SIKORSKI: C. r. Soc. Biol. Paris **93**, 953 (1925).
[4] GUNS, P.: Arch. internat. Pharmacodynamie **32**, 373 (1926).
[5] MACNIDER, WM. DE B.: J. of Pharmacol. **35**, 31 (1929).
[6] NECHKOVITCH, M.: Arch. internat. Physiol. **24**, 7 (1924).
[7] MAURIAC, P., u. E. AUBERTIN: C. r. Soc. Biol. Paris **91**, 36 (1924).
[8] Nach MACHERPA [Boll. Soc. ital. Biol. sper. **5**, 1167 (1930); **6**, 759 (1931)] sensibilisiert die Einatmung von Radiumemanation die Versuchstiere für die Wirkungen des Chloroforms; die Narkose tritt rascher ein, die Erholung geht langsamer vor und auch die morphologischen Organveränderungen treten stärker in Erscheinung.
[9] STANDER, H. J.: Bull. Hopkins Hosp. **35**, 46 (1924).
[10] FÜHNER, H.: Dtsch. med. Wschr. **1929 II**, 1331.

eine Haferflockenkost in Vergleich zur Brotfütterung die Tiere gegen diese
Schädigungen offenbar schützen könne. Die Entstehung des Phosgens kann
nach FÜHNERS Ansicht durch Zusatz von Alkohol zum Chloroform gehemmt
werden.

Wie früher berichtet wurde, gingen die Bemühungen, die Gefahren der Chloroformnarkose zu mindern, vielfach dahin, die reine Chloroformnarkose durch eine
Äthermischnarkose zu ersetzen. Dabei wurde auch die Frage erörtert, ob die
beiden Narkotica eine potenzierende Wirkung entfalten. Nach den Versuchen
von LENDLE ist das nicht der Fall, während SCHRAMM[1] gefunden zu haben glaubte,
daß bei geringen Mengen von Äther die narkotischen Wirkungen eine Potenzierung
aufweisen. Doch kann, wie eigene, noch unveröffentlichte Versuche an der weißen
Maus zeigten, diese Ansicht nicht aufrechterhalten werden. Es kommt immer
nur zu einer additiven Wirkung, gleichgültig, in welchem Verhältnis die beiden
Narkotica miteinander gemischt werden.

Die Kombination Chloroform-Schlafmittel ist in Fortsetzung bereits erwähnter
Versuche sowohl klinisch wie tierexperimentell weiter geprüft worden. RECUPERO
und FODERÀ[2] stellten fest, daß die Menge des Chloroforms sehr wesentlich eingeschränkt werden könne, wenn den Tieren vorher Chloralhydrat, Sulfonal, Urethan, Hedonal, Paraldehyd, Veronal, Adalin, Luminal per os verabreicht wird.
Ob es sich dabei um additive oder potenzierende Wirkungen handelt, ist den
Versuchen nicht mit Sicherheit zu entnehmen. Im übrigen wird in Bestätigung
der Versuchsergebnisse KOCHMANNS das Paraldehyd für das unschädlichste
Kombinationsmittel gehalten.

Zu Ergebnissen, die der Erwartung der Verfasser vollkommen widersprachen,
kommen RICHET und LASSABLIÈRE[3] bei Versuchen an Hunden, die vor der Chloroformnarkose Chloralose per os erhielten. Die Anästhesie trat langsamer ein, die
Tiere zeigten aber auch keine Herzschädigungen, an denen die Vergleichstiere
unter sonst gleichen Bedingungen der Chloroformnarkose in der Hälfte der Fälle
zugrunde gingen. Die in der Klinik nicht selten angewandte Methode, die Inhalationsnarkose durch Chloräthyl einzuleiten, ist von DECKERS[4] am Kaninchen
experimentell geprüft worden, wobei er zu einem durchaus ablehnenden Ergebnis
kommt.

Anhang: Andere halogenhaltige Kohlenwasserstoffe.

Dem Äther gegenüber besitzt das Chloroform als Inhalationsanaestheticum gewisse Vorzüge, wie der schnelle Eintritt der Betäubung, die verhältnismäßig kurze
Erregungsphase, vor allem aber die bequeme Handhabung. Die Gefahren sind
jedoch so erheblich, daß sich immer mehr warnende Stimmen gegen die Anwendung des Chloroforms erheben, ja sie fast für einen Kunstfehler halten. Auf diese
Weise ist das Chloroform zugunsten des Äthers und anderer Verfahren (Gasnarkose,
Kurznarkose, Basisnarkose in Verbindung mit einem steuerbaren Inhalationsanaestheticum, örtliche Betäubung) aus der klinischen Praxis verdrängt worden.
Da man nun geneigt ist, zwar nicht die Narkose, wohl aber die toxischen Nachwirkungen auf den Chloranteil zu beziehen, so haben auch die Bemühungen, das
Chloroform durch andere halogenhaltige Kohlenwasserstoffe zu ersetzen, beinahe
vollkommen aufgehört. Dafür hat man diesen Körpern vom toxikologischen
Standpunkt aus wegen ihrer immer mehr zunehmenden Verwendung für tech-
nische Zwecke erhöhte Aufmerksamkeit geschenkt.

---

[1] SCHRAMM, H.: Inaug.-Dissert. Halle 1933.
[2] RECUPERO, G., u. F. A. FODERÀ: Boll. Soc. ital. Biol. sper. **2**, 562 (1927).
[3] RICHET, CH., u. P. LASSABLIÈRE: C. r. Acad. Sci. Paris **183**, 175 (1926).
[4] DECKERS, L.: Arch. internat. Pharmacodynamie **31**, 367 (1926).

Von den chlorhaltigen Abkömmlingen des **Methans** wird das gasförmige *Methylchlorid* therapeutisch höchstens zur lokalen Kälteanästhesie in Verbindung mit Chloräthyl und in der Technik zur Kälteerzeugung in Kühlanlagen benutzt. Hierbei kommen Vergiftungen vor, die ein eigentümliches Krankheitsbild hervorrufen (vgl. Bd. I, S. 215). Zur vollen Narkose kommt es selten, bei Kaltblütern aber ist sie zu erzeugen. Für Moorkarpfen gibt MERZBACH[1] eine Konzentration von 42,76 Millimol $= 2,16$ g% als narkotische Grenze an. Hunde aber werden selbst durch die tödlichen Konzentrationen von 1,88 Millimol $= 0,095$ g$^0/_{00}$ nicht betäubt. Die Ausscheidung des Methylchlorids findet nach ROTH[2] beim Warmblüter, wie zu erwarten war, durch die Lungen statt. Bei Menschen, die an der Vergiftung starben, wurden keine Leberschädigungen beobachtet.

Dichlormethan, Methylenchlorid, Solästhesin, das angeblich eine ziemlich ungefährliche Narkose hervorrufen soll, ist in Wirklichkeit nur für kurze Rauschnarkosen geeignet. Es wurde von ROSSYISKI[3] besonders in Verbindung mit Äthylidenchlorid im Tierversuch und auch beim Menschen angeblich mit Erfolg als Inhalationsnarkoticum geprüft. Immerhin scheinen die Wirkungen auf Atmung und Kreislauf nicht unbeträchtlich zu sein. Der Einfluß auf die parenchymatösen Organe ist aber scheinbar gering, da MALOFF[4] trotz vielmaliger Einverleibung per inhalationem bei Hunden keine Zunahme des Fettgehaltes in der Leber feststellen konnte.

Tetrachlormethan, dessen Wirkungen bereits früher (Bd. I) ziemlich ausführlich geschildert worden sind, wird therapeutisch als Wurmmittel, besonders in den Kolonien, sehr häufig angewendet. Es müssen aber besondere Vorsichtsmaßregeln getroffen werden, um vor allem Schädigungen der parenchymatösen Organe, wie Leber, Nieren und Herz, zu vermeiden. Rohrzuckerlösungen sollen einen gewissen Schutz gegen die Lebernekrose gewähren. Außerdem muß für eine baldige Entfernung des Tetrachlormethans aus dem Körper durch Magnesiumsulfat gesorgt werden. Wie heftig die Leber angegriffen wird, ersieht man aus der Feststellung MALOFFs, der beim Hund nach oftmaliger Einatmung den Fettgehalt des Organs von etwa 3 auf 24% steigen sah. Aber auch eine einmalige Eingabe von 4 ccm/kg Hund bedingt schon eine starke Schädigung der Lebertätigkeit, gemessen an der Ausscheidung des Phenoltetrachlorphthaleins. Wird das Gift in Abständen von 48 Stunden in einer Gabe von je 2 ccm verabfolgt, so konnte eine Wirkung auf die Lebertätigkeit nicht festgestellt werden (LAMSON und McLEAN[5]).

Von den gechlorten Abkömmlingen des **Äthans** wird das Chloräthyl jetzt noch für kurze Rauschnarkosen gebraucht (vgl. Bd. I, S. 248), ebenso wie zur Erzeugung einer örtlichen Kälteanästhesie. Bei den Vergiftungen spielen, außer den narkotischen Wirkungen, Schädigungen des Kreislaufs und der Leber als Spätfolge eine Rolle. Vom theoretischen Standpunkt hat sich NICLOUX mit dem Äthylchlorid beschäftigt (s. Gasnarkotica).

Dichloräthan, Äthylendichlorid, $CH_2Cl \cdot CH_2Cl$, bedingt (Bd. I, S. 217) im Anschluß an eine Inhalationsnarkose eine Trübung der Hornhaut, die mit Epithelnekrose und Ödem verbunden ist und die sich nach STEINDORFF[6] nur ausnahmsweise zurückbildet. Bemerkenswert ist die Angabe desselben Beobachters, daß

---

[1] MERZBACH, L.: Z. exper. Med. **63**, 383 (1928).

[2] ROTH, O., zit. nach J. POHL: Toxikologie, von E. STARKENSTEIN, E. ROST u. J. POHL. Berlin: Urban & Schwarzenberg 1929.

[3] ROSSYISKI, D. M.: Jap. med. World **5**, 51 (1925).

[4] MALOFF, G.: Arch. f. exper. Path. **134**, 168 (1928).

[5] LAMSON, P. D., u. A. J. McLEAN: J. of Pharmacol. **21**, 237 (1923).

[6] STEINDORFF, K.: Arch. f. Ophthalm. **109**, 252 (1922).

die lokale Anwendung im flüssigen oder dampfförmigen Zustande keine Reizerscheinungen bedingt. Nach SAYERS[1] und Mitarbeitern ruft das Äthylenchlorid,
das in der Technik als Extraktionsmittel für Fette und Öle, als Lösungsmittel für
Gummi und zur Schädlingsbekämpfung gebraucht wird, eingeatmet, Reizungen
der Schleimhäute des Auges und der Atmungswege hervor sowie Gleichgewichtsstörungen und Atmungsschädigungen, Narkose und Krämpfe. Ob diese Reizerscheinungen der Schleimhäue lokale oder resorptive Wirkungen darstellen, erscheint noch nicht vollkommen geklärt. 10—20proz. Mischungen mit Luft rufen
bei Tieren in wenigen Minuten den Tod hervor, 0,4—0,6% werden in 30—60 Minuten gefährlich, 0,35% erzeugen innerhalb einer Stunde keine schwereren Erscheinungen, und 0,1% sind auch nach mehreren Stunden kaum noch toxisch.
Die Giftigkeit ist bei 1stündiger Einatmung etwa der des Tetrachlormethans
gleichzusetzen. Pathologisch-anatomisch sind Hyperämie der Lungen, Lungenödem und Schädigungen des Nierenparenchyms festzustellen.

Vom Äthylidenchlorid, $CH_3 \cdot CHCl_2$, berichtet MALOFF, daß trotz 2—18maliger
Einatmung von 5—10 ccm/1 Luft die Hunde keine Zunahme des Fettgehaltes
der Leber aufwiesen. ROSSYISKI hält die Substanz für ein brauchbares Inhalationsanaestheticum, was aber älteren Angaben widerspricht (vgl. Bd. I, S. 217).

Über Trichloräthan, $CH_2Cl \cdot CHCl_2$, scheinen keine neueren Arbeiten vorzuliegen, höchstens wurde es gelegentlich zum Wirkungsvergleich herangezogen.
Das gleiche gilt für das Tetrachloräthan, $CHCl_2 . CHCl_2$. Es besitzt starke
narkotische Eigenschaften, die die des Chloroforms um mehr als das 10fache
übertreffen, jedoch sind auch die Wirkungen auf die parenchymatösen Organe,
besonders die Leber, außerordentlich ausgeprägt. Gewerbliche Vergiftungen
wurden in Flugzeug- und Kunstseidefabriken beobachtet. Um eine gewerbliche Vergiftung schon im Anfang erkennen zu können, haben MINOT und
SMITH[2] bei gefährdeten Arbeitern in Kunstseidefabriken Blutuntersuchungen
angestellt, wobei sich als erstes Zeichen einer Schädigung eine Vermehrung der
großen mononucleären Zellen bis zu 40%, eine leichte allgemeine Leukocytose
und eine Vermehrung der Thrombocyten zeigte. Eine Zunahme der großen
Mononucleären auf 12% ist trotz Fehlens sonstiger Erscheinungen schon als Ver-
giftungssymptom zu bewerten. Eine größere Steigerung muß sogar als ernsteres
Zeichen aufgefaßt werden.

Pentachloräthan, $CHCl_2 \cdot CCl_3$, wird in Flugzeugfabriken als Lösungsmittel
gebraucht. Beim Hunde wurden bei Eingabe per inhalationem eitrige Bron-
chitis und Schädigung der Nieren und besonders der Leber beobachtet
(JOACHIMOGLU[3]).

Hexachloräthan, Perchloräthan wird nach ZANGGER[4] als Parasitenmittel und
wegen seines campherähnlichen Geruches zur Verfälschung verwendet. Es ist
verhältnismäßig wenig flüchtig, weshalb sich auch im Tierversuch kaum eine
Inhalationsnarkose erzielen läßt. Bei wiederholter peroraler oder subcutaner Darreichung ruft es, auch wenn große Mengen zur Verwendung kommen, keine wesentlichen Schädigungen der Leber hervor, da nach MALOFF ihr Fettgehalt nicht vermehrt wird. GRAF und WILLIMCZIK[5] haben am Dünndarm des Rindes eine Tonussteigerung bei weiterbestehender Automatie beobachtet. Die Konzentrationen
konnten wegen der geringen Wasserlöslichkeit nicht genügend gesteigert werden,
um lähmende Wirkungen zu erzielen.

---

[1] SAYERS, R. R., W. P. YANT, C. P. WAITE u. F. A. PATTY: Publ. Health Rep. **1930 I**, 225.
[2] MINOT, G. R., u. L. W. SMITH: Trans. Assoc. amer. Physicians **36**, 341 (1921).
[3] JOACHIMOGLU, G., zit. nach J. POHL: Zit. S. 55.
[4] ZANGGER, H.: Lehrb. d. Toxikologie, zus. mit F. FLURY. Berlin: Julius Springer 1928.
[5] GRAF, H., u. M. WILLIMCZIK: Arch. Tierheilk. **60**, 345 (1929).

Von den chlorierten Abkömmlingen des *Äthylens* ist das **Dichloräthylen,** CHCl : CHCl, von WITTGENSTEIN (Bd. I, S. 218) als gutes, die Atmung und den Kreislauf wenig oder gar nicht schädigendes Inhalationsanaestheticum empfohlen worden, ohne daß es sich jedoch Eingang in die Praxis verschafft hätte. Im Tierversuch traten im Gefolge der Inhalationsnarkose mit dieser Substanz, wie STEINDORFF angibt, Hornhauttrübungen auf, die aber sehr schnell wieder verschwanden. Angeblich soll bei Wiederholung der Narkose nie wieder eine Hornhauttrübung zustande kommen. Eine Erklärung für diese immerhin sehr eigenartige Erscheinung konnte nicht gegeben werden.

Trichloräthylen, *Chlorylen*, CCl_2 : CHCl, besitzt ebenfalls starke narkotische Eigenschaften. PLESSNER[1] hatte bei gewerblichen Vergiftungen die Beobachtungen gemacht, daß eine isolierte Trigeminuslähmung erzeugt wird, die zu völliger Unempfindlichkeit des Gesichts, der vorderen $2/_3$ der Zunge und der Wangenschleimhaut führte. Daneben machte sich Brennen in den Augen und Händen sowie Taumeln bemerkbar. Nach POHL (Zit. S. 55) bedingt das Präparat Narkose, die bei zwei Arbeitern vollständig reversibel war, während ein dritter einer schweren Nachkrankheit mit epileptoiden Krämpfen und Gedächtnisverlust anheimfiel. Da das Präparat vielfach in der Technik gebraucht wird und außerdem seine Verwendung als Schädlingsbekämpfungsmittel in Frage kam, wurden von KOCHMANN[2] Tierversuche zur Feststellung der Toxizität angestellt. Bei 6 stündigem Aufenthalt erwiesen sich als tödlich 17,5 mg auf 1 Liter Luft = 3% für Mäuse, 23 mg = 4% für Ratten, 87 mg = 15% für Kaninchen und mehr als 90 mg für Katzen. Einzelne Tiere starben aber bei diesen Gaben schon nach 1 Stunde. Die Tiere, besonders die Katzen, zeigten entzündliche Reizung der Augenbindehaut und Zeichen eines beginnenden Lungenödems.

Schließlich seien noch Arbeiten erwähnt, die bis zu einem gewissen Grade Beiträge zu der alten Frage der Abhängigkeit der Wirkung von der Konstitution darstellen. LAZAREW[3] fand, daß die Giftigkeit mit der Anzahl der Chloratome im Molekül zunehme. Nur Tetrachlorkohlenstoff erwies sich in Übereinstimmung mit älteren Versuchen von HEYMANS (vgl. Bd. I, S. 216) vergleichsweise weniger giftig, was auf den geringeren Löslichkeitskoeffizienten zurückgeführt wird, ebenso wie die Unterschiede in der Giftigkeit des Äthylen- und Äthylidenchlorids.

Eine große Anzahl von gechlorten und bromierten Kohlenwasserstoffen hat MÜLLER[4] an der weißen Maus untersucht, und TIFFENEAU mit TORRÈS[5] beschäftigte sich mit chlor-bromierten Abkömmlingen des Methans, die auf ihre narkotische Wirkung am Stichling geprüft wurden. Die Versuche von MERZBACH, der außer dem Methylchlorid eine größere Anzahl bromierter Kohlenwasserstoffe in den Kreis seiner Beobachtungen zog, wurden an Moorkarpfen und am isolierten Froschherzen vorgenommen. An Hunden machte er die bemerkenswerte Feststellung, daß von den untersuchten bromhaltigen Kohlenwasserstoffen allein das Brommethyl Lungenödem ohne Narkose hervorrief. Die Wirkungen erinnern also an die des Phosgens. Die wirksamen Verdünnungen waren gering, da sie nur 0,09 Millimol = 8,5 mg im Liter Luft betrugen.

Praktisch toxikologische Bedeutung besitzt vielleicht auch das **Äthylendibromid,** das bei Verwechslungen mit Äthylbromid zu schweren Vergiftungen geführt hat und auch im technischen Betrieb mehr oder minder große Schädigungen herbeiführen kann. Die Tierversuche an Kaninchen und Katzen, die im

---

[1] PLESSNER, W.: Mschr. Psychiatr. **39,** 129 (1916).
[2] KOCHMANN, M.: Nicht veröffentlichte Versuche.
[3] LAZAREW, N. W.: Arch. f. exper. Path. **141,** 19 (1929).
[4] MÜLLER, J., Arch. f. exper. Path. **109,** 276 (1925).
[5] TIFFENEAU u. TORRÈS: Physiolog. Kongr. Stockholm **1926,** 162.

wesentlichen mit den Beobachtungen am Menschen übereinstimmen, weisen darauf hin, daß Äthylendibromid bereits in Konzentrationen von etwa 10 mg/Liter bei wiederholter, aber immer nur kurzdauernder Einatmung den Tod von Kaninchen und Katzen herbeiführt. Die Tiere magern infolge Nahrungsverweigerung stark ab, zeigen sehr starke entzündliche Reizungen der sichtbaren Schleimhäute, der Hämoglobingehalt des Blutes sinkt, es tritt Zittern, Seitenlage und große Schwäche ein. Der Blutdruck sinkt, die Atmung wird dyspnoisch, und unter Erlahmen des Kreislaufes erfolgt der Tod. Pathologisch anatomisch werden fettigdegenerative Veränderungen in den Nieren, der Leber, im Herzen und den Gefäßen beobachtet. Sehr auffallend waren besonders deutlich bei Katzen Pleura- und Bauchhöhlenergüsse. Fast immer waren pneumonische Herde festzustellen (KOCHMANN[1]). Auch MERZBACH (Zit. S. 55) beobachtete ähnliche Erscheinungen am Hunde, der bei einmaliger Einatmung von etwa 20 mg im Liter Luft starb. Während bei den verwendeten Gaben eine Narkose des Warmblüters nicht eintrat, ließen sich nach MERZBACH Fische durch 0,39 g im Liter Wasser narkotisieren.

Sehr umfangreiche Untersuchungen über die chlorierten und bromierten Kohlenwasserstoffe haben JOACHIMOGLU[2], FÜHNER[3] und ihre Schüler unternommen. Es würde zu weit führen, die Einzelheiten dieser Versuche aufzuführen; es sei deshalb nur auf die Originalarbeiten und die sehr dankenswerte Zusammenstellung von PFLUG[4] verwiesen.

Gasnarkotica.

Wie aus der Bezeichnung hervorgeht, handelt es sich um narkotisch wirksame Substanzen, die bei Zimmertemperatur unter atmosphärischem Druck die Eigenschaften eines Gases besitzen. Es ist selbstverständlich, daß sie bei niederen Temperaturen und bei erhöhtem Druck in den festen oder flüssigen Aggregatzustand übergehen können. Der Unterschied zwischen flüssigem, dampf- und gasförmigem Zustand ist also kein durchgreifender, bestenfalls ein quantitativer, aber kein qualitativer. Es wäre deshalb sehr merkwürdig, wenn der Wirkungsmechanismus der Gasnarkotica grundlegend anders beschaffen sein sollte als der in Dampfform zur Verwendung kommenden Körper, wie Äther und Chloroform. In der Tat hatte man auch allgemein angenommen (vgl. H. H. MEYER[5]), daß sie, wie immer man das Zustandekommen der Narkose erklären mag, grundsätzlich in der gleichen Art und Weise die Narkose herbeiführen wie die gewöhnlichen Inhalationsanaesthetica, die man ja bekanntlich zu den indifferenten Narkoticis der Alkoholreihe rechnet.

WIELAND[6] aber glaubte aus seinen Versuchen den Schluß ziehen zu sollen, daß sie aus dieser Reihe herausgenommen werden müßten und zu einer neuen Gruppe der betäubenden Gase zusammengefaßt werden könnten. Im Gegensatz zu den echten lipoidlöslichen Narkoticis sollte ihre Wirkung auf einer Hemmung der Aufnahme und Verwertung des Sauerstoffs beruhen. Mit anderen Worten: WIELAND kommt zu ähnlichen Ansichten, wie sie vor ihm VERWORN[7] für alle

---

[1] KOCHMANN, M.: Münch. med. Wschr. **1928**, 1334. Hier auch Literaturangaben.

[2] JOACHIMOGLU, G.: Biochem. Z. **120**, 205 (1921); **156**, 226 (1925).

[3] FÜHNER, H.: Biochem. Z. **139**, 217 (1923).

[4] PFLUG, H.: In Fortschritte der Heilstoffchemie, Bd. 1, S. 33. Berlin-Leipzig: Walter De Gruyter 1930.

[5] MEYER, H. H., in „Die experimentelle Pharmakologie", 8. Aufl. Berlin-Wien: Urban & Schwarzenberg 1933.

[6] WIELAND, H.: Arch. f. exper. Path. **92**, 96 (1922).

[7] VERWORN, M.: Narkose. Jena: Gustav Fischer 1912.

Narkotica geäußert hatte, die aber von verschiedenen Forschern, besonders von WINTERSTEIN[1] auf Grund eigener Versuche mit Recht abgelehnt worden waren. Die Theorie WIELANDS gründet sich auf der Beobachtung, daß ein Gemisch von je 50% Stickoxydul und Sauerstoff beim Frosch wirkungslos bleibt, während ein ebenso hoch konzentriertes Gasgemisch von Stickoxydul und Wasserstoff eine Narkose herbeiführt. Weitere Versuche zeigten die Unwirksamkeit unverdünnten Stickoxyduls auf das isolierte Froschherz und auf obligat oder fakultativ anoxybiotische Vorgänge (Spulwürmer, Muskelkontraktion, Zuckergärung der Hefe, Paramäcien). Auch durch Acetylen ließen sich derartige Vorgänge nicht narkotisch beeinflussen. Wenn es auch gelang, Frösche und Mäuse durch dieses Gas in Gegenwart von Sauerstoff reversibel zu lähmen, so nahm WIELAND doch an, daß die Gasnarkose eine besondere Form der anoxyschen Erstickung sei, die sich an dem gegen Sauerstoffmangel sehr empfindlichen Zentralnervensystem besonders auswirkt.

Diese Befunde sind aber in der Folgezeit nicht bestätigt worden. BART[2] konnte zeigen, daß Stickoxydul auf alle Lebensvorgänge narkotisch wirkt, wenn nur genügend hohe Konzentrationen angewendet werden. Diese lassen sich erreichen, wenn die Versuche unter besonderen Bedingungen, z. B. Kompression der Gase unter erhöhtem Druck, angestellt werden. So wies BART nach, daß sich Bakterien durch Stickoxydul bei Druck von 20—30 Atmosphären in gleicher Weise wie durch Chloroform beeinflussen lassen. Auch Tiere, die anaerob leben oder deren Sauerstoffbedürfnis gering ist (Ascaris, Hämopis), sind bei einem Druck von 8—12 Atmosphären narkotisierbar. Kaulquappen werden in Gegenwart von Sauerstoff bei einem Druck von etwa 3 Atmosphären reversibel gelähmt. Ebenso läßt sich am Frosch bei Anwesenheit von O_2 eine Narkose erzielen, wenn die Versuche nicht bei Zimmertemperatur, sondern bei 3—5° vorgenommen werden, bei Temperaturen also, bei denen die Löslichkeit des N_2O und sein Teilungsquotient zwischen Öl und Wasser bedeutend gesteigert sind. Weiter wies GRAHAM[3] nach, daß Stickoxydul, Äthylen und Acetylen den quergestreiften Muskel bei höheren Drucken narkotisieren. Schließlich haben aber auch schon die älteren Versuche von BERT[4], BOCK[5] u. a. den Beweis geliefert, daß Stickoxydul narkotisch wirkt, auch wenn große Sauerstoffmengen vorhanden sind, vorausgesetzt, daß der Druck erhöht wird. BART und GRAHAM machen schließlich darauf aufmerksam, daß die Gasnarkotica auch darin den anderen Stoffen der aliphatischen Reihe ähneln, daß sie vor der Lähmung eine Erregung hervorrufen.

Wenn es WIELAND also nicht gelang, die Narkose herbeizuführen, so lag dies nur daran, daß die Konzentrationen nicht groß genug waren und nur unterschwellige Gaben angewendet wurden.

Schließlich hat SCHLOSSMANN[6] gezeigt, daß in vitro eine Atmungshemmung von Nieren-, Leber- und Gehirngewebe durch 47,5proz. Gemische von Stickoxydul oder Acetylen nicht zustande komme. Diese Ergebnisse stehen mit den Versuchen von BÜLOW und HOLMES[7] in vollem Einklang, die keine Hemmung der Sauerstoffaufnahme des Kaninchengehirnes bei Gegenwart von narkotisch wirksamen Konzentrationen von Äthylen, Acetylen, Propylen und Stickoxydul

[1] WINTERSTEIN, H.: Die Narkose. 2. Aufl. Berlin: Julius Springer 1926.
[2] BART, TH.: Biochem. Z. **139**, 114 (1923).
[3] GRAHAM, H. T.: J. of Pharmacol. **33**, 266 (1928); **37**, 9 (1929).
[4] BERT, P.: Gaz. méd. Paris **1878**, 168, 257, 498, 579 — C. r. Soc. Biol. Paris, III. s. **11**, 520 (1885).
[5] BOCK, J.: Arch. f. exper. Path. **75**, 43 (1913).
[6] SCHLOSSMANN, H.: Narkose u. Anästh. **1**, 113 (1928).
[7] BÜLOW, M., u. E. G. HOLMES: Biochem. Z. **245**, 459 (1932). — BÜLOW, M.: Biochemic. J. **27**, 1832 (1933).

selbst bei höheren Drucken feststellen konnten. Wenn bei sehr langer Einwirkung von Acetylen eine Hemmung der Sauerstoffaufnahme beobachtet wurde, so waren irreversible, aber nicht narkotische Vorgänge daran beteiligt. Das Beweismaterial gegen die Anschauung WIELANDS ist also hinreichend groß, um sagen zu können, daß die Gasnarkotica denselben Gesetzen folgen wie die übrigen Narkotica der Alkoholreihe.

Was die Gasnarkotica aber bis zu einem gewissen Grade auszeichnet, ist die Schnelligkeit des Eintrittes und Abklingens der Wirkung. Mit dem gasförmigen Zustand bei Zimmertemperatur und atmosphärischem Druck, Siedepunkt, Molekulargewicht usw. hat die Geschwindigkeit des Wirkungserfolges anscheinend nichts zu schaffen.

TRENDELENBURG[1] hat versucht, die Narkosegeschwindigkeit einheitlich zu erklären. Er erörtert dabei zunächst die Frage, welche Faktoren bei der Einatmung eines narkotischen Gases den Ausgleich zwischen der Konzentration der Einatmungsluft und der Alveolarluft einerseits und zwischen Alveolarluft und Blut andererseits bestimmen. Für die Beantwortung dieser Fragen geht er von eigenen Versuchen am Menschen aus, in denen er durch ausgiebigste Sauerstoffatmung den Stickstoff der Luft aus dem Alveolarluftgemisch entfernte und dann Luft, also 80% Stickstoff, einatmen ließ. Bei mittlerer Atmung war bereits nach 5 Minuten die endgültige Stickstoffkonzentration im Alveolargasgemisch erreicht. Der Grund für diesen schnellen Ausgleich liegt in der geringen Löslichkeit des Stickstoffs im Blut. Infolgedessen werden nämlich vom Blut nur ganz geringe Gasmengen aus dem Alveolargasgemisch fortgeführt werden, und diese geringen Mengen reichen auch zur Sättigung des Blutes aus. TRENDELENBURG kommt auf Grund dieser Überlegungen zu der Schlußfolgerung, daß die geringe Wasserlöslichkeit des Stickstoffs den schließlichen Ausgleich zwischen der Einatmungsluft und dem Blut im höchsten Maße beschleunigt habe. Narkotische Gase, die sich in ihrer geringen Wasserlöslichkeit dem Stickstoff nähern — gleichmäßige Konzentration in der Einatmungsluft vorausgesetzt —, werden gleichfalls fast ebenso schnell die Absättigung des Blutes zustande bringen. Bei Gasen oder Dämpfen dagegen, die eine große Wasserlöslichkeit besitzen, werden, was verständlich ist, große Mengen vom Blut aus der Alveolarluft weggenommen, wodurch wieder der Gehalt der Alveolarluft verringert wird. So hindert die große Blutlöslichkeit, z. B. des Äthers, den schnellen Ausgleich zwischen dem Äthergehalt der Einatmungs- und Alveolarluft einerseits und der Absättigung des Blutes andererseits. Die Geschwindigkeit des Ausgleichs wäre demnach eine Funktion des Blutlöslichkeitskoeffizienten des betreffenden Narkoticums bei 37°. Je größer er ist, um so später ist der Ausgleich zu erwarten. Die Löslichkeitskoeffizienten der verschiedenen Narkotica ergeben sich aus folgender Tabelle TRENDELENBURGS, die durch einzelne neuere Angaben ergänzt ist.

Tabelle 11.

Blut 37°	Äther	15	HENDERSON und HAGGARD, RONZONI
37°	Chloroform . . .	10,3	NICLOUX und Mitarbeiter
37°	Äthylchlorid . .	2,5	NICLOUX
37°	Cyclopropan . .	1,15	WATERS
37°	Acetylen . . .	0,73	SCHOEN
37°	Stickoxydul . .	0,43	SIEBECK
20°	Propylen . . .	0,221	KILLIAN
37°	Äthylen	0,118	NICLOUX und Mitarbeiter

---

[1] TRENDELENBURG, P.: Narkose u. Anästh. **1929**, H. 1.

Aus diesen Zahlen ergibt sich also, daß bei Äther langsamer der Ausgleich eintreten müßte als bei Chloroform, und daß er bei den Gasnarkotica am raschesten vor sich gehen dürfte. Das scheint auch offenbar experimentell bewiesen zu sein, denn nach SCHOEN und SLIWKA[1] ist nach 5 Minuten das Blut bereits zu 88%, nach 12 Minuten zu 95% und nach 17 Minuten zu 100% gesättigt. Die Sättigung des Blutes mit Stickoxydul ist wahrscheinlich bereits nach 5 Minuten, sicher aber nach $7^1/_2$ Minuten erreicht, wie die Versuche von JOLYET und BLANCHE[2] zeigen[3].

TRENDELENBURG nimmt aber auch an, daß die Geschwindigkeit des Wirkungserfolges (Eintritt der Narkose) von diesem Ausgleich abhängt. Man kann ohne weiteres zugeben, daß der schnelle Ausgleich zwischen Einatmungs-Alveolarluft und Blut *ein* Faktor und sicher ein sehr wesentlicher ist[3].

Aber ein anderer nicht minder wichtiger Faktor ist die Aufnahme des Narkoticums in die Gewebe und besonders in das Gehirn; es kann keinem Zweifel unterliegen, daß in den zu narkotisierenden Hirnzellen eine bestimmte Anzahl von Molekülen vorhanden sein muß, wenn die reversible Lähmung eintreten soll. Dabei ist es gleichgültig, ob bei allen Narkoticis immer die gleiche oder eine verschiedene Zahl notwendig ist. Auf jeden Fall wird der Löslichkeitskoeffizient oder, da wir von der Art der Bindung des Narkoticums in den Zellen nichts Sicheres wissen, besser der „Bindungskoeffizient" in den Geweben maßgebend sein. Auch darüber wissen wir eigentlich noch nichts; aber sicherlich wird die Anreicherung im Gehirn um so schneller vor sich gehen, je größer die Blutversorgung sich gestaltet[4] und je größer der Gehalt des Blutes an Narkoticum ist. Bezüglich des ersten Punktes steht fest, daß das Gehirn sehr reichlich mit Blut versorgt wird, so daß angeblich seine Absättigung mit dem Narkoticum eintritt, bevor andere Gewebe in dem gleichen Ausmaße sich damit anreichern können. Was aber den Blutgehalt an Narkoticum angeht, so würde das Narkoticumangebot an das Gehirn um so größer sein, je größer der Löslichkeitskoeffizient ist. Die Gasnarkotica mit ihrem kleinen Löslichkeitskoeffizienten unter 1 würden also im Vergleich z. B. mit Äther schlecht gestellt sein. Ihre schlechte Wasser-

---

[1] SCHOEN, R., u. G. SLIWKA: Hoppe-Seylers Z. **131**, 131 (1923).

[2] JOLYET, F., u. E. BLANCHE: C. r. Soc. Biol. Paris **77 I**, 59 (1873).

[3] In einem scheinbaren Gegensatz dazu stehen die Versuchsergebnisse von FÜHNER und TESCHENDORF [FÜHNER, H.: Dtsch. med. Wschr. **1921**, 1393. — TESCHENDORF, W.: Arch. f. exper. Path. **104**, 352 (1924)], die verschiedene Gase in die Bauch- oder Brusthöhle von Kaninchen einbrachten und fanden, daß die Gase um so schneller in den Blut- und Lymphstrom übergehen, je höher ihr Löslichkeitskoeffizient ist. Bei diesem Vorgang handelt es sich aber um die Resorption einer bestimmten *Gasmenge*, bei der Gasnarkose aber um die Geschwindigkeit des Ausgleichs bestimmter *Gaskonzentrationen*.

Tabelle 12.

Gas	Absorptions-koeffizient α	Dichte d bei 0°	$\alpha/\sqrt{d}$ bei 0°	α bei 40°	d bei 40°	$\alpha^{40}/\sqrt{d^{40}}$	Resorptionszeit	
							von 100 ccm Bauchhöhle Kaninchen	600 ccm Brusthöhle Hund
Stickstoff .	0,0234	0,97026	0,0238	0,01183	0,9689	0.018043	3— 4 Tg.	20—26 Stdn.
Sauerstoff .	0,048	1,1053	0,0466	0,02306	1,1055	0,02195	20—24 Stdn.	10—12 „
Wasserstoff.	0,02148	0,06926	0,0816	0,01644	0,06965	0,063853	22—24 „	7—10 „
Kohlenoxyd	0,03537	0,96715	0,03596	0,07175	0,4672	0,018048	16—18 „	6— 8 „
Äthan . . .	0,0946	1,0367	0,09468	0,02915	1,04939	0,0284	7— 9 „	2— 3 „
Stickoxydul	1,3052	1,5229	1,0576	0,5443	1,52065	0,4414	1—$1^1/_2$ „	$^1/_2$— 1 Stde.
Kohlensäure	1,7967	1,5198	1,4574	0,530	1,520	0,4293	45—90 Min.	—
Acetylen . .	1,730	0,89389	1,8248	0,711	0,89884	0,8809	25—30 „	—
Schwefel-wasserstoff	4,670	1,17664	4,0293	1,042	1,1777	1,513	3— 5 „	—

[4] Vgl. H. W. HAGGARD: J. of biol. Chem. **59**, 737 (1924). — S. Fußnote S. 62.

löslichkeit wäre geradezu ein Hindernis dafür, daß vom Gehirn eine für die Narkose nötige Menge aufgenommen werden kann. Dieses Hindernis kann aber ausgeglichen werden, und zwar durch einen hohen Partiardruck des Narkoticums in der Atmungsluft. Ein Beispiel kann das ohne weiteres verständlich machen. Wenn eine ätherhaltige Luft mit 1 Vol.-% Äther mit Blut oder Wasser bis zur Sättigung geschüttelt wird, so werden 15 Vol.-% Äther in die Flüssigkeit übertreten. Um die gleiche Acetylenmenge zu lösen, muß das Luftgasgemisch etwa 20 mal stärker konzentriert sein, da der Löslichkeitskoeffizient des Äthers 15-, der des Acetylens aber 20 mal kleiner ist und nur 0,73 beträgt. Unter diesen Verhältnissen, die hier übrigens, vielleicht zufällig, den wirklichen Vorgängen entsprechen mögen, enthält das Blut so viel von dem Gas, daß dem Gehirn die notwendigen Mengen, die es für die Narkose braucht, angeboten werden. Mit anderen Worten: Die schlechte Wasserlöslichkeit der Gasnarkotica kann durch einen hohen Partiardruck in der Einatmungsluft ersetzt werden. Da nun für die *Geschwindigkeit* des Lösungsvorganges oder, was bei der Narkose dasselbe ist, des Ausgleichs zwischen Atmungs-, Alveolarluft und Blut der Druck, unter dem er sich vollzieht, keine Rolle spielt, so werden durch die *Erhöhung* des Partiardrucks lediglich die gelösten *Mengen* ohne Änderung der Zeit vermehrt. Auf diese Weise gelingt es, den Eintritt der Gasnarkose zu beschleunigen (Grund: geringer Löslichkeitskoeffizient) und doch genügende Mengen des Narkoticums dem Gehirn zuzuführen (Grund: hoher Partiardruck).

Diese Verhältnisse haben einen praktisch außerordentlich großen Vorteil zur Folge: Beim Äthylen ist der für eine Narkose notwendige Prozentgehalt der Einatmungsluft 85—90%, also ein Partiardruck von ungefähr 680 mm Hg. Ein größerer Gehalt läßt sich bei Atmosphärendruck gar nicht erreichen, sofern eine halbwegs genügende Sauerstoffzufuhr gewährleistet wird; denn die tödliche Konzentration läßt sich nach HALSEY und Mitarbeitern (s. Abschnitt Äthylen) nur durch einen Druck von 1,7 Atmosphären erzielen.

Über die Durchblutungsgröße der einzelnen Organe eines 13 kg schweren Hundes gibt folgende Tabelle Aufschluß (K. HÜRTHLE: Handb. d. norm. u. path. Physiol. 7, 1476. Berlin: Julius Springer 1927):

Tabelle 13.

Organ	I Gewicht in Gramm	II Gewicht in Proz. des Körpergewichts	III Absol. Stromvolumen in ccm /sec	IV Stromvolumen in Proz. des Aortenstroms	V ccm/1 g Organ
Lungen	173	1,33	33	100	0,191
Muskulatur (ruhend)	3300	29	6,7	21,6	0,002
Gehirn	130	1	2,3	7,4	0,018
Nieren	104	0,8	2,5	8,0	0,024
Darm	410	3,2	1,9	6,1	0,005
Herz	145	1,12	1,6	5,1	0,011
Leber v. d. Arterie	377	2,9	1,6	5,1	0,004
Magen	169	1,3	0,66	2,0	0,004
Milz	70	0,54	0,66	2,0	0,009
Pankreas	19,5	0,15	0,23	0,08	0,012
Nebennieren	11,3	0,01	0,1	0,03	0,077
Speicheldrüse	14,3	0,11	0,16	0,05	0,011
Schilddrüse	1,3	0,01	0,12	0,04	0,092
Skelet	3472	26,7	10,0	32,2	0,003
Haut	2177	16,75	3,88	11,7	0,002
Andere Organe	967	7,4	0,6	1,8	0,001
Summe	13000	100	33	103	

Die Reihenfolge der Durchblutungsgröße je 1 g Organ ist: Schilddrüse, Nebennieren, Nieren, Gehirn, Pankreas usw.

Beim Acetylen liegen die Verhältnisse ähnlich. Auch hier sind die tödlichen Gaben wahrscheinlich nur durch Überdruck herbeizuführen, denn LENDLE (vgl. Abschnitt Acetylen) fand zwar als unbedingt tödliche Konzentration 90% Acetylen + 10% Sauerstoff, sagt aber selbst, daß die Anoxämie an dem Ausgang wohl mit beteiligt sei. Vom Stickoxydul ist bekannt, daß die Narkose sogar erst durch eine wesentliche Druckerhöhung auf 1,9 Atmosphären erzielt wird (LENDLE, s. Stickoxydul).

Aus diesem Grund ist die Narkose mit Äthylen und Narcylen gefahrlos, da die tödlichen Konzentrationen nicht erreicht werden, ja es kann nicht einmal die volle narkotische Breite, der Abstand der „therapeutischen" von der tödlichen Konzentration voll ausgenutzt werden.

Beim Propylen ist die Sachlage schon etwas anders. Infolge des niedrigen Löslichkeitskoeffizienten wird die Narkose sicher wohl ziemlich schnell eintreten, aber da narkotische und tödliche Konzentrationen schon wesentlich niedriger liegen, nämlich bei 40 bzw. 70—80%, so wäre eine Überdosierung zwar noch möglich, wenn auch vielleicht nur ausnahmsweise zu erzielen. Cyclopropan aber, bei dem die entsprechenden Konzentrationen 25 und 39% betragen, kann aus diesem Grunde zu Überdosierung eher Anlaß geben und gefährlich werden.

Die geschilderten Verhältnisse bedingen, wenigstens theoretisch, einen weiteren Vorteil. Beim Äther und Chloroform mit ihrem langsamen Ausgleich müssen, um in 10—15 Minuten eine chirurgisch brauchbare Narkose herbeizuführen, viel größere als die narkotischen Grenzkonzentrationen gegeben werden, Konzentrationen also, die bei längerer Darreichung bis zum Ausgleich tödlich oder schwer toxisch wirken würden. Nur auf diese Weise gelingt es, das Gehirn in kurzer Zeit mit genügenden Mengen des Narkoticums anzureichern, und sobald dieser Zustand erzielt ist, kann man mit der Ätherzufuhr auf die geringsten Mengen zurückgehen, die sonst gerade noch in Stunden eine Narkose herbeiführen würden (KOCHMANN[1]). Bei den Gasnarkotica jedoch, die infolge ihres geringen Löslichkeitskoeffizienten einen schnellen Ausgleich erzielen, kann man angeblich von vornherein mit den narkotischen Grenzkonzentrationen beginnen und die Narkose auch damit unterhalten.

In Wirklichkeit ist das aber nicht ohne weiteres der Fall. So sagen z. B. SCHOEN und SLIWKA, daß es weder beim Menschen noch beim Kaninchen gelingt, mit 40—50% Narcylen eine genügend tiefe Narkose in kurzer Zeit zu erzielen, während ein durch 60—70% eingetretener Zustand tiefer Bewußtlosigkeit mit dieser geringeren Konzentration stundenlang ohne Zwischenfall unterhalten werden kann. Ähnliche Angaben finden wir auch beim Äthylen und Propylen, gelegentlich auch beim Stickoxydul (vgl. die betreffenden Abschnitte). Beim Propylen soll es nach BROWN und HENDERSON möglich sein, die Narkose, die mit etwa 43% eingeleitet worden ist, mit 25% zu unterhalten. Mithin würden sich diese Gasnarkotica bei den Grenzkonzentrationen im Gehirn keineswegs in wenigen Minuten anreichern, sondern es müssen, um eine schnelle Narkose zu erzeugen, auch Konzentrationen gegeben werden, die um 30—40% höher liegen als die narkotischen Grenzkonzentrationen.

Angesichts dieser Befunde müssen wir nunmehr die Frage aufwerfen, ob es überhaupt den Tatsachen entspricht, daß die Gasnarkotica in diesen *Grenz-*konzentrationen innerhalb weniger Minuten einen bestimmten Narkosegrad, Seitenlage, Reflexlosigkeit und unter Umständen den Tod bedingen. Über die Narkosegeschwindigkeit liegen aber außer gelegentlichen Befunden nur Versuche

---

[1] KOCHMANN, M.: Dtsch. med. Wschr. **1913**, Nr 40.

Lendles über die Acetylennarkose bei der weißen Maus vor, die in folgender
Tabelle wiedergegeben sind.

Tabelle 14. Narcylennarkose (2stündige Beobachtung).

Kon-zentration %	Versuchs-zahl	Seitenlage + mittlere Zeit Minuten		Reflexlos	Tod Anzahl	Zeit bis zum Tod Minuten
50	21	9	**69**	—	—	—
55	12	7	60	—	—	—
60	12	5	41	--	1	**120**
66	9	8	27	+ ?	1	29
70	6	6	sofort	+ ?	3	90
80	15	15	sofort	+	6	35
90	6	6	sofort	+	6	20

Die Zahlen zeigen also, daß bei 50% Acetylen die 9 von 21 Mäusen, die überhaupt Seitenlage aufwiesen, erst nach 69 Minuten diesen Narkosegrad erreichten,
und daß bei 60% der eine Todesfall nicht vor 2 Stunden eintrat. Sofortige Seitenlage wurde bei einer Konzentration beobachtet, bei der bereits die Hälfte der
Mäuse stirbt.

Diese Befunde Lendles stehen eigentlich in einem merkwürdigen Gegensatz
zu dem schnellen Ausgleich zwischen Atmungsluft und Blut, der nach den Ergebnissen Schoens nach 5 Minuten zu 88% und nach 17 Minuten vollständig
erzielt ist. Dies wäre nur dadurch zu erklären, daß bei der Maus dieser Ausgleich
sehr viel langsamer vor sich geht als beim Kaninchen oder die Anreicherung
des Zentralnervensystems vom Blut aus mehr Zeit in Anspruch nimmt als der
Ausgleich zwischen Einatmungsluft und Blut. Ersteres kann man bei der schnell
und sicher nicht flachender atmenden Maus kaum annehmen, letzteres aber erscheint allen theoretischen Vorstellungen zum Trotz durchaus denkbar.

Eine Beobachtung, die bei einer Gasnarkose den Pharmakologen ebenso wie
den Kliniker immer wieder überrascht, ist das schnelle Erwachen mit fast vollständiger Erholung. Diese Tatsache steht in guter Übereinstimmung mit der
Schnelligkeit der Ausscheidung, als deren Maß das Absinken des Narkoticum-
Blutgehaltes gilt. Schon innerhalb der ersten Minuten nach Unterbrechung der
Acetylenzufuhr werden, wie sich aus dem Blutgehalt errechnen läßt, 88% des
am Ende der Betäubung vorhandenen Gases ausgeschieden, nach 8 Minuten
finden sich höchstens noch quantitativ nicht faßbare Spuren (Schoen und
Sliwka am Kaninchen), und nach Gréhants Versuchen am Hund verlassen 99%
des Acetylens das Blut innerhalb von 10 Minuten (s. Acetylen). Nach reiner
Äthylennarkose läßt sich, wie Nicloux und Yovanowitsch gezeigt haben,
schon nach 2 Minuten kein Äthylen mehr nachweisen. Nach Beendigung der
Stickoxydulzufuhr ergibt nach Nicloux der quantitative Nachweis spätestens
nach 5 Minuten die vollendete Ausscheidung. Wir werden bald sehen, daß die
Ausscheidung in Wirklichkeit viel langsamer vor sich geht. Nach Haggard sind
die bestimmenden Faktoren für die Ausscheidung die Menge des im Körper
fixierten Narkoticums, die Größe des Blutkreislaufs und der Umfang bzw. Tiefe
der Atmung. Die Größe des Blutumlaufs ist bei den Gasnarkotica sicher nicht
gestört, vielleicht sogar vermehrt, da nach Äthylen und Narcylen der Blutdruck
erhöht ist und das Minutenvolumen des Herzens vermehrt gefunden wird. Die
Atmung scheint bei den Gasnarkotica im allgemeinen während der Anästhesie
nicht vermindert, nach der Narkose aber gefördert zu werden. Bereits Schoen
und Sliwka geben die Vergrößerung der Atmung als Grund für die schnelle
Ausscheidung des Acetylens an. Die Förderung der Atmung braucht sich übrigens

nur auf die Tiefe der Atemzüge zu erstrecken, weil dadurch der tote Raum vermindert wird, weniger auf die Atemfrequenz.

Somit liegen bereits zwei Ursachen für die schnelle Ausscheidung der Gasnarkotica vor. Die Hauptsache dürften aber ebenso wie bei der Absorption die physikalischen Eigenschaften sein, die sich jetzt im umgekehrten Sinne auswirken. Wenn die Gaszufuhr unterbrochen wird, nachdem der vollkommene Ausgleich des Organismus mit der Einatmungsluft erreicht war, so sinkt der Partiardruck des Gases in der Alveolarluft fast augenblicklich, besonders bei größerer Atmung auf Null ab, und das in die Lungen einströmende Blut muß sich seines noch unter hohem Druck stehenden Gases fast explosionsartig entledigen. Dieses narkoticumfreie Blut gelangt dann zu den Geweben, beladet sich unter der hohen Gasspannung, die noch in den Geweben herrscht, mit dem Gas und führt es im venösen Blut zu den Lungen, wo derselbe Vorgang der Ausscheidung in die Alveolarluft von neuem beginnt. War bei der Absorption der geringe Löslichkeitskoeffizient und der hohe Partiardruck in der Atmungsluft die Ursache für den schnellen Übertritt in das Blut und die mengenmäßige Anreicherung in den Geweben, so ist es jetzt der hohe Gasdruck in den Geweben und die schlechte Wasserlöslichkeit, die für eine große Geschwindigkeit der Ausscheidung sorgen.

Wenn die Drucke, unter denen das Gas in die Gewebe hineingepreßt wurde, sehr erheblich waren, wie z. B. beim Stickoxydul, so kann, wie Bock gezeigt hat (s. Stickoxydul), bei Beendigung der Zufuhr und Entlastung auf Atmosphärendruck die geringe Wasserlöslichkeit des Gases Anlaß geben, daß sich bereits im Gefäßsystem Gasblasen entwickeln, die durch Gasembolie zum Tode des Versuchstieres führen, eine Gefahr, die bei einer reinen Stickoxydulnarkose bei 2 Atmosphären Druck immerhin eintreten könnte.

Wenn während der Narkose große Gasmengen gebunden worden waren, so wird die Ausscheidung zweifellos durch eben diesen Umstand verlangsamt werden. Über diese Gasmengen liegen nur die Versuche von Seevers und Mitarbeitern[1] vor[2]. Sie fanden, daß von einem 20 kg schweren Hund innerhalb der ersten 17 Minuten der Einatmung von Cyclopropan über 4 l = 7,5 g des Gases gebunden wurden, d. h. also etwa 12 ccm/kg und Minute im Durchschnitt. Dabei war der Ausgleich sicher noch nicht erreicht, so daß die Mengen tatsächlich noch viel größer sein werden. Das geht aus einer zweiten Arbeit von Seevers, de Fazio und Evans[3] deutlich hervor, die auch für die Sättigung, die Resorption und Ausscheidung von Cyclopropan und Äthylen sowohl in quantitativer wie zeitlicher Beziehung von großer Bedeutung ist. Bei den Versuchen dieser Forscher wurden Kaninchen in eine luftdicht abgeschlossene Narkosekammer von 18 l Inhalt gesetzt, in der sich neben genügenden Sauerstoffmengen eine zur Narkose hinreichende Konzentration von Cyclopropan oder Äthylen befand. Zu verschiedenen Zeiten wurden nun die Gasspannungen in der Narkosekammer gemessen, woraus sich die vom Kaninchen absorbierten Mengen feststellen lassen. Die folgende Tabelle 15 gibt darüber Aufschluß.

Es ergibt sich also, daß im Anfang der Narkose offenbar (Vers. 1) sehr große Mengen des Gases absorbiert werden. Dann nimmt die Absorptionsgröße allmählich ab, bis nach etwas mehr als 4 Stunden die Absättigung fast vollkommen erreicht ist. Dies läßt sich dadurch feststellen, daß im Versuch 5 nach 263 Minuten

---

[1] Seevers, M. H., W. I. Meek, E. A. Roverstine u. I. A. Stiles: J. of Pharmacol. **51**, 1 (1934).

[2] Für den Äther lassen sich aus den Zahlen Haggards pro Kilogramm Hund etwa 1,50 g berechnen, wenn die Grenzkonzentrationen zur Einatmung gelangen.

[3] Seevers, M. H., S. F. de Fazio u. S. M. Evans: J. of Pharmacol. **53**, 90 (1935).

Tabelle 15.

Versuch	Dauer Minuten	Entnahme der Luftproben nach Narkosebeginn		Spannung	Gasunterschied = ccm/100 ccm Kammerluft		Absorbiert auf 18 l	ccm/Min.
					Spannung	Vol.-%		
Cyclopropan 1	145	12 145	133	96 57	39	5,2	936	7,0
2	228	130 210	80	213 200	13	1,8	325	4,05
3	447	119 446	325	165 147	18	2,4	432	1,33
4	330	42 160	118	145 123	22	3,0	540	4,58
5	420	320	160	112	11	1,5	270	1,69
		23 263	240	105 87	18	2,4	432	1,8
		313	50	86	1	0,135	24	0,48
		408	95	86	0	0	0	0
Äthylen 1	193	67 160	93	533 493	40	5,4	972	10,5
2	271	53 270	217	601 581	20	2,70	486	2,24

beinahe nichts mehr von dem Cyclopropan resorbiert wird und somit Ein- und Ausatmungsluft die gleiche Konzentration aufweisen. Besonders bemerkenswert ist es, daß die Absättigung des Körpers mit Äthylen nicht schneller als beim Cyclopropan vor sich geht, ja sogar anscheinend langsamer stattfindet.

Eine Bestätigung dieser Ergebnisse findet sich in einer zweiten Versuchsreihe der genannten Forscher, die am besten durch eine Abbildung verständlich wird[1].

Es zeigt sich auch hier, daß nach annähernd 4 Stunden die Absorption sich dem Ausgleich nähert, da nach dieser Zeit 80% der Sättigung erzielt wurde. Die Ausscheidung ist nach 5 Stunden vollständig geworden[2]. Aus einem Vergleich mit den Äthylenkurven ersieht man, daß hier die Vorgänge noch langsamer ablaufen. Dabei erscheint es bemerkenswert, daß der Löslichkeitskoeffizient des Äthylens geringer ist als der des Cyclopropans. Die Versuche stehen also durchaus im Einklang zu der oben entwickelten Ansicht, daß ein geringer Löslichkeitskoeffizient für den Ausgleich zwischen Blut und Geweben eher schädlich ist, während die gleiche Eigenschaft den Ausgleich zwischen Einatmungsluft und Blut begünstigt.

Wenn man nach den eben gepflogenen Auseinandersetzungen die Gasnarkotica mit Äther und Chloroform vergleicht, so ist der Unterschied sicher nicht grund-

---

[1] Die interessante Versuchsanordnung der genannten Forscher gestattet einen zumindestens vergleichenden Einblick in die Resorptions- und Ausscheidungsverhältnisse in quantitativer und zeitlicher Beziehung auch in vivo. Sie besteht darin, daß ein Depot von Stickstoff oder Luft in der Bauchhöhle oder im subcutanen Bindegewebe angelegt wird und während der Narkose Proben dieses Depots entnommen und auf ihren prozentischen Gehalt an Narkoticum untersucht werden. Aus der Konzentration der Einatmungsluft und des Gasdepots läßt sich der Grad der Absättigung berechnen, wobei angenommen wird, daß das Luftdepot denselben Narkoticumgehalt besitzt wie die umgebenden Gewebe. SEEVERS erhebt selbst gewisse Einwände gegen das Verfahren, glaubt aber wohl mit Recht, daß es wenigstens gute Vergleichswerte liefert. Die Frage, ob nicht etwa die große Luftmenge die Gefäße komprimiert und dadurch den Austausch verzögert, ist allerdings nicht geklärt, andererseits muß aber hervorgehoben werden, daß die Ergebnisse der 1. und 2. Versuchsreihe sehr gut miteinander übereinstimmen, obwohl die Versuchsanordnung gänzlich anders beschaffen war.

[2] Die Ausscheidung läßt sich bei Blutanalysen offenbar nicht genügend verfolgen, da die Mengen allmählich so gering werden, daß sie sich dem quantitativen Nachweis entziehen (s. S. 64).

legend, aber in quantitativer Beziehung doch so groß, daß sich gewisse Vorteile für die Gasnarkose ergeben. Der Hauptvorzug liegt, wenigstens beim Stickoxydul, Acetylen, Äthylen, vielleicht auch beim Propylen in der Unmöglichkeit der Überdosierung und beruht hauptsächlich auf der Möglichkeit, höhere als die Grenzkonzentration anwenden zu können, die die Narkose schnell herbeiführen,

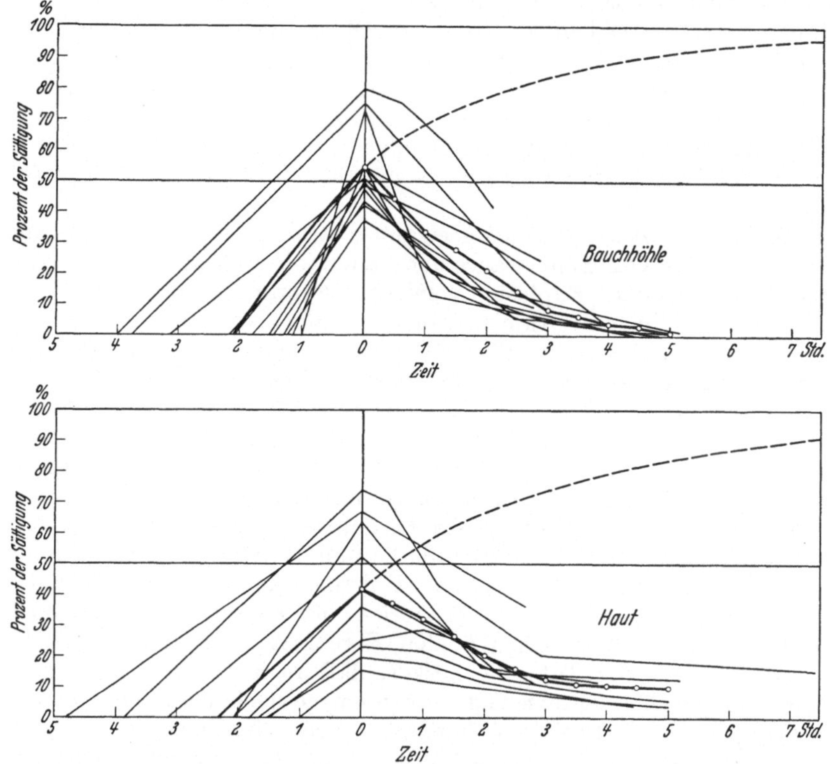

Abb. 3 u. 4. Aufnahme und Ausscheidung des Cyclopropans, Kaninchen. Bestimmung nach der Methode von Seevers und Mitarbeitern (s. Fußnote S. 64). Einzelversuche———, Durchschnitt———. Kurve ————bezeichnet die mutmaßliche Anreicherung des Organismus bis zum Ausgleich (100%).

aber noch keine Gefahren mit sich bringen. Der schnelle Ausgleich zwischen Einatmungsluft und Blut spielt dabei sicher auch eine Rolle, wenn auch vielleicht nicht die entscheidende.

Den Vorteilen der Gasnarkose stehen auch gewisse Nachteile gegenüber, von denen die nicht immer genügende Narkosetiefe (Muskelspannung) und eine nicht sehr handliche Apparatur zu nennen ist. Letzteres beschränkt die Anwendung der Gasnarkose auf die Krankenhäuser. Die Explosionsgefahr ist für die neueren Apparaturen bei geeigneten Vorsichtsmaßregeln kaum noch vorhanden. Auf die Apparate konnte hier nicht eingegangen werden; hierfür sei auf Arbeiten von Killian[1] und Franken[2] verwiesen.

Stickoxydul, N₂O. Mol.-Gew. 44. (Vgl. J. Bock, Bd. I, S. 122.)

Eigenschaften. Farbloses, fast geruchloses Gas von süßlichem Geschmack, leicht zu einer wasserhellen Flüssigkeit kondensierbar. Wasserlöslichkeit gering.

---

[1] Killian, H.: Narkose u. Anästh. **1928**, H. 9 — Klin. Wschr. **1930**, 744 — Chirurg **1932**, 917.
[2] Franken, H.: Zbl. Chir. **1932**, 3045.

Löslichkeitskoeffizient nach GEFFKEN[1] und SIEBECK[2] bei $5° = 1{,}048$, bei $37°$ $= 0{,}395$, d. h. bei $37°$ lösen 100 ccm H_2O 39,5 ccm Gas $= 71{,}5$ mg. Größere Löslichkeit in Öl, was sich aus dem Teilungskoeffizienten Öl/Wasser ergibt, der aus den Löslichkeiten berechnet wurde. Er beträgt nach DE SAUSSURE[3] 150/76 ccm $= 1{,}97$ bei $18°$ und 724 mm Hg Druck. Bei $20{,}5°$ und 741 mm Hg Druck ist er nach WIELAND[4] $163{,}2/86{,}4 = 1{,}88$[5]. Nach MEYER und GOTTLIEB-BILLROTH[6] ist der Löslichkeitskoeffizient in Öl bei Atmosphärendruck und $37°$ $= 1{,}4$. Legt man diesen Wert und den obengenannten Löslichkeitskoeffizienten in Wasser unter gleichen Druck- und Temperaturverhältnissen zugrunde, so ergibt sich $1{,}4/0{,}395 = 3{,}5$. Litergewicht 1,81 g.

Darstellung. Durch Erhitzen von trockenem Ammoniumnitrat entsteht ein Gas, das durch Waschen mit Ferrosulfat- und Kaliumhydroxydlösung von Verunreinigungen befreit wird.

Bestimmung geschieht in einer geeigneten Gasbürette am besten dadurch, daß nach Absorption von Kohlensäure und Sauerstoff und Zusatz überschüssigen Wasserstoffs das Gas ohne Explosion vorsichtig verbrannt und aus der Volumenverminderung die Menge des Stickoxyduls berechnet wird.

Wirkungen. Alle Versuche, die sich mit der Erfassung der Wirkung beschäftigen, gehen naturgemäß von den narkotischen Eigenschaften des Gases aus, mit der Absicht, das Zustandekommen der Wirkung zu klären und die Anwendungsmöglichkeiten in der praktischen Medizin zu erhellen.

Bakterien, Pflanzen und Hefen. Schon PAUL BERT[7] hat die Einwirkung des Stickoxyduls auf Fäulnisbakterien insofern untersucht, als er kleine Muskel- und Leberstücke in einer Glocke dem Gas unter einem Druck von 10 bzw. 8 Atmosphären aussetzte und dadurch die Fäulnis verhüten konnte. BERT bezog dies auf eine Abtötung der Bakterien. HATTON[8] konnte nachweisen, daß in geringerer Konzentration das Gas die Bakterien eines Fleischinfuses zu schnellerem Wachstum anregt. Daß zwischen beiden Ergebnissen kein Widerspruch vorhanden ist, geht aus der Tatsache hervor, daß auch andere Substanzen, wie Äther usw., die gleichen Unterschiede aufweisen, je nachdem hohe oder niedrige Konzentrationen zur Verwendung kommen. Sehr eingehend hat sich BART[9] mit der bacterciden Wirkung beschäftigt. Cholera-, Typhus-, Paratyphus-, Enteridis-, Dysenteriebacillen, aber auch Staphylo- und Streptokokken sowie Tuberkelbacillen werden im feuchten Zustand durch hohe Konzentrationen, die nur durch Drucke von 20—30 Atmosphären zu erreichen sind, abgetötet bzw. in ihrem Wachstum gehemmt. Dauerformen der Bakterien erwiesen sich, wie vorauszusehen war, am widerstandsfähigsten. Ähnlichen Verhältnissen begegnet man bei Hefeversuchen. MAUMENÉ[10] konnte bei kleinen Konzentrationen eine Beschleunigung der Gärung, BART bei hohen Drucken eine Hemmung feststellen. BART hat auch gezeigt, daß Stickstoff unter gleichen Bedingungen keine Wirkung entfaltet. Wichtig erscheint es, hier noch einmal hervorzuheben, daß die desinfizierende Wirkung des Stickoxyduls an den anoxybiotischen Lebensvorgängen

---

[1] GEFFKEN, R.: Z. physik. Chem. **49**, 276 (1904).

[2] SIEBECK, R. A.: Skand. Arch. Physiol. (Berl. u. Lpz.) **21**, 378 (1909).

[3] DE SAUSSURE, TH.: Gilberts Ann. **47**, 167 (1814).

[4] WIELAND, H.: Arch. f. exper. Path. **92**, 96 (1922).

[5] Die von DE SAUSSURE und WIELAND angegebenen Werte der Wasserlöslichkeit sind auffallend hoch.

[6] MEYER, K. H., u. H. GOTTLIEB-BILLROTH: Hoppe-Seylers Z. **112**, 55 (1921).

[7] BERT, P.: C. r. Soc. Biol. Paris **3 II**, 520 (1885) — Gaz. méd. **1878**, 579; **1879**, 123.

[8] HATTON, zit. nach BART.

[9] BART, TH.: Biochem. Z. **139**, 114 (1923).

[10] MAUMENÉ, zit. nach BART.

der Bierhefe (Vermehrung und Fermenttätigkeit) untersucht wurde, und daß unter den Bakterien sich anaerob lebende befanden.

Die Hemmungswirkung auf die Keimung von Pflanzen wurde von JOLYET und BLANCHE[1] nachgewiesen. Sie fanden, daß Kressesamen und Hafer in reiner Stickoxydulatmosphäre nicht keimten, die Hemmung aber selbst bei geringem Sauerstoffzusatz nicht eintrat. Dies Ergebnis wurde von MARTIN[2] bestätigt. Auch er konnte, ebenfalls an Lepidium sativum, das Aufhören der Keimung in reinem N_2O beobachten, aber er fand auch eine deutliche Verlangsamung durch ein Gasgemisch von 88% Stickoxydul und 12% Sauerstoff bei einer Druckerhöhung auf 1100 mm. Schließlich zeigte BERT die fast völlige Aufhebung des Wachstums bei 80% des Gases und 20% Sauerstoff unter einem Druck von 10 Atmosphären.

Niedere Tiere usw. Die anoxybiontisch lebenden Spulwürmer, Ascaris lumbricoides, werden bei Atmosphärendruck durch Stickoxydul nicht beeinflußt (WIELAND), während BART an anderen Arten, Ascaris mystax und megalocephala, und dem fakultativen Anaerobier Hämopis (Pferdeegel) bei 12 bzw. 8,5 Atmosphären Narkose beobachten konnte. Versuche mit Stickstoff unter noch etwas höherem Druck ließen keinerlei narkotische Erscheinungen erkennen.

Auch Kaulquappen sind nach BART durchaus narkotisierbar, wenn das Stickoxydul bei Gegenwart einer ausreichenden Menge von Sauerstoff unter einen Druck von 2,6—3,6 Atmosphären gesetzt wurde, während Stickstoff sogar bei 7 Atmosphären die Beweglichkeit der Tiere nicht änderte. Am folgenden Tage hatten sich die narkotisierten Tiere wieder vollkommen erholt.

Ebenso verhalten sich Froscheier; denn nach BERT wird ihre Entwicklung durch ein Gasgemisch von 80% N_2O und 20% O_2 bei Atmosphärendruck nicht gehemmt, wohl aber, wenn der Druck auf das Fünffache erhöht wird und die Einwirkung 2—5 Tage andauert.

Der isolierte *Froschmuskel*, dessen Tätigkeit zum Teil anoxybiotische Stoffwechselvorgänge zugrunde liegen, wird, wie WIELAND nachwies, durch reines Stickoxydul ohne Druckerhöhung innerhalb der Fehlergrenzen nicht anders beeinflußt als durch reinen Wasserstoff; denn die Dauer der Ermüdungskurve beträgt im Durchschnitt 49 Minuten gegen 52 Minuten in reinem Wasserstoff. Nach GRAHAM[3] tritt aber bei Überdruck von 4,3 Atmosphären eine reversible Lähmung ein, der ein Stadium der Übererregbarkeit vorangeht.

Es ist anzunehmen, daß auch jedes andere isolierte Organ durch geeignete Gaben des Stickoxyduls in gleicher Weise narkotisiert werden kann. Wenn dies nicht gelingt, so muß man auf Grund der vorstehend wiedergegebenen Versuchsergebnisse annehmen, daß die Gaben oder, was dasselbe ist, die Drucke nicht groß genug gewesen sind. Dies ist offenbar auch in den Versuchen WIELANDS am isolierten Froschherzen der Fall gewesen, das immerhin in einer reinen Stickoxydulnarkose eine wesentliche Verkleinerung der Amplitudengröße ohne Veränderung der Schlagzahl zeigt.

Frosch. Nach WIELAND ist es nicht möglich, Frösche durch ein Gasgemisch von je 50% N_2O und O_2 zu betäuben. In einer reinen Stickoxydulatmosphäre aber tritt nach 151—181 Minuten völlige Bewegungslosigkeit und Stillstand der Atmung ein. Bei Vergleichsversuchen mit reinem Wasserstoff ist auch nach 264 Minuten noch keine Veränderung im Verhalten der Tiere wahrzunehmen. Trotz der immerhin beträchtlichen Zeitunterschiede ist WIELAND der Ansicht,

---

[1] JOLYET, F., u. E. BLANCHE: C. r. Soc. Biol. Paris **77 I**, 59 (1873) — Arch. Physiol. norm. et path. **5**, 364 (1873).

[2] MARTIN, C.: Lyon méd. **1883**, 181, 217, 268.

[3] GRAHAM, H. T.: J. of Pharmacol. **33**, 266 (1928); **37**, 9 (1929).

daß in beiden Fällen asphyktische Narkose vorliege. Ohne Zweifel kann man mit
besserem Recht eine spezifisch-narkotische Wirkung herauslesen, besonders wenn
man frühere Versuche zum Vergleich heranzieht. So fand GOLTSTEIN[1], daß
Frösche in reinem Stickoxydul schon nach wenigen Minuten vollkommen betäubt
werden, während die Lähmung in reinem Wasserstoff erst nach Stunden eintritt.
Auch KLIKOWITSCH[2] beobachtete bei Fröschen in reinem Stickoxydul Stupor
und Verlust der Sensibilität bei erhaltenem Cornealreflex. Bei Gegenwart von
20% Sauerstoff traten derartige Erscheinungen nicht auf, so daß die letzten Versuche sich den Versuchen WIELANDs nähern würden. BART konnte aber zeigen,
daß auch ohne jede Asphyxie bei Gegenwart von 10% Sauerstoff eine sogar
mit Aufhebung des Cornealreflexes und der Hautsensibilität verbundene Narkose
zustande kommt, wenn durch Erniedrigung der Temperatur auf 3—4° die Bedingungen für die Aufnahme größerer Mengen des Gases ins Blut und die Nervenzellen begünstigt werden, was sich durch Vergrößerung des Teilungskoeffizienten
Öl/Wasser ausdrückt. Schon bei Gasgemischen von je 50% Stickoxydul und
Sauerstoff lassen sich nach den Ergebnissen von BART durch den Fortfall eines
Stellreflexes (Otolithenphänomen) mit Sicherheit narkotische Erscheinungen
nachweisen, die WIELAND anscheinend entgangen sind.

Warmblüter. Häufiger und umfassender sind derartige Untersuchungen mit
Druckerhöhung am Warmblüter vorgenommen worden. Sie gehen zurück auf
die Versuche von PAUL BERT[3], der in genialer Weise erfaßt hatte, daß unter
Atmosphärendruck bei genügender Sauerstoffmenge die Konzentration des Stick-
oxyduls für eine Narkose nicht ausreicht, aber durch Kompression des Gas-
Sauerstoffgemisches genügend erhöht werden könne.

Die pharmakologischen Eigenschaften des von PRIESTLY 1776 entdeckten
Gases wurden 1799 von DAVY gefunden. Bei Selbstversuchen beobachtet er
eigentümliche Wirkungen auf das Sensorium, er empfand hochgradiges Wohl-
befinden, alle Eindrücke stellten sich in schärferem Licht dar, der Gedankenablauf
wurde lebhafter, er fühlte sich froh und heiter und sah anregende Bilder. Da
die angeheiterte Stimmung sich bei geringer Veranlassung, ähnlich wie nach dem
Genuß von Champagner, durch anhaltendes Lachen zu erkennen gab, nannte
er das Stickoxydul Lachgas. Die Einatmung konnte längere Zeit fortgesetzt
werden, so daß man mit HERMANN[4] annehmen muß, es habe Sauerstoff enthalten.
Dieser Forscher nahm, ebenfalls in Selbstversuchen, die gleichen Erscheinungen
wahr, wenn er ein mit 20% Sauerstoff gemischtes Stickoxydul einatmete. Beim
Hund konnte DAVY nicht allein die Rauschwirkungen, sondern auch die anästhetischen feststellen, so daß er schon damals die Ansicht äußerte, man würde
das Gas für eine chirurgische Betäubung benutzen können. Aber erst 1844
hat HORACE WELLS das Gas in reinem Zustand bei Zahnextraktionen angewendet.
Da das Gas die Atmung nicht unterhalten kann, so war die Einatmung auf etwa
1 Minute im Höchstfalle beschränkt.

Diese Anästhesie wurde von HERMANN sowie von JOLYET und BLANCHE
lediglich einer Erstickung zugeschrieben, aber bereits GOLTSTEIN und ZUNTZ
waren auf Grund ihrer Froschversuche zu der Ansicht gekommen, daß Erstickung
und spezifisch-narkotische Wirkung miteinander vergesellschaftet sind. Jedoch
gelang es erst BERT, einwandfrei nachzuweisen, daß das Lachgas auch bei genügender Sauerstoffzufuhr narkotisch wirken könne. Nach seiner Ansicht
genügte ein Überdruck von $^1/_5$ Atmosphäre, um beim Menschen eine chirurgisch
brauchbare Narkose mit 80% Stickoxydul und 20% Sauerstoff zu erzielen.

[1] GOLTSTEIN, M.: Pflügers Arch. **17**, 345 (1878).
[2] KLIKOWITSCH, S.: Virchows Arch. **94**, 148, 227 (1883).
[3] BERT, PAUL: Zit. S. 68.   [4] HERMANN, L.: Arch. f. Anat. u. Physiol. **1864**, 533.

Im übrigen hat bereits ANDREWS[1] eine Mischung von Stickoxydul und reinem Sauerstoff statt Luft für die Narkose verwendet. Nach BERT kam die Anästhesie sehr schnell zustande, vollkommene Analgesie und auch Bewußtlosigkeit traten ein, und die Kranken wachten nach Unterbrechung der Gaszufuhr fast augenblicklich wieder auf, ohne Nachwehen zu verspüren. Die Narkose war zweifellos nicht sehr tief, doch ließen sich kleine Operationen ausführen. Vor der Anwendung am Menschen hatte BERT zahlreiche Tierversuche angestellt, die, wie ein Rückblick vom Standpunkt unserer heutigen Kenntnis lehrt, schon die wichtigsten Angaben enthalten. Ratten ließen sich bei einem Druck von 3 Atmosphären mit einem Gemisch von $2/3$ N_2O und $1/3$ Luft oder bei 4 Atmosphären mit einem Gemisch von $3/4$ N_2O und $1/4$ Luft sehr schnell betäuben. Bei Herausnahme der Tiere aus dem Überdruckapparat kehrte die Sensibilität nach wenigen Sekunden zurück. Im ersten Falle betrug der Partiardruck des Stickoxyduls 1520 mm, der des Sauerstoffs 152 mm und des Stickstoffs 608 mm. Im zweiten Falle waren die entsprechenden Werte 2280 mm N_2O, wieder 152 mm O_2 und 608 mm N_2. Der Partiardruck des N_2O war also 2 oder 3 Atmosphären bei einem normalen Sauerstoffgehalte der Einatmungsluft.

Später stellte BERT, nicht ganz im Einklang mit den eben wiedergegebenen Versuchen, fest, daß bereits nach Einatmung eines Gemisches von 80% N_2O und 20% O_2, und bei einem Partiardruck von 760 mm N_2O, bei Ratte, Maus und Sperling Narkose eintritt und bei einem solchen von 2280 mm in 10 Minuten der Tod erfolge. Ein Teildruck von 1800 mm wurde eine Stunde lang ertragen. Wie wir bald sehen werden, liegen letztere Werte ungefähr in der gleichen Größenordnung wie die von LENDLE[2] gefundenen Zahlen. Beim Hund, der in den Versuchen von BERT ein Gemisch von 80% Stickoxydul mit Sauerstoff bei einem Überdruck von 200 mm einatmete (Teildruck des N_2O etwa 768 mm, des O_2 192 mm), schwand sehr bald die Sensibilität, angeblich trat Muskelerschlaffung ein und die Schmerzreflexe waren aufgehoben. Das Blut war hellrot, die Atmung und der Blutdruck zeigten keine Abweichungen vom regelrechten Verhalten. MARTIN[3] hat die Ergebnisse nicht vollkommen bestätigen können, da er beim Menschen 88% N_2O und 12% O_2 unter einem Druck von 1100 mm für eine hinreichende Narkose anwenden mußte. Beim Hund ließ sich eine solche Narkose mit 85% N_2O und 15% O_2 72 Stunden lang ohne Schädigung des Tieres unterhalten[3].

Einen sehr eindringlichen Beweis für die narkotische Wirkung des Stickoxyduls — wenn ein solcher nach den Versuchen von BERT noch notwendig gewesen wäre — geben auch die Feststellung von KEMP[4]. Wenn er nämlich einen Hund zunächst durch Stickoxydul mit einem ganz geringen Zusatz von Sauerstoff vollständig narkotisierte und darauf Stickstoff einatmen ließ, so kam es zu einer vollständigen Erholung, obwohl die zweifellos bestehende Asphyxie durch den Stickstoff eher hätte verstärkt sein müssen.

Aus allen den geschilderten Versuchen ergeben sich mehrere wichtige Gesichtspunkte: Anscheinend rufen die gleichen Konzentrationen beim Menschen und den verschiedenen Säugetieren die gleichen Wirkungen hervor; und bei einem Teildruck von 760—935 mm bedingt das Stickoxydul auch bei Gegenwart von Sauerstoff Bewußtseinsverlust und Analgesie, wenn auch wahrscheinlich eine für große Eingriffe notwendige vollständige Reflexlosigkeit und Entspannung der Muskulatur nicht zustande kommt. Bei einem Teildruck von 1800 mm wird

---

[1] ANDREWS, zit. nach D. A. WOOD u. M. E. BOTSFORD: Californ. J. of Med. **19**, 354 (1921).
[2] LENDLE, L.: Arch. f. exper. Path. **138**, 152 (1928); **139**, 201 (1929); **146**, 167 (1929).
[3] MARTIN, CL.: C. r. Acad. Sci. Paris **106**, 290 (1888).
[4] KEMP, G. T.: Brit. med. J. **1897 II**, 1480.

die Narkose eine Stunde lang ertragen und bei einem solchen von 2280 mm tritt der Tod durch Atemlähmung ein. Ein Rauschzustand mit mehr oder minder aufgehobenem Bewußtsein läßt sich schon durch 80% N_2O und 20% O_2 herbeiführen. Nach KLIKOWITSCH ist allerdings keine volle Analgesie, aber eine starke Abstumpfung der Sensibilität der Haut- und Kehlkopfschleimhaut sowie eine Verminderung der Patellarreflexe vorhanden. Wenn durch Konzentrationen des Stickoxyduls von 95—97% mit entsprechenden Mengen von Sauerstoff unter Atmosphärendruck eine volle Narkose mit Aufhebung des Cornealreflexes erzielt wird, so ist zweifellos der Sauerstoffmangel an dem Zustandekommen der Narkose mit beteiligt. Selbst ein Sauerstoffgehalt von 10% dürfte für eine ausreichende Arterialisation des Blutes nicht genügen, obwohl das Leben nicht unmittelbar bedroht ist. Bei einem Gehalt von 6—11,5% Sauerstoff fand bereits KEMP eine deutliche Verminderung des Sauerstoffgehaltes des Blutes. In Übereinstimmung damit haben LUCAS und HENDERSON[1] gezeigt, daß bei Einatmung von 90% N_2O und 10% O_2 die arterielle Sauerstoffsättigung des Blutes nur 30—40% der Norm beträgt, also eine Anoxämie besteht, die nach FLURY[2] schon recht erhebliche Störungen der Sensibilität und des psychischen Verhaltens bedingt. In sehr genauen Versuchen haben GREENE und Mitarbeiter[3] die ganze Frage der Abhängigkeit der Narkosentiefe vom Sauerstoffgehalt geklärt. Sie zeigten, daß bei einem Mindestgehalt von etwa 20—25% N_2O im Blut eine tiefe Narkose nur dann zustande kommt, wenn der Sauerstoffgehalt des Blutes den niedrigen Wert von 2—2,5% aufweist. Eine leichte Narkose tritt bei gleichem Stickoxydulgehalt ein, wenn im Blut 8—12% Sauerstoff gefunden werden. Wenn das Blut aber zu 16% mit Sauerstoff gesättigt ist, kommt es überhaupt nicht zur Narkose. Dementsprechend beträgt der Sauerstoffgehalt der Ausatmungsluft bei leichter Narkose etwa 8—9$^1/_2$%, bei mittelstarker 3,9—5,2%. Bemerkenswert ist die Angabe, daß die physiologischen Funktionen bei gesunden Hunden noch nicht gestört erscheinen, wenn die Ausatmungsluft nur 3—4% Sauerstoff enthält.

Die Frage, welcher Partiardruck des Stickoxyduls eine tiefe für die eingreifendsten Operationen ausreichende, mit vollem Bewußtseinsverlust, Reflexlosigkeit, Entspannung der Muskulatur verbundene Narkose nötig ist, wurde erst durch die Versuche von BROWN, LUCAS und HENDERSON[4] sowie von LENDLE geklärt. Die ersteren fanden, daß bei der Katze selbst ein Teildruck von 1320 mm noch nicht den Ansprüchen genügt, die sie an eine tiefe Narkose stellen, vorausgesetzt, daß nicht ein gewisser Grad der Anoxämie besteht. Nach ihrer Ansicht genügte die von BERT herbeigeführte Anästhesie beim Menschen und Hund noch nicht diesen Anforderungen, da damals nur verhältnismäßig kleine Eingriffe vorgenommen wurden.

LENDLE zeigte dann an der weißen Maus, daß bei einem Teildruck von 1440 mm = 1,89 Atmosphären und einer Versuchsdauer von 15 Minuten eine durch volle Seitenlage charakterisierte Narkose bedingt wird. Bei einem Druck von 2440 mm = 2,95 Atmosphären tritt der Tod ein. Bezüglich des letzteren Punktes herrscht offenbar volle Übereinstimmung; denn nicht nur BERT fand die tödliche Gabe für Maus, Ratte und Sperling mit 2280 mm, sondern auch die überaus genauen Versuche von BOCK[5] geben ähnliche Zahlen bei Rattenversuchen

[1] LUCAS, G. H. W., u. V. E. HENDERSON: J. of Pharmacol. **42**, 227 (1931).
[2] FLURY, F., u. FR. ZERNIK: Schädliche Gase usw. Berlin: Julius Springer 1931.
[3] GREENE, C. W.: J. of Pharmacol. **23**, 158 (1924). — GREENE, C. W., u. H. M. CURRAY: Arch. int. Med. **35**, 371 (1925). — GREENE, C. W., H. M. CURRAY, F. E. DEXHEIMER, E. B. HANAN u. D. L. HARLAN: Arch. int. Med. **35**, 379 (1925).
[4] BROWN, W. E., G. H. W. LUCAS u. V. E. HENDERSON: J. of Pharmacol. **31**, 269 (1927).
[5] BOCK, J.: Arch. f. exper. Path. **75**, 43 (1913).

an. Während ein Druck von 2100—2200 mm 30—40 Minuten ertragen wird, wirkt ein Druck von 2500—2700 in $8^1/_2$—22 Minuten tödlich. Bei weiterer Erhöhung des Partiardruckes tritt der Tod schneller ein, so daß bei einem Druck von 3000—3200 mm die Überlebenszeit höchstens 15 Minuten, bei einem Druck von 4080 mm höchstens 12 Minuten beträgt[1].

Unter Benutzung der noch nichterwähnten Versuche von DAVIDSON[2] seien die Wirkungen bei den verschiedenen Partiardrucken und genügendem Sauerstoff noch einmal tabellarisch zusammengestellt:

Tabelle 16.

Vol.-%	Partiardruck mm	mg%	Erscheinungen	
4	30	7,24	Gefühl von Leichtigkeit im Kopf	Mensch
10—20	76—152	18—36	Parästhesien, Unfähigkeit auf einer vorgezeichneten Linie zu gehen	,,
30	228	54	Beginn inkoordinierter Bewegungen, Verminderung der Aufmerksamkeit	,,
40	304	72	Hemmung der gedanklichen Konzentration	,,
50	380	90	Rededrang	,,
60	450	109	Bewegungsdrang	,,
70	532	127	Beginn von Störungen des Bewußtseins	,,
75	560	136	Bewußtseinsverlust in $4^1/_2$ Minuten	,,
80	608	145	Rauschzustand, Beginn der Analgesie	,,
100	760	181	Analgesie, Cornealreflex erhalten. Muskeltonus der Gliedmaßen vermindert. Bauchmuskeln noch nicht entspannt	,,
127	965	230	Brauchbare Narkose	Mensch u. Hund
174	1320	315	Noch nicht ganz tiefe Narkose	Katze
189	1440	344	Seitenlage, volle Narkose	Maus, Ratte
300	2280—2440	415	Tod durch Atemlähmung	,, ,,

Die eben geschilderten Versuche geben einen Anhalt dafür, durch welche Gaben und unter welchen Bedingungen die Narkose zustande kommt. Feinere Einzelheiten sind außer in den Untersuchungen DAVIDSONS kaum heraus-

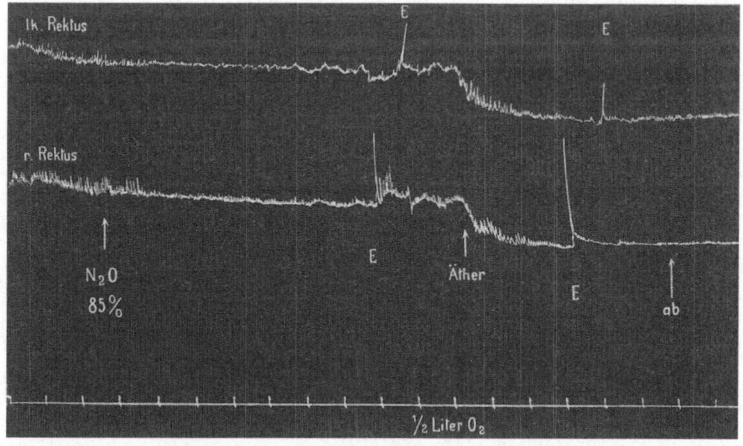

Abb. 5. Keine Erschlaffung der quergestreiften Muskulatur (Recti abdominis) unter Stickoxydul, geringe Entspannung unter Ätherwirkung (FRANKEN).

[1] Wenn bei Beendigung der Narkose die Druckentlastung nicht vorsichtig vorgenommen wird, so schwellen die Tiere, wie BOCK angibt, ballonartig an und sterben an Gasembolie.
[2] DAVIDSON, B.: J. of Pharmacol. **25**, 91 (1925).

gearbeitet worden. Doch könnten an dieser Stelle vielleicht noch 2 Arbeiten Erwähnung finden. Die für eine chirurgische Narkose wichtige Entspannung der Muskulatur ist in der Stickoxydulbetäubung nicht immer vollständig gewähr-leistet. Auch bei der Überdrucknarkose kann man die Erschlaffung der Muskulatur schwer erreichen (FRANKEN[1]), besonders die Muskulatur der Oberbauchgegend wird nicht entspannt, während die Unterbauchgegend erschlafft (MACKLIN[2]).

KELEMEN[3] zeigte, daß die durch calorische Reizung auslösbaren Labyrinthreflexe in der Stickoxydulbetäubung zuerst erlöschen. Während der Narkose aber erscheinen eigenartige

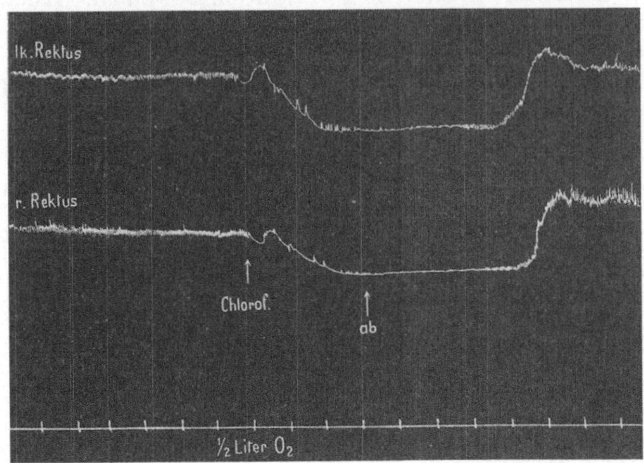

Abb. 6. Erschlaffung der Recti abdominis unter Chloroformwirkung (FRANKEN).

Pendelbewegungen des Augenbulbus, die auch labyrinthären Ursprungs zu sein scheinen, aber anders entstehen als die durch thermische Reize hervorgerufenen Reflexe vor der Narkose.

Resorption, Ausscheidung und Verteilung. Bei der Darreichung per inhala-tionem vollzieht sich die Resorption durch die Lungenalveolen außerordentlich schnell. BOCK hat unter Benutzung der BOHRschen Formeln für die Aufnahme des Kohlenoxyds berechnet, daß die Sättigung des Blutes mit Stickoxydul schon nach etwa einer Minute vollendet ist. Es erscheint aber fraglich, ob die BOHRsche Formel auf das Stickoxydul übertragen werden darf, da hier die Bindung im Blut wohl lediglich physikalisch nach dem Löslichkeitskoeffizienten erfolgt, während beim CO bekanntlich eine chemische Bindung mit dem Hämoglobin den Absorptionskoeffizienten um mehr als das Fünfzigfache erhöht. Doch muß man nach dem schnellen Wirkungserfolg annehmen, daß die Resorption rasch vonstatten geht (vgl. die Versuche von DAVIDSON u. a.).

Daß auch bei anderer Darreichung eine schnelle Resorption eintritt, ersieht man aus den Versuchen von AIRD[4], der das Gas in den Subarachnoidealraum einbrachte und fast sofortige Narkose beobachtete. Ob sich hierbei die Resorption auf dem Blut- oder Lymphwege oder durch unmittelbare Diffusion in das Hirn vollzieht, ist nicht erörtert worden. Auch von der Bauch- und Brusthöhle wird das Gas schnell resorbiert. Nach FÜHNER[5] und TESCHENDORF[6] ist nach Ein-blasung von 100 ccm N_2O in die Bauchhöhle des Kaninchens das Gas in 1 bis $1\frac{1}{2}$ Stunden verschwunden, und aus der Brusthöhle des Hundes erfolgt die völlige Aufsaugung von 600 ccm in $\frac{1}{2}$—1 Stunde. Die Resorption vom Magen-darmkanal ist von RITTER[7] angestrebt worden. Sie dürfte durchaus möglich

[1] FRANKEN, H.: Arch. Gynäk. **140**, 496 (1930).
[2] MACKLIN, A. H.: Lancet **1930 I**, 1231.
[3] KELEMEN, G., u. D. KLIMKO: Msch. Ohrenheilk. **64**, 1197 (1930).
[4] AIRD, R. B.: Proc. Soc. exper. Biol. a. Med. **31**, 715 (1934).
[5] FÜHNER, H.: Dtsch. med. Wschr. **1921**, 1393.
[6] TESCHENDORF, B.: Arch. f. exper. Path. **104**, 352 (1924).
[7] RITTER, E.: Rev. med. l'Est. **1874**, 41.

sein; ob aber genügende Mengen in den Säftestrom des Organismus übertreten können, wenn ein unter 4—6 Atmosphären Druck gesättigtes Wasser getrunken wird, erscheint fraglich. Eine therapeutische Wirkung bei Gicht und Rheumatismus ist angesichts der schnellen Ausscheidung wohl kaum anzunehmen.

Die Mengen von Stickoxydul, die bei der Einatmung des Gases in das Blut übertreten, sind von verschiedenen Untersuchern analytisch festgestellt worden. Die gefundenen Zahlen lassen sich aus der Tabelle entnehmen, in der auch die Werte aufgenommen sind, die man theoretisch bei einem Löslichkeitskoeffizienten des N_2O von 0,43 errechnen könnte.

Tabelle 17.

Untersucher	Gasgemisch	Dauer der Einatmung	Vol.-% im Blut	Berechneter Wert
Jolyet u. Blanche .	$62\% + 21\% \ O_2 + N_2$	$7^1/_2$ Min.	29	etwa 27
	100	$1^3/_4$,,	28,1	43
	100	3—4 Min.	34—37	43
Nicloux[1]	100	$2—2^1/_2$,,	22—27	43
	100	vor dem Tode	33	43
Kemp	88,5—93,7		29,1—33,5	38—40
Gréhant[2]	$74,5 + 21,5\% \ O_2 + 4\% \ N_2$	15 Min.	26,4	30
Olivier u. Garret[3] .	100	1—2 Min.	22,5	43

Mit Ausnahme der Versuche von Olivier und Garret am Kaninchen sind die anderen am Hund angestellt worden. Man ersieht aus den Zahlen, daß nur Jolyet und Blanche, die genügend Sauerstoff in dem Gemisch hatten und demzufolge ihren Versuch bis zu $7^1/_2$ Minuten ausführen konnten, eine Absättigung des Blutes für den Partiardruck des Stickoxyduls in der Einatmungsluft erreichten. Am nächsten kommt dann Gréhant; doch müssen ihm insofern Versuchsfehler unterlaufen sein, als das Tier trotz des angeblich hohen Gehaltes von 21,5% Sauerstoff in der Einatmungsluft asphyktisch wurde und in dem dunklen Blut nur 7,8 Vol.-% Sauerstoff gefunden wurden, während 10 Minuten nach Beendigung der Narkose der O_2-Gehalt wieder auf 22,1% gestiegen war. Alle anderen Untersucher, auch Kemp, haben zu wenig Sauerstoff zugeführt, so daß eine Erstickungsnarkose ohne O_2-Zufuhr erzeugt wurde. Die Blutentnahme für die Analyse wurde beim Eintritt der Narkose vorgenommen, die aber infolge der Anoxämie eher erfolgte als der Ausgleich zwischen Einatmungsluft und Blut. In tiefer Narkose, die erst bei einem Druck von 1440 mm erzielt wird (Lendle), müßte das Blut theoretisch 82 ccm, beim Eintritt des Todes (2300 mm Teildruck) 130 ccm Stickoxydul enthalten.

Aus den Versuchen von Jolyet und Blanche kann man einigermaßen auch die Zeit ermessen, die für den Ausgleich (Einatmungsluft-Blut) notwendig ist; er ist mit $7^1/_2$ Minuten wohl sicher

Tabelle 18.

Stickoxydul			Erythrocyten	Plasma
in 100 g Blut	in Erythrocyten	im Plasma	cyten	
mg	mg	mg	%	%
41	28,3	10,3	73,2	26,8
47,3	25,2	20,8	54,8	45,2

erreicht, aber wahrscheinlich schon nach etwa 5 Minuten eingetreten.

Im Blut verteilt sich das Gas nicht gleichmäßig. Die Ansicht von Hermann, daß die Erythrocyten weniger enthalten als das Plasma, darf als widerlegt gelten; denn aus den Versuchen von Nicloux geht gerade das umgekehrte Verhalten hervor, wenn auch die Analysen ziemlich stark voneinander abweichen.

[1] Nicloux, M.: Les anesthésiques généraux. Paris: O. Doin 1908.
[2] Gréhant, N.: C. r. Soc. Biol. Paris **45**, 616 (1893).
[3] Olivier, F., u. F. C. Garret: Lancet **1893 II**, 625.

Der zweite Versuch nähert sich den Versuchen SIEBECKs, der die Löslichkeit des Gases im Gesamtblut zu 104,3%, im Plasma zu 97,5% im Vergleich zu der im Wasser unter gleichen Versuchsbedingungen fand. Unter Benutzung der Berechnungen SCHOENS[1] und der Angaben SIEBECKs kann man den Löslichkeitskoeffizienten des Stickoxyduls im Gesamtblut bei 37° mit 0,412, im Plasma mit 0,385 und in den Erythrocyten mit 0,446 annehmen, während der Löslichkeitskoeffizient in Wasser bei 37° 0,395 beträgt.

Die Mehraufnahme des Stickoxyduls in die Erythrocyten wird im allgemeinen auf seine größere Löslichkeit in den Lipoiden bezogen. Früher allerdings war man der Ansicht, daß das Gas eine freilich sehr labile chemische Verbindung mit dem Hämoglobin eingehe. So glaubte ULBRICH[2] 1888 im Blut von Kaninchen und Menschen ein charakteristisches Absorptionsspektrum beobachtet zu haben. Die Angabe wurde zwar von ROTHMANN[3] noch in demselben Jahre auf Grund von neuen Versuchen abgelehnt, aber 1896 gab GAMGÉE[4] an, daß sich im violetten Teil des Spektrums eine Absorptionslinie feststellen lasse, deren mittlere Wellenlänge 420,5 $\mu\mu$ betrage. MANCHOT und BRANDT[5] erörtern ebenfalls das Vorhandensein einer sehr leicht zersetzbaren N_2O-Hämoglobinverbindung. In letzter Zeit haben KILLIAN und MORITZ[6], die sonst die Angaben MANCHOTS energisch bestreiten, die Möglichkeit einer solchen Verbindung nicht gänzlich abgelehnt; denn sie sagen, daß man sich bei eingehender mikroskopischer Betrachtung des Spektrums des Eindruckes nicht erwehren könne, es seien bei Anwesenheit von Stickoxydul die Absorptionsstreifen gegenüber dem Hämoglobin eine Spur verstärkt und verbreitert. Nach den Untersuchungen SIEBECKS u. a. geschieht aber die Aufnahme des Stickoxyduls rein physikalisch nach den Gesetzen der Lösung, die im übrigen, wie beim Acetylen durch die Gegenwart von Kohlensäure und Sauerstoff nicht gestört wird. Über die Verteilung in den Organen liegen anscheinend noch keine Versuche vor. Es wäre aufschlußreich, festzustellen, ob Stickoxydul sich ebenso wie Äther verhält, der von HAGGARD[7] in dieser Richtung untersucht worden ist.

Die *Ausscheidung* vollzieht sich, wie das schnelle Erwachen aus der Narkose beweist, in wenigen Minuten. Aber auch durch die chemische Analyse ist die Ausscheidung genauer verfolgt worden. GRÉHANT fand bei einem Hunde am Ende der N_2O-Zufuhr 26,4 ccm in 100 ccm Blut und nach 10 und 20 Minuten noch 2,1 ccm. NICLOUX zeigte, ebenfalls am Hund, daß der Gehalt des arteriellen Blutes von 25,3 ccm = 45 mg am Ende der Narkose nach 2 Minuten auf 1,7 ccm = 3,9 mg abgesunken ist. Bei einem zweiten Hund fiel der Gehalt von 24% innerhalb von $1^1/_2$ Minuten auf 1,89%. Im venösen Blut waren am Ende der Anästhesie 18,85% und nach $2^1/_2$ Minuten noch 5,93% vorhanden. Nach 5 Minuten konnte weder im arteriellen noch im venösen Blut Stickoxydul nachgewiesen werden. Wie sich die Ausscheidung bei einer tiefen Narkose verhält, wenn sich also mehr als 80 Vol.-% N_2O (etwa 150 mg%) im Blute vorfinden, ist noch nicht Gegenstand der Untersuchung gewesen.

Blut. Wesentliche Veränderungen sind während und nach einer Stickoxydulnarkose nicht vorhanden. Nach TANABELLI[8] steigt die Zahl der Erythrocyten beim Menschen nach Unterbrechung der N_2O-Zufuhr etwas an, während der

[1] SCHOEN, R.: Hoppe-Seylers Z. **127**, 243 (1923).
[2] ULBRICH: Vjschr. Zahnheilk. **1888**, H. 2.
[3] ROTHMANN, A.: Vjschr. Zahnheilk. **1888**, H. 3.
[4] GAMGÉE: Z. Biol. **34**, 505 (1896); zit. nach KILLIAN und MORITZ.
[5] MANCHOT u. BRANDT: Liebigs Ann. **370**, 260 (1909).
[6] KILLIAN, H., u. H. MORITZ: Z. exper. Med. **79**, 173 (1931).
[7] HAGGARD, H. W.: J. of biol. Chem. **59**, 737, 753, 771, 783 (1924).
[8] TANABELLI, M.: Osp. magg. (Milano) **18**, 47 (1930).

Hämoglobingehalt ein wechselndes Verhalten aufweist. Die Veränderungen sind aber anscheinend nicht allein der Narkose, sondern auch dem operativen Eingriff zuzuschreiben und sind von dem Blutdruck abhängig, der in der Gasnarkose ansteigt.

Die osmotische Widerstandsfähigkeit der roten Blutkörperchen nimmt, wie LEAKE und Mitarbeiter[1] angeben, um ein Geringes ab.

Auch die *chemischen* Veränderungen, die ein Ausdruck des Stoffwechsels sind, sind gering, vorausgesetzt, daß kein Sauerstoffmangel vorhanden ist. LEAKE und Mitarbeiter schreiben die Abnahme der Alkalireserve und die Vermehrung der Wasserstoffionenkonzentration einer Anoxämie zu. Möglicherweise wird man auch die Steigerung des Blutzuckers auf 128 und 180 mg%, die BROWN und EVANS[2] 10 und 60 Minuten nach Beginn der Einatmung von 85% N_2O und 15% O_2 beobachteten, wenigstens teilweise auf eine gewisse Anoxämie zurückführen können. (FLURY und ZERNIK geben jedenfalls an, daß die ersten anoxämischen Erscheinungen eintreten, wenn der Gehalt der Einatmungsluft an Sauerstoff auf 16—12% absinkt.) Tiere, die längere Zeit gehungert haben, weisen nur eine geringe Hyperglykämie auf. Diese Wirkung wird auf eine Mehrausschüttung von Adrenalin zurückgeführt, da die Exstirpation der Nebennieren die Hyperglykämie größtenteils unterdrückt. Bei Narkosen mit 100% N_2O in der Einatmungsluft, also ohne Sauerstoffzufuhr, kann die Hyperglykämie hohe Grade erreichen, so daß LAFFONT[3] 0,3g% (!) Zucker im Blute des Hundes fand. In Selbstversuchen trat aber auch eine ziemlich erhebliche Zuckerausscheidung durch den Urin aus. Mit der Wirkung des Stickoxyduls haben diese Erscheinungen gar nichts oder wenig zu tun. Die *Milchsäurewerte* stiegen nach BROWN und EVANS bis auf 30 mg% an. Über das Verhalten der Blutgase liegen kaum einwandfreie Versuche vor. Es ist zu vermuten, daß sie keine Veränderungen aufweisen. Bei GRÉHANTS Ergebnissen, der eine starke Abnahme des Sauerstoffs auf 7,8% und eine Zunahme der Kohlensäure auf 42,8% feststellte, spielt die Erstickung eine große Rolle, jedenfalls war trotz angeblicher Einatmung von mehr als 20% Sauerstoff das arterielle Blut des Hundes dunkel geworden. GREENE und Mitarbeiter fanden daher bei gleichem Stickoxydulgehalt des Blutes von ungefähr 25% eine fast vollkommene Sauerstoffsättigung, weil dieser in genügender Menge zugeführt wurde. Aber selbst wenn ein Gemisch von 90 N_2O und 10% O_2 eine Stunde lang eingeatmet wurde (LUCAS und HENDERSON), so entsprachen die Blutsauerstoffwerte, wenn auch nicht ganz vollständig, dem Partiardruck in der Einatmungsluft, waren also noch immer höher als in den Versuchen GRÉHANTS, obwohl der Sauerstoffgehalt der Einatmungsluft nur die Hälfte des angeblichen GRÉHANTschen Wertes betrug.

Aus allen diesen Versuchsergebnissen ersieht man, daß dem Stickoxydul eine irgendwie in Betracht kommende Wirkung auf das Blut und den Stoffwechsel nicht zukommt, was auch aus der Angabe von GREENE und CURRAY hervorgeht, daß man bei Hunden sogar eine anoxämische N_2O-Narkose monatelang wiederholen kann, ohne daß eine Schädigung der Tiere sichtbar würde. (Zit. S. 72.)

Der *Wärmehaushalt* wird vom Stickoxydul offenbar in der gleichen Weise beeinflußt wie von anderen Narkoticis. Bei tiefer Narkose unter hohem Druck wurden von BERT an Ratten erhebliche Untertemperaturen beobachtet, während Hunde bei einer Druckerhöhung von $^1/_5$ Atmosphären nur Andeutungen einer Temperatursenkung zeigten. Der Mechanismus des Temperaturabfalls dürfte

---

[1] LEAKE, C. D., H. LAPP, J. TENNEY u. R. M. WATERS: Proc. Soc. exper. Biol. a. Med. **25**, 93 (1927).
[2] BROWN, J. S. L., u. C. L. EVANS: J. of Physiol. **80**, 1 (1933).
[3] LAFFONT, M.: C. r. Acad. Sci. Paris **102**, 176 (1886).

der gleiche sein wie bei allen narkotisch wirkenden Substanzen, doch sind Versuche
darüber nicht angestellt worden.

Atmung. Die Dyspnoe, die bei Einatmung von reinem Stickoxydul ohne
Sauerstoff eintritt, ist auf den Sauerstoffmangel zu beziehen. Das subjektive
Gefühl der Erstickung ist aber, wie HERMANN auf Grund seiner Selbstversuche
angibt, kaum vorhanden. Aber auch objektiv ist nach GOLTSTEIN die Dyspnoe
weniger ausgesprochen als bei Einatmung von reinem Wasserstoff. Die Wirkung
des Stickoxyduls auf die Atmung oder eine andere Organfunktion kann beim
Warmblüter selbstverständlich nur untersucht werden, wenn eine genügende
Sauerstoffzufuhr gewährleistet ist. TRAUBE[1] konnte bei einem Gehalt der Einatmungsluft von 82,5% N_2O und 17,5% O_2 keine Veränderung der Atmung
beobachten. Zu dem gleichen Ergebnis kam BERT, wenn er 80% N_2O und 20% O_2
unter Überdruck zuführte. GOLTSTEIN aber gibt an, daß beim Menschen die
Darreichung von 73% N_2O und 27% O_2 die Atmung verlangsamte und vertiefte.
KILLIAN und SCHNEIDER[2] haben Versuche am Kaninchen angestellt, dessen
Atemfrequenz bei 60% N_2O und genügendem Sauerstoff von 76 auf 55, bei
90% N_2O auf 50 fiel. Bei einem anderen Tier aber stieg sie nach Einatmung
von 80% N_2O von 50 auf 78 an, um dann wieder auf 56 zu fallen. Das
Atemvolumen nahm hier ebenfalls vorübergehend zu, während es bei dem ersten
Tier auf 75 und 56% des Anfangswertes absank. Die Kohlensäureempfindlichkeit
des Atemzentrums blieb aber selbst bei einem Gehalt von 90% N_2O und 10% O_2
in der Einatmungsluft erhalten. FRANKEN sah bei der Katze und beim Kaninchen
nach Darreichung von 80% N_2O und 20% O_2 keine Einwirkung auf die Atmung.
Nur bei der urethanisierten Katze war eine Einschränkung festzustellen. Beim
Menschen wird die Atmung gefördert.

Daß bei tödlichen Konzentrationen (Druck von 2200 mm und darüber) die Tiere
an Atemlähmung sterben, haben, wie früher erwähnt, BERT, BOCK u. a. festgestellt.

Kreislauf. Die Narkose mit 100% N_2O ohne Sauerstoffzufuhr führt nach
GOLTSTEIN am Hund zu einer Blutdrucksteigerung, die auf die Asphyxie zurückgeführt wird. Der Zuwachs beträgt durchschnittlich 46 mm Hg und hält sich
in denselben Grenzen wie nach Einatmung von Wasser- oder Stickstoff. Nach
Abstellung der N_2O-Zufuhr soll eine weitere Steigerung eintreten. Nach neueren
Versuchen von WRIGHT und THOMPSON[3] liegen die Verhältnisse beim Menschen
aber anders. Wenn nämlich gesunden Versuchspersonen reines Stickoxydul
bis zum Einsetzen von Krämpfen und deutlicher Cyanose verabreicht wird, so
läßt sich nur anfangs eine vielleicht durch psychische Erregung bedingte Drucksteigerung geringen Grades beobachten, der aber häufig eine Senkung des Blutdruckes folgt. Nach Unterbrechung der N_2O-Zufuhr kann der arterielle Druck
weiterfallen, gleichbleiben oder in seltenen Fällen auch ansteigen. Wenn für
genügende Sauerstoffzufuhr gesorgt wird, so sind die Veränderungen des
Blutdrucks äußerst gering oder fehlen vollkommen. Das geht aus den Versuchen
von BERT am Hund und Menschen, von GOLTSTEIN am Hund und KLIKOWITSCH
am Menschen deutlich hervor. Auch wenn die Einatmung von 80% N_2O und
20% O_2 unter Überdruck erfolgt, so sind beim Hund keine Veränderungen wahrzunehmen (BERT). Diese älteren Ergebnisse wurden durch neuere Versuche von
GIRNDT und LE BLANC[4] an Kaninchen, Katze und Mensch und von FRANKEN

---

[1] TRAUBE: Ges. Beitr. Path. u. Physiol. **1**, 463 (1871); zit. nach J. BOCK: Handb. d. exper.
Pharmakol. v. A. HEFFTER, Bd. I, S. 122. Berlin: Julius Springer 1923.

[2] KILLIAN, H., u. E. SCHNEIDER: Narkose u. Anästh. **1928**, H. 4.

[3] WRIGHT, S., u. J. H. THOMPSON: J. of Pharmacol. **38**, 247 (1930).

[4] GIRNDT, O.: Pflügers Arch. **205**, 313 (1924). — LE BLANC, E., u. O. GIRNDT: Ebenda
205, 322 (1924).

sowie Killian[1] bestätigt. Ein unveränderter Blutdruck ist bekanntlich noch kein Beweis dafür, daß nicht erhebliche Änderungen im Kreislauf (Herz, Blutverteilung) vor sich gegangen wären. Aber auch das scheint nicht der Fall zu sein. Wenigstens zeigen die Versuche von Hermann, Kobert[2], Wieland, daß am Froschherzen, isoliert oder in situ Stickoxydul keine spezifischen Wirkungen entfaltet. Auch die Menge des zirkulierenden Blutes wird beim Menschen nicht verändert (Franken). Die Versuche von Gianotti und Vannoti[3], die den Capillarkreislauf beim Kaninchen beobachteten, geben keine Auskunft über die Wirkungen des Stickoxyduls, denn die Untersucher berichten, daß die Erscheinungen, die bei Einatmungen 90% N_2O und 10% O_2 auftreten, die gleichen sind wie nach Einatmung gleicher Stickstoffkonzentrationen. Sie beziehen sie also mit Recht auf eine ungenügende Sauerstoffversorgung. Eine solche glauben sie durch Überdruck von $1/_5$ Atmosphäre vermeiden zu können. Aber auch da ist der Partiardruck des Sauerstoffs von 91 mm deutlich kleiner als der geringste Wert von 121 mm, der gerade keine Anoxämie hervorruft. Aus diesem Grunde muß die geringe Erweiterung der Capillaren, die Gianotti und Vannoti beobachteten, auf die Anoxämie bezogen werden.

Alle diese Versuche zeigen, daß bisher keine in Betracht kommenden Veränderungen des Kreislaufs festgestellt worden sind. Ob solche Wirkungen überhaupt fehlen, wenn durch einen genügenden Überdruck eine tiefe Narkose erzeugt wird und infolgedessen große Mengen von Stickoxydul im Organismus vorhanden sind, ist bisher anscheinend nicht untersucht worden, soweit das zur Verfügung stehende Schrifttum über diese Frage Auskunft gibt. Sicher ist aber nach den Untersuchungen von Bert, Bock u. a., daß bei tödlichen Konzentrationen das Herz der Warmblüter noch kräftig weiterschlägt, nachdem die Atemlähmung eingetreten ist.

Muskulatur. Daß die quergestreifte Muskulatur während einer Stickoxydulnarkose keine starke Tonusabnahme zeigt, ist bereits erwähnt worden. Sie ist natürlich auf die Narkose des Zentralnervensystems zurückzuführen. Desgleichen ist schon hervorgehoben worden, daß der isolierte quergestreifte Muskel, wie Graham zeigen konnte, bei einem Druck von 4,33 Atmosphären nach einer kurz dauernden Erregung reversibel gelähmt wird. (Zit. S. 69.)

Auf die glatte Muskulatur in situ übt Stickoxydul nur sehr geringe Wirkungen aus. Miller und Plant[4] stellten eine gesteigerte Tätigkeit des Magens und Darms fest, die wahrscheinlich auf eine gewisse Asphyxie des Versuchstieres (Hund) zu beziehen ist. (Abb. 7, S. 80.) Nach der Narkose waren die Bewegungen etwas gehemmt. Am puerperalen Uterus des Kaninchens war eine Veränderung der Tätigkeit nach den Versuchen von Franken nicht zu beobachten.

Die Wirkung auf die *Drüsentätigkeit* ist nicht untersucht worden. Nur Ritter behauptet, daß er beim Menschen nach peroraler Aufnahme von Wasser, das unter 4—6 Atmosphären Druck mit Stickoxydul gesättigt war, eine Diurese beobachtet habe. Wahrscheinlich ist nur die vermehrte Wasseraufnahme als Ursache der diuretischen Wirkung anzusprechen.

Synergismus und Antagonismus. Da die Narkose mit Stickoxydul bei genügender Sauerstoffzufuhr ohne Druckerhöhung nicht zu erreichen ist, so hatte schon Clover[5] daran gedacht, durch Zugabe von Äther die N_2O-Wirkung zu

---

[1] Killian, H.: Arch. klin. Chir. **147**, 503 (1927).
[2] Kobert, R.: Z. ges. Naturwiss. **57**, 843 (1878).
[3] Gianotti, M., u. A. Vannoti: Z. exper. Med. **82**, 240 (1932).
[4] Miller, G. H., u. O. H. Plant: J. of Pharmacol. **25**, 147 (1925). — Miller, G. H.: Ebenda **27**, 41 (1926).
[5] Clover, zit. nach F. Hewitt: Brit. med. J. **1887**, 452.

unterstützen. Nach HEWITT[1] hat sich dieses Verfahren klinisch bewährt und
wird auch neuerdings in der Weise angewendet, daß geringe Äthermengen dem
Stickoxydul beigemischt werden, wenn eine völlige Entspannung der Muskulatur
erreicht werden soll (SCHMIDT und SCHAUMANN[2]).

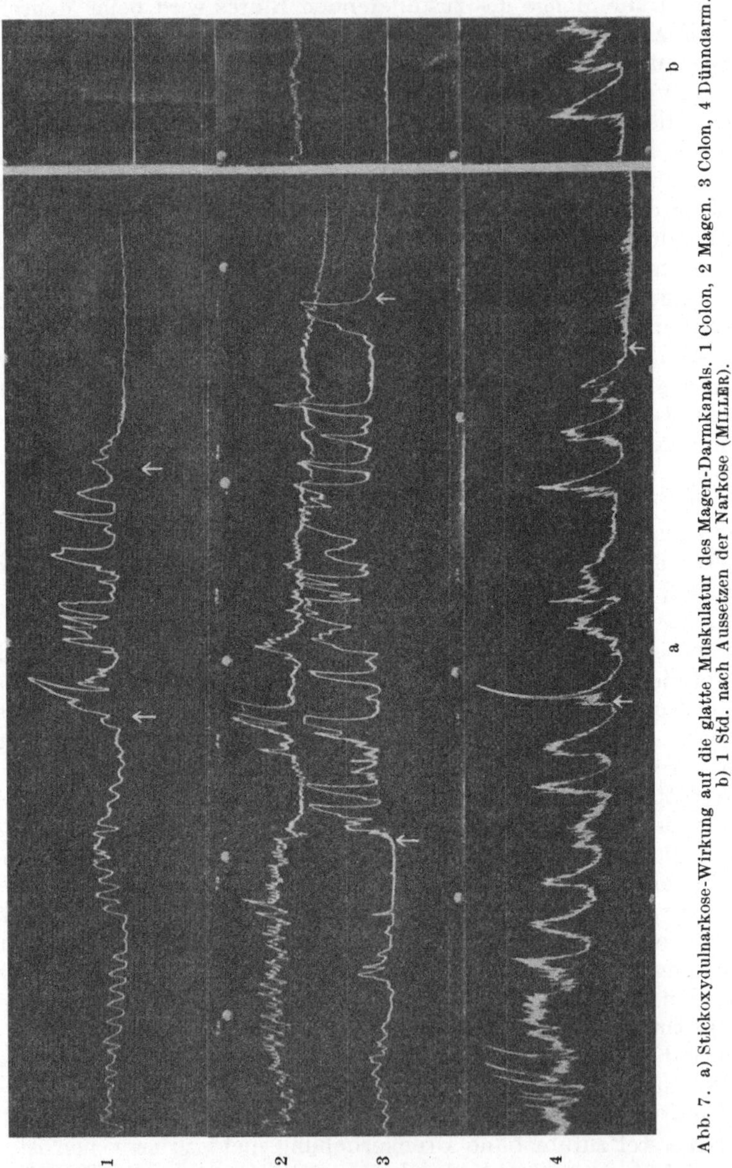

Abb. 7. a) Stickoxydulnarkose-Wirkung auf die glatte Muskulatur des Magen-Darmkanals. 1 Colon, 2 Magen. 3 Colon, 4 Dünndarm.
b) 1 Std. nach Aussetzen der Narkose (MILLER).

In welcher Weise sich ein solches Äther-Stickoxydulgemisch auswirkt, wurde
von LENDLE[3] an der weißen Maus untersucht. Er fand lediglich eine additive
Wirkung beider Komponenten, gleichgültig in welchem Verhältnis die beiden

[1] HEWITT, F.: Zit. S. 79.
[2] SCHMIDT, H., u. SCHAUMANN: Dtsch. Z. Chir. **216**, 149 (1929).
[3] LENDLE, L.: Zit. S. 71.

Partner miteinander gemischt wurden. Auch der therapeutische Quotient war infolgedessen nicht verändert, die Narkosegeschwindigkeit aber erscheint auffallend gering, da erst nach 60—80 Minuten die Narkose eintrat.

Man hat natürlich auch daran gedacht, Stickoxydul mit anderen Gasnarkoticis zu kombinieren. Es erscheint erklärlich, das dieses zweite Gasnarkoticum größere narkotische Eigenschaften besitzen muß als das Stickoxydul. Wenn es gelingt, mit 80—85 Vol.-% Äthylen eine Anästhesie zu erzielen, so würde die Kombination mit Stickoxydul kaum Vorteile gewähren; denn die Äthylenwirkung würde ja durch das beigemischte Stickoxydul verschlechtert werden, vorausgesetzt, daß die Wirkungen sich nur addieren, was ohne Zweifel anzunehmen ist. Trotz dieser Sachlage haben BROWN und HENDERSON mit 75% N_2O, 10% Äthylen und 15% O_2 am Menschen eine brauchbare Narkose erzielen können. Auch sonst wird von klinischer Seite über günstige Erfolge berichtet (MEYER und MIDDLETON[1] sowie PARKER und McDONALD[2], die 40% Äthylen, 40% Stickoxydul und 20% Sauerstoff anwendeten). Weniger günstig äußern sich SCHMIDT und SCHAUMANN, die die Kombination des Stickoxyduls mit Äthylen für unbrauchbar erklären. Das gleiche Urteil geben diese Untersucher auch über die Mischung von N_2O mit Propylen ab. Bei additiver Wirkung beider Partner könnte man sich aber hier eine hinreichende narkotische Wirkung vorstellen. Wenn man 25% Propylen mit 55% N_2O und 20% O_2 mischen würde, so müßte man zu einer vollen Narkose kommen, an der das Propylen zu drei Viertel und das N_2O zu ein Viertel beteiligt ist. Eine andere Frage ist es, ob mit einer solchen Kombination große praktische Vorteile verknüpft sind, besonders wenn man bedenkt, daß 3 Gase miteinander gemischt werden müßte, was eine sehr unhandliche Apparatur erfordert. Dieselben Bedenken treffen aber auch zu, wenn Stickoxydul mit Butylen oder Isobutylen gemischt wird. SCHMIDT und SCHAUMANN halten derartige Mischungen für brauchbar, da schon ein Zusatz von 8—10% zu 80% Stickoxydul und 20% Sauerstoff für eine volle Narkose genügen. Sie empfehlen als noch wirksamer den Zusatz von Vinylchlorid, von dem schon eine Beimengung von 3—5% genügt, um eine tiefe Narkose zu erzielen[3]. In diesem Falle würden rechnerisch die beiden Partner zu je 50% die narkotische Wirkung tragen. Schädigung der Organe wurde auch bei wiederholter Anwendung nicht gesehen.

Dem Vinylchlorid steht chemisch das Chloräthyl sehr nahe. Bei der Kombination mit N_2O kommt es nach STOEWA[4] zu einer rein additiven Wirkung, und es gelingt in der Tat, vollnarkotische Kombinationen zu gewinnen. Die schädliche Wirkung des Chloräthyls auf die parenchymatösen Organe wird aber vielleicht doch zur Vorsicht mahnen, obgleich das Chloräthyl nur zu 55% an der Narkose beteiligt ist. Mit dem gleichen Recht und mit den gleichen Bedenken könnte man aber auch Chloroform mit Stickoxydul kombinieren. Das ist auch von SAUER[5] schon früher versucht worden, allerdings in einer ganz unzweckmäßigen Weise, da sein Gemisch von 1,6% Chloroform, 95% Stickoxydul und 4,4% Luft zu viel Chloroform und viel zu wenig Sauerstoff enthielt. Eine zweckmäßige Mischung könnte vielleicht aus 79,5% Stickoxydul, 0,5% Chloroform und 20% Sauerstoff

---

[1] MEYER, O. O., u. W. S. MIDDLETON: J. clin. Invest. 8, 15 (1929).

[2] PARKER, F. P., u. R. McDONALD: Arch. of Surg. 22, 1034 (1931).

[3] Nach den genannten Forschern ist die narkotische Konzentration des Vinylchlorids ($CH_2 : CH \cdot Cl$) 7—10 Vol.-%, die tödliche Konzentration beträgt etwa das Doppelte. Der Blutdruck wird im allgemeinen nicht verändert; die Atmung wird geringer, bleibt aber während der Narkose gleichmäßig. Der Tod wird durch Atemlähmung bedingt. Langdauernde (4 Stunden) Vollnarkosen, die täglich wiederholt wurden, riefen keine Organschädigungen bei Ratten und Mäusen hervor.

[4] STOEWA, N.: Arch. f. exper. Path. 166, 15 (1932).

[5] SAUER, C.: Berl. klin. Wschr. 34, 376 (1869).

bestehen. Möglicherweise würde bei dieser geringen Menge von Chloroform, die für die Narkose allein nicht ausreicht, eine schädliche Wirkung auf die Organe vermißt werden.

Aussichtsreicher als derartige Kombinationen des Stickoxyduls mit einem anderen gas- oder dampfförmigen Narkoticum ist zweifellos die mit einem Anaestheticum, das nicht per inhalationem, sondern in gelöster Form enteral oder subcutan bzw. intravenös verabreicht wird. Vielfach hat man eine solche Darreichung vor Einleitung der Inhalationsnarkose als „Prämedikation" bezeichnet, indem man sich davon eine Beruhigung des Kranken in psychischer und somatischer Beziehung sowie eine erleichterte Einleitung der Inhalationsnarkose versprach. Es kann aber gar keinem Zweifel unterliegen, daß darüber hinaus auch die Durchführung und Unterhaltung der Inhalationsanästhesie verbessert wird, indem unter Umständen geringere, für sich allein nicht voll wirksame Konzentrationen des Inhalationsnarkoticums eine befriedigende Anästhesie erzielen. Hierbei wird also das Inhalationsanaestheticum den Hauptteil der Narkose tragen. Vergrößert man aber die Gabe des enteral oder parenteral einverleibten Narkoticums, z. B. des Avertins, und ergänzt nur seine Wirkung durch das Inhalationsanaestheticum, so würde nicht dem letzteren der Hauptanteil an der narkotischen Wirkung zukommen, sondern dem Avertin. Man nennt bekanntlich dann das Avertin das Basisnarkoticum, das durch das „steuerbare" Inhalationsanaestheticum ergänzt wird. Die Übergänge zwischen Pränarkoticum und Basisnarkose sind selbstverständlich fließend, so daß bei den folgenden Auseinandersetzungen die Unterschiede mehr oder weniger außer acht gelassen werden können.

Schon 1910 zeigte MADELUNG[1], daß es gelingt, durch Vorbehandlung von Kaninchen mit je 10 mg Morphinhydrochlorid und Scopolaminhydrobromid/kg Tier die Wirkung des 80proz. Stickoxydulgemisches mit 20% Sauerstoff bis zu einer tiefen Narkose zu verstärken. Allerdings wurde der schädliche Einfluß des Morphins auf die Atmung so erhöht, daß die Zahl der Atemzüge gelegentlich bis auf 6—8 in der Minute herunterging. Weniger wurde die Atmung in Mitleidenschaft gezogen, wenn 5 mg Morphin und 30 mg Scopolamin vorher injiziert wurden. Scopolamin allein erwies sich als unwirksam. Beim Hund war die Atemschädigung durch Morphin auch vorhanden, aber doch im geringeren Grade als beim Kaninchen. NEU[2], der diese Art der Narkose am Menschen mit Erfolg anwandte, betonte, daß bei den geringen Gaben von Morphin, die hier notwendig sind, die Atmung nur wenig angegriffen wird. Sowohl MADELUNG wie NEU machen auf das schnelle Erwachen aufmerksam.

Ausgedehnte Tierversuche mit den Opiumalkaloiden als „Pränarkoticum" haben BARLOW[3] und Mitarbeiter angestellt. Nach subcutaner Injektion von Morphin, Kodein, Papaverin, Pantopon in einer Menge von 15% der tödlichen Gabe wurden die Tiere in ein Gemisch von 95% Stickoxydul und 5% Sauerstoff gebracht und die Zeit bis zum Eintritt der reflexlosen Narkose bestimmt. Im Anschluß daran wurden die Ratten in ein Gemisch von 85% N_2O und 15% O_2, also einer ziemlich ausreichenden Sauerstoffmenge, überführt und die Zeit bis zum Erwachen gemessen. Es ergab sich, daß Morphin eine deutliche Verlängerung der Narkose hervorruft, die nach 63 mg Morphin/kg mindestens 30 Minuten anhielt. Pantopon hatte eine etwas geringere Wirkung, Kodein wirkte nur halb und Papaverin nur ein Viertel so stark wie das Morphin, so daß sie für eine Kombination mit Stickoxydul als unbrauchbar angesehen wurden. Die Atmung der Ratte wurde durch Morphin deutlich im schädlichen Sinne beeinflußt, da das

---

[1] MADELUNG, W.: Arch. f. exper. Path. **62**, 409 (1910).
[2] NEU, M.: Münch. med. Wschr. **1910**, 1873.
[3] BARLOW, O. W., u. M. F. STORMONT: J. of Pharmacol. **46**, 141 (1932).

Atemvolumen sich verringerte. Es ist vielleicht nicht ganz belanglos, folgende Rechnung anzustellen: Die verabreichte Gabe von 63 mg Morphin entspricht 15% der tödlichen Dosis, 80% Stickoxydul machen ein Viertel der Dosis letalis aus, zusammen wären also 40% der tödlichen Gaben ausreichend gewesen, um eine verhältnismäßig lange Narkose zu erzielen. Da nach LENDLE die narkotische Konzentration des Stickoxyduls allein etwa 60% der tödlichen Gabe ist, so ergibt sich, daß die Kombination mit Morphin eine bedeutende Verbesserung der Stickoxydulnarkose darstellen würde.

Scopolamin allein hat nach BARLOW[1] in einer Gabe von 0,13—13 γ pro kg Ratte subcutan, 10% der Dosis letalis, zwar eine mäßige Analgesie und Ruhigstellung zur Folge, vermag aber in Übereinstimmung mit den Versuchsergebnissen MADELUNGs die Stickoxydulnarkose nicht zu vertiefen. Im Gegensatz zu MADELUNG wird aber durch eine gleichzeitige Darreichung von Scopolamin und Morphin (4—15% der Dosis letalis) keine wesentliche Verstärkung der Morphinwirkung und keine weitere Vertiefung der Stickoxydulnarkose erzeugt. Bei der Ratte trat die schädigende Morphinwirkung dann noch deutlicher hervor, während die durch Morphin erzeugte Muskelsteifigkeit abgeschwächt wurde. Es hat den Anschein, daß, wie die Versuche von NEU und ESCH[2] zeigen, die Verhältnisse beim Menschen doch etwas anders, und zwar günstiger liegen als bei der Ratte.

Die besten Ergebnisse fanden sich bei der Kombination des Stickoxyduls mit Avertin und einigen Barbitursäureabkömmlingen. Der Hauptvorteil ist die nicht unerhebliche Verlängerung der Narkosewirkung, die aber vom Standpunkt der Gabengröße als additiv bezeichnet werden muß. Das geht aus folgender Berechnung hervor: Es wird eine Narkose mit 0,36 mg Avertin oder 0,036 mg Pentobarbital/g Ratte in Verbindung mit 80% Stickoxydul erzielt, wie aus den Versuchen von BARLOW und Mitarbeitern[3] zu ersehen ist. Die Gaben entsprechen 80% der narkotischen Gabe des Avertins bzw. des Nembutals, zu denen noch 43% der vollnarkotischen Stickoxydulwirkung hinzukommen, wenn die Zahlen LENDLES der Berechnung zugrunde gelegt werden. Das würde bedeuten, daß die Narkose mit 123% der narkotischen Einzelwirkung hervorgerufen wird. Aber auch mit 60% der Dosis efficaxe von Avertin und Pentobarbital in Verbindung mit 43% der gleichwertigen Gabe des Stickoxyduls läßt sich eine fast ebenso starke Wirkung erzielen, so daß hier eine rein additive Wirkung zustande gekommen ist. Die Abweichungen dürften in den Fehlergrenzen eines biologischen Versuches liegen.

Beim Pernocton kann dieselbe Rechnung mit fast gleichem Ergebnis vorgenommen werden, während dieses bei Dial und in noch höherem Grade bei den übrigen Substanzen (Allylisopropylbarbitursäure, Neonal, Phanodorm, Amytal, Luminal, Veronal) sich schlechter stellt.

Weitere Versuche hat KLEINDORFER[4] an der Katze angestellt. Als Maß für den Narkosegrad benutzte er die Intensität des sekundären Stromes eines Schlitteninduktoriums, der am durchschnittenen Ischiadicus eine Zuckung in der Muskulatur der anderen Seite hervorruft. Der Zuwachs der Stromstärke in der Narkose wird allerdings lediglich in Zentimeter-Rollenabstand angegeben, der sich bekanntermaßen nicht proportional der Stromstärke ändert. Außerdem kann gegen diese Versuche eingewendet werden, daß eigentlich nur die Reflexerregbarkeit des Rückenmarks geprüft wird. Trotz dessen ist der Versuch aufschlußreich, da er zeigt, daß bei dieser Versuchsanordnung durch Amytalnatrium

---

[1] BARLOW, O. W.: J. of Pharmacol. **46**, 31 (1932).
[2] ESCH, P.: Mschr. Geburtsh. **36** (1912).
[3] STORMONT, M. F., I. LAMPE u. O. W. BARLOW: J. of Pharmacol. **39**, 165 (1930).
[4] KLEINDORFER, G. B., u. J. T. HALSEY: J. of Pharmacol. **43**, 449 (1931).

in einer Gabe von 20 mg = 20% der tödlichen Gabe in Verbindung mit 90 Vol.-%
Stickoxydul und 10% Sauerstoff die Reizschwelle des Ischiadicus auf das Doppelte erhöht wird. Bei größerer Sauerstoffzufuhr von 15% war sie aber nur
geringfügig verändert. KLEINDORFER hält das Amytal für ein sicheres Basisnarkoticum.

Von großer Bedeutung ist die Kombination des Stickoxyduls mit Kohlensäure, die einerseits eine Erregung des Atemzentrums bedingt, andererseits aber
selbst narkotische Eigenschaften entfalten kann. Sie könnte also im Verein
mit dem Stickoxydul sowohl antagonistische sowie synergistische Wirkungen
ausüben, die bei der Narkose von größtem praktischen Wert sein würden. In
Wirklichkeit ist das aber nur in beschränktem Maße der Fall.

Die narkotischen Wirkungen der Kohlensäure sind seit langem bekannt und
ebenso, daß 30% in Verbindung mit Luft oder Sauerstoff als Grenzkonzentration
anzusehen sind. Nach LENDLE und DRESSLER[1], KILLIAN und VON BRANDIS[2] u. a.
sind höchstens 10—15% Kohlensäure in der Einatmungsluft auf längere Zeit als
erlaubte Höchstkonzentration anzunehmen. Es wären infolgedessen Mischungen
von 10% CO_2 und 70% N_2O + 20% O_2 oder bestenfalls von 15% CO_2, 70% N_2O
und 15% O_2 möglich, das würde aber bei additiver Wirkung, die wahrscheinlich
ist, zu einer vollen Narkose nicht ausreichen; denn im ersten Falle wären 33 + 37
= 70%, im zweiten 50 + 37 = 87% der Vollanästhesie erreicht. Diese Überlegung hindert natürlich nicht, daß unter Umständen die Kohlensäure die narkotische Wirkung des Stickoxyduls unterstützt. Das zeigt sich auch anscheinend
in den Versuchen von KLEINDORFER[3], der mit der schon geschilderten Versuchsanordnung den Rollenabstand um 2 cm nach Einatmung von 90% Stickoxydul und 10% Sauerstoff verringern mußte, um den Reflex hervorzurufen.
Bei Ersatz von 5 Vol.-% N_2O durch Kohlensäure mußte die sekundäre Spule
um 2,5 cm genähert werden; bei Gemischen, die 75% N_2O, 10% CO_2 und
15% O_2 enthielten, betrug der Wert für die Reizerhöhung 3 cm und bei einem
Gemisch von 80% N_2O, 10% CO_2 und 10% O_2 3,5 cm. Es dürfte keinem Zweifel
unterliegen, daß im letzteren Falle auch schon die Anoxämie die Narkose
unterstützt hat.

Aus den vorstehenden Erörterungen ergibt sich also, daß bei genügender
Sauerstoffzufuhr von 15—20% eine Vollnarkose nicht erreicht werden kann,
auch wenn 10—15 Vol.-% des Stickoxyduls durch Kohlensäure ersetzt werden.
Ob eine Mischung, die nur 10% Sauerstoff enthält, wegen der sicher bestehenden
Anoxämie eine klinische Bedeutung hat, ist eine Frage, die nur vom Chirurgen
gelöst werden kann.

Die Anwendung der Kohlensäure als Stimulans für das Atemzentrum dürfte
sich erübrigen, da eine Schädigung durch N_2O nicht vorhanden ist. Wenn
natürlicherweise das Atemzentrum durch irgendeinen anderen Vorgang, Shockwirkung, Größe des operativen Eingriffs in Mitleidenschaft gezogen wird, kann
die Kohlensäuredarreichung durchaus angezeigt sein.

Über die Anwendung des Stickoxyduls, in der Absicht, zentral bedingte Erregungszustände antagonistisch zu beeinflussen, ist in früherer Zeit von klinischer
Seite berichtet worden (KLIKOWITSCH). Aber auch experimentell ist die Frage
von GAGLIO[4] erörtert worden. Es gelang ihm, Kaninchen, die durch 0,8—1 mg
Strychninnitrat vergiftet worden waren, durch Einatmung von Stickoxydul am
Leben zu erhalten. Trotz der Empfehlung, diese Behandlung auch vorkommenden-

---

[1] DRESSLER, G.: Arch. f. exper. Path. **160**, 238 (1931).
[2] v. BRANDIS, H. J., u. H. KILLIAN: Dtsch. Z. Chir. **233**, 97 (1931).
[3] KLEINDORFER, G. B.: J. of Pharmacol. **43**, 445 (1931).
[4] GAGLIO, G.: Ann. Chim. e Farmacol. **7**, 175 (1888).

falls am Menschen zu versuchen, ist darüber nichts bekannt. Bei der Unschädlichkeit des Stickoxyduls wäre diese Therapie keineswegs als aussichtslos zu betrachten. *Pathologisch-anatomische Veränderungen* sind auch bei sehr langer Dauer der Einatmung des Stickoxyduls nicht bekannt geworden (FRANKEN und MIKLOS[1]).

Acetylen, CH:CH. Mol.-Gew. 26.

Eigenschaften. Farbloses Gas von angeblich leicht ätherischem Geruch und kühlendem, süßlichem (nach WIELAND[2] aber bitterem) Geschmack, leicht kondensierbar, Siedepunkt — 84°, in Wasser verhältnismäßig gut löslich, Löslichkeitskoeffizient bei 20° = 1,046, bei 37° = 0,743 (0,124 bei 20,3° nach KILLIAN[3]). Die Öllöslichkeit ist noch größer (2,324), so daß nach WIELAND der Teilungsquotient zwischen Öl und Wasser mit 1,89 angenommen werden kann; nach KILLIANS Angaben läßt er sich mit 2,2 berechnen. Sehr explosibel, in reinem Zustand Selbstexplosion bei 2 Atmosphären Überdruck. Luftgemische mit weniger als 2,8% und über 73% explodieren nicht. Im Handel erhältlich ein komprimiertes Acetylen in Stahlzylindern, die mit einer acetongetränkten porösen Masse beschickt sind, wodurch die Explosion selbst bei 10 Atmosphären Druck sicher vermieden wird. Reines Acetylen in Stahlzylindern ist unter dem Namen Narcylen im Handel. Litergewicht 1,17 g.

Darstellung aus Calciumcarbid. Da dieses stets mit Phosphid verunreinigt ist, entsteht neben Acetylen Phosphorwasserstoff, der durch Waschen des Gases mit Cuprochlorid entfernt wird.

Nachweis. Beim Schütteln mit einer Lösung von Kupfersulfat, Ammoniaklösung und Hydroxylaminchlorhydrat entsteht bei Anwesenheit von Acetylen Rosafärbung, bei größeren Mengen ein roter Niederschlag. Reduktion einer Gelatine und Alkohol enthaltenden Lösung von Kupferchlorür zu kolloidalem Kupfer, nachdem H_2S, O_2 und CO_2 durch alkalische Pyrogallollösung entfernt ist.

Bestimmung. Beruht auf der Volumensverminderung des in einer Gasbürette abgemessenen Gemisches, aus dem Acetylen durch alkalische Quecksilbercyanidlösung absorbiert wird.

Allgemeine Wirkungen. ROSEMANN[4] hat das Gas zwar genauer untersucht, aber bei einem Gehalt der Einatmungsluft von 18 und 26% nur tödliche Vergiftungen gesehen, die nach WIELAND mit Recht auf die Verunreinigung mit Phosphorwasserstoff bezogen werden. Die narkotische Wirkung des reinen Gases wurde zuerst von WIELAND erkannt. Zwar gelang es ihm nicht, bei Atmosphärendruck Ascariden und Paramäcien mit Acetylen zu narkotisieren. Auch die Gärtätigkeit der Hefe wurde nicht unterbrochen oder abgeschwächt, das isolierte Froschherz wies bei reinem Acetylen kaum eine größere Schädigung auf als bei Wasserstoff, und ebenso verhielt sich der isolierte Froschmuskel. GRAHAM[5] aber zeigte am isolierten Froschsartorius, daß zwar bei Atmosphärendruck die für die Narkose nötige Konzentration nicht erreicht wird, daß aber bei einem Überdruck von 1,67—3 Atmosphären eine reversible Lähmung zustande kommt, genau so wie durch Äther in den entsprechenden Konzentrationen. Über die theoretische Bedeutung dieser Versuche ist bereits in der Einleitung dieses Abschnittes das Nötige gesagt.

---

[1] FRANKEN, H., u. L. MIKLOS: Zbl. Gynäk. **1933**, 2498.
[2] WIELAND, H.: Arch. f. exper. Path. **92**, 96 (1922).
[3] KILLIAN, H.: Schmerz, Narkose, Anästh. **1930**, 121.
[4] ROSEMANN, R.: Arch. f. exper. Path. **36**, 179 (1895).
[5] GRAHAM, H. T.: J. of Pharmacol. **33**, 266 (1928); **37**, 9 (1929).

Im Gegensatz zu diesen Ergebnissen an niederen Lebewesen und isolierten Kaltblüterorganen gelang es WIELAND, am ganzen Frosch und verschiedenen Warmblütern auch bei Gegenwart von Sauerstoff Narkose zu erzielen. Über die Gabengrößen unterrichten folgende Zahlen:

Frosch. 47—65 Vol.-% bewirken Betäubung, die von Bewegungslosigkeit bei erhaltenen Reflexen bis zur reflexlosen Anästhesie fortschreitet. FUERST[1] gibt die narkotische Grenzkonzentration mit ungefähr 40 Vol.-% an.

Maus. 47—65% Acetylen in Sauerstoff werden von WIELAND als narkotische Konzentration angegeben, von FUERST aber nur mit etwa 40—45%. Die Gabengröße ist jedoch von den verschiedensten Umständen abhängig. Mäuse, die $4^1/_2$ bis $17^1/_2$ Stunden gehungert haben, scheinen nach SLIWKA[2] weniger empfindlich zu sein, da die Zeit bis zum Narkoseeintritt länger ist als bei gefütterten Tieren. Eine halbe Stunde nach der Nahrungsaufnahme ist die Empfindlichkeit am größten. So kommt es, daß die Grenzkonzentration um 45% bei den Tieren $^1/_2$ Stunde nach der Fütterung Betäubung hervorruft und 1 Stunde nach der Fütterung fast unwirksam ist. Zufuhr von Alkali in Gestalt von Natriumbicarbonat und von Säure in Form des säurebildenden Ammoniumchlorids zeigen, daß eine saure Stoffwechsellage den Narkoseeintritt beschleunigt, eine alkalische hingegen verzögert. Das Alter spielt insofern eine Rolle, als junge Tiere empfindlicher sind als ausgewachsene. Die Umgebungstemperatur hat einen bedeutenden Einfluß auf die Empfindlichkeit der Mäuse gegenüber dem Acetylen. Sie ist bei 18° am geringsten, da die Grenzkonzentration 54,5% beträgt, während sie bei 32° 43% ist, bei 13° und 8° den Wert von 36% bzw. 32% erreicht. Gravide Tiere, deren Säurebasengleichgewicht nach der saueren Seite verschoben ist, zeigen gleichfalls eine erhöhte Empfindlichkeit. Das Geschlecht übt keinen Einfluß aus, ebensowenig der Luftdruck und die Jahreszeit. Nur wenn diese eine Stoffwechselerhöhung bedingt, so kann sich eine geringe Veränderung der Acetylenempfindlichkeit einstellen. Da Schilddrüsendarreichung bei Mäusen den Stoffwechsel nicht sichtbar zu beeinflussen scheint, so ist auch kaum eine Empfindlichkeitssteigerung für Acetylen festzustellen, während sie bei Ratten von PULEWKA[3] beobachtet wurde. Nach KILLIAN[4] bedingen 50 Vol.-% Acetylen Erregung, 60% Seitenlage und Betäubung, 64% nach 10 Minuten Narkose, die bei 70% nach 5 Minuten und bei 80% bereits nach 1 Minute eintritt. Die tödliche Gabe wurde von KILLIAN nicht bestimmt. LENDLE[5] hat bei Ausdehnung der Versuchszeit auf 2 Stunden Dauer und Anwendung eines von Verunreinigungen, auch von Aceton freien Acetylens erst bei 66% Seitenlage erzielt, wenn auch durch 50 und 60% bei manchen Tieren das gleiche Betäubungsstadium erreicht wurde. Die Unterschiede zwischen den Ergebnissen der einzelnen Untersucher ist zum Teil wahrscheinlich auf die verschiedene Narkosentiefe zurückzuführen, die als Maßstab angenommen wurde; zum Teil aber muß sie auch damit in Zusammenhang gebracht werden, daß nicht immer acetonfreies Gas zur Verwendung kam. LENDLE hat nämlich zeigen können, daß ein solches acetonhaltiges Acetylen schon in einer Konzentration von 40% immer Seitenlage hervorruft. Ein wesentlicher Unterschied zwischen den Gabengrößen des Acetylens in Luft- und in Sauerstoffgemischen ist kaum festzustellen, da die Seitenlage im ersten Falle durch 44,5, im anderen durch 46,7% herbeigeführt wird. Für den Eintritt der Reflexlosigkeit betragen die Unterschiede auch nur 3% (Versuche von WIELAND).

---

[1] FUERST, K.: Arch. f. exper. Path. **144**, 76 (1925).
[2] SLIWKA, G.: Hoppe-Seylers Z. **137**, 89 (1924).
[3] PULEWKA, P.: Arch. f. exper. Path. **112**, 82 (1926).
[4] KILLIAN, H.: Schmerz, Narkose, Anästh. **1930**, H. 4, 121.
[5] LENDLE, L.: Arch. f. exper. Path. **139**, 211 (1929).

Der Tod kann, wie *ein* Versuch WIELANDS zeigt, bei 85% Acetylen + 15% O_2 eintreten. Doch dürfte die sichere letale Konzentration bei genügender Sauerstoffmenge wohl erst bei Überdruck zu erreichen sein. KILLIAN sah jedenfalls bei 85% erst den Beginn toxischer Erscheinungen, und LENDLE hat zwar bei 90% Acetylen + 10% Sauerstoff immer eine tödliche Wirkung beobachtet, doch macht er selbst darauf aufmerksam, daß bei der langen Versuchsdauer eine gewisse Anoxämie eine Rolle spielen könnte. Auch hier ist es wieder sehr bemerkenswert, daß acetonhaltiges Acetylen bei 7 von 9 Tieren schon bei einer Konzentration von 70% den Tod herbeiführt.

Ratte. Nach RIGGS[1] kommt es bei Einatmung von 78% nach 15 Minuten zur Narkose, bei 90% nach 2 Stunden zum Atemstillstand.

Meerschweinchen. 65% rufen nach 20 Minuten Seitenlage, nach 40 Minuten Bewegungslosigkeit und nach 50 Minuten fast reflexlose Narkose mit ziemlich schneller Erholung hervor (WIELAND). Die Grenzkonzentrationen sind anscheinend nicht bestimmt worden.

Kaninchen. Konzentrationen von 54,6% rufen beim Kaninchen innerhalb 18 Minuten weder Analgesie noch Seitenlage hervor. Bei Einatmung von 78% tritt Betäubung, Bewegungslosigkeit und Verminderung der Reflexerregbarkeit ein. Bei längerer Fortsetzung der Versuche über 30 Minuten werden Krampferscheinungen sichtbar, die von WIELAND als Erstickungserscheinungen gedeutet werden.

Auch nach SCHOEN[2] läßt sich durch 40—50% Acetylen keine Betäubung hervorrufen; doch genügen diese Konzentrationen, um eine durch 60—70% eingeleitete Narkose stundenlang zu unterhalten. Nach KILLIAN liegen die narkotischen Konzentrationen um 50 Vol.-%, während bei 85% bereits toxische Erscheinungen eintreten. Die tödlichen Gaben wurden nicht bestimmt.

Hund und Katze. Eine genaue Bestimmung der narkotischen und tödlichen Konzentrationen scheint nicht vorgenommen zu sein. Doch geht aus den Versuchen von HEYMANS und BOUCKAERT[3], FUSS und DERRA[4] sowie HILDEBRANDT und Mitarbeitern[5] hervor, daß mit 80—85% Narcylen und Sauerstoff eine gute Narkose für längere Zeit zu erzielen ist.

Mensch. Die ersten Versuche am Menschen stellte WIELAND an sich selbst an. Nach 6—8 Atemzügen kommt es bei Verwendung eines 55proz. Acetylen-Sauerstoffgemisches zu einem eigentümlichen Rauschen im Kopf und Ohrensausen. Eine Art Halbschlaf tritt ein, in dem Gesichtseindrücke verschwommen erscheinen. Nach Beendigung der Zufuhr können Fragen nicht beantwortet werden, weil sich weder Gedanken noch ein Wort einstellen. Beim Gehen leichtes Schwanken. Nachwirkungen sind kaum vorhanden. Bei weiteren Versuchen zeigte sich nach Einatmung von 68% Narcylen Schweißausbruch an Stirn und Unterarmen, die Pupillen sind maximal erweitert. Schon nach 1 Minute Erlöschen des Bewußtseins, Analgesie, Spannungszunahme der Muskeln, Würgbewegungen, rasselnde Atmung, die plötzlich aussetzt. 2 Minuten nach Unterbrechung der Gaszufuhr sind alle Zeichen der Betäubung geschwunden, der Puls war während des ganzen Versuches kräftig.

Die Untersuchungen von DAVIDSON[6] machen genauere Angaben über die Acetylenwirkung und die zeitlichen Verhältnisse bei verschiedener Gabengröße.

[1] RIGGS, L. K.: Proc. Soc. exper. Biol. a. Med. **22**, 269 (1925).
[2] SCHOEN, R., u. G. SLIWKA: Hoppe-Seylers Z. **131**, 131 (1923).
[3] HEYMANS, C., u. J. J. BOUCKAERT: C. r. Soc. Biol. Paris **93**, 1036 (1925).
[4] FUSS, H., u. E. DERRA: Z. exper. Med. **83**, 807 (1932); **84**, 518 (1932).
[5] HILDEBRANDT, F., H. BÖLLERT u. O. EICHLER: Arch. f. exper. Path. **121**, 100 (1927).
[6] DAVIDSON, B. M.: J. of Pharmacol. **25**, 119 (1925).

Tabelle 19.

	35%	33%	30%	25%
Beginnende Wirkung	25 Sek.	30 Sek.	30 Sek.	40 Sek.
Deutliche Wirkung	60 „	70 „	90 „	120 „
Rededrang	$1^{1}/_{2}$ Min.	3 Min.	3— 4 Min.	4 Min.
Starker Rededrang.	$2^{1}/_{2}$—3 „	3—4 „	4— 5 „	5— 6 „
Bewegungsdrang.	$3^{1}/_{2}$—4 „	5 „	8—10 „	10—12 „
Unkoordinierte Bewegungen . .	4—5 „	6 „	12—13 „	15 „
Bewußtlosigkeit	5—$5^{1}/_{2}$ „	6—7 „	—	—

Über die Wirkung beim Menschen vom klinischen Standpunkt aus geben die
Zahlen von REHN und KILLIAN[1] Aufschluß. 30—40 Vol.-% = ungefähr 32 bis
43 mg rufen Analgesie hervor, 50—60 Vol.-% = 54—65 mg machen Erregung,
60—70 Vol.-% = 65—76 mg bedingen ein Toleranzstadium, aber ohne Entspannung der Bauchmuskulatur, 70—86 Vol.-% = 76—93 mg rufen eine chirurgische Narkose auch mit Entspannung der Bauchmuskeln hervor.

FRANKEN, BÖLLERT und EICHLER[2] haben in besonderen Versuchen an der
Katze die Wirkung des Acetylens auf die Reflextätigkeit des Rückenmarks geprüft, indem sie durch Reizung des N. femoralis mit dem Sekundärstrom eines
Schlittenapparates den homolateralen Beugereflex prüften. Bei einem von drei
Tieren kam es bei 60% Acetylen in der Einatmungsluft, auch bei Überdruck
von 20 mm H_2O zu einer deutlichen Steigerung der Erregbarkeit, während die
beiden anderen Tiere eine verminderte Reflexerregbarkeit aufwiesen. Die Abnahme bzw. das völlige Erlöschen trat bei Überdruck selbstverständlich eher ein
als bei Atmosphärendruck. Bei der enthirnten Katze waren die Ergebnisse fast
die gleichen, doch war ein völliges Verschwinden des homolateralen Beugereflexes
nicht zu erzielen. Individuelle Unterschiede waren deutlich vorhanden.

Resorption, Ausscheidung und Verteilung. Die gewöhnliche Einverleibung geschieht beim Warmblüter per inhalationem und demgemäß die Resorption durch
die Alveolen der Lunge. Doch sind aus verschiedenen Gründen auch andere Wege
als möglich geprüft worden. So hat ZELLER[3] bei Tieren und Menschen (Paraly-
tiker) Acetylen in den Subarachnoidealraum eingeblasen und tiefe Narkose beobachtet, die bei Unterbrechung der Zufuhr fast augenblicklich reversibel gestaltet werden konnte. In ähnlicher Weise ging AIRD[4] beim Hunde vor, indem
er nach Laminektomie den in bestimmten Mengen abgelassenen Liquor cerebrospinalis durch Acetylen oder andere Substanzen (Äther, Stickoxydul, Äthylchlorid usw.) ersetzte. Die Tiere verfielen in Narkose, und die eingeblasenen Gasmengen ermöglichten encephalographische Aufnahmen. Ob bei einer derartigen
Darreichung des narkotischen Gases der Übertritt in das Hirn auf einer Diffusion
durch die Hirnhäute beruht oder eine sehr schnelle Resorption über die Blut-
und Lymphgefäße erfolgt, ist ungewiß.

Um die Resorption von Gasen durch die serösen Häute zu verfolgen, injizierten FÜHNER[5] und TESCHENDORF[6] u. a. auch Acetylen in die Bauchhöhle;
dabei fanden sie, daß 100 ccm Acetylen in 25—30 Minuten aus der Bauchhöhle
des Kaninchens verschwinden. Über den Resorptionsweg kann hier kein Zweifel
obwalten. Auf die Bedeutung dieser Versuche ist in der Einleitung aufmerksam
gemacht worden.

---

[1] REHN, E., u. H. KILLIAN: Münch. med. Wschr. **1932**, 1646, 1665.
[2] FRANKEN, H., H. BÖLLERT u. O. EICHLER: Zbl. Gynäk. **1926**, Nr 38.
[3] ZELLER, O.: Arch. klin. Chir. **168**, 690 (1932).
[4] AIRD, R. B.: Proc. Soc. exper. Biol. a. Med. **31**, 715 (1934).
[5] FÜHNER, H.: Dtsch. med. Wschr. **1921**, 1393.
[6] TESCHENDORF, B.: Arch. f. exper. Path. **104**, 352 (1924).

Die Verhältnisse bei der Resorption von der Lunge aus, die sich in der Aufnahme des Acetylens ins Blut widerspiegeln, hat Schoen[1] eingehend untersucht. Nachdem er die Löslichkeitskoeffizienten in Wasser und Blut bei verschiedenen Temperaturen· und damit die mögliche Maximalsättigung in vitro festgestellt hatte, konnte er zeigen, daß beim Kaninchen 5 Minuten nach Beginn der Einatmung eines Narcylensauerstoffgemisches von gleichmäßiger Konzentration das Blut zu 88%, nach 17 Minuten zu 100% abgesättigt ist. In diesem Zeitpunkt war daher in 100 ccm Blut bei einem Acetylengehalt von beispielsweise 61% in der Einatmungsluft eine Gasmenge von 39,2 ccm gebunden, was etwa 40 mg entspricht.

Die Verteilung des Acetylens im tierischen Organismus ist noch gänzlich unbekannt. Man weiß eigentlich nur, daß die roten Blutkörperchen etwas mehr Gas als das Serum und Plasma aufnehmen können. Die Löslichkeitsunterschiede in den beiden Blutbestandteilen sind aber außerordentlich gering. Vergleicht man mit Schoen die Löslichkeit des Acetylens im Serum mit dem im Wasser, so zeigt sich, daß der Blutlöslichkeitskoeffizient um 1,2% geringer ist, während der Unterschied zwischen den Löslichkeitskoeffizienten in den Erythrocyten und im Wasser nur 0,8% zugunsten der ersteren beträgt. Die etwas größere Löslichkeit in den roten Blutkörperchen wird ihrem Lipoidgehalt zugeschrieben.

Ob die Verteilung in den Organen und im ganzen Organismus denselben Gesetzen gehorcht, die Haggard[2] für den Äther aufgestellt hat, ist noch nicht Gegenstand experimenteller Forschungen gewesen. Die *Ausscheidung* erfolgt nach Schoen und Sliwka sehr schnell, da in der ersten Minute nach Unterbrechung der Zufuhr bereits 86% verschwunden sind und nach längstens 20 Minuten die Ausscheidung vollendet ist. Auch Gréhant[3] konnte bereits früher die schnelle Ausscheidung feststellen.

Atmung. Daß die Atmung nur wenig durch eine Acetylennarkose verändert wird, geht schon aus der Tatsache hervor, daß ihrer bei den ersten Versuchen kaum Erwähnung geschieht, sie also nicht im Vordergrund der Wirkung stand. Heymans und Bouckaert haben bei ihren Versuchen am Hund nach Einatmung von 85 Vol.-% Acetylen nichts Nachteiliges sehen können. Die Atmung blieb regelmäßig, war nicht vermindert, sondern eher angeregt. Eine Bestätigung dieser Angabe findet sich in den Angaben von Killian und Schneider[4], die am Kaninchen die Atemtätigkeit genauer untersuchten. Bei Einatmung von 80% Narcylen bleibt die Zahl der Atemzüge unverändert, das Atemvolumen nimmt aber etwas zu, wenn auch die Vergrößerung von 4% fast in die Fehlergrenzen fällt. Ist die Sauerstoffmenge des Gemisches sehr erheblich (40—50% O_2), so tritt eine geringe Frequenzabnahme und eine starke Verminderung des Atemvolumens ein, was , wie Killian selbst hervorhebt, dem Sauerstoffüberfluß zuzuschreiben ist. Die Empfindlichkeit des Atemzentrums gegenüber Kohlensäure ist in der Acetylennarkose nicht verändert. Die klinischen Beobachtungen von Rehn und Killian zeigen das gleiche. Trotzdessen wird man kaum zweifeln dürfen, daß bei starker Überdosierung des Acetylens trotz genügender Sauerstoffmenge eine Lähmung des Atemzentrums zustande kommen kann. Aus einem Versuch Wielands an der weißen Maus scheint dies auch tatsächlich hervorzugehen, doch ist es fraglich, ob die wirklich tödliche Konzentration schon erreicht war. Es wäre nicht ausgeschlossen, daß derartige Versuche unter Überdruck

---

[1] Schoen, R.: Hoppe-Seylers Z. **127**, 243 (1923). — Schoen, R., u. G. Sliwka: Ebenda **131**, 131 (1923).
[2] Haggard, A. W.: J. of biol. Chem. **59**, 737 usw. (1924).
[3] Gréhant, N.: Arch. de Physiol. **28**, 104 (1896).
[4] Killian, H., u. E. Schneider: Narkose u. Anästh. **1928**, H. 4.

ausgeführt werden müssen, um einerseits die wirksame Acetylenkonzentration zu
erhalten, andererseits eine genügende Sauerstoffversorgung zu gewährleisten und
dadurch eine Anoxämie zu vermeiden.

Kreislauf. Wie aus den von WIELAND veröffentlichten Versuchen zu entnehmen ist, wird der Blutdruck des Kaninchens bei Einatmung von 73 Vol.-%
Acetylen deutlich gesteigert. Nach Unterbrechung der Gaszufuhr fällt er wieder
ab und geht sogar unter den normalen Wert herunter, was auch die späteren
Untersucher immer beobachten konnten. Bei wiederholter Acetylenzufuhr kommt
es zu einer nochmaligen Steigerung, der aber ein Abfall unter den Ausgangswert
folgt. Nach dem heutigen Stand unseres Wissens ist dieses Absinken kaum dem
Acetylen zur Last zu legen. Mit der Aufklärung des Mechanismus der Blutdrucksteigerung haben sich HILDEBRANDT und Mitarbeiter beschäftigt[1]. An der urethanisierten Katze fanden sie bei jeder Acetylenkonzentration eine deutliche
Erhöhung des arteriellen Druckes, die bei demselben Tier mit der Zunahme der
Acetylenkonzentration erheblicher wurde. Außerdem war die Größe der Blutdrucksteigerung von dem Ausgangsdruck abhängig, so daß, wenn dieser niedrig
war, die Steigerung den doppelten Wert erreichen konnte, während er sonst
nur etwa um ein Drittel zunahm. Im übrigen war der Umfang der Blutdrucksteigerung individuell verschieden, da bei dem einen Tier mit 20% Acetylen höhere
Werte erreicht wurden als mit 80% bei einem anderen.

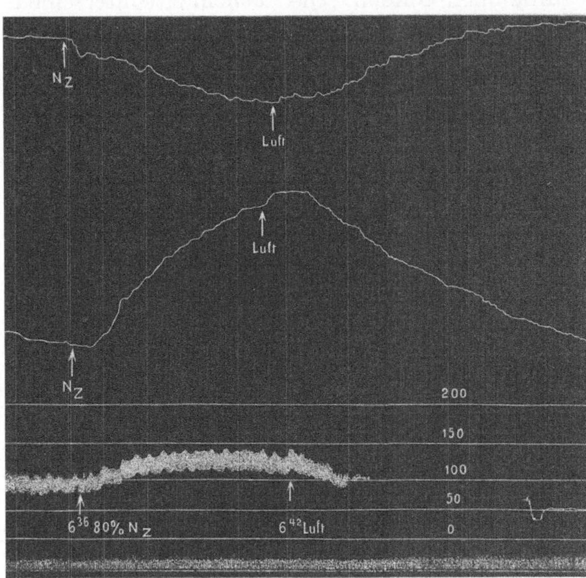

Abb. 8. Wirkung von 80proz. Narcylen auf Blutdruck, Volumen von
Bein und Darm. Die Erscheinungen sind auf Luftzufuhr reversibel.
(Nach HILDEBRANDT u. Mitarbeiter.)

Die gleichzeitig auftretende
und mit Zunahme der Pulsamplitude einhergehende Verlangsamung des Herzschlages ist durch eine zentrale Vagusreizung zu erklären, indem die Durchschneidung des Nerven die Verlangsamung hinderte oder aufhob. Am isolierten
Herzen war sie infolgedessen nicht festzustellen. Weitere Versuche an der Katze
zeigten, daß die Blutdrucksteigerung mit einer Verringerung des Volumens der
zum Splanchnicusgebiet gehörigen Organe, wie Darm und Nieren, einhergeht,
während zu gleicher Zeit das Volumen des Beines größer wurde. Das Ausbleiben
der Blutdrucksteigerung nach Durchschneidung des Halsmarkes in Höhe des 6.
und 7. Cervicalsegmentes beweist, daß es sich um zentral-vasomotorische Vorgänge handelt. Am isolierten Herzen war neben einer Beschleunigung eine Zunahme der Amplitude festzustellen. Die Capillaren der Peripherie (Bauchhaut)
zeigten eine Beschleunigung des Blutstromes unter Eröffnung vorher nicht sicht-
barer Capillaren. Eine Lähmung der Haargefäße darf bei Ansteigen des Aorten-
druckes als ausgeschlossen gelten. Im Gegensatz zu den peripheren werden die

---

[1] HILDEBRANDT, F., BÖLLERT u. EICHLER: Klin. Wschr. **1926**, Nr 38.

in den inneren Organen liegenden Haargefäße enger, so daß vorher durchgängige unter der Acetylenwirkung unsichtbar werden. Die Strömungsgeschwindigkeit aber zeigt keine Veränderungen.

Die Kreislaufwirkungen des Acetylens lassen sich auf Grund dieser Ergebnisse ganz eindeutig erklären. Durch Erregung der vasomotorischen Zentren kommt es zu einer Vasokonstriktion im Splanchnicusgebiet, die ihrerseits im Verein mit der Steigerung der Herztätigkeit eine Erhöhung des arteriellen Druckes bedingt. Dabei findet eine Verlagerung des Blutes von den inneren Organen nach der Peripherie statt, deren Gefäße dadurch besser durchblutet werden. Die auf zentraler Vagusreizung beruhende Pulsverlangsamung kann wohl ungezwungen als Folge der Blutdruckerhöhung aufgefaßt werden.

Ganz im Einklang mit den Untersuchungen von HILDEBRANDT stehen die Ergebnisse von FRANKEN und SCHÜRMEYER[1], die das Minutenvolumen des Herzens und die zirkulierende Blutmenge beim Menschen vermehrt fanden. Ebenso wie KILLIAN[2] schreiben die Untersucher wohl mit Recht dem Acetylen Wirkungen zu, die den beim Shock auftretenden Erscheinungen antagonistisch gegenüberstehen.

Durch die geschilderten Veränderungen des Kreislaufes werden zwei klinische Beobachtungen ohne weiteres verständlich. Einmal ist es das rosige Aussehen der Kranken während einer Narcylennarkose, und dann die Wahrnehmung, daß bei der Operation die Gefäße stärker bluten als bei Verwendung anderer Narkotica. Erklärungen wie Capillarlähmungen oder Gerinnungshemmung treffen offenbar nicht zu (SCHMIDT[3], PHILIPP[4]).

Neben den Wirkungen einer Allgemeinnarkose auf Atmung und Kreislauf sind noch die auf die *Stoffwechselvorgänge* von Bedeutung. Der Einfluß des Acetylens auf diese ist nach den vorliegenden Untersuchungsergebnissen als sehr gering anzuschlagen. Diese Ansicht gründet sich auf die Ergebnisse der Blutuntersuchung. Aus diesem Grunde sollen alle *Blutwirkungen* im Zusammenhang erörtert werden.

Von älteren Forschern ist die Behauptung aufgestellt worden, daß Acetylen eine allerdings sehr lockere und wenig beständige chemische Verbindung mit dem Hämoglobin eingehe. Diese Ansicht wurde schon frühzeitig abgelehnt (HERMANN[5] u. a.). Neuerdings haben KILLIAN und SCHNEIDER mit einwandfreien Methoden gezeigt, daß spektroskopisch eine chemische Bindung nicht nachweisbar ist, und SCHOEN bewies, daß das Acetylen lediglich physikalisch im Blut gelöst ist.

Die geformten Elemente zeigen beim Menschen auch in mehrstündiger Narcylennarkose praktisch keine Veränderungen (MÜLLER[6]). Die Erythrocytenzahl fällt etwas ab, Degenerationsformen treten nicht auf. Die Leukocytenzahlen schwanken innerhalb normaler Grenzen; die Lymphocyten nehmen in der ersten halben Stunde verhältnismäßig etwas zu. Auch die Blutkörperchensenkungsgeschwindigkeit war nicht verändert.

Durch die Versuche SCHOENs in vitro wird bewiesen, daß die Sauerstoffaufnahme des Blutes unter der Einwirkung des Acetylens in keiner Weise gehemmt wird, und ebenso ist die Gegenwart von Acetylen in der Einatmungsluft des Kaninchens ohne jeden Einfluß auf den Sauerstoffgehalt des arteriellen Blutes.

---

[1] FRANKEN, H., u. A. SCHÜRMEYER: Narkose u. Anästh. 1, 437 (1928).

[2] KILLIAN, H.: Arch. klin. Chir. 147, 503 (1927).

[3] SCHMIDT, H.: Münch. med. Wschr. 1925, 841.

[4] PHILIPP: Münch. med. Wschr. 1924, 639; zit. nach F. HILDEBRANDT, BÖLLERT u. EICHLER: Klin. Wschr. 1926, Nr 38.

[5] HERMANN, L.: Lehrb. d. exper. Toxikologie. Berlin: August Hirschwald 1874. Weitere Literatur bei SCHOEN, KILLIAN u. SCHNEIDER: Zit. S. 89.

[6] MÜLLER, E. A.: Zbl. Gynäk. 1925, 2556.

DERRA und FUSS[1] kommen bei ihren Versuchen am Hunde zu nicht ganz gleichen Ergebnissen. Zunächst stellen sie fest, daß die Sauerstoffbindungsfähigkeit, gemessen am O_2-Gehalt des mit Sauerstoff gesättigten Blutes in vitro, etwas erhöht ist. Sie beziehen dies auf eine Vermehrung des Hämoglobingehaltes des Blutes (MÜLLERS Befund, daß keine Erythrocytenvermehrung stattfindet, steht dazu in einem gewissen Gegensatz). Die Zunahme des Sättigungsdefizits läßt sich durch das erste Ergebnis bis zu einem gewissen Grade erklären, aber DERRA und FUSS schreiben es einer Verminderung der Sauerstoffspannung in den Alveolen zu, eine Annahme, die bei dem überreichlichen Angebot von Sauerstoff nicht wahrscheinlich ist. Wenn in der Tat während der Acetylennarkose bei einem Gehalt von 50% Acetylen und 50% Sauerstoff das Atemvolumen absinkt, so dürfte dies darauf zurückzuführen sein, daß eine ausgiebigere Atmung bei dem Überangebot von Sauerstoff nicht notwendig ist. Im übrigen steht die Beobachtung, daß in der Acetylennarkose das Atemvolumen vermindert sei, nicht in Übereinstimmung mit den meisten anderen Befunden. Es fehlt also bisher an einer passenden Erklärung für die Zunahme des Sauerstoffdefizits. Der absolute Sauerstoffgehalt des Blutes scheint aber nach DERRA und FUSS im allgemeinen keine Abweichung vom Regelrechten aufzuweisen, wenn auch gewisse Schwankungen vorkommen können.

Der Kohlensäuregehalt des Blutes ist während der Acetylennarkose sowohl nach SCHOEN und SLIWKA wie nach DERRA und FUSS deutlich vermindert. Während die ersteren die Frage unentschieden lassen, ob dieser Befund die Ursache oder die Folge einer Verminderung der Alkalireserve ist, glauben die letzteren, daß das Auftreten pathologischer Säuren die Ursache sein könnte, besonders da eine Hyperventilation nicht in Betracht komme. Die Versuchsergebnisse von KILLIAN und SCHNEIDER zeigen jedoch, daß bei einem Gehalt von 70% Acetylen in der Einatmungsluft das Atemvolumen eine geringe Tendenz zur Steigerung aufweist.

Die Alkalireserve wird am Kaninchen (SCHOEN und SLIWKA), beim Hund (DERRA und FUSS) und beim Menschen (VON AMMON und SCHROEDER[2]) vermindert. Beim Hund ist die Abnahme nach einer Stunde am deutlichsten, beim Menschen hält sie auch nach Beendigung der Narkose an und ist erst nach 24 Stunden gänzlich verschwunden. Gelegentlich läßt sich in der 3. bis 6. Stunde umgekehrt eine Zunahme feststellen. Wenn eine Abnahme der Alkalireserve eintritt, so ist sie weit geringer als in einer gleich tiefen Narkose mit Äther oder Chloroform. Ein gleiches Urteil fällt auch BARCO[3] auf Grund seiner Versuche am Menschen, bei dem er zwar eine Acidität feststellt, aber doch nur in einem Umfang, der kaum die physiologischen Grenzen überschreitet.

In weiteren Versuchen beobachteten dann FUSS und DERRA, daß in 8 von 14 Fällen die Milchsäure im Blute des Hundes in mäßigem Grade erhöht ist, während bei 6 Tieren ein geringer Abfall gegen den Ausgangswert beobachtet wurde. In zwei von diesen Fällen nahm das Sinken des Milchsäurespiegels eine Stunde nach Beendigung der Narkose einen noch größeren Umfang an. Beziehungen zu der Verminderung der Alkalireserve und der Kohlensäure lassen sich infolgedessen nicht scharf herausarbeiten.

Der Blutzuckerspiegel nimmt während und im Anschluß an eine Acetylennarkose im mäßigen Umfange zu (durchschnittlich 34 mg%). Zusammenhänge mit dem Blutmilchsäurespiegel scheinen nicht vorhanden zu sein. SANVENERO[4]

---

[1] FUSS, H., u. E. DERRA: Zit. S. 87.
[2] v. AMMON, E., u. C. SCHROEDER: Verh. physik.-med. Ges. Würzburg, N. F. **55**, 2 (1930).
[3] BARCO, P.: Arch. ital. Chir. **25**, 652 (1930).
[4] SANVENERO, F.: Arch. ital. Chir. **10**, 1111 (1931).

hat sich mit der Frage beschäftigt, ob während oder nach der Acetylennarkose
mit 80% und Sauerstoff eine Hyperlipämie zustande komme, die der nach Einwirkung von Äther oder Chloroform vergleichbar ist. Bei den seit 12 Stunden
im Hungerzustand befindlichen Tieren kam es in der Tat zu einer geringfügigen
Vermehrung der Fettsubstanzen des Blutes, die aber nach 12 Stunden bereits
wieder abgeklungen war. Die Hyperlipämie, bei der die einzelnen Komponenten,
Cholesterin, Neutralfette, Seifen usw., kein regelmäßiges Verhalten zeigen, läßt
sich nach Ansicht des Untersuchers nicht auf eine Schädigung der Lebertätigkeit
zurückführen, da die Phosphatide keine Verminderung, das freie Cholesterin keine
Zunahme zeigen. Die Pathogenese bleibt mithin ungeklärt.

Das in seiner Entstehung noch nicht verständliche Absinken der Alkalireserve,
die geringe Erhöhung des Blutzuckerspiegels, die Hyperlipämie und die in nicht
ganz 60% der Fälle auftretende Vermehrung der Blutmilchsäure erscheinen besonders bei Berücksichtigung des geringen Ausmaßes der Veränderungen für die
Acetylennarkose bedeutungslos, worauf übrigens die Forscher, die diese Veränderungen festgestellt haben, selbst hinweisen.

Muskulatur. Die Tonusveränderungen der quergestreiften Muskulatur werden
offenbar durch eine Wirkung des Acetylens auf das Zentralnervensystem und
nicht auf die Muskeln selbst hervorgebracht. Trotz dieser Sachlage sei betont,
daß die Entspannung der Muskulatur nur durch hohe Konzentrationen
zu erreichen ist, die bei der üb-
lichen klinischen Narkose kaum
zur Anwendung kommen. Bei
Konzentrationen, die zu einem
chirurgisch brauchbaren Toleranzstadium führen, nimmt, wie FRAN-
KEN[1] u. a. gezeigt haben, der Tonus
sogar zu.

Die Einwirkung auf die quergestreifte Muskulatur selbst (iso-
lierter Froschsartorius) ist nach

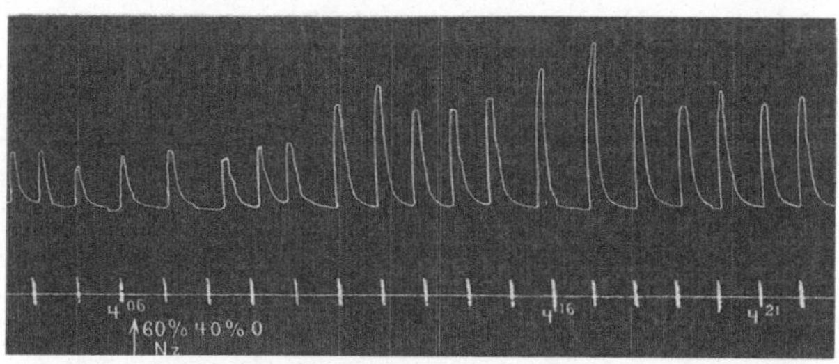

Abb. 9. Kaninchen, Uterusinnendruck. Zeit in Minuten.
An der durch den Pfeil gekennzeichneten Stelle wird 20%
Narcylen gegeben. Geringe, aber deutlich erkennbare Ver-
besserung der Wehen. (FRANKEN u. SCHLOSSMANN.)

den Versuchen von GRAHAM bei Atmosphärendruck so gering, daß weder die
Höhe der Kontraktion noch die Reizschwelle verändert werden. Erst bei Druckerhöhung kommt es zu einer reversiblen Lähmung mit vorausgehender Erregung.

An Ermüdungskurven des
isolierten Froschmuskels
kann allerdings auch bei Atmosphärendruck ein nicht
unerheblicher Unterschied
zwischen der Einwirkung
von Acetylen und Wasser-
stoff wahrgenommen wer-
den; denn im ersteren Falle
beträgt die Dauer der Er-
müdungskurve 51 Minuten,
im anderen 61 Minuten im
Durchschnitt. Wenn WIE-
LAND glaubt, diesen Zeit-

Abb. 10. Kaninchen, Uterusinnendruck. Zeit in Minuten. Uterus
mit von Anfang an schlechten Wehen. 4 Uhr 6 Min. 60% Narcylen.
Die Wehen werden sofort kräftiger. Die Wehenverbesserung hält an,
bis das Narcylen wieder abgesetzt wird (nicht mehr auf der Kurve).
(FRANKEN u. SCHLOSSMANN.)

unterschied vernachlässigen zu können, so braucht man sich dieser Ansicht
keineswegs anzuschließen, besonders, da in seinen Versuchsbeispielen die Zeiten
beim Acetylen *immer* kürzer sind als bei Wasserstoff.

[1] FRANKEN, H.: Arch. Gynäk. **140**, 496 (1930).

Die *glatte* Muskulatur in situ zeigt, soweit die Verhältnisse untersucht sind, eine Steigerung der rhythmischen Kontraktionen und der Amplitudenhöhe. Aus den Versuchen von FRANKEN und SCHLOSSMANN[1] am puerperalen Uterus des narkotisierten Kaninchens geht dies deutlich hervor. Besonders lehrreich sind die Ergebnisse und Gegenüberstellung der lähmenden Chloroform- und Ätherwirkung einerseits und der erregenden Wirkung des Acetylens andererseits.

Der Wärmehaushalt ist noch nicht genauer untersucht worden, nur die Tatsache, daß in der Acetylennarkose die Eigenwärme abfällt, ist bereits von WIELAND beobachtet worden, der bei Mäusen ein Sinken der Eigenwärme um 4° feststellte.

Bei chronischer Darreichung treten nach den Angaben von FRANKEN und MIKLOS[2] irgendwelche histologisch nachweisbare Schädigungen an den Zellen der parenchymatösen Organe nicht auf. Obwohl die üblichen Laboratoriumstiere bis zu 93 Stunden narkotisiert wurden, war nur eine Hyperämie als Ausdruck der Kreislaufwirkung zu finden, die allerdings auch noch 1—2 Tage nach der letzten Narkose erhalten war. Ähnliche Ergebnisse am Kaninchen und Meerschweinchen erzielte auch SCHMITT[3].

Synergismus. Die Verhältnisse liegen beim Acetylen ähnlich wie beim Stickoxydul. LENDLE[4] hat die Kombination Acetylen-Äther an der weißen Maus genau untersucht und bei allen Mischungsverhältnissen lediglich eine additive Wirkung ohne wesentliche Veränderungen des narkotischen Quotienten feststellen können.

Über die Kombination des Acetylens mit Avertin und anderen Basisnarkotica liegen wohl klinische Beobachtungen vor, aber kaum experimentelle Angaben (vgl. LENDLE[5]).

Äthylen, $CH_2 : CH_2$. Mol.-Gew. 28.

Eigenschaften. Farbloses, schwach ätherartig-süßlich riechendes Gas, leicht kondensierbar, Siedepunkt —102,3° bei 760 mm Druck. Erstarrungspunkt —181°, Schmelzpunkt 169°. Löslich in Wasser, besser in Öl. Löslichkeitskoeffizient nach KUNKEL[6] für Wasser von 0° 0,256, 10° 0,184, 20° 0,15, nach NICLOUX und SCOTTI-FOGLIENI[7] bei 20° 0,108, 30° 0,088, 40° 0,073; nach KILLIAN[8] bei 20,3° 0,124. Löslichkeitskoeffizient in Olivenöl nach MEYER und HOPFF[9] 1,3, in Sesamöl bei 20° 1,595 nach KILLIAN, in defibriniertem Rinderblut 0,130. Berechneter Teilungsquotient Öl/Wasser etwa 12—13. Dichte 0,9684. Litergewicht bei 20° und 760 mm Druck 1,17 g.

Darstellung. Erhitzen von Äthylalkohol mit Schwefelsäure gibt ein höchst unreines kohlenoxydhaltiges Präparat, dessen versuchsweise Anwendung beim Menschen sehr gefährlich war. Aber auch die Herstellung aus Äthylenbromid und Zink scheint nicht zu einem einwandfreien Äthylen zu führen. Ein ganz reines Gas erhielt LUCKHARDT[10] durch Einträufeln von Äthylalkohol in Orthophosphorsäure, die auf 210—220° erhitzt war. Der Vorgang beruht letzten Endes darauf, daß dem Alkohol ein Molekül Wasser entzogen wird. Im großen wird

---

[1] FRANKEN, H., u. SCHLOSSMANN: Arch. Gynäk. **130**, 215 (1927).
[2] FRANKEN, H., u. L. MIKLOS: Zbl. Gynäk. **1933**, 2493.
[3] SCHMITT, W.: Würzburg. Abh., N. F. **2**, 229 (1925).
[4] LENDLE, L.: Arch. f. exper. Path. **139**, 211 (1929).
[5] LENDLE, L.: Jkurse ärztl. Fortbild. **1932**, Augustheft.
[6] KUNKEL, A. J.: Handb. d. Toxikologie. Jena: Gustav Fischer 1901.
[7] NICLOUX, M., u. L. SCOTTI-FOGLIENI: C. r. Soc. Biol. Paris **98**, 1544 (1928).
[8] KILLIAN, H.: Schmerz, Narkose, Anästh. **1930**, 121.
[9] MEYER, K. H., u. H. HOPFF: Hoppe-Seylers Z. **126**, 281 (1923).
[10] LUCKHARDT, A. B.: Klin. Wschr. **1925**, Nr 16. Sonderdruck.

ein reines Äthylen durch Überleiten von Äthylalkohol über auf 400° erhitztes Aluminium gewonnen (nach FLURY und ZERNIK[1]).

Nachweis. Das auf Äthylen zu prüfende Luft-Gasgemisch wird durch Mercuriacetatlösung geleitet. Das durch Ansäuern wieder frei gemachte Äthylen wird aufgefangen und durch Ausbleiben des Leuchtens von Phosphor nachgewiesen.

Bestimmung. Absorption in Chlorsulfonsäure oder in Schwefelsäure, die 25% Schwefeltrioxyd enthält.

Für die Bestimmung im Blut hat NICLOUX[2] ein Verfahren ausgearbeitet, bei dem in einem besonderen Apparat 10 ccm Phosphorsäure zugesetzt werden, wodurch das Äthylen in Freiheit gesetzt wird. Das Gas wird in einer Verbrennungsbürette bei Gegenwart von Sauerstoff verbrannt ($C_2H_4 + 3H_2O = 2CO_2 + H_2O$). Aus der Volumensverminderung, die sich aus dem Verbrauch des Sauerstoffes und der Absorption des bei dem Verbrennungsprozeß gebildeten Wassers sowie der Kohlensäure (durch KOH) ergibt, läßt sich die Äthylenmenge bestimmen (8 Volumina des verschwundenen Gases entsprechen 2 Vol. Äthylen).

Wirkungen auf Pflanzen, Fermente usw. Nach DAVIS und CHURCH[3] wird die Atmung junger Pflanzen gefördert, der Grundumsatz und der R.-Q. erhöht. Bei Äpfeln wird die Menge der löslichen Bestandteile größer, während der Gehalt an unlöslichen abnimmt. Da gleichzeitig die Früchte ihre Farbe von grün zu gelb ändern, so scheint es sich um eine durch Äthylen beschleunigte Reifung zu handeln, eine Beobachtung, auf der sich in Amerika ein häufig angewendetes Verfahren aufbaut. Die Frage, ob dieser beschleunigte Reifungsvorgang einer Wirkung des Äthylens auf die Zellen selbst zuzuschreiben ist, was ENGLIS und ZANNIS[4] annehmen, oder einer Beeinflussung der Fermente, die bei der Reifung eine Rolle spielen, gab Veranlassung, die verschiedensten Fermente der Äthylenwirkung zu unterwerfen. ENGLIS und Mitarbeiter[5] konnten keinen Einfluß auf die Stärkespaltung durch Takadiastase und die Saccharosespaltung durch Invertase, ebensowenig auf die Spaltung des Salicins durch Emulsin nachweisen. Auch die Tätigkeit der Hefe soll nach BOUCKAERT[6] nicht beeinflußt werden. Im Gegensatz fanden NORD und FRANKE[7] eine vermehrte Kohlensäurebildung durch Zymase und eine Zunahme der Tätigkeit der aus Tabakspflanzen hergestellten Katalase. HIRSCHFELDER und CEDER[8] zeigten zwar eine vermehrte Wirksamkeit der Amylase unter Einwirkung des Äthylens, sie vermißten aber einen Einfluß auf die Wirksamkeit von Pepsin, Trypsin und Lipase.

Von CROCKER[9] war festgestellt worden, daß schon eine Äthylenkonzentration von 1 : 2 000 000 Luft genügt, um Nelken zum Welken zu bringen. In weiteren Versuchen wurde gefunden, daß Samenpflänzchen von Tomaten, Biberhut, grünen Erbsen usw. unter der Einwirkung von Äthylen, selbst noch in einer Verdünnung von 1 : 10 000 000, ein vermehrtes Dickenwachstum der Blattstieloberfläche aufweisen. Eine Zunahme des Wachstums und eine Vermehrung der

---

[1] FLURY, F., u. F. ZERNIK: Schädliche Gase. usw Berlin: Julius Springer 1931.
Für die Verwendung am Menschen ist selbstverständlich ein ganz reines Präparat erforderlich. Noch 1927 kamen, wie SHERMAN und Mitarbeiter [J. amer. med. Assoc. **88**, 1228 (1927)] berichten, nach Äthylennarkosen Erscheinungen vor, die auf eine Kohlenoxydvergiftung hinwiesen; tatsächlich wurde auch dieses Gas in beträchtlichen Mengen nachgewiesen.
[2] NICLOUX, M.: C. r. Soc. Biol. Paris **93**, 1650 (1925).
[3] DAVIS, B. B., u. C. G. CHURCH: J. agricult. Res. **42**, 165 (1931).
[4] ENGLIS, D. T., u. C. D. ZANNIS: J. amer. chem. Soc. **52**, 797 (1930).
[5] ENGLIS, D. T., u. F. A. DYKINS: J. amer. chem. Soc. **53**, 723 (1930).
[6] BOUCKAERT, J. J.: Arch. internat. Pharmacodynamie **31**, 159 (1925).
[7] NORD, F. F., u. K. W. FRANKE: J. of biol. Chem. **79**, 27 (1928).
[8] HIRSCHFELDER, A. D., u. E. T. CEDER: Amer. J. Physiol. **91**, 624 (1930).
[9] CROCKER, W.: Proc. amer. philos. Soc. **71**, 295 (1932).

CO_2-Bildung, die übrigens nicht parallel gehen, konnten auch Mack und Kivingston[1] beobachten.

Wie so oft, wird auch hier die verschiedene Wirkung eine Frage der Dosierung sein. Wahrscheinlich wird die Tätigkeit der Fermente durch geringere Gaben von Äthylen gefördert, während bei Erhöhung der Konzentrationen über eine scheinbare Indifferenzzone Hemmungswirkungen eintreten können. Solche starken Konzentrationen werden sich aber nur durch Kompression des Gases erzielen lassen. Daß dabei die Drucke unter Umständen sehr erheblich gesteigert werden müssen, erhellt aus der Tatsache, daß im allgemeinen für die Narkose des isolierten Muskels 4mal größere Gaben notwendig sind als für die allgemeine Narkose und für die Fermente wiederum 4mal größere als für die Muskelnarkose. Man wird also schätzungsweise 16—20 Atmosphären anwenden müssen, um die Fermenttätigkeit zu hemmen. Welche Konzentrationen unterschwellig, fördernd, indifferent oder hemmend sind, wird bei den verschiedenen Fermenten sicher sehr stark voneinander abweichen.

Wie einleitend auseinandergesetzt wurde, können die narkotischen Gase dem Wirkungsmechanismus nach den sog. indifferenten Narkoticis der Alkoholreihe zugerechnet werden. Sie müßten daher auch die allgemeinen Wirkungen dieser Gruppe besitzen, und es wäre sehr interessant, festzustellen, ob in vitro Eiweißkörper bei hohen Drucken des Äthylens, Propylens usw. gefällt werden können.

Allgemeinwirkungen. Historisch interessant ist es, daß schon 1864 Hermann[2] im Selbstversuch nach Einatmung eines offenbar mit Kohlenoxyd verunreinigten Gases schwach berauschende Wirkungen beobachten konnte. Lüssem[3] stellte 1885 als Folge der Einatmung bei sich selbst Kopfdruck, geringe Zunahme der Atemfrequenz, Schläfrigkeit, Muskelschwäche, taumelnden Gang, also die Erscheinungen einer beginnenden leichten Narkose mit Analgesie fest. Aber erst 1923 wurden die wirklichen narkotischen Eigenschaften von Luckhard genauer untersucht, und in demselben Jahre berichteten Brown und Henderson[4] über ihre Versuche.

Die Wirkungen des Äthylens auf das *Zentralnervensystem* sind die Ursache für die Anwendung in der operativen Medizin. Luckhardt schildert sie nach seinen Versuchen mit Carter[5] an sich selbst und auch an kranken Menschen etwa in folgender Weise: Das Charakteristische der Wirkung nach Anwendung von 80—90% Äthylen mit 20—10% Sauerstoff per inhalationem ist der schnelle Eintritt einer vollen Narkose und eine sehr rasche und vollständige Erholung ohne Übelkeit, Erbrechen und Kopfweh, so daß die Narkose im Selbstversuch am selben Vormittag mehrmals und auf längere Zeit wiederholt werden konnte. Bei der Einatmung der Mischung traten keine Erstickungsempfindungen auf, sondern großes Wohlbehagen. Analgesie ist schon vor der vollen Narkose vorhanden, in der dann auch die Muskelentspannung vollständig ist. Die Pulszahl ist vermindert, die Atmung verlangsamt, aber regelmäßig, die Gesichtsfarbe normal oder etwas blasser als gewöhnlich. Die ersten Atemzüge des konzentrierten Gases sind etwas unangenehm und bewirken Schlucken. Im Urin war weder Eiweiß noch Zucker festzustellen. Nach dem Aufwachen, das selbst nach mehrstündiger Narkose in 2—5 Minuten erfolgt, war ein gewisses Schwächegefühl vorhanden, das aber schnell verschwand. Es wird auch in einem Drittel der Fälle

[1] Mack, W. B., u. B. E. Kivingston: Bot. Gaz. **94**, 625 (1933).

[2] Hermann, L.: Lehrb. d. Toxikologie. Berlin: August Hirschwald 1874.

[3] Lüssem: Inaug.-Dissert. Bonn 1885.

[4] Brown, E., u. V. E. Henderson: Arch. internat. Pharmacodynamie **28**, 257 (1923).

[5] Luckhardt, A. B., u. Carter: J. amer. med. Assoc. **80**, 765, 1440 (1923). — Luckhardt, A. B.: Klin. Wschr. **1925**, Nr 16. Sonderdruck.

über Erbrechen in der Zeit nach dem Aufwachen aus der Narkose berichtet. Lokale Reizerscheinungen von seiten der Schleimhaut oder Veränderungen der Speichelabsonderung waren nicht zu bemerken. Für die Reizlosigkeit des Äthylens spricht außerdem die Beobachtung von AIRD[1], daß die Einblasung des Äthylens an Stelle von Liquor zum Zwecke der Encephalographie ohne Erscheinungen vertragen wurde. Weitere Versuche an Tier und Mensch haben dann genauere Angaben ermöglicht. So hat DAVIDSON[2] unter Zuhilfenahme feinerer psychologischer Methoden die Abhängigkeit der narkotischen Wirkungsgrade von der Konzentration des Narkoticumgemisches beim Menschen untersucht. Tabelle 20, ergänzt durch andere Versuche, gibt darüber Aufschluß.

Tabelle 20.

Wirkung	Äthylenkonzentration				
	85 Vol.-% = 99,4 mg%	80 Vol.-% = 93,6 mg%	61 Vol.-% = 71,4 mg%	51 Vol.-% = 59,7 mg%	46,7 Vol.-% = 54,6 mg%
Beginn der narkotischen Wirkung	sofort	—	30 Sek.	40 Sek.	66 Sek.
Gesprächigkeit	sofort	—	60 „	75 „	120 „
Koordinationsstörungen	offenbar wenige Sek.	—	5 Min.	8—9 Min.	12 Min.
Bewußtlosigkeit	55 Sek.	—	5 Min. 20 Sek.	—	—
Narkose mit Analgesie, aber ohne Entspannung	—	5 Min.	—	—	—
Narkose mit Entspannung der Muskulatur	5 Min.	—	—	—	—

Also schon nach weniger als einer Minute beginnt die Wirkung und steigert sich bei passender Dosierung in 5 Minuten zur vollen Narkose. BROWN und HENDERSON empfehlen beim Menschen mit einer Konzentration von 90% + 10% Sauerstoff zu beginnen und die Narkose mit 85% Äthylen fortzusetzen. Mit den eben gemachten Angaben stimmen die von FLURY[3] insofern nicht vollkommen überein, als er 79 Vol.-% schon als gefährlich bezeichnet.

Tabelle 21.

Wirkung	Dauer der Einatmung	Konzentration
Tödlich	5—10 Minuten	110 mg% = 94 Vol.-%
Gefährlich	30—60 „	92 „ = 79 „
Erträglich	bis zu 1 Stunde	57 „ = 49 „

Beim Tier halten sich die Gaben etwa in folgender Größenordnung:

Tabelle 22.

Maus	80 Vol.-% =	94 mg% Äthylen +	20% Luft	Tödlich
	70 „ =	82 „ „ +	30% O_2	Narkose in 5 Minuten
	80 „ =	94 „ „ +	20% „	„ „ 3 „
	90 „ =	105 „ „ +	10% „	„ „ 1 Minute

(MEYER u. HOPFF)

80—90 „ = 94—105 „ „ + 20—10% „ Minimal narkot. Konzentration (HALSEY u. Mitarbeiter[4])

(140—146) 166 mg% + O_2 (Druck von 1,7 Atm. notwendig), tödlich

(HALSEY u. Mitarbeiter[4])

---

[1] AIRD, R. B.: Proc. Soc. exper. Biol. a. Med. **31**, 715 (1934).
[2] DAVIDSON, B. M.: J. of Pharmacol. **26**, 27 (1925).
[3] FLURY, F.: Arch. f. exper. Path. **38**, 65 (1928).
[4] HALSEY, J. T., CH. REYNOLDS u. W. A. PROUT: J. of Pharmacol. **26**, 479 (1926).

Tabelle 22 (Fortsetzung).

Ratte   95 Vol.-% =   110 mg% +   5% Luft   Tödlich (Erstickg.) (Riggs[1])
         90 „   =   105 „   +   10% Sauerst. Narkose
       80—85 „   = 94—100 „   + 20—15% O_2 „

Meerschweinchen und Kaninchen etwa gleiche Konzentrationen

Hund   85 Vol.-% =   100 mg% + 15% O_2 Anästhesie ohne Erschlaffung
                                               (Bouckaert[2])

         90 „   =   105 „ + 10% „   Narkose, Reflexlosigkeit nach kurzer
                                             Erregung in 5 Minuten

         50 „   =   59 „ + 50% „   Unterhaltung der Narkose, die durch
                                             reines Äthylen erzielt worden war

       93—95 „   =   110 „ + 7% „   Tödlich Anoxämie

Katze 77—88 „   = 90—103 „ +   „   Narkose (Brown u. Henderson)
         89 „   =   104 „ +   „   Tödlich
         90 „   =   105 „ +   „   Zur Einleitung der Narkose, die mit
         50 „   =   59 „ +   „   fortgeführt werden kann (Gouveia[3]).

Resorption, Ausscheidung und Verteilung. Wie der rasche Eintritt der Wirkung
zeigt, vollzieht sich die Resorption bei Darreichung des Äthylens per inhalationem
sehr schnell. Über die Absättigung des Gehirns und des ganzen Organismus, die
vielleicht weniger schnell vor sich geht, ist in der Einleitung bereits gesprochen
worden.

Auch auf anderem Wege ist eine Resorption möglich. Ebenso wie bei Acetylen
und Stickoxydul haben Zeller[4] und Aird[5] aus besonderen Gründen die Ein-
blasung des Gases in den Subarachnoidealraum vorgenommen und auch dabei
einen schnellen Wirkungserfolg gesehen (vgl. Stickoxydul und Acetylen).

Die *Ausscheidung* geht in noch beschleunigterem Maße vor sich, da Nicloux
und Yovanowitch[6] schon 2 Minuten nach Beendigung der Zufuhr im Blut kein
Äthylen mehr nachweisen konnten. Über die *Verteilung* im Organismus ist wenig
bekannt. Nur über das Verhalten im Blut liegen experimentelle Angaben vor.
Die zuletzt genannten Forscher haben gezeigt, daß die Konzentrationen im Blut
von dem prozentualen Gehalt der Einatmungsluft abhängig sind. Betrug dieser
50 Vol.-% = 58,5 mg, so waren 6—7,5 ccm = 7,8—8 mg% im Blut nachweisbar.
Bei 65—77,5 Vol.-% = 76—91 mg% betrug der Blutgehalt an Äthylen 8—10 ccm
= 9,4—10,7 mg in 100 ccm Blut. Das würde bedeuten, daß bei Konzentrationsausgleich zwischen Luft und Blut etwa 8 mal mehr Äthylen in der Einatmungsluft
als im Blut vorhanden ist, was auch dem von Nicloux und Scotti-Foglieni[7]
experimentell festgelegten Löslichkeitskoeffizienten im Blut entspricht, der bei
$37°$ mit etwa 0,118 berechnet werden kann (s. Tabelle).

Tabelle 23.

Temperatur Grad	Wasser	Blut			
		Schwein		Rind	
		Blut im ganzen	Serum	Blut im ganzen	Serum
20	0,108	0,190	0,103	0,151	0,106
30	0,088	0,149	0,081	0,117	0,085
40	0,073	0,105	0,066	0,089	0,069

[1] Riggs, L. K.: Proc. Soc. exper. Biol. a. Med. **22**, 269 (1925).
[2] Bouckaert, J. J.: C. r. Soc. Biol. Paris **91**, 907 (1924) — Zit. S. 95.
[3] Gouveia, V. H.: C. r. Soc. Biol. Paris **96**, 1247 (1927).
[4] Zeller, O.: Arch. klin. Chir. **168**, 690 (1932).
[5] Aird, R. B.: Proc. exper. Biol. a. Med. **31**, 715 (1934).
[6] Nicloux, M., u. A. Yovanowitch: C. r. Soc. Biol. Paris **93**, 1653, 1657 (1925).
[7] Nicloux, M., u. L. Scotti-Foglieni: C. r. Soc. Biol. Paris **98**, 1544 (1928).

Da aus diesen Zahlen hervorgeht, daß das Gesamtblut das Gas besser zu lösen vermag als das Serum, so müssen die Erythrocyten hierfür die Ursache sein. Welche Bestandteile den erhöhten Löslichkeitskoeffizienten bedingen, Lipoide oder Hämoglobin, ist vorläufig noch ungeklärt. Zu den Eiweißkörpern sonst hat Äthylen offenbar keine besondere Lösungsaffinität, da ja die Werte für Wasser und Serum ungefähr gleich sind. Durch unmittelbare Bestimmung des Äthylens in den roten Blutkörperchen und im Plasma des Rinderblutes haben NICLOUX und YOVANOWITCH nachgewiesen, daß in vivo und in vitro 70—80% des Äthylens in den Erythrocyten und nur 20—30% im Plasma gebunden werden.

Blut. Die Zahl der Erythrocyten im menschlichen Blut soll nach TABANELLI[1] bei Beendigung der Narkose eine Zunahme aufweisen, ohne daß der Hämoglobingehalt vollkommen parallel ginge. Erst nach 24—48 Stunden werden die Ausgangswerte wieder erreicht. Da bei der Stickoxydulnarkose die gleichen Verhältnisse anzutreffen sind, bei der Chloroform- und Äthernarkose des Menschen die Zahl der roten Blutkörperchen aber sinken soll, so wird angenommen, daß die Veränderungen mit den sich gleichsinnig gestaltenden Blutdruckwerten im Zusammenhang stehen. Von GOUWEIA[2] wird im Anschluß an eine Äthylennarkose auch eine geringfügige Leukocytose gefunden.

Die Resistenz der Erythrocyten gegenüber osmotischen Einflüssen zeigt sich nach Anwendung von Äthylen in mäßigem Umfang vermindert. Bei einer asphyktischen Äthylennarkose war die Widerstandsfähigkeit noch wesentlich stärker geschwächt (LEAKE und Mitarbeiter[3]). Bei Kranken wird durch die Äthylennarkose weder die Blutungszeit noch Blutsenkungsgeschwindigkeit beeinflußt (FILIPPA[4]). Die Blutgerinnungszeit soll, wie GOUWEIA berichtet, von 4 auf 6 Minuten zunehmen, aber nach der Narkose nur 1 Minute betragen. Ob die Neigung zu Blutungen während einer Operation mit diesen geringfügigen Änderungen in Zusammenhang steht, erscheint fraglich. Es ist wahrscheinlicher, daß die erhöhte Blutungsgefahr, besonders auch *nach* der Narkose, mit den Wirkungen auf den Kreislauf bzw. mit der Blutverteilung in Verbindung gebracht werden kann (s. Kreislauf).

Die chemischen Veränderungen des Blutes, die ja der Ausdruck von Stoffwechselstörungen sind, halten sich in sehr engen Grenzen. Die Alkalireserve sinkt beim Kranken während der Narkose entweder gar nicht oder um geringe Werte ab, sofern kein Sauerstoffmangel eintritt. Das geht auch besonders aus den Versuchen von LEAKE und HERTZMANN[5] hervor. Die etwaigen Veränderungen sind aber nicht allein dem Narkoticum zuzuschreiben, sondern hängen auch von der Dauer und Schwere des Eingriffes ab (NOGARA[6]). Auch beim *Hund* konnte derselbe Forscher nach einer Äthylennarkose von 60 Minuten Dauer im Vergleich mit einer ebensolangen Äthernarkose weder eine erhebliche Veränderung der Alkalireserve noch des Blutstickstoffes nachweisen. Die Menge des anorganischen Phosphates wird während oder nach der Narkose erniedrigt. Tiefe, mit Asphyxie, Muskeltätigkeit oder Shock einhergehende Anästhesie erhöht dagegen deutlich die Phosphatmenge, die während der Erholung wieder abnimmt (BOLLIGER[7]).

---

[1] TABANELLI, M.: Osp. magg. (Milano) **18**, 47 (1930) (Referat).

[2] GOUWEIA, V. A. DE: C. r. Soc. Biol. Paris **101**, 385 (1929).

[3] LEAKE, C. D., H. LAPP, J. TENNEY u. R. M. WATERS: Proc. Soc. exper. Biol. a. Med. **25**, 93 (1927).

[4] FILIPPA, C.: Bull. Accad. med. Roma **56**, 263 (1930) (Referat).

[5] LEAKE, C. D., u. A. B. HERTZMANN: J. amer. med. Assoc. **82**, 1162 (1924). — LEAKE, C. D.: Brit. J. Anaesth. **11** (1924).

[6] NOGARA, G.: Ann. ital. Chir. **10**, 398 (1931) — Clinica chir., N. S. **8**, 253 (1932).

[7] BOLLIGER, A.: J. of Pharmacol. **27**, 249 (1926).

Der geringe Grad dieser eben geschilderten Veränderungen des Blutes zeigt, daß der Stoffwechsel durch Äthylennarkosen kaum in Mitleidenschaft gezogen wird. Das geht auch vielleicht aus anderen Versuchen von HIRSCHFELDER und CEDER[1] hervor, die Ratten mit äthylengesättigtem Wasser tränkten oder bis zu einem Jahr in Räumen hielten, deren Luft $^1/_{100}$, $^1/_{10}$ und 1% Äthylen enthielt. Wenn auch die Konzentrationen sehr gering sind und wohl annähernd 40—50mal kleiner als die narkotisch wirksamen Mengen, so ist es doch bemerkenswert, daß in Anbetracht der langen Einwirkungsdauer keine Wachstumsstörung weder im fördernden noch hemmenden Sinne beobachtet werden konnte. Jedoch ist ein Vergleich etwa mit den metallischen Giften, die bei dauernder Aufnahme selbst kleinster Mengen zu chronischen Vergiftungen Anlaß geben, kaum möglich, da hier nicht allein die dauernde Berieselung der Zellen mit einer bestimmten Giftkonzentration, sondern auch die Speicherung in gewissen Organen eine Rolle spielt, die beim Äthylen von vornherein unwahrscheinlich ist.

Daß aber tatsächlich auch die wirklich narkotischen Gaben keinen größeren Einfluß auf die Stoffwechselvorgänge ausüben, geht schon daraus hervor, daß die Narkosen ohne sichtbare Schädigungen oft in kurzen Zwischenräumen wiederholt werden können. BOUCKAERT konnte selbst nach 7maliger Narkose innerhalb von 20 Tagen beim Hund keine Beeinträchtigung der Freßlust und des Körpergewichtes feststellen, ebensowenig waren Schädigungen der Atmungsorgane und der Nierentätigkeit zu beobachten. Diese Angaben bestätigen die Ergebnisse von LUCKHARDT in vollem Umfange. REYNOLDS[2] narkotisierte weiße Mäuse bis zu 20mal in 58 Tagen mit 90% Äthylen und 10% Sauerstoff und fand schließlich nur eine geringe Fettinfiltration in der Leber. Es ist aber bekannt, daß bei Tieren nicht selten Fettablagerungen stattfinden, die jedoch nichts Pathologisches darstellen. FRANKEN und MIKLOS[3] haben Ratten und Kaninchen täglich mit Äthylen narkotisiert, ohne daß nach dem Tode etwas anderes als eine Hyperämie von Leber, Milz und Nieren gefunden wurde, die mit den Wirkungen der Gasnarkotica auf die Blutverteilung in Verbindung gebracht wird[4]. Der *Wasserhaushalt* des Hundes wird durch eine Narkose mit 90% Äthylen + 10% Sauerstoff nur vorübergehend im Sinne einer zweistündigen Hemmung beeinflußt, der ebenfalls mit größter Wahrscheinlichkeit die Wirkungen des Äthylens auf den Kreislauf zugrunde liegen. Mit der Hemmung der Wasserausscheidung ziemlich parallel geht auch eine Verminderung der Ausscheidung von intramuskulär einverleibtem Phenolsulfophthalein einher (WALTON[5]). Beim 24-Stundenversuch ist übrigens die Ausscheidung von Chlorid, Phosphat und Harnstoff durch den Urin kaum verändert, woraus ebenfalls hervorgeht, daß der Stoffwechsel keine Schädigungen erfährt. Nach BOUCKAERT scheint auch der gasförmige Stoffwechsel nicht beeinträchtigt zu werden, da zumindest die Kohlensäureausscheidung unverändert bleibt oder etwas in die Höhe geht.

Atmung. Wie schon bei der Beschreibung der Narkose des Menschen erwähnt wurde, bleibt die Atmung während der Äthylennarkose regelmäßig, die Zahl der Atemzüge aber nimmt ab. Es hat aber den Anschein, als ob die Veränderungen nicht wesentlich über das hinausgehen, was in einem narkotischen Schlafzustand

---

[1] HIRSCHFELDER, A. D., u. E. T. CEDER: Amer. J. Physiol. **91**, 624 (1930).

[2] REYNOLDS, CH.: J. of Pharmacol. **27**, 93 (1926).

[3] FRANKEN, H., u. L. MIKLOS: Zbl. Gynäk. **1933**, 2493.

[4] DAVIS (zit. nach FRANKEN u. MIKLOS) soll im Tierversuch nach langen Äthylennarkosen Leber- und Nierenschädigungen gefunden haben. An der gleichen Stelle findet sich auch die Angabe, daß STANDER nach Äthylen und Stickoxydulnarkose ebenfalls typische Leberveränderungen festgestellt habe, die aber geringer waren als die nach Äther und Chloroform beim Menschen.

[5] WALTON, R. P.: J. of Pharmacol. **47**, 141 (1933).

immer beobachtet wird. BOUCKAERT fand beim Hunde in der Narkose mit 90%
Äthylen und 10% Sauerstoff, also bei einer gewissen Anoxämie, eine Zunahme
der Atemzüge und des Volumens. Das Atemzentrum behält seine Erregbarkeit,
wie u. a. die Versuche von KLEINDORFER[1] zeigen, bei denen die Reaktion auf
5—10proz. Kohlensäurezufuhr deutlich erhalten blieb.

Die *Körpertemperatur* sinkt nach BOUCKAERT am Hund während der Narkose
um etwa 2°, wahrscheinlich infolge der Bewegungslosigkeit und der Entspannung
der Muskulatur; das Wärmezentrum scheint nur wenig in Mitleidenschaft gezogen
zu werden.

Blutkreislauf. Die Veränderungen in der Äthylennarkose sind offenbar sehr
gering. Der arterielle Druck zeigt beim Hunde entweder keine Abweichung vom
regelrechten Verhalten, vorausgesetzt, daß genügend Sauerstoff in der Einatmungsluft vorhanden ist (LUCKHARDT), oder
eine geringe Steigerung von 10 mm Hg, wenn
nur 10% Sauerstoff zur Einatmung gelangen
(LUCKHARDT). Bei Katzen ließ sich nach
FRANKEN[2] ungefähr das gleiche Verhalten feststellen, da der Blutdruck entweder die Ausgangswerte beibehielt oder um einige Milli-
meter Hg anstieg (s. Abb. 11). Die geringe Blutdrucksteigerung dürfte wohl ebenso wie die nach
Alkohol, Äther, Acetylen in passenden Gaben
durch eine Vasokonstriktion im Gebiete des
Splanchnicus bedingt sein. Das Herz scheint
kaum einen Anteil an der Blutdrucksteigerung
zu haben, da nach BOUCKAERT das isolierte
Frosch- und Kaninchenherz keine Beeinflussung
durch ein 90proz. Äthylen-Sauerstoffgemisch
erkennen läßt. REYNOLDS allerdings scheint am
Froschherzen in situ und am isolierten Schild-
krötenherz eine Schädigung festgestellt zu haben,
die sogar erheblicher gewesen sein soll als die
nach Propylen, obwohl letzteres sicher stärker
narkotisierende Wirkungen ausübt. Die Beweiskraft dieser Versuche scheint aber doch nicht
hinreichend zu sein, da nur die Überlebenszeit,

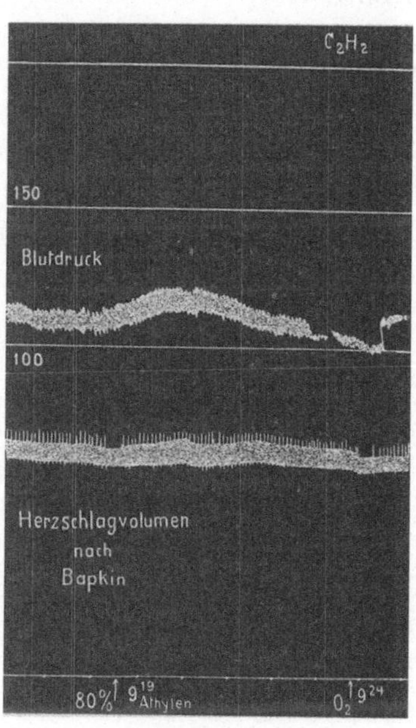

Abb. 11. Blutdruck unter Äthylenwirkung.
(FRANKEN.)

aber nicht die Pulszahl und die Höhe der Amplitude festgestellt wurde. Das
Herz von Hunden und Katzen soll nach dem gleichen Untersucher[3] durch Äthylen
nicht geschädigt werden. Daß das Herz in situ bei gesteigertem Blutdruck vom
Coronargefäßsystem aus besser ernährt wird, könnte ebenso wie beim Alkohol
dazu führen, daß eine gewisse Förderung der Herztätigkeit eintritt. FRANKEN
sah beim Menschen eine Zunahme des Minutenvolumens und eine Vermehrung
der zirkulierenden Blutmenge.

Muskulatur. In dem Bilde der Äthylennarkose steht als immer wieder betonte
Wirkung die Erschlaffung der quergestreiften Muskulatur an bevorzugter Stelle.
Sie ist wohl mit Sicherheit wie auch bei anderen Narkoticis der Alkoholreihe auf
die Ausschaltung des zentral bedingten Tonus zu beziehen. Daß die quergestreiften Muskeln durch große Gaben aber auch unmittelbar gelähmt werden können,

---

[1] KLEINDORFER, G. P.: J. of Pharmacol. **43**, 445 (1931).
[2] FRANKEN, H.: Arch. Gynäk. **140**, 496 (1930).
[3] CAINE u. REYNOLDS: Proc. Soc. exper. Biol. a. Med. **23**, 488 (1926). (Nach H. PFLUG
in Fortschritte der Heilstoffchemie Bd. 1. Berlin u. Leipzig: Walter de Gruyter & Co. 1930.)

geht aus den Versuchen von GRAHAM[1] hervor. Allerdings kommen solche
Konzentrationen bei der üblichen Narkose für die Muskeln in situ gar nicht in
Betracht; denn sie sind, um eine reversible Lähmung der Muskeln hervorzurufen,
etwa 4mal größer als die, welche für die zentrale Narkose notwendig sind. Solche
Konzentrationen von Äthylen lassen sich nur durch eine Druckerhöhung auf etwa
4 Atmosphären herbeiführen, dann allerdings kann man nach GRAHAM eine
Erhöhung der Reizschwelle, Abnahme der Kontraktionshöhe und eine Verlängerung der Latenzzeit am isolierten Froschsartorius wahrnehmen. Bei
geringeren Gaben bzw. Drucken ist aber eine Erniedrigung der Reizschwelle und
Zunahme der Kontraktionshöhe zu beobachten. Auch in dieser Beziehung unterscheidet sich also das Gasnarkoticum Äthylen in nichts von den übrigen Substanzen aus der Reihe der indifferenten Narkotica; ja selbst Andeutungen von
Kontrakturen sind bei den ganz hohen Drucken vorhanden.

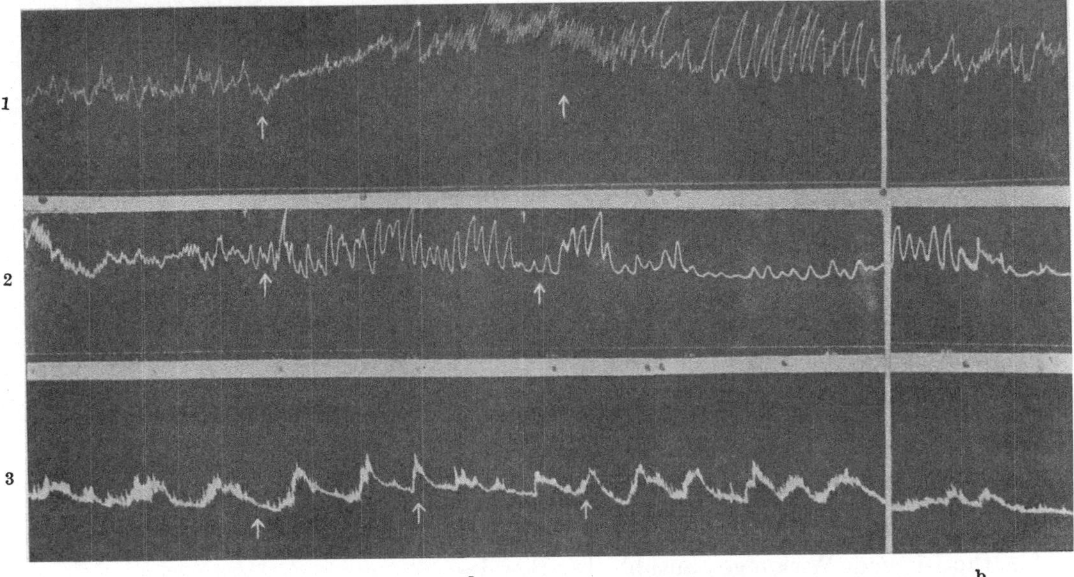

Abb. 12. a) Äthylennarkose-Wirkung auf die glatte Muskulatur 1 des Magens, 2 des Colons, 3 des Dünndarms (Hund).
b) 1 Std. nach Aussetzen der Äthylenzufuhr (nach MILLER).

Auch die *glatte* Muskulatur wird während einer Narkose nicht oder nur sehr
wenig beeinflußt. MILLER und PLANT[2] fanden, daß die Bewegung des Magens,
Dünn- und Dickdarms des Hundes während der Narkose ungestört bleiben
oder eine geringe Tonuserhöhung aufweisen, vorausgesetzt, daß keine Asphyxie
eintritt, die ihrerseits zu einer Zunahme der Kontraktion führt. Durch Konzentrationen, die eine allgemeine Narkose hervorrufen, lassen sich nach
REYNOLDS keine wesentlichen Wirkungen am isolierten Kaninchendarm und
Meerschweinchenuterus hervorrufen. Damit stimmen auch die Versuche von
RUCKER und PIERCE[3] überein, die gleichfalls eine Wirkung auf den Uterus
vermißten. Am Menschen haben JOHNSTON und IVY[4] nach Beendigung der

[1] GRAHAM, H. T.: J. of Pharmacol. **33**, 266 (1928); **37**, 9 (1929).
[2] MILLER, G. H., u. O. H. PLANT: J. of Pharmacol. **25**, 147 (1925). — MILLER, G. H.:
Ebenda **27**, 41 (1926).
[3] RUCKER u. PIERCE, zit. nach H. PFLUG: Zit. S. 101.
[4] JOHNSTON, R. L., u. A. C. IVY: Amer. J. Physiol. **78**, 104 (1926).

Narkose röntgenologisch eine verzögerte Entleerung des Magens gesehen, die entweder auf eine Hemmung der peristaltischen Bewegungen oder einen Pylorospasmus bezogen wird.

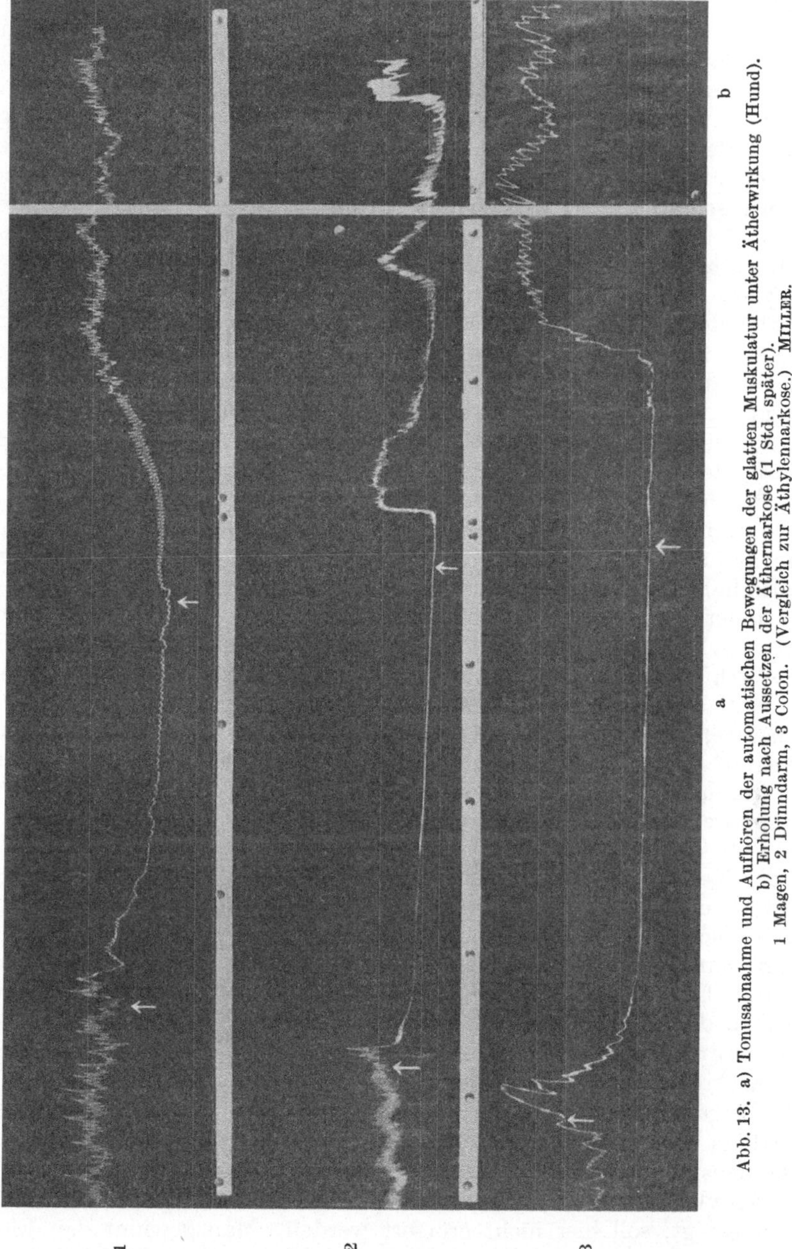

Abb. 13. a) Tonusabnahme und Aufhören der automatischen Bewegungen der glatten Muskulatur unter Ätherwirkung (Hund). b) Erholung nach Aussetzen der Äthernarkose (1 Std. später). 1 Magen, 2 Dünndarm, 3 Colon. (Vergleich zur Äthylennarkose.) MILLER.

Die *Drüsentätigkeit* unter dem Einfluß der Äthylennarkose ist nur gelegentlich Gegenstand der Untersuchung geworden. LUCKHARDT hebt als besonderen Vorteil das Aufhören der Schweißabsonderung hervor. Die Tätigkeit der Speicheldrüsen wird nicht geändert, vor allem nicht gesteigert. Die Absonderung des Magensaftes soll beim Menschen nach JOHNSTON und IVY gehemmt werden.

Zum Schluß sei auf die Vorteile und die Gefahren der Äthylennarkose mit einigen Worten eingegangen. Die Vorteile bestehen in dem schnellen Eintritt des Bewußtseinsverlustes, der Analgesie und der vollen Narkose sowie in dem schnellen Erwachen infolge der raschen Ausscheidung durch die Lungen, die sich, wie schon hervorgehoben, in 2 Minuten vollzieht. Ein weiterer Vorzug, der mit der raschen und vollständigen Ausscheidung im Zusammenhang steht, ist das Fehlen von Nachwirkungen (postoperative Pneumonie) und pathologischen Organveränderungen. Bei passender Dosierung und genügender Sauerstoffzufuhr erstreckt sich die Äthylenwirkung anscheinend fast ausschließlich auf das Gehirn, so daß ähnlich wie bei anderen Gasnarkoticis Atmung und Kreislauf, Stoffwechsel und Muskulatur, Wasserhaushalt und Tätigkeit der Drüsen wenig oder gar nicht berührt werden. Das Fehlen der Acidose läßt die Verwendung des Äthylens auch bei Diabetikern zu, besonders weil die Wirkung des Insulins nicht aufgehoben wird (LEMANN[1]).

Der Nachteil liegt in der gasförmigen Beschaffenheit des Äthylens, da für die Anwendung immerhin ein besonderer Apparat von mehr oder weniger verwickeltem Bau nötig ist, um eine hinreichende Dosierung und genügende Sauerstoffzufuhr zu gewährleisten. Diesen Nachteil teilt das Äthylen selbstverständlich mit den anderen Gasnarkoticis. Die Anwendung des Äthylens und der Gasnarkose überhaupt ist infolgedessen auf Krankenhäuser beschränkt. Die einzige wirkliche Gefahr ist in der leichten Entflammbarkeit und Explosibilität zu suchen. Dafür ist ein gewisser Gehalt an Äthylen und Sauerstoff notwendig, d. h. unterhalb von 3 und oberhalb von 80% ist die Explosionsgefahr gering. Um sie innerhalb der Gefahrenzone zu vermeiden — am übelsten sind etwa 25proz. Äthylen-Sauerstoffgemische —, dürfen selbstverständlich keine glühenden oder erhitzten Gegenstände (Thermokauter, Glühschlinge usw.) oder elektrische Entladungen mit Funkenbildung von außen (Stirnlampe, elektrische Reizapparate) an das Äthylen-Sauerstoffgemisch herangebracht werden. Wie HENDERSON[2] ausführt, können aber auch in dem Narkotisierungsapparat, besonders durch das Strömen der Gase und dadurch bedingte Reibung in Düsen und Gummischläuchen so starke elektrische Potentialdifferenzen entstehen, bis zu 1000 Volt, daß Explosionen bedingende Entladungen zustande kommen. Auf Grund der Kenntnisse, die man sich, durch einzelne Unglücksfälle belehrt, sehr bald erworben hat, scheinen die neueren Narkotisierungsapparate die Ursachen für die Explosion auszuschalten. Die Erdung ist eine Selbstverständlichkeit.

Wenn man die durch Explosion hervorgerufenen Todesfälle — sofern sie nicht durch Unachtsamkeit bedingt sind — statistisch bewertet, so käme man ungefähr zu dem Verhältnis 1 Todesfall auf 100 000 Äthylennarkosen, während bei Chloroform- und Äthernarkosen die Anzahl der Todesfälle mit Einschluß der postnarkotischen Bronchopneumonien, die beim Äthylen fehlen, 3—5 auf Tausend beträgt (HENDERSON). Bei Vermeidung der Explosionsgefahren durch zweckmäßige Apparatur scheint die Äthylennarkose im Krankenhausbetrieb sich am meisten dem Ideal einer chirurgischen Allgemeinnarkose zu nähern. Ob die Äthylennarkose in der Praxis tatsächlich die Acetylenanästhesie bei weitem überragt, soll hier nicht erörtert werden. Man gewinnt den Eindruck, daß die Anwendung des Äthylens sich in Amerika größerer Beliebtheit erfreut, während in Deutschland die des Acetylens bevorzugt wird.

---

[1] LEMANN, J. J.: Proc. Soc. exper. Biol. a. Med. **27**, 903 (1930).

[2] HENDERSON, Y.: J. amer. med. Assoc. **94**, 1491 (1930), mit vollständigen Literaturangaben.

Propylen, $CH_3 \cdot CH : CH_2$. Mol.-Gew. 42.

Eigenschaften. Farbloses, bei 7—8 Atmosphären kondensierbares Gas, dessen Geruch ähnlich dem des Äthylens ist. Wasserlöslichkeit: 100 ccm absorbieren 44,6 Vol. Gas (BROWN). Löslichkeitskoeffizient für Wasser bei 30° 0,3; 0,136 bei 20° (KILLIAN[1]). Löslichkeitskoeffizient für Sesamöl bei 20° 7,217. Verteilungsquotient Öl/Wasser 52,3. Löslichkeitskoeffizient für Blut bei 20,5° 0,221. Für gasanalytische Bestimmungen ist die große Absorbierbarkeit in rauchender Schwefelsäure wichtig. Siedepunkte verschieden angegeben. Nach dem von HALSEY und Mitarbeitern[2] angewendeten Verfahren gehen von dem kondensierten Produkt 5% bei 50—48°, 5% bei 40—38°, 50% bei 48—45° und 40% bei 45—40° über. Die Wirksamkeit der einzelnen Fraktionen scheint verschieden zu sein. Litergewicht 1,75 g.

Darstellung. Einträufeln von Isopropylalkohol unter die Oberfläche erhitzter Phosphorsäure (250°) oder Überleiten des Alkohols über Aluminiumhydroxyd bei 425°. Das erhaltene Gas ist nicht rein, da es nur 86—92% Propylen enthält. Kombination beider Verfahren — das aus Isopropylalkohol in Phosphorsäure gewonnene Gas wird bei 550° über Aluminiumhydroxyd geleitet — soll ein reineres Gas ergeben.

Bestimmung. In Luftgemischen gasanalytisch durch Absorption mit rauchender Schwefelsäure nach Entfernung von Kohlensäure und Sauerstoff.

Wirkungen. Sie sind im allgemeinen wie die des Äthylens, die Unterschiede liegen hauptsächlich in der Gabengröße.

Tabelle 24.

Mensch 35—45 Vol.-% = 61—70 mg% Narkose, beim Erwachen manchmal Erbrechen
(HALSEY u. Mitarbeiter)
50 „ = 87,5 „ tiefe Narkose, Erwachen in 2 Minuten. Unterhaltung der Narkose mit geringeren Konzentrationen (BROWN u. HENDERSON[3])

	24% = 42 mg%	15% = 26 mg%	12% = 21 mg%	6,4% = 11 mg%	
Wirkungsbeginn	30 Sek.	—	50 Sek.	$2^1/_2$ Min.	
Rededrang	60 „	—	3 Min.	—	
Koordinationsstörungen. .	$2^1/_2$ Min.	—	20 „	—	(DAVIDSON[4])
Bewußtlosigkeit	3 Min.	29 Min.	—	—	

Maus 55—60% = 96—105 mg% Tödlich (HALSEY u. Mitarbeiter)
50—60 „ = 87—105 „ Teilweise ertragen (HALSEY u. Mitarbeiter)
50 „ = 87 „ Narkose (MEYER u. HOPFF[5])
30—37 „ = 52,5—64,8 „ Narkose, Erwachen in 10—20 Sek. (HALSEY)
60—65 „ = 105—113,8 „ Tödlich. Anderes Präparat mit einem größeren Gehalt an niedriger siedenden Substanzen
60 „ = 105 „ Noch ertragen
40 „ = 70 „ Narkose im 60 Min.-Versuch
unter 40 „ Erregung
40% = 70 mg% Erregung, Gleichgewichtsstörung (KILLIAN[1])
50 „ = 87 „ Leichte Narkose in 20 Min.
60 „ = 105 „ Narkose in 9—11 Min.
70 „ = 122 „ Tiefe Narkose in 3 Min.
80 „ = 140 „ Tiefe Narkose ohne Erregung in $1^1/_2$ Min.

[1] KILLIAN, H.: Schmerz, Narkose, Anästh. **1930**, H. 4, 121 — Arch. klin. Chir. **157**, 637 (1929).
[2] HALSEY, I. T., CH. REYNOLDS u. W. A. PROUT: J. of Pharmacol. **26**, 479 (1926).
[3] BROWN, W. E., u. V. E. HENDERSON: J. of Pharmacol. **27**, 1 (1926). — BROWN, W. E.: Ebenda **23**, 485 (1924).
[4] DAVIDSON, B. M.: J. of Pharmacol. **26**, 33 (1925).
[5] MEYER, K. H., u. H. HOPFF: Hoppe-Seylers Z. **126**, 281 (1923).

Tabelle 24 (Fortsetzung).

Ratte	65% =	105 mg%	Tödlich, 2 Stunden-Versuch
	40—50 „ = 70— 87 „		Narkose, gelegentlich Muskelsteifigkeit, verminderte Pulszahl, unverändertes Elektrokardiogramm (RIGGS u. GOULDEN[1])
Hund	78—80% =	140 mg%	Sinken des Blutdrucks, Tod (HALSEY) Wiederbelebungsversuche erfolgreich
	65 „ =	114 „	Starke Pulsbeschleunigung
	60 „ =	105 „	Kreislauf noch nicht gestört
	40 „ =	70 „	Narkose, aber nicht vollständig, Erschlaffung noch nicht eingetreten, Reflexe nicht ganz aufgehoben, aber vollkommene Analgesie
	50 „ =	87 „	Stundenlange Narkose ohne Schädigung von Kreislauf und Atmung
Katze	80% =	140 mg%	Tödlich (HALSEY)
	70 „ =	122 „	Starke Blutdruckerniedrigung, Siedepunkt des Präparates —42,5° (BROWN u. HENDERSON)
	65 „ =	114 „	Verlangsamung der Atmung, mäßiger Abfall des Blutdrucks
	37—50 „ = 61— 87 „		Narkose in 2 Min., die mit 20—31 Vol.-% unterhalten werden kann
	60 „ =	105 „	Stundenlange tiefe Narkose möglich
	40—44 „ = 70— 77 „		Narkose, Reaktion auf elektrische Reizung des Nerven nicht vollkommen aufgehoben

Blutdruck und Atmung der Katze bleiben nach BROWN und HENDERSON selbst bei ganz tiefer Narkose mit 60% Propylen und Sauerstoff im wesentlichen unbeeinflußt. Die Alkalireserve des Blutes ist etwas erniedrigt, aber kaum über die Fehlergrenzen der Methode hinaus. So steigt das CO_2-Bindungsvermögen des Blutes der mit 60% Propylen narkotisierten Katze nach 1 Stunde von 39,9 auf 44,8 und nach 2 Stunden 47,6. Das p_H fällt von 7,6 auf 7,49 nach 1 Stunde und bleibt nach 2 Stunden mit 7,5 unverändert. Der Blutzucker zeigt keinen Anstieg, da er auf 0,098 mg% stehenbleibt. BROWN und HENDERSON schließen aus ihren Versuchsergebnissen, daß der Stoffwechsel nicht wie bei der Chloroform- und Äthernarkose geschädigt wird, wenn genügend Sauerstoff in der Einatmungsluft vorhanden ist.

Blutdruckversuche KILLIANS am Kaninchen zeigen in Übereinstimmung mit den Befunden von BROWN und HENDERSON, daß bei völliger Anästhesie mit 60% Propylen keine Abweichungen vom Ausgangswert beobachtet werden können. 80% Propylen verringert etwas die systolischen Ausschläge[2].

Den Versuchen von REYNOLDS[3], der am isolierten Krötenherz und am Froschherz in situ eine geringere Überlebensdauer als in Luft (223 gegen 272 Minuten) unter Einwirkung des Propylens feststellte, kann man eine erhebliche schädigende Wirkung nicht entnehmen, besonders da andere Angaben über Amplitudenhöhe und Pulszahl im Laufe des Versuches fehlen. Am isolierten Kaninchendarm

---

[1] RIGGS, L. K., u. H. D. GOULDEN: J. amer. pharmaceut. Assoc. **16**, 635 (1927).

[2] Auch in einem zweiten Versuchsbeispiel zeigen sich am Kaninchen nach 50, 60 und 80% Propylen keine Veränderungen des Blutdrucks und des Elektrokardiogramms, das ausdrücklich als normal bezeichnet wird. Erst nachdem das Tier urethanisiert worden war, rufen 50, 66 und 80% Propylen starke Veränderungen des Ekg. hervor (bigeminusartig). Abgesehen davon, daß das Tier längere Zeit mit steigenden Konzentrationen behandelt worden war, dürfte es nicht ohne weiteres erlaubt sein, die im übrigen kaum deutbaren Veränderungen des Ekg. am nachträglich noch urethanisierten Tier dem Propylen zur Last zu legen. Wenn CAINE und REYNOLDS schon nach 25proz. Propylen-Sauerstoffgemischen am Ekg. Veränderungen sahen, die auf Schädigungen des Herzens hindeuten, so ist es dringend notwendig, diese Ergebnisse nachzuprüfen, da sie mit allen übrigen in einem nicht zu erklärenden Widerspruch stehen.

[3] REYNOLDS, CH.: J. of Pharmacol. **27**, 93 (1926).

und Meerschweinchenuterus sind unter der Einwirkung des Propylens keine Schädigungen zu beobachten. Bei mehrmaligen Narkosen mit 35% Propylen, 20mal in 58 Tagen, sollen nach REYNOLDS bei einem Viertel der Versuchstiere (Mäuse) Fettinfiltrationen wechselnden Ausmaßes in der Leber festzustellen sein. Zweifellos kommen derartige Befunde auch bei Tieren vor, die nicht einer Narkose unterworfen worden waren.

BROWN und HENDERSON halten Propylen für ein brauchbares Narkoticum, da es selbst in sehr tiefer Narkose bei genügender Sauerstoffzufuhr keine Schädigungen hervorruft. Gegen die Verwendung spricht aber die Tatsache, daß es anscheinend noch nicht gelungen ist, ein ganz reines Präparat herzustellen, so daß auch bei den Tierversuchen das verwendete Propylen je nach dem Siedepunkt recht große Unterschiede in der Wirkung aufweist.

Butylen, C_4H_8. Mol.-Gew. 56.

Es sind mehrere isomere Verbindungen vorhanden, mit denen auch Tierversuche angestellt worden sind. BROWN und HENDERSON[1] haben wahrscheinlich die Verbindung $CH_3 \cdot CH_2 \cdot CH:CH_2$ gebraucht, das man auch als Äthyläthylen bezeichnen kann. Leicht kondensierbares Gas —5°, schlecht wasserlöslich, gut löslich in Öl, gut absorbierbar in rauchender Schwefelsäure, was für die Bestimmung wichtig ist.

Die narkotischen Wirkungen sind erheblich, aber fast schon bei den Grenzkonzentrationen tritt ein Abfall des Blutdrucks und eine an die Enthirnungsstarre erinnernde Muskelsteifigkeit auf. An der Katze wurden folgende Beobachtungen gemacht.

50% = 116 mg%	Narkose, aber Blutdruck ist bereits auf 46 mm Hg gefallen
40 ,, = 93 ,,	Narkose, Blutdruck 80 mm Hg
30 ,, = 70 ,,	Anästhesie, Blutdruck ±, Muskelsteifigkeit. Langsamer Eintritt der Wirkung
25 ,, = 58 ,,	Leichte unvollständige Betäubung. Blutdruck 110 mm Hg

BROWN und HENDERSON halten das von ihnen verwendete Butylen als Inhalationsanaestheticum für unbrauchbar.

RIGGS[2] hat anscheinend eine Mischung von Normal- und Isobutylen für seine Versuche an Ratten verwendet. Mit einem 20proz. Butylen-Sauerstoffgemisch ließ sich nach Ablauf von 15 Minuten Narkose herbeiführen, der aber starke Erregungszustände vorhergehen. 40proz. Mischungen wirkten durch Atemlähmung tödlich.

Normalbutylen, $CH_3 \cdot CH:CH \cdot CH_3$, ist von KILLIAN[3] in Mischung mit Äthyläthylen für die Versuche herangezogen worden. Farbloses Gas, schwerer als Luft, leicht kondensierbar. Löslichkeitskoeffizient für Wasser bei 20° 0,173, für Sesamöl 32,45. Teilungsquotient Öl/Wasser 188. Löslichkeitskoeffizient für Blut bei 20° 0,448.

Bei der Maus zeigen sich bei 10% nur erregende Wirkungen, bei 20% tritt Seitenlage und leichte Narkose ein. 25% bedingt noch keine tiefe Narkose, die aber bei 30% schon nach $2^1/_2$ Minuten ausgesprochen ist. 35—40% wirken nach 11—14 Minuten tödlich. Außer bei 40% ist vor der Narkose immer ein kurzer Erregungszustand zu beobachten.

Im Blutdruckversuch am Kaninchen, das mit 0,5 g Somnifen vorbereitet war — für die Butylenwirkung vielleicht nicht unwichtig —, beobachtete KILLIAN

---

[1] BROWN, W. E., u. V. E. HENDERSON: J. of Pharmacol. **27**, 1 (1926).
[2] RIGGS, L. K.: Proc. Soc. exper. Biol. a. Med. **22**, 269 (1925).
[3] KILLIAN, H.: Schmerz, Narkose, Anästh. **1930**, 121.

einen Schlafzustand mit Erhöhung der Pulsfrequenz und Blutdrucksenkung von 70 auf 55 mm Hg. 50% rufen völlige Muskelentspannung und Narkose hervor. Der Blutdruck geht auf 30 mm zurück. Etwa 10 Minuten nach Beginn der Einatmung von einem 70proz. Butylen-Sauerstoffgemisch kommt es zum Atemstillstand. Bei den nichttödlichen Konzentrationen wird die Atmung im allgemeinen in der Weise beeinflußt, daß die Zahl der Atemzüge, die Tiefe und infolgedessen auch das Atemvolumen zunimmt.

Isobutylen, $\frac{CH_3}{CH_3}{>}C:CH_2$. Farbloses, leicht kondensierbares Gas. Siedepunkt —6°, Löslichkeitskoeffizient für Wasser bei 20° 0,120, für Sesamöl 17,31, Teilungsquotient 144. Löslichkeitskoeffizient für Blut 0,249 (KILLIAN). Bei der Maus sind 30% Gemische mit Sauerstoff nach 21 Minuten wirkungslos. 40% besitzen Schlafwirkung, 50% rufen eine auffallend gute Narkose ohne Erregung, ohne Muskelzuckungen und Atemveränderung hervor. Bei 60% ist die Narkose sehr tief und wird während der Versuchszeit von 30 Minuten gut ertragen. 70% wirkt nach etwa 20 Minuten tödlich. Die Erholung aus der Narkose geht rasch vor sich.

Beim Kaninchen bedingen 20proz. Isobutylen-Sauerstoffgemische schon einen Abfall des Blutdrucks und Veränderungen des Elektrokardiogramms. Nach 40% sinkt der arterielle Druck bis auf 45 mm Hg, die Atmung wird vorübergehend unregelmäßig, zeigt aber sonst eine deutliche Zunahme des Volumens, weniger der Frequenz.

SCHMIDT und SCHAUMANN[1] haben sich ebenfalls mit dem normalen Butylen und der Isoverbindung beschäftigt, indem sie von der Frage ausgingen, ob diese Gase sich für eine Kombination mit Stickoxydul eignen. Sie halten sie für diese Zwecke für brauchbar und haben bei Zusatz von 8—10 Vol.-% zu 80proz. Stickoxydul-Sauerstoffgemischen gute Ergebnisse gesehen.

Nach den genannten Forschern scheint sich für die Kombination mit N_2O ein anderer ungesättigter Kohlenwasserstoff, das *Butadien*, nicht zu eignen, da es anscheinend den Kreislauf und die Atmung schädigt. KILLIAN[2] hat sich näher mit diesem Körper beschäftigt.

Butadien, $CH_2:CH \cdot CH:CH_2$, Mol.-Gew. 54. Farbloses, leicht kondensierbares Gas mit dem Siedepunkt —5°. Löslichkeitskoeffizient in Wasser bei 20° 0,350, in Sesamöl 37,32, berechneter Teilungsquotient für Öl/Wasser 107. Löslichkeitskoeffizient für Blut bei 21° 0,870.

Bei der Maus sind 10proz. Gemische mit Sauerstoff fast unwirksam. 20% bedingen Seitenlage und leichte Narkose, die jedoch mit einer Reizatmung, Reflexübererregbarkeit bis zu Krämpfen verbunden ist. 30% werden eine halbe Stunde ertragen, während 40% ausnahmslos zum Tode führen. Beim Kaninchen kommt es nach Einatmung von 20% zu heftiger Erregung der Atmung, aber noch nicht zur Narkose. 40% wirken narkotisch, bedingen Hyperventilation, lassen aber den Blutdruck nicht sinken, obwohl am Elektrokardiogramm schon wesentliche Veränderungen des Herzens zu beobachten sind. Butadien dürfte sich daher für die chirurgische Anwendung nicht eignen. In diese Gruppe gehört auch das von KILLIAN untersuchte Allen.

Allen, $CH_2:C:CH_2$, Mol.-Gew. 40. Farbloses, leicht kondensierbares Gas. Siedepunkt —22°. Löslichkeitskoeffizient in Wasser bei 20° 0,304, in Sesamöl 8,271. Teilungsquotient Öl/Wasser 27. Löslichkeitskoeffizient in Blut 0,440.

Bei der Maus bedingen 20% mit Sauerstoff eine nicht ausreichende Narkose mit Seitenlage. Auch 30% sind noch nicht vollnarkotisch. Konzentrationen von

[1] SCHMIDT, H., u. SCHAUMANN: Dtsch. Z. Chir. **216**, 149 (1929).
[2] KILLIAN, H.: Zit. S. 107.

40% an wirken tödlich. Beim Kaninchen tritt nach Einatmung von 50% fast völlige Reflexlosigkeit ein, der Blutdruck steigt etwas an, die Pulsfrequenz ist vermehrt, die Atmung zeigt keine wesentlichen Veränderungen und das Elektrokardiogramm bleibt „normal". Die Kombination von 10% Allen mit 70% Äthylen oder 50% Narcylen hat eine gute Narkose zur Folge. Das Gas scheint sich nach diesen Ergebnissen kaum für die praktische Anwendung zu eignen.

Die übrigen gasförmigen Substanzen der aliphatischen Reihe sowohl die gesättigten wie ungesättigten Verbindungen bleiben unberücksichtigt, da sie als Gasnarkotica keine Bedeutung haben dürften. Dagegen sei noch eine cyclische Verbindung, nämlich das Cyclopropan, erwähnt.

$$\text{Cyclopropan (Trimethylen)}\quad H_2C\overset{\displaystyle CH_2}{\diagup\diagdown}CH_2 . \quad \text{Mol.-Gew. 42.}$$

Eigenschaften. Farbloses Gas, das bei 5—6 Atmosphärendruck kondensierbar ist. Siedepunkt —37°. In Wasser schwer, in Öl leicht löslich. Litergewicht 1,75 g. Schwierige Reindarstellung und leichte Zersetzlichkeit.

Wirkungen. HENDERSON[1] im Verein mit LUCAS und JOHNSTON hat zuerst das Cyclopropan auf seine narkotischen Wirkungen untersucht und die Gabengrößen festgestellt. Weitere Untersuchungen haben SEEVERS und Mitarbeiter[2] vorgenommen.

Gaben.

Maus	34 Vol.-%	ungef.	60 mg%	Tödlich (HENDERSON u. JOHNSTON 1931)
	17 ,,	=	30 ,,	Narkose
Kaninchen	14—15 ,,	=	26 ,,	Narkose (HENDERSON u. LUCAS 1930)
Katze	25—30 ,,	= 44—53	,,	Tod (LUCAS u. HENDERSON 1929)
	18—30 ,,	= 32—53	,,	Tod
	34 ,,	=	60 ,,	Tod (HENDERSON u. JOHNSTON 1931)
	10—11 ,,	=	19 ,,	Anästhesie (Dieselben 1929 u. 1930)
	17 ,,	=	30 ,,	Narkose (Dieselben 1931)
Hund	30 ,,	=	53 ,,	Tod (HENDERSON u. JOHNSTON 1931)
	15—17 ,,	= 26—30	,,	Anästhesie
	47 ,,	=	83 ,,	Tod bei künstlicher Atmung (SEEVERS u. Mitarbeiter 1934)
	39 ,,	=	70 ,,	Tod bei spontaner Atmung
	25 ,,	=	44 ,,	Narkose

Wie aus den angegebenen Zahlen hervorgeht, sind ziemlich erhebliche Unterschiede in den narkotisierenden und tödlichen Konzentrationen vorhanden. SEEVERS und Mitarbeiter machen darauf aufmerksam, daß das von HENDERSON und LUCAS gebrauchte Gas zu 7% mit gesättigten Kohlenwasserstoffen, Wasserstoff und Luft verunreinigt war, während das von ihnen verwendete Präparat nur noch 0,5% Verunreinigungen enthielt und sicher frei von Propylen war. HENDERSON hat 1931 zweifellos ein reineres Präparat zur Verfügung gehabt

---

[1] LUCAS, G. H. W., u. V. E. HENDERSON: Amer. J. Physiol. **90**, 435 (1929). — HENDERSON, V. E., u. G. H. W. LUCAS: Arch. internat. Pharmacodynamie **37**, 155 (1930). — HENDERSON, V. E., u. J. F. A. JOHNSTON: J. of Pharmacol. **43**, 89 (1931).

[2] SEEVERS, M. H., W. I. MEEK, E. A. ROVENSTINE u. I. A. STILES: J. of Pharmacol. **51**, 1 (1934).

Während der Korrektur wurden zwei noch nicht veröffentlichte Angaben zur Verfügung gestellt: Nach WATERS lösen 100 ccm Wasser 0,514 ccm, 100 ccm Blut 1,057 ccm, 100 ccm Olivenöl 22,24 ccm Cyclopropan bei 37°. Quotient Öl-Wasserlöslichkeit 42,7 (früher mit 65 angegeben). Nach KILLIANS Bestimmungen (bei 20° und 760 mm Hg) beträgt die Löslichkeit: Wasser 0,296, defibriniertes Rinderblut 0,503, Sesamöl 11,14. Quotient Öl-Wasserlöslichkeit 37,6, Erythrocyten-Plasma 43:57.

als bei den früheren Versuchen; so ist es zu erklären, daß er bei der Bestimmung der anästhetischen Konzentration für die Katze eine um 55% höhere Gabe (11 gegen 17% in der Einatmungsluft) fand. Bei der Feststellung der tödlichen Konzentration betrugen die Unterschiede nur 26%. Vergleicht man die letzten Angaben HENDERSONS mit denen von SEEVERS und Mitarbeitern bei Versuchen am Hund, so betragen die Unterschiede für die anästhetischen Konzentrationen wieder 55%, für die tödlichen 30%. Mit anderen Worten: die Abweichungen bewegen sich beide Male fast genau in der gleichen Größenordnung. Es ist also durchaus möglich, ja sogar wahrscheinlich, daß SEEVERS ein reineres, weniger toxisches Präparat verwendet hat. So erklären SEEVERS und Mitarbeiter auch tatsächlich selbst die Unterschiede der Gabengrößen. Außerdem haben sie aber, schon wegen der Anlage des Versuches, einen etwas höheren Narkosegrad bei reichlicher Sauerstoffzufuhr erreicht oder erreichen müssen.

Eine andere Möglichkeit, die Abweichungen zu erklären, ist ein etwaiger Verlust an Cyclopropan während des Versuches bei SEEVERS und Mitarbeitern. Ein solcher ist allerdings, aber nur scheinbar, eingetreten; er betrug am Ende einer 71 Minuten währenden Narkose eines 20 kg schweren Hundes nach dem beigegebenen Versuchsbeispiel 4,315 l = 75 g Cyclopropan, die zum größten Teil in den ersten 15 Minuten verschwanden. Die Untersucher dachten zunächst, daß eine Undichtigkeit der Apparatur schuld daran sei. Aber durch eigens dazu angestellte Versuche konnten sie sich davon überzeugen, daß dies nicht der Fall sei. Auch die Absorption des Cyclopropans durch das Sperrwasser des Spirometers, in dem sich das praktisch in Wasser unlösliche Gas befand, kam nicht in Betracht. Es mußte also der Verlust durch das Tier selbst entstanden sein. Die Möglichkeit, daß das eingeatmete Cyclopropan durch die Haut wieder ausgeschieden werde, kam für so große Verluste nicht in Betracht. Eine Zerlegung des Cyclopropans durch Aufspaltung des Ringes im Organismus wird zwar nicht vollkommen abgelehnt, aber nicht für wahrscheinlich gehalten[1]. Vielmehr sind die Forscher der Ansicht, daß das Narkoticum in großen Mengen von den Lipoiden und Fettsubstanzen des Organismus gebunden werde, zumal da der Teilungsquotient Öl/Wasser außerordentlich groß ist und den Wert von 65 erreicht. In der Tat ist die Möglichkeit der Cyclopropanverankerung in den Geweben, bevor der Konzentrationsausgleich zwischen Einatmungsluft und Geweben vollzogen ist, durchaus zugegeben, da ja beispielsweise vom Äther nach den Versuchen von HAGGARD 130—150 mg von je 100 g Körpersubstanz im Organismus gebunden sind, wenn der Konzentrationsausgleich stattgefunden hat. Im vorliegenden Falle würde mithin von den Geweben 37,5 mg Cyclopropan von 100 g Körpersubstanz fixiert worden sein.

Auf diese eigentümliche, bei den anderen Gasnarkotica kaum untersuchten Verhältnisse mußte etwas näher eingegangen werden, da sich daraus praktisch und theoretisch wichtige Schlußfolgerungen ableiten lassen, welch letztere bereits in der Einleitung zu den Gasnarkoticis gezogen worden sind.

Der Eintritt der Cyclopropannarkose vollzieht sich nach SEEVERS nicht so schnell wie sonst bei den Gasnarkotica vom Typus des Äthylens. Das Erwachen geht zunächst verhältnismäßig rasch vonstatten, da schon 2—3 Minuten nach Beendigung der Gaszufuhr Bewegungen in den Gliedmaßen sichtbar werden und nach 5 Minuten das Tier versucht, den Kopf zu heben; die volle Erholung ist jedoch erst nach 1 Stunde eingetreten.

Die *Atmung* bleibt während der Narkose regelmäßig und das Atemvolumen nimmt bei der narkotischen Konzentration von 25% Cyclopropan nicht ab.

---

[1] Eine Zersetzung im Organismus, bei der Propylen entsteht, wird ausgeschlossen (SEEVERS, DE FAZIO u. EVANS: Zit. S. 65; daselbst Besprechung der Arbeit).

Bei höheren, besonders subletalen Konzentrationen vermindert es sich nicht unwesentlich, wobei weniger die Zahl als die Tiefe der Atemzüge abnimmt. Zu dieser Zeit ist auch der *Kreislauf* stark geschädigt, da der Blutdruck sehr stark abfällt. Jetzt zeigt auch das Herz Unregelmäßigkeiten; Extrasystolen und sogar ein vollständiger Vorhof-Kammerblock ließ sich beobachten. Kommt es bei geringeren Konzentrationen zu Unregelmäßigkeiten des Herzens, so scheinen sie sich auf eine Erregung des Vagus beziehen zu lassen, da sie durch Atropinisierung verhütet werden können. Der Tod kommt durch Atemschädigung zustande, allerdings ist auch immer eine Beteiligung des Herzens vorhanden.

Der *Stoffwechsel* wird anscheinend wenig in Mitleidenschaft gezogen; denn die Wasserstoffionenkonzentration, die Alkalireserve und der Zuckerspiegel des Blutes bleiben ziemlich unverändert (HENDERSON).

Bemerkenswert ist die Tatsache, daß durch vorherige Darreichung von Morphin die narkotische Grenzkonzentration von 25 Vol.-% auf etwa 12% herabgedrückt werden kann, in einem Ausmaß also, das man durch die „Prämedikation" des Morphins bei anderen steuerbaren Narkoticis nicht erreichen kann.

Alle Untersucher und die Kliniker[1], die das Cyclopropya angewendet haben, sind der Ansicht, daß es ein brauchbares kaum schädliches Inhalationsanaestheticum ist, dessen Wirkungen es zwischen Äther und die anderen Gasnarkotica stellen.

B. Schlafmittel.

Allgemeines.

Unter Schlafmitteln verstehen wir Substanzen, die einen dem natürlichen Schlaf ähnlichen Zustand herbeiführen. Unsere Kenntnisse haben sich in den letzten 10 Jahren wesentlich vermehrt, so daß die früher wiedergegebene Auffassung ZIEHENS (Bd. I, S. 389), der unser Wissen auf diesem Gebiete als noch recht mangelhaft bezeichnete, nicht mehr in vollem Umfang zu Recht besteht. Allerdings sind eine Fülle von Fragen auch heute noch nicht beantwortet, ja wir sind vielleicht einer befriedigenden Lösung in Wirklichkeit noch nicht allzu nahe gekommen, da einerseits die vorliegenden Ansichten in vielen Punkten einander widersprechen und andererseits wieder neue Fragestellungen aufgetaucht sind. Da die neueren Forschungsergebnisse unsere Anschauungen über die Wirkung der Schlafmittel wesentlich beeinflußt haben und zum Teil auch mit pharmakologischen Methoden gefunden wurden, so ist es notwendig, im folgenden auf das ganze Gebiet etwas näher einzugehen.

Zunächst muß betont werden, daß es eigentlich verfehlt ist, nur vom Schlaf zu sprechen; es ist vielmehr notwendig, den ganzen periodischen Ablauf des Wachens und Schlafens gemeinsam zu betrachten, worauf auch besonders v. ECONOMO[2] hinweist, wenn auch zugegeben werden darf, daß fast alle Forscher diesen Gesichtspunkt mehr oder weniger berücksichtigt haben, da sie ja die Erscheinungen des Schlafens mit denen im Wachen verglichen. Auch der plötzliche Übergang vom Wachen zum Schlafen, der für v. ECONOMO etwas Reflexartiges an sich hat, gehört zum besonderen Kennzeichen dieser periodischen Vorgänge.

Die **Erscheinungen**, die mit dem Schlafzustand verbunden sind und ihn charakterisieren, sind sehr genau untersucht worden. Nach dem genannten Forscher lassen sie sich einteilen in die des Hirnschlafes, der sich zu Beginn oder während eines leisen Schlafes durch die Beruhigung und teilweise Aus-

---

[1] STILES, I. A., NEFF, ROVENSTINE u. WATERS, nach SEEVERS u. Mitarbeiter: Zit. S. 109.

[2] v. ECONOMO, C.: Die Pathologie des Schlafes. Handb. d. norm. u. path. Physiol. **17 III**, 591. Berlin: Julius Springer 1926.

schaltung der animalen Äußerungen der nervösen und psychischen Tätigkeit des Gehirns auszeichnet, und ferner in die des Körperschlafs, der, im festeren Schlaf auftretend, vorwiegend durch Änderung der vegetativen Tätigkeit der Organe gekennzeichnet ist (vgl. H. H. Meyer und Pick[1] sowie Ebbecke[2]).

Einerseits kommt es also zu einem mindestens teilweisen Verlust des Bewußtseins, einhergehend mit einer verminderten Erregbarkeit des Gehirns für sensible und sensorische Reize und einer Verringerung oder Aufhebung der spontanen Bewegungen[3]. Auch die Reflextätigkeit ist wesentlich geändert. Außerdem zeigt sich eine Verlangsamung des Kreislaufes, bedingt durch eine Abnahme der Schlagzahl und Amplitudenhöhe des Herzens und somit auch des Minutenvolumens. Dies führt im Verein mit einer Verringerung des Gefäßtonus, besonders in der Haut und auch wohl im Gehirn, zu einer Senkung des Blutdrucks. Ebenso nimmt das Atemvolumen durch Verminderung der Zahl und Tiefe der Atembewegungen ab, was auf eine verringerte Erregbarkeit des Atemzentrums hinweist (vgl. H. Straub und Schüler[4] u. a.). Die Folge ist eine Zunahme der Kohlensäurespannung in der Alveolarluft. Im Blut ist die Alkalireserve vermindert, die Milchsäure, der anorganische Phosphor und die Wasserstoffionenkonzentration vermehrt[5]. Der Stoffwechsel ist wesentlich eingeschränkt, da die Oxydationen sich in bedeutend engeren Grenzen halten, wenn sie auch selbstverständlich nicht aufgehoben sind, da ja ein Teil der Organe, wie Herz, Zwerchfell usw., weiter arbeiten. Das Absinken der Eigenwärme ist eine Folge der Verminderung der Oxydationsvorgänge und gleichzeitig der Erregbarkeitsänderung der Wärmeregulationszentren. Auch die Tränen, Speichel- und Schleimabsonderung ist verringert, während die Magensaftsekretion keine Einbuße erleidet (vgl. Abderhalden[6]) und die Schweißdrüsen sogar eine erhöhte Tätigkeit zeigen (Czerny[7]).

Die **Bedingungen für das Zustandekommen** des Schlafes sind nicht einheitlich. Ermüdung im Wachzustand spielt dabei eine große, nicht weiter zu erörternde Rolle, ist aber allein sicher nicht ausreichend. Das gleiche gilt für willkürliche und unwillkürliche Reizausschaltung (weiches Lager, Einnahme der horizontalen Lage, Verdunklung des Schlafraums, Fernhalten von Geräuschen, Schließen der Augen, Miosis usw.). Auch der Wille zum Schlafen und die Gewohnheit, zu bestimmten Zeiten schlafend zu ruhen, können den Schlafeintritt wohl erleichtern, ihn aber allein nicht hervorbringen. Eine große Bedeutung wird den Untersuchungen Pawlows[8] zugesprochen, der auf Grund seiner Beobachtungen der bedingten und unbedingten Reflexe zu der Ansicht gelangt, daß der Schlaf durch Entstehung innerer Hemmungen zustande komme, die die Hirnrinde ergreifen und sich auf die subcorticalen Zentren ausbreiten

---

[1] Meyer, H. H., u. E. P. Pick: Hypnotica. Handb. d. norm. u. path. Physiol. **17 III**, 611.

[2] Ebbecke, U.: Physiologie des Schlafes. Ebenda **17 III**, 563.

[3] Interessant ist in diesem Zusammenhang die Feststellung von G. Bourguignon [C. r. Soc. Biol. Paris **107**, 1365 (1931)], daß die Chronaxiewerte der Fingerextensoren nach dem Einschlafen sehr stark ansteigen und nach dem Erwachen wieder abfallen; die Rheobase zeigt nur geringfügige Abweichungen. Die Veränderungen sind als zentral bedingt anzusehen.

[4] Straub, H.: Dtsch. Arch. klin. Med. **117**, 397 (1915). — Bass, E., u. K. Herr: Z. Biol. **75**, 279 (1922). — Endres, G.: Biochem. Z. **142**, 53 (1923). — Meyer-Gollwitzer, Kl., u. Ch. Krötz: Biochem. Z. **154**, 82 (1924). — Kunze, J.: Z. exper. Med. **59**, 248 (1928). — Vgl. auch I. B. Leathes: Brit. med. J. **1919 II**, 165.

[5] Die vermehrte P-Ausscheidung wird von G. E. Simpson [J. of biol. Chem. **67**, 505 (1926)] allerdings auf Versuchsfehler zurückgeführt.

[6] Abderhalden, E.: Lehrb. d. Physiologie. S. 605. Berlin-Wien: Urban & Schwarzenberg 1927. (Hier viele Literaturangaben.) — Vgl. auch U. Ebbecke: S. Fußnote 2.

[7] Czerny, A.: Jb. Kinderheilk. **33**, 1 (1892); **41**, 337 (1896).

[8] Pawlow, J.: Skand. Arch. Physiol. (Berl. u. Lpz.) **44**, 42 (1923).

(Ten Cate[1]). Wahrscheinlich müssen mehrere oder alle diese Faktoren zusammenwirken, um den Schlafzustand zu veranlassen oder ihn zu unterhalten.

Alle Erscheinungen des Schlafens und Wachens in qualitativer und quantitativer Beziehung sowie zeitlicher Aufeinanderfolge legen den Gedanken nahe, daß es sich um einen von dem Zentralnervensystem geregelten Vorgang handele, bei dem ähnlich wie bei der Regelung der Körpertemperatur hormonale, ionale und periphere Einflüsse, z. B. im Nerven- und Muskelsystem, beteiligt sind. Inwieweit die letztgenannten Faktoren wiederum der Herrschaft des Zentralnervensystems unterstehen, indem von ihm Impulse zu den endokrinen Drüsen und anderen Organen auf dem Wege des vegetativen und animalen Nervensystems hingeleitet werden, läßt sich für den Schlafzustand vorläufig nur schwer entscheiden. Daß jedoch das vegetative Nervensystem eine sehr große Rolle spielt, ersieht man aus der Tatsache, daß im Schlaf offenbar der Parasympathicus, im Wachen aber der Sympathicus einen erhöhten Tonus besitzen. In dieser Richtung liegen möglicherweise die Versuchsergebnisse von Hess[2] sowie von Cloetta[3] und seinen Schülern. Ersterer zeigte, daß die Injektion des den Sympathicus (wenigstens die peripheren Endigungen) *lähmenden* Ergotamin in die Seitenventrikel des Gehirns bei Katzen Schlaf hervorruft. Die Cloettasche Schule konnte durch Injektion kleiner Mengen von Calciumchlorid[4] in die Gegend des Infundibulums einen dem natürlichen Schlaf sehr ähnlichen Zustand herbei-

führen (vielfach bestätigt: Marinesco und Mitarbeiter[5]). Diese Angaben scheinen sich zunächst zu widersprechen, da dem Calciumchlorid gewöhnlich ein sympathicusfördernder Einfluß zugeschrieben wird. Es ist aber zu betonen, daß Calciumionen in kleinen Mengen den Parasympathicustonus verstärken können (Barath[6]). Bei beiden Eingriffen, Calcium- und Ergotamininjektionen, würde also ein Überwiegen des Parasympathicus über den Sympathicus möglich sein.

Abgesehen von der Bedeutung dieser Versuche für die Tonusbeeinflussung der beiden so häufig antagonistisch wirkenden Teile des vegetativen Nervensystems zeigen sie, daß es notwendig ist, die wirksamen Körper, Ergotamin, Calciumionen, an eine bestimmte Stelle des Gehirns, nämlich das Höhlengrau des dritten Ventrikels, heranzubringen, um den Schlafzustand herbeizuführen. Diese Ergebnisse stehen deshalb in Übereinstimmung mit den klinisch-patho-

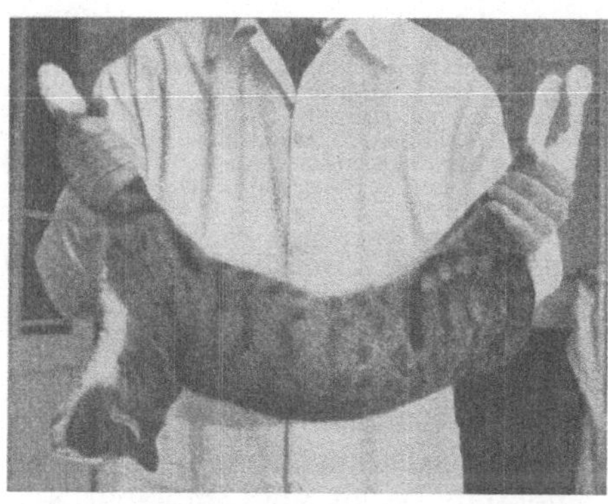

Abb. 14. Katze nach Einspritzung von CaCl₂ (0,002 g) in das Ganglion suprachiasmaticum. Tiefer Schlaf, Hypotonie. (Nach Demole.)

[1] Ten Cate, J.: Z. Neur. **122**, 175 (1929).

[2] Hess, W. R.: Schweiz. Arch. Neur. **1925**, H. 2.

[3] Cloetta, M., u. E. Brauchli: Arch. f. exper. Path. **111**, 254 (1926). — Cloetta, M., u. H. Thomann: Ebenda **103**, 260 (1924). — Demole, V.: Ebenda **120**, 229 (1927).

[4] KCl-Injektion bedingt nach Demole Erregung. Marinesco beobachtete nach KCl anfangs ebenfalls Aufregung, später aber trat Schlaf ein. Berggren und Moberg [Acta psychiatr. (Københ.) **4**, 1 (1929)] geben an, durch wesentlich kleinere Gaben von KCl als sie Demole angewendet hatte, ebenso wie durch Stichverletzung dieser Gegend bei der gleichen Tierart Schlaf herbeigeführt zu haben.

[5] Marinesco, G., O. Sager u. A. Kreindler: Z. Neur. **119**, 227; **122**, 23 (1929).

[6] Barath, E.: Z. exper. Med. **45**, 395 (1925). Weitere Literatur bei H. H. Meyer, R. Gottlieb u. E. P. Pick: Die experimentelle Pharmakologie. 8. Aufl., S. 280. Berlin-Wien: Urban & Schwarzenberg 1933.

logischen Beobachtungen, die v. Economo bereits 1917, bei der Encephalitis lethargica und anderen krankhaften Schlafzuständen erheben konnte und die ihn dazu veranlaßten, die Steuerung des periodischen Wechsels zwischen Wachen und Schlafen in einem ziemlich umschriebenen Teil des Gehirns, nämlich dem parainfundibulären und suprachiasmatischen Höhlengrau, zu suchen, in dessen Nähe Demole auch die Calciuminjektionen vornahm.

Neuerdings hat Hess[1] durch Einführung feinster Elektroden ins Mittelhirn und Anwendung sehr schwacher Ströme bei Katzen Schlaf hervorrufen können, wenn bei der Reizung ventrikelnahe mediale Partien vor der vorderen Grenze des Aquaeductus Sylvii getroffen wurden. Und Marinesco und Mitarbeiter haben bei anodischer Polarisation derselben Hirngegend Schlaf herbeiführen können, während er im Katelektrotonus erst verspätet eintrat.

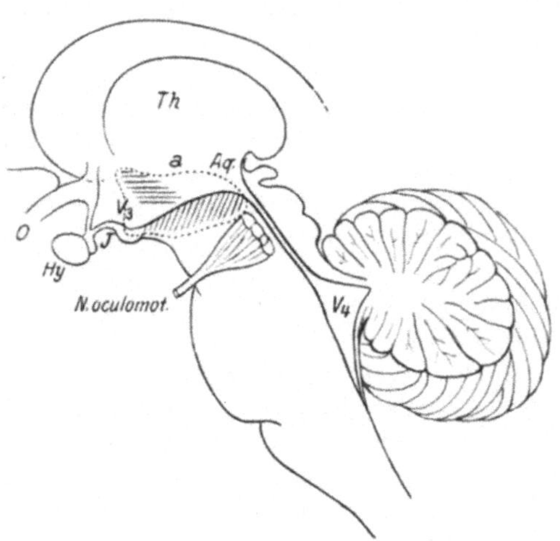

Abb. 15. Mutmaßliche Lokalisation des Schlafsteuerungszentrums durch die punktierte Linie *a* im Übergang vom Zwischen- zum Mittelhirn gekennzeichnet. *Aq.* Aquädukt, *Hy* Hypophyse, *J* Infundibulum, *O* Chiasma nervi optici, *Th* Thalamus opticus, V_3, V_4 dritter und vierter Ventrikel. Senkrecht schraffiert: Gegend, deren Erkrankung Schlaf erzeugt; waagrecht schraffiert: Gegend, deren Erkrankung Schlaflosigkeit hervorruft. (Nach v. Economo.)

Auf Grund aller dieser Versuche ist man wohl berechtigt, in diesen Teilen des Hirnstamms das Schlafsteuerungszentrum anzunehmen. Ja man ist sogar unter Berücksichtigung gewisser klinischer Beobachtungen geneigt, in den vorderen Teil der genannten Gegend ein Wachzentrum, in den hinteren das eigentliche Schlafzentrum zu verlegen, eine Annahme, die nach manchen Forschern für die Schlafmittelwirkung von Bedeutung sein könnte (vgl. die folgenden Ausführungen).

Dieses Zentrum muß — das gehört ja zum Begriff eines solchen — mit den übrigen Teilen des Nervensystems in Verbindung stehen; es schickt ihnen also seine Impulse zu und empfängt auch solche von diesen. Diese Betrachtung macht die beim Schlaf beobachtete Vielgestaltigkeit der Erscheinungen verständlich. Daß unter den Wechselbeziehungen des Schlafsteuerungszentrums die zur Großhirnrinde als Empfangs- und Umleitungsstätte sensorischer und sensibler Reize aller Art und als Ausgang für die motorischen Leistungen besonders bedeutungsvoll sind, ist ohne weiteres verständlich.

Die erfolgreichen Versuche der Cloettaschen Schule durch Injektion von Calciumchlorid in die Infundibulargegend Schlaf, durch Kaliumchlorid aber Erregungszustände herbeizuführen, haben nicht nur Bedeutung für die Lokalisation des Schlafzentrums, sondern besitzen, durch neuere Untersuchungen an Mensch und Tier ergänzt, darüber hinaus die größte Wichtigkeit, weil sie nämlich einen Einblick in das biochemische Geschehen im Schlafsteuerungszentrum zu geben vermögen. Cloetta und Mitarbeiter[2] zeigen, daß im Schlafzustand der Ca-Gehalt des Blutplasmas regelmäßig, bei den verschiedenen Tierarten im wechselnden Maße, um etwa 6—10% vermindert ist. Freilich zeigt auch der Kaliumgehalt ein Absinken um 13—16^1/$_2$%. Dabei ist es gleichgültig, ob es sich

[1] Hess, R. W.: J. of Physiol. **90**, 386 (1929) — C. r. Soc. Biol. Paris **107**, 1333 (1931).
[2] Cloetta, M., H. Fischer u. M. R. van der Loeff: Arch. f. exper. Path. **173**, 589 (1934).

um den physiologischen Schlaf oder den durch Schlafmittel (Paraldehyd, Barbitursäuren usw.) hervorgerufenen handelt. Umgekehrt kommt es bei psychomotorischer Erregung zu einer Zunahme der genannten Ionen im Blut in etwa gleichem Ausmaße. Da außerdem im Schlafzustand der Ca-Gehalt des Infundibulums um 7% zunimmt[1], bei Erregungszuständen aber abnimmt, so sind die Forscher der Ansicht, daß diese Veränderungen für den Schlaf *notwendig* seien. Der Wirkungsmechanismus des Kalkes wird, wenigstens teilweise, auf seine abdichtende, die Permeabilität[2] verringernde Wirkung zurückgeführt, während die Erregung durch KCl einer Permeabilitätssteigerung zugeschrieben wird. Dies führe wiederum zu einer Verminderung bzw. Vermehrung der biochemischen Vorgänge, insbesondere der Oxydationen. Die Verminderung des Blutkalkes ist peripher bedingt, wobei der Kalk, aber nur zum Teil, in das Infundibulum, in höherem Ausmaße aber in den neuro-muskulären Anteil des quergestreiften Muskels abwandert, was zum Schutze der contractilen Substanz und der Assimilationsvorgänge dient (vgl. auch die Ansichten von CLAPARÈDE [Zit. S. 116]).

So aufschlußreich die Forschungen des letzten Jahrzehnts gewesen sind, so bleiben doch eine Reihe von Problemen ungelöst. Was zunächst die Versuche von CLOETTA und seinen Schülern angeht, so muß man sich die Frage vorlegen, warum es nicht gelingt, durch Darreichung von Kalk und die dadurch bedingte Vermehrung des Calciumgehalts des Blutes eine Anreicherung des Infundibulums und somit Schlaf herbeizuführen, und warum das Calcium unter diesen Umständen nicht in den Infundibularteil des Hirnstammes einwandert.

Wenn man mit CLOETTA annimmt, daß für das Zustandekommen des Schlafes eine Anreicherung des Infundibulums an Kalk stattfinden *muß*, so bedarf es doch noch der Erörterung, welche Kräfte das Schlafzentrum kalkaufnahmebereit machen. Man kommt mit anderen Worten zu der Frage: Sind die Ermüdungsstoffe oder hormonale Vorgänge beim natürlichen Schlaf und die Schlafmittel beim künstlich hervorgerufenen das Primäre und die Kalkanreicherung das Sekundäre? Für letzteres sprechen die Versuchsergebnisse verschiedener Forscher[3], denen es gelang, durch Kombination von Hypnotica und Calciumsalzen eine Wirkungsverstärkung zu erzielen[4].

Eine weitere sehr wichtige Frage ist: Handelt es sich bei dem Zustandekommen des Schlafes um eine Erregung im Gebiete des nervösen Zentrums oder um eine Hemmung? Nach HESS und MARINESCO, die durch faradische Reizung oder anodische Polarisation des Zentrums Schlaf herbeiführten, würde es sich doch wohl sicher um eine Erregung handeln, nach CLOETTA aber um eine durch Calcium bedingte Hemmung. Eine solche liegt auch sicher vor, wenn der Schlaf durch Injektion von Urethan (EBBECKE) oder Luminal (SAHLGREN[5]) in den Infundibularteil bedingt ist. Bei den Feststellungen von v. ECONOMO, der zu der Ansicht neigt, daß im vorderen Teil des Höhlengraues ein Wach-, im hinteren ein Schlaf-

---

[1] S. KATZENELBOGEN [Arch. f. Neur. **28**, 405 (1932)] kann diesen Befund nicht vollkommen bestätigen. Immerhin scheint auch nach ihm in diesem Hirnteil ein verhältnismäßig großer Kalkgehalt vorhanden zu sein.

[2] Permeabilitätsänderungen sind auch von MARINESCO angenommen worden.

[3] TOMINAGA, I.: Okayama-Igakkai-Zasshi **1926**, 338 (Referat). — OGAWA, M.: Fol. pharmacol. jap. **8**, 1 (1928).

[4] Nach PICK und seinen Schülern (Fortschr. Ther. **1930**, Sonderdr.) wirkt Calcium bei Tieren, denen die Hirnrinde ausgerottet wurde, schlafmachend.

[5] SAHLGREN, E.: Acta psychiatr. (Københ.) **9**, 129 (1934).
Wenn es SAHLGREN nicht gelang, durch Einspritzung von Luminal in die Rinde Schlaf zu erzeugen, so liegt das daran, daß nur kleine Rindengebiete getroffen wurden. Es läßt sich nach SAHLGREN selbst nicht ausschließen, daß bei anderer Versuchsanordnung auch von der Rinde aus Schlaf hervorgerufen werden könne.

zentrum im engeren Sinne vorhanden ist, erscheint es noch ungeklärt, ob die
in den beiden Abschnitten beobachteten entzündlichen Vorgänge die Grundlage
für eine Erregung oder eine Lähmung darstellen. Im allgemeinen wird man eher
zur Annahme einer Lähmung neigen, da ja nervöse Gebilde durch Entzündung
und Tumoren geschädigt und zerstört werden.

Der Widersprüche gibt es also noch recht viele. Allerdings kann man sie
gerade unter Zuhilfenahme der CLOETTAschen Ansichten bis zu einem gewissen
Grade überbrücken, indem man sich vorstellt, daß durch faradische Reizung
(HESS), den Anelektrotonus (MARINESCO) durch entzündliche Vorgänge und
Tumorenbildung (v. ECONOMO), durch die im Wachzustand entstehenden Ermüdungsstoffe (WEICHARD, LEGENDRE und PIÉRON [zitiert nach EBBECKE])
oder durch Hypnotica, die Zellen des „Schlafsteuerungszentrums" so beeinflußt
werden, daß sie das Calcium aufzunehmen imstande sind. Diese Betrachtungsweise hätte den Vorzug, daß sie den natürlichen, den pathologischen und den
durch Hypnotica oder sonstige Eingriffe chemischer oder physikalischer Art
hervorgerufenen Schlaf auf den gleichen Nenner brächte, nämlich die Sensibili-
sierung des Zentrums für die Aufnahme oder Wirkung des Calciumions. Ein
weiterer Vorteil dieser Anschauungsweise wäre der, daß es nicht nötig ist, ein
besonderes Wach- und Schlafzentrum anzunehmen, da sich der Eintritt des
Wachzustandes durch Abwanderung des Kalkes erklären ließe. Wachen und
Schlafen würden demnach durchaus als ein einheitlicher aktiver, reversibler
biologischer Vorgang aufgefaßt werden können, was auch den Anschauungen
der meisten Forscher entgegenkommt.

Die Deutung des Schlafes als eines sinnvollen und zweckmäßigen Vorgangs
hat durch neuere Anschauungen eine Änderung erfahren. Bisher stand man
auf dem Standpunkt, daß der Schlaf lediglich der Erholung diene, bei der die
aufbauenden Kräfte die abbauenden übertreffen. CLAPARÈDE[1] aber spricht die
Ansicht aus, daß der Schlaf darüber hinaus ein Schutzvorgang für den Organismus
sei, da der Mensch nicht schlafe, *weil* er ermüdet ist, sondern *damit* er nicht
ermüde. Dies steht mit den Folgerungen, die CLOETTA aus seinen Versuchen
zieht, in guter Übereinstimmung.

Alle diese Ansichten, die sich auf klinische Beobachtungen, pathologisch-
anatomische Befunde und experimentelle Tatsachen aufbauen, haben auch die
Anschauungen über die Wirkungsweise und Anwendung der Schlafmittel nicht
unberührt gelassen.

Obwohl im vorhergehenden auseinandergesetzt worden ist, daß beim natürlichen und künstlich durch Schlafmittel hervorgerufenen Schlaf die gleichen
biochemischen Veränderungen im Blut und Infundibulum vorzuliegen scheinen,
so muß doch erwähnt werden, daß manche Forscher Unterschiede anzunehmen
geneigt sind. VERWORN[2] glaubte, daß im Schlaf die anabolischen Erholungs-
vorgänge unter Sauerstoffaufnahme der Hirnzellen erfolgen, während in der
Narkose diese Erholung ebenso wie die Erregung gehemmt sei. v. ECONOMO
(Zit. S. 111) macht darauf aufmerksam, daß die Bewußtseinstrübung nach dem
Erwachen aus dem regelrechten Schlaf sofort verschwindet, während sie beim
Schlafmittelschlaf noch einige Zeit anhält. Ferner gibt STANOJEVIČ[3] an, daß
Ergogramme nach Schlafmittelgebrauch unregelmäßig und abnorm niedrig
seien, und WUTH[4] stellte fest, daß im natürlichen Schlaf immer eine Acidose auf-

---

[1] CLAPARÈDE, E.: J. de Psychol. **26**, 433 (1930) — Arch. de Physiol. **4**, 245 (1905); zit.
nach E. ABDERHALDEN: Lehrb. d. Physiol. **4**, 606. Berlin-Wien: Urban & Schwarzenberg 1927.
[2] VERWORN, M.: Arch. f. Physiol. **1900**, Suppl. S. 152.
[3] STANOJEVIČ, L.: Mschr. Psychiatr. **74**, 131 (1929).
[4] WUTH, O.: Z. Neur. **118**, 447 (1929).

trete, während nach Hypnotica bald eine Acidose, bald eine Alkalose gefunden würde.

Alle diese Unterschiede sind aber doch wohl nicht durchschlagend, ganz abgesehen davon, daß die Ansichten VERWORNs durch WINTERSTEIN[1] wiederlegt wurden und die anderen Befunde durch die Wirkung auf die Atmung und die Nachwirkung mancher Schlafmittel zu erklären sind. Jedenfalls machen auch H. H. MEYER und PICK (Zit. S. 112) darauf aufmerksam, daß beim natürlichen Schlaf die biochemischen Veränderungen zunächst das Schlafsteuerungszentrum erfassen, während die Hypnotica auch in der Großhirnrinde und wahrscheinlich auch anderen Hirnteilen ihren Angriffspunkt besitzen, und auf diese Weise die Beeinflussung dieser Hirnteile die Wirkung auf das Schlafzentrum etwas überdauern.

Untersuchung der Schlafmittel. Die Versuche, die die Aufgabe haben, festzustellen, ob eine Substanz eine hypnotische Wirkung entfaltet, begegnen mancherlei Schwierigkeiten. Das Charakteristische des Schlafzustandes ist bekanntlich die Unterbrechungsmöglichkeit durch Weckreize. Hierin liegt ein gewisser Unterschied gegenüber der Narkose auch leichteren Grades, in der wohl Abwehrbewegungen und sonstige Reaktionen ausgelöst werden können, während der narkotische Zustand weiter bestehen bleibt. Beim Tier sind diese Unterschiede verwischt, da die Hypnotica in bestimmter Dosierung Schlaf, in höheren Narkose bedingen können. Zur Lösung der Frage, ob Schlaf oder Narkose vorliegt, haben die Versuche von HONDELINK[2] einen wertvollen Beitrag geliefert. Er fand, daß Finken im Schlaf auf einem Ast oder einer Stange fast bewegungslos sitzen bleiben, während sie in der Narkose den Boden aufsuchen. Man muß daraus schließen, daß im Schlafzustand noch gewisse Stellreflexe vorhanden sind, die in der Narkose verlorengehen. Auch an Kanarienvögeln ist nach DOST[3] ungefähr das gleiche Verhalten zu beobachten. Bei den gebräuchlichen Versuchstieren, insbesondere den Säugetieren, fehlen derartige sinnfällige Erscheinungen. Aber da beim Vogel eine Wirkung auf die Stellreflexe vorliegt, so kann man letzten Endes mit dem gleichen Recht auch beim Säugetier durch die Beobachtung der MAGNUSschen Stellreflexe Einblicke in den Unterschied zwischen Narkose und Schlaf gewinnen. GIRNDT[4] hat eine Reihe von Schlafmitteln nach dieser Richtung untersucht und aus den Ergebnissen wichtige Folgerungen gezogen. Beim Menschen bereitet die Untersuchung der Schlafmittelwirkungen geringere Schwierigkeiten, vorausgesetzt, daß die Fragen der Toxizität, der Wirkungsbreite, des Einflusses auf die lebenswichtigen Organtätigkeiten, der Ausscheidung, Verteilung usw. geklärt sind.

Um den *Grad der Wirkung* zu erfassen, sind vor allem zwei Methoden im Gebrauch, die beide dazu bestimmt sind, die Schlaftiefe festzulegen. Die eine Methode gründet sich auf der allgemeinbekannten und für den Schlafzustand charakteristischen Eigenschaft der Unterbrechung durch sensible und sensorische Reize von bestimmter Stärke. Diese Verfahren wurden schon früher besprochen (Bd. I) und durch Kurven veranschaulicht. Die andere Methode gründet sich auf der Feststellung, daß im Schlaf die Kohlensäurespannung der Alveolarluft vermehrt und der Schlaftiefe proportional ist (BASS und HERR sowie REGELSBERGER[5]). Gerade beim Menschen läßt sich auf diese Weise sogar ohne Störung

[1] WINTERSTEIN, H.: Die Narkose. 2. Aufl. Berlin: Julius Springer 1926.
[2] HONDELINK, H.: Arch. f. exper. Path. **163**, 662 (1932).
[3] DOST, H.: Arch. f. exper. Path. **175**, 725 (1934).
[4] GIRNDT, O.: Arch. f. exper. Path. **147**, 67 (1929) (Tag. d. Pharmak. Ges.); **167**, 90 (1932).
[5] BASS, E., u. K. HERR: Z. Biol. **75**, 279 (1922). — REGELSBERGER, H.: Dtsch. med. Wschr. **1927**, 1847 — Z. klin. Med. **126**, 395 (1934).

der Versuchsperson (REGELSBERGER) fortlaufend die Schlaftiefe registrieren. Diesem Verfahren wird auch der Vorzug der größeren Genauigkeit zuerkannt.

Andere Methoden, z. B. aus der Veränderung des elektrischen Hautwiderstandes die Schlaftiefe zu ermessen, haben bisher noch keine allgemeine Verwendung gefunden (RICHTER[1]).

Sehr bemerkenswert für die Wirkungsgröße der Schlafmittel ist der von ENDRES[2] eingeführte Begriff der *Schlafmenge,* worunter das Produkt aus Schlaftiefe und Dauer verstanden wird. Bei der graphischen Darstellung wird die Zeitdauer auf der Abszisse, die Schlaftiefe auf der Ordinate eines zweiachsigen Koordinatensystems abgetragen. Die Bedeutung der Schlafmenge ergibt sich vielleicht am besten daraus, daß sie nach körperlichen Anstrengungen trotz kurzer Dauer sehr hoch sein kann, woraus sich die erfrischende Wirkung eines solchen Schlafes erklären läßt. Jedenfalls gestattet die Feststellung der Schlafmenge die Gesamtwirkung eines Schlafmittels zahlenmäßig auszudrücken.

Tabelle 26. (Aus ENDRES.)

1	2	3	4	5 = 4 : 3	6	7 = 3 : 6
Versuchsperson	Versuch	Schwellenreizmenge im Schlaf in Reiz-Stdn.	Schwellenreizmenge im Wachen in Reiz.-Stdn.	Schwellenvergleichung / Schwellenreizmenge im Wachen zu Schwellenreizmenge im Schlaf	Schlafdauer in Stdn.	Mittlere Schlaftiefe (= mittl. Weckreiz) g. St. b.
F. B.	1: Unbeeinflußter Nachtschlaf	17,0	4,2	1 : 4	$8^1/_2$	2
	2: Nachtschlaf nach 2mal 0,5 Adalin	29,0	4,0	1 : 7,2	8	3,6
	3: Nachtschlaf nach 3mal 0,16 Allional	32,5	4,2	1 : 7,7	8	4,0
A. W.	1: Unbeeinflußter Nachtschlaf	24,0	4,0	1 : 6	8	3,0
	2: Nachtschlaf nach 2mal 0,5 Adalin	50,8	4,0	1 : 12,7	8	6,3
G. E.	1: Unbeeinflußter Nachtschlaf	25,2	3,5	1 : 7,2	7	3,6
	2: Nachtschlaf nach Luminal 0,15	34,0	3,5	1 : 9,7	8	4,2
	3: Nachtschlaf nach 2mal 0,05 Adalin	50,2	3,7	1 : 13,5	$7^1/_2$	6,7
G. G.	1: Unbeeinflußter Nachtschlaf	23,7	3,7	1 : 6,4	$7^1/_2$	3,1
	2: Nachtschlaf nach 2mal 0,15 Luminal	61,8	4,0	1 : 15,4	8	7,7

Angriffspunkt der Schlafmittel. Um einen Einblick in diese Verhältnisse zu gewinnen, wird man sich der Tatsache erinnern müssen, daß das Schlafsteuerungszentrum in gegenseitigen funktionellen Beziehungen zur Großhirnrinde steht. Daß der Ausfall der Großhirnrinde allein nicht genügt, um Schlaf herbeizuführen, ersieht man aus dem bekannten Versuch von GOLTZ am großhirnlosen Hunde, bei dem immer noch ein periodischer Wechsel von Wachen und Schlafen beobachtet wird. Etwas anderes ist es natürlich, wenn eine pathologisch gesteigerte Erregbarkeit oder eine Erregung der Großhirnrinde das Einschlafen hindert; in diesem Falle wird man durch Wegnahme dieser pathologischen Zustände den Schlafeintritt ermöglichen können[3]. Daraus folgt, daß der Angriffspunkt der Schlafmittel theoretisch im Schlafzentrum, im Großhirn oder in beiden gleichzeitig liegen kann. Und unter der allerdings hypothetischen Voraussetzung, daß im Steuerungszentrum ein Schlaf- und Wachzentrum vorhanden ist, müßte man annehmen, daß die Schlafmittel jenes erregen und dieses lähmen könnten. Es ist aber vorher ausgeführt worden, daß man sich einfacher den

---

[1] RICHTER, C.: J. of Pharmacol. **42,** 471 (1931).

[2] ENDRES, G., u. W. v. FREY: Z. Biol. **90,** 70 (1930) — Verh. physik.-math. Ges. Würzburg, N. F. **54,** 133 (1930).

[3] V. DEMOLE [Cervello **7,** 22 (1928)] nimmt ein parainfundibuläres und ein corticales Schlafzentrum an.

periodischen Wechsel des Schlafens und Wachens durch einen einheitlichen reversiblen biologischen Vorgang — die Ein- und Abwanderung des Kalks in und aus dem Zentrum — zu erklären imstande ist. Das Problem des Angriffspunktes der Hypnotica würde demnach in der einfacheren Frage gipfeln: Gibt es Schlafmittel, die ausschließlich oder vorzugsweise im Hirnstamm und solche, die ebenso in der Hirnrinde angreifen?

Diese Frage ist nicht übereinstimmend beantwortet worden. PICK[1], von dem ja die Einteilung in Rinden- und Stammittel herrührt, und seine Schüler bejahen sie auf Grund eigner zahlreicher Versuche, die sicherlich viel zur Kenntnis der Wirkungsweise der Hypnotica beigetragen haben. Andere Forscher lehnen aber diese Anschauungen ab. Die Einteilung in die beiden Gruppen stützt sich zunächst auf den Untersuchungsbefund, daß großhirnlose Tiere schon auf Veronalgaben in Schlaf verfallen, die bei nichtoperierten Tieren wirkungslos sind, und daß nach schlafmachenden Gaben der Schlaf bei den großhirnlosen Tieren viel länger anhält (KEESER[2]).

Gegen die Beweiskraft dieser Versuche ist aber geltend zu machen, daß auch nach Chloralhydrat, Urethan und vielen anderen Narkotica, zu denen eben auch sog. Rindenmittel gehören, ähnliche Verhältnisse vorliegen[3]. Und ESSEN[4] konnte beim dekotizierten Frosch keine Verstärkung der Veronalwirkung wahrnehmen, obwohl diese Barbitursäure sicher zu den Stammitteln gerechnet werden müßte.

Eine weitere Stütze für die Einteilung der Hypnotica besteht darin, daß nach PICK andere in der Nähe des Schlafsteuerungszentrums liegende Zentren nur durch die Stamm-, nicht aber durch die Rindenmittel beeinflußt würden. So soll das den Wasserhaushalt regelnde Zentrum, das allerdings nur hypothetisch ist, durch Stammittel so beeinflußt werden, daß die Diurese vermindert wird, während Rindenmittel kaum eine Wirkung ausüben. In ähnlicher Weise läßt sich das durch Digitalis hervorgerufene Erbrechen der Taube nur durch Stammittel verhindern (AVERBUCK und PICK[5]). Gegen die Anschauungen lassen sich aber eine Reihe von Untersuchungsergebnissen ins Feld führen, die bei der Besprechung der Barbitursäurewirkung auf den Wasserhaushalt angeführt werden sollen. Auch die schon erwähnten Versuche von GIRNDT (Zit. S. 117) über den Einfluß verschiedener Hypnotica auf die Stellreflexe des Kaninchens werden in einem ablehnenden Sinne gedeutet, und die Versuche von LENDLE[6], der ebenfalls die Stellreflexe und die therapeutische Breite einer Anzahl von Schlafmitteln untersuchte, können nur teilweise zugunsten der Einteilung PICKS angeführt werden.

Alle diese Untersuchungsergebnisse lieferten aber letzten Endes nur mittelbare Beweise für Zustimmung oder Ablehnung. KEESER[2] und EHRISMANN[7] versuchten die Frage direkt durch die chemische Analyse zu klären. Sie zeigten, daß nach therapeutischen Gaben von Adalin und Bromural diese Substanzen im Groß-, Mittel- und Zwischenhirn wiederzufinden waren, während nach Veronal ein fast ausschließlicher Übertritt in den Thalamus und das Corpus striatum, also in den Hirnstamm stattfand. Neuere Versuche von M. VOGT[8]

<hr>

[1] PICK, E. P.: Zusammenfassung in Fortschr. Ther. **1930**, Nr 6.
[2] KEESER, E. u. J.: Arch. f. exper. Path. **125**, 251 (1927); **132**, 214 (1928) — Dtsch. med. Wschr. **1928**, 650 — J. of Pharmacol. **53**, 137 (1935).
[3] MORITA, S.: Arch. f. exper. Path. **78**, 223 (1915).
[4] ESSEN, K. W.: Arch. f. exper. Path. **159**, 387 (1931).
[5] AVERBUCK, S. H.: Arch. f. exper. Path. **157**, 342 (1930).
[6] LENDLE, L.: Arch. f. exper. Path. **143**, 108 (1929).
[7] EHRISMANN, O.: Arch. f. exper. Path. **136**, 113 (1928).
[8] VOGT, M.: 5. u. 6. Mitt. Arch. f. exper. Path. **178**, 603, 628 (1935).

kommen in Bestätigung der Befunde amerikanischer Forscher (Koppanyi und Mitarbeiter[1]) zu anderen Ergebnissen. Unter Benutzung *quantitativer* Methoden fanden sie beim Hund keine spezifische Aufnahme der Barbitursäuren in die verschiedenen Gehirnteile und ebensowenig konnte eine charakteristische Verteilung der Rindenmittel festgestellt werden. Ein Unterschied zwischen den beiden Schlafmittelgruppen war mithin nicht zutage getreten. Für die Verteilung der Hypnotica im Gehirn erscheint lediglich, besonders im Anfang der Wirkung, die Affinität zu Ganglienzelle und Nervenfaser eine Rolle zu spielen. Auch kleinere, therapeutische Gaben folgen den gleichen nicht auswählenden Verteilungsregeln[1,2].

Auch der Befund von Cloetta (Zit. S. 113), der sowohl nach Darreichung des Rindenmittels Chloralhydrat und des Stammittels Veronal die gleichen biochemischen Veränderungen, nämlich Kalkanreicherung im Infundibulum, nachwies, spricht kaum für einen Unterschied zwischen den beiden Gruppen.

Auf Grund dieser Ergebnisse wird man also vorläufig zu dem Schluß kommen müssen, daß bisher eine klare Unterscheidung zwischen Stamm- und Rindenmittel nicht möglich ist, weder wenn man die rein pharmakologischen noch die chemischen Versuchsergebnisse kritisch auswertet. Auch Schoen und Koeppen[3] ziehen aus ihren Untersuchungen die gleichen Schlußfolgerungen. Es sei aber hervorgehoben, daß auch Pick (Zit. S. 112) eine ganz spezifische Verwandtschaft der einzelnen Hypnotica zu den verschiedenen Hirnteilen nicht annimmt, sondern die Möglichkeit eines Übergreifens der Wirkung vom Stamm auf die Rinde und umgekehrt betont. Pick rechnet übrigens zu den corticalen Schlafmitteln: Alkohol, Paraldehyd, Amylenhydrat, Chloralhydrat, Chloralose, Bromide, vielleicht auch Chloralamid, Urethan, Avertin, Bromural, Adalin, zu den hypothalamischen Stammitteln die Barbitursäuren, wie Veronal, Luminal und das ähnlich gebaute Nirvanol, vor allem aber Chloreton.

Bei der Unsicherheit der Versuchsergebnisse und dem Widerstreit der Ansichten soll auch im folgenden von der sonst häufig gebrauchten Einteilung abgesehen werden und die Gruppierung, wie schon früher, mehr nach chemischen Gesichtspunkten erfolgen.

Über die **Indikationen** für die Anwendung der Hypnotica im allgemeinen soll das bereits in Bd. I, S. 389 Gesagte nicht wiederholt werden. Ebenso sind die Grundlagen über die Auswahl der Schlafmittel bei den verschiedenen Arten der Schlaflosigkeit an dieser Stelle bereits erwähnt. In rein klinischer, bis zu einem gewissen Grade aber auch in pharmakologischer Beziehung hat sich für die Auswahl der Hypnotica eine Unterscheidung in Einschlaf- und Durchschlafmittel durchgesetzt. Unter Einschlaf- und Wiedereinschlafmitteln versteht man solche Substanzen, die, wie beispielsweise das Evipan, bereits nach wenigen (10—15) Minuten einen kurzdauernden Schlaf hervorrufen. Man erwartet von ihm, daß er ohne Erwachen in den natürlichen Schlaf ausmündet. Derartige

---

[1] Koppanyi, Th., J. Dill u. St. Krop: J. of Pharmacol. **52**, 121 (1934); **54**, 84 (1935).

[2] Trotz der neuerdings von E. und J. Keeser [Arch. f. exper. Path. **179**, 226 (1935)] veröffentlichten Versuche am Kaninchen bleibt der Eindruck bestehen, daß die Ergebnisse von Vogt und Koppanyi der Sachlage entsprechen. Zum mindesten zeigen sie, daß die Verhältnisse am Kaninchen und Hund verschieden sind, also ein allgemeingültiges Verteilungsgesetz nicht vorhanden ist.
Von Keeser sind zur Stütze seiner Ansichten die Befunde japanischer Forscher herangezogen worden, die nach Darreichung von Barbitursäuren, besonders bei chronischer Darreichung, anatomische Veränderungen in der Gegend des Schlafzentrums beschreiben. Zum Teil sind die Arbeiten nicht im Original zugänglich und daher schwer auszuwerten, zum Teil weichen sie von ihren Ergebnissen von anderen Untersuchungen ab (s. Barbitursäuren).

[3] Schoen, R., u. S. Koeppen: Arch. f. exper. Path. **151**, 115 (1930).

Hypnotica werden ihre Indikation bei erschwertem Einschlafen (z. B. Agrypnie geistiger Arbeiter) oder bei zu frühem Erwachen (Isomnie der Greise) finden. In letzterer Beziehung stehen sie im Wettbewerb mit den langsam resorbierbaren, spät zur Wirkung kommenden Schlafmitteln, die, obwohl schon am Abend genommen, den Gipfelpunkt ihrer Wirkung erst nach Stunden zur Zeit des frühen Aufwachens entfalten (z. B. Sulfonalgruppe). Die Durchschlafmittel rufen einen längeren, Stunden anhaltenden Schlaf hervor, bei dem es weniger oder gar nicht auf den schnellen Wirkungsbeginn als vielmehr auf die Wirkungsdauer ankommt (Veronal). In pharmakologischer Beziehung liegen die Unterschiede zwischen Einschlaf- und Durchschlafmitteln darin, daß die ersteren leicht resorbiert und schnell zerstört oder eliminiert werden, während die anderen einem langsamen Abbau oder einer langsamen Ausscheidung anheimfallen. Man wird nicht übersehen dürfen, daß auch hier eine klare Unterscheidung nicht möglich ist, da der Eintritt ebenso wie die Dauer der Schlafwirkung von der Form der Darreichung und der Gabengröße abhängig ist.

Einige der Hypnotica haben sich auch als chirurgisch brauchbare Narkotica erwiesen. Avertin, Evipan u. a. werden in Verbindung mit einem steuerbaren Inhalationsanaestheticum als Basisnarkotica verwendet. Andere wie das Pernocton, Noctal, Rectidon, Eunarkon, erobern immer mehr eine Stellung als „Kurznarkoticum" bei nicht allzulangen operativen Eingriffen. Es ist wohl ohne weiteres begreiflich, daß die als Basis- und Kurznarkotica gebrauchten Präparate auch in Verbindung mit der örtlichen Betäubung ihre Anwendung finden können, genau wie Morphin, das sie in mancher Beziehung auch sonst ersetzen können (Tetanus, Gallensteinkoliken, Nierensteine, bösartige Tumoren[1]).

Die vorstehenden Erörterungen, die auch zum Teil noch nicht ausgesprochene Ansichten entwickeln, lassen sich folgendermaßen zusammenfassen:

1. Das Vorhandensein eines vegetativen Zentrums, das den periodischen Wechsel zwischen Wachen und Schlafen regelt, steht nach klinischen und experimentellen Beobachtungen fest. Der Sitz dieses Schlafsteuerungszentrums ist das Höhlengrau des dritten Hirnventrikels.

2. Beim Schlaf tritt eine Abnahme des Blutcalciumspiegels und eine Kalkanreicherung des Infundibulums ein, gleichgültig, ob es sich um den natürlichen oder den künstlich herbeigeführten Schlaf handelt. Diese Veränderungen sind für den Schlafzustand notwendig (CLOETTA).

3. Da Calciumdarreichung keinen Schlaf verursacht, obwohl dabei der Übertritt in das Zentrum gegeben wäre, muß angenommen werden, daß er erst erfolgen kann, wenn das Höhlengrau für die Aufnahmen „sensibilisiert" ist. Eine solche Aufnahmebereitschaft würde beim künstlichen Schlaf durch erregende und erregbarkeitssteigernde sowie auch lähmende Eingriffe, durch entzündliche Schädigungen und durch die Hypnotica, beim natürlichen Schlaf durch die im Wachzustand entstehenden Ermüdungsstoffe und hormonal-nervöse Einflüsse bedingt werden.

4. Wird die Aufnahme des Kalkes in das Infundibulum durch unmittelbare Injektion von $CaCl_2$ erzwungen, so tritt Schlaf ein.

5. Wenn die Schlafmittel oder Ermüdungsstoffe usw. ausgeschieden oder zerstört werden oder die zum Schlaf führenden Eingriffe am Zentrum aufhören, so werden die Veränderungen im Kalkgehalt des Blutes und Höhlengraues reversibel gestaltet, so daß es zum Erwachen kommt. Bei entzündlichen und ähnlichen Veränderungen bleibt die Aufnahmebereitschaft oder dadurch der Schlaf lange Zeit bestehen.

---

[1] Über andere Indikation der Schlafmittel, die scheinbar mit den hypnotischen Wirkungen nichts zu tun haben, vgl. A. EBEL und H. MAUTNER (Wien. klin. Wschr. **1933**, Nr 45).

6. Die Annahme eines gesonderten Wach- und Schlafzentrums wird durch eine derartige Betrachtungsweise überflüssig; sie erklärt Schlafen und Wachen, wie immer es zustande kommen möge, durch einen reversiblen biologischen Vorgang im für die Kalkaufnahme sensibilisierten bzw. desensibilisierten Zentrum.

7. Die Einteilung der Hypnotica in Rinden- und Stammittel läßt sich nicht oder nicht vollkommen aufrechterhalten, besonders deshalb, weil eine spezifische Verteilung nicht festzustellen ist und die im Sinne CLOETTAS charakteristischen Veränderungen im Infundibulum bei beiden die gleiche ist.

8. Der primäre Angriffspunkt der Schlafmittel richtet sich möglicherweise nach dem pathologischen Zustand, in dem sich Cortex und Thalamus befinden. Ist die Schlaflosigkeit durch Übererregbarkeit der Rinde bedingt, so kann sie durch Lähmung derselben beseitigt werden. Dasselbe Schlafmittel könnte aber auch bei einer vom Thalamus ausgehenden Schlaflosigkeit wirksam sein. In beiden Fällen würde der Locus minoris resistentiae angegriffen werden.

Die experimentellen Untersuchungen über die Wirkungsweise der Hypnotica beschränken sich gewöhnlich nicht auf eine einzige Substanz, sondern auf eine ganze Reihe ähnlich wirkender Körper, die miteinander verglichen werden sollen, um einerseits gemeinsame Eigenschaften, andererseits gewisse Unterschiede herauszuarbeiten. Aus diesem Grunde ist es fast unmöglich, immer nur die Wirkung eines jeden Hypnoticums gesondert anzuführen, sondern es wird häufig der Fall sein, daß z. B. bei der Besprechung des Chloralhydrats auch der Einfluß des Urethans oder einer anderen Substanz mit erwähnt wird. Dies erscheint um so notwendiger, als nur auf diese Weise Wiederholungen vermieden werden können.

Chloralhydrat
(*vgl. Bd. I, S. 393*).

Die Lipoidlöslichkeit der Hypnotica ist wahrscheinlich die Grundlage für ihre Resorbierbarkeit durch die unverletzte äußere Haut. In Bestätigung älterer Versuche zeigt LAZAREW[1], daß beim Kaninchen Chloral, Chloreton, Urethan, Neuronal, Isopral und Aleudrin in erheblichen Mengen durch die unverletzte äußere Haut aufgenommen werden, so daß sogar der Tod eintreten kann. Wenn durch Amylenhydrat und Paraldehyd nur eine leichte Narkose erzielt wird, so liegt das an der schnellen Ausscheidung der Substanzen, die der Resorption wirkungsmäßig entgegenarbeitet.

Die Ausscheidung des Chloralhydrats als Urochloralsäure ist beim Hund sichergestellt; beim Kaninchen scheint die Ausscheidung als gepaarte Glucoronsäure aber wesentlich geringer zu sein, da nach AKAMATSU und WASMUTH[2] auf parenterale Eingabe von Chloralhydrat und seinem Reduktionsprodukt, Trichloräthylalkohol, nur 50% der verabreichten Menge in dieser Form im Urin erscheinen.

Die alte LIEBREICHsche Theorie, daß Chloralhydrat im Organismus in Chloroform umgewandelt werde, ist abgelehnt worden und läßt sich auch auf Grund der neuen Versuche von RENESCU und OLSZEWSKI[3] nicht aufrechterhalten; immerhin lassen sich beim Hund nach intravenöser Einverleibung von Chloralhydrat geringe Spuren von Chloroform nachweisen. Bei einer vergleichenden Untersuchung des Bromal- und Chloralhydrats führt ITO[4] die größere Wirkung des bromierten Körpers auf die leichtere Abspaltung des Br in den Zellen zurück.

---

[1] LAZAREW, M.: Arch. f. exper. Path. **168**, 162 (1932).
[2] AKAMATSU, M., u. F. WASMUTH: Arch. f. exper. Path. **99**, 108 (1923).
[3] RENESCU, N. E., u. B. B. OLSZEWSKI: C. r. Acad. Sci. Paris **195**, 624 (1932).
[4] ITO, K.: Fol. pharmacol. jap. **2**, 237 (1926).

Das Ergebnis der Untersuchung am ganzen Tier (Maus) und isolierten Organen nimmt also den Gedanken wieder auf, demzufolge die Wirkung auf den Organismus mit dem Halogen in ursächlichem Zusammenhang stehe.

Über die *Verteilung* des Chloralhydrats berichten RENESCU und OLSZEWSKI[1]. Das wesentliche Ergebnis gipfelt darin, daß die größten Mengen in Herz, Hirn, Leber, Niere und Darm gefunden werden, daß die Leber und fettreichen Organe sich aber nur langsam anreichern, während das Gehirn das Hypnoticum schnell bindet und lange Zeit festhält.

Im Gegensatz zu der älteren Angabe von RICHARDSON, daß Chloralhydrat die *Blutgerinnung* hindere, beobachtet NECHKOVITCH[2] erhebliche Beschleunigung infolge einer Wirkung auf die weißen Blutkörperchen. Bei Zusatz des Narkoticums zu Oxalat- oder Citratplasma in vitro tritt eine Gerinnung in Form eines flockigen Niederschlages ein. Beim Gesamtblut kann die Erscheinung durch die Hämolyse verdeckt werden. Im Gegensatz dazu wird die Gerinnung des Oxalatplasmas durch Calciumionen von Chloralhydrat nicht beschleunigt. Es ist wohl anzunehmen, daß hierbei ganz verschiedene Vorgänge vonstatten gehen. Am ganzen Tier (Kaninchen) untersucht BABASAKI[3] die einzelnen Gerinnungssubstanzen des Blutes unter der Einwirkung verschiedener Narkotica. Chloral führt zu einer Verminderung des Calciums und Thrombins und einer geringfügigen Abnahme der Fibrinogenwerte. Veronal und Luminal lassen alle drei Gerinnungsfaktoren gleichmäßig absinken, Urethan verursacht hauptsächlich eine Verkleinerung der Calcium- und Fibrinogenwerte. BABASAKI ist geneigt, die Veränderung zum Teil auf Beeinflussung zentral-nervöser Vorgänge zurückzuführen.

Die *Senkungsgeschwindigkeit* der roten Blutkörperchen im Citratplasma wird nach BAUMECKER[4] durch Zusatz von Chloralhydrat beschleunigt, durch Äthylurethan und Alkohole in bestimmter Konzentration gehemmt. Da Flockungsvorgänge durch Chloralhydrat beschleunigt, durch Alkohole aber eher gehemmt werden, so wird angenommen, daß bei letzteren eine Stabilisierung, bei Chloralhydrat eine Zunahme der Labilität mit der Senkungsgeschwindigkeit in Zusammenhang steht.

Die Wirkung des Chloralhydrats auf das *Zentralnervensystem* ist benutzt worden, um eine volle chirurgische Narkose beim Hund zu erzeugen. Durch die Untersuchungen von FREESE[5] gelingt dies nur in geringem Umfang, gleichgültig wie das Narkoticum dargereicht wird, da die therapeutischen und tödlichen Gaben zu eng beieinanderliegen.

Der Einfluß verschiedener Narkotica auf die Lipoide des isolierten Zentralnervensystems der Kröte, das 4 Stunden in den Giftlösungen gehalten wurde, ergab nach den Untersuchungen von RUSSO[6], im Vergleich zu nichtvorbehandelten Präparaten einen geringen Verlust von Cholesterin, Lecithin, Myelin, Kephalin, gesättigten Cerebrosiden und Sphyngomyelin, während die Sulfatide eine viel stärkere Abnahme zeigten. Bei einer Untersuchung des Tonusproblems mit Hilfe pharmakologisch wirksamer Körper gelangt RANSON[7] zu der Ansicht, daß Chloralhydrat eine Blockierung der Synapsen in den Spinalganglien hervorrufe, wenn es durch sublaminäre Injektionen an diese herangebracht wird.

---

[1] RENESCU, N. E., u. B. B. OLSZEWSKI: Bull. Soc. Chim. biol. Paris **14**, 1510 (1932).
[2] NECHKOVITCH, M.: C. r. Soc. Biol. Paris **91**, 808 (1924).
[3] BABASAKI, Y.: Fol. pharmacol. jap. **14**, 14 (1932).
[4] BAUMECKER, W.: Biochem. Z. **152**, 64 (1924).
[5] FREESE, W.: Arch. Tierheilk. **61**, 210 (1930).
[6] RUSSO, F.: Fisiol. e Med. **4**, 407 (1933).
[7] RANSON, S. W.: J. comp. Neur. **40**, 23 (1926).

Die Wirkung des Chloralhydrates auf den *peripheren Nerven* wurde von Rice und Davis[1] benutzt, um die Versuche Katos sorgfältig nachzuprüfen. In Bestätigung dieser wird gezeigt, daß die Länge der Nervenstrecke ohne Einfluß auf den Ablauf der Erregungsvorgänge innerhalb der narkotisierten Strecke sei und die Erregungswelle sich ohne Dekrement fortpflanze.

Die Wirkung auf den *Kreislauf, Herz und Vasomotion* besitzt vom theoretischen und therapeutischen Standpunkt eine besondere Bedeutung. Am isolierten Esculentenherz (Takagi[2]), das durch hohe Gaben stillgelegt ist, erfolgt nach Vorhofsreizung rhythmische Kontraktion des ganzen Herzens, später aber werden nur Vorhofsbewegungen beobachtet, da die Reize auf die unerregbar gewordenen Ventrikel nicht weitergeleitet werden. Die Versuche von D'Irsay und Priest[3], ebenfalls am Froschherzen angestellt, lassen eine negativ dromotrope Wirkung, eine Zunahme der Reizlatenzzeit und der Abnahme der Contractilität, wahrscheinlich auch des Tonus erkennen. Aus dem zeitlichen Verlauf der Erscheinungen schließen die Forscher, daß zunächst die neurogen, später auch die myogen bedingten Funktionen des Herzmuskels ausgeschaltet werden. Die Feststellung, daß das mit Chloralhydrat vorbehandelte Herz von Meerschweinchen und Katzen auf Adrenalin wenig oder gar nicht anspricht, veranlaßt Rydin[4] zu der Annahme, daß Chloralhydrat die sympathischen Endapparate des Herzens lähmt. Die Blutversorgung des isolierten Katzenherzens, gemessen an der Durchströmungsgröße der Kranzgefäße, zeigt eine Zunahme, die bei hohen Gaben verhältnismäßig groß ist. Doch ist auch nicht selten eine Abnahme, allerdings geringen Grades, festzustellen. Beim durch Strophanthin zum Stillstand gebrachten Herzen ist das umgekehrte Verhalten zu beobachten, nämlich in den meisten Fällen eine Abnahme und in der Minderzahl der Versuche eine geringfügige Zunahme (Wassiliev[5]).

Fujimori[6], der die Wirkung verschiedener Substanzen auf die Gefäßweite der isolierten Mesenterialvenen und Arterien untersuchte, fand unter Einwirkung von 0,1—1proz. Chloralhydrat- und Urethanlösungen eine Volumenzunahme der Venen und eine Verengerung der Arterien.

Nach Saito[7] tritt nach hohen Konzentrationen von Chloralhydrat am Froschherzen in situ eine starke Verminderung der Vaguserregbarkeit und Abnahme der Frequenz und Amplitudengröße ein.

Bei einer durch intravenöse Infusion von Chloralhydrat, Urethan oder Paraldehyd hervorgerufene Narkose, die bis zum Stillstand der Atmung fortgeführt wird, beobachtete Hoshi[8] beim Kaninchen eine Abnahme der Zahl und Tiefe der *Atembewegungen,* die durch eine Lähmung des Atemzentrums erklärt wird. Aber auch eine Beeinflussung des Großhirns und des Vagus ist wahrscheinlich, da anfangs eine Verlangsamung und Vertiefung der Atmung eintritt, die dann einer vorübergehenden Beschleunigung und Verflachung Platz macht, bis schließlich die endgültige Verlangsamung und der Stillstand eintritt. Aus gewissen Unterschieden dieser aufeinanderfolgenden Veränderungen bei großhirnlosen und vagotomierten Tieren im Vergleich zu nichtoperierten Kaninchen wird geschlossen, daß Urethan gewisse Gebiete des Mittelhirns erregen kann.

[1] Rice, L. H., u. H. Davis: Amer. J. Physiol. **87**, 73 (1928).
[2] Takagi, S.: Fol. pharmacol. jap. **4**, 425 (1927).
[3] D'Irsay, St., u. W. S. Priest: Amer. J. Physiol. **71**, 563 (1925).
[4] Rydin, H.: C. r. Soc. Biol. Paris **96**, 812 (1927).
[5] Wassiliev, A.: Russk. fisiol. **11**, 181 (1928) [nach Ber. Physiol. **49**, 428 (1929)].
[6] Fujimori, K.: Acta Scholae med. Kioto **15**, 136 (1932).
[7] Saito, Ch.: Acta Scholae med. Kioto **16**, 165 (1933).
[8] Hoshi, T.: Tohoku J. exper. Med. **19**, 196 (1932).

Beim Menschen beobachtete RABINOWITSCH[1] nach 2,5—3 g Chloralhydrat im Chloralhydratschlaf eine Erhöhung der Atemfrequenz und Abnahme der Kohlensäurespannung der Alveolarluft. Da in Bestätigung der Feststellung von BASS und HERR[2] die Kohlensäurespannung im natürlichen Schlaf zunimmt, so muß eine erregende Wirkung des Chloralhydrates auf das Atemzentrum bei gleichzeitiger Rindennarkose angenommen werden.

Daß im Schlaf oder in der leichten Narkose mit der narkotischen Grenzdosis die Atmung durch Chloralhydrat nicht sehr stark in Mitleidenschaft gezogen wird, geht auch aus den Versuchen von HARA[3] hervor, die mit verschiedenen Hypnoticis allerdings an einem Fisch (Goldbutt oder Scholle) ausgeführt wurden. In ähnlicher Weise wirken Phenylurethan und Voluntal, während Sulfonal, Trional, Adalin in den entsprechenden Grenzkonzentrationen die Atmung stark beeinflussen. Äthylurethan hatte selbst bei hohen Gaben keine Veränderung zur Folge.

Aus den älteren Untersuchungen geht hervor, daß die Beeinflussung des *Stoffwechsels* durch eine einmalige mittlere Gabe nicht in die Waagschale fällt, während große Gaben, besonders wenn sie längere Zeit dargereicht werden, eine Stoffwechselschädigung bedingen. Damit stimmt die Beobachtung von SOLLMANN[4] überein, daß bei wachsenden Ratten das Wachstum durch Chloralhydrat sofort unterbrochen wird. Beim Menschen zeigen die Bestimmungen des Grundumsatzes nach 1,5 g Chloralhydrat per os eine Abnahme des Sauerstoffverbrauchs, die um so größer ist, je höher der Grundumsatz vorher gewesen war. Demzufolge erhält man die stärkste Chloralhydratwirkung bei thyreotoxischen Stoffwechselsteigerungen, bei denen die Hälfte der pathologischen Steigerung durch Chloralhydrat ausgelöscht werden konnte (BORNSTEIN[5, 6]). Diese Feststellung führt zu der Annahme, daß durch das Hypnoticum ein an der Stoffwechselsteigerung beteiligter nervöser Einfluß ausgeschaltet werde, während der organisch bedingte auch im Chloralhydratschlaf aufrechterhalten bleibe. Veronal vermag ebenfalls den Stoffwechsel des Menschen zu vermindern, während Somnifen wirkungslos zu sein scheint.

Den Einfluß des Chloralhydrates auf den Kohlehydratstoffwechsel behandelt NAKATSUKA[7] in sehr ausführlicher Weise. Das wesentlichste Ergebnis der Versuche scheint darin zu bestehen, daß die Bildung der Urochloralsäure in der Leber unter Verbrauch des Leberglykogens stattfindet. Auch das Muskelglykogen zeigt eine Abnahme, die Alkalireserve ist vermindert, der Blutzuckerspiegel erhöht, während die Milchsäure eine allerdings nur geringe Zunahme aufweist.

Die Erhöhung des Blutzuckerspiegels nach Chloralhydratdarreichung ist offenbar von der Gabengröße abhängig, da nach HÖGLER und ZELL[8] 75 mg/kg Kaninchen noch keine Wirkung besitzen, 185 mg aber eine Steigerung von 118 auf 150 mg bedingen können. Die Ausschaltung des Sympathicus und Vagus durch Ergotamin bzw. Atropin scheint keinen größeren Einfluß auf die Chloralhydratwirkung zu besitzen. Die Magnesiumhyperglykämie wird verhindert, die durch Adrenalin erzeugte abgeschwächt und die nach Pyramidondarreichung entstehende nicht beeinflußt. Indem die beiden Forscher von der Voraussetzung ausgehen, daß Chloralhydrat seinen Hauptangriffspunkt in der Hirnrinde habe,

[1] RABINOWITSCH, W.: Z. exper. Med. **66**, 284 (1929).
[2] BASS, E., u. K. HERR: Z. Biol. **75**, 279 (1922).
[3] HARA, S.: Z. exper. Med. **43**, 256 (1924).
[4] SOLLMANN, T.: J. of Pharmacol. **23**, 449 (1924).
[5] BORNSTEIN, A.: Dtsch. med. Wschr. **1930**, 1861.
[6] BORNSTEIN, A., u. K. HOLM: Z. exper. Med. **53**, 451 (1926).
[7] NAKATSUKA, S.: Mitt. med. Akad. Kioto **6**, 1445 (1932).
[8] HÖGLER, F., u. F. ZELL: Z. exper. Med. **86**, 173 (1933).

kommen sie durch die eben erwähnten antagonistischen Versuche zu weitgehenden Schlußfolgerungen auf die Entstehung der verschiedenen Hyperglykämien. In diesem Zusammenhang mag auch erwähnt werden, daß HÖGLER und ZELL die hypoglykämischen Insulinkrämpfe wohl mit Veronal, nicht aber mit Chloralhydrat unterdrücken konnten, was im übrigen von den Versuchsergebnissen von BRUGSCH und HORSTERS[1] und ISHIGAMI[2] abweicht.

Schon früher wurde hervorgehoben, daß gewisse Gaben des Chloralhydrats und anderer Hypnotica die Bewegungen der *glatten Muskulatur* erhöhen und große sie vermindern oder aufheben. Dies wird auch durch neuere Versuche am Darm und Uterus bestätigt und gleichzeitig versucht, die verschiedene Beeinflussung zu erklären, indem aus gewissen Antagonismen die Bestimmung des Angriffspunktes der Chloralhydratwirkung erschlossen wird. So soll nach RYDIN[3] die Verstärkung des Tonus und der automatischen Bewegungen durch eine Erregung der Vagusendigungen zustande kommen, eine Ansicht, die auch SHIRATORI[4] ausspricht. Gaben über 0,1% sollen den Parasympathicus, Sympathicus und die Muskulatur lähmen. Urethan hat im großen und ganzen die gleiche Wirkung. Es erscheint fraglich, ob hier wie bei den Wirkungen auf andere Organe die Schlußfolgerungen aus antagonistischen Versuchen und gleichen Wirkungserfolgen durchaus zwingend erscheinen. Ebenso wie Chloroform vermag auch Chloralhydrat bei der Katze die *Adrenalin*ausschüttung aus der Nebenniere zu hemmen (KODAMA[5]).

Die Beeinflussung der Chloralhydratwirkung durch Vertreter der verschiedensten Arzneimittelgruppen in *synergistischer* und *antagonistischer* Beziehung wurde aus praktisch therapeutischen Gründen vielfach untersucht.

So finden SANCHIS und SARASOLA[6], daß eine Mischung von Chloralhydrat, Morphin und Atropin im Verhältnis von $60:1:{}^1\!/_2$ in 100 ccm Wasser eine bedeutende Verstärkung der narkotischen Eigenschaften des Chloralhydrats bedingen, während die toxischen Eigenschaften, besonders auf Blutdruck und Atmung auf ein Drittel vermindert seien (1 ccm/kg Tier intraperitoneal und 0,06 ccm/kg Mensch intravenös).

YAMAUCHI[7] stellte am Kaninchen fest, daß Yohimbin, Chinin, Chinchonin und Ergotamin die narkotische Wirkung von Chloralhydrat verstärken, indem sie unterschwellige Gaben wirksam werden lassen, was einer lähmenden Wirkung der Alkaloide auf die fördernden Endigungen des sympathischen Nervensystems zugeschrieben wird.

Der zu erwartende Antagonismus des Coffeins und Coramins läßt sich experimentell an der Ratte zeigen (WAGNER[8]). Allerdings bestehen gewisse Einschränkungen insofern, als nur die geringsten tödlichen Gaben des Chloralhydrats in ihrer Wirkung aufgehoben werden können, bei größeren Gaben aber die lähmenden Komponente, die in den beiden Analeptica steckt, erst recht zum Vorschein kommt. Nicht wesentlich andere Wirkungen wurden in Versuchen mit Chloralhydrat und Cardiazol am selben Tier von ADAM[9] erzielt, doch scheint eine lähmende Wirkung des Cardiazols weniger in Erscheinung zu treten. Auf dem Antagonismus Chloralhydrat-Pikrotoxin baut sich eine Methode zur

[1] BRUGSCH, TH., u. H. HORSTERS: Arch. f. exper. Path. **147**, 127 (1930).
[2] ISHIGAMI, J.: Fol. pharmacol. jap. **6**, 403 (1928).
[3] RYDIN, H.: C. r. Soc. Biol. Paris **92**, 658 (1925).
[4] SHIRATORI, F.: J. of orient. Med. **5**, 11 (1926).
[5] KODAMA, S.: Tohoku J. exper. Med. **5**, 157 (1924).
[6] SANCHIS, P., u. R. D. SARASOLA: Bruns' Beitr. **154**, 515 (1932).
[7] YAMAUCHI, S.: Fol. pharmacol. jap. **16**, 25 (1933).
[8] WAGNER, K.: Dissert. Gießen 1931.
[9] ADAM, D.: Arch. f. exper. Path. **168**, 171 (1932).

Messung der Wirkungsstärke von Schlafmitteln auf (WIELAND und PULEWKA[1]). Nach KOBAYASHI[2] hemmen Chloralhydrat und Urethan den Pikrotoxin- und Strychninkrampf, nicht aber den durch Eserin herbeigeführten.. KUCERA[3] gibt an, daß es möglich sei, die narkotische Wirkung des Chloralhydrates durch Thyroxin aufzuheben, während thyreoprive Tiere eine sehr erhebliche Verlängerung der Narkosedauer zeigen. Die Versuchsergebnisse werden zur Erklärung der individuellen Empfindlichkeit gegenüber dem Hypnoticum verwendet. Bei Überdosierung des Chloralhydrats werden folgerichtig Injektionen von Thyroxin und Coffein empfohlen.

Die strittige Frage, ob durch Zuführung reinen Sauerstoffs narkotische Wirkungen hemmend beeinflußt werden können, wird von RICHTER[4] bejaht, da er bei Pferden eine Abkürzung der Anästhesiedauer zu beobachten glaubte. Nach Angaben von SORBI[5] soll beim Frosch die Chloralhydratlähmung durch Jodoform durchbrochen werden können, obwohl dieses allein die Reflexerregbarkeit vermindert.

Die von BIBERFELD am Hund nachgewiesene *Gewöhnung* an Chloralhydrat läßt sich, wie die Versuche von BALLICU[6] zeigen, beim Kaninchen nicht nachweisen. Die Schlafdauer wird beim Gewöhnungsversuch nicht verkürzt, die Gaben, die Krämpfe aufzuheben vermögen, werden nicht verändert, ebensowenig wie die, welche eine Erregung der Atmung hervorrufen.

Die *toxischen* Wirkungen des Chloralhydrats erstrecken sich bekanntlich auf Schädigungen der parenchymatösen Organe. Da das Narkoticum oft bei der Behandlung der Eklampsie Verwendung findet, so sucht CAMPELL[7] am Hund die Frage experimentell zu beantworten, welche Veränderungen im mütterlichen und kindlichen Organismus bei mehrtägiger Darreichung des Chloralhydrats vor sich gehen. Die histologischen Befunde in Leber, Herz und Nieren lassen auch im fetalen Organismus Schädigungen erkennen, die zu Bedenken gegen die wiederholte Anwendung des Hypnoticums Anlaß geben.

Chloralose
(*Bd. I, S. 415*).

Die Substanz besitzt insofern eigentümliche Wirkungen, als bei Lähmung der motorischen und sensiblen Rindenzentren die Reflexerregbarkeit nicht geschädigt werden soll. Dies trifft allerdings wohl nur für bestimmte Gaben beim Versuch am Hunde zu. Da die Chloralose für manche Tierversuche sehr geeignet ist, so ist es erwünscht, die Kenntnis von der Wirkung zu vertiefen, damit bei pharmakologischen Untersuchungen an chloralosebetäubten Tieren nicht fälschlich Chloralosewirkungen dem Einfluß der zu untersuchenden Substanz zugeschrieben werden.

Bei Hunden, die 10 cg/kg intravenös erhielten, beobachtete LUDANY[8] Tachykardie, Abnahme des Atmungseinflusses auf den Kreislauf und Verkürzung der Überleitungszeit am Herzen. Veränderungen des Elektrokardiogramms sprechen für Zunahme des Sympathicustonus. Die elektrische Reizung des Sympathicus (Pupillenerweiterung) zeigte keine Veränderung seiner Erregbarkeit. Daß nicht alle Reflexe unter Chloralosewirkung unbeeinflußt bleiben, zeigen Versuche von

[1] WIELAND, H., u. P. PULEWKA: Arch. f. exper. Path. **120**, 174 (1927).
[2] KOBAYASHI, E.: Fol. pharmacol. jap. **4**, 233 (1927).
[3] KUCERA, M.: C. r. Soc. Biol. Paris **114**, 822 (1933).
[4] RICHTER, K.: Arch. Tierheilk. **64**, 444 (1932).
[5] SORBI, G.: Arch. internat. Pharmacodynamie **30**, 251 (1925).
[6] BALLICU, E.: Studi sassar., II. s. **8**, 521 (1930).
[7] CAMPELL, R.: Amer. J. Obstetr. **28**, 83 (1934).
[8] LUDANY, G. v.: Arch. f. exper. Path. **167**, 717 (1932).

Sunzeri[1], der nachwies, daß nach intravenöser Injektion von 5—12 cg/kg die Veränderungen der Pulsfrequenz durch Druck auf den Bulbus oculi fast immer aufgehoben werden, während in der Äthernarkose dieser oculo-kardiale Reflex erhalten bleibt.

In einem gewissen Gegensatz zu sonstigen Angaben (s. Bd. I) stehen die Versuchsergebnisse von Sato und Ohmi[2], nach welchen durch 5—30 cg/kg einer bei 40° gesättigten Chloraloselösung intravenös die Adrenalininkretion der *Nebennieren* vermindert wird und dementsprechend eine Senkung des Blutdrucks, Verlangsamung des Pulses und Hypoglykämie eintritt. Abnahme der Blutversorgung der Nebennieren soll die Ursache für die verminderte Adrenalinbildung sein.

Auch die *Eigenwärme* bleibt nach Chloralose nicht unbehelligt. Terroine und Melon[3] weisen nach, daß bei „Temperaturneutralität" (Wärmegrad der Umgebung, bei welcher der Grundumsatz die kleinsten Werte zeigt) die Eigenwärme bei Ratten, Meerschweinchen und Tauben zum Teil erheblich absinkt, was auf Mitwirkung des Nervensystems zurückgeführt wird, indem anscheinend die chemische Wärmeregelung in der Chloralosenarkose vermindert ist.

Nach Versuchen von Lambrechts[4] wird in der Chloralosenarkose des Hundes die *Urinmenge*, die Ausscheidung des Harnstoffes und der Elektrolyten unter den Anzeichen einer Alkalose vermindert. Im Blutplasma sinkt die Wasserstoffionenkonzentration und steigt die Alkalireserve bei Gleichbleiben des Cl- und Natriumspiegels. Für die Veränderung der Urinsekretion wird ein peripherer Angriffspunkt angenommen.

Nach den Versuchen von Korchow[5] bleibt auch die Magensaftsekretion nach Chloralosedarreichung nicht unbeeinflußt, sie wird nämlich vermehrt, was auf einen Fortfall von Hemmungsimpulsen der Großhirnrinde bezogen wird.

Andere chlorhaltigen Schlafmittel hier zu erwähnen, ist wohl kaum notwendig, da ihre praktische Bedeutung nicht sehr erheblich zu sein scheint und sie für theoretische Fragen nur selten in den Kreis der Betrachtungen gezogen wurden. Was bis vor etwa 10 Jahren über sie berichtet worden war, findet sich im Band I dieses Handbuches und, wenn sie neuerdings gelegentlich für vergleichende Versuche herangezogen worden sind, so sind sie bei denjenigen Substanzen erwähnt, mit denen sie verglichen werden sollten. Das gleiche gilt für die Gruppe des Sulfonals.

Bromhaltige Hypnotica (Neodorm).

Im Gegensatz dazu sind die bromhaltigen Hypnotica vom Typus des Bromural, Adalin und Neuronal zumindestens von großer praktischer Bedeutung, da sie am Krankenbett vielfach als Beruhigungsmittel, kaum aber als Schlafmittel im engeren Sinne Anwendung finden. Ein neues Präparat, das in diese Gruppe gehört, ist das Neodorm, α-Brom-α-isopropylbutyramid, weiße Krystalle, Schmelzpunkt 50—51°, die in Wasser schlecht (1:150), in Fetten sehr gut löslich sind. In chemischer Beziehung steht der Körper dem Neuronal, Diäthylacetamid außerordentlich nahe, wie nebenstehende Konstitutionsformeln zeigen.

$$\underset{\substack{|\\ C_2H_5}}{\overset{\substack{Br\\ |}}{C_2H_5-C-CO\cdot NH_2}} \qquad \underset{\substack{|\\ CH\cdot(CH_3)_2}}{\overset{\substack{Br\\ |}}{C_2H_5-C-CO\cdot NH_2}}$$

Brom-diäthylacetamid = Neuronal

α-Brom-α-isopropylbutyramid = Neodorm (könnte also auch als Brom-äthylisopropylacetamid bezeichnet werden)

---

[1] Sunzeri, G.: Ann. Clin. med. e Med. sper. **16**, 102 (1926); nach Ber. Physiol. **37**, 449 (1926).

[2] Sato, H., u. F. Ohmi: Tohoku J. exper. Med. **21**, 433 (1933).

[3] Terroine, E. F., u. L. Melon: Ann. de Physiol. **3**, 557 (1927).

[4] Lambrechts, A.: C. r. Soc. Biol. Paris **107**, 251 (1931); **110**, 90 (1932).

[5] Korchow, A.: Z. exper. Med. **59**, 10 (1928).

Tabelle 27. Gaben.

Amphibienlarven 1 : 700 Tod; 1 : 50000 beginnende Lähmung (GESSNER u. SCHLENKERT[1])
Frosch   10—33 mg Tod
Maus   subcutan 26,5 mg/100 g Tod (Dieselben)
Kaninchen per os 80—90 mg/100 g Tod (FREUND, BIEHLER u. Mitarbeiter[1])
                40 mg tiefer Schlaf 12 Stunden Dauer (Dieselben)
Hund   per os 60—75 mg Tod (Dieselben)
                20—25 mg 12stündiger Schlaf.

Zum Vergleich seien die entsprechenden Gaben von Neuronal beim Kaninchen angeführt (KWAN[1]), die nicht wesentlich verschieden sind:

100 mg/100 g Tod
50 mg   12stündiger Schlaf
25 mg   1stündiger Schlaf.

Die Wirkung[1] des Neodorms tritt langsam ein, erstreckt sich aber auch auf ziemlich lange Zeiten. So entwickelt sich die volle Wirkung nach 40 mg/100 g Kaninchen per os erst nach 1 Stunde und hält ungefähr 12 Stunden an. Blutdruck und Atmung werden wenig geschädigt. Der Blutdruck sinkt erst bei tödlichen Gaben, wobei der Abfall zu einem erheblichen Teil gehindert werden kann, wenn die Tiere vor Wärmeverlusten geschützt werden. Die Pulsfrequenz nimmt im tiefen Schlaf ab, die Atmung ist anfänglich verlangsamt und vertieft, später dyspnoisch. Der Tod tritt wahrscheinlich durch Atemlähmung ein, doch scheint auch die Kreislaufschädigung beteiligt zu sein. Im tiefen Schlaf sind die Schmerzreflexe erloschen, aber der Conjunctivalreflex lange erhalten. Der Blutzucker zeigt keine Veränderung; die N-Ausfuhr wird beim Hund um etwa 40% vermindert, was auf eine Einschränkung des Eiweißabbaues und nicht auf eine Wasserretention bezogen wird, da die Diurese sogar ziemlich bedeutend erhöht ist. Die Eigenwärme sinkt im tiefen Schlaf nicht unerheblich. Gewöhnung konnte weder am Tier noch Menschen beobachtet werden, bei Amphibienlarven konnte sie aber festgestellt werden. Klinisch scheint sich das Präparat als Einschläferungs- und Beruhigungsmittel bewährt zu haben[2].

An dieser Stelle möge auch ein bromsubstituierter Äthylalkohol, das Avertin, seine Besprechung finden, obwohl es, kaum als Hypnoticum, sondern in der Hauptsache als Basisnarkoticum in Verbindung mit Inhalationsanaestheticis angewendet wird.

Avertin.

Das Schrifttum über dieses Präparat ist seit seiner Einführung in die Praxis so umfangreich geworden, daß eine vollständige Wiedergabe hier nicht möglich ist. Die klinischen Arbeiten müssen beinahe gänzlich außer acht bleiben, sofern sie nicht experimentelle Angaben enthalten.

Avertin ist ein Tribromäthylalkohol, $C_2H_2Br_3OH$, es bildet weiße Krystalle vom Schmelzpunkt 79—80° C, die in warmem Wasser von 40° zu $3^1/_2\%$ löslich sind. Diese Lösungstemperatur soll praktisch nicht überschritten werden, da sonst unter Bildung von Bromwasserstoff Dibromacetaldehyd entsteht. Die Zersetzung geht besonders unter Einwirkung des Lichtes sehr schnell vor sich. Der Aldehyd ist für Schleimhäute ein sehr heftiges Reizgift. Zersetzte Lösungen

---

[1] KWAN, J.: Arch. internat. Pharmacodynamie **22**, 331 (1912). — FREUND, H.: Dtsch. med. Wschr. **1929**, 57. — BIEHLER, HILDEBRANDT u. LEUBE: Ebenda **1929**, 56. — GESSNER, O., u. F. J. SCHLENKERT: Z. exper. Med. **73**, 586 (1930). — BROGGI, E.: Rass. Studi psichiatr. **21**, 331 (1932); nach Ber. Physiol. **67**, 778 (1932).

[2] KACZANDER: Dtsch. med. Wschr. **1929**, 57. — LORENZ: Med. Klin. **1929**, 522. — HLISNIKOWSKI: Med. Klin. **1929**, 877.

Tabelle 28. Gaben.

Maus	per os	50 mg	Tiefer Schlaf	EICHHOLTZ[1]
	rectal	8—15	Narkose	„
	subcutan	50	Tod	FÖCKLER[2]
		35—40	Schmerzreflexe erloschen	„
		30	Seitenlage	„
		20	Passive Seitenlage	„
	intraperitoneal	60	Tod	LENDLE[3]
		30	Seitenlage	„
	intravenös	12	Narkose	EICHHOLTZ[1]
Ratte	rectal	66	Tod	LENDLE u. TUNGER[4]
		45	1stündige Seitenlage	„ „ „
		20	Seitenlage	„ „ „
	subcutan	140	Tod	BARLOW[5]
		73	Tod in 25%	„
		60—70	Tod	LENDLE u. TUNGER[4]
		53	Tod	TOBERENTZ[6]
		66	Vollnarkose	BARLOW[5]
		27,5	Narkose	„
		21,5	Leichte Narkose	„
		20	Seitenlage	LENDLE u. TUNGER[4]
		40	1stündige Seitenlage	„ „ „
Meer-schweinchen	rectal	35	Tod	AOKI[7]
		15	Narkose	„
		5	Schlaf	„
	intravenös	15	Tod	„
		10	Narkose	„
		5	Schlaf	„
Kaninchen	per os	60	Narkose	EICHHOLTZ[1]
		40	Tiefer Schlaf	„
	rectal	20	Schlaf	„
	rectal	55	Tod	KÄRBER u. LENDLE[8]
		45—50	Tod	VEAL[9]
		35	Narkose	KÄRBER u. LENDLE[8]
		30	Narkose	EICHHOLTZ[1]
		25—30	Narkose	VEAL[9]
		20	Tiefer Schlaf	EICHHOLTZ[1]
		15	Schlaf	„
		5	Schlaf	VEAL[9]
	subcutan	50	Narkose	EICHHOLTZ[1]
		15	Schlaf	„
	intraperitoneal	30—50	Tod	VEAL[9]
		20—25	Narkose	„
	intravenös	12—15	Tod	EICHHOLTZ[1]
		8	Narkose	„
		5	Schlaf	„
Hund	rectal	50	Narkose	„
		36	Reflexlos	LENDLE[3]
		16	Seitenlage	„
	intravenös	12	Narkose	EICHHOLTZ[1], ENDREJAT[10], CHAUCHARD u.MONOD[11], VOLCKER[12]
		10	Tiefe Narkose	BRANDES[13]
		6—7	Schlaf	„

[1] EICHHOLTZ, F.: Zit. S. 135. [2] FÖCKLER, K. W.: Zit. S. 138.
[3] LENDLE, L.: Zit. S. 132. [4] LENDLE, L., u. H. TUNGER: Zit. S. 132.
[5] BARLOW, C. W.: Zit. S. 135. [6] TOBERENTZ, H.: Zit. S. 132.
[7] AOKI, T.: Zit. S. 134. [8] KÄRBER, G., u. L. LENDLE: Zit. S. 132.
[9] VEAL, J. R.: Zit. S. 133. [10] ENDREJAT, E.: Tierärztl. Wschr. **1932**, 212.
[11] CHAUCHARD, A. B., u. R. MONOD: Zit. S. 134.
[12] VOLCKER, R.: Zit. S. 140. [13] BRANDES, K.: Zit. S. 140.

Tabelle 28 (Fortsetzung).

Katze	per os	15 mg	Tod	Eichholtz[1]
		10	Narkose	,,
	rectal	30—36	Reflexlos	Lendle[2], Brandes[3]
		20	Volle Seitenlage	Lendle[2]
		12	Teilweise Seitenlage	,,
	intravenös	10	Narkose	Eichholtz[1]
Pferd	intravenös	9—10	Tiefe Narkose	Endrejat[4]
		3	Narkose	Rasmussen[5]
Affe		20	Reflexlos	Eichholtz[1]
		16	Seitenlage	,,

Über Dosierung beim Menschen vgl. Glaesmer und Amersbach[6].

lassen sich nach Parson[7] an einer Blaufärbung bei Kongorotzusatz erkennen. Der Teilungskoeffizient zwischen Öl und Wasser erreicht nach Gyllenswärd[8] bei 14° C den hohen Wert von 12, was für die Wirkung von Bedeutung ist.

Die *Darreichung* kann im Tierversuch enteral und parenteral geschehen, bei der chirurgischen Narkose bei Tier und Mensch kommt anscheinend nur die intravenöse und rectale Einverleibung in Frage.

Die *Resorption* vom Rectum und Unterhautzellgewebe geht offenbar außerordentlich schnell vonstatten, da schon wenige Minuten nach Darreichung die narkotische Wirkung erscheint. Über die *Gabengröße* und bis zu einem gewissen Grade über die Wirkungen gibt vorstehende Tabelle 28 Aufschluß.

Bei passender Gabengröße kommt es nach Eichholtz[1] über einen sich schnell vertiefenden Schlaf zu einer Narkose mit Erschlaffung der Muskulatur und Einschränkung der Reflextätigkeit. Die Atmung wird nach verhältnismäßig kleinen Gaben stark verlangsamt, größere Gaben bedingen aber kaum einen Zuwachs der Schädigung. Der Kreislauf wird nur in kleinem Umfang verändert, die Eigenwärme sinkt in geringem Maße. Gewöhnung wurde nicht beobachtet, ebensowenig eine Schädigung der Nieren. Die rasch eintretenden Wirkungen gehen auch schnell wieder vorüber, da die *Ausscheidung* bald einsetzt und hohe Grade erreicht. Selbstverständlich hängt die Wirkungsdauer auch von der Größe der Gabe und der Tierart ab, denn bei Maus, Ratte und Kaninchen und Hund klingt die narkotische Wirkung verhältnismäßig schnell ab, bei Mensch und Katze dehnt sie sich auf etwas längere Zeiträume aus. Dies steht im Zusammenhang mit der Eliminationsgeschwindigkeit. Nach Versuchen von Welsch[9] am Menschen erfolgt die Ausscheidung innerhalb von 2 Tagen zu fast 100% durch den Urin. Am ersten Tage wird beim Menschen und Tier etwa die Hälfte ausgeschieden (Parson[7]). Eine Zerstörung des Avertins im Organismus findet nicht statt, wenigstens konnte im Urin kein anorganisches, sondern nur organisch gebundenes Brom gefunden werden. Im Körper des Warmblüters wird das Avertin mit Glucuronsäure gepaart und erscheint als Urobromalsäure (Endoh[10]) im Harn. Ob die Kuppelung eine vollständige ist, geht aus den einschlägigen Arbeiten nicht mit Sicherheit hervor. Eine Paarung mit Schwefelsäure ließ sich nicht nachweisen (Waelsch und Slye[11]). Die Stätte der Paarung ist nach den Unter-

---

[1] Eichholtz, F.: Dtsch. med. Wschr. **1927**, 710.
[2] Lendle, L.: Zit. S. 132.   [3] Brandes, K.: Zit. S. 140.
[4] Endrejat, E.: Zit. S. 130.   [5] Rasmussen, G. H.: Zit. S. 136.
[6] Glaesmer, E., u. R. Amersbach: Münch. med. Wschr. **1927**, 1835.
[7] Parson, F. B.: Brit. med. J. **1929**, 709.
[8] Gyllenswärd, N.: Zit. nach Ber. Physiol. **74**, 758 (1933).
[9] Welsch, A.: Arch. f. exper. Path. **139**, 302 (1929).
[10] Endoh, C.: Biochem. Z. **152**, 276 (1924).
[11] Waelsch, H., u. H. Slye: Arch. f. exper. Path. **161**, 115 (1931).

suchungen von Wälsch, Sebening[1] u. a. die Leber, da partielle Exstirpation der Leber jedenfalls die Entgiftung hemmt und bei der Durchströmung des isolierten Organs das Avertin als solches fast restlos aus der Durchströmungsflüssigkeit verschwindet. Im einzelnen seien noch folgende Angaben, die wichtige Gesichtspunkte enthalten, hervorgehoben.

Narkotische Breite und Quotient. Die Verwendbarkeit eines Arzneimittels und eines Narkoticum im besonderen ist zu einem erheblichen Teil von dem Abstand der wirksamen von der tödlichen Gabe, der Wirkungsbreite abhängig. Nicht ganz das gleiche bedeutet der therapeutische Quotient, das Verhältnis dieser beiden Gabengrößen. Für die praktische Anwendung kann übrigens unter Umständen die Breite wesentlicher sein als der Quotient. Die tödliche Gabe läßt sich beim Avertin mit hinreichender Genauigkeit feststellen, obwohl Geschwindigkeit der Resorption und Entgiftung einen Unsicherheitsfaktor bilden, der auch bei der Feststellung der therapeutischen Gabe stark ins Gewicht fällt. Diese von der Art des Versuches und den spezifischen Eigenschaften der Substanz abhängige mehr oder minder große Streuung, deren Bedeutung und Berücksichtigung von Eichler[2] besonders betont wird, beeinträchtigt die Errechnung der therapeutischen Breite in erheblichem Maße. Das geht aus Versuchen von Lendle[3] und Toberentz klar hervor. Sie finden die Gabe des Avertins, die bei Ratten (subcutan) leichte Narkose herbeiführt, mit 0,215 g/kg und eine Streuung von 9%, die tödliche Gabe mit 0,53 g/kg und die Streuung mit 30%. Die Breite ist also demnach 0,315 g und der Quotient 2,5. Würde man aber die günstigsten bzw. ungünstigsten Ergebnisse der Berechnung zugrunde legen, so würden wesentlich andere Werte herauskommen, da der Quotient im ersten Falle mit 3,5, im anderen mit 1,6 berechnet werden könnte. Bei der Anwendung am Menschen müßte man eigentlich, wenn man sich der Gefahren bewußt bleiben will, immer die ungünstigsten Verhältnisse annehmen, da man nicht im voraus die Sachlage beurteilen kann. Die Hauptschwierigkeit bei der Berechnung der Wirksamkeitsbreite liegt aber in der subjektiven Wertung der Versuchsergebnisse. Nimmt man z. B. unter Benutzung der Zahlen von Eichholtz die schlafmachende Gabe des Avertins als Grundlage, so ergibt sich eine Breite von 0,07—0,1 und ein Quotient von 2,5—3,0. Verwendet man aber die Gaben, die eine tiefe Narkose herbeiführen, so beträgt die Breite nur 0,04—0,07 g und der Quotient nur 1,5—1,9.

Ein weiterer wichtiger Punkt, der hier in Betracht kommt, ist die Zeit, worauf Lendle[2] mit Recht aufmerksam gemacht hat. Bei Berücksichtigung der Wirkungsdauer verschlechtert sich Quotient und Breite der Wirkung nicht unerheblich. Bei den Inhalationsanaesthetica dagegen spielt die Zeit natürlich keine Rolle, da der gleiche Wirkungsgrad fast beliebig lange unterhalten werden kann.

Entgiftung. Die Vorgänge bei der Entgiftung, die hauptsächlich auf der Paarung des Avertins mit Glucuronsäure und der Ausscheidung durch den Urin, vielleicht aber auch auf der zeitweisen Fixierung in dem Fettgewebe beruht, sind Gegenstand einer Reihe von experimentellen Arbeiten geworden. Beck und Lendle[3] sowie Gyllenswärd (Zit. S. 131) haben die Entgiftungs-

[1] Sebening, W.: Schmerz usw. **2**, 403 (1930).

[2] Eichler, O.: Schmerz usw. **4**, 321 (1932).

[3] Lendle, L.: Narkose u. Anästh. **1**, 239 (1928) — Arch. f. exper. Path. **132**, 214 (1928); **144**, 76 (1929); **146**, 105 (1929). — Lendle, L., u. G. Kärber: Ebenda **142**, 1 (1929); **143**, 88 (1929). — Beck, A., u. L. Lendle: Ebenda **164**, 188 (1932); **164**, 201 (1932); **167**, 590, 599 (1932). — Tunger, H.: Ebenda **160**, 74 (1931). — Toberentz, H.: Ebenda **171**, 346 (1933) — Klin. Wschr. **1930**, 1293, 1609 — Dtsch. med. Wschr. **1930**, 779 — Jkurse ärztl. Fortbild. **1932** (Sonderdr.) — Schmerz usw. **1933**, 103; **1934**, 20.

geschwindigkeit zu bestimmen unternommen. Die ersteren gingen in der Weise vor, daß sie durch eine Vordosis von Avertin Narkose herbeiführten und dann einen bestimmten Narkosegrad, gemessen an Atmung und Hornhautreflex, durch Dauerinfusion zu unterhalten suchten. Aus der Höhe der dazu notwendigen Avertinmenge in der Zeiteinheit je kg Tier, „Unterhaltungsmenge", konnte auf die Entgiftungsgröße geschlossen werden. Dabei ergab sich ein Entgiftungsvermögen des Kaninchenorganismus von 0,2 g/kg und Stunde, das der Katze von 0,05 g. Diese Vorgänge bleiben auch bei länger dauernder Zufuhr ziemlich gleichmäßig erhalten. Bei Überbelastung aber versagte das Entgiftungsvermögen, besonders bei der Katze. Nach GYLLENSWÄRD (Zit. S. 131), der ähnliche Versuche angestellt hat, beträgt das Entgiftungsvermögen beim Kaninchen 0,17—0,2 g, bei der Katze 0,007—0,03—0,1 g, und beim Hund 0,2—0,25 g. Bei langdauernden Versuchen wurde besonders bei der Katze die Unterhaltungsmenge des Avertins geringer, weil anfangs nicht nur die Glucuronsäurepaarung, sondern auch die Verankerung des Narkoticums im Fettgewebe die Wirkung abschwächte, die nach Auffüllung der Fettdepots mit Avertin nunmehr durch geringere Mengen unterhalten werden konnte. Im allgemeinen steigt die Entgiftungsgröße ziemlich proportional mit der Avertinblutkonzentration. wenigstens trifft das beim Kaninchen für den Bereich von 3—18 mg% zu.

Die Entgiftungsvorgänge werden natürlicherweise durch Leberschädigungen verzögert (WAELSCH und SELYE [Zit. S. 131]). Aber auch Hunger, Kachexie, Nebennierenexstirpation (EICHHOLTZ) können hemmend wirken. Bei der isolierten Leber wird die Entgiftung durch Phlorrhizin beeinträchtigt. Nach VEAL[1] kann sie auch durch eine Nierenschädigung, z. B. durch Sublimat, verlangsamt oder aufgehoben werden.

Dagegen gelingt es nicht, eine *Erhöhung* der chemischen Entgiftungsvorgänge herbeizuführen. Weder Glykogen und Glucose noch Glucuronsäure, die in den Versuchen von RIEDEL[2] den Tieren dargereicht wurden, können beschleunigend einwirken.

Verteilung. Im Blut ist das Avertin während der Narkose von LENDLE auf 12—20 mg% berechnet worden. Genauere Angaben über den Avertinspiegel im Blut verschiedener Tierarten stammen von GYLLENSWÄRD, der auch fand, daß das Narkoticum hauptsächlich an die Erythrocyten gebunden ist.

Die Unterschiede zwischen den einzelnen Tierarten wird nicht auf eine verschiedene Empfindlichkeit zurückgeführt, sondern sie werden als Ausdruck der unterschiedlichen Resorptions- und Entgiftungsvorgänge angesprochen.

Tabelle 29.

	Avertin in mg%	
	Operationsreife	klinische Narkose
Kaninchen . . .	13—15	17—18
Katze	7— 8	11—12
Hund	10	14—15

Wenn durch Dauerinfusionen ein statisches Gleichgewicht erzielt wird, so sind die Werte bei den genannten Tieren annähernd gleich und betragen während der leichten Narkose 8—10, während der tiefen Narkose 17—23 mg%. Das statische Gleichgewicht wird aber bei Verabreichung einer einmaligen Gabe nicht erreicht, was auch aus den Versuchen von SEBENING (Zit. S. 132) am Menschen hervorgeht. Nach Eingabe des Avertins steigt die Giftblutkonzentration an, erreicht nach 20—30 Minuten einen Gipfelpunkt mit 5—9,5 mg%, um dann sofort mehr oder minder schnell abzusinken. Die Geschwindigkeit des Abfalls ist von dem Tätigkeitszustand der Organe abhängig,

---

[1] VEAL, I. R., J. R. PHILLIPS u. CL. BROOKS: J. of Pharmacol. **43**, 637 (1931).
[2] RIEDEL, I.: Arch. f. exper. Path. **148**, 111 (1930).

indem die Hemmung der Entgiftungsvorgänge durch Leberschädigung, Hunger, kachektische und septische Prozesse eine bedeutsame Rolle spielen. Bei Konzentrationen unter 4 mg% Avertin im Blut tritt keine Narkose auf, erst bei 9 mg% ist sie vorhanden.

Lipoidreiche Organe enthalten die größten Avertinmengen, was seinen Ausdruck in dem Avertinreichtum der Erythrocyten im Verhältnis zum Plasma und in der Anreicherung im Gehirn findet, das zeitweise doppelt soviel Avertin enthält, als das Blut und dessen Giftgehalt langsamer abnimmt. Auch im Liquor cerebrospinalis läßt sich das Avertin nachweisen.

Einzelwirkungen auf Gewebe und Organe. Blut. Die Veränderungen, die durch die Avertinnarkose im Blut gesetzt werden, sind anscheinend nicht sehr eingreifender Art. STIASNY[1] berichtet über eine Abnahme des Kalkgehalts um 7—13%, Werte, die in derselben Größenordnung liegen, wie sie CLOETTA als charakteristische Wirkung auch bei anderen Schlafmitteln beobachtet hat. Eine Vermehrung des Stickstoffgehaltes des Blutes wurde von BORSOTTI[2] als Nachwirkung am 2. und 3. Tage nach der Narkose des Menschen (0,1—0,11 g/kg) beobachtet. Nach MAZZACUVA[3] nimmt beim Hund der Hämoglobingehalt ab, während die Zahl der geformten Elemente eine Steigerung erfährt, was mit dem Befund einer Zunahme der Leukocyten (BORSOTTI) übereinstimmt. Die Blutgerinnung soll während der Narkose verlangsamt sein, nach Abklingen eine mehr oder minder deutliche Beschleunigung erfahren. Letzterer Befund steht mit den Versuchen von CASANOVA[4] im Einklang, der beim Menschen im Anschluß an eine Avertinnarkose eine Verkürzung der Gerinnungszeiten des Blutes feststellte. Nach etwa 7 Tagen waren die Veränderungen wieder ausgeglichen. HINO[5] fand nach 0,25 g Avertin beim Kaninchen eine Hemmung der Blutkörperchensenkungsgeschwindigkeit, die bei höherer Dosierung in den 3 folgenden Stunden noch zunahm. Im Anschluß an die Hemmung kam es dann zu einer Beschleunigung, die erst nach etwa 24 Stunden dem ursprünglichen Verhalten Platz machte. Die Phagocytose von Leukocyten narkotisierter Meerschweinchen gegenüber Staphylokokken ergab bei großen Avertingaben eine Hemmung, bei mittleren bald Hemmung, bald Beschleunigung. Wurde Avertin in vitro zu den Leukocyten normaler Meerschweinchen zugesetzt, so konnte bei Konzentrationen von 0,1—0,8% eine Förderung, bei 1,1—1,4 eine schwache Verlangsamung und bei Konzentrationen über 1,5% eine starke Hemmung gefunden werden (AOKI[6]).

Das Zentralnervensystem zeigte in der Narkose meßbare Veränderungen. CHAUCHARD und MONOD[7] sahen am Hund bei Reizung der Hirnrinde im Bereich der Beuger der hinteren Gliedmaßen eine Zunahme der Rheobase und der Chronaxiewerte. Ein ähnliches Ergebnis lieferten Reizversuche am zentralen Stumpf des durchschnittenen Vagus. Eine sofort einsetzende narkotische Wirkung fand EBBECKE[8] bei Injektion des Avertins in den Hirnstamm.

Kreislauf. Wie EICHHOLTZ schon hervorhob, sind die Wirkungen am Kreislauf verhältnismäßig gering. Am STARLINGschen Herz-Lungenpräparat wurde dies auch von RAGINSKY und BOURNE[9] insofern bestätigt als Konzentrationen von

---

[1] STIASNY, H.: Tierärztl. Rdsch. **1927**, 871.
[2] BORSOTTI, P. C.: Arch. ital. Chir. **31**, 229 (1932).
[3] MAZZACUVA, G.: Minerva med. (Torino) **1930**, 209; zit. n. Ber. Physiol. **56**, 404 (1930).
[4] CASANOVA, F.: Clinica chir. **6**, 817 (1930); zit. n. Ber. Physiol. **58**, 813 (1931).
[5] HINO, M.: Tohoku J. exper. Med. **23**, 279 (1934).
[6] AOKI, T.: Tohoku J. exper. Med. **23**, 105 (1934).
[7] CHAUCHARD, A. B., u. R. MONOD: C. r. Soc. Biol. Paris **108**, 1113 (1931).
[8] EBBECKE, U., zit. n. Ber. Physiol. **50**, 318 (1929).
[9] RAGINSKY, B. B., u. W. BOURNE: J. of Pharmacol. **43**, 209, 219 (1931).

10 mg%, wie sie im Blut des Menschen während der Narkose gefunden werden, jeden Einfluß auf Schlagvolumen, Frequenz und Coronardurchblutung vermissen lassen. 20—40 mg% beschleunigen die Durchströmung der Kranzgefäße, doch eine Verminderung des Schlagvolumens ließ sich erst bei mehr als 100 mg% nachweisen. Selbst 250 mg% lähmten das Herz aber noch nicht vollkommen. Auch die periphere Wirkung erwies sich beim Tier mit künstlichem Herzen (Methode von GIBBS) als gering.

Nach den Versuchen von WADDEL[1] am isolierten Herzen und Streifenpräparat waren auch trotz der ungünstigen Bedingungen erst 35—60 mg% im Sinne einer reversiblen Lähmung wirksam.

Beim ganzen Tier oder Menschen wurde meistens eine vorübergehende Senkung des Blutdrucks beobachtet, so z. B. von WADDEL nach 0,3 g/kg rectal oder 0,15 g intravenös. Auch das Pulsvolumen zeigte eine zeitweise Abnahme. Beim Menschen wurden ähnliche Veränderungen nach 0,1 g/kg festgestellt (GORHAM[2], PARSON [Zit. S. 131] u. a.). Nur geringe Wirkungen fand SEEVERS[3]. BORSOTTI konnte allerdings eine bedeutendere Blutdrucksenkung beobachten, wenn die ursprünglichen Werte vor der Narkose hoch lagen, und auch KENNEDY[4] berichtet über einen stärkeren Blutdruckabfall bei Kranken, wobei der systolische Druck stärker abnahm als der diastolische. Trotz *geringer* Blutdrucksenkung stellten SEEVERS und Mitarbeiter[3] ein deutliches Absinken des Augendrucks, des intrakraniellen und venösen Druckes fest.

Die **Atmung** — das wurde schon von EICHHOLTZ beschrieben — wird durch die Avertinnarkose verhältnismäßig stark in Mitleidenschaft gezogen. Er hat auch hervorgehoben, daß größere Gaben verhältnismäßig weniger schädlich sind als kleine, eben narkotisch wirkende. Auch aus den Versuchen von KÄRBER und LENDLE (Zit S. 132) hat sich ergeben, daß die Beeinflussung der Atmung nicht proportional der Gabengröße zunimmt, bei Pernocton jedoch eine lineare Abhängigkeit besteht. Aus diesem Grunde beträgt beim Avertin die tödliche Gabe das 3fache der Halbatmungsgabe (die das Atemvolumen auf die Hälfte des ursprünglichen Wertes vermindert), während sie beim Pernocton nur das Doppelte ausmacht. Bei diesen Wirkungen steht die Schädigung der Atemtiefe und des Atemvolumens im Vordergrund, während die Frequenz eine verhältnismäßig geringere Abnahme erfährt. Die am Kaninchen angestellten Versuche hatten bei rectaler Eingabe die tödliche Gabe von 0,55 g, die Halbatmungsgabe von 0,178 g/kg als Grundlage. BARLOW und GLEDHILL[5] hatten bei der Ratte etwas ungünstigere Ergebnisse; denn sie fanden in einem Viertel der Fälle nach 275 mg/kg Atemstillstand bei guter Narkose.

Im wesentlichen stimmen die am Tier gewonnenen Befunde mit denen am Menschen überein, bei dem die nicht immer zu vermeidende Atemschädigung die Anwendung des Avertins zur Vollnarkose stark beeinträchtigt. Sogar der Fetus soll durch die Narkose der Mutter geschädigt werden können (STEFANI[6]), immerhin scheinen dies doch seltene Ereignisse zu sein.

---

[1] WADDEL, J. A.: J. Labor. a. clin. Med. **17**, 1104 (1932); zit. n. Ber. Physiol. **70**, 195 (1933).

[2] GORHAM, A. P.: Brit. J. Anaesth. **11**, 12 (1933).

[3] SEEVERS, M. H., R. M. WATERS u. F. A. DAVIS: J. of Pharmacol. **42**, 270 (1931).

[4] KENNEDY, W. P.: Brit. J. Anaesth. **8**, 52 (1931).

[5] BARLOW, C. W.: J. of Pharmacol. **48**, 268 (1932) — Arch. of Surg. **26**, 689 (1933). — BARLOW, C. W., u. J. D. GLEDHILL: J. of Pharmacol. **49**, 36 (1933). — BARLOW, C. W., I. P. QUIGLEY u. C. K. HIMMELSBACH: Ebenda **50**, 425 (1934).

[6] STEFANI, F.: Atti Soc. med.-chir. Padua **10**, 25 (1932); zit. n. Ber. Physiol. **67**, 778 (1932).

Stoffwechsel. Außer der schon erwähnten Abnahme des Calciumgehaltes des Blutes wurden von Fuss und Derra[1] eine Zunahme der Kohlensäure, eine Abnahme des Sauerstoffs und der Alkalireserve sowie ein geringes Ansteigen der Milchsäure und des Blutzuckers festgestellt. Der Zunahme der Kohlensäure im Blut folgte im weiteren Verlauf eine Verminderung. Das erstere wird durch die Schädigung der Atmung erklärt; das Absinken geht mit der Verminderung der Alkalireserve einher. Die Versuche wurden am Hund unter chirurgischen Bedingungen angestellt. Die beobachteten Veränderungen sind in der Avertinnarkose anscheinend bedeutend geringer als bei Verwendung der Inhalationsanaesthetica, insbesondere des in dieser Hinsicht genau untersuchten Äthers. Auch Bühler[2] führt die Veränderung des gasförmigen Stoffwechsels im wesentlichen auf die Atemschädigung zurück.

Die Stoffwechsellage hat nach Becka[3] keinen erheblichen Einfluß auf die Wirkungsgröße des Avertins, während bei anderen Narkoticis, Evipan, Pernocton die Änderung nach der alkalotischen Seite die narkotische Wirkung vermehrte und die Störungen verminderte. In einem gewissen Gegensatz stehen die Versuchsergebnisse, die Tiffeneau und Mitarbeiter[4], allerdings nicht am Warmblüter, sondern am Fisch gewannen, da nämlich bei der Schleie durch Alkali die Narkose verlangsamt, durch Milchsäure beschleunigt wurde. Merkwürdigerweise wurde bei den alkalotischen Tieren ein höherer Avertingehalt im Gehirn gefunden.

Die Wirkungen auf die **isolierte quergestreifte Muskulatur** stimmen mit denen überein, die auch sonst bei Narkoticis beobachtet wurden. Bei Konzentrationen von 1:40 bis 1:400 tritt Kontraktur und Starre ein, die nur bei schwächeren Verdünnungen reversibel ist. Kleinere als die genannten Verdünnungen rufen nur Lähmung hervor (Waddel [Zit. S. 135]). Die während der Narkose beobachtete Erschlaffung der Muskulatur des unverletzten Tieres hat mit den Wirkungen in vitro nichts zu tun, sondern ist lediglich zentralnervösen Ursprungs.

Auf die *glatte Muskulatur* konnte von demselben Forscher immer nur eine reversible Lähmung festgestellt werden (vgl. auch Barlow und Mitarbeiter [Zit. S. 135]). Die Wirkung des Adrenalins, Pilocarpins und Atropins wurden durch Avertin nicht beeinflußt. Auch Porcaro und Guidetti[5] fanden in ihren Versuchen am isolierten Meerschweinchenuterus erst bei Konzentrationen von über 1:50000 eine Dämpfung der automatischen Bewegungen und bei 5mal größeren Gaben eine Lähmung, ohne Tonussenkung.

Als ein besonderer Vorzug des Avertins bei Operationen an Kopf, Kiefer, Mundhöhle erweist sich das Fehlen des *Speichelflusses* (Rasmussen[6]), der beim Äther so besonders störend auftritt.

Antagonismus. Synergismus. Eine praktisch sehr wichtige Frage ist es, ob es gelingt, die Avertinnarkose durch pharmakologische Eingriffe abzukürzen oder aufzuheben. Das wäre einmal dadurch möglich, daß die chemische Entgiftung durch Ausscheidung und Glykuronsäurepaarung beschleunigt würde. Es wurde schon oben erwähnt, daß die dahingehenden Versuche von Riedel (Zit. S. 133) mit Glucuronsäure, Glykogen und Glucose keinen Erfolg aufwiesen.

---

[1] Fuss, H., u. E. Derra: Klin. Wschr. **1932**, 19 — Dtsch. Z. Chir. **236**, 727 (1932).

[2] Bühler, K.: Arch. klin. Chir. **172**, 657 (1933).

[3] Becka, J.: Arch. f. exper. Path. **174**, 173 (1933).

[4] Tiffeneau, M., J. Lévy u. D. Broun: C. r. Soc. Biol. Paris **113**, 1507 (1933).

[5] Porcaro, D., u. E. Guidetti: Boll. Soc. piemont. Ostetr.; zit. n. Ber. Physiol. **76**, 182 (1934).

[6] Rasmussen, G. L.: Proc. Soc. exper. Biol. a. Med. **29**, 283 (1931).

Auch die Erwartungen, die man auf die Hormone des Kohlehydratstoffwechsels setzte, haben sich kaum erfüllt. Insulin war nach den Versuchen von LENDLE und BECK (Zit. S. 132) ohne Erfolg[1], und auch Thyroxin vermochte die Entgiftung nicht wesentlich zu beschleunigen. Bestenfalls war die Erholungszeit um 20% verkürzt (ÜBELHÖR[2], LENDLE und SEBENING [Zit. S. 132]). Durch längere Vorbehandlung mit Thyroxin wurde im Gegenteil die Narkose verlängert.

Adrenalin endlich hatte nur einen symptomatischen Erfolg insofern, als es GARRELON und LERREUX-ROBERT[3] gelang, den gesunkenen Blutdruck wieder zu heben, obwohl durch die große Gabe von 0,37 g/kg Hund eine reflexlose Narkose herbeigeführt worden war.

Wesentlich bessere Wirkungen als durch Versuche, die Entgiftung zu beschleunigen, lassen sich durch den funktionellen Antagonismus der Analeptica erzielen. In dieser Beziehung haben sich vor allem Coramin und Cardiazol günstig erwiesen (KILLIAN und UHLMANN[4], BRAAMS[5], MORITSCH[6], BECK und LENDLE [Zit. S. 132] u. a.). Auch Ephedrin, Ephetonin und Cocain (MARTIN[7]) besaßen eine günstige Wirkung, ähnlich wie Coramin und Cardiazol, da sie imstande sind, eine Weckwirkung durch Erregung der Großhirnrinde herbeizuführen oder die Atmung und den Kreislauf zu verbessern. Coffein aber hatte keine ausgesprochene Wirkung (LENDLE [Zit. S. 132], RAGINSKY[8], MORITSCH[6] u. a.). Die Versuche, durch vorbereitende Maßnahmen die Avertinnarkose gefahrloser zu gestalten, führten nach LENDLE nicht zum Ziel; denn Ephetonal, Cardiazol, Coffein und Digitaliskörper besaßen nicht die Fähigkeit, den therapeutischen *Quotienten* wesentlich zu beeinflussen. Die therapeutische *Breite* war aber doch bei Ephetonal um ein geringes, bei Cardiazol ziemlich erheblich erhöht. Klinisch hatte PELEGRIN[9] günstige Erfolge mit Lobelin.

Die von allen Forschern beobachtete Atemschädigung durch Avertin war die Veranlassung, daß man sehr bald die Vollnarkose mit Aufhebung des Muskeltonus und der Reflexerregbarkeit verließ. Man sah sich infolgedessen gezwungen, kleinere Avertingaben zu verabreichen, die aber dann durch andere Narkotica, vor allem Äther und Stickoxydul, ergänzt werden mußten, damit die Narkose den chirurgischen Anforderungen genüge. Der grundlegende Unterschied zwischen einem Inhalationsanaestheticum und einem enteral oder parenteral einverleibten Narkoticum besteht darin, daß bei letzterem die einmal injizierte Gabe nicht mehr entfernt werden kann und infolgedessen immer zur vollen Wirksamkeit kommt, während beim Inhalationsanaestheticum der Grad der Narkose durch willkürliche Konzentrationsänderungen des Narkoticums in der Einatmungsluft geregelt werden kann (vgl. KOCHMANN und TRENDELENBURG). Die Inhalationsanaesthetica nennt man infolgedessen sehr zutreffend steuerbare Narkotica. Diese können in zweifacher Weise mit auf andere Art dargereichten Narkotica kombiniert werden, indem man entweder den Hauptteil der narkotischen Wirkung vom Äther usw. tragen läßt (kombinierte Narkose im engeren Sinne) oder indem man die Wirkung

---

[1] Neuerdings berichtet STAMM, Zbl. Chir. **1931**, 25, über Beschleunigung der Entgiftung durch Insulin und Traubenzucker.

[2] ÜBELHÖR, R.: Zbl. Chir. **1930**, 2358.

[3] GARRELON, L., u. J. LERREUX-ROBERT: C. r. Soc. Biol. **114**, 1086 (1933).

[4] KILLIAN, H., u. F. UHLMANN: Arch. f. exper. Path. **163**, 122 (1931).

[5] BRAAMS, G.: Klin. Wschr. **1933**, 69.

[6] MORITSCH, P.: Arch. f. exper. Path. **168**, 249 (1932).

[7] MARTIN, B.: Zbl. Chir. **1931**, 115. — MARTIN, B., u. B. KOTZOGIU: Dtsch. Z. Chir. **234**, 115 (1931).

[8] RAGINSKY, B. B., W. BOURNE u. M. BRUGER: J. of Pharmacol. **43**, 219 (1931).

[9] PELEGRIN, A.: Chirurg **5**, 500 (1933).

des injizierten oder enteral einverleibten Narkoticums, z. B. Avertin, durch das steuerbare Anaestheticum ergänzt also gewissermaßen die narkotische Wirkung auf 100% auffüllt, wobei der Hauptanteil, mindestens 60% der Wirkung, dem Avertin usw. zufällt (Basisnarkoticum).

Das nichtsteuerbare Avertin (LÖWE[1]) wird nun zu diesem Zweck vor allem mit Äther kombiniert. Experimentell kann auch gezeigt werden (KÄRBER und LENDLE [Zit. S. 132]), daß in der Tat die Gefahren der Narkose dadurch vermindert werden können, indem durch Vergrößerung der tödlichen Gabe der therapeutische Quotient erhöht wird. Es kommt also zu einer antagonistischen Wirkung zwischen Äther und Avertin, bezüglich der tödlichen Gaben. Die narkotischen Gaben zeigen aber bei den Versuchstieren (weiße Maus) lediglich eine additive Wirkung. KÄRBER und LENDLE haben nur zwei Kombinationen untersucht.

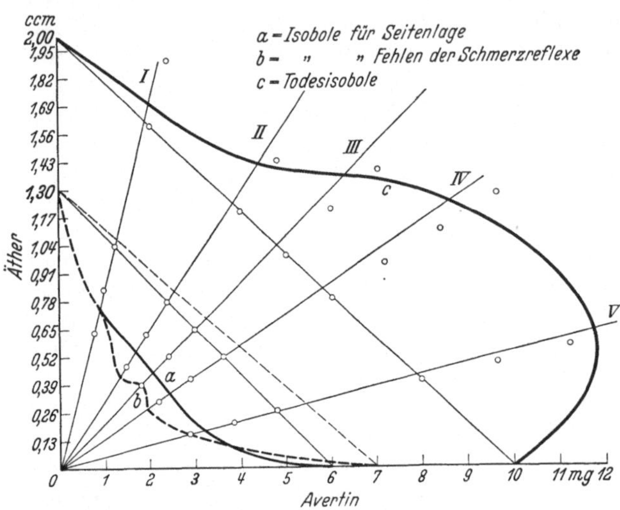

Abb. 16. Graphische Darstellung der Avertin-Äthernarkose mittels des LOEWEschen Nomogramms. Antagonistische Wirkung bei tödlichen, potenzierende Wirkung bei narkotischen Gaben. (Seitenlage und Aufhebung der Schmerzreflexe.) Nach FÖCKLER.

In umfangreicherem Ausmaße hat FÖCKLER[2] unter KOCHMANN die Wirkungen der Avertin-Ätherkombinationen untersucht, und zwar mit Hilfe des LOEWEschen Schemas, das auch eine übersichtliche graphische Darstellung aller Kombinationswirkungen gestattet.

Man ersieht daraus ohne weiteres, daß sich Äther und Avertin bezüglich der tödlichen Gaben antagonistisch beeinflussen, besonders wenn wie in der chirurgischen Praxis die Avertinnarkose durch geringere Mengen von Äther aufgefüllt wird, daß aber für die therapeutischen Gaben eine Verstärkung der Wirkung über das arithmetische Mittel (Potenzierung) stattfindet. Die narkotische Breite wird infolgedessen unter den günstigsten Verhältnissen um mehr als das Dreifache verbreitert und der Quotient wächst im Verhältnis von 1,67:4. Die Ansicht STRAUBS[3], daß unter Verwendung von Avertin als Basis- und Äther als steuerbarem Narkoticum die Narkose gefahrloser gestaltet werden kann, erfährt also durch den Tierversuch eine Bestätigung. Die Erfahrungen am Menschen scheinen damit übereinzustimmen.

Über die Kombination des Avertins mit Stickoxydul, Acetylen und Äthylen liegen eine größere Anzahl klinischer Arbeiten vor, auf die hier (vgl. Gasnarkotica) nicht näher eingegangen werden soll (Lit. bei LENDLE [Zit. S. 132]). Man gewinnt aber durchaus den Eindruck, daß diese Art der Narkose zu günstigen Ergebnissen führt. So berichtet WIDENHORN[4], daß der Blutdruck weniger sinkt und die Hyperglykämie und die Abnahme der Alkalireserve weniger stark ausgeprägt ist. Jedenfalls scheinen die Schädigungen des Kreislaufs und des Stoffwechsels

[1] LOEWE, S.: Klin. Wschr. 1927, 1848.
[2] FÖCKLER, K. H.: Inaug.-Dissert. Halle 1933.
[3] STRAUB, W.: Münch. med. Wschr. 1928, 593.
[4] WIDENHORN, H.: Dtsch. Z. Chir. 235, 573 (1932).

sich in engen Grenzen zu halten. Auch v. Ammon und Schroeder[1] haben mit der Stickoxydulnarkose in Verbindung mit Avertin günstige Erfolge beobachtet, nur muß reichlich Sauerstoff zugeführt werden, um eine Cyanose zu vermeiden. Über die Frage, wie sich die Avertin-Gasnarkose im Tierversuch gestaltet, scheinen noch keine größeren Untersuchungen vorzuliegen. Kleindorfer und Halsey[2] fanden, daß die Basisnarkotica, darunter auch Avertin, in einer Gabe von 10 bis 20% der Dosis letalis die Stickoxydul- und Äthylennarkose verstärken, doch verlor die additive Wirkung sehr bald an Intensität, da die Entgiftung des Avertins die eine Teilkomponente auslöschte.

Zur Unterstützung der Avertinwirkung wurden Opiate, wie Morphin, Narkophin, Eukodal u. a., versucht. Nach Barlow (Zit. S. 135) wird die Avertinwirkung durch Morphin über das arithmetische Mittel verstärkt, allerdings auch die Beeinflussung der Atmung. Diese Ergebnisse decken sich nur zum Teil mit den Versuchen von Kärber und Lendle (Zit. S. 132) am Kaninchen. Unter den der chirurgischen Praxis angenäherten Dosierungsverhältnissen haben Gaben von 1 mg Morphin intravenös und 0,2 g/kg Avertin rectal eine „unteradditive" Wirkung auf die Atmung, da diese Schädigung nur 49% anstatt 68% beträgt, wie zu erwarten war.

Scopolamin soll nach Lendle eine geringe Vergrößerung der narkotischen Quotienten herbeiführen, doch halten sich die Zahlen in geringen, praktisch kaum in Betracht kommenden Grenzen.

Eine gewisse Bedeutung hat die Kombination von Avertin und Amylenhydrat insofern, als das Präparat Avertin flüssig den tertiären Amylalkohol enthält (1 ccm = 1 g Avertin in 0,5 ccm Amylenhydrat gelöst). Aus technischen Gründen ist dieses Präparat möglicherweise ein Fortschritt in der Handhabung, aber die narkotische Wirkung wird durch das Amylenhydrat eher verschlechtert. Nach den Versuchen von Barlow und Gledhill (Zit. S. 135) sind die narkotischen Gaben bei der Ratte vom Avertin 275 mg, vom Amylenhydrat 1100 mg und vom Avertin flüssig 660 mg. Die entsprechenden tödlichen Gaben betragen 760, 1400, 1400 mg. Daraus lassen sich die narkotischen Quotienten im Werte von 2,77, 1,27 und 2,1 berechnen. Man ersieht aus den angeführten Zahlen, daß sowohl bei der narkotischen wie tödlichen Gabe eine antagonistische Wirkung vorhanden ist, die aber ungünstigerweise bei der Dosis letalis geringer ist als bei therapeutischen Gaben. Andere Versuche, die zeigen, daß schon bei kaum narkotischen Gaben eine Schädigung der motorischen Darmtätigkeit eintritt, wiesen auf eine Beschleunigung der Resorption und damit auch der Wirkung hin, wenn Avertin flüssig verabreicht wurde. Aus den Versuchen von Lendle und Tunger (Zit. S. 132), die allerdings nicht die Kombination, sondern nur das Amylenhydrat allein untersucht haben, würde man auch auf Verlängerung der Wirkung des „Avertin fl." schließen dürfen. Die Kombination mit Barbitursäurederivaten zeigte zwar ein antagonistisches Verhalten; aber da die tödlichen Gaben stärker betroffen waren als die narkotischen, so war doch die therapeutische Breite vergrößert (Schuntermann[3]).

Die Ergebnisse von Bless[4], daß die Darreichung von gewissen anorganischen Salzen bzw. ihr Fehlen die Avertinwirkung unterstützen können, scheinen sich nach Lendle (Zit. S. 132) nicht zu bestätigen. Nach Vorbehandlung der Tiere mit dem narkotisch wirkenden $MgCl_2$ (Keil[5]) werden wechselnde Ergebnisse

[1] v. Ammon, E., u. C. Schroeder: Dtsch. Z. Chir. **222**, 145 (1930).
[2] Kleindorfer, G. B., u. J. T. Halsey: J. of Pharmacol. **43**, 449 (1931).
[3] Schuntermann, C. E.: Arch. f. exper. Path. **161**, 609 (1931).
[4] Bless, G.: Arch. f. exper. Path. **148**, 129 (1930).
[5] Keil, W.: Arch. f. exper. Path. **174**, 490 (1934).

erzielt, so daß auch diese Kombination kaum praktische Anwendung finden
dürfte.

Morphologische Veränderungen der Organe sind bei gesunden Versuchstieren
in der Mehrzahl der Fälle kaum gesehen worden, auch wenn die Avertingaben
wiederholt wurden (vgl. BENECKE[1] an der Ratte). SEKIGUCHI[2] allerdings beschreibt Erythrocytenzerfall, Erweiterung der Gefäße, Thrombosierung, Blutungen in den parenchymatösen Organen und im Zentralnervensystem, besonders
in der Medulla oblongata; aber auch in den Lungen und den Nieren waren
anatomische Veränderungen zu beobachten, die aber verhältnismäßig schnell
wieder ausgeglichen wurden. Vielleicht stehen auch die häufig beobachteten
Blutungen aus der Gebärmutter damit im Zusammenhang, die in einem Drittel
der Avertinnarkosen post partum eintraten (DAICHMANN[3]).

Anwendung des Avertins. Als Vollnarkoticum wird es wegen der sehr häufig
auftretenden Atemschädigung kaum noch angewendet. Als Basisnarkoticum
in Verbindung mit einem steuerbaren Inhalationsanaestheticum (außer Chloroform) bedeutet das Avertin einen unleugbaren Fortschritt, da hier ein neuer,
erfolgreicher Weg auf dem Gebiete der Narkose beschritten worden ist. Um
einen kurzen, für kleinere Operationen genügenden narkotischen Rauschzustand
hervorzurufen, hat KIRSCHNER[4] 0,03 g/kg beim Menschen mit Erfolg intravenös
verabreicht. In der Tierheilkunde hat sich aber Avertin offenbar weniger bewährt[5]. Bei Erregungen, Krämpfen, Tetanus, Chorea und unter der Geburt
ist das Avertin oft erfolgreich angewendet worden. Bemerkenswert ist die Angabe
von KOONTZ und MOULTON[6], daß bei Hunden und Kaninchen das toxische Lungenödem infolge von Phosgeneinatmung durch Avertin gehemmt werde.

Urethane.

Die Versuche mit den verschiedenen Urethanen haben nicht wie früher die
Aufgabe, die narkotische Wirkung als solche und ihren Grad festzustellen,
sondern man will mit ihrer Hilfe allgemeine Fragen der Pharmakologie, der Narkose und des Stoffwechsels lösen, wobei man allerdings auch die Eignung besonders des Äthylurethans als Narkoticum im Tierversuch zur Erörterung stellt.

ANSELMINO[7] schließt aus seinen Versuchen über osmotische Wasserbewegung
und Diffusion gelöster Stoffe durch eine Kolloidiummembran, daß die Urethane
nicht nur die Porengröße der Membran verkleinern, sondern auch ihre elektrischen
Eigenschaften verändern. Er bringt die Beeinflussung des Konzentrations- und
Potentialgefälles mit den narkotischen Wirkungen in Zusammenhang. Auch die
Arbeit von JURISIČ[8] beschäftigt sich mit dem Narkoseproblem, er findet, daß
im Rinderserum mit der 6fach molaren Lösung von Methylurethan, zu gleichen
Teilen versetzt, eine Gelatinierung des Serums eintritt, die aber nicht auf Entquellung, sondern auf eine Veränderung der „kolloiden Struktur" zurückgeführt
wird. Da JURISIČ unter der Urethaneinwirkung keine Gewichtsabnahme des
Froschmuskels findet, so kommt er zu der Ansicht, daß die Entquellung bei
der Narkose keine Rolle spiele.

[1] BENECKE, E.: Zbl. Path. **54**, 81 (1932).

[2] SEKIGUCHI, R.: Mitt. Path. (Sendai) **8**, 247 (1934).

[3] DAICHMANN, J., u. Mitarbeiter: Amer. J. Obstetr. **28**, 101 (1934).

[4] KIRSCHNER, M.: Zbl. Chir. **1929**, 1834; **1930**, 1499.

[5] BOLZ, W., u. A. BORCHERS: Arch. Tierheilk. **64**, 261 (1931). — BRANDES, K.: Inaug.-
Dissert. Hannover 1932. — Günstige Erfolge bei intravenöser Injektion werden von R. VOL-
KER (Dtsch. tierärztl. Wschr. **1931**, 370) berichtet.

[6] KOONTZ, A. R., u. C. H. MOULTON: J. of Pharmacol. **47**, 47 (1933).

[7] ANSELMINO, K. J.: Pflügers Arch. **220**, 633 (1928).

[8] JURISIČ, P. J.: Protoplasma (Berl.) **8**, 378 (1929).

Da bekanntlich nach WINTERSTEIN[1] die Narkose durch eine Adsorption des Narkoticums an die kolloiden Oberflächen hervorgerufen werden soll, so sind auch die Versuche von JACOBS und PARPART[2] in diesem Zusammenhang zu erwähnen. Sie finden eine Hemmung der osmotisch bedingten Hämolyse bei gewissen Konzentrationen des Urethans und erklären sie weniger durch eine Verdichtung der Zellmembran als durch eine Verkleinerung der Porengröße durch Adsorption, wodurch die Permeabilität verringert wird. In einer gewissen Übereinstimmung dazu stehen die Versuchsergebnisse von ZONDEK und BANSI[3], die in vitro fanden, daß die Adsorption von Adrenalin an Tierkohle durch Urethane gesprengt wird und die Stärke der Wirkung mit der Anzahl der C-Atome zunimmt. Sie schließen daraus, daß die narkotische Wirkung der Urethane durch eine Ablösung der an die Zelle adsorbierten Hormone erklärt werden könnte.

Die Wirkung von Urethanen aus der Gruppe des Miotins, einer Verbindung des Methylurethans mit dem m-Hydroxyphenyldimethylamin, auf Esterasen besteht in einer Hemmung, die allerdings nur die Leber- und Serumesterase erfaßt, während die Nierenphosphatase, Pankreaslipase u. a. nicht beeinflußt werden. Die Wirkung scheint im wesentlichen gegen die wahren Esterasen gerichtet zu sein (STEDMANN[4]).

Bei einer Narkose des Hundes mit Äthylurethan und Amytal stellten ADOLPH und GERBASI[5] eine Eindickung des *Blutes* fest, die auf eine Abwanderung von Wasser, mit der von Eiweiß vergesellschaftet, bezogen wird. Eine Kontraktion der Milz scheint an den Vorgängen nur in geringem Maße beteiligt zu sein.

Versuche am Frosch*rückenmark* wurden ebenfalls aus theoretischen Gründen ausgeführt. MITOLO[6] versuchte mit lokaler Anwendung von Urethan eine funktionelle Analyse der Nervenelemente durchzuführen, was aber nicht von Erfolg gekrönt war, und v. SZIERMAY[7] unternahm es, das von MANSFELD aufgestellte „Alles-oder-Nichts-Gesetz" der Narkose an dem genannten Präparat zu erweisen. Sie fand ähnlich wie beim peripheren Nerven, daß eine volle Narkose mit einer 0,03proz. Lösung erhalten werde, während eine nur unwesentlich schwächere Konzentration unwirksam war, auch wenn die Wirkungsdauer sehr lange ausgedehnt wurde.

Die Auslösbarkeit des gleichseitigen Beugereflexes beim spinalen Frosch, der mit Urethan narkotisiert wurde, hängt nicht allein von der Konzentration, sondern auch von der Reizfrequenz ab[8], da bei bestimmten Konzentrationen hohe und niedrige Frequenzen keinen Reizerfolg hatten, *mittlere* aber sich als wirksam erwiesen (Wedensky-Phänomen).

Die Urethannarkose des Froschischiadicus wurde von WIERSMA[9] dazu benutzt, um die KATOschen Anschauungen über das Fehlen eines Dekrementes in der narkotisierten Nervenstrecke nachzuprüfen. Die Angaben des japanischen Forschers werden bestätigt, dagegen wird durch Kaliumcyanid ein solches Dekrement hervorgerufen.

Versuche über die Wirkungen des Urethans am **Kreislauf** haben insofern eine Bedeutung, als sie im Gegensatz zu früheren Angaben Wirkungen erkennen lassen, die bei Untersuchungen des Blutkreislaufs nicht vernachlässigt werden

[1] WINTERSTEIN, H.: Die Narkose. 2. Aufl. Berlin: Julius Springer 1926.
[2] JACOBS, M. H., u. A. K. PARPART: Biol. Bull. **62**, 313 (1932).
[3] ZONDEK, H., u. H. W. BANSI: Klin. Wschr. **1927**, 1319.
[4] STEDMANN, E. u. E.: Biochemic. J. **26**, 1214 (1932).
[5] ADOLPH, E. F., u. M. J. GERBASI: Amer. J. Physiol. **106**, 35 (1933).
[6] MITOLO, M.: Boll. Soc. ital. Biol. sper. **6**, 963 (1931).
[7] v. SZIERMAY, J.: Arch. f. exper. Path. **101**, 273 (1924).
[8] ESSEN, L. W.: Pflügers Arch. **233**, 248 (1933).
[9] WIERSMA, C. A. G.: Proc. roy. Acad. Amsterd. **33**, 180 (1930).

dürfen. Bei decerebrierten Katzen kommt es nach VAN ESVELD[1] infolge einer erhöhten Kohlensäurespannung in der Alveolarluft zu einer mit Blutdrucksteigerung einhergehenden Erregung des vasomotorischen Zentrums. Nach Urethandarreichung bleibt die Blutdruckerhöhung aus, und es tritt eine Vermehrung des Minutenvolumens ein. Diese Befunde lassen den Schluß zu, daß die Verwendung von Narkotica bei Untersuchungen des Vasomotorenzentrums zu unrichtigen Ergebnissen führen kann. Das gleiche geht auch aus Versuchen von FLOREY[2] am Frosch hervor, da verschiedene Reize, die beim normalen oder ätherisierten Tiere zu einer Blutdrucksteigerung führen, beim methylurethanisierten Tiere eine Senkung bedingen. Dagegen übt Urethan auf den durch Acetylcholin gereizten Herzvagus keine Wirkung aus, während Paraldehyd den Acetylcholineinfluß verstärkt (Versuche von MORAEUS[3] am isolierten Froschherzen von STRAUB).

In der Narkose von Ratten mit Urethan und anderen Schlafmitteln (Chloralose, Somnifen) wird durch Erregbarkeitsverminderung des Atemzentrums die Lungenluft mangelhaft erneuert und die Sauerstoffaufnahme verringert[4]. Infolgedessen werden die Gewebe mangelhaft mit Sauerstoff versorgt und ändern ihren Stoffwechsel in gleicher Weise wie bei Anoxämie. Die Ratten, die ein sehr empfindliches Atemzentrum besitzen, vertragen aus diesem Grunde die Narkose sehr schlecht. Daß diese Verhältnisse aber nicht die einzige Ursache sind und die Verhältnisse des **Stoffwechsels** verwickelter liegen, geht aus den folgenden Versuchen hervor. GUTTMACHER und WEISS[5] finden beim künstlich beatmeten Kaninchen, daß die durch Glykokoll- und Glucosedarreichung bedingte Steigerung der Sauerstoffaufnahme in der Urethannarkose ausbleibt. Diese Veränderungen sind aber nur in tiefer Narkose zu beobachten (2 g Urethan/kg), während nur wenig geringere Gaben (bis 1,9 g/kg) die spezifisch-dynamische Wirkung des Glykokolls und des Traubenzuckers nicht unterdrücken. YAMANO[6] zeigt, daß zwar in der tiefen Urethannarkose die Zahl der Atemzüge und das Atemvolumen abnehmen, in der leichten Narkose aber die Atmung vertieft wird. Die Aufnahme des Sauerstoffs und die Abgabe der Kohlensäure ist im allgemeinen wenig gestört und der respiratorische Quotient bleibt unverändert oder fällt etwas ab.

Tiefergehende Änderungen des Stoffwechsels unter der Einwirkung des Urethans haben RIESSER und YAMADA[7] am Kaninchenmuskel beobachten können. Während beim nichtgefesselten und nichtnarkotisierten Tier durch Acetylcholin, wahrscheinlich durch Adrenalinausschüttung aus den Nebennieren, ein Glykogenschwund und eine Abnahme des Phosphagens und der Milchsäure stattfindet, kommt es nach Nebennierenausrottung zu einer mehr oder minder starken Vermehrung dieser Substanzen. Unter der Einwirkung des Urethans aber nahm die Milchsäure erheblich ab, während Phosphagen und Glykogen eine Vermehrung zeigten.

Mit der Zuckerbildung in der isolierten Froschleber beschäftigt sich LINKSZ[8]. Er findet bei längerer Durchströmung mit Urethanlösungen eine irreversible Zuckerausschwemmung, anfangs jedoch eine reversible Hemmung der Zuckerbildung.

Die Beeinflussung der **Atmung** ist häufig, wie aus den vorstehenden Auseinandersetzungen hervorgeht, im Zusammenhang mit den Stoffwechselwirkungen

[1] VAN ESVELD, L. W.: Arch. f. exper. Path. **147**, 317 (1930).
[2] FLOREY, H., u. H. M. MARVIN: J. of Physiol. **64**, 318 (1928).
[3] MORAEUS, B.: Soc. Biol. **98**, 807 (1928).
[4] BIJLSMA, U. G., zit. n. Ber. Physiol. **44**, 151 (1928).
[5] GUTTMACHER, M. S., u. R. WEISS: J. of biol. Chem. **72**, 283 (1927).
[6] YAMANO, K.: Mitt. med. Akad. Kioto **2**, 156 (1928).
[7] RIESSER, O., u. K. YAMADA: Arch. f. exper. Path. **170**, 208 (1933).
[8] LINKSZ, A.: Pflügers Arch. **204**, 572 (1924).

des Urethans untersucht worden. Hier sei noch eine Beobachtung von LE GRAND und HERBAUX[1] mitgeteilt, die fanden, daß durch auf den Bulbus aufgelegte Kochsalzkrystalle die Atmung sofort zum Stillstand kommt. Werden die Tiere aber durch Urethan, Chloralose oder Chloroform narkotisiert, so bleibt die Atmung erhalten. Dieselbe Schutzwirkung ist nicht nur bei Ratten und Kaninchen sichtbar, sondern auch bei Hunden und Katzen, obwohl die narkotische Wirkung hier sehr gering ist.

An den verschiedensten Organen des Kaninchens mit **glatter Muskulatur** bedingt Urethan ein Absinken des Tonus. Diese Wirkung fehlt an der isolierten Aorta und Gallenblase. Außerdem konnte ein gewisser Antagonismus zwischen Urethan und kontraktionserregenden Substanzen nachgewiesen werden, indem ein durch diese hervorgerufener Spasmus gelöst wird und Bariumchlorid seinerseits die Urethanlähmung durchbrechen kann (FRANKLIN[2]). Zu ähnlichen Ergebnissen kommt BERNHEIM[3], der die durch Histamin, Acetylcholin und Pilocarpin bedingte Erregung des Meerschweinchenileums durch Urethan hemmen konnte. Soweit antagonistische Versuche einen Hinweis auf den Angriffspunkt zulassen, werden von der lähmenden Wirkung des Urethans die Endigungen des Parasympathicus betroffen. Außerdem scheint eine langsam auftretende Stoffwechselstörung einzutreten. Auffallend sind die hohen Gaben des Narkoticums, die die Acetylcholinkontraktur beseitigen.

Die Untersuchungen von HECHT[4] am Kaninchendarm zeigen, daß ein durch Urethan gelähmtes Darmstück seine Bewegungen wieder aufnimmt, ja sogar sich stärker kontrahieren kann als vorher, obwohl die Lösung nicht gegen eine giftfreie Lösung ausgetauscht wird. Sind die Bewegungen des Darmstückes wieder eingetreten, so bleiben sie erhalten, auch wenn jetzt die Giftlösung von derselben Konzentration erneuert wird. Es kommt also zu einer Art von *Gewöhnung*, die dadurch erklärt wird, daß während der Narkose, ähnlich wie beim Schlaf, eine Steigerung des nutzbaren Energievorrates stattfindet.

Daß Äthylurethan eine erhebliche Diurese verursachen kann, ist eine bekannte Tatsache. Über den Mechanismus dieser Wirkung ist man sich anscheinend nicht im klaren. Nach OELKERS[5] ist die extrarenale Wirkung einer Verminderung des kolloidosmotischen Druckes, bedingt durch eine Zunahme des Globulins bei unverändertem Gesamteiweißgehalt des Serums, nicht die Ursache der Urethandiurese, da andere sogar antidiuretisch wirkende Hypnotica die gleichen Veränderungen im Serum hervorrufen (BONSMANN und BRUNELLI[6]).

Ein renaler Einfluß des Urethans läßt sich bis zu einem Grade aus den Versuchen von ESWARDS[7] entnehmen, der zeigte, daß nach gleichzeitiger Eiseninjektion eine erhebliche Zunahme der Eisenausscheidung durch die Nieren erfolgt, wobei der Eisengehalt in den proximalen Zellen der Tubuli contorti zunimmt.

Trotz mancher Einwendungen gegen die Verwendung des Urethans als Narkoticum im Tierversuch ist doch seine Anwendung gelegentlich vorteilhaft. So gelingt es THUNBERG[8], beim Frosch eine abgestufte, ohne Erregung verlaufende Narkose zu erzielen, wenn Urethan in einer Menge von 0,75 % des Körpergewichts als Krystall auf die unverletzte Rückenhaut aufgetragen wird. Ist das gewünschte Narkosestadium erreicht, so kann das überschüssige Urethan abgespült werden.

[1] LE GRAND, A., u. N. HERBAUX: C. r. Soc. Biol. Paris **114**, 271 (1933).
[2] FRANKLIN, K. J.: J. of Pharmacol. **26**, 227 (1925).
[3] BERNHEIM, F.: Arch. internat. Pharmacodynamie **46**, 169 (1933).
[4] HECHT, K.: Arch. f. exper. Path. **113**, 338 (1926).
[5] OELKERS, H. A.: Klin. Wschr. **1931**, 1499.
[6] BONSMANN, M. R., u. BRUNELLI: Arch. f. exper. Path. **162**, 706 (1931).
[7] ESWARDS, J. G.: Amer. J. Physiol. **105**, 30 (1933).
[8] THUNBERG, T.: Skand. Arch. Physiol. (Berl. u. Lpz.) **45**, 166 (1924).

Die durch Senfölanwendung hervorgerufene Entzündung bleibt bei vorheriger Darreichung von Hypnotica (Urethan) aus. Ob die Erhöhung der durch die Atmungseinschränkung erhöhten CO_2-Spannung des Blutes oder das Urethan unmittelbar die entzündungshemmende Wirkung bedingen, bleibt ungeklärt (LIPSCHITZ[1]).

Von mehr praktischer Bedeutung sind, auch für die Therapie auszuwertende, Versuche über den Synergismus mit Antipyretica.

POHLE und VOGEL[2] sowie KUHLMANN[3] haben mit Hilfe des LOEWEschen Kombinationsschemas derartige Untersuchungen angestellt. KUHLMANN zeigte, daß eine Reihe von Urethanen durch Amidosulf, eine molekulare Verbindung von Pyramidon, Sulfosalicylsäure und Strontium, zwar eine Steigerung ihrer narkotischen Wirkung aufweisen, aber eine Verminderung der Toxizität erscheinen lassen, woraus sich eine Vergrößerung der therapeutischen Breite ergibt. Besonders günstig stellte sich die Kombination von Amidosulf mit Propylurethan. POHLE und VOGEL untersuchten an der weißen Maus die Kombination von Urethan mit Pyramidon, Phenacetin, Chinin und Aspirin bei Prüfung der Schmerzaufhebung. Die Ergebnisse waren sehr wechselnd, da bei den verschiedenen Mischungen sowohl potenzierende wie antagonistische Wirkungen erzielt werden konnten. Es würde zu weit führen, Einzelheiten dieser Versuche hier anzuführen. Sehr günstig erwies sich die Kombination von Äthylurethan mit Pyramidon, wie aus den Abbildungen hervorgeht. Die Abnahme der Toxizität, ja sogar eine vollkommene Entgiftung des Pyramidons und eine Verstärkung der schmerzstillenden Wirkung bedingt bestenfalls eine Vergrößerung des therapeutischen Quotienten auf das Dreifache. Am schlechtesten scheint die Kombination mit Chinin, da hier zwar eine Abschwächung der Mischungsgiftigkeit vorhanden ist, gleichzeitig aber auch eine Abnahme der schmerzstillenden Wirkung im gleichen Ausmaß.

Eine eingehendere Besprechung ist noch bei der Gruppe der Barbitursäureabkömmlinge notwendig. Hier sind besonders von amerikanischen Forschern eine große Anzahl neuer Präparate untersucht worden, die sich zum Teil durch die Art ihrer Verwendung und zum Teil durch die Ausscheidungsverhältnisse von dem Stammpräparat dieser Reihe, dem Veronal, unterscheiden.

Barbitursäuren
(Bd. I, S. 440).

Veronal, Diäthylmalonylharnstoff oder Diäthylbarbitursäure von der Formel

$$\begin{array}{c}C_2H_5 \\ C_2H_5\end{array}\!\!\Big\rangle C\!\!\Big\langle\begin{array}{c}CO \cdot NH_2 \\ CO \cdot NH_2\end{array}\!\!\Big\rangle CO$$

ist die Ausgangssubstanz für zahlreiche Körper, von denen etwa 20 eine therapeutische Verwendung gefunden haben. Die Derivate des Veronals unterscheiden sich dadurch von der Stammsubstanz, daß an Stelle der einen oder beider Äthylgruppen andere Alkoholradikale, wie die Propyl-, Isopropyl-, Butylgruppe usw. oder Reste ungesättigter Verbindung, z. B. die Allylgruppe, unter Umständen auch im bromierten Zustande eingeführt werden. Auch Reste cyclischer Verbindungen kommen in Betracht. Eine andere Änderung des Moleküls wurde in der Weise herbeigeführt, daß eine Methylierung usw. am Stickstoff des Barbitursäureringes vorgenommen wurde. Auf diese Weise entstanden eine ungeheuere Anzahl von Verbindungen, von denen die wichtigsten, klinisch ver-

[1] LIPSCHITZ, W.: Arch. f. exper. Path. **138**, 163 (1928).
[2] POHLE, K., u. F. VOGEL: Arch. f. exper. Path. **162**, 706 (1931).
[3] KUHLMANN, W.: Dissert. Münster 1932.

werteten in der Tabelle über die Gabengröße mit ihren physikalischen Eigenschaften angeführt werden sollen.

Allgemeine Eigenschaften. Alle Verbindungen reagieren in wässeriger Lösung schwach sauer. Sie lösen sich in kaltem Wasser schlecht, in heißem gewöhnlich etwas besser. In Alkohol und Diäthyläther sind sie meist gut löslich, ebenso in Essigäther, etwas weniger in Chloroform. Mit Alkalien geben sie gut lösliche Salze, deren wässerige Lösungen alkalisch reagieren. Auch als Diäthylaminverbindungen werden einige von ihnen verwendet (Somnifen). Die freien Barbitursäuren können auch durch Urethan und ähnliche Substanzen löslich gemacht werden.

Nachweis. Für den Nachweis in den Organen und Körperflüssigkeiten sind eine große Anzahl von Methoden angegeben worden. Das ihnen Gemeinsame ist die Isolierung der nachzuweisenden Barbitursäure. Aus den feinzermahlenen Organen wird nach Zusatz von Weinsäure mit Alkohol ein Extrakt bereitet (Verfahren von STAS-OTTO); aus dem nach Abdampfen des Alkohol gewonnenen Rückstand läßt sich dann die Barbitursäure bei saurer Reaktion mit Äther, manche aber auch mit Chloroform ausschütteln. Für Flüssigkeiten wird das Verfahren entsprechend abgeändert, indem die Flüssigkeit, z. B. Urin, eingeengt und dann mit Äther ausgeschüttelt wird oder bis zur Trockne eingedampft wird, woran sich die alkoholische Extraktion und die ätherische Ausschüttelung anschließen. Für den eigentlichen qualitativen und quantitativen Nachweis werden die Bestimmung der physikalischen Eigenschaften, Löslichkeit, Schmelz- und Sublimationspunkt und vor allem die Krystallform sowie colorimetrische und maßanalytische Methoden gebraucht. Diese hier anzuführen, würde zu weit führen. Es seien deshalb hier nur die wichtigsten Literaturstellen erwähnt.

HANDORF, H.: Z. exper. Med. **28**, 56 (1922), mit zahlr. Literatur. — PARRI, W.: Boll. Chim. Farm. **63**, 401 (1924). — ZIMMERMANN, W.: Pharmaz. Zentralh. **65**, 215 (1924). — GLYCART, C. K.: J. Assoc. Off. Agric. chem. **8**, 47 (1924). — ISNARD: J. pharm. Chem. **29**, 272 (1924). — RANWEZ, F.: J. pharm. Belge **6**, 410, 501 (1924). — EKKERT, L.: Pharmaz. Zentralh. **67**, 481 (1926). — SANDQVIST, H., u. F. H. LINDSTRÖM: Arch. Pharmaz. **266**, 613 (1928). — WOLTER: Pharmaz. Z. **73**, 1463 (1928). — CHRISTENSEN, E. V.: Arch. Pharmaz. **267**, 589 (1929). — ROMANOVA, N. W.: Arch. Pharmaz. **267**, 370 (1929). — LYONS, E., u. A. W. DOX: J. amer. chem. Soc. **51**, 288 (1929). — DENIGÈS, G.: Bull. Soc. pharm. **67**, 165 (1929); **68**, 153 (1930). — BAGGESGAARD-RASMUSSEN, H., u. A. WOHLK: Farmac. Tidsskr. **1930**, 89. — VAN ITALLIE, L., u. A. J. STEENHAUER: Pharmac. Weekbl. **67**, 977 (1931). — PALME, H.: Farm. Rev. **1930**, Nr 13. — LAGARCE, F.: J. Pharmacie **12**, 364 (1930). — BIANCALANI, G., zit. n. Ber. Physiol. **61**, 589 (1931). — JONSSON, B.: Svensk. farm. Tidsskr. **35**, 659 (1931). — BOUGAULT, J., u. J. GUILLON: C. r. Acad. Sci. Paris **193**, 463 (1931); zit. n. Pharm. Ber. **1931**. — DAVID, L.: Pharmaz. Z. **77**, 1165 (1932). — FISCHER, R.: Mikrochem. N. F. **4**, 409 (1932). — FISCHER, R., u. O. REICHE: Z. exper. Med. **95**, 739 (1935). — DUMONT, P., u. A. DE CLERCK: J. pharm. Belge **14**, 157, 855 (1932). — RUPP, E., u. A. POGGENDORF: Arch. Pharmaz. **269**, 607 (1932). — PAGET u. DESODT: Bull. Sci. pharm. **39**, 532 (1932). — HERGRAVES, G. W., u. H. W. NIXON: J. amer. pharmaceut. Assoc. **22**, 1250 (1933). — KOPPANYI, TH., W. S. MURPHY u. ST. KROP: Arch. internat. Pharmacodynamie **46**, 76 (1933). — ROSENTHALER, L.: A. Z. **48**, 793 (1933). — STRZYZOWSKI, C., u. L. DEVERIN: Helvet. chim. Acta **16**, 1288 (1933).

Die **Resorption** der Barbitursäuren geschieht, auch vom Magen-Darmkanal, mit erheblicher Geschwindigkeit, so daß bei manchen von ihnen die Wirkung bereits nach wenigen Minuten beginnt (z. B. Evipan). Immerhin sind hier Unterschiede zwischen den einzelnen Präparaten vorhanden, die für die therapeutische Anwendung ins Gewicht fallen.

Die **Verteilung** im Organismus ist nur bei einer gewissen Zahl der Barbitursäuren untersucht worden. Es wurde bisher angenommen, daß sich einige von ihnen vor allem im Hirnstamm anreichern (Stammittel). Doch ist neuerdings diese Annahme durch den *quantitativen* chemischen Nachweis in den verschiedenen

Abschnitten des Zentralnervensystems stark erschüttert worden (vgl. die Einleitung zu Schlafmitteln). Außer im Gehirn lassen sich die Barbitursäuren in fast allen Organen und Körperflüssigkeiten, Blut, Liquor cerebrospinalis, nachweisen.

Das weitere *Schicksal* im Organismus ist verschieden. Zum Teil werden sie, wie das Veronal, in erheblicher Menge unverändert durch den Urin ausgeschieden. Andere aber erleiden Umsetzungen und lassen sich infolgedessen gar nicht oder nur in geringer Menge im Urin, offenbar der einzigen Ausscheidungsmöglichkeit, nachweisen. Eine fast völlige Zerstörung erleiden scheinbar diejenigen Verbindungen, die am Stickstoff methyliert sind, aber auch einzelne, die bromierte Alkoholradikale enthalten.

Die **allgemeinen Wirkungen** bestehen bei kleinen Gaben in einem erweckbaren Schlaf bei größeren, besonders nach intravenöser Einverleibung in einer mehr oder minder tiefen Narkose. Die Beeinflussung des Kreislaufs und der Atmung sind bei therapeutischen Gaben verhältnismäßig gering. Nach toxischen Gaben wird der Blutdruck gesenkt, was durch eine Lähmung des vasomotorischen Zentrums und, wenigstens bei Veronal, durch eine Capillarlähmung erklärt wird. Der Tod erfolgt nach letalen Gaben durch Atemlähmung bei gleichzeitigem Versagen des Kreislaufs. Der Stoffwechsel wird verhältnismäßig wenig geschädigt; doch ist, soweit untersucht, eine Veränderung des Blutzuckerspiegels, eine Vermehrung der Milchsäure und wohl auch eine Verminderung der Alkalireserve zu beobachten. Organveränderungen wurden bei Vergiftungen gelegentlich beschrieben.

Die *Größe der wirksamen Gaben* wechselt von Präparat zu Präparat ebenso wie die tödlichen Gaben. Der narkotische Quotient, d. h. das Verhältnis von Dosis letalis minima zur Dosi efficax, ist im allgemeinen 2 und liegt bei den klinisch verwendeten gewöhnlich etwas darüber.

Die *Dauer der Wirkung* ist natürlich von der Gabengröße (Abb. 17), dem Grade der Ausscheidung durch den Urin und der Zerstörung im Organismus abhängig. Bemerkenswert scheint die Tatsache zu sein, daß die Wirkung unter Umständen noch anhält, obwohl der größte Teil der Barbitursäure den Körper bereits

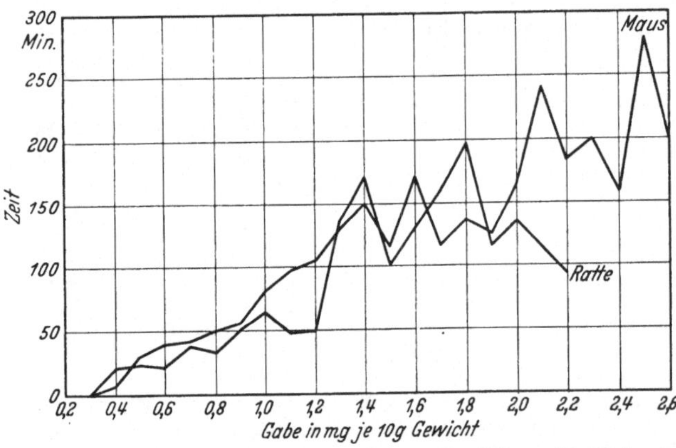

Abb. 17. Abhängigkeit der Wirkungsdauer von der Gabengröße (Evipan). Nach W. P. KENNEDY, J. of Pharmacol. **50**, 349 (1934).

verlassen hat. Bei Veronal ist z. B. von KOPPANYI (s. später) beobachtet worden, daß der Tod noch eintrat, obwohl bereits 60—70% der eingeführten Menge den Organismus verlassen hatten.

Im einzelnen seien noch folgende Angaben mit Nachweis des Schrifttums gemacht:

Die Gabengröße der einzelnen Barbitursäuren lassen sich am besten aus einer Tabelle entnehmen. In dieser sind auch die chemischen und physikalischen Eigenschaften angeführt, soweit sie zugänglich sind und das auf S. 145 Gesagte einer Ergänzung bedarf[1].

---

[1] Nach J. H. GRAHAM [Amer. J. Pharmacy **106**, 295 (1934)] erniedrigen die Barbitursäuren die Oberflächenspannung. Bei Lösungen von 1 : 1250 beträgt die Oberflächenspannung im Verhältnis zu der des Wassers: Veronal 99,5; Nembutal 96,9; Amytal 95,0; Luminal 99,5; Ortal 72,9.

Tabelle 30. Gabengrößen.

1. Veronal (Diäthylbarbitursäure). Weiße Krystalle vom Siedep. 191°. In Wasser (15°) 1 : 170, (100°) 1 : 17 löslich. Teilungskoeffizient Öl : Wasser = 0,06 (?).

Frosch	Lymphsack	100 mg	Tod	Kleist
		50	Tiefe Narkose	Gröber
		25	Beginnende Narkose	,,
Maus	per os	60	Tod	Pohle
		35	Schmerzrefl. aufgehoben	,,
		25	Seitenlage	,,
		20	Erzwungene Seitenlage beibehalten	,,
	subcutan	40	Tod	,,
		27,5	Schmerzrefl. aufgehoben	,,
		28	Tod	Steinmetzer
	intraperitoneal	50—55	Tod	Dox u. Hjort
		25—30	Schlaf, Narkose	,, ,, ,,
Ratte	subcutan	31—35	Tod	Nielsen, Barlow
		22,5	Narkose	,, ,, M. Vogt
	intraperitoneal	30	Tod	Fitsch u. Tartum
Meer-schweinchen	subcutan	2—3	Schmerzlähmung	Hildebrandt
Kaninchen	per os	25—30	Tod	Gröber, Fitsch u. Tartum
		10—12	Narkose	Kleist, Grönberg
	subcutan	30—40	Tod	Fitsch u. Tartum
		10—12	Narkose	,, ,, ,,
	intraperitoneal	22,5	Tod	,, ,, ,,
	intravenös	35	Tod	Launoy
		18	Schlaf	,,
		13	Beginnende Narkose	Früh
		4	Leichter Schlaf	Silver
		1	Überempfindlichkeit	,,
	intraarteriell	112	Atemstillstand	Wiki
		50	Cornealrefl. erloschen	,,
Katze	per os	25—30	Tod	Gröber
		28	Tod	Eddy
		17	Analgesie	,,
		15	Narkose	Römer
		6	Erregbarkeitssteigerung	Eddy
Hund	per os	40—50	Tod	Gröber
		20—30	Tod	Fischer u. v. Mehring
		13—20	Schlaf	,, ,, ,, Früh

2. Proponal, Dipropylbarbitursäure. Weiße Krystalle, Siedep. 145°. Wasserlöslichkeit: 1 : 1640 bei 15°, 1 : 70 bei 100°.

Kaninchen			im allgemeinen die halben Veronalgaben	
Hund	subcutan	10—20 mg	Tod	Wunderer

3. Ipral, Äthyl-isopropylbarbitursäure als Ca-Salz. Weiße Krystalle.

Maus	intraperitoneal	25 mg	Tod	Dox u. Hjort
		5—10	Schlaf	,, ,, ,,
Ratte	subcutan	31	Tod	Nielsen
		22,5	Narkose, Schlaf	,,
	intraperitoneal	11	Tod	Fitsch u. Tartum
Kaninchen	per os	16	Tod	,, ,, ,,
	intraperitoneal	11	Tod	,, ,, ,,
		6,6	$8^{1}/_{2}$ stündige Narkose	,, ,, ,,
Katze	per os	14	Tod	Eddy

10*

Tabelle 30 (Fortsetzung).

4. Soneryl, Neonal, Äthyl-n-butylbarbitursäure. Kristalle, Schmelzp. 124—127°.

Maus	intraperitoneal	27,5—30 mg	Tod	DOX u. HJORT
		5—7,5	Narkotischer Schlaf	„ „ „
Ratte	subcutan	19	Tod	NIELSEN, BARLOW
		6,3	Narkose	„ „ „
	intraperitoneal	13,5	Tod	FITSCH u. TARTUM
Kaninchen	per os	16	Tod	„ „ „
	intraperitoneal	11,5	Tod	„ „ „
		6,9	Narkotischer Schlaf	„ „ „
Katze	per os	8,4	Tod	EDDY
		etwa 4	Schlaf	„

5. Amytal, Äthyl-isoamylbarbitursäure. Krystalle.

Maus	intraperitoneal	20—21 mg	Tod	DOX u. HJORT
		5—7,5	Narkotischer Schlaf	„ „ „
Ratte	subcutan	25—30	Tod	NICHOLAS u. BARRON
		17,5—19	Tod	VOGT
		14—16	Tod	NIELSEN, BARLOW
		10—15	Narkose	NICHOLAS u. BARRON
		6,5	Seitenlage	VOGT
		5,8	Narkose	NIELSEN, BARLOW
	intraperitoneal	11,5	Tod	FITSCH u. TARTUM
Kaninchen	per os	57,5	Tod	„ „ „
		8—10	Anästhesie	PAGE
	subcutan	6—8	Anästhesie	„
		4—6	Leichte Anästhesie	„
	intraperitoneal	9	Tod	FITSCH u. TARTUM
		5,4	4stündige Narkose	„ „ „
	intravenös	3	Tod	LAUNOY
		0,65	Schlaf	„
Katze	per os	10	Tod	EDDY
		5	Analgesie	„
	subcutan	7—12	Tiefe Narkose	MULINOS
		6—8	Anästhesie	PAGE
		4—6	Leichte Anästhesie	„
Hund	per os	120	Tod	„
		10—25	Anästhesie	„
	intravenös	9,5—10	Tod	„
		4,5—5	Tiefe Narkose	„
		3—4	Leichte Narkose	„

6. Dial, Curral, Diallylbarbitursäure. Farblose Krystalle, Schmelzp. 171°. Wasserlöslichkeit (15°) 1:300, (100°) 1:50.

Frosch	Lymphsack	25 mg	Tod	FLURY
Ratte	subcutan	15	Tod	BARLOW
		11	Tod	VOGT
		6	Narkose	„ BARLOW
			Seitenlage	„
Kaninchen	per os	5	Tod	nach FLURY u. ZERNIK
	subcutan	10	Tod	„ „ „ „
	intravenös	12	Tod	LAUNOY
		7	Tod	nach FLURY u. ZERNIK
		5	Schlaf	LAUNOY
	intraarteriell	24	Tod	WIKI
		12	Cornealrefl. erloschen	„
Hund		3	Tiefer Schlaf	„

Tabelle 30 (Fortsetzung).

7. Numal (mit Pyramidon zusammen = Allional, mit Veronal zusammen an Diäthylamin gebunden = Somnifen), Isopropyl-allylbarbitursäure. Weiße Krystalle, Schmelzp. 137—138°.

Ratte	subcutan	17,5 mg	Tod	NIELSEN
		12,4	Tod	BARLOW
		10	Tod	VOGT
		5—5,3	Narkose, Seitenlage	„ NIELSEN
	intraperitoneal	10	Tod	FITSCH u. TARTUM
		etwa 6	Narkose	„ „ „
Kaninchen	per os	16	Tod	„ „ „
	intraperitoneal	9	Tod	„ „ „
		5,4	Narkose (6$^1/_2$ Stunden)	„ „ „
	intraarteriell	15	Tod	WIKI
		9	Cornealrefl. aufgehoben	„
Hund	intravenös	10		MASSIÈRE

8. Noctal, Isopropyl-β-brompropylenbarbitursäure. Krystalle, Schmelzp. 178°.

Frosch	Lymphsack	30 mg	1 tägige Narkose	BOEDECKER u. LUDWIG
		5	1 stündige Narkose	„ „ „
Ratte	subcutan	9	Tod	VOGT
	intraperitoneal	30	Tod	FITSCH u. TARTUM
Kaninchen	per os	25,5	Tod	„ „ „
		4,5	3 stündiger Schlaf	BOEDECKER u. LUDWIG
	intraperitoneal	12	Tod	FITSCH u. TARTUM
		7,2	4 stündige Narkose	„ „ „
	intravenös	3,7	1$^1/_2$ stündiger Schlaf	BOEDECKER u. LUDWIG
Hund	per os	2	2$^1/_2$ stündiger Schlaf	„ „ „

Zu Vergleich: Isopropyl-β-chlorpropylenbarbitursäure. Krystalle, Schmelzp. 170°.
(Die entsprechende Chlorverbindung.)

Kaninchen	per os	5 mg	2$^3/_4$ stündiger Schlaf	BOEDECKER u. LUDWIG
	intravenös	4	3$^1/_2$ stündiger Schlaf	„ „ „
Hund	per os	2,5	3$^1/_2$ stündiger Schlaf	„ „ „

9. Sandoptal, Isobutyl-allylbarbitursäure.

Ratte	subcutan	16—17,5 mg	Tod	VOGT, NIELSEN
		6,5	Seitenlage	„ „
		5,3	Narkose	NIELSEN

10. Pernocton, 10 proz. Lösung des Na-Salzes der sec. Butyl-β-bromallylbarbitursäure. Krystallines Pulver.

Frosch	Lymphsack	3 mg	Rückenlage ertragen	BOEDECKER u. LUDWIG
		15	Tod	„ „ „
Maus	subcutan	2,5	Mehrstündiger Schlaf	„ „ „
		5,0	Seitenlage	„ „ „
		7,5	Mehrstündige Narkose	„ „ „
		15,0	Tod	„ „ „
Ratte	subcutan	12,5	Tod	BARLOW
		9	Tod	VOGT
		7,2—8,4	Narkose	TOBERENTZ, TUNGER
		6,5	Seitenlage	VOGT
		4,0	Leichte Narkose	TOBERENTZ, TUNGER
	intraperitoneal	6,5—6,6	Tod	FITSCH u. TARTUM, TUNGER
		3,6	Seitenlage	TUNGER

Tabelle 30 (Fortsetzung).

Kaninchen	per os	35 mg	Tod in einigen Fällen	Boedecker u. Ludwig
		37,5	Tod	Tunger
		7,5	Mehrstünd. tiefer Schlaf	Boedecker u. Ludwig
		2,5	Beginn d. Schlafwirkg.	,, ,, ,,
	subcutan	17,5	Tod	,, ,, ,,
		7,5	Tiefer Schlaf	,, ,, ,,
		2,0	$1^1/_2$ stündige Wirkung	,, ,, ,,
	intraperitoneal	7,5	Tod	Tunger
		4,5	$2^1/_4$ stündiger Schlaf	,,
	intravenös	7,0	Tod	Boedecker u. Ludwig, Lendle
		4,0	Tiefer Schlaf	Boedecker u. Ludwig, Keeser
		0,7	Wirkung gerade wahrnehmbar	Boedecker u. Ludwig
Hund	per os	6,0	Mehrstünd. tiefer Schlaf ohne schädl. Folgen	,, ,, ,,
		1,0	Leichter Schlaf	,, ,, ,,
	rectal	1,5	3 stündiger fester Schlaf	,, ,, ,,
		3,0	Tiefer Schlaf	,, ,, ,,
	subcutan	3,0	Tiefer Schlaf	,, ,, ,,
		1,5	6 stündiger Schlaf	,, ,, ,,
	intravenös	4	Mehrstündiger narkoseähnlicher Schlaf	,, ,, ,,
		3	Tiefer Schlaf	,, ,, ,,
Schaf, Rind	intravenös	wie Kaninchen, mindestens 2 mg		,, ,, ,,
,, *Ziege*	intravenös	3,5	Narkose	Schmitt

11. Rectidon, 10 proz. Lösung des Na-Salzes der Isoamyl-β-bromallylbarbitursäure. Diese, ein krystallines Pulver, ist in Wasser und Chloroform schwer löslich. Schmelzp. 161—163°.

Kaninchen	per os	40 mg	Narkoseähnlicher Schlaf von mehr als 24 Stdn.	Boedecker u. Ludwig
		10	Nach 1 Std. mehrstündiger Schlaf	,, ,, ,,
	rectal	9	Tod	,, ,, ,,
		4	2 stündiger tiefer Schlaf	,, ,, ,,
		0,8	Seitenlage	,, ,, ,,
	subcutan	4	6 Stdn. lang Seitenlage, Schlaf	,, ,, ,,
		2	Seitenlage	,, ,, ,,
	intravenös	>4	Tod	,, ,, ,,
		2,5	Tiefer Schlaf	,, ,, ,,
		1,0	Seitenlage	,, ,, ,,
		0,3	Ohne Wirkung	,, ,, ,,
Hund	per os	2,5	Sehr tiefer Schlaf	,, ,, ,,
		1,5	Mehr als 2 stünd. Schlaf	,, ,, ,,

12. Rutonal, Methyl-phenylbarbitursäure.

Kaninchen	intravenös	35 mg	Tod	Launoy
		30	Narkose	,,

13. Ortal-Hoberal, n · Hexyl-äthylbarbitursäure. Gelbl. Krystallpulver (Na-Salz).

Fische		1 : 4500	Narkose	Breun
Frosch		10—20 mg	Narkose	,,
Maus	subcutan	60	Tod	,,
		20—30	Narkose	,,
	intraperitoneal	23,5	Tod	Dox u. Hjort
		8	Schlaf	,, ,, ,,
Hund	intravenös	10—12	Tiefer, aber nicht reflexloser Schlaf	,, ,, ,,
		5	Schlaf	,, ,, ,,
		3	Leichter Schlaf	,, ,, ,,

Tabelle 30 (Fortsetzung).

14. Luminal-Gardenal, Äthyl-phenylbarbitursäure. Weiße Krystalle, Schmelzp. 170—172°. In Wasser löslich 1 : 1000 (15°), 1 : 40 (heiß), in Äther 1 : 15, in Alkohol 1 : 10.

Frosch	Lymphsack	50 mg	Tod	Impens
		13	Narkose	,,
Maus	intraperitoneal	12	Tod	Dox u. Hjort
		6—9	Narkotischer Schlaf	,, ,, ,,
	intravenös	20	Tod	(Merck) Flury-Zernik
		10	Toxisch	
Ratte	subcutan	18—20	Tod	Vogt
		14	Tod	Nielsen, Barlow
		11	Narkose	,, ,,
		10	Seitenlage	Vogt
	intraperitoneal	15,5	Tod	Fitsch u. Tartum
Kaninchen	per os	15	Tod	,, ,, ,,
		8	Narkose	Impens
	subcutan	17,5	Tod	,,
		8	Narkose	,,
	intraperitoneal	15	Tod	Fitsch u. Tartum
		9	18 stündige Narkose	,, ,, ,,
	intravenös	12	Tod	Launoy
		8	1 stündiger Schlaf	,,
	intraarteriell	38	Tod	Wiki
		19	Erlöschen des Corneal-reflexes	,,
Hund	per os	14—15	Tod	Impens
		4—5	Narkose	,,
	subcutan	15	Tod	,,
		4—5	Narkose	,,
Katze	per os	12,5	Tod	,,
		4—5	Narkose	,,
	subcutan	die gleichen Gaben		,,
		4,2	Tod	Penta
		3,8	Schlaf	,,
		3,0	Gleichgewichtsstörungen	,,

15. Phanodorm, Äthyl-cyclohexenylbarbitursäure. Krystalle, Schmelzp. 171—173°.

Maus	subcutan	40 mg	Tod	Impens
	intravenös	20	Tod	,,
		21	Tod	Vogt
Ratte	subcutan	22	Tod	Barlow
		7	Seitenlage	Vogt
	intraperitoneal	19,5	Tod	Fitsch u. Tartum
Kaninchen	per os	70 (?)	Tod	Impens
		45	Tod	Fitsch u. Tartum
	subcutan	30	Tod	Impens
	intraperitoneal	13	Tod	Fitsch u. Tartum
		7,8	2 1/2 stündige Narkose	,, ,, ,,
	intravenös	9	Tod	Launoy
		4,5	1 stündige Narkose	,,
Hund	per os	20—30	Tod	Impens
	subcutan	10	Tod	,,
Katze	per os	12—20	Tod	Eddy, Impens
		6	Narkose	,,
	subcutan	30		Impens

Tabelle 30 (Fortsetzung).

16. Nembutal-Pentobarbital, N-methyl-C·C·äthyl-barbitursäure

$$C_2H_5 \diagdown \quad CO \cdot \overset{\displaystyle CH_3}{\overset{|}{N}} \diagdown \\ \qquad C \diagdown \qquad \qquad \quad CO \cdot \\ C_4H_9 \diagup \quad CO \cdot NH \diagup$$

Maus	intraperitoneal	250 mg	Tod (?)	Gates
		200	Narkose (?)	,,
Ratte	subcutan	12,5	Tod	Barlow
	intraperitoneal	7,5	Tod	Fitsch u. Tartum
Kaninchen	per os	17,5	Tod	,, ,, ,,
	intraperitoneal	6,5	Tod	,, ,, ,,
		3,9	$2^3/_4$ stündige Narkose	,, ,, ,,
	intravenös	4,4	Tod	Launoy
		1,75	Narkose	
Hund	intraperitoneal	4,5	Tiefer Schlaf bei kleinen Tieren	Bazett
		2,2	Tiefer Schlaf bei großen Tieren	,,
	intravenös	40	Narkotischer Schlaf	Hemingway

17. Prominal, N-Methyl-C·C·Äthyl-phenylbarbitursäure (am N methyliertes Luminal). Krystalle, Schmp. 176°.

Kaninchen	per os	40 mg	Tod	Weese
		20	Narkose	,,
		10	Schlaf	,,
Katze	per os	23	Tod	,,
		15	Narkose	,,
		10	Schlaf	,,

18. Evipan, N-Methyl-C·C·cyclohexenyl-methylbarbitursäure. Krystalle, Schmp. 145°.

Frosch	Lymphsack	80 mg	Tod	Kennedy
		20	Narkose	,,
Kanarienvogel	per os	3	Schlaf	Weese
Maus	per os	50	Tod	,,
		15	Narkose	,,
		12	Schlaf	,,
	subcutan	50	Tod (?)	,,
		15	Narkose	,,
		12	Schlaf	,,
		25	Tod	Föckler
		7	Aufhebung der Schmerzreflexe	,,
		5	Seitenlage	,,
	intraperitoneal	27,5	Tod in 100% der Fälle	Kennedy
		19	Tod in 50%	,,
		4—5	Seitenlage	,,
Ratte	subcutan	4	Tod	Toberentz
		0,9	Narkose	,,
	intraperitoneal	28	Tod	Maloney u. Hertz
		17	Tod	Toberentz
		10	Vollnarkose	Maloney u. Hertz
		6—8	Chirurgische Narkose für einige Minuten	,, ,, ,,
		4	Beginnende Lähmung	,, ,, ,,
Meerschweinchen	intraperitoneal	10	Tod	Kennedy
		4	Bewegungshemmung, Ataxie	,,

Tabelle 30 (Fortsetzung).

Kaninchen	rectal	3,7—15 mg	als Basisnarkoticum	HONDELINK
	intraperitoneal	mehr als 200	Tod	MALONEY u. HERTZ
		70	Narkose	,, ,, ,,
Hund	intravenös	10	Tod	WEESE
		3	Narkose	,,
		2,5	Schlaf	,,
Katze	per os	40	Tod	,,
		10	Narkose	,,
		5	Schlaf	,,
	intravenös	10	Tod	,,
		2,5	Narkose	,,
		1,5	Schlaf	,,

19. Eunarcon, 10 proz. Lösung des Na-Salzes der N-Methyl-C·C·isopropyl-bromäthylbarbitursäure.

Hund	intravenös	0,3 ccm 10% = 3 mg	Nach 4 Min. 13—25 Min. lange Narkose	BERGE
		7,0	Tod	,,

20. Diogenal, N-Dibrompropyl-C·C·diäthylbarbitursäure. Krystallpulver, Schmp. 125°.

Kaninchen	per os	267 mg	Tod	HEINZ
		67	Narkose	,,

Im Anschluß daran mögen noch einige bemerkenswerte Untersuchungsergebnisse zusammengestellt sein, die besonders einer vergleichenden Betrachtung dienen sollen.

Tabelle 31. Vergleich der Wirksamkeit verschiedener Hypnotica, wenn sie bei intravenöser Injektion einen 2stündigen Schlaf hervorrufen[1].

	mg/100 g Gewicht	Mol · 10⁻⁷
Paraldehyd	100	750
Chloralhydrat . . .	40	240
Trional	16	70
Veronal	13	30
Luminal	6,9	18
Dial	3,7	14
Noctal	4,0	—

Tabelle 32. 4½ stündiger Schlaf beim Hund (perorale Darreichung[1]).

	mg/100 g Gewicht	Mol.
Paraldehyd	64	484
Chloralhydrat . . .	40	243
Sulfonal	45	197
Trional	35	144
Veronal	14	79
Luminal	7,5	32
Dial	4,5	22
Noctal	2,8	10

Tabelle 33. Vergleich der Gaben bei der Ratte (subcutane Darreichung[2]).

Präparat	Tödliche Gabe mg/100 g	Wirksame Gabe mg/100 g	Therapeutisch Breite mg	Quotient
Veronal	31	22,5	8,5	1,4
Ipral	11	9	2	1,2
Neonal	19	6,3	12,7	3,0
Amytal	14	5,8	8,2	2,5
Luminal	14	11	3	1,3
Dial	15	6	9	2,5
Numal	12,5	5,3	7,2	2,4
Sandoptal	17,5	5,3	12,2	3,3

Verfasser schließen aus diesen Versuchen, daß die Präparate, die schon in kleinen Gaben wirksam sind, eine kurze Wirkungsdauer besitzen. Weitere Untersuchungen, die hier nicht tabellarisch aufgeführt werden sollen, zeigen, daß bei

---

[1] BOEDECKER, FR., u. H. LUDWIG: Klin. Wschr. **1924**, 2053. — FRÜH, H.: Arch. f. exper. Path. **95**, 129 (1922).

[2] NIELSEN, C., F. A. HIGGINS u. H. C. SPRUTH: J. of Pharmacol. **26**, 371 (1925).

Tabelle 34. Vergleich der Gaben beim Kaninchen (intravenöse Darreichung[1]).

Präparat	Tödliche Gabe mg/100 g	Narkotische Gabe mg/100 g	Therapeutisch Breite mg	Quotient
Nembutal	4,4	1,75	2,65	2,28
Amytal	6,5	3,0	3,5	2,16
Neonal	9,0	3,5	5,5	2,57
Phanodorm	9,0	4,5	4,5	2,0
Dial	12,0	5,0	7,0	2,4
Ipral	14,0	7,0	7,0	2,0
Luminal	12,0	8,0	4,0	1,5
Veronal	35,0	18,0	17,0	1,94
Rutonal	35,0	30,0	5,0	1,16

Tabelle 35. Vergleich der Wirkungsdauer beim Kaninchen (intraperitoneale Darreichung[2]).

Präparat	Tödliche Gabe mg/100 g	Schlafdauer bei 60% der tödlichen Gabe	Relative Schlafmenge [3] t/a	Veronal = 100
Nembutal	6,5	2 Stdn. 48 Min.	15,6	50
Pernocton	7,5	2 „ 19 „	11,4	40
Amytal	9,0	3 „ 54 „	15,6	54
Allionalbarbitursäure .	9,0	6 „ — „	24,0	83
Ipral	11,0	8 „ — „	26,4	92
Neonal	11,5	12 „ 30 „	39,0	14
Noctal	12,0	4 „ 10 „	12,0	42
Luminal	15,0	18 „ — „	43,2	150
Phanodorm	13,0	2 „ 32 „	7,2	25
Veronal	22,5	18 „ — „	28,8	100

Tabelle 36.

Präparat	20%	25%	30%	40%	50%	60%
	der tödlichen Gabe[4] (Katze per os)					
Veronal	—	—	—	0	0	+
	0	—	—	0	∓	∓
	0	0	—	+	c	∓
Amytal	—	+	—	+	c	∓
	—	+	—	∓	c	c
	0	∓	—	c	c	c
Ipral	0	0	0	0	0	∓
	—	+	+	—	∓	∓
	∓	+	∓	∓	c	c
Neonal	—	—	+	0	∓	—
	—	0	+	+	∓	∓
	0	+	+	+	c	c
Phanodorm . .	—	0	—	—	∓	c
	+	+	—	∓	c	c
	+	+	0	∓	c	c

— Hyperalgesie, 0 keine Analgesie, + geringe Abnahme der Schmerzempfindung, ∓ Analgesie, c vollständige Unempfindlichkeit.

peroraler Eingabe gerade diese Substanzen einen verhältnismäßig geringen Wirkungsgrad besitzen, daß also hohe Gaben für eine narkotische Wirkung angewendet werden müssen, weil sie offenbar bei der Resorption vom Magendarmkanal zerstört werden.

Schließlich sei noch eine Tabelle wiedergegeben, die die tödlichen Gaben zu der Gabe in Beziehung setzt, die Hyper- und Analgesie herbeiführt[4].

[1] LAUNOY, L.: J. Physiol. et Path. gén. **30**, 364 (1932).
[2] FITSCH, R. H., u. A. L. TARTUM: J. of Pharmacol. **44**, 325 (1932).
[3] Die Werte sind aus den Zahlen errechnet worden, um Schlafdauer und Gabengröße miteinander in Beziehung zu setzen. Folgende Überlegung liegt der Berechnung zugrunde: Je größer die Gabe a eines Mittels ist, um so geringer die Wirkung, und je größer die Zeitdauer t, um so größer ist der Wirkungsgrad, also Wirkung = (relative Schlafmenge) = t/a.
[4] EDDY, N.: J. of Pharmacol. **33**, 43 (1928).

Die **Ausscheidung** der Barbitursäuren, die für den Wirkungsgrad und die Dauer sowie für die Kumulation von Bedeutung ist, wurde aus diesen Gründen vielfach untersucht.

Veronal wird nach einmaliger Einverleibung mittlerer Gaben bis auf einen kleinen Anteil durch den Urin ausgeschieden. Obwohl bei der Extraktion des Urins ungefähr 5% des Veronals zu Verlust gehen (SHONLE und Mitarbeiter[1]), konnte BACHEM[2] 90% der eingegebenen Mengen im Urin des Versuchstieres (Hund) wiederfinden. Nach größeren Gaben war allerdings eine Ausscheidung von nur 45—50% vorhanden. Damit stimmen die Angaben von KOPPANYI und Mitarbeitern[3] im allgemeinen überein; denn sie fanden bei Mensch, Hund und Katze 70—91% wieder, bei Vögeln aber konnten nur 28% aus den Ausscheidungen wiedergewonnen werden. Bei chronischer Darreichung ließen sich 53—70% im Urin nachweisen (BACHEM, SHONLE, HOFMANN[4]). In den ersten Stunden nach der Einverleibung erschienen 50%, in 48 Stunden 75%, in 72 Stunden 80% im Urin des Kaninchens (SCHLOSSMANN[5]). Nach PINKHOF[6] werden vom Meerschweinchen 50% bereits in 13—16 Stunden eliminiert, wobei allerdings unter Elimination nicht allein die Ausscheidung durch den Urin verstanden wird.

Eine Beschleunigung der Ausscheidung konnte durch diuretische Maßnahmen erzwungen werden. So beobachteten FROSTIG und ENGELBERG[7] beim Hund eine schnellere und um 11—13% größere Ausscheidung nach Diuretin und GOWER und VAN DE ERVE[8] ähnliche Verhältnisse nach erhöhter Flüssigkeitszufuhr. KOPPANYI konnte dies nicht für alle Fälle einer erhöhten Diurese bestätigen. Antipyretica haben nach SCHLOSSMANN keinen Einfluß auf die Dauer und Größe der Ausscheidung. Bemerkenswert ist übrigens, daß die Dauer der Wirkung nicht abgekürzt wird, auch wenn es gelingt, die Veronalausscheidung durch diuretische Maßnahmen zu beschleunigen. KOPPANYI nimmt infolgedessen an, daß die Verankerung im Gehirn dadurch zeitlich nicht beeinflußt wird.

Eine Verlangsamung der Veronalausscheidung läßt sich nach BACHEM[9] durch intravenöse, nicht durch subcutane Injektion von 0,5 g Lecithin bei einem Kaninchen von 2—2,5 kg erzielen. Von 0,3—1,0 g subcutan eingespritztem Veronal werden in 4 Tagen durchschnittlich 42,7% gegenüber 80,9% bei den Vergleichstieren durch den Harn aus dem Körper entlassen. Zur Erklärung wird angenommen, daß das Lecithin entweder im Blut oder in den Organen, in denen es sich verankert, das lipoidlösliche Veronal festhält.

Die übrigen Barbitursäuren sind nicht so eingehend untersucht worden. Vom Luminal lassen sich 13—15% im Urin wiederfinden (FISCHER[10], KOPPANYI beim Hund). Die anfängliche Ausscheidung geht verhältnismäßig rasch vonstatten, da 50% des eingeführten Luminals bereits nach $7^1/_2$ Stunden biologisch

---

[1] SHONLE, H., A. K. KELTSCH, G. F. KEMPF u. E. E. SWANSON: J. of Pharmacol. **49**, 393 (1933).

[2] BACHEM, C.: Arch. f. exper. Path. **63**, 228 (1910).

[3] MURPHY, W. S., u. TH. KOPPANYI: J. of Pharmacol. **52**, 70 (1934). — KOPPANYI, TH., W. S. MURPHY, u. PH. L. GRAY: Ebenda **52**, 78 (1934). — KOPPANYI, TH., u. ST. KROP: Ebenda **52**, 87 (1934). — KOPPANYI, TH., u. J. M. DILLE: Ebenda **52**, 91 (1934). — KOPPANYI, TH., J. M. DILLE u. ST. KROP: Ebenda **52**, 121 (1934). — KOPPANYI, TH., u. Mitarbeiter: Amer. J. Physiol. **105**, 64 (1933); **109**, 64, 65 (1934) — Proc. Soc. exper. Biol. a. Med. **31**, 375, 376 (1933) — Arch. internat. Pharmacodynamie **46**, 76 (1933).

[4] HOFMANN, A.: Inaug.-Dissert. Gießen 1906.

[5] SCHLOSSMANN, H.: Arch. f. exper. Path. **173**, 129 (1932).

[6] PINKHOF, J.: Arch. néerl. Physiol. **15**, 475 (1930) — Nederl. Tijdschr. Geneesk. **1930** I, 2189.

[7] FROSTIG, J., u. H. ENGELBERG: Z. exper. Med. **87**, 132 (1933).

[8] GOWER, W. E., u. J. VAN DE ERVE: J. of Pharmacol. **48**, 141 (1933).

[9] BACHEM, C.: Biochem. Z. **126**, 117 (1921).

[10] FISCHER, R.: Mikrochem., N. F. **4**, 409 (1932).

nicht mehr nachweisbar sind (PINKHOF). Bei chronischer Darreichung lassen sich 1,68 und 6,72% aus dem Urin wiedergewinnen (SHONLE). Dial wird nach FISCHER bis zu 26%, nach KOPPANYI bis zu 40% ausgeschieden. 50% der eingegebenen Mengen werden nach PINKHOF in 4 Stunden eliminiert.

Die Ausscheidungsgröße liegt für Numal bei 16% (FISCHER) bis 24% (POHL[1]) am Kaninchen. Von Neonal konnte FISCHER nur Spuren wiederfinden, KOPPANYI aber etwa 10% beim Hund. Ungefähr gleiche Mengen, nämlich 8%, erschienen vom Amytal im Urin des Hundes (KOPPANYI). Sandoptal wird nur im geringen Umfang im Urin wiedergefunden (Spuren bis 1%). Pernocton erscheint zu etwa $5^1/_2$% im Urin. Noctal wird im Tierkörper wohl völlig zerstört (FISCHER sowie BOEDECKER und LUDWIG[2]). Im Gegensatz zu dem Diäthyl-N-dibrompropyl-malonylharnstoff, Diogenal, das zu 30% wieder im Urin erscheint (HEINZ[3]), können sonst die am Stickstoff der Barbitursäure methylierten Körper, Nembutal, Prominal und Evipan im Urin im unveränderten Zustand nicht nachgewiesen werden (WEESE[4], SHONLE, FOUCHET[5]).

Phanodorm als solches erscheint nur im geringeren Umfange etwa zu 5% im Urin (FRETWURST und Mitarbeiter[6]). Dagegen wurde es in einer unwirksamen Form zu 15% nachgewiesen. Vom Evipan erscheinen bei der Katze von der eingegebenen Menge 2,5 und 3,75 g, also nur 2,8 und 2,3% in einem veränderten Zustande im Harn.

Aus allen diesen Befunden ergibt sich, daß zwischen den einzelnen Präparaten erhebliche Unterschiede vorhanden sind, die auch über das *Schicksal* im tierischen Organismus Aufschlüsse geben. Veronal wird demnach nach einer einmaligen mittleren Gabe gar nicht oder nur in ganz geringem Umfange abgebaut. Dagegen scheint nach größeren Gaben ein vermehrter Abbau einzutreten. Dasselbe ist offenbar auch bei chronischer Darreichung möglich. BACHEM sieht in diesem Befund allerdings keine Erklärung für die zu beobachtende Gewöhnung, während KOPPANYI annimmt, daß der Organismus bei chronischer Darreichung eine erhöhte Zerstörungsfähigkeit für das Veronal erlangen könne.

Die anderen Barbitursäuren aber erleiden auch bei einmaliger Darreichung einen mehr oder minder großen Abbau, der bei manchen von ihnen einen sehr hohen Umfang annehmen kann. Den Zerstörungsvorgängen liegt nach SHONLE eine Hydrolyse mit Aufspaltung des Ringes und Abspaltung von CO_2 und NH_3 zugrunde. Daß aber auch Oxydationen, die von SHONLE für unwahrscheinlich gehalten werden, eine Rolle spielen können, geht aus den Versuchen von FRETWURST, HALBERKAN und REICHE hervor, die nach Verabreichung von Phanodorm, der Äthyl-hexenylbarbitursäure, die entsprechende Hexenonylverbindung aus dem Urin isolieren konnten. Auch v. MANN-TIECHLER[7] fand ein Oxydationsprodukt des Phanodorms ($C_{12}H_{16}O_3N_2$) von der Summenformel $C_{12}H_{14}O_4N_2$, das zu etwa $3^1/_2$% im Urin erscheint.

Der Abbau der Bromallylkörper (Noctal, Pernocton) vollzieht sich nach BOEDECKER und LUDWIG[8] in Bestätigung der Angaben von HALBERKAN und REICHE[9] über die Acetonylbarbitursäure. Aber auch der Teil, der nicht in die

---

[1] POHL, J.: Z. exper. Med. **38**, 520 (1923).
[2] BOEDECKER, FR., u. H. LUDWIG: Zit. S. 153.
[3] HEINZ, R.: Münch. med. Wschr. **1913**, 2618.
[4] WEESE, H.: Dtsch. med. Wschr. **1932**, 1205 — Fortschr. Ther. **1934**, H. 8.
[5] FOUCHET: J. Pharmacie (8) **20**, 403 (1934).
[6] FRETWURST, F., J. HALBERKAN u. F. REICHE: Münch. med. Wschr. **1932**, 1429.
[7] v. MANN-TIECHLER: Inaug.-Dissert. Erlangen 1932.
[8] BOEDECKER, F., u. H. LUDWIG: Arch. f. exper. Path. **139**, H. 5/6 (1928).
[9] HALBERKAN, J., u. F. REICHE: Münch. med. Wschr. **1927**, H. 34. — Vgl. auch WOTTSCHALL u. WHEELER-HILL: Dtsch. med. Wschr. **1928**, H. 4.

Acetonylverbindung übergeht, unterliegt im Organismus einer chemischen Umwandlung. Sowohl die Acetonylverbindung wie das nächstniedere Oxydationsprodukt bei der Noctaloxydation haben, dem Kaninchen intravenös injiziert, keine hypnotischen Wirkungen. Bei der Verbindung, die statt der Isopropyldie sek. Butylgruppe enthält, ist das gleiche Verhalten anzutreffen.

Über das Organ, in dem der Abbau der leicht zerstörbaren Barbitursäuren stattfindet, ist man noch im unklaren. Beim Nembutal scheint die Leber daran beteiligt zu sein; denn PRATT[1] berichtet, daß beim Kaninchen nach Leberschädigung durch Phosphor oder Tetrachlorkohlenstoff die Narkose längere Zeit anhält als beim unvorbehandelten Tier.

Im Zusammenhang mit den Ausscheidungszahlen seien noch Versuche von KOPPANYI und Mitarbeitern erwähnt, die beim Hund und Kaninchen nach Nierenexstirpation oder Nierenschädigung durch Weinsäure, Kaliumchromat oder Uranacetat feststellten, daß die Tiere sich im Gefolge einer Veronaldarreichung nicht mehr erholten, während sie nach Einverleibung von Nembutal, Pernocton und Neonal wieder aus der Narkose erwachten. Man muß also annehmen, daß bei diesen Körpern die Ausscheidung durch den Urin gegenüber der Zerstörung im Organismus keine größere Bedeutung besitzt.

Verteilung. Nach der Resorption erscheinen die Barbitursäuren wohl in allen Organen. Am genauesten sind die Verhältnisse wieder beim Veronal untersucht worden. Es wurde von KOPPANYI (Zit. S. 155) in Leber, Niere, Muskulatur, Gehirn, Speichel, Liquor cerebrospinalis, Amnionflüssigkeit und im Embryo gefunden. Der Übergang des Veronals und anderer Barbitursäuren von der Mutter auf den Fetus wurde auch von FABRE[2] und DILLE[3] nachgewiesen. FISCHER und REICH konnten nicht nur nach toxischen, sondern auch therapeutischen Gaben von Veronal, Luminal, Pernocton, Dial und Evipan diese Substanzen in Blut und Liquor auffinden. Im Blut verteilt sich das Veronal auf Plasma und Erythrocyten im Verhältnis von 1:3 (KOPPANYI).

Wenn Veronal in einer Gabe von 1 g 10 Tage lang per os einverleibt wurde, so ließ es sich nach den Untersuchungen von FABRE zu 9,69 mg% in den Nebennieren, zu 11,25 mg% in der Schilddrüse, zu 2,4 mg% im Hoden, zu 4,8 mg% im Pankreas, zu 8,5 mg% in der Leber, zu 5,79 mg% im Hirn und zu 4,4 mg% im Blut nachweisen.

KEESER und Mitarbeiter (Zit. S. 119) hatten bekanntlich gezeigt, daß die untersuchten Barbitursäuren kaum in der Hirnrinde, wohl aber im Hirnstamm nachzuweisen seien, ein Befund, der die chemische Grundlage dafür bildet, daß die Barbitursäuren im Schlafzentrum ihren Angriffspunkt besäßen. Wie schon früher erwähnt wurde, sind die Angaben KEESERs von M. VOGT (Zit. S. 119) sowie KOPPANYI und Mitarbeitern nicht bestätigt worden. Ob die Tierart oder die Methode des Nachweises und die Gabengröße die verschiedenen Ergebnisse erklären können, steht zur Zeit noch nicht fest. Soviel ist aber doch sicher, daß — wenn auch die Befunde KEESERs für das Kaninchen zutreffen würden —, sie für den Hund nicht gültig zu sein scheinen (vgl. Einleitung zu Schlafmitteln).

Eine **örtliche** Wirkung der Barbitursäuren wird von allen Forschern geleugnet, nur KISTLER[4] gibt an, daß, wenn bei intraperitonealer Einspritzung die Magen-Darmwand getroffen wird, Entzündungen, nicht selten sogar Nekrosen entstehen könnten, die unter Umständen zu Perforationen führen. Einfaches Anstechen der Wandung dagegen wird reaktionslos vertragen. Man wird sich allerdings

---

[1] PRATT, T. W.: J. of Pharmacol. **48**, 285 (1934).
[2] FABRE, R.: C. r. Soc. Biol. Paris **116**, 280 (1934) — J. Pharmacie (8) **18**, 417 (1933).
[3] DILLE, J. M.: J. of Pharmacol. **52**, 129 (1934).
[4] KISTLER, G. H.: Amer. J. Physiol. **105**, 63 (1933).

die Frage vorlegen müssen, ob nicht das Lösungsmittel die Schuld an den Veränderungen trägt.

Blut. Die Veränderungen des *Blutes* müssen als geringfügig angesehen werden, soweit sie nicht der Ausdruck einer narkotischen Stoffwechselstörung sind.

STIER und LEVY[1] fanden während und nach einer Narkose des Kaninchens mit Luminalnatrium, Pernocton und Somnifen eine leichte Leukopenie, häufig mit einer Rechtsverschiebung verbunden. NYE und BARRS[2] konnten nach Amytaldarreichung jedoch keinerlei Veränderungen an den Leukocyten des Kaninchens beobachten.

Nach ELLIS und BARLOW[3] ist die Gerinnungszeit des Katzenblutes in den ersten Stunden nach der Veronalnarkose vermindert. In vitro verhindert nach BRUNELLI[4] Luminal die Gerinnung des Blutes. Beim Erwärmen des Plasmas auf dem Wasserbade bei 55—60° bleibt die Fibrinflockung aus, wenn Spuren von Luminal vorhanden sind, und $CaCl_2$ stellt die Gerinnungsfähigkeit nicht wieder her. Außerdem verliert das Serum seine antikomplementären Eigenschaften und wahrscheinlich auch seine bactericiden Fähigkeiten. Der kolloidosmotische Druck wird beträchtlich vermindert. Alle diese Wirkungen des Luminals, das wahrscheinlich an die Globuline gebunden wird, erinnern an die des Heparins, Novirudins und anderer Substanzen. SCHRIJWER und Mitarbeiter[5] beobachteten Veränderungen an den Plasmakolloiden, da die Stabilität des Plasmas gegenüber NaCl-Lösungen erhöht wird.

Zentralnervensystem. Die Wirkungen auf das Gehirn bestehen in reversiblen und bei großen Gaben in irreversiblen Lähmungen. Fast bei allen Barbitursäuren beobachtet man, besonders bei kleineren Gaben, auch Erhöhung der Erregbarkeit und Erregungserscheinungen. Dies wurde von WIKI[6], HIRSCHFELDER und RICE[7], SILVER[8], HEINROTH[9] und vielen anderen beobachtet. So konnte beispielsweise EDDY[10] eine wenn auch geringe Schmerzempfindlichkeitssteigerung bei Katzen bei einem Fünftel bis einem Drittel der tödlichen Gabe von Veronal, Amytal, Ipral, Neonal und Phanodorm nachweisen (s. Tabelle 36). An Meerfischen (Globiusarten) konnte LÉVY[11] zuerst eine Erregung und dann erst Lähmung feststellen. Die Versuche HEINROTHs wurden am Menschen angestellt. Hier muß es sich wohl um eine echte Steigerung der Erregbarkeit der Großhirnrinde handeln und nicht etwa um einen Fortfall von Hemmungen, jedenfalls wäre bei den Versuchen am Menschen die Annahme, daß das Narkoticum durch Lähmung der Großhirnrinde eine Enthemmung der subcorticalen Schmerzzentren hervorrufe, nicht haltbar. Auf welche Teile des Zentralnervensystems sich die Wirkungen der Barbitursäuren vorzugsweise erstrecken, ist bekanntermaßen eine noch nicht gelöste Streitfrage. Obwohl die Barbitursäuren durch die chemische Analyse im Kleinhirn und Rückenmark festgestellt wurden, werden doch von seiten dieser Teile kaum spezifische Wirkungen beobachtet.

Der Eintritt der narkotischen Wirkung ist bei den einzelnen Barbitursäuren recht verschieden. Während sie beim Evipan, Pernocton, Noctal und Phanodorm

[1] STIER, G., u. B. LEVY: Z. exper. Med. **86**, 822 (1933).
[2] NYE, R. N., u. VR. BARRS: Fol. haemat. (Lpz.) **47**, 410 (1932).
[3] ELLIS, M. M., u. O. W. BARLOW: J. of Physiol. **24**, 259 (1924).
[4] BRUNELLI, B.: Rass. Ter. e Pat. clin. **6**, 80 (1934).
[5] SCHRIJWER-HERTZBERGER, S., u. D. SCHRIJWER: Acta physiol. (Kobenh.) **9**, 149 (1934).
[6] WIKI, B.: Arch. internat. Pharmacodynamie **27**, 117 (1923).
[7] HIRSCHFELDER, A. D., u. C. H. RICE: J. of Pharmacol. **24**, 449 (1925).
[8] SILVER, S.: Arch. f. exper. Path. **158**, 219 (1930).
[9] HEINROTH, H.: Arch. f. exper. Path. **116**, 245 (1926).
[10] EDDY, N. B.: J. of Pharmacol. **33**, 43 (1928).
[11] LÉVY, J.: C. r. Soc. Biol. Páris **99**, 1325 (1928).

sehr bald zum Vorschein kommt, ist beim Veronal selbst bei intravenöser Darreichung immer eine lange Latenzzeit bis zum Wirkungseintritt festzustellen, die auch bei Vergrößerung der Gaben nicht stark verkürzt wird. Beim Luminal sind ähnliche Verhältnisse anzutreffen. Diese Latenzzeit läßt sich, wie Blutanalysen zeigen, nicht darauf zurückführen, daß die Verweildauer des Veronals im Blut sehr lang ist. KLIMESCH[1] nimmt auf Grund seiner Versuche an, daß nur die freien Barbitursäuren in das Nervensystem eindringen können, während die Natriumsalze, als welche die Barbitursäuren im Blute kreisen, nicht lipoidlöslich sind und deshalb nicht wirken. Je mehr freie Barbitursäure abdissoziiert werden kann, um so schneller tritt die Wirkung ein. Der Grad dieser Dissoziationsfähigkeit ist nun, wie Modellversuche zeigen, beim Veronal 23%, Luminal 29%, Nirvanol (z. Vergleich) 64%, Pernocton 64%, Phanodorm und Noctal 40%, Evipan 80%.

Bei den Erörterungen über die Verteilung der Barbitursäuren wurde erwähnt, daß sie auch in den Liquor cerebrospinalis übertreten. COLUCCI[2] sucht nun die Frage zu klären, ob sie die Blut-Liquorschranke für andere Stoffe beeinflussen. Mittlere und toxische Gaben von Veronal, Luminal (und Morphin) ändern bei Kaninchen die Schranke für intravenös einverleibtes Trypanblau nicht. Die Durchlässigkeit für Fuchsin ist nach mittleren Gaben von Veronal und Luminal vermindert, nach toxischen aber erhöht. Der Übertritt von Uranin und Jodnatrium läßt sich durch Dial, Medinal, aber auch andere Narkotica in Abhängigkeit von der Gabengröße erzielen (MATSUOKA[3]).

Stoffwechsel. Wie schon im Band I, S. 443 auseinandergesetzt wurde, sind die Wirkungen des Veronals auf den *Stoffwechsel* nicht sehr erheblich. Diese Schlußfolgerung wird man auch aus den in der Zwischenzeit veröffentlichten Ergebnissen der Versuche mit anderen Abkömmlingen dieser Reihe ziehen müssen, wenn auch gewisse Einflüsse nicht zu leugnen sind.

Veränderungen des *Blutzuckers* sind zweifellos der Ausdruck von Störungen des Kohlehydratstoffwechsels oder seiner Regelung, aber diese Veränderungen sind ziemlich gering, wie aus folgendem hervorgeht.

Veronal und das Natriumsalz, Medinal, lassen nach LÖWY[4] den Blutzuckerspiegel im allgemeinen unbeeinflußt. Nach BURDI[5] tritt nach 7,5—9,1 mg/100 g Hund bei peroraler Einverleibung unabhängig von der Gabengröße bald eine kurzdauernde Steigerung, bald eine Senkung ein. Bei subcutaner Darreichung konnte LERMAN[6] nur eine geringe Senkung (5—9 mg) oder ein Gleichbleiben (20—37 mg/100 g Hund) feststellen. Bei intraperitonealer Einverleibung war von ELLIS und BARLOW[7] bei Katze und Taube eine Senkung des Blutzuckers beobachtet worden. HEILIG und HOFF[8] sahen am Menschen unter dem Einfluß des Medinals nach Zuckerbelastung (100 g peroral) einen steileren und höheren Anstieg der Blutzuckerkurve als ohne Darreichung des Hypnoticums. Für *Luminal* gelten ungefähr dieselben Verhältnisse. Nach subcutaner Injektion (8 mg/100 g Kaninchen und 5,5—13 mg/100 g Hund) wurde eine Verminderung (HÖNINGHAUS[9] und LERMAN), nach intraperitonealer Injektion von 2 mg/100 g

[1] KLIMESCH, K.: Arch. f. exper. Path. **172**, 10 (1933).
[2] COLUCCI, G.: Riv. Neur. **7**, 313 (1934) (Referat).
[3] MATSUOKA, R.: Mitt. med. Akad. Kioto **10**, 51 (1934) (Referat).
[4] LÖWY, I.: Zbl. inn. Med. **42**, 713 (1921).
[5] BURDI, I.: Z. exper. Med. **71**, 480 (1930).
[6] LERMAN, J.: Z. exper. Med. **85**, 536 (1932).
[7] ELLIS, M. M., u. O. W. BARLOW: J. of Pharmacol. **24**, 259 (1924).
[8] HEILIG, R., u. H. HOFF: Klin. Wschr. **1925**, 2194.
[9] HÖNINGHAUS, L.: Arch. f. exper. Path. **168**, 561 (1932).

Hund eine Vermehrung (HAKIETEN und Mitarbeiter[1]) beobachtet. Auch beim
Dial ist nach intraperitonealer Injektion der Blutzucker von Hund und Kaninchen
erhöht (5 mg/100 g Hund bzw. 10—11 mg/100 g Kaninchen); bei peroraler
Einverleibung ist die Steigerung sehr gering (HAKIETEN, MULINOS[2], WIER-
ZUCHOWSKI[3]). PAGE[4] und MULINOS beobachteten bei Hund, Kaninchen und
Katze keine Veränderung des Blutzuckerspiegels, wenn den Tieren Amytal in
durchaus wirksamen Gaben peroral oder subcutan einverleibt wurde. Dagegen
war bei intraperitonealer Injektion wieder eine Erhöhung vorhanden (HAKIETEN
und Mitarbeiter). UNDERHILL[5] kam zu dem gleichen Ergebnis, fand aber im
Gegensatz zu PAGE auch bei peroraler und subcutaner Einverleibung den Blutzucker vermehrt. Bei Vergiftungen mit Barbitursäuren am Menschen wurden im
allgemeinen mäßige Blutzuckersteigerungen beobachtet. Bei einer Evipannarkose
kam es zunächst zu einer Steigerung, dann zu einem Abfall unter den Ausgangswert; bei einer Phanodormvergiftung war eine Veränderung nicht zu beobachten.
Abkühlung und Asphyxie spielen bei den Veränderungen eine Rolle (LÜTH[6]).

Bei Zuckerbelastung beobachteten HINES und Mitarbeiter[7] am Hunde eine
stärkere Glykämie und Glykosurie unter dem Einfluß des Amytals im Vergleich
zu den nicht mit dem Narkoticum behandelten Tieren. Ohne Amytal schieden
die Hunde etwa 19% des einverleibten Zuckers aus, während bei den amytalisierten Tieren der Wert von 33% erreicht wurde. Pernocton scheint eine noch geringere Wirkung auszuüben, denn beim Hund (4 mg), Kaninchen (8—10 mg)
und bei der Katze (4 mg/100 g) konnten MATAKAS[8], MULINOS[2], REIN und
SCHNEIDER[9] keine Veränderung beobachten, und selbst nach intraperitonealer
Injektion war die Erhöhung nur geringfügig, von 105,5 auf 114 mg%, und dies
nach einer Gabe von 9—11 mg/100 g Kaninchen, die schon eine ausgesprochene
Narkose hervorruft. Über Nembutal liegen nur Angaben vor, aus denen eine
geringe Blutzuckersteigerung ersichtlich ist, wenn das Präparat intraperitoneal
verabreicht wurde (Hund und Kaninchen 3—4 mg; HAKIETEN und Mitarbeiter,
MULINOS). HALL und SAHYAN[10] konnten bei gleicher Gabe am Hund sogar ein
geringes Absinken des Blutzuckers feststellen. Wenn HEMINGWAY und Mitarbeiter[11] bei intravenöser Einverleibung eine Erhöhung fanden, so muß man
dabei berücksichtigen, daß eine Gabe von 40 mg/100 g Hund eingespritzt wurde,
die 10 mal größer ist als die, welche intraperitoneal einen tiefen Schlaf hervorruft.
Man kann fast mit Sicherheit vermuten, daß nach dieser sicher toxischen Nem-
butalgabe Störungen der Atmung eingetreten sind, die erst sekundär die Hyperglykämie bedingt haben. Im Harn erscheint nach 6 mg/100 g intraperitoneal
im Harn der Katze eine reduzierende Substanz, die aber nicht vergärbarer
Zucker ist (BARRIS und MAGOUN[12]).

---

[1] HAKIETEN, N., L. H. NAHUM, D. DU BOIS, E. F. GILDEA u. H. E. HIMWICH: J. of
Pharmacol. **50**, 328 (1934).

[2] MULINOS, M. G.: J. of Pharmacol. **34**, 425 (1928) — Arch. internat. Pharmacodynamie
47, 111 (1933).

[3] WIERZUCHOWSKI, M., u. H. GADOMSKA: Biochem. Z. **191**, 398 (1927).

[4] PAGE, I. H.: J. Labor. a. clin. Med. **9**, 194 (1923).

[5] UNDERHILL, F. P., u. D. H. SPRUNT: Proc. Soc. exper. Biol. a. Med. **25**, 137 (1927).

[6] LÜTH, G.: Inaug.-Dissert. Hamburg 1934.

[7] HINES, H. M., J. D. BOYD u. C. E. LEESE: Amer. J. Physiol. **76**, 293 (1926). — HINES,
H. M., C. E. LEESE u. A. P. BARER: Proc. Soc. exper. Biol. a. Med. **25**, 736 (1928).

[8] MATAKAS, F.: Arch. f. exper. Path. **163**, 493 (1931).

[9] REIN, H., u. D. SCHNEIDER: Klin. Wschr. **1934**, 870.

[10] HALL, V. E., u. M. SAHYAN: Arch. internat. Pharmacodynamie **46**, 160 (1933).

[11] HEMINGWAY, M. W., J. VAN DE ERVE u. J. D. BOOTH: J. Labor. a. clin. Med. **19**, 738
(1934).

[12] BARRIS, R. W., u. H. W. MAGOUN: Proc. Soc. exper. Biol. a. Med. **29**, 684 (1932).

Die Wirkung der hauptsächlichsten Hormone für den Kohlehydratstoffwechsel, Insulin und Adrenalin, wird durch die Barbitursäuren entweder gar nicht oder nur wenig beeinflußt (REID[1], PAGE, MULINOS u. a.). Neuerdings beschreibt TACHIBANA[2] eine Steigerung der Adrenalinhyperglykämie durch Veronal und Luminal und eine Zunahme der durch Insulin bedingten Senkung des Blutzuckerspiegels.

Der *Milchsäuregehalt* des Blutes scheint unter dem Einfluß der Barbitursäuren auch nur geringe Änderungen darzubieten, was aus den Versuchen von HÖNINGHAUS[3] mit Luminal am Kaninchen, von WIERZUCHOWSKI[4] mit Amytal am Hund und von MATAKAS mit Pernocton an Hund, Katze und Kaninchen hervorgeht. HAKIETEN und Mitarbeiter konnten nach 5 mg Dial/100 g Hund eine Steigerung beobachten, während HALL und SAHYAN nach 4 mg Membutal beim Hund eine Senkung des Milchsäurespiegels beschreiben.

Die *H-Ionenkonzentration* scheint sich auch nur zu erhöhen, wenn sehr große Gaben verabreicht werden, die eine Störung der Atmung bedingen. Fast ebenso verhält es sich offenbar mit der Alkalireserve.

Auf diese Weise gewinnt man den Eindruck, daß die Barbitursäuren den Kohlehydratstoffwechsel nur in geringem Ausmaße beeinflussen. Dieser Eindruck wird noch verstärkt, wenn man aus den Versuchen von CORI[5] erfährt, daß bei Durchströmung des Muskels und der Leber einer amytalisierten Ratte mit Glucoselösungen keine Abweichung im Verbrauch und Abbau des Zuckers stattfindet. Andererseits zeigen HALL und SAHYAN, daß nach 4 mg Nembutal/100 g Hund der Kohlehydratverlust sogar geringer ist als der Bedarf an „Brennmaterial". Und ähnliches läßt sich auch aus den Versuchen von HINES und Mitarbeitern[6] entnehmen, die bei amytalisierten Hunden nach Zuckereinverleibung den Glykogengehalt der Muskeln ebenso erhöht fanden wie bei den Vergleichstieren. Der Glykogengehalt der Leber zeigte aber Abweichungen, denn er betrug bei den amytalisierten Tieren 4,5%, während bei den Vergleichstieren nur Werte von 2,1% erreicht wurden. Unter besonderen Versuchsbedingungen konnte LONG[7] nach Amytaleinverleibung allerdings eine Wirkung im Sinne einer Verminderung auf den Glykogengehalt des Muskels feststellen. Wurde der Ischiadicus rhythmisch gereizt, so nahm das Muskelglykogen ziemlich erheblich ab und der Ausgleich wurde stark verlangsamt.

In vitro hat auch noch BRINKAMP[8] die Milchsäurebildung aus Stärke und Glucose durch verschiedene Organe untersucht. Durch Frischmuskel wird der Stärkeabbau je nach der Konzentration gehemmt oder gefördert. Durch Hirn wird die Milchsäurebildung aus Glucose wenig beeinflußt, doch trat bei mittlerer Konzentration eine gewisse Hemmung ein. Der Glucoseabbau in der Leber wird durch Veronal nicht beeinflußt, durch Evipan, Phanodorm, Luminal, Prominal gefördert.

Daß der *Eiweißstoffwechsel* nicht geschädigt wird, wurde schon früher (Bd. I) hervorgehoben. Eine Bestätigung kann auch in den Ergebnissen von HEMINGWAY und Mitarbeitern[9] gesehen werden, die nach großen Gaben von Nembutal weder eine Veränderung der Bluteiweißkörper noch des Reststickstoffs und des Harnstoffspiegels feststellen konnten.

---

[1] REID, CH.: J. of Physiol. **75**, 40 (1932).
[2] TACHIBANA, K.: Okayama-Igakkai-Zasshi **47**, 710, 908 (1935).
[3] HÖNINGHAUS, L.: Arch. f. exper. Path. **168**, 561 (1932).
[4] WIERZUCHOWSKI, M., u. H. GADOMSKA: Bioch. Z. **191**, 398 (1927).
[5] CORI, G. T.: Amer. J. Physiol. **95**, 285 (1930).
[6] HINES, H. M., u. Mitarbeiter: Zit. S. 160.
[7] LONG, C. N. H.: J. of biol. Chem. **77**, 563 (1928).
[8] BRINKAMP, B.: Inaug.-Dissert. Münster 1934.
[9] HEMINGWAY, M. W., u. Mitarbeiter: Zit. S. 160.

Wenn der Einfluß der Barbitursäuren auf den Kohlehydrat- und Eiweißstoffwechsel sich in engen Grenzen zu halten scheint, so war zu vermuten, daß auch der gasförmige Stoffwechsel nicht allzu stark in Mitleidenschaft gezogen würde. Wenn nach großen Gaben in tiefer Narkose Veränderungen der Sauerstoffaufnahme und des Grundumsatzes gesehen werden, so scheinen diese Veränderungen erst bei Schädigungen der Atmung einzutreten. KEYS und WELLS[1] sahen bei Fischen eine Abnahme der Sauerstoffaufnahme, wenn Störungen der Atmung vorhanden waren. Auf gleiche Ursachen sind auch die Feststellungen von HAKIETEN und Mitarbeiter zurückzuführen, die nach Nembutal und Luminal den Sauerstoffgehalt des Blutes und die O_2-Kapazität vermindert fanden. ANDERSON und Mitarbeiter[2] sahen beim Menschen keine einheitlichen Ergebnisse. Nach Veronal, Ipral, Neonal und Phanodorm wurde der Sauerstoffverbrauch geringer, wobei der respiratorische Quotient etwas anstieg, nach Verabreichung von Amytal und Luminal war aber der O_2-Verbrauch gesteigert, nach Dial bald vermehrt, bald vermindert. KIKUCHI[3] scheint nach Luminal, Dial und Adalin eine Abnahme des Sauerstoffverbrauchs beobachtet zu haben. Am Hund sahen HALL und SAHYAN (Zit. S. 160) keine Veränderung des O_2-Verbrauchs nach Nembutaleinverleibung, gelegentlich eine geringe Steigerung. Zu dem gleichen Ergebnis kommen DEUEL[4] und Mitarbeiter, wenn sie den Hunden 5,5—6,5 mg Amytal/100 g Tier verabfolgten. Erst durch Gaben, die eine sehr tiefe Narkose bedingen, konnten sie eine Verminderung des Sauerstoffverbrauchs um 10—25% wahrnehmen.

Die Verminderung des Grundumsatzes bei der Ratte nach Somnifeneinverleibung führt BIJLSMA[5] ausdrücklich auf eine Schädigung der Atmung zurück. Das gleiche gilt wohl auch für die Ergebnisse von LEE[6], der erst nach großen Gaben von Amytal bei der gleichen Tierart eine Abnahme des Grundumsatzes feststellte. Beim Menschen fand CURTI[7] auch nach einer therapeutischen Gabe von Somnifen ein Absinken des Grundumsatzes, das größer war als im physiologischen Schlaf.

Eine sehr bemerkenswerte Beobachtung machte SIEBERT[8], wenn er zeigen konnte, daß Amytal beim stoffwechselgesunden Menschen keine Veränderung des Grundumsatzes bedinge, daß aber bei Basedow-Kranken mit erhöhtem Stoffwechsel eine Einschränkung eintritt. Einen gleichen Befund konnten BERNHARDT und BAY[9] für Luminal erheben.

Die Befunde der CLOETTAschen Schule, daß nicht nur im natürlichen, sondern auch im Schlafmittelschlaf der Ca-Gehalt des Blutes vermindert ist, gründen sich u. a. auf die Versuche von BRAUCHLI und SCHNIDER[10], die feststellten, daß beim Hunde nach 30 mg Somnifen intravenös eine nicht unwesentliche Senkung des Blutkalkspiegels eintritt, während der Blutkaliumspiegel erhöht wird. Ein Drittel der Gabe, die aber keinen Schlaf hervorruft, erweist sich auch hinsichtlich des Blutkalks als unwirksam. Auch SCHMITT[11] stellte nach Pernocton eine

[1] KEYS, A. B., u. N. A. WELLS: J. of Pharmacol. **40**, 115 (1930).
[2] ANDERSON, H. H., M. Y. CHEN u. CH. D. LEAKE: J. of Pharmacol. **40**, 215 (1930).
[3] KIKUCHI, G.: Verh. jap. Ges. inn. Med. **1926**, 1 (Referat).
[4] DEUEL, H. J., W. H. CHAMBERS u. J. EVENGEN: Proc. Soc. exper. Biol. a. Med. **22**, 424 (1925).
[5] BIJLSMA, U. G.: Arch. internat. Pharmacodynamie **35**, 13 (1928).
[6] LEE, M. O.: Amer. J. Physiol. **85**, 388 (1928).
[7] CURTI, G.: Boll. Soc. Biol. sper. **7**, 37 (1932).
[8] SIEBERT, W. J., u. E. W. THURSTON: Proc. Soc. exper. Biol. a. Med. **29**, 650 (1932).
[9] BERNHARDT, H., u. E. BAY: Z. klin. Med. **122**, 520 (1932).
[10] BRAUCHLI, E., u. O. SCHNIDER: Arch. f. exper. Path. **119**, 240 (1926).
[11] SCHMITT, J.: Arch. Tierheilk. **67**, 46 (1933).

allerdings nicht erhebliche Abnahme des Calciumgehaltes des Blutes fest und nach Verabreichung von Dial beobachtete auch In[1] eine Hypocalcämie.

Die Veränderungen des für die Oxydations- und Reduktionsvorgänge im tierischen Organismus wichtigen Glutathions in den verschiedenen Organen des Meerschweinchens, dem 30—42 mg Somnifen einverleibt worden waren, sind von Mariani[2] festgestellt worden. Daß die Gaben als sehr hoch bezeichnet werden müssen, geht daraus hervor, daß ein 13—20stündiger [Schlaf eintrat. Nach 5stündiger Narkose waren noch keine Veränderungen sichtbar, erst nach 13 Stunden kam es zu einer Verminderung des Glutathions in den Nebennieren und zu einer Vermehrung im Gehirn.

In vitro lassen sich unter der Einwirkung von Veronal in genügender Menge Veränderungen der Oxydations- und Dehydrierungsvorgänge feststellen. Die Oxydationen scheinen gehemmt zu werden, die Dehydrierungsvorgänge im Muskel aber werden durch Veronal im Gegensatz zu anderen Narkotica gesteigert (Behnecke[3]), im Gehirn allerdings ebenfalls vermindert.

Zu ganz ähnlichen Ergebnissen kommen auch Davies und Quastel[4], die für verschiedene Narkotica, Veronal und Luminal 0,2%, Somnifen 0,1% und Chloreton 0,4% eine Hemmung der Oxydations- und Dehydrierungsvorgänge in der Hirnsubstanz feststellten.

Im allgemeinen wird man die Ergebnisse derartiger Reagensglasversuche nur mit Vorsicht auf den lebenden Organismus übertragen dürfen, da hier wohl ganz andere Verhältnisse in quantitativer und zeitlicher Beziehung vorhanden sind.

An dieser Stelle mögen Versuche Erwähnung finden, die die Abhängigkeit der Barbitursäurewirkung von der Wasserstoffionenkonzentration des Blutes feststellen sollten. Die Ergebnisse sind aber zum größten Teil widerspruchsvoll, so daß allgemeine Schlüsse aus ihnen nicht gezogen werden können. Nach Clowes und Keltsch[5] bedingt die Verschiebung des p_H von 7 auf 9 bei Arenicolalarven eine Abschwächung der Wirkung verschiedener Barbitursäuren auf $^1/_4$—$^1/_8$ des ursprünglichen Wertes. Tiffeneau und Mitarbeiter[6] fanden aber beim Stichling, daß durch Zusatz von $^1/_{1000}$—$^1/_{750}$ Milchsäure zu einer bestimmten Soneryllösung die Lähmungs- und Erholungszeit bedeutend verkürzt wird, während eine $^1/_{3000}$ Natriumcarbonatlösung die Lähmungszeit verlängert, die Erholungszeit aber nicht beeinflußt.

Am Warmblüter haben Fujino und Yamauchi[7] entsprechende Versuche angestellt. Wenn Mäuse 2 bzw. 4 ccm einer 1 proz. Milchsäure auf 100 g Körpergewicht subcutan erhalten, so erscheint die Wirkung von Veronal, Luminal und Chloralhydrat etwas verstärkt, manchmal aber auch gar nicht beeinflußt. Durch Einverleibung gleicher Mengen einer $^1/_{10}$ n-Natriumcarbonatlösung erfährt die Wirkung der genannten Hypnotica eine ziemlich erhebliche Abschwächung. In den Versuchen von Becka[8] an Hunden und Kaninchen wurde im Gegensatz dazu festgestellt, daß eine Alkalose die narkotischen Wirkungen des Evipan, Pernocton und Avertin erhöht und die postnarkotischen Störungen vermindert. Die Veronalwirkung wird aber abgeschwächt. Nach Agnoli[9] bedingt eine Zu-

---

[1] In, K.: Keijo J. Med. **4**, 406 (1933).
[2] Mariani, C.: Boll. Soc. Biol. sper. **4**, 865 (1929) (Referat).
[3] Behnecke, K.: Arch. f. exper. Path. **163**, 594 (1931).
[4] Davies, D. R., u. J. H. Quastel: Biochemic. J. **26**, 1672 (1932).
[5] Clowes, G. A. H., u. A. K. Keltsch: Proc. Soc. exper. Biol. a. Med. **29**, 312 (1931).
[6] Tiffeneau, M., J. Lévy u. D. Broun: Presse méd. **1930 I**, 585.
[7] Fujino, G., u. M. Yamauchi: Okayama-Igakkai-Zasshi **42**, 914 (1930) (Referat).
[8] Becka, J.: Arch. f. exper. Path. **174**, 173 (1933).
[9] Agnoli, R.: Arch. ital. Sci. farmac. **3**, 403 (1934).

nahme der Wasserstoffionenkonzentration im Blut eine Verstärkung der Barbitursäurewirkung (Veronal, Somnifen, Luminal u. a.); jedoch beim Hunde erfährt zwar die Somnifenwirkung ebenfalls eine Zunahme, die des Evipan aber eine deutliche Abschwächung. Auch andere Narkotica, wie Äthylurethan, Chloralhydrat, zeigen bei den verschiedenen Tierarten ein wechselndes Verhalten. Eine gleiche Regellosigkeit war bei den künstlich alkalotisch gemachten Tieren zu beobachten, so daß die Möglichkeit, durch Einverleibung von Alkali die Narkosewirkung aufzuheben oder zu unterbrechen, experimentell keine Stütze erfährt. Auch Shambough und Boggs[1] konnten bei einer Veränderung der H-Ionenkonzentration durch Einverleibung von Salzsäure keine wesentlichen Änderungen im Ablauf einer Nembutalnarkose feststellen.

Atmung. Wie aus den Angaben des I. Bandes hervorgeht, bedingt Veronal in kleinen noch nicht schlafmachenden Gaben eine Vertiefung der Atmung ohne Änderung der Frequenz, so daß es also zu einer Vermehrung des Atemvolumens kommt. Bei größeren Gaben, die schon über die gewöhnlichen therapeutischen hinausgehen und starke hypnotische Wirkungen entfalten, z. B. 1 g Veronal beim Menschen, wird die Zahl der Atemzüge nicht wesentlich geändert, aber die Atemtiefe nimmt erheblich ab, wodurch eine Verminderung des Atemvolumens bedingt wird (Winternitz[2]).

Bei toxischen Gaben ist selbstverständlich die Atmung nicht nur flacher, sondern auch stark verlangsamt.

Alle diese Erscheinungen sind, trotz gegenteiliger Ansichten Jacobjs[3], der die Atemschädigung als zum größten Teil sekundär von einer Capillarwirkung auf die Lungen bedingt auffaßt, mit einer Lähmung des Zentrums in Zusammenhang zu bringen, da der Kohlensäurereiz im Veronalschlaf weniger wirksam ist und die Kohlensäurespannung in der Ausatmungsluft und Alveolarluft zunimmt (Beckmann[4]).

Bemerkenswert ist es, daß das Atemvolumen sehr erheblich sinken kann, ohne daß der Tod eintritt. Gröber[5] stellte beispielsweise an Kaninchen und Katzen fest, daß nach drei Viertel der tödlichen Gabe das Atemvolumen auf die Hälfte absinkt. Weiter ist bekannt, daß nach tödlichen Gaben die Atemlähmung die Todesursache bildet, wenn auch der Kreislauf stark daran beteiligt ist.

Aus den neueren Versuchen mit Veronal und seinen Abkömmlingen läßt sich ungefähr ein gleiches Verhalten erkennen. Nur ergibt sich aus ihnen, daß gewöhnlich schon unternarkotische Gaben, fast immer aber schlafmachende, die Atmung beeinträchtigen, wobei im übrigen mehr die Tiefe als die Zahl der Atemzüge vermindert wird.

Keeser[6] fand z. B. beim Kaninchen als Gabe des Pernocton, die einen tiefen Schlaf hervorruft, 4 mg/100 mg Tier intravenös, als Gabe, die die Atmung schon in Mitleidenschaft zieht, 0,3 mg. Sie ist also 13mal kleiner als die hypnotische. Nach Lendle[7] dürfte aber eine so starke Wirkung nicht wahrscheinlich sein. Er findet eine ziemlich lineare Abhängigkeit der Atemvolumenverminderung von der Gabengröße. Nach 2 mg intravenös beim Kaninchen beträgt die Verkleinerung des Volumens rund 25%, nach 3 mg 35%, nach 4 mg 42%, nach 7 mg 76%, nach 85 mg 100%. Obgleich man in Betracht ziehen muß, daß die

[1] Shambough, Ph., u. R. Boggs: Proc. Soc. exper. Biol. a. Med. **3**, 711 (1934).
[2] Winternitz, H.: Münch. med. Wschr. **1908**, 2599.
[3] Jacobj, C., u. C. Römer: Arch. f. exper. Path. **66**, 261 (1911).
[4] Beckmann, K.: Dtsch. Arch. klin. Med. **117**, 418 (1915).
[5] Gröber, A.: Biochem. Z. **31**, 1 (1911).
[6] Keeser, J.: Schmerz usw. **2**, 260 (1929).
[7] Lendle, L.: Arch. f. exper. Path. **144**, 76 (1929).

Werte auch im physiologischen Schlaf um mindestens 25% absinken dürften, so muß doch hervorgehoben werden, daß bei den schlafmachenden Gaben diese Zahlen überschritten werden.

Ähnliche Verhältnisse wie beim Pernocton fand Keeser auch beim Somnifen. Hier war die hypnotische Gabe 6 mg; die kleinste, die Atmung beeinflussende, war $7^1/_2$ mal kleiner (0,8 mg). Aus den Versuchen Launoys[1] läßt sich entnehmen, daß bei intravenöser Darreichung verschiedener Barbitursäuren durch Gaben, die 10 Minuten nach der Einspritzung eine 1 stündige Narkose hervorrufen, die Atmung des Kaninchens wesentlich eingeschränkt wird.

Barlow und Gledhill[2] haben die Wirkung von Amytal und Nembutal auf die Atmung der weißen Ratte bei subcutaner Injektion untersucht. Sie finden nach der narkotischen Gabe des Amytals eine Ver-

Tabelle 37. (Nach Launoy.)

Präparat	Narkotische Gabe mg/100 g	Verminderung des Atemvolumens um %
Neonal	3,5	42
Amytal	3,0	47
Nembutal	1,75	51
Phanodorm	4,5	60

minderung des Atemvolumens um etwa 40% und nach der entsprechenden Gabe des Nembutals eine Einschränkung um ungefähr 30—35%. Diese Werte sind zwar ebenfalls größer als die beim natürlichen Schlaf beobachteten, halten sich aber doch noch in mäßigen Grenzen. Besonders scheint Nembutal eine verhältnismäßig nur geringe Wirkung auszuüben. Beim Hund sind die Schädigungen der Atmung offenbar weniger stark; denn Page[3] findet nach Gaben von 4 mg Amytal/100 g Hund, die schon eine volle Narkose hervorrufen, nur eine geringe Schwächung der Atmung, die mit der Erhöhung der Gaben ansteigt und bei subletalen Gaben zu unregelmäßigen Atembewegungen führt.

Nach 10 mg Luminal wird beim Hund und Kaninchen die Atmung flacher und schneller, wiederholte kleine Gaben verlangsamen die Atmung, aber vertiefen sie gleichzeitig. Der Atemstillstand kommt nach 20—40 mg zustande (Gruber und Baskett[4]). Nach therapeutischen Gaben von Somnifen beim Menschen beobachtete Curti[5] Verlangsamung und Abflachung mäßigen Umfangs.

Schließlich sei noch eine Beobachtung von Keys und Wells[6] an Fischen erwähnt. Sie sahen nach Amytaldarreichung eine Schädigung der Atmung eintreten, die sich auf einem von der Narkosewirkung abhängigen immer gleichmäßigen Stand erhalten ließ.

Kreislauf. Es wurde schon eingangs hervorgehoben, daß bei therapeutischen, d. h. narkotischen Gaben die Kreislaufwirkung der Barbitursäuren gering ist. Daß bei toxischen Gaben, die vielleicht nur 20% unter der letalen Gabe liegen, eine Schädigung eintritt, versteht sich bei einem Narkoticum von selbst, da ja bei derartigen Gaben außer der unmittelbaren Wirkung auf Herz und Gefäße die Beeinträchtigung der Atmung mit ihren Folgen für den Stoffwechsel und damit auch für den Kreislauf sich mit bemerkbar machen wird. Es muß aber auch auf einen sehr wichtigen Punkt hingewiesen werden, der für das Ausmaß einer Einwirkung überhaupt von besonderer Wichtigkeit ist, nämlich die Anwendungsform. Bei der intravenösen Injektion kommen unter Umständen, allerdings nur für kurze Zeit, so erhebliche Konzentrationen der zu prüfenden

---

[1] Launoy, L.: J. Physiol. et Path. gén. **30**, 364 (1932).
[2] Barlow, O. W., u. J. D. Gledhill: J. of Pharmacol. **49**, 36 (1933).
[3] Page, I.: J. Labor. a. clin. Med. **9**, 194 (1923).
[4] Gruber, Ch. M., u. R. E. Baskett: J. Labor. a. clin. Med. **10**, 630 (1925).
[5] Curti, C.: Boll. Soc. ital. Biol. sper. **7**, 893 (1932).
[6] Keys, A. B., u. N. A. Wells: J. of Pharmacol. **40**, 115 (1930).

Barbitursäure in das Coronargefäßsystem, daß eine schädigende Wirkung vorübergehend eintreten kann, die bei einer anderen Darreichung vermieden wird. Das haben REIN und SCHNEIDER (Zit. S. 160) offenbar auch erkannt; denn sie warnen geradezu vor der intravenösen Injektion des Pernocton, das bei intramuskulärer Darreichung für den Kreislauf ganz harmlos erscheint. Es ist auch selbstverständlich, daß die Schädigung um so größer ausfallen muß, je schneller die Injektion erfolgt (vgl. SCHMITT [Zit. S. 162]).

Aus diesem Grunde wäre es wohl auch verfehlt, die Versuche von M. VOGT[1] grundsätzlich als Beweis für die Schädlichkeit der Barbitursäuren auf Herz und Blutdruck anzuführen. Aus diesen Versuchen, bei denen die Substanzen

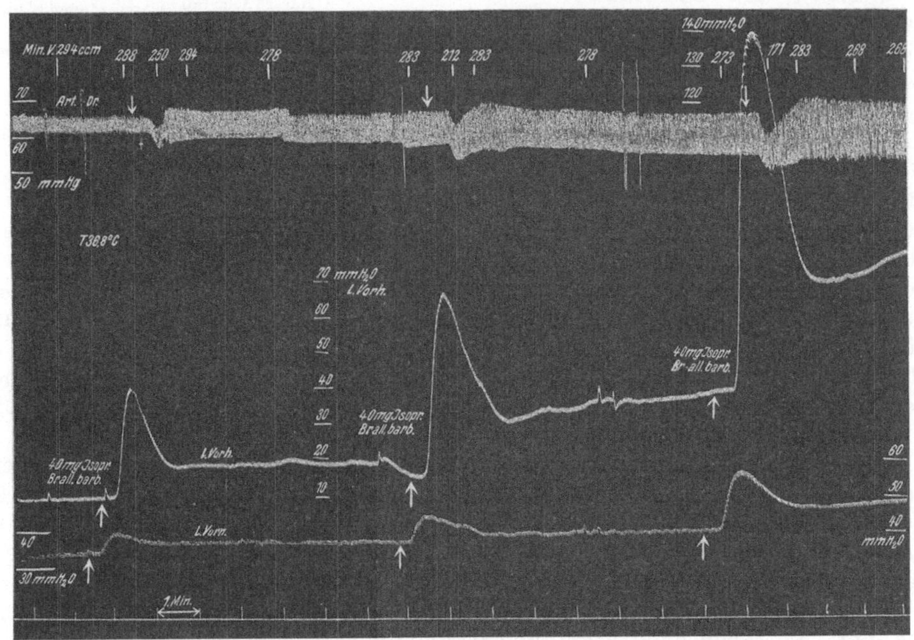

Abb. 18. Hund, 12 kg Körpergewicht, Herz-Lungenpräparat; 0,9 g Chloralose, Zuflußhöhe 178 mm. *Min. V.* Systemminutenvolumen in ccm, *Art. Dr.* Druck in der A. brachiocephalica in mmHg, *l. Vorh.* Druck im linken Herzohr in mm Wasser, *r. Vorh.* Druck im rechten Herzohr in mm Wasser, Zeit in Minuten. Injektion von Isopropyl-brom-allylbarbitursäure (Noctal). (Nach VOGT.)

intravenös der vagotomierten, atropinisierten und chloralosierten Katze und, noch dazu mehrfach, intravenös verabreicht wurden, sollte offenbar auch nur ein quantitativer Vergleich zwischen den einzelnen Barbitursäuren im Verhältnis zur narkotischen Gabe ermöglicht werden. Bei diesem Vergleich (s. Tabelle) ergibt sich die bemerkenswerte Tatsache, daß das Verhältnis zwischen narkotischer Wirkung und einem bestimmten Grade der Kreislaufschädigung beim Veronal am günstigsten ist und beim Pernocton am ungünstigsten, von dem doch REIN und SCHNEIDER gefunden haben, daß bei intramuskulärer Darreichung die narkotische Gabe weder den Blutdruck noch das Herzvolumen oder irgendeine vasomotorische Kreislaufreaktion irgendwie verändert.

Die folgende Tabelle ist unter Benutzung der tabellarischen Angaben von M. VOGT aufgestellt worden. Die narkotischen und letalen Gaben ermittelte VOGT an der Ratte, der die verschiedenen Barbitursäuren subcutan einverleibt wurden, die Kreislaufwirkungen aber an der Katze intravenös. Das Wirksamkeitsverhältnis zu Veronal (Säule 2, 4 und 7), die

---

[1] VOGT, M.: Arch. f. exper. Path. **152**, 341 (1930).

Tabelle 38.

Präparat	1 Narkotische Gabe mg/100 g	2 Wirksamkeit Veronal = 1	3 Tödliche Gabe mg/100 g	4 Wirksamkeit Veronal = 1	5 Therapeutisch Breite	5 Quotient	6 Gaben, die bei der Katze gleiche Kreislaufwirkung haben mg	7 Wirksamkeit Veronal = 1	8 Quotient 7:2
Veronal . . .	22,5	1,00	45	1,00	22,5	2,0	100	1,00	1
Proponal . .	12,0	1,88	26	1,73	14,0	2,2	13	7,69	4,1
Luminal . .	10,0	2,20	20	2,25	10,0	2,0	17	5,88	2,7
Noctal . . .	7,5	3,00	9	5,00	1,5	1,2	7,5	13,33	4,4
Phanodorm .	7,0	3,22	21	2,14	14,0	3,0	15	6,67	2,1
Sandoptal . .	6,5	3,46	16	2,81	9,5	2,5	8	12,50	3,6
Amytal . . .	6,5	3,46	19	2,37	12,5	2,9	7	14,29	4,1
Pernocton .	6,5	3,46	9	5,00	2,5	1,4	5,5	18,18	5,2
Dial	6,0	3,75	11	4,09	5,0	1,8	12	8,33	2,2
Numal . . .	5,0	4,50	10	4,50	5,0	2,0	10	10,00	2,2

therapeutische Breite (Säule 5a), sowie der Quotient der Säule 8 sind vom Verfasser berechnet worden. Der letztgenannte Quotient setzt die relative Wirksamkeit der narkotischen Gaben zu den kreislaufwirkenden Gaben in Beziehung. Es ergibt sich daraus, daß bei den Abkömmlingen des Veronals die Erhöhung der narkotischen Kraft hinter der Steigerung der Kreislaufschädigung zurückbleibt, ein Ergebnis, das allerdings mit anderen Angaben des Schrifttums und auch der klinischen Erfahrung nicht immer in Übereinstimmung zu bringen ist.

Nach dem eben Gesagten wird es nicht wundernehmen, daß bei intravenöser Injektion von Barbitursäuren eine Blutdrucksenkung beobachtet wurde, für Veronal von HOLZBACH[1], IMPENS[2], GRUBER[3], DE WAELE[4] u. a. bei verschiedenen Tierarten. Zum Teil wurden auch recht erhebliche Gaben verwendet. Vom Amytal wird von GRUBER sowie von LIEB[5] und MULINOS sowie PAGE[6] das gleiche angegeben; die letzteren berichten aber, daß trotz Vollnarkose mit 4 mg/100 g Hund, Katze oder Kaninchen die Blutdrucksenkung gering sei. Beim Pernocton ist die Senkung gering und belanglos, wenn die Injektion langsam und vorsichtig erfolgt. Nach Luminal ist der Druckabfall offenbar etwas deutlicher, er beträgt aber beim vorher urethanisierten oder mit Paraldehyd narkotisierten Tiere, Hund, Katze, trotz der erheblichen Gabe von 10 mg auch nur etwa 25% (GRUBER). Beim Somnifen konnten ähnliche Befunde erhoben werden.

Die Angabe GRUBERS, daß die intraperitoneale Darreichung dieselben Wirkungen wie die intravenöse hervorbringe, scheint sich aber nicht zu bestätigen; denn HALL und SAHYAN (Zit. S. 160) beobachteten selbst in tiefer Narkose mit Veronal, Nembutal und Amytal (intraperitoneal) nur eine geringfügige Blutdrucksenkung. Die geringere Wirkung würde auch durchaus mit der Tatsache übereinstimmen, daß im allgemeinen die tödlichen Gaben bei intravenöser Injektion kleiner sind als bei intraperitonealer. Beispielsweise ist die tödliche Gabe von Amytal beim Kaninchen 3 mg intravenös und 9 mg intraperitoneal, vom Nembutal 4,4 mg intravenös und 6,5 mg intraperitoneal.

Wenn eine Blutdrucksenkung eintritt, so ist sie zunächst durch eine Erweiterung des Gesamtquerschnitts im Gefäßsystem zu erklären. Nach GRUBER[3] sind vor allem die Gefäßgebiete der Gliedmaßen, wahrscheinlich Haut- und

---

[1] HOLZBACH, E.: Arch. f. exper. Path. **70**, 183 (1912).

[2] IMPENS, E.: Dtsch. med. Wschr. **1912**, 945.

[3] GRUBER, CH. M., u. R. F. BASKETT: J. Labor. a. clin. Med. **10**, 630 (1925) — J. of Pharmacol. **25**, 219 (1925). — GRUBER, CH. M., u. G. J. ROBERTS: J. of Pharmacol. **27**, 327, 349 (1926).

[4] DE WAELE, H.: Arch. internat. Physiol. **25**, 83 (1925).

[5] LIEB, CH. C., u. M. G. MULINOS: Proc. Soc. exper. Biol. a. Med. **26**, 709 (1929).

[6] PAGE, I., u. P. CORYLLOS: J. of Pharmacol. **27**, 189 (1926).

Muskelgefäße, beteiligt, da das Volumen des Beines zunimmt, während Niere, Milz und Darm eine Volumenverminderung erfahren. Auch die Kranzgefäße werden erweitert. Eine Vasodilatation der Gefäße der Gliedmaßen läßt sich auch aus den Versuchen von RICHTER[1] mit Nembutal ableiten. Daß die isolierten Gefäße durch geeignete Gaben von Veronal und anderen Barbitursäuren eine Erweiterung aufweisen, geht aus Versuchen von ARNELL[2], LEPPER[3], GRUBER u. a. hervor. Letzterer gibt auch an, daß sich isolierte Gefäßgebiete wie die in situ beim ganzen Tiere verhalten. Bei stark toxischen Gaben kann sich, wie die schon früher angeführten Versuche von JACOBJ und RÖMER (vgl. Bd. I, S. 422) zeigen, auch eine Lähmung der Capillaren an dem Abfall des Blutdruckes beteiligen.

Im übrigen geht aus den Versuchen von GUGGENHEIMER und FISHER[4] an Katzen mit der GANTERschen Methode hervor, daß nach Luminal eine Gefäßerweiterung eintrat, die bei Veronal vermißt wurde. Die Vasodilatation auf Luminal kam schon durch Gaben zustande, die eine nennenswerte Blutdrucksenkung nicht hervorrufen. An den Kranzgefäßen konnte bei den kleinen Gaben eine Wirkung nicht beobachtet werden. Die Luminalwirkung (ebenso wie die des Chloralhydrats) wird auf einen zentralen Einfluß bezogen.

In zweiter Linie ist der Abfall des Blutdrucks durch eine Schädigung des Herzens bedingt. Am genauesten hat wohl VOGT (Zit. S. 166) diese Wirkungen untersucht. Sie beobachtete am STARLINGschen Herz-Lungenpräparat eine Dilatation, Drucksteigerung in beiden Vorhöfen, Herabsetzung des Minutenvolumens und erhebliches Ansteigen des Vorhofsdruckes beim Versuch, den abgesunkenen Blutdruck durch Adrenalin wieder zu heben.

An dem gleichen Herzpräparat stellte RÜHL[5] bei toxischer Schädigung durch Numal, Somnifen, Pernocton (und Avertin) eine Abnahme des Sauerstoffverbrauchs fest. Dabei war der Wirkungsgrad, also die Arbeitsleistung, im Verhältnis zum Sauerstoffverbrauch erhöht, was aber nicht als günstige Wirkung anzusprechen ist, da das Ansteigen des respiratorischen Quotienten auf pathologische Stoffwechselvorgänge anoxybiotischer Art schließen läßt.

Am isolierten Froschherz konnte SCHMITT[6] eine Abnahme der Leistung durch Pernocton feststellen, ohne daß die Schlagzahl abgenommen hätte. Am ganzen Tier war die Herzschädigung aber zu vernachlässigen.

Glatte Muskulatur. Darm- und Uterusmuskulatur wird durch die Barbitursäuren, soweit sie in dieser Hinsicht untersucht worden sind, gelähmt. Auch der Einfluß der die automatischen Bewegungen und den Tonus steigernden Substanzen, wie Bariumchlorid und der parasympathischen Reizgifte Pilocarpin, Acetylcholin usw., wird durch Veronal und seine Abkömmlinge im allgemeinen gehemmt oder aufgehoben.

Einige Forscher nehmen an, daß der Angriffspunkt der Wirkung in den vegetativen Nerven der glattmuskeligen Organe liege. So zeigten BACKMAN und ARNELL[2], daß am isolierten Darm und Uterus des Kaninchens die Erregbarkeit der sympathischen Nervenendigungen durch Veronal erhöht, die der parasympathischen aber vermindert werde. Luminal besitzt im Gegensatz dazu diesen Einfluß nicht. Zur Prüfung der Erregbarkeit der vegetativen Nervenendigungen wurde wie üblich Adrenalin, Arecolin und Pilocarpin herangezogen.

---

[1] RICHTER, H. G., u. A. W. OUGHTERSON: J. of Pharmacol. **46**, 335 (1932).
[2] ARNELL, O.: Arch. internat. Pharmacodynamie **34**, 227 (1928).
[3] LEPPER, L.: Pflügers Arch. **204**, 498 (1924).
[4] GUGGENHEIMER, H., u. I. FISHER: Dtsch. med. Wschr. **1929**, Nr 5. Sonderdruck.
[5] RÜHL, A.: Arch. f. exper. Path. **174**, 96 (1933).
[6] SCHMITT, J.: Arch. Tierheilk. **67**, 46 (1933).

FROMHERZ[1] nimmt ebenso wie andere Untersucher als Ursache der Tätigkeitsverminderung eine lähmende Wirkung auf die glatte Muskulatur selbst an. Verschiedene Gabengrößen mögen diesen Unterschied in den Anschauungen bis zu einem gewissen Grade erklären können.

Ein Vergleich der lähmenden Wirkung auf die glatte Muskulatur mit der lähmenden auf das Zentralnervensystem zeigt — wie die Versuche FREYS[2] und auch anderer Forscher beweisen —, daß die Barbitursäuren verhältnismäßig einen geringeren Einfluß besitzen als andere Narkotica. Die Lähmung wurde von FREY für Veronal und Luminal am isolierten Meerschweinchendarm, von FROMHERZ am Kaninchendünndarm und Uterus auch noch für Nembutal festgestellt. Letzterer zeigte außerdem, daß die erregenden Wirkungen des Acetylcholins und Bariumchlorids durch die genannten Barbitursäuren aufgehoben werden können, woraus gerade auf einen muskulären Angriffspunkt geschlossen wird.

Die lähmende Wirkung des Veronals auf den isolierten Uterus des Meerschweinchens hat auch SAITO[3] festgestellt und sie mit der Wirkung anderer Narkotica verglichen. Gleichzeitig wurden auch die Gabengrößen ermittelt, welche die durch Hypophysin, Pituglandol und Histamin gesetzten Erregungen beseitigen.

In Versuchen am isolierten Darm von Kaninchen und Ratten hat DE BIASIO[4] wiederum Lähmung beobachtet, die er zum größten Teil auf eine Muskelwirkung zurückführt, zum Teil ist er aber geneigt, auch eine Hemmung des Parasympathicus anzunehmen. Die Wirkung des Luminals erweist sich als etwa 3 mal kräftiger als die des Veronals.

Der Einfluß der Barbitursäuren auf die glatte Muskulatur in situ am ganzen Tier ist ebenfalls von einigen Forschern untersucht worden. Nach IN[5] werden durch 2 mg Dial/100 g Kaninchen die Pendelbewegungen des Darmes zunächst vergrößert und der Tonus erhöht, während der Uterus gleich von Anfang an eine Verkleinerung der automatischen Kontraktionen aufweist. Bei diesen Wirkungen sollen neben der Beeinflussung der Muskulatur selbst auch eine solche des Vagus und die während der Narkose auftretende Hypocalcämie eine Rolle spielen. An der glatten Muskulatur des Magendarmkanals wirken nach QUIGLEY, BARLOW und HIMMELSBACH[6] alle untersuchten Barbitursäuren im hemmenden Sinne auf die Bewegungen und den Tonus ein (Hund), am schnellsten, aber auch am flüchtigsten Nembutal, dann Amytal und wesentlich langsamer Veronal.

Eine Hemmung der Magenperistaltik des Hundes wurde von LA BARRE und WAUTERS[7] gefunden. Die verwendeten Gaben betrugen 5 mg Luminal, 25 mg Veronal und zum Vergleich 9 mg Chloralose intravenös. Die Hemmung steigerte sich manchmal bis zum vollkommenen Erlöschen der Bewegungen.

Auch am enervierten Magen des Hundes — Splanchnico- und Vagotomie — rufen, wie die Versuche von QUIGLEY und PHELS[8] zeigen, 2 mg Nembutal und 20 mg Veronal eine peripher bedingte Lähmung hervor, die natürlich auch am isolierten Organ zu beobachten ist.

Erwähnenswert sind noch klinische Beobachtungen an der gebärenden Frau von BIRNBERG und LIVINGSTON[9], die nach Verabreichung von Dial außer Auf-

[1] FROMHERZ, K.: Arch. f. exper. Path. 173, 78 (1933).
[2] FREY, E.: Arch. f. exper. Path. 159, 163 (1931).
[3] SAITO, Y.: Z. exper. Med. 41, 570 (1924).
[4] DE BIASIO, B.: Rass. Ter. e Pat. clin. 6, 526 (1934); nach Ber. Physiol. 84, 498 (1935).
[5] IN, K.: Keijo J. Med. 4, 406 (1933).
[6] QUIGLEY, J. P., O. W. BARLOW u. C. K. HIMMELSBACH: J. of Pharmacol. 50, 425 (1934).
[7] LA BARRE, J., u. M. WAUTERS: Arch. internat. Pharmacodynamie 44, 178 (1933).
[8] QUIGLEY, J. P., u. K. B. PHELS: J. of Pharmacol. 50, 420 (1934).
[9] BIRNBERG, CH. H., u. S. H. LIVINGSTON: Amer. J. Obstetr. 28, 107 (1934).

hebung der Schmerzempfindung oder sogar des Bewußtseins eine Erschlaffung (des Darms und) der Cervix uteri beobachteten, während die Wehen kraftvoller auftraten.

Die Untersuchungen der glatten Muskulatur am ganzen Tier unter der Einwirkung von Barbitursäuren zeigen also, daß auch mäßige Gaben der Narkotica, die einen mehr oder weniger tiefen Schlaf bedingen, schon einen lähmenden Einfluß ausüben.

Wasserhaushalt, Diurese. Die Wirkung der Barbitursäuren auf die Diurese spielt vielleicht weniger in praktischer als in theoretischer Hinsicht eine große Rolle, weil in der Nähe des Schlafsteuerungszentrums ein Zentrum für die Regelung des Wasserhaushaltes liegen soll, dessen Beeinflussung durch gewisse Schlafmittel von der Schule PICKS als eine Stütze für die Einteilung in Hirnstamm- und Rindenmittel angesehen wird. Der Einfluß der Barbitursäuren als Stammittel auf die Harnflut, die in diesem Falle der Ausdruck einer Wirkung auf das Wasserzentrum sein könnte, ist aber keineswegs gleichartig; er wechselt nach der Gabengröße, Tierart, Anordnung des Versuches usw. zum Teil recht erheblich, wie aus der folgenden Erörterung über die Wirkung der Barbitursäuren hervorgeht.

KUGEL[1], der auch das ältere Schrifttum und die ersten Arbeiten PICKS und seiner Schüler ausführlich bespricht, hat in Versuchen am Kaninchen, denen peroral Wasser zugeführt worden war, eine Vermehrung der Wasserausscheidung bei gleichzeitiger Verminderung der Kochsalzdiurese nach Sandoptal und Veronal beobachtet. Luminal hemmt in den meisten Fällen die Wasserdiurese, nicht deutlich die Salzdiurese. Vergleichsweise hemmen nun „Rindenmittel" wie Chloralose und Chloralhydrat in kleinen Gaben und verstärken die Harnflut in Gaben, die eine tiefe Narkose hervorrufen. Paraldehyd vermehrt sowohl die Wasser- wie die Kochsalzausscheidung. Die durch Hypophysenhinterlappenextrakte bedingte Diureseeinschränkung wird durch keines der untersuchten Hypnotica, mit der Ausnahme des Paraldehyds aufgehoben[2]. Wurde den Kaninchen nicht peroral, sondern intravenös eine Kochsalzlösung zugeführt (EPSTEIN[3]), so wirkte Luminal und Paraldehyd steigernd, während Veronal (und Urethan) ohne Einfluß waren. Die Kochsalzdiurese verlief unabhängig von der des Wassers. Nach demselben Untersucher wird die Thyroxindiurese des Kaninchens durch Luminal eingeschränkt, von Veronal aber nur dann gehemmt, wenn Thyroxin- und Veronalwirkungen gleichzeitig einsetzen. In Bestätigung der Ergebnisse KUGELS konnte auch v. NYARY[4] eine beträchtliche Hemmung der Wasserausscheidung des Kaninchens bei peroraler Wasserbelastung durch Luminal nachweisen. Durch Coffein, Theophyllin, Salyrgan und Novurit (eine komplexe Quecksilberverbindung), hypertonische Natriumsulfatlösung und Harnstoff erzeugte Harnvermehrung wurde durch Luminal nicht gehemmt, sondern zum Teil bei tiefem Schlaf des Tieres noch vermehrt.

Am Hund bewirkte nach BONSMANN[5] Pernocton eine flüchtige Diuresehemmung sowohl in kleinen wie in größeren eine tiefe Narkose bedingenden Gaben. Luminal rief selbst in Gaben, die kaum eine Wirkung auf das Zentralnerven-

---

[1] KUGEL, A. M.: Arch. f. exper. Path. **142**, 166 (1929).

[2] S. HARAGUCHI [Nagasaki-Igakkai-Zasshi **10**, 1291 (1932) scheint, soweit dies aus dem Referat hervorgeht, im Gegensatz dazu eine Aufhebung der antidiuretischen Pituitrinwirkung durch Luminal anzunehmen, während Chloralhydrat sie noch verstärkt. H. ist geneigt, für die Regelung des Wasserhaushaltes weniger einen zentralen als einen peripheren Angriffspunkt (Nieren und andere Organe) für möglich zu halten.

[3] EPSTEIN, E. Z.: Arch. f. exper. Path. **142**, 214 (1929).

[4] v. NYARY, A.: Arch. f. exper. Path. **162**, 565 (1931).

[5] BONSMANN, M. R.: Arch. f. exper. Path. **156**, 160 (1930); **161**, 76 (1931); **164**, 596 (1932).

system hervorrufen, eine Hemmung hervor. Veronal hatte keinen einheitlichen Einfluß, da zum Teil eine leichte Steigerung, zum Teil eine Hemmung oder überhaupt keine Änderung der Diurese auftrat, während Sandoptal wieder eine Hemmung herbeiführt. Aus den Versuchen geht hervor, daß Schlafwirkungen und Einfluß auf die Wasserausscheidung einander nicht parallel gehen.

An nieren- und kreislaufgesunden Menschen fand BERGWALL[1] bei Wasserbelastung eine Diuresehemmung durch 0,6 g Luminal, eine Verstärkung durch 4 g Paraldehyd rectal, während 0,75 g Veronal ohne Wirkung war. Die durch Coffeinum-Natrium benzoicum hervorgerufene Diurese ließ sich durch Luminal ebenfalls dämpfen, nicht aber die Salyrganwirkung. Die antidiuretische Pituglandolwirkung erfuhr durch Luminal eine deutliche Verstärkung.

WALTON[2] fand bei einer Nachprüfung der BONSMANNschen Versuche am Hund eine Diuresehemmung durch 5—15 g Luminal/100 g per os bestätigt, nicht aber die Diureseförderung durch Paraldehyd (0,075—0,2 ccm peroral), das ebenfalls eine Hemmung der Wasserausfuhr bedingen soll. Durch Cardiazol und Pikrotoxin ließ sich die Luminal-Paraldehydwirkung aufheben, obwohl die Eigenwirkung der beiden Narkotica in großen Gaben in einer Antidiurese besteht.

Überblickt man die große Anzahl der Untersuchungen, so findet man bei vorurteilloser Betrachtung doch so widersprechende Ergebnisse, daß man in ihnen kaum eine Unterstützung für die Möglichkeit finden kann, Hirn- und Stammittel voneinander zu unterscheiden. Besonders scheint die wechselnde Wirkung des Veronals, das doch sicher den Stammitteln zuzurechnen wäre, die eben vorgebrachte Ansicht zu bestätigen, wobei die Frage gänzlich außer acht bleiben soll, ob der Wasserhaushalt von einem Zentrum geregelt wird oder nicht.

Daß aber auch die Nierentätigkeit durch Barbitursäuren beeinflußt werden kann, scheint bei der Funktionsprüfung mit Phenolsulfophthalein möglich zu sein. SCHLAG[3] konnte jedenfalls durch Luminal (1 g per os) beim Menschen eine deutliche Hemmung der Ausscheidung des Farbstoffes feststellen (auch durch Bromural).

Temperatur. Die Eigenwärme ist bei warmblütigen Tieren während einer Narkose fast immer erniedrigt. Gewöhnlich ist die Wärmeabgabe erhöht, die Wärmebildung besonders durch Fehlen der Muskeltätigkeit eingeschränkt, wodurch dem Wärmeregulationszentrum, zum Teil wenigstens, die Mittel zur Aufrechterhaltung der Eigenwärme entzogen werden. Außerdem mag noch eine beginnende Lähmung des Zentrums eine Rolle spielen. Alle diese Teilwirkungen werden in der Barbitursäurenarkose zutreffen, doch wird der Abfall der Eigenwärme erst bei tiefer Narkose ein größeres Ausmaß erreichen. Im Anfang der Barbitursäurewirkung kann es unter Umständen sogar zu einem geringen Anstieg kommen, wenigstens berichtet HASUZAWA[4], daß er nach 5—30 mg Dial/100 g Hund anfänglich eine Steigerung und dann einen prognostisch wichtigen Abfall der Körperwärme festgestellt habe. Aus den Angaben geht nicht hervor, ob die Temperaturerhöhung mit Erregungszuständen einhergegangen sei. Bei gerade narkotischen Gaben scheint der Abfall nur gering zu sein, wie es sich aus den Beobachtungen von HALL und SAHYAN (Zit. S. 160) ergibt, die den Versuchshunden 4 mg Nembutal injizierten. Auch nach Amytal, 0,5 mg intraperitoneal, tritt kein erheblicher Temperaturabfall auf, denn die Ratten hatten eine Eigen-

[1] BERGWALL, A.: Inaug.-Dissert. Freiburg 1930.
[2] WALTON, R. P.: Proc. Soc. exper. Biol. a. Med. **30**, 1407 (1933) — Arch. internat. Pharmacodynamie **46**, 97 (1933).
[3] SCHLAG, F.: Arch. f. exper. Path. **98**, 177 (1923).
[4] HASAZUWA, T.: Nagasaki-Igakkai-Zasshi **10**, 937 (1932).

wärme von 37—38°. Daß große Gaben von Amytal 5,5—6,5 mg eine starke Erniedrigung hervorrufen, haben DEUEL und Mitarbeiter (Zit. S. 162) am Hund gezeigt. Nach LAUNOYS (Zit. S. 165) sorgfältigen Versuchen beträgt bei Gaben, die schon gelegentlich der Atemwirkung angeführt wurden, die Temperatursenkung 1,5° in der Soneryl- und Amytalnarkose intravenös, 1,1° bei Nembutal und 1,8° bei Phanodorm. Nach Evipangaben, die nicht viel über den Grenzgaben liegen, aber immerhin tiefen Schlaf bei der Katze erzeugen, beträgt der Temperaturabfall doch wohl einige Grade, da die Eigenwärme zwischen 37 und 38° schwankt (WEESE[1]). Eine sehr auffällige Temperaturerniedrigung beobachtete POHL[2], der bei subcutaner Darreichung von 5,8 mg Allyl-isopropylbarbitursäure auf 100 g Kaninchen eine Senkung von 6,8° feststellte, von der sich das Tier aber wieder spontan erholte.

Die Gefahren der Barbitursäurewirkungen werden von BOUZEK[3] zu einem großen Teil auf den Abfall der Eigenwärme bezogen. Jedenfalls gelang es ihm, Tauben, die nach Veronaldarreichung nur noch eine Temperatur von 25° (Normaltemperatur 41,5°) aufwiesen, durch Einbringen der Tiere in einen Wärmeschrank zu retten.

Der Wiederanstieg der Temperatur scheint mit der Erholung aus der Narkose gleichen Schritt zu halten, wie aus Versuchen von ELLIS[4] an Tauben hervorgeht, bei denen übrigens die Eigenwärme nach Veronaldarreichung in narkotischen Gaben nur auf 39° zurückging.

Das durch β-Tetrahydronaphthylamin hervorgerufene Fieber des Kaninchens läßt sich offenbar durch alle Narkotica hemmen. Am wirksamsten erweist sich Luminal in einer Gabe von 10 mg/100 g subcutan, weniger wirksam Veronal (20 mg subcutan). Ein Unterschied zwischen den sog. Stamm- und Rindenmitteln im Sinne PICKS ist übrigens nicht festzustellen, da z. B. auch Paraldehyd und Chloralose eine starke Hemmung herbeiführen (SKOWRONSKI[5]).

Antagonismus, Synergismus. Auch vom praktischen Standpunkt sind die Bestrebungen, die narkotischen Wirkungen der Barbitursäuren ebenso wie die anderer Narkotica antagonistisch zu beeinflussen, bedeutungsvoll. Das gleiche gilt von den Versuchen, krampfmachende Gifte durch die Darreichung von Barbitursäuren unschädlich zu machen. Daß die Ergebnisse einander vielfach widersprechen, darf bei der Verschiedenartigkeit der Versuchsanordnung nicht in Erstaunen setzen. Nur sehr selten sind erschöpfende Kombinationsversuche zwischen einer Barbitursäure und dem synergistisch und antagonistisch wirkenden Mittel durchgeführt worden. Die Versuchsergebnisse sind bei Außerachtlassung der verschiedenen Kombinationsmöglichkeiten um so unbefriedigender, als wir mit Hilfe des LÖWEschen Kombinationsschemas (vgl. Avertin-, Äther- und Veronal-Antipyreticakombinationen) wissen, daß zwei Substanzen unter Umständen je nach den Mischungsverhältnissen sowohl additive wie über die Addition hinaus verstärkende und abschwächende Wirkungen entfalten können.

DE NITO[6] rief durch subcutane Injektion von Veronalnatrium bei Kaninchen Schlaf hervor und fand, daß eine nachfolgende Einspritzung von *Cocain* kaum Krämpfe erscheinen ließ; aber die tödlichen Gaben des Cocains waren unverändert geblieben. Wie sich die Sachlage gestaltet hätte, wenn auch die Veronalgaben erhöht oder erniedrigt worden wären, ist nicht untersucht worden.

[1] WEESE, H.: Dtsch. med. Wschr. **1932**, 1205.
[2] POHL, J.: Z. exper. Med. **38**, 520 (1923).
[3] BOUZEK, B.: Biol. Listy **11**, 89 (1925) (Referat).
[4] ELLIS, M. M.: J. of Pharmacol. **21**, 323 (1923).
[5] SKOWRONSKI, V.: Arch. f. exper. Path. **146**, 1 (1929).
[6] DE NITO, G.: Rass. Ter. e Pat. clin. **1**, 545 (1929) (Referat).

Derselbe Einwand ist auch bei den Versuchen von MALONEY[1] nicht zu unterdrücken. Ratten wurde 5 mg/100 g Tier Nembutal injiziert und darauf die tödliche Gabe von Cocain (15 mg/100 g), von Alypin 12 mg und verschiedener anderer Lokalanaesthetica. Die Krämpfe wurden unterdrückt, und die meisten Tiere überlebten. Am Kaninchen wurde geprüft, ob eine Gabe von 10 mg Cocain, die größer als die Dosis letalis minima ist, durch Barbitursäuren in verschiedener Dosierung unwirksam gemacht werden könne. Mit Luminal und Veronal war dies nicht der Fall, wohl aber durch passende Gaben von Nembutal, Dial und Pernocton, welche die Gabe von 15 mg Cocain noch aufheben konnten; und durch Pernocton ließ sich sogar die Gabe von 20 mg Cocain „entgiften“. Der Antagonismus Cocain-Veronal wurde auch von DOWNS und EDDY[2] untersucht. Ein Teil der Tiere, die die tödliche Gabe von 10 mg Cocain/100 g Ratte und die subletale Gabe von 10 mg Veronal intraperitoneal erhalten hatten, konnte gerettet werden.

Coramin spielt bekanntlich bei der Behandlung der Schlafmittelvergiftung eine besondere therapeutische Rolle. In einem gewissen Gegensatz dazu steht die verhältnismäßig geringe Zahl der experimentellen Untersuchungen. SCHWOERER[3] hielt Kaninchen durch Dauerinfusion von Narkoticalösungen in einer gleichmäßigen Narkose und suchte diese durch intravenöse Injektion von 0,3 bis 0,5 ccm 25proz. Coraminlösung zu beeinflussen. Es gelang, Evipan- (und Avertin-) Narkosen zu unterbrechen (Weckwirkung), wobei der Blutdruck anstieg und die Atmung sich vertiefte. Auch die Somnifen- und Pernoctonnarkose, nicht aber die mit Amytal, ließ sich durch Verbesserung der Atmung günstig beeinflussen.

Im Gegensatz dazu gelang es MORITSCH[4] am Kaninchen nicht, Luminal- und Veronalvergiftungen durch Coramin oder Ephetonin aufzuheben; es kam sogar zu einer Vertiefung der Barbitursäurewirkung, ein Befund, der allerdings von SCHWOERER nicht bestätigt werden konnte. Wahrscheinlich sind die Unterschiede in den Ergebnissen auf die andere Dosierung sowohl des Coramins wie der Barbitursäuren zu beziehen. Am besten scheinen die Erfolge zu sein, wenn Coramin mehrmals verabreicht wird. So gelang es CARRIÈRE und Mitarbeitern[5], Kaninchen und Hunde, die mit tödlichen Gaben von Luminal vergiftet worden waren, durch stündlich wiederholte intramuskuläre Gaben von 0,5—1,0 ccm 25proz. Coraminlösung sicher zu retten.

LIKIER[6] u. a. beziehen die lebensrettende Wirkung des Coramins auf die Steigerung der Atemtätigkeit, während der Blutdruck nur unbedeutend erhöht wird. Über die therapeutischen Wirkungen beim Menschen berichten unter anderen GLATZEL und SCHMITT[7].

Es sei noch auf eine Arbeit von GESSNER und BEHRENDS[8] hingewiesen, die an Larven des Feuersalamanders große Reihenversuche anstellten. Sowohl prophylaktisch wie therapeutisch (nach eingetretener Vergiftung mit Veronal, Alkohol, Chloralhydrat, Avertin) erwies das Coramin seine antagonistische Wirkung. Die Narkose konnte unter Umständen schlagartig aufgehoben werden. Besonders zeigte sich auch die wiederholte Zufuhr des Analepticums wirksam.

Mit *Cardiazol* lassen sich etwa die gleichen Wirkungen erzielen wie mit Coramin, doch scheint die therapeutische Breite des letzteren größer zu sein.

---

[1] MALONEY, A. H.: J. of Pharmacol. **49**, 133 (1933); **52**, 297 (1934).
[2] DOWNS, A. W., u. N. B. EDDY: J. of Pharmacol. **45**, 383 (1932).
[3] SCHWOERER, G.: Arch. f. exper. Path. **177**, 262 (1934).
[4] MORITSCH, P.: Arch. f. exper. Path. **168**, 249 (1932).
[5] CARRIÈRE, G., CL. HURIEZ u. P. WILLOQUET: C. r. Soc. Biol. Paris **116**, 183 (1934).
[6] LIKIER, A.: Polskie Arch. Med. wewn. **12**, 135 (1934) (Referat).
[7] GLATZEL, H., u. FR. SCHMITT: Arch. f. exper. Path. **174**, 111 (1933).
[8] GESSNER, O., u. A. BEHRENDS: Klin. Wschr. **1933**, 1450.

Im übrigen ist der Antagonismus Cardiazol-Barbitursäuren ein wechselseitiger, da auch die Cardiazolkrämpfe durch die Barbitursäuren aufgehoben werden können. So berichtet v. NYARI[1], daß bei Ratten die epileptiformen Krämpfe, die durch 10 mg Cardiazol auf 100 g Tier hervorgerufen werden, durch verhältnismäßig geringe Gaben von Luminal, Veronal, Pernocton (aber auch Paraldehyd, Urethan, Nirvanol) beseitigt bzw. verhindert werden können. Sehr stark wirkte in dieser Beziehung Luminal, da die Krampfhemmung schon durch 30% der narkotischen Gabe gelang und diese Wirkung sehr lange anhielt. Nach Ansicht des Verfassers ist gerade dadurch die gute Eignung des Luminals bei der Behandlung der Epilepsie verständlich.

Von Bedeutung ist der Antagonismus der Hypnotica und des Pikrotoxins, weil PULEWKA[2] dadurch die Wirkungsstärke der Schlafmittel zu erfassen sucht. Es gelang ihm, die Wirkung der Dosis letalis des Pikrotoxins von 0,26 mg/100 g Maus durch 3 mg Veronal, 12 mg Chloralhydrat und 26 mg Urethan aufzuheben oder zu verhindern. MALONEY[3] konnte umgekehrt Ratten, die intraperitoneal die tödliche Gabe von Isobutyl-Allylbarbitursäure (Sandoptal), Pentobarbital (Nembutal), Pernocton, Dial, Noctal, Luminal, Veronal erhalten hatten, durch 0,3 mg Pikrotoxin auf 100 g Tier intravenös zu einem erheblichen Teil retten. Wurden die Gaben der Barbitursäuren kleiner gewählt, so starben die Tiere an den Pikrotoxinkrämpfen, und waren die Gaben des Pikrotoxins zu gering, so gingen die Tiere ebenfalls, offenbar an der Barbitursäurewirkung, zugrunde. Es muß also ein optimales Verhältnis zwischen Pikrotoxin und den Hypnotica vorhanden sein. Zu ähnlichem Ergebnis kommt wohl auch REYNOLDS[4], der aber außerdem noch die bemerkenswerte Beobachtung machte, daß ein Hundertstel der narkotischen Gaben der verschiedenen Barbitursäuren die Versuchstiere (Ratten) gegen die an und für sich noch nicht tödliche Gabe des Pikrotoxins 0,275 mg/100 g überempfindlich machte.

Es erscheint selbstverständlich, daß auch *Coffein* als Antidot gegenüber den Barbitursäuren versucht worden ist. Die Erfolge werden

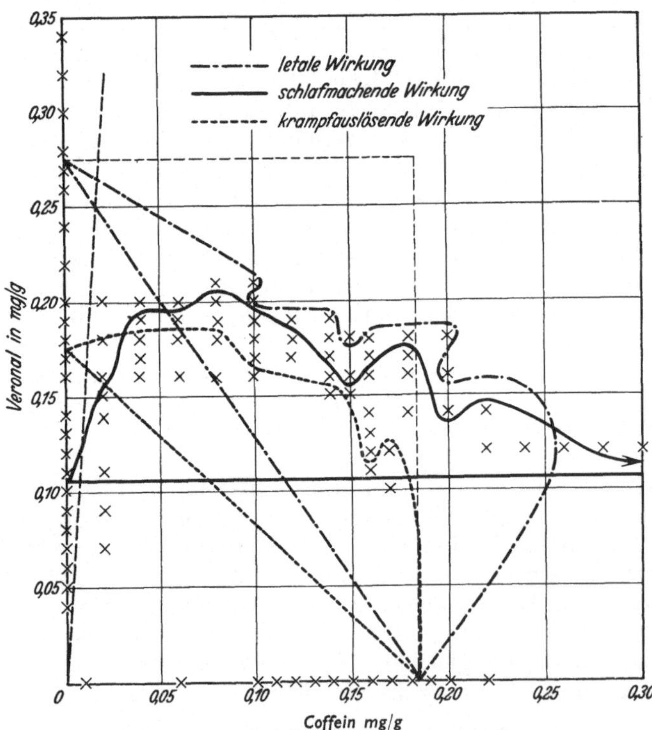

Abb. 19. Graphische Darstellung des Antagonismus Coffein-Veronal mittels des LOEWEschen Nomogramms. (Nach STEINMETZER.)

[1] v. NYARI, A.: Arch. f. exper. Path. **165**, 504 (1932).
[2] PULEWKA, P.: Arch. f. exper. Path. **120**, 186 (1927).
[3] MALONEY, A. H.: J. of Pharmacol. **45**, 267 (1932); **49**, 133 (1933).
[4] REYNOLDS, CH.: Proc. Soc. exper. Biol. a. Med. **29**, 601 (1932).

verschieden beurteilt. ZERFAS, SHONLE und Mitarbeiter[1] geben an, daß die Amytalnarkose weitgehend durch intramuskuläre Coffeininjektionen abgekürzt werden
könne. Sehr genaue Untersuchungen an der weißen Maus unter Benutzung des
LOEWESchen Kombinationsschemas hat STEINMETZER[2] angestellt.

Es ist ohne weiteres ersichtlich, daß ein gegenseitiger Antagonismus zwischen
Veronal und Coffein besteht, sowohl was die narkotische wie die krampfaus-
lösende Wirkung anbetrifft; auch bei der tödlichen Gabe ist er zu beobachten,
aber hier zeigt sich, daß zwar die tödliche Gabe des Coffeins durch Veronal
entgiftet werden kann (absoluter Antagonismus), aber nicht umgekehrt die
Dosis letalis des Veronals durch Coffein. Immer aber bewegt sich die „Todesisobole" über der additiven Linie beider Partner (relativer Antagonismus).

Ähnlich scheinen die Verhältnisse beim *Ephedrin* zu liegen; denn bei Ratten
gelang es NIERHOFF[3] nicht, die mit Veronal tödlich vergifteten Tiere zu retten,
wohl aber war eine symptomatische Beeinflussung des Kreislaufs und der
Atmung im Sinne einer Erregung sowie eine Verlängerung der Überlebensdauer
der Tiere festzustellen. Aus den Untersuchungen von ZERFAS und SHONLE kann
man ungefähr die gleichen Schlußfolgerungen ziehen.

Dagegen ist der Antagonismus *Strychnin*-Barbitursäuren wieder ein wechselseitiger. Gegenüber den tödlichen Gaben von Strychnin am Kaninchen kann
ein absoluter Antagonismus zustande kommen, da die Tiere durch Verabreichung
von Luminal gerettet werden (SIMON[4]) und umgekehrt gelang es MALONEY
(Zit. S. 174), die tödlichen Gaben von Dial, Amytal, Neonal, Veronal, Luminal
usw. durch Strychnin unwirksam zu machen. Bei Vergiftungen mit Pernocton
und Noctal erwies sich das Alkaloid als praktisch ebenso wirkungslos wie das
Cocain.

CARRIÈRE und Mitarbeitern (Zit. S. 173) gelang die Rettung der mit tödlichen Gaben von Luminal vergifteten Hunde und Kaninchen, 20 mg/100 g
per os, durch mehrfache Injektion von Strychnin in Gaben, die zusammen die
Dosis letalis des Alkaloids um das Mehrfache überschritten. Die Untersucher
kommen damit zu einer Bestätigung der Ergebnisse von DAWSON und TAFT[5],
SWANSON[6], HAGGARD und GREENBERG[7] sowie BARLOW[8]. Letzterer stellte fest,
daß die $1^1/_2$—2fache Gabe des Pentobarbital entgiftet und umgekehrt durch
geeignete Gaben der Barbitursäure selbst die 35fache tödliche Gabe des Strychnin bei der Hälfte der Tiere unwirksam gemacht werden könne (Dosis letalis des
Strychnin 0,06 mg/100 g subcutan), wenn die antidotarische Behandlung öfters
wiederholt würde. Auch beim Kaninchen konnte der Antagonismus beobachtet
werden.

Über günstige Erfahrungen mit der Strychninbehandlung bei der Barbitur-
säurevergiftung des Menschen berichten MASSIÈRE und BEAUMONT[9], die auch
Versuche an Kaninchen angestellt haben. Wenn den Tieren eine Mischung der
tödlichen Gabe von Strychnin 0,06 mg/100 g und 8 mg Luminal intravenös
injiziert wurde, so traten keine Krämpfe ein, aber die Tiere starben. Bei Erhöhung der Luminalgabe auf 17 mg bleiben sie aber am Leben. Sehr günstig

[1] ZERFAS, L. G., H. A. SHONLE, E. E. SWANSON u. G. A. H. CLOWES: Amer. J. Physiol.
90, 569 (1929).
[2] STEINMETZER, K.: Arch. f. exper. Path. **173**, 580 (1933).
[3] NIERHOFF, L.: Z. exper. Med. **88**, 430 (1933).
[4] SIMON, I.: Arch. Farmacol. sper. **54**, 55 (1932).
[5] DAWSON, W. T., u. C. H. TAFT: Proc. Soc. exper. Biol. a. Med. **28**, 917 (1931).
[6] SWANSON, E. E.: J. Labor. a. clin. Med. **17**, 325 (1932).
[7] HAGGARD, H. W., u. L. A. GREENBERG: J. amer. med. Assoc. **98**, 1133 (1932).
[8] BARLOW, O. W.: J. amer. med. Assoc. **98**, 1980 (1932).
[9] MASSIÈRE, R., u. G. BEAUMONT: Presse méd. **1935**, 4.

wirkten 10 mg Luminal, da hierbei die Schlafwirkung der Barbitursäure und die Strychninerregung sich gegenseitig aufhoben. Bei Numalvergiftungen war der Antagonismus ebenfalls zu beobachten; denn die tödliche Gabe von 10 mg Numal/100 g Hund konnte durch Strychnin wirkungslos gemacht werden, die doppelt tödliche Gabe aber konnte nicht „entgiftet" werden. Der Angriffspunkt der antidotarischen Wirkung wird in das Atemzentrum verlegt.

Daß aber die Wirkungen des Strychnins, wenigstens beim Frosch, auch am Großhirn anfassen, scheint aus den Versuchen von A. und B. CHAUCHARD[1] hervorzugehen, die unter Einwirkung von Barbitursäuren die Chronaxie nervöser Zentren verlängert fanden und nach Strychnindarreichung eine Rückkehr der Werte zur Norm beobachteten.

Von der MEYER-OVERTONschen Narkosetheorie ausgehend, stellte KLEYNMANN[2] fest, daß bei Kaninchen, die gleichzeitig Somnifen und Lecithinemulsionen intravenös erhielten, die Narkosedauer deutlich verkürzt werde. Das gleiche war zu beobachten, wenn Lecithol, eine Lecithin-Ölemulsion, unmittelbar nach der intravenösen Somnifeninjektion subcutan einverleibt wurde, während einfache Lecithinemulsionen hier unwirksam waren. Die Ergebnisse sind um so auffallender, als die Wirkungen anderer Narkotica der aliphatischen Reihe durch intravenös dargereichte Lipoide nicht beeinflußt werden, da die positiven Versuchsergebnisse mancher Forscher (NERKING[3]) einer Nachprüfung nicht standhielten (LEO[4], WEISS[5]). Dagegen stimmen sie mit den Versuchen BACHEMS[6] insofern überein, als auch hier eine Bindung des Veronals an Lecithin die wahrscheinlichste Ursache für die verzögerte Veronalausscheidung ist (vgl. Abschnitt Ausscheidung).

Von erheblicher Bedeutung sind die Bestrebungen geworden, durch Kombination von Hypnotica, insbesondere von Barbitursäuren mit Antipyreticis, die Schlafwirkung der ersteren einzudämmen, dagegen die schmerzstillende Wirkung der letzteren zu erhöhen, um so den Gebrauch des Morphins zurückzudrängen. Da zwei oder mehrere Partner sich bei verschiedenen Mischungsverhältnissen in der einen oder anderen Wirkung bald synergistisch, bald antagonistisch zu beeinflussen imstande sind, so war es durchaus möglich, daß die Bestrebungen in passender Mischung von Erfolg gekrönt werden.

Das Stammpräparat, wenn man bei einer Mischarznei davon sprechen darf, ist das Veramon STARKENSTEINS, daß sich aus Veronal und Pyramidon zusammensetzt und wie die klinischen Beobachtungen zeigen, nur geringe hypnotische, aber starke schmerzstillende Wirkungen entfaltet.

Eine genauere Wirkungsanalyse haben vor allem LOEWE und seine Schüler[7], dann POHLE und Mitarbeiter[8] u. a., neuerdings auch JARISCH und seine Schüler durchgeführt. Sie kommen alle so ziemlich zu dem gleichen Ergebnis, das sich aus der folgenden Abbildung entnehmen läßt. Es zeigt sich, daß die tödlichen Gaben antagonistisch aufeinander wirken; denn die Todesisobole erhebt sich über die additive Linie bis zu einem absoluten Antagonismus, so daß übertödliche Gaben beider Partner vertragen werden. Aber auch die schmerzhemmende Wirkung — übrigens ebenso andere narkotische Erscheinungen — werden antagonistisch beeinflußt, immerhin bei manchen Mischungsverhältnissen in

[1] CHAUCHARD, A. u. B.: C. r. Soc. Biol. Paris **115**, 1584 (1934).
[2] KLEYNMANN, H.: Schweiz. med. Wschr. **1929**, 504.
[3] NERKING: Münch. med. Wschr. **1909**, 1475.
[4] LEO, H.: Dtsch. med. Wschr. **1920**, 1045.   [5] WEISS: Inaug.-Dissert. Gießen 1919.
[6] BACHEM, C.: Biochem. Z. **126**, 117 (1921).
[7] LOEWE, S., u. E. KÄER: Schmerz **1**, 11 (1928).
[8] POHLE, K., u. W. SPIECKERMANN: Arch. f. exper. Path. **162**, 685 (1931) (hier auch weitere Angaben).

einem so geringen Grade, daß der therapeutische Quotient und die therapeutische Breite deutlich vergrößert erscheinen. Die Einwände STARKENSTEINS, daß man am Tier nur die schmerzreflexhemmende, aber nicht die schmerzstillende Wirkung messen könne, mögen zum Teil berechtigt sein. Aber Versuche am Menschen sprechen dafür, daß auch hier ähnliche Verhältnisse obwalten, wie sie LOEWE, POHLE u. a. beim Tier festgestellt haben. Selbstverständlich wird dadurch nichts

gegen die praktische Anwendung des Veramons ausgesagt, da hier noch andere Wirkungsfaktoren, Dauer der Wirkung, Entzündungshemmung des Pyramidons, vielleicht auch des Veronals bei entzündlichen, mit Schmerzen einhergehenden Vorgängen u. a. eine wichtige Rolle spielen können.

Während übrigens bei subcutaner Darreichung das Mischverhältnis beider Partner, wie es im Veramon vorliegt, nicht das günstigste zu sein scheint, ist dies bei peroraler offenbar der Fall, wie noch nicht veröffentlichte Versuche von POHLE an der weißen Maus zeigen.

Bei der Kombination Phenacetin-Veronal findet POHLE einerseits einen absoluten Antagonismus der tödlichen Gaben und andererseits eine Wirkungspotenzierung der schmerzstillenden, was selbstverständlich zu einer Vergrößerung der therapeutischen Breite und des Quotienten führt.

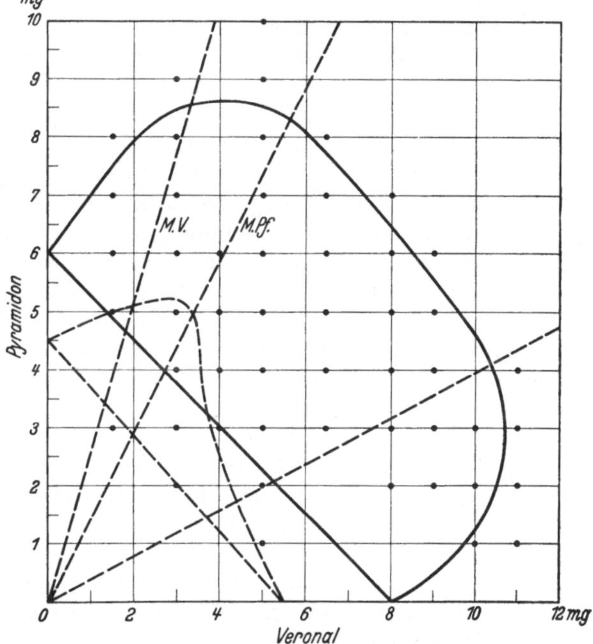

Abb. 20. Graphische Darstellung der Kombinationswirkung Veronal-Pyramidon-Antagonismus in Gaben, die den Tod bedingen und die Schmerzreflexe ausschalten. *M.V.* Veramonmischung, *M.Pf.* PFEIFFERsche Verbindung. (Nach POHLE u. SPIECKERMANN.)

Ungünstiger erscheinen die Kombinationen des Veronals mit Chinin und vor allem mit Aspirin.

Derartige Kombinationspräparate sind vielfach in den Handel gekommen. Es seien genannt: Cibalgin (Pyramidon-Dial), Intus (Phenacetin-Veronal), Allional (Pyramidon-Numal) und andere, bei denen sogar drei Partner zur Mischung herangezogen wurden, wie z. B. Gelonida antineuralgica u. a. Ein Teil wurde von LOEWE und seinen Schülern[1] untersucht, doch haben sich auch andere Forscher, wenn auch weniger umfassend, mit derartigen Untersuchungen befaßt, z. B. TROTTET[2], der die Wirkung von Dial-Pyramidongemischen untersuchte.

Schließlich müssen hier noch die wichtigen Bemühungen erwähnt werden, durch Kombination von Barbitursäuren mit anderen Narkoticis die Wirkung so zu verstärken, daß dadurch eine chirurgisch brauchbare Narkose erzielt wird. Was zunächst die Kombination mit Morphin und Morphin-Scopolamin angeht, so liegen zwar eine Anzahl von experimentellen Arbeiten vor, die aber von der Kombinationstechnik im Sinne LOEWES noch keinen Gebrauch machen.

---

[1] LOEWE, S.: Die quantitativen Probleme der Pharmakologie — Erg. Physiol. **17**, 47 (1928).
[2] TROTTET, E.: Dissert. Genf 1931.

SILVER[1] zeigte, daß die Morphindarreichung die Übererregbarkeit, die bei Kaninchen durch 4 mg Pernocton/100 g auftritt, beseitigen kann und die schmerzstillende Wirkung des Morphins schon bei verhältnismäßig kleinen Pernoctongaben deutlicher zutage tritt. ABET[2] erreichte beim Hund mit 3 mg Pernocton/100 g Tier intravenös und 0,2—0,3 mg Morphin eine 1—3stündige Narkose mit 5—10 Stunden langem Nachschlaf ohne jede Erregung. Ähnliche Erfolge erzielten REIN und SCHNEIDER (Zit. S. 160) sowie MINZ und SCHILF[3] ebenfalls beim Hund, an dem nach Morphinvorbehandlung die Pernoctongabe um ein Drittel vermindert werden konnte. Weniger günstige Erfolge waren mit Morphin und Numal beim Pferde zu erzielen, da nach PLANTUREUX[4] die Wirkungsbreite dieser Kombination nicht hoch zu sein scheint, wenn auch die Dauer der Narkose sich über viele Stunden erstreckt. BARLOW und GLEDHILL[5] beobachteten bei der Ratte eine geringe Potenzierung der beruhigenden Wirkung, aber auch des Einflusses auf die Atmung, wenn sie Morphin mit Nembutal (sowie Avertin) kombinierten; Amytal in Verbindung mit Morphin zeigte eine mäßige Potenzierung der narkotischen Wirkung, aber nur einen additiven Einfluß auf die Atmung[6].

Über die Kombination von Barbitursäuren mit Morphin-Scopolamin scheinen nur wenige tierexperimentelle Arbeiten vorzuliegen. FREDET und FABRE[7] berichten über die Anwendung von Numal und GINESTY und MÉRIEL[8] über die von Somnifen in Verbindung mit Morphin-Scopolamin. Bei derartigen Narkosen zeigten sich keine Veränderungen des Harnstoff-, Reststickstoff- und Kreatininspiegels sowie der Wasserstoffionenkonzentration im Blut, wohl aber ein ziemlich starkes Absinken des Cholesteringehalts. Die parenchymatösen Organe wiesen keinerlei Abweichungen von einem regelrechten Verhalten auf.

SEEVERS[9] gab seinen Versuchshunden 1 mg Morphin und 0,1 mg Atropinsulfat auf 100 g Körpergewicht und fand dabei eine bedeutende Verstärkung der Pentobarbitalnarkose, die mit einer Gabe von nur 0,5—1,4 mg intravenös 2 Stunden anhielt und für chirurgische Eingriffe vollkommen ausreichte. Die Erholung vollzog sich sodann ohne alle Erregungserscheinungen.

Die Kombination von Barbitursäuren, Numinal und Pernocton, mit Scopolamin und anderen Solanaceenalkaloiden, wie Atropin allein, zeigte nach FRIEDBERG[10] eine Verstärkung der narkotischen Wirkung, die bei der Kombination eines Rindenmittels mit Scopolamin nur angedeutet war oder vermißt wurde. Im Gegensatz dazu finden BROUN und Mitarbeiter[11] bei der Kombination Chloralose-Scopolamin eine Wirkungssteigerung, während diese bei dem Stammnarkoticum Soneryl in Verbindung mit dem Alkaloid ausbleibt. Man gewinnt fast den Eindruck, daß der Wirkungserfolg eine Frage der Dosierung ist, und es verlohnte sich der Mühe, die Kombination nach dem LOEWESchen Schema durchzuprüfen. Am Menschen haben DAICHMANN und Mitarbeiter[12] eine bedeutende Erhöhung der narkotischen Wirkung von Amytal durch Scopolamin festgestellt. Die

[1] SILVER, S.: Arch. f. exper. Path. **158**, 219 (1930).
[2] ABET, O.: Dissert. Leipzig 1931.
[3] MINZ, B., u. E. SCHILF: Klin. Wschr. **1933**, 352.
[4] PLANTUREUX, M.: Rev. vét. mil. **15**, 491 (1931).
[5] BARLOW, O. W., u. J. G. GLEDHILL: J. of Pharmacol. **49**, 36 (1933).
[6] R. CAHERN [C. r. Soc. Biol. Paris **115**, 810 (1934)] fand bei morphingewöhnten Hunden eine unveränderte Veronal-, aber im Gegensatz dazu eine verstärkte Chloralosewirkung, ein Befund, der zu weitgehenden Folgerungen benutzt wird.
[7] FREDET, P., u. R. FABRE: Gynéc. **24**, 527 (1925) (Referat).
[8] GINESTY, L., u. P. MÉRIEL: C. r. Soc. Biol. Paris **91**, 1399 (1924).
[9] SEEVERS, M. H.: J. Labor. a. clin. Med. **19**, 202 (1933).
[10] FRIEDBERG, CH. K.: Arch. f. exper. Path. **160**, 276 (1931).
[11] BROUN, D., J. LÉVY u. P. MEYER-OULIF: C. r. Soc. Biol. Paris **107**, 1522 (1931).
[12] DAICHMANN, I., G. KORNFELD u. M. M. SHIR: Amer. J. Obstetr. **28**, 101, 113 (1934).

Wirkungsdauer bei der Kombination war gegenüber der reinen Amytalnarkose verlängert, die Amnesie und Analgesie deutlich verstärkt, ohne daß störende Einflüsse sich in höherem Maße bemerkbar gemacht hätten.

Kombinationen von Barbitursäuren (Veronal, Luminal, Dial, Amytal, Numal) mit Avertin ließen einen gewissen Antagonismus erkennen. Für Veronal und Luminal mit Avertin ergab sich aber ein stärkerer Antagonismus der tödlichen Gaben im Vergleich zu den therapeutischen, so daß auf diese Weise eine Zunahme der narkotischen Breite wenigstens bei bestimmten Gabengrößen zustande kam (SCHUNTERMANN[1]).

Von den Barbitursäuren sind besonders das Pernocton, in Frankreich Soneryl und neuerdings auch das Evipan als Basisnarkotica in Verbindung mit dem steuerbaren Äther empfohlen und verwendet worden. Tierexperimentelle Arbeiten liegen aber nur in geringer Anzahl vor. So hat FÖCKLER[2] an der weißen Maus festgestellt, daß zwar die tödlichen Gaben von Evipan-Äther bei gewissen Kombinationen antagonistisch beeinflußt werden, aber auch die narkotischen Wirkungen eine Veränderung in dem gleichen Sinne erleiden. Der therapeutische *Quotient* wird dadurch nicht wesentlich verändert, die therapeutische *Breite* aber erweitert, besonders wenn etwa je 50% der narkotischen Wirkung vom Evipan und Äther getragen werden, was durchaus der Forderung von GROS[3] entsprechen würde. Ähnliche Verhältnisse scheinen auch bei anderen Barbitursäurekombinationen mit Äther vorzuliegen (vgl. KUNTZ[4]).

Klinische Erfahrungen sprechen offenbar für die Brauchbarkeit des Pernoctons, Evipans und anderer Barbitursäuren als Basisnarkoticum, doch werden auch gegenteilige Ansichten geäußert. CALDERONE[5] konnte beispielsweise keine Verminderung der Ätherkonzentrationen im Blut feststellen, um einen bestimmten Narkosegrad zu erzielen, wenn er den Versuchshunden vorher Amytal, Veronal, Dial oder andere Narkotica darreichte. MÉNÉGAUX und SECHEHAYE[6] lehnen die Evipanbasisnarkose in Verbindung mit Äther ab, während sie als Einleitungsnarkose gute Erfolge haben soll, ebenso wie seine Verwendung als Kurznarkoticum empfohlen wird.

Über die Kombination der Barbitursäuren mit den Gasnarkoticis ist das Nötige bei diesen gesagt worden. Einen sehr bemerkenswerten und auch praktisch wahrscheinlich wichtigen Synergismus haben AMSLER und STENDER[7] gefunden. Werden nämlich Meerschweinchen an und für sich noch nicht narkotische Gaben verschiedener Hypnotica, Veronal, Luminal, Somnifen oder Chloralhydrat, Amylenhydrat, Paraldehyd, Urethan, Voluntal, Äthylalkohol einverleibt, so gelingt es, die örtlich betäubende Wirkung der Lokalanaesthetica am Auge zu verstärken und zu verlängern.

An dieser Stelle seien noch einige vielleicht hierhergehörende experimentelltherapeutische Versuche erwähnt. BRUNELLI[8] gelang es, den bei decerebrierten, künstlich geatmeten Katzen immer auszulösenden Salvarsanshock durch 1 bis 2 mg/100 g Luminal intravenös fast gänzlich zu verhüten. Der Druck im kleinen Kreislauf steigt alsdann wenig an und der Aortendruck sinkt nur unwesentlich. Auf die von BRUNELLI gegebene Erklärung für diese günstige Wirkung soll hier nicht näher eingegangen werden.

---

[1] SCHUNTERMANN, C. E.: Arch. f. exper. Path. **161**, 609 (1935).
[2] FÖCKLER, K. H.: Inaug.-Dissert. Halle 1933.
[3] GROS, O.: Dtsch. med. Wschr. **1929**, Nr 4 (Sonderdruck).
[4] KUNTZ, W.: Inaug.-Dissert. Halle 1934.
[5] CALDERONE, F. A.: J. of Pharmacol. **45**, 254 (1932).
[6] MÉNÉGAUX, G., u. L. SECHEHAYE: J. de Chir. **44**, 363 (1934) (Referat).
[7] STENDER, O.: Arch. internat. Pharmacodynamie **38**, 334 (1930).
[8] BRUNELLI, B.: Arch. Farmacol. sper. **57**, 18 (1934).

Nach Kuse[1] kann bei Kaninchen, die durch Novasurol vergiftet wurden, die Darreichung von Veronal und Luminalnatrium, aber auch anderer die Diurese fördernder Substanzen geradezu lebensrettend wirken und aus den Versuchen von Ebel und Mautner[2] an Kaninchen ergibt sich, daß Entzündungen wie die Vaccinekeratitis im Luminalschlaf deutlich verzögert werden können.

Gewöhnung, Kumulation, Resistenz. Für Veronal ist bereits in Bd. I, S. 444 erwähnt worden, daß es zu den gewöhnbaren Giften gehört. Über den Mechanismus dieser Gewöhnung liegen keine sicheren Angaben vor. Bachem (Zit. S. 155) hält es nicht für erwiesen, daß etwa eine allmählich einsetzende Steigerung der Zerstörung die Ursache sein könnte, während Koppanyi (Zit. S. 155) dieser Ansicht nicht ablehnend gegenübersteht.

Auch bei anderen Barbitursäuren sind Gewöhnung und Toleranzsteigerung gefunden worden. Carmichael und Posey[3] berichten vom Nembutal, daß bei Meerschweinchen, die zweimal wöchentlich 25% der tödlichen Gabe von 6 mg/100 g Tier intraperitoneal erhalten hatten, nach 4 Wochen eine deutliche Abkürzung der Schlafdauer eintrat; und außerdem vertrugen die Tiere, die längere Zeit mit einem Fünftel der tödlichen Gabe vorbehandelt worden waren, ein Drittel ohne alle sichtbaren Erscheinungen. Für Evipan ist von Weese[4] eine geringe Toleranzsteigerung festgestellt worden, da nach längerer Darreichung die narkotische Anfangsgabe um 25% gesteigert werden mußte, um die gleiche Wirkung herbeizuführen. Auch für Phanodorm konnte Bonsmann[5] an Hunden, die täglich 3mal hintereinander 4,5 mg/100 g erhielten, eine Gewöhnung feststellen. Schlafwirkung und ataktische Erscheinungen wurden deutlich geringer. Wird die Substanz aber nicht täglich, sondern mit einem Tag Zwischenraum einverleibt, so tritt keine Abschwächung der Wirkung ein, und lagen die Zeiten der Darreichung nur einige Stunden auseinander, so kam es zu einer Verstärkung der Wirkung, die wohl zwanglos auf eine Kumulation zurückgeführt werden kann.

Toleranzsteigerung und Wirkungsverstärkung gehen also Hand in Hand und scheinen an die zeitlichen Verhältnisse der Darreichung gebunden zu sein. Das geht auch aus weiteren Versuchen von Bonsmann hervor, dem es gelang, die Frage zu klären, ob gewisse Teilwirkungen mancher Barbitursäuren angewöhnbar seien. Er stellte fest, daß die antidiuretische Wirkung des Luminals bei mehrfacher Einverleibung verschwindet. Man kann diese für das Luminal spezifische Wirkung dadurch erreichen, daß man zur Vorbehandlung ein einziges Mal eine antidiuretisch wirksame Gabe verabreicht oder 8—10 Tage lang unterschwellige, d. h. noch nicht diuresehemmende Gaben. Ähnliche Ergebnisse konnten mit Prominal und bei passender zeitlicher Anordnung der Versuche auch mit Phanodorm erhalten werden. Bemerkenswert war die Tatsache, daß bei Tieren, die mit Luminal vorbehandelt wurden, die Harnsperre durch Prominal aufgehoben wird und umgekehrt. Auch die durch Phanodorm verursachte Diuresehemmung kann durch Vorbehandlung mit Luminal und Prominal vereitelt werden. Diese Ergebnisse würden für eine nicht streng spezifische Gewöhnung sprechen. Es muß aber hervorgehoben werden, daß, um diese Wirkungen zu erzielen, gewisse Zeiten für die Verabreichung eingehalten werden müssen. Bonsmann zieht auf Grund seiner Ergebnisse die Schlußfolgerung, daß noch eine gewisse Menge des Schlafmittels im Organismus vorhanden sein müsse,

[1] Kuse, M.: Fol. pharmacol. jap. **16**, 25 (1933).
[2] Ebel, A., u. H. Mautner: Wien. klin. Wschr. **1932**, 1169.
[3] Carmichael, E. B., u. L. C. Posey: Proc. Soc. exper. Biol. a. Med. **30**, 1329 (1933).
[4] Weese, H.: Dtsch. med. Wschr. **1932**, 1205.
[5] Bonsmann, M. R.: I.—III. Mitt. Arch. f. exper. Path. **165**, 659 (1932); **171**, 612 (1933); **172**, 645 (1933).

wenn erneute Zufuhr nicht wieder Diuresehemmung bewirken solle. Nach Eingabe des leicht zerstörbaren und bis zu einem gewissen Grade auch angewöhnbaren Phanodorm (bezüglich der narkotischen Wirkung) verhält sich der Organismus an dem der Vorbehandlung folgenden Tage wie ein normaler. Bei Luminal und Prominal, die langsam eliminiert werden und infolgedessen eine verstärkte Schlafwirkung aufweisen, ist bei der zweiten Gabe die antidiuretische Wirkung nicht vorhanden. Man könnte vielleicht etwas übertrieben sagen: Rufen die Barbitursäuren bei mehrfacher Verabreichung eine Kumulation der Schlafwirkung hervor, so verlieren sie ihre antidiuretische Wirkung, zeigen sie aber eine Abschwächung oder ein Gleichbleiben ihres narkotischen Einflusses, so rufen sie bei erneuter Einverleibung wiederum eine Diuresehemmung hervor.

Wenn alle diese Verhältnisse für sämtliche Barbitursäuren zutreffen würden, so müßte es bei passender Versuchsanordnung gelingen, bald eine Toleranzsteigerung, bald eine Wirkungssteigerung oder schließlich auch keine Veränderung der Wirksamkeit festzustellen[1]. So erklärt es sich auch, daß von den einzelnen Forschern verschiedene Ergebnisse erzielt worden sind. Beim Veronal (siehe Bd. I) ist Gewöhnung und Kumulation beobachtet worden, ebenso beim Phanodorm. Es versteht sich von selbst, daß bei denjenigen Barbitursäuren, die langsam ausgeschieden werden, die Kumulationserscheinungen am leichtesten wahrzunehmen sind, bei denjenigen, die einer schnellen Elimination unterliegen, gewöhnlich keine Wirkungsänderungen oder sogar Angewöhnung vorhanden ist. In jedem Falle scheinen die Veränderungen der Wirksamkeit keinen hohen Grad anzunehmen. So gelingt es v. NYARI[2] nicht, durch fortgesetzte Darreichung von Luminal, Veronal oder Pernocton eine solche Anreicherung im Organismus zu erzielen, daß nach einer bestimmten Zeit die Cardiazolkrämpfe aufgehoben würden.

Eine Erklärung für die Gewöhnungserscheinungen läßt sich zur Zeit nicht geben. Selbst in den sonst sicher sehr übersichtlichen Versuchen an jungen Kaulquappen, bei denen durch dauernde Verabreichung unterschwelliger Gaben von Veronal, Trional, Urethan eine erhebliche, allerdings nicht spezifische Toleranzsteigerung erzielt wurde, konnte der Mechanismus nicht geklärt werden (HAFFNER und WIND[3]).

Daß die Empfindlichkeit der einzelnen Tierarten gegenüber den Barbitursäuren manchmal recht erhebliche Abweichungen aufweisen kann, geht aus den Tabellen der Gabengrößen hervor. Es hat den Anschein, daß Katzen und Meerschweinchen besonders empfindlich sind.

Sehr bemerkenswert ist eine Angabe von NICHOLAS und BARRON[4], aus der hervorgeht, daß männliche Ratten gegenüber Amytal sehr viel widerstandsfähiger sind als weibliche Tiere. Nach den ersten Angaben dieser Forscher beträgt die Dosis letalis für männliche Tiere 4 mg/100 g Körpergewicht, bei weiblichen nur 2,2 mg. Da diese Angabe nicht allenthalben bestätigt werden konnte, zeigte BARRON[5] in neuen Versuchen, daß bei jungen Tieren bis zu 50 und 60 g kein Geschlechtsunterschied vorhanden ist, der erst bei schwereren Tieren zutage trete. Kastration männlicher Tiere nähert ihre Empfindlichkeit der der weiblichen Individuen. BARRON nimmt, besonders weil durch intravenöse Injektion

---

[1] Beispielsweise wird von I. H. PAGE und P. CORYLLOS [J. of Pharmacol. **27**, 189 (1924)] behauptet, daß mit Amytal keine Kumulationserscheinung beim Hund (intravenös) zu erzielen sei, und H. WEESE (Dtsch. med. Wschr. **1932**, 696) konnte bei Katze und Kaninchen keine Angewöhnung beobachten, die aber von BONSMANN doch gefunden wurde.

[2] v. NYARI, A.: Arch. f. exper. Path. **165**, 504 (1932).

[3] HAFFNER, F., u. F. WIND: Arch. f. exper. Path. **116**, 125 (1926).

[4] NICHOLAS, J. S., u. D. H. BARRON: J. of Pharmacol. **46**, 125 (1932).

[5] BARRON, D. H.: Science (N. Y.) **1933**, 372 (Referat).

von 10 ccm Ringerlösung sonst tödliche Gaben überstanden werden, Beziehungen zum Wasserhaushalt an, der mit dem Eintritt der Pubertät durch gesteigerte Tätigkeit der Hypophyse und Nebennieren Veränderungen erleide. Bei Verabreichung von Nembutal konnten geschlechtsgebundene Unterschiede der Empfindlichkeit ebensowenig wie eine Veränderung durch Infusion von Ringerlösung beobachtet werden.

Pathologisch-anatomische Veränderungen. Aus einer ganzen Reihe von Arbeiten geht die Tatsache hervor, daß nach vergiftenden Gaben Veränderungen an den Organen makro- oder mikroskopisch wahrgenommen werden können. Besonders wurde die Frage nicht selten erörtert, ob in dem Zentralnervensystem barbitursäurevergifteter Tiere Abweichungen vom regelrechten morphologischen Verhalten wahrnehmbar seien. MOTT und Mitarbeiter[1] gaben Katzen und Affen täglich große Mengen von Veronal, Dial, Luminal, aber auch von Trional und Sulfonal peroral ein und fanden bereits nach 7 tägiger Fütterung im Zentralnervensystem zahlreiche kugelförmige, mucinähnliche Massen regellos verteilt. Bei akuter Vergiftung konnten in den Ganglienzellen des Klein- und Mittelhirns und im Rückenmark Zeichen degenerativer Veränderungen, Fehlen der NISSLschen Körperchen und Chromatolyse festgestellt werden. VAN DER HORST[2] beobachtete bei der Katze nach täglicher Einverleibung von 0,5—1 ccm Somnifen Entartungsvorgänge und Neurocytophagie der Ganglienzellen sowie Gliawucherungen im Bereich des Atemzentrums, der Vaguskerne und des Nucleus dentatus im Kleinhirn, *nicht* aber im Thalamus. In Übereinstimmung mit den im Leben der Tiere vorhandenen Koordinationsstörungen waren auch Veränderungen im Nucleus Deiters und Bechterew sichtbar.

Bei mit Barbitursäure vergifteten Menschen ließen sich Entartungserscheinungen der Ganglienzellen und Gliawucherungen im verlängerten Mark, im Kleinhirn und auch Thalamus nachweisen. Nach HASAZUWA[3] waren bei Hunden, die 5—30 mg Dial per os erhalten hatten, Hyperämie des Kleinhirns, perivasculäre Blutaustritte, vereinzelte größere Blutungen, Verfettungen, Nekrosen der Ganglienzellen, Zerfall der Neurofibrillen, Verminderung der Markstrahlen festzustellen. Auch bei der Veronalvergiftung treten ähnliche Befunde zutage. Während NAKAMURA[4] bei der akuten Vergiftung des Kaninchens durch 40 bis 70 mg Medinal subcutan keine wesentlichen anatomischen Änderungen wahrnehmen konnte, fand er bei längerer Darreichung der Barbitursäure regressiv-degenerative Veränderungen hauptsächlich im Hirnstamm, Kleinhirn und Rückenmark, auf die er die Tonusveränderungen und Bewegungsstörungen der Versuchstiere zurückzuführen sucht. Perorale Veronalvergiftungen hatten die gleichen Folgen, wenn auch merkwürdigerweise die Veränderungen im Zentralnervensystem geringer waren als bei dem Natriumsalz. Auch PURVES-STEWART[5] beobachtete bei der chronischen Vergiftung mit Barbitursäuren Erscheinungen von seiten des Hirnstammes, Mittelhirns und der Seitenstränge beim Menschen.

Man ersieht also, daß bei chronischer Darreichung die anatomischen Veränderungen im Zentralnervensystem nicht gering angeschlagen werden dürfen. Über die Art der Vorgänge aber sind die Ansichten noch keineswegs geklärt und auch die Frage, ob eine ausgewählte Lokalisation im Hirnstamm und Mittelhirn vorliege, wird von den einzelnen Forschern verschieden beantwortet. Zweifellos scheinen nicht nur die Gabengrößen, die Auswahl des Präparates und überhaupt

---

[1] MOTT, F. W., D. L. WOODHOUSE u. F. A. PICKWORTH: Brit. J. exper. Path. **7**, 325 (1926).
[2] VAN DER HORST: Nederl. Tijdschr. Geneesk. **1932**, 4037.
[3] HASAZUWA, T.: Nagasaki-Igakkai-Zasshi **10**, 937 (1932) (Referat).
[4] NAKAMURA, T.: Trans. jap. path. Soc. **23**, 487 (1933) (Referat).
[5] PURVES-STEWART, J.: Jb. Psychiatr. **51**, 203 (1934) (Referat).

die Anlage des Versuches, sondern auch die Tierart eine Rolle zu spielen. Ehe man die Befunde für oder gegen die Einteilung in Stamm- und Rindenmittel ins Feld führen könnte, wären noch entsprechende Versuche und Beobachtungen an derselben Tierart mit Chloralhydrat, Paraldehyd usw. notwendig.

Die anatomischen Veränderungen an den *inneren* Organen barbitursäurevergifteter Tiere und Menschen scheinen sonst im allgemeinen gering zu sein. Als Todesursache der mit Dial akut vergifteten Hunde fand HASAZUWA eine Bronchopneumonie; am Herzen aber waren nur geringfügige Erscheinungen festzustellen. Bei chronischer Medinalvergiftung fand NAKAMURA eine Leberstauung mit Verfettung und Nekrose im zentralen Teil des Läppchens, eine fleckweise Verfettung des Herzmuskels und pneumonische Veränderungen in den Lungen. Bei der akuten Luminalvergiftung des Kaninchens mit mehr als 20 mg peroral waren nach CARRIÈRE und Mitarbeitern[1] Leberstauung, fettige Entartung, insuläre Hepatitis, in den Nieren ebenfalls Stauung und trübe Schwellung der Epithelien und in den Lungen Stauung und Lungenödem mit sekundären Infektionen festzustellen. Nahm die Vergiftung einen langsameren Verlauf, so kam es sogar zu Nephritis mit Epithelabstoßung und Auftreten granulierter Zylinder.

C. Äthylalkohol.

Allgemeine Eigenschaften des Alkohols (*Bd. I, S. 262*) sind 1923 ausführlich geschildert worden. Es seien hier nur einige neuere Angaben über die Oberflächenspannung des Alkohols wiedergegeben. BARKAT[2] hat sie mit einer Abänderung der Steighöhenmethode bestimmt, indem der Druck gemessen wurde, der notwendig ist, den Flüssigkeitsspiegel im Rohr bis zu einem bestimmten Punkt unter die äußere Oberfläche herunterzudrücken. Die Werte, die ermittelt wurden, betrugen bei 30° C für Wasser 71,32, für Methylalkohol 23,4 und für Äthylalkohol 31,32 Dyn/cm. Diese Ergebnisse, die mit einer verhältnismäßig einfachen Methode gewonnen sind, sind vom Standpunkt der Narkosetheorie von Belang. Sie bestätigen im wesentlichen frühere Befunde ebenso wie die Untersuchungen von ALEKSEEWA[3], der feststellte, daß in wässerigen alkoholischen Lösungen die Oberflächenspannungen zu den Konzentrationen in einem linearen Abhängigkeitsverhältnis stehen.

Da nach der MEYER-OVERTONschen Narkosetheorie der Teilungskoeffizient eine sehr große Rolle für die Wirkungsstärke und die Verteilung des Alkohols im Organismus spielt, so hat LINDENBERG[4] anscheinend von diesem Standpunkt aus den Koeffizienten des Alkohols zwischen Wasser und Oliven- bzw. Erdnußöl von neuem genau bestimmt und ihn bei 15° mit 0,03, bei 35—40° mit 0,04 gefunden. Die Werte entsprechen etwa den von H. H. MEYER[5], der den Wert von 0,026 bei 3° C und von 0,047 bei 30—36° C angibt.

Vorkommen des Alkohols (*Bd. I, S. 263*). Daß der Alkohol zu den „ubiquitären" Substanzen gehört, wurde schon früher zahlenmäßig belegt. Er ist ein regelmäßiger, normaler Bestandteil von Tieren und Pflanzen. Über seine Herkunft im Organismus sind die Ansichten geteilt, indem die einen ihn bei warmblütigen Tieren als ein bakterielles Zersetzungsprodukt der Kohlehydrate

---

[1] CARRIÈRE, G., CL. HURIEZ u. P. WILLOQUET: C. r. Soc. Biol. Paris **116**, 768 (1934).
[2] BARKAT, A.: Proc. Indian Assoc. cultiv. Sci. **9**, Nr 2, 155 (1925); zit. n. Ber. Physiol. **37**, 16 (1926).
[3] ALEKSEEWA, K. J.: Z. physik. Chem. **134**, 467 (1928).
[4] LINDENBERG, A.: C. r. Soc. Biol. Paris **112**, 301 (1933).
[5] MEYER, H. H.: Arch. f. exper. Path. **46**, 469 (1918).

im Darm ansehen und andere ihn als ein Stoffwechselprodukt der lebenden Zelle auffassen. AOKI[1] suchte die Frage dadurch zu entscheiden, daß frischgelegte Hühnereier bei 38° im elektrisch geheizten Brutofen ausgebrütet werden und der Alkoholgehalt des Eiinhaltes fortlaufend bestimmt wird. Frische Eier enthalten 0,00074% Alkohol, während der Bebrütung nimmt der Alkoholgehalt zu und erreicht am 22. Tage den Wert von 0,00305%, der mit dem der Hühnerleber übereinstimmt. Der Verfasser schließt aus den Ergebnissen, daß der in den Geweben vorkommende Alkohol sich im Zellstoffwechsel gebildet habe und nicht bakterieller Zersetzung im Darmkanal entstamme.

Die gleiche Schlußfolgerung kann aus den Versuchen von VIALE[2] gezogen werden, der den Alkohol als ein anaerobes Spaltungsprodukt bei der Muskeltätigkeit auffaßt. In der Krötenmuskulatur waren in der Ruhe und nach tetanischer Reizung bei Zutritt von Luft Alkohol ebensowenig nachzuweisen wie im ruhenden Muskel (bei Abschluß von Sauerstoff) in Stickstoffatmosphäre, während hingegen der tetanisch gereizte Muskel unter Stickstoff einen Alkoholgehalt von 8—16 mg% aufwies. Auch MARTINI und CROCETTA[3] finden unter anaeroben Bedingungen den Alkoholgehalt des sich kontrahierenden Muskels erhöht. Nach Monojodessigsäurevergiftung bildet sich dagegen kein Alkohol. Nach Ansicht der Untersucher geht die Bildung in einem der Milchsäureentstehung gleichlaufenden Vorgang vor sich. Bei Sauerstoffgegenwart verschwindet der Alkohol durch Oxydation. Bei der Wärme- und Coffeinkontraktur des Froschmuskels steigt der Alkoholgehalt an, während das bei der Acetylcholinkontraktur nicht der Fall ist.

Die chemischen Vorgänge, die bei der Bildung des Alkohols aus Kohlehydraten eine Rolle spielen, können nach den Anschauungen EMDENS[4] folgendermaßen verlaufen:

$$
\begin{array}{c}
\text{Traubenzucker} \\
\downarrow\uparrow \\
\text{Triose (Glycerinaldehyd)} \rightleftarrows \text{Glycerin} \\
\downarrow\uparrow \\
\text{d-Milchsäure} \\
\downarrow\uparrow \\
\text{Brenztraubensäure} \rightleftarrows \text{d-Alanin} \\
\downarrow \\
\text{Acetessigsäure} \leftarrow \text{Acetaldehyd} \rightleftarrows \text{Äthylalkohol} \\
\downarrow \\
\longrightarrow \text{Essigsäure}
\end{array}
$$

Die weitere Oxydation könnte nach DAKIN und WAKEMANN[5] vom Alkohol über Acetaldehyd—Essigsäure—Ameisensäure zu Kohlensäure $+$ Wasser verlaufen.

In vitro untersuchten BOOMER und MORRIS[6] die Zersetzung und die Zersetzungsprodukte unter Einwirkung von Katalysatorengemische.

Nachweis (*Bd. I, S. 264*). Der quantitative Nachweis des Alkohols hat in forensischer Beziehung große Bedeutung erlangt, da durch den Alkoholgehalt des Blutes und Urins die Frage geklärt werden kann, ob Trunkenheit vorliegt, was in strafrechtlicher Beziehung, z. B. bei Verkehrsunfällen und vom Standpunkt der privaten und sozialen Unfallversicherung, von großer Bedeutung ist (vgl. WIDMARK[7], JUNGMICHEL[8], KOLLER[9] u. a.). Aus diesem Grunde müssen hier

[1] AOKI, M.: J. of Biochem. **5**, 71 (1925).
[2] VIALE, G.: C. r. Soc. Biol. Paris **96**, 231 (1927).
[3] MARTINI, E., u. A. CROCETTA: Boll. Soc. ital. Biol. sper. **7**, 95 (1932).
[4] EMDEN, G.: Klin. Wschr. **1922 I**, 401.
[5] DAKIN u. WAKEMANN: J. of biol. Chem. **9**, 329 (1911).
[6] BOOMER, E. H., u. H. E. MORRIS: Canad. J. res. **10**, 743 (1934).
[7] WIDMARK, E. M. P.: Biochem. Z. **218**, 465 (1930).
[8] JUNGMICHEL, G.: Alkoholbestimmung im Blut und forensische Bedeutung. Berlin 1933.
[9] KOLLER, J.: Dtsch. Z. gerichtl. Med. **21**, 269 (1933).

eine Reihe von Methoden des quantitativen Nachweises erwähnt werden, die
in der früheren Zusammenfassung nicht beschrieben worden sind.

KIONKA und HIRSCH[1, 2] geben ein Verfahren an, das darauf beruht, den
Alkohol aus dem Blut in einem besonderen Apparat im Vakuum abzudestillieren
und den Gehalt des Destillates mit Hilfe des Zeissschen Interferometers refraktometrisch zu ermitteln. Die kleinste Alkoholmenge, die in einem Volumen von
50 ccm Destillat noch bestimmt werden kann, beträgt 0,003 Vol.-%. Milchsäure,
Glycerin, Fettsäuren und Kohlendioxyd stören nicht. Bei der Anwesenheit
von Aceton muß dieses besonders bestimmt werden (vgl. auch KOHBERG[3]).

Die Methode hat sich offenbar praktisch bewährt, wenn auch ihre Anwendung
Übung verlangt und einen besonderen Apparat benötigt. BOCK[4] hat schon aus
10—20 mg Blut refraktometrisch den Blutalkoholgehalt bestimmen können und
Konzentrationsunterschiede von 0,0005% analysiert.

Ein zweites Verfahren stammt von NICLOUX[5], indem er seine früher an-
gegebene Methode zu einer Mikromethode umarbeitete. Ursprünglich wurde
der Alkohol durch Oxydation mit Kaliumbichromat und Schwefelsäure bestimmt,
wobei soviel Reagens zugesetzt wurde, bis der Farbton von Blaugrün nach
Gelbgrün umschlug. Eine Fehlerquelle war unter Umständen die ungenügende
Oxydation des Alkohols zu Acetaldehyd statt zu Essigsäure oder eine zu starke
Oxydation zu CO_2. Bei der neuen Methode werden diese Übelstände vermieden:
5 ccm des Destillates werden in einem durch Glasstöpsel ver-
schließbaren Rohr mit 2,5 ccm 66,6 Vol.-% H_2SO_4 versetzt. Nach
Abkühlen wird eine abgemessene Menge Kaliumbichromatlösung
zugesetzt, das Röhrchen geschlossen und auf dem Wasserbade
erhitzt. Das nichtverbrauchte Bichromat wird mit Ferrosulfat
und Permanganat zurücktitriert. Es gelingt auch, in Erweiterung
dieser Methode den Alkohol in der Luft zu bestimmen. Auch
das NICLOUXsche Verfahren ist vielfach angewendet und zum
Teil modifiziert worden (MAYER[6], YAMAKAMI[7], HEISE[8] u. a.).

Die größte Verbreitung hat aber die Mikromethode von
WIDMARK[9] gefunden. Zur Analyse werden nur 0,1 ccm Blut benötigt. In passenden Röhrchen kann das steril entnommene
Blut auch verschickt werden. Die Methode besteht in einer
Mikrodestillation und gleichzeitiger Oxydation des Alkohols
durch Kaliumbichromat-Schwefelsäure und jodometrischer Rücktitration durch Thiosulfat. Sie ist also letzten Endes eine modi-
fizierte Nicloux-Methode, die aber wegen ihrer Handlichkeit und
eigentümlichen Destillation von großer Bedeutung geworden

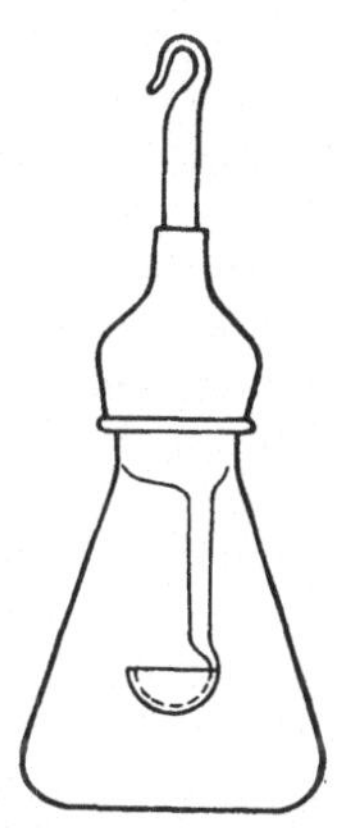

Abb. 21. Kölbchen
zur Alkoholbestim-
mung.
(Nach WIDMARK.)

ist. Das mit besonderen Capillarröhrchen entnommene Blut aus einem Einstich
in die Fingerbeere wird in einen kleinen Glaslöffel entleert, der an dem Glasstöpsel eines kleinen Erlmeyerartigen Gefäßes befestigt ist. Die Menge des zur
Analyse verwendeten Blutes wird mit der Torsionswaage durch Wägung des
Kapillarröhrchens vor und nach der Entleerung des Blutes bestimmt[10]. Das

---

[1] KIONKA, H., u. P. HIRSCH: Arch. f. exper. Path. **103**, 282 (1924).
[2] HIRSCH, P.: Arch. f. exper. Path. **128**, 146 (1928).
[3] KOHBERG, L.: Dtsch. Z. gerichtl. Med. **15**, 75 (1930).
[4] BOCK, J. C.: J. of biol. Chem. **87**, XXVIII (1930).
[5] NICLOUX, M.: C. r. Soc. Biol. Paris **107**, 68, 71 (1931).
[6] MAYER, R. M.: Dtsch. Z. gerichtl. Med. **18**, 638 (1932).
[7] YAMAKAMI, K.: Tohoku J. exper. Med. **4**, 275 (1923).
[8] HEISE, H. A.: Amer. J. clin. Path. **4**, 182 (1934).
[9] WIDMARK, E. M. P.: Biochem. Z. **131**, 473 (1922).
[10] Volumetrische Abmessung mittels Pipette ist auch möglich.

Erlmeyer-Gefäß, in dem sich 1 ccm einer Kaliumbichromat-Schwefelsäure befindet (0,25 bzw. 0,05 g Bichromat auf 100 ccm H_2SO_4) wird nunmehr durch den Glasstöpsel mit dem das Blut enthaltenden Löffel luftdicht verschlossen, und das Gefäß kommt auf ungefähr 2 Stunden in ein Wasserbad von 50—60° C (besser elektrisch heizbarer Thermostat). Das Blut trocknet und gibt den Alkohol an die Bichromat-Schwefelsäure ab, in der das Bichromat der Alkoholmenge entsprechend reduziert wird. Rücktitration mit $^n/_{100}$- oder $^n/_{200}$-Thiosulfatlösung nach Verdünnen des Erlmeyer-Inhaltes mit 25 ccm H_2O.

KOLLER[1], KAISER und WETZEL[2], JUNGMICHEL[3], MEIER und WYLER[4] u. a. haben die Methode mit Erfolg angewendet, zum Teil unter geringen Abänderungen bei der Blutentnahme und Destillation. Nach diesen Untersuchungen kann es keinem Zweifel unterliegen, daß sie für den forensischen Nachweis außerordentlich geeignet ist.

Über andere Methoden der Alkoholbestimmung wird von NIEDERL und WHITMAN[5] (Mikro-Zeiselverfahren), FONTEYNE und DE SMET[6] (colorimetrische Bestimmung nach Oxydation mit Bichromat-Schwefelsäure unter Hilfe eines Selenzellencolorimeters), FRIEDEMANN und RITCHIE[7] (Oxydation mit Permanganat und Schwefelsäure, jodometrische Bestimmung des Permanganatüberschusses) berichtet. Schließlich beschreiben HAGGARD und GREENBERG[8] ein Verfahren, welches den großen Vorteil besitzt, daß der abdestillierte Alkohol gleich in Jodpentoxyd aufgefangen wird. Dabei entsteht elementares Jod und Jodwasserstoff, die durch Natriumthiosulfat titriert werden. Für Einzelheiten sei auf die Arbeit HAGGARDs selbst verwiesen, 0,1—1,0 ccm Blut, Urin usw. genügen für die Bestimmungen, von denen bis zu 12 in einer Stunde ausgeführt werden können.

In der schon angeführten Arbeit von KOHBERG wird auf eine Reihe von Fehlerquellen aufmerksam gemacht, die bei Bestimmung des Alkoholgehaltes im Blut vorkommen können. Während bei Diabetes, sofern nicht Aceton vorhanden ist, Urämie, Kohlenoxydvergiftung, Chloralhydrateinnahme kaum Fehler eintreten, können alkoholfreie Weine und Früchte Irrtümer bedingen. Alkoholfreie Getränke besitzen nämlich immer einen geringen Alkoholgehalt, und Früchte enthalten neben ganz geringen Mengen von Alkohol Äther, Ester, Aldehyd, Ketone, die Alkohol vor allem bei den Reduktionsmethoden vortäuschen können. Immerhin ist die Gefahr nicht allzu groß, da praktisch nur selten alkoholfreie Weine und Früchte in so großen Mengen genossen werden, daß die Höhe der gefundenen Zahlen auf einen Alkoholmißbrauch hinweisen könnte. Allerdings zwingen nach der Ansicht der Verfasser diese Feststellungen zu der gleichzeitigen Anwendung chemischer und interferometrischer Methoden, wodurch Irrtümer am ehesten auszuschließen sind. Auch NAVILLE[9] verwendete zur gegenseitigen Kontrolle die NICLOUXsche und refraktometrische Methode und findet im übrigen gleiche Analysenwerte.

Schließlich sei noch die Arbeit von LEE[10] erwähnt, der eine Unterscheidung des Alkohols und Acetons bei der Jodoformprobe dadurch findet, daß die Jodoformbildung durch Aceton bei geringerem p_H einsetzt als durch Äthylalkohol.

[1] KOLLER, J.: Dtsch. Z. gerichtl. Med. **21**, 269 (1933).
[2] KAISER, H., u. E. WETZEL: Z. angew. Chem. **1933**, 622.
[3] JUNGMICHEL, G.: Alkoholbestimmung im Blut und forensische Bedeutung. Berlin 1933.
[4] MEIER, C. A., u. O. WYLER: Arb. physiol. **7**, 528 (1934).
[5] NIEDERL, J. B., u. B. WHITMAN: Z. anal. Chem. **86**, 65 (1931).
[6] FONTEYNE, R., u. P. DE SMET: Mikrochem., N. F. **7**, 289 (1933).
[7] FRIEDEMANN, T. E., u. E. B. RITCHIE: Proc. Soc. exper. Biol. a. Med. **30**, 451 (1933).
[8] HAGGARD, H. W., u. L. A. GREENBERG: J. of Pharmacol. **52**, 137 (1934).
[9] NAVILLE, F.: Rev. méd. Suisse rom. **48**, 849 (1928).
[10] LEE, J.: Chem. Weekbl. **23**, 444 (1926).

Wirkung auf Eiweiß; Lipoide usw. sowie Fermente (*Bd. I, S. 266*). Die Einwirkung des Alkohols auf Eiweiß kann vom Standpunkt der lokalen Einwirkung und der Veränderung der Zellkolloide sehr aufschlußreich sein. Bei den Versuchen in vitro mit Eiweißkörpern in festem oder Solzustand kommen allerdings gewöhnlich Konzentrationen zur Verwendung, die vielleicht mit der *lokalen* Alkoholwirkung am Lebenden, kaum aber mit den *resorptiven* Wirkungen verglichen werden können, was im übrigen auch von den Untersuchern zum Teil nicht beabsichtigt ist.

Die sonst für alle nativen Eiweißkörper angenommene Fällbarkeit durch Alkohol trifft nach den Versuchen von JIRGENSONS[1] für Hämoglobin nicht vollkommen zu, da 2% Hämoglobinlösungen durch Alkohollösungen in den ersten 24 Stunden keine Fällung aufweisen. Setzt man aber zu der Hämoglobinlösung eine an und für sich unwirksame KCl- und Alkohollösung zu, so kommt es bei allen Alkoholkonzentrationen zu einer Fällung des Hämoglobins. Es liegt hier offenbar nur ein Sonderfall der schon bekannten Beobachtung vor, daß Elektrolyte die Eiweißfällung durch Alkohol synergistisch beeinflussen.

Über das Wesen der Eiweißfällung sind eine Reihe von Arbeiten erschienen. SPIEGEL-ADOLF[2] zeigt, daß die Denaturierung der Eiweiße durch erhöhte Temperaturen mit den Vorgängen der Alkoholdenaturierung Ähnlichkeiten aufweist und wahrscheinlich gleichartige Veränderungen am Eiweißmolekül hervorruft. ETTISCH und SCHULZ[3] beobachten, daß auch Eiweißgele durch Alkohol denaturiert werden, was in der biologischen Technik, z. B. der Darstellung von Proteinen, nicht selten außer acht gelassen wird. WU[4] zeigt, daß der Hitzekoagulationspunkt von Eieralbumin durch Alkohol herabgesetzt wird (vgl. HERMANN 1874). Nach seiner Ansicht sind Denaturierungen des Eiweißes durch Hitze und Alkohol wesensgleich und ebenso die Fällung, aber die Denaturierung sei von der Fällung als durchaus verschieden zu trennen.

Sehr eingehende Versuche in der gleichen Richtung hat v. KLOBUSITZKY[5] angestellt, indem er verschiedene Eiweißkörper, Fibringlobulin, Euglobulin, Pseudoglobulin, Serumalbumin und Pferdeserum der Einwirkung des Alkohols bei erhöhter Temperatur, bei gleichem Salzgehalt und gleicher Wasserstoffionenkonzentration unterwarf. Er bestätigte die Verminderung der Gerinnungstemperatur durch Alkohol (vgl. SPIRO u. a. Lit. bei v. KLOBUSITZKY). Die Alkoholwirkungen sind von der Konzentration sowie der Art und Menge der Proteine abhängig. Die Denaturierung der Eiweißkörper kann nicht einheitlich erklärt werden, zum Teil handelt es sich um irreversible Dehydratationsvorgänge der labilen Eiweißkörper, zum Teil um reversible Hydratationsvorgänge der stabilen Fraktionen.

JANECK und JIRGENSONS[6] haben an dem beliebten Modell kolloidchemischer Forschung, Agar und Gelatine, Versuche mit verschiedenen Alkoholen angestellt. Der Äthylalkohol erhöht ebenso wie andere Alkohole die Viscosität reiner und salzhaltiger Gelatine- und Agarlösungen. SIEBOURG[7] hat diese Verhältnisse an einer 0,1 proz. Gelatinelösung von verschiedenem Alkoholgehalt und p_H näher untersucht. Für Alkoholkonzentrationen bis 60% liegt ein Viscositätsminimum im isoelektrischen Punkt, oberhalb und unterhalb je ein Maximum. Das Teilchen-

---

[1] JIRGENSONS, B.: Kolloid-Z. **41**, 331 (1927).
[2] SPIEGEL-ADOLF, M.: Biochem. Z. **204**, 1 (1929).
[3] ETTISCH, G., u. G. V. SCHULZ: Biochem. Z. **259**, 418 (1933).
[4] WU, H.: Chin. J. Physiol. **1**, 81 (1927).
[5] v. KLOBUSITZKY, D.: Biochem. Z. **271**, 385 (1934).
[6] JANECK, A., u. B. JIRGENSONS: Latvijas farmac. Z. Nr **3**, 8 (1927).
[7] SIEBOURG, H.: J. physic. Chem. **35**, 3015 (1931).

volumen nimmt im isoelektrischen Punkt mit steigenden Alkoholkonzentrationen ab; in stark sauren bzw. alkalischen Lösungen erfahren die Teilchen eine erhebliche Volumenzunahme; in schwächer sauren und alkalischen Lösungen bedingen die Höhe der Alkoholkonzentrationen ebenfalls eine Volumenverminderung, bei Abnahme der Alkoholkonzentration kommt es zu einem Maximum der Volumenzunahme der kolloiden Teilchen. Einen interessanten Befund machen RAKUSIN und GÖNKE[1] insofern, als bei Einwirkung von Alkohol unter 40% feste Gelatine zum Quellen gebracht wird, woran aber die ganze Alkohollösung beteiligt ist und nicht allein das Lösungswasser. Alkohollösungen über 40% bedingen überhaupt keine Quellung.

Wie verwickelt die Einwirkung des Alkohols auf kolloidchemische Vorgänge sein kann, zeigt KÜNTZEL[2] in einer sehr ausführlichen Arbeit durch Quellungsversuche mit Gelatine bei Anwesenheit von Säuren, Salzen, Wasser und Alkohol. Er macht mit Recht darauf aufmerksam, daß eine Reihe verschiedener Wirkungen, wie Hydratation, Dehydratation, Peptisierung einander überlagern und sich bald antagonistisch, bald synergistisch auswirken können. Auf die Versuche von WELS[3] an Albumin- und Globulinsolen mit 0,25- und 0,5proz. Alkohol soll an anderer Stelle eingegangen werden (Theorie der Narkose). Grundsätzlich decken sich diese Befunde mit denen KOCHMANNs an der Fibrinflocke; allerdings weicht WELS in der Deutung wesentlich ab.

Die Wirkung des Alkohols auf die *Fermente* wurde früher dahin zusammengefaßt, daß geringe Konzentrationen die Fermenttätigkeit beschleunigen, mittlere unbeeinflußt lassen, höhere hemmen bzw. irreversibel lähmen. Was allerdings unter geringen und starken Konzentrationen zu verstehen ist, dafür lassen sich keine allgemeingültigen Zahlen angeben; denn die Art und Menge des Fermentes, die angewandte Methode, die Menge des zu beeinflussenden Substrats im Verhältnis zur absoluten Menge des Alkohols spielen offenbar eine gewichtige Rolle.

Mit diesen eben entwickelten Ansichten stimmen neuere Versuche gut überein, die zum Teil gerade die fördernde Wirkung des Alkohols berücksichtigen, während diese früher nur gelegentlich als Nebenbefund festgestellt wurde. So findet ERKKILÄ[4], daß Alkoholkonzentrationen von 0,25—1% die Reduktase der Milch fördern, da die Reduktionszeit des Methylenblau teilweise erheblich abgekürzt war. Auch in den Aldehydreduktaseversuchen war das gleiche, wenn auch in geringerem Grade, festzustellen. Alkoholkonzentrationen über 2% hatten dagegen einen hemmenden Einfluß. KERNOT und HILLS[5] untersuchten die Alkoholwirkung auf die Hydrolyse von Äthylbutyrat und Äthylcrotonat durch die Esterase der Karpfen- und Schweineleber. Sie fanden bei einer Konzentration von ungefähr 20—70proz. Alkohol immer eine Hemmung.

In sehr eingehenden Versuchen beschäftigt sich FRANZEN[6] mit der Wirkung des Alkohols auf die Verdauungsfermente. Die Ptyalinwirkung des Speichels wird selbst durch verhältnismäßig große Alkoholkonzentrationen wenig beeinflußt, von 15% an wirkt der Alkohol deutlich hemmend, hebt aber selbst in 30proz. Lösung die Ptyalinverdauung nicht auf. Geringere Konzentrationen zwischen 5—7% wirken fördernd auf die diastatischen Vorgänge ein. Sehr auffallend ist

---

[1] RAKUSIN, M. A., u. T. GÖNKE: Biochem. Z. **137**, 353 (1923).
[2] KÜNTZEL, A.: Biochem. Z. **209**, 338 (1929).
[3] WELS, P.: Arch. f. exper. Path. **119**, 70 (1927).
[4] ERKKILÄ, S.: Duodecim (Helsingfors) **47**, 722 (1931).
[5] KERNOT, J. C., u. H. W. HILLS: Hoppe-Seylers Z. **222**, 11 (1933).
[6] FRANZEN, G.: Der Alkohol als Stomachicum. H. Kionka-Jena: Beiträge zur Alhoholfrage. H. 5. Jena 1929.

in diesen Versuchen die große Widerstandsfähigkeit des Speichelptyalins gegen die Alkohole, eine Eigenschaft, die es mit der Pankreasdiastase teilt, was aus früheren, länger zurückliegenden Versuchen deutlich hervorgeht. Noch widerstandsfähiger scheint die Pankreaslipase zu sein, da nach GIZELT[1] noch 40% Alkohol eine fördernde Wirkung besitzen soll. Im Gegensatz dazu berichtet FUJIHARA[2], daß der Alkohol in geringeren Konzentrationen ohne Einfluß auf die fermentative Tätigkeit des Steapsins ist (Konzentration nicht zu finden).

Die Wirkung des Alkohols auf das Pepsinferment wurde von FRANZEN nach den Verfahren von ZUNZ[3] untersucht. In dem künstlichen Verdauungsgemisch wurden die Albumine, Albumosen und Peptone durch die Bestimmung des Stickstoffgehaltes der einzelnen Fraktionen ermittelt. Dabei zeigte sich auch hier wieder eine fördernde Wirkung des Alkohols bei geringeren Konzentrationen, da hier die Mengen des unverdauten Albumins geringer waren als in den Vergleichsproben ohne Alkohol, während die Mengen der Albumosen und Peptone vergleichsweise zunahmen (s. Abb. 22 FRANZEN). Als fördernde Konzentration erwies sich etwa 4 proz. Alkohol. Zwischen 11 und 13% liegt ein Bereich, in welchem der Alkohol scheinbar keine sichtliche Wirkung ausübt, und erst über 13,5% macht sich der hemmende Einfluß bemerkbar. Die scheinbare Wirkungslosigkeit bei etwa 12%, auf die FRANZEN nicht näher eingeht, ist wohl nur so zu erklären, daß sich hier hemmende und fördernde Einflüsse die Waage halten. Daraus ergibt sich aber, daß der Hemmung und Förderung wahrscheinlich verschiedene Wirkungsmechanismen zugrunde liegen.

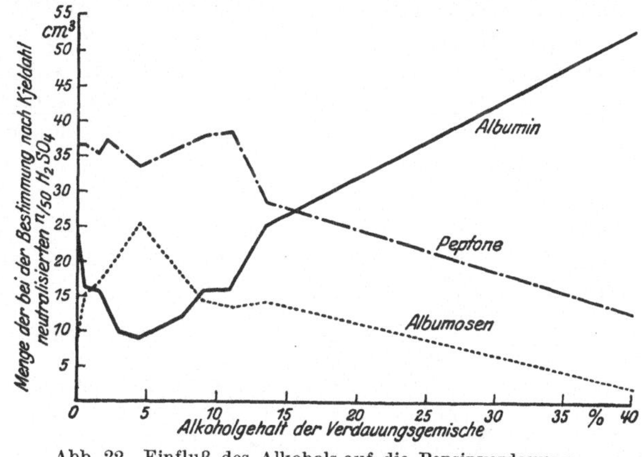

Abb. 22. Einfluß des Alkohols auf die Pepsinverdauung. (Nach FRANZEN.)

Bei Zusatz alkoholischer Getränke waren die fördernden Alkoholwirkungen zum Teil nicht so sinnfällig, aber immerhin noch wahrzunehmen. Beim Bier dürften die anorganischen Salze und beim Rotwein die Gerbsäure störend wirken, während bei Verwendung von Rheinwein der fördernde Einfluß sehr deutlich in Erscheinung trat.

Grundsätzlich die gleichen Ergebnisse konnte Verfasser bei der Trypsinverdauung erzielen, nur erwies sich Trypsin empfindlicher als Pepsin, da Alkoholzusatz nur bis 3% die Verdauungstätigkeit fördern kann. Die „Indifferenzzone" scheint zwischen 3—5% zu liegen; von 5% an tritt eine Hemmung ein, die mit Vergrößerung der Alkoholkonzentration zunimmt. Die Aufhebung der Verdauung erfolgt durch 30—40 proz. Alkohol.

FRANZEN ist geneigt, den Angriffspunkt, besonders der günstigen Alkoholwirkung sowohl in der Beeinflussung des Substrats wie des abbauenden Prinzips zu suchen.

Der Vollständigkeit halber seien auch abweichende Ergebnisse erwähnt. GRADINESCO und PALMHERT[4] fanden in Verdauungsversuchen mit künstlichem

[1] GIZELT, A.: Pflügers Arch. **111**, 620 (1906).
[2] FUJIHARA, M.: Okayama-Igakkai-Zasshi Nr 428, 887 (1925).
[3] ZUNZ, E.: Biochem. Arbeitsmeth. **3**, 231.
[4] GRANDINESCO, A., u. H. PALMHERT: J. Physiol. et Path. gén. **29**, 45 (1931).

und natürlichem Magensaft an METTschen Eiweißröhrchen bei Alkoholkonzentrationen von 1—40% immer nur eine hemmende Wirkung. Diese Ergebnisse könnten wohl auf die Methode der METTschen Röhren zurückgeführt werden.

Besonders häufig wurde die Alkoholwirkung auf den enzymatischen Vorgang der Hefegärung untersucht, da ja der Alkohol als Stoffwechselprodukt dieses Vorgangs in die Fermenttätigkeit selbst eingreifen muß. Die Einwirkung kann sich hier auf die Hefezellen und die von ihr ausgearbeiteten Fermente erstrecken; es ist klar, daß dadurch die Verhältnisse einer Beeinflussung außerordentlich verwickelt werden können, besonders wenn man auch noch berücksichtigt, daß die mannigfaltigen Zwischenstufen zwischen Glucose einerseits und CO_2 und Alkohol andererseits sowie die stickstoffhaltigen und stickstofffreien Substanzen der Hefe, vielleicht auch die Vitamine ihre Einflüsse ausüben können. Es ist deshalb zu verstehen, daß die Wirkung des Alkohols auf Hefezellen selbst nur ganz grob zu erfassen ist und in der Frage gipfelt: Gibt es Konzentrationen, die die Gärtätigkeit günstig beeinflussen? Daß Alkohol in höheren Konzentrationen hemmend wirken kann, ist eine Selbstverständlichkeit. Die fördernde Wirkung durch geringe Konzentrationen ist schon früher festgestellt worden (vgl. KOCH-MANN Bd. I). Die andere Frage, ob auch die Tätigkeit des Hefefermentes allein durch den Alkohol begünstigt werden kann, scheint noch keine eindeutige Beantwortung erfahren zu haben, obwohl ein solcher Einfluß nach allem, was wir über die Fermente wissen, sehr wahrscheinlich ist.

Für die Beurteilung fast aller Gärversuche ist eine Arbeit von BROWN und BALLS[1] von Interesse. Gewöhnlich wird die Bildung der CO_2 als Maß der Gärtätigkeit der Hefe angesehen und stillschweigend angenommen, daß Alkohol und CO_2 in äquimolekularer Menge entsteht; das ist aber nicht der Fall, da der Quotient $\frac{\text{Alkohol}}{CO_2}$ innerhalb der ersten 8 Stunden bis auf 0,6 sinkt; er geht später sogar auf 0,35 zurück, da der gebildete Alkohol wieder verschwindet. Das gleiche geschieht, wenn 1% Alkohol zu dem Säransatz zugesetzt wird, wobei die CO_2 eine Vermehrung erfährt. (In mancher Hinsicht abweichende Ergebnisse mit Zymin von STAVELY, CHRISTENSEN und FULMER[2].) Das nächstliegende wäre wohl, mithin anzunehmen, daß die CO_2 nicht allein aus der eigentlichen Vergärung des Traubenzuckers stammt, sondern noch einen anderen Ursprung hat, so daß die Bestimmung der CO_2 allein kein sicheres Maß für die Gärtätigkeit darstellt. Es dürften dazu also auch noch Bestimmungen des vergorenen Traubenzuckers notwendig sein.

Praktisch sind Versuche von SEMICHON[3] von Bedeutung, der fand, daß die verschiedenen Erreger der Gärung, wie sie sich in Mosten vorfinden, durch den Alkohol recht verschieden beeinflußt werden können (wilde Hefen gären z. B. nur bis zu 3,9% Alkohol, eliptische Hefen noch bis zu 15%), so daß es auf diese Weise gelingt, durch Zusatz von 4—5% Alkohol zum Most unerwünschte Gärungen auszuschalten und die gewollte Gärung durch alkoholresistente Hefen zu ermöglichen.

Schließlich sei noch der Einfluß des Alkohols auf einen fermentativen Vorgang, nämlich die Spaltung des Acetylcholins, erwähnt. PLATTNER[4] zeigte, daß diese Spaltung in Berührung mit Erythrocyten, Kohle, Serum durch Äthyl- und andere Alkohole reversibel gehemmt wird.

---

[1] BROWN, J. B., u. A. K. BALLS: J. of biol. Chem. **62**, 823 (1925).
[2] STAVELY, H. E., L. M. CHRISTENSEN u. E. I. FULMER: Proc. Soc. exper. Biol. a. Med. **31**, 877 (1934).
[3] SEMICHON, L.: C. r. Acad. Sci. Paris **180**, 1292 (1925).
[4] PLATTNER, F., u. O. GALEHR: Pflügers Arch. **220**, 606 (1928).

Wirkungen auf die *Bakterien* waren kaum Gegenstand größerer Untersuchungen, die von neueren Gesichtspunkten aus erwähnenswerte Befunde gezeitigt hätten. Zum Teil wurden aus praktischen Fragestellungen alte Ergebnisse bestätigt, so z. B., daß absoluter Alkohol eine verhältnismäßig geringe keimtötende Wirkung (Bakterienflora des Weizenmehls) entfaltet (THAYSEN und WILLIAMS[1]).

Alkoholwirkung auf Pflanzen ist sowohl vom praktischen wie theoretischen Standpunkt aus untersucht worden. MONTEMARTINI[2] hat etiolierte Keimpflanzen von Sinapis alba auf Sand gezogen, der mit 0,3% Äthylalkohol getränkt war. Bei einseitiger Belichtung krümmten sich diese Pflanzen bereits nach 1 Stunde stärker dem Licht zu als die entsprechende Kontrollkultur. Verfasser schließt daraus, daß der Alkohol neben der schon früher von ihm festgestellten erregenden Wirkung auf die Assimilationstätigkeit der Pflanzen auch die phototropische Reizbarkeit zu erhöhen vermag. DAVIES[3] läßt 10—60proz. Alkoholmischungen auf Zellen von Nitella einwirken und findet, daß kurz nach dem Beginn der Einwirkung eine Steigerung der Kohlensäureabgabe auftritt, die aber bald nachläßt und unter das normale Maß absinkt. Am ausgeprägtesten ist diese Erscheinung beim 20proz. Alkohol, wo eine vorübergehende Steigerung auf mehr als das Doppelte zu verzeichnen ist. Diese anfängliche Steigerung wird in der Weise gedeutet, daß der Alkohol, ohne das Protoplasma der Zelle wesentlich zu verändern, schnell in sie eindringt und die Kohlensäure austreibt. Die spätere Verminderung der Kohlensäureabgabe wird auf eine Schädigung des Stoffwechsels der Zelle zurückgeführt. Es kann keinem Zweifel unterliegen, daß man die anfängliche Steigerung auch mit einer Zunahme derjenigen Vorgänge erklären könnte, die zur Bildung von Kohlensäure führen.

PURI[4] konnte zeigen, daß das Wachstum der Gerstensamen unter dem Einfluß von geringen Konzentrationen des Äthylalkohols gefördert wird, und zwar erstreckt sich diese Wirkung auf das Wachstum der Ähren, während das der Blätter zum Teil unterdrückt wird (bei Methylalkohol soll es umgekehrt sein). Höhere Konzentrationen können eine schädigende Wirkung ausüben. Junge Pflanzen sind weniger widerstandsfähig als solche in späteren Vegetationsstadien. Die verwendeten Alkoholkonzentrationen bewegten sich von 1:250000 bis 1:500000.

Daß bei längerer Einwirkung verhältnismäßig kleiner Konzentrationen von Alkohol nicht nur eine Narkose, sondern eine Dauerschädigung der Pflanzenzelle eintreten kann, zeigt SEIFRITZ[5] in Versuchen mit 3proz. Alkohol an den Oberflächenzellen der Blattoberseite von Elodea canad. Dabei sinkt der osmotische Wert der Zelle anfangs, um dann wieder anzusteigen. Diese Beobachtungen wurden auf eine Zunahme der Permeabilität am Anfang und späterhin auf eine Zerstörung der Zellen zurückgeführt. Die Permeabilitätssteigerung wird aber nicht ohne weiteres mit der Narkose in Zusammenhang gebracht.

Mit der stimulierenden Wirkung verschiedener Substanzen, darunter auch des Äthylalkohols, beschäftigt sich POPOFF[6], indem er für seine Versuche Reissamen benutzt, der auf äußere Einwirkungen sehr empfindlich reagiert. Es zeigte sich gewöhnlich am 15. bis 20. Tage, daß die Pflanzen kräftiger und schneller gewachsen waren. Der Verfasser bezieht das schnelle Wachsen auf eine Beschleunigung von Oxydationsvorgängen in der lebenden Zelle, die mit dem

[1] THAYSEN, A. C., u. L. M. WILLIAMS: Zbl. Bakter. II **84**, 252 (1931).
[2] MONTEMARTINI, L.: Boll. Soc. ital. Biol. sper. **1**, 25 (1926).
[3] DAVIES, P. A.: Bot. Gaz. **86**, 235 (1928).
[4] PURI, A. N.: Ann. of Bot. **38**, Nr 152, 745 (1924).
[5] SEIFRITZ, W.: Ann. of Bot. **37**, Nr 147, 498 (1923).
[6] POPOFF, M.: Jb. Univ. Sofia, Med. Fak. **19**, 51 (1922/23).

Oxydationswert des Alkohols und anderer das Wachstum fördernder Stoffe in Verbindung gebracht werden. PEARL und ALLEN[1] fanden an Melonensamen eine schädigende Wirkung der 2—64proz. Alkohollösungen und bei den gekeimten Pflanzen ein gesteigertes Wachstum der Stengel.

Wirkung auf protoplasmatische Gebilde, Spermatozoen usw. ISHIKAWA[2] untersuchte die Wirkung japanischer Weine auf Rattenspermatozoen und fand bei niedrigen Konzentrationen von 1% eine Erregung, in höheren eine Lähmung. Es ist aber fraglich, ob dieser Einfluß dem Alkoholgehalt oder anderen Gehaltsstoffen der Weine zuzuschreiben ist. Immerhin stimmen diese Befunde mit den früher erwähnten gut überein.

Alkohol vermag auch die amöboiden Bewegungen der Leukocyten von Bufo vulgaris zu beschleunigen (0,28—1proz. Lösungen) und lange Zeit in diesem Zustand zu erhalten. Gewöhnlich schließt sich dann bei höheren Konzentrationen (1,12—2,81%) eine Lähmung bzw. das Absterben an (BAGLIONI[3], FORTI[4]). An Paramäcien bestätigt BILLS[5] ältere Beobachtungen über Beweglichkeit, Lähmung und Tod. Von Bedeutung ist die Feststellung, daß kleine Alkoholmengen das Leben hungernder Paramäcien zu verlängern vermag, woraus auf die Verwertung des Alkohols als Nährstoff geschlossen werden kann.

POLOWZOW[6] benutzte die narkotische Alkoholwirkung auf Seeigeleier, um eine feinere Analyse der Teilungs- und Entwicklungsvorgänge zu ermöglichen. Die Chromosomen werden unter der Alkoholwirkung stark vermindert, ohne daß dadurch die weitere Entwicklung gehindert würde.

Die **lokale Wirkung** darf als bekannt vorausgesetzt werden (Bd. I, S. 279). Aus Versuchen am Kaninchen ergibt sich, daß, wie zu erwarten ist, die örtliche Reizwirkung zu einer deutlichen Blutdrucksteigerung, Pulsbeschleunigung und Vertiefung der Atmung führt, die stundenlang anhalten kann (eigene nichtveröffentlichte Versuche). In einem gewissen Gegensatz zu der Ansicht von der örtlichen Reizwirkung des Alkohols steht die Beobachtung von THURSZ[7], daß vom Peritoneum des Kaninchens selbst 33proz. Alkohollösungen in einer Menge von 30 ccm ohne Schaden vertragen werden. Selbst wenn die intraperitonealen Injektionen an mehreren Tagen hintereinander wiederholt werden. Intracutane Einspritzungen von 0,1—10proz. Lösungen führen zu erheblicher Capillarerweiterung mit Quaddelbildung (MILBRADT[8]).

Resorption, Verteilung, Ausscheidung (*Bd. I, S. 279*). Daß die Resorption des Alkohols bei enteraler und parenteraler Einverleibung sehr rasch vonstatten geht, wird allgemein angenommen und durch neuere Versuche im wesentlichen auch bestätigt.

Um eine sofortige Resorption zu erzwingen und dadurch eine Narkose herbeizuführen, hat man sich sogar vor der intravenösen Einverleibung nicht gescheut. NITZESKU[9] hat durch eine 30proz. Alkohollösung in isotonischer Glucoselösung in einer Menge von 4,5—5 ccm abs. Alkohol/kg Tier bei einer Infusionsgeschwindigkeit von 5—6 ccm in der Minute eine volle Narkose des Hundes hervorrufen können, während bei 7—7,5 ccm toxische Erscheinungen auftraten. PALMA[10]

[1] PEARL, R., u. A. ALLEN: J. gen. Physiol. **8**, 215 (1926).
[2] ISHIKAWA, Y.: Progres méd. **51**, 187 (1923).
[3] BAGLIONI, S.: Boll. Soc. ital. Biol. sper. **2**, 976 (1927).
[4] FORTI, C.: Boll. Soc. ital. Biol. sper. **2**, 985 (1927) — Atti Accad. naz. Lincei **8**, 700 (1928).
[5] BILLS, C. E.: Biol. Bull. **47**, 253 (1924).
[6] POLOWZOW, W.: Arch. mikrosk. Anat. u. Entw.mechan. **103**, 1 (1924).
[7] THURSZ, D.: Wien. klin. Wschr. **1930**, 1284.
[8] MILBRADT, W.: Z. exper. Med. **80**, 782 (1932).
[9] NITZESKU, J. J.: C. r. Soc. Biol. Paris **104**, 28 (1930).
[10] PALMA, R.: Riforma med. **1930**, 515.

macht auf Grund von Versuchen an derselben Tierart auf die großen Gefahren der intravenösen Einverleibung hoher Konzentrationen aufmerksam (Thrombose, Embolie, Hämolyse, Nierenschädigungen) und rät infolgedessen zur größten Vorsicht (vgl. auch Fohl[1]). Nicht aussichtsreicher erscheint der Weg der intraperitonealen Einverleibung, den Thursz[2] eingeschlagen hat. Nach 30 ccm einer 33proz. Lösung, die durch Kochsalzzusatz isotonisch gemacht wurde, kommt es beim Kaninchen zu einer 50 Minuten langen Narkose, und die doppelte Gabe rief eine 3stündige Anästhesie hervor.

Bei Einatmung von Alkoholdämpfen kann nach den Versuchen von Hansen[3] die Resorption außerordentlich groß sein, so daß bei Kaninchen und Hunden das Blut sich auf 381—478 mg% anreichert. Lallemand[4] zeigt, daß die Resorption des dampfförmigen Alkohols selbst durch die Schale von Hühnereiern

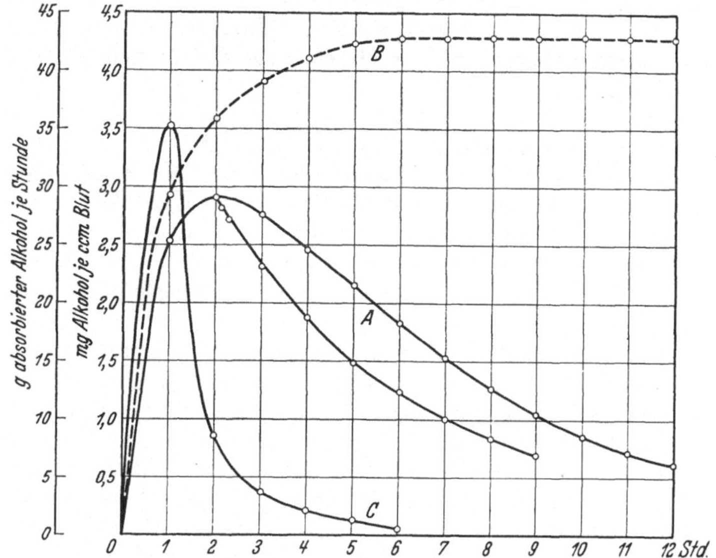

Abb. 23. Resorption des Alkohols und Alkoholspiegels. (Nach Haggard u. Greenberg; die nicht mit Buchstaben bezeichnete Linie (D) ist nicht im Original.) Erklärung im Text.

in hohem Maße möglich ist. Wenn er frischgelegte und befruchtete Hühnereier unter einer Glasglocke bei 18—19° den Dämpfen von 99,5proz. Alkohol aussetzte, so ließen sich nach $4^1/_2$ Stunden 2 mg, nach 9 Stunden 3,3—4,1 mg und nach 46 Stunden 13,4 mg Alkohol auf 1 g Ei nachweisen. Ein 9stündiger Aufenthalt im Alkoholdampf hebt die Entwicklungsfähigkeit auf.

Von praktischer Bedeutung ist allein die Resorption vom Magendarmkanal. Faitelberg[5] zeigte am Hunde, daß sie nach Eingabe von 10—20% Alkohol per os in einer Stunde vollzogen ist, während 40% Alkohol in dieser Zeit erst zu neun Zehntel resorbiert ist. Häufig wird die *Resorptionsgeschwindigkeit* aus den Alkoholblutwerten erschlossen, obwohl dabei zweifellos große Fehlerquellen vorhanden sind. Jungmichel[6], der dies erörtert, kommt bei seinen Versuchen zu der Schlußfolgerung, daß bei Eingabe von 0,5 g abs. Alkohol/kg Körper-

---

[1] Fohl, Th.: Arch. klin. Chir. **165**, 641 (1931).   [2] Thursz, D.: Zit. S. 192.
[3] Hansen, Kl.: Zur Theorie der Narkose. Oslo: Olaf Norli 1925 — Skand. Arch. Physiol. (Berl. u. Lpz.) **46**, 315 (1925).
[4] Lallemand, L.: Bull. Soc. Chim. biol. Paris **15**, 84 (1933).
[5] Faitelberg, R.: Russk. fiziol. Ž. **13**, 224 (1930).
[6] Jungmichel, G.: Arch. f. exper. Path. **173**, 388 (1933).

gewicht mit 150 ccm Wasser auf nüchternen gesunden Magen die Resorption beim Menschen in 40—60 Minuten abgeschlossen ist. Im wesentlichen werden also die Ergebnisse von MELLANBY bestätigt, der die Resorptionszeit auf 2 Stunden veranschlagte. In einem erheblichen Gegensatz dazu stehen die Versuche von HAGGARD und GREENBERG[1]. An einem Hund von 19,8 kg, der auf nüchternen Magen 60 g Alkohol erhalten hatte, wiesen sie nach, daß die Resorption erst nach 6—7 Stunden vollendet sei, wobei sie darauf aufmerksam machen, daß der Gipfel der Blutalkoholkurve nicht die Beendigung der Resorption anzeigt, sondern den Zeitpunkt, in dem Resorption und Elimination sich die Waage halten (GRÉHANTsches Plateau). Die Abbildung zeigt sehr übersichtlich die Beweisführung HAGGARDS[2]. *A* ist die Kurve des Blutalkoholgehaltes nach 1, 2 usw. Stunden, *B* die Kurve des Blutalkohols, wenn keine Oxydation des Alkohols eintreten würde, *C* die berechnete Absorptionskurve und *D* die Kurve, welche nach anderen Versuchen von HAGGARD den Ablauf bezeichnet, wenn im Gipfelpunkt die Resorption bereits vollendet wäre (in der ursprünglichen Zeichnung nicht vorhanden).

Die Versuche von EDKINS und MURRAY[3] an Katzen bestätigen die alte Erfahrung, daß CO_2 die Alkoholresorption beschleunigt, wie auch umgekehrt der Alkohol die Durchlässigkeit der Magenschleimhaut für Kohlendioxyd erhöht. CARPENTER[4] zeigt am Menschen, daß die Resorption des Alkohols von der Dickdarmschleimhaut rasch und fast vollständig vor sich geht, eine Tatsache, die bei Nährklistieren ja schon seit langem ausgenutzt wird und durch die teilweise Umgehung des Pfortaderkreislaufs bei rectaler Einverleibung erklärt werden kann.

Verteilung des Alkohols. Über die Verteilung des resorbierten Alkohols waren die Ansichten bisher nicht geklärt. Die einen meinten, daß er sich im Gehirn und zum Teil auch in anderen Organen in größeren Mengen vorfinde als im Blut, andere aber äußerten die Ansicht, daß, wenn ein Ausgleich stattgefunden hätte, alle Organe etwa den gleichen prozentischen Alkoholgehalt aufweisen. Zu dieser Frage haben nunmehr eine Reihe von Untersuchern wertvolle Beiträge geliefert. Für die ganze Auffassung sind zweifellos die Dialyseversuche von NICLOUX[5] von Bedeutung, der eine 100 ccm fassende Kollodiumhülse mit Milch, Blut, Serum und ähnlichen Flüssigkeiten füllte und in Alkohollösungen von etwa 3% tauchte. Nach 10—36 Stunden war ein Ausgleich zustande gekommen, und nunmehr wurde der Alkoholgehalt des Kollodiumsackinhaltes bestimmt, wobei sich zeigte, daß der Alkoholgehalt des *wässerigen Anteils* der Milch, des Serums usw. gleich der äußeren Alkohollösung ist $\left(\dfrac{\text{Alkoholgehalt des Wassers innen}}{\text{Alkoholgehalt des Wassers außen}} \text{ fast} \right.$ in allen Fällen etwa 1). Fette, Eiweiß spielen für die Verteilung keine erhebliche Rolle. Einzelheiten der Versuche lassen sich aus der Tabelle 39 entnehmen.

Obwohl nun der Alkoholgehalt in dem wässerigen Anteil der verschiedenen Flüssigkeiten der gleiche ist wie im Wasser selbst, so gehen doch beispielsweise ins Blut als Ganzes geringere Mengen über, als im Wasser vorhanden sind. Wie aus den Zahlen NICLOUX' hervorgeht, ist das Verhältnis wie 1:0,84 im Durchschnitt.

---

[1] HAGGARD, H. W., u. L. A. GREENBERG: J. of Pharmacol. **52**, 167 (1934).

[2] Möglicherweise sind die Unterschiede der Angaben durch die Menge und Konzentration des einverleibten Alkohols zu erklären (vgl. FAITELBERG: S. 193).

[3] EDKINS, N., u. M. M. MURRAY: J. of Physiol. **59**, 271 (1924).

[4] CARPENTER, T. M.: Proc. nat. Acad. Sci. U. S. A. **12**, 415 (1926).

[5] NICLOUX, M., u. G. GOSSELIN: C. r. Soc. Biol. Paris **112**, 1100 (1933) — Bull. Soc. Chim. Biol. **16**, 338 (1934).

Tabelle 39.

C_2H_5OH Gehalt. Außenflüssigkeit $^o/_{oo}$	Innenflüssigkeit				
	organische untersuchte Flüssigkeit	Wasser (a) %	C_2H_5OH (b) $^o/_{oo}$	C_2H_5OH $\left(b:\dfrac{100}{a}\right)$ bezogen auf isotonen H_2O-Gehalt $^o/_{oo}$	$\dfrac{\text{Alkoholgehalt des Wassers innen}}{\text{Alkoholgehalt des Wassers außen}}$
4,02	Milch	94	3,79	4,03	1
4,02	Sahne	74	2,93	3,96	0,98
3,89	Milch	95	3,68	3,87	1
3,89	Sahne	71	2,74	3,86	1
3,89	Ganzei	88	3,45	3,92	1
3,98	Eigelb	76,5	2,88	3,76	0,97
3,80	Serum	93	3,59	3,86	1,02
3,80	Blut	84,6	3,31	3,91	1,03
3,92	Serum	93,5	3,70	3,96	1,01
3,92	Blut	85,5	3,42	4,0 .	1,02
2,91	Serum	94,8	2,81	2,96	1,02
2,91	Blut	87,8	2,58	2,93	1,01
4,65	Serum	95,5	4,44	4,65	1
4,65	Erythrocyten	76	3,43	4,51 .	0,97

Auch HAGGARD und GREENBERG[1] kommen bei ihren Bestimmungen des Löslichkeitskoeffizienten des Alkoholdampfes für Wasser und Blut zu ähnlichen Ergebnissen, wie aus dem Verhältnis b/a der folgenden Tabelle hervorgeht.

Tabelle 40.

Temperatur Grad	a Luft : Wasser mg/l	b Luft : Blut mg/l	c Luft : Urin mg/l	Verhältnis	
				b/a	b/c
20	0,82/1830 = 1/2220	1,22/2240 = 1/1759	1,80/2820 = 1/2052	1 : 0,79	1 : 1,168
30	1,19/1980 = 1/1657	1,79/2350 = 1/1310	1,91/2780 = 1/1512	1 : 0,79	1 : 1,154
40	1,53/2160 = 1/1412	2,19/2470 = 1/1128	1,38/1880 = 1/1288	1 : 0,80	1 : 1,142

In weiteren Untersuchungen legt NICLOUX[2] die Verhältnisse der Verteilung am lebenden Tier, und zwar dem Gründling (Cyprinus gobio) fest. Nach 4 stündigem Aufenthalt in Alkohollösungen von 1—16% stellt sich ein Gleichgewicht ein, das durch den Quotienten $\dfrac{\text{Alkoholgehalt des Fisches}}{\text{Alkoholgehalt des Aquariumwassers}} = 0{,}65$ charakterisiert ist. Der Wassergehalt des Fisches beträgt 76,4%. Bei größeren Fischen, Aal, Karpfen, Schleie, wird nach 10—16 Stunden der Alkoholgehalt der einzelnen Organe und der Quotient $\dfrac{\text{Alkohol des Gewebes}}{\text{Alkohol des Aquariumwassers}}$ berechnet. Er beträgt für Leber 0,83, Muskel 0,84, Blut 0,91. Diese Ergebnisse stimmen mit denen der Dialyseversuche überein, da die Verteilung des Alkohols offenbar entsprechend dem Wassergehalt vor sich geht. Die Lipoide spielen auch hier keine große Rolle, da der Teilungskoeffizient $\dfrac{\text{Öl}}{\text{Wasser}}$ für Alkohol nur $^3/_{100}$ beträgt.

Auffallend ist, daß das Verhältnis $\dfrac{\text{Alkohol} - \text{Gewebe}}{\text{Alkohol} - \text{Aquariumwasser}}$ immer kleiner als 1 ist. Diese merkwürdige Tatsache ist nach NICLOUX nicht dadurch zu erklären, daß das Verteilungsgleichgewicht noch nicht erreicht ist; auch die Möglichkeit, daß der Alkohol im Zellstoffwechsel dauernd verbrennt und dadurch das Defizit entsteht, wird für die Erklärung ebenso abgelehnt wie der Gedanke, daß eine

---

[1] HAGGARD, H. W., u. L. A. GREENBERG: J. of Pharmacol. **52**, 167 (1934).

[2] NICLOUX, M., u. Mitarbeiter: C. r. Soc. Biol. Paris **115**, 1284 (1934); **112**, 1096, 1102 (1933) — Bull. Soc. Chim. biol. Paris **16**, 330, 338 (1934).

Membranerscheinung beteiligt sei. NICLOUX ist vielmehr der Ansicht, daß 14% des Gewebswassers, das im kolloidalen System an Eiweiß gebunden ist, sich an der Alkoholaufnahme nicht beteiligt. Zu ähnlichen Ergebnissen war auch schon früher HANSEN (Zit. S. 193) bei Untersuchungen an Dorschen gekommen, die sich in Seewasser mit einem Alkoholgehalt von 1,5—2% befanden. Nach 8—14 Stunden war das Verteilungsgleichgewicht erreicht; immer enthielten die Gewebe, Leber, Muskulatur, Blut weniger Alkohol als das Meerwasser.

Beim Warmblüter sind von CARPENTER[1] am Huhn und von HAGGARD und GREENBERG (Zit. S. 195) am Hund die Verteilungsverhältnisse zwischen Blut und dem übrigen Körper untersucht worden. Obwohl verschiedene Methoden zur Anwendung kamen, sind die erhaltenen Werte fast vollkommen gleich, da auf ein Teil Blutalkohol 0,62 oder 0,63 Teile Alkohol in der entsprechenden Gewichtsmenge des Körpers kommen, also die gleichen Zahlen, die NICLOUX als Verteilungsverhältnis zwischen Wasser und Körpersubstanz von Fischen gefunden hatte.

Die einzelnen Organe sind natürlich in verschiedenem Ausmaße an der Aufnahme des Alkohols beteiligt, was aus den schon erwähnten Angaben von NICLOUX hervorgeht. Im Gegensatz zu dem ebengenannten Forscher ist HANSEN (Zit. S. 193) der Ansicht, daß bei der Verteilung auf die Organe der Teilungskoeffizient zwischen Lipoiden und Wasser eine beherrschende Rolle spiele, während das Eiweiß keinen Einfluß ausübt.

Über die Zahlen, die in neueren Versuchen über die Verteilung in den Organen gewonnen worden sind (vgl. hierzu Bd. I, S. 282), geben die folgenden Tabellen Aufschluß. CARPENTER[1] hat an Hennen, die 2—29 Stunden Alkoholdämpfe einatmeten, festgestellt, daß der Gesamtalkoholgehalt mit der Dauer der Zufuhr ansteigt. Er ist niedriger bei unruhigen Tieren als bei denen, die sich während des Versuches still verhalten. Auch mehrmalige Wiederholung des Versuches scheint den Alkoholgehalt in den Organen bei gleicher Versuchsdauer niedriger zu gestalten. Bei einem Alkoholgehalt des ganzen Tieres von $1,7\,\mathrm{g}/^0/_{00}$, dem ein Blutgehalt von $2,5\,^0/_{00}$ entspricht, zeigen die Tiere Vergiftungserscheinungen, bei $3,7—5,6\,^0/_{00}$ tritt der Tod ein. Bei diesen Versuchen ist es bemerkenswert, daß der Blutalkoholgehalt immer höher ist als der der Organe. Soweit ein Ausgleich zwischen der Einatmungsluft und dem Organismus erreicht werden kann, ist er in den sehr langdauernden Versuchen sicher erzielt worden, bei denen die Einatmungsluft gleichmäßig mit Alkoholdampf gesättigt war.

Tabelle 41. (Nach CARPENTER.)

1	2	3	4											
			Durchschnittlicher Gehalt der Organe, bezogen auf Gehalt des Blutes = 1											
Zahl der Hennen	Verweildauer	C_2H_5OH im Blut mg/g	Gehirn	Herz und Lunge	Leber	Nieren	Milz	Verdauungskanal	Haut	Fett	Muskel	alles übrige	unreife Eier	Gesamtkörper[5]
3	2	0,24	0,8	—	0,2	—	—	—	—	—	—	0,6	0,7	0,6
1	3	0,52	0,7	—	0,2	—	—	—	—	—	—	0,5	0,3	0,5
4	4	1,76	0,8	—	0,3	—	—	—	—	—	—	0,7	0,6	0,7
3	8	2,57	0,8	0,7	0,7	0,7	0,8	0,7	0,6	0,1	0,8	0,6	—	0,7
6	16[2]	2,17	0,7	0,8	0,7	0,8	0,8	0,8	0,5	0,1	0,8	0,7	—	0,7
9	16[3]	2,08	0,6	—	0,5	—	—	—	—	—	—	0,7	0,8	0,7
4	29	5,01	0,9	0,8	0,7	—	0,7	0,7	0,5	0,1	0,7	0,6	—	0,6
6	16[4]	2,10	0,6	0,4	0,2	0,3	0,5	0,4	0,3	0,1	0,5	0,5	0,6	0,5

[1] CARPENTER, TH.: J. of Pharmacol. **37**, 217 (1929).   [2] Ruhig gehaltene Tiere.   [3] Aufgescheuchte Tiere.   [4] Wiederholt in der Kammer gehaltene Tiere.   [5] Ohne Federn.

Im Gegensatz dazu stehen die Versuche von HANSEN an Kaninchen (Zit. S. 193), bei welchen teilweise höhere Werte in den Organen als im Blut gefunden wurden. Hier sind also noch bedeutende Unstimmigkeiten vorhanden, die nicht allein durch die verschiedenen Tierarten zu erklären sind.

Tabelle 42. (Versuche von HANSEN.)

Organ	1	2	3	4	5	6	7	8
Carotisblut	0,23	1,22[1] 1,32[2]	3,11	2,35	1,76	—	1,75	3,81[1] 4,78[2]
Hirnhemisphären	0,23	1,23[3] 1,11[4]	2,66[3] 2,62[4]	—	1,85[3] 1,68[4]	3,27	1,62	3,86
Corp. quadrigemina	0,27	1,21	2,67	—	—	—	—	3,71
Kleinhirn	0,34	1,21	2,30	—	1,84	3,44	1,67	3,73
Med. oblong.	0,33	1,12	2,59	—	—	3,11	—	3,23
Med. cervical.	—	1,09	2,50	—	—	—	—	—
Leber	0,04	1,07	2,52	1,79	1,44	2,47	0,95	2,80
Niere	0,27	—	2,73	—	—	—	—	—
Milz	0,24	1,44	2,51	—	—	—	1,60	3,44
Herz	—	1,17	2,80	—	—	—	—	—
Muskeln	—	1,29	2,84	—	—	—	1,41	—
Fettgewebe	0,03	0,13	0,44	0,31	0,23	0,37	0,17	0,25—0,5

1. Am Anfang, 2. am Ende der Entblutung. 3. Vorwiegend graue, 4. vorwiegend weiße Substanz.

Die Zahlen bedeuten g/l bzw. kg.

Versuch 1 mit subcutaner und intravenöser, Versuch 2 mit intravenöser Injektion von 10% Alkohol; und zwar Versuch 1 und 2 je 1 g absoluter Alkohol/kg, Versuch 3 2,43 g/kg, Versuch 4 1,5 g/kg. Versuch 5—8 Einatmung von Alkoholdampf.

Tabelle entnommen der Monographie von WINTERSTEIN: Die Narkose 1926.

Es seien noch kurz Versuche von MARINESCO und Mitarbeitern[1] erwähnt, die Kaninchen 4 g Alkohol/kg per os verabreichten. Gehirn und Knochenmark erwiesen sich am alkoholreichsten, während Leber und Auge (im Gegensatz zu Methylalkohol) verhältnismäßig arm waren.

Der Übergang des Alkohols in den Liquor cerebrospinalis ist schon früher festgestellt worden. Neuere Versuche von ABRAMSON und LINDE[2] an 4 Menschen, die 30 g Alkohol per os aufnahmen, bestätigen und erweitern die älteren Befunde. Der Gehalt des Liquors steigt langsamer an als der des Blutes, erreicht später seinen Gipfelpunkt und überhaupt nur geringere Werte. Während des Abfalls des Alkoholgehaltes überragen umgekehrt die Liquorwerte den Blutwert (Abb. 24). Zu ähnlichen Ergebnissen kommt MATOSSI[3] in großen Versuchsreihen am Menschen, und GETTLER[4] stellt fest, daß bei einem Gehalt des Liquors von 2,72 g/l deutliche Trunkenheit vorhanden ist.

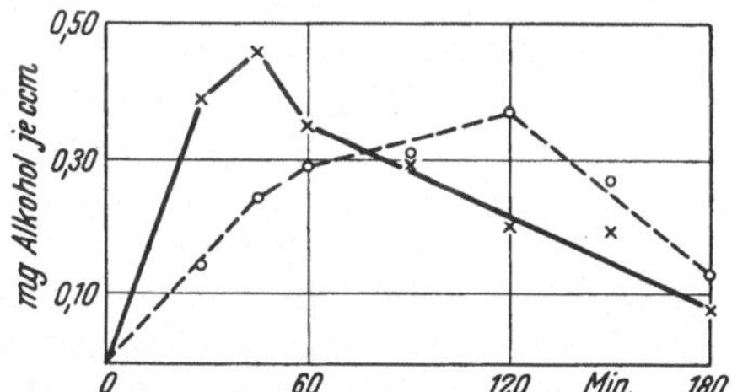

Abb. 24. 41 Jahre alter Mann. 24,1 g Alkohol per os in 64 ccm Lösung. Alkoholgehalt des Blutes (ausgezogene Linie) und des Liq. cerebrospin. (gestrichelt). Nach ABRAMSON u. LINDE.

Ausscheidung (*Bd. I, S. 250*). Daß der Alkohol nur in verhältnismäßig geringen Mengen den Körper unverändert verläßt, ist durch die Versuche von ANSTIE und der BINZschen Schule nachgewiesen worden. Die Ausscheidungs-

[1] MARINESCO, G., u. Mitarbeiter: C. r. Soc. Biol. Paris **101**, 308 (1929).
[2] ABRAMSON, L., u. P. LINDE: Arch. internat. Pharmacodynamie **39**, 325 (1930).
[3] MATOSSI, R.: Z. klin. Med. **119**, 268 (1931).
[4] GETTLER, K., u. A. FREIREICH: J. of biol. Chem. **92**, 199 (1931). Hier auch bemerkenswerte Angaben über das Verhältnis zwischen Alkoholgehalt des Liquors und des Gehirns und über Berechnungen des Hirnalkohols.

stätten des nichtoxydierten Alkohols sind Nieren, Lunge, Haut, aber auch im Speichel, in der Tränenflüssigkeit ist er nachgewiesen worden, was bei der großen Wasserlöslichkeit ohne weiteres verständlich ist. Die Ausscheidung durch die Nieren und die Haut beträgt im allgemeinen etwa 5% der eingenommenen Menge. Doch können die Zahlen nicht unwesentlich verändert sein; sie hängen von der Menge des aufgenommenen Alkohols, von der Größe der Diurese, von der Gewöhnung usw. ab.

Für die Ausscheidung durch den Urin haben KIONKA und HAUFE[1] neue Versuche am Menschen beigebracht. Allerdings waren die verabreichten Alkoholmengen zum Teil recht erheblich, denn die Versuchspersonen erhielten 280 bis 285 ccm 40proz. Alkohol und in anderen Versuchen 100 ccm der gleichen Konzentration. Das würde aber etwa 1250 ccm bzw. 450 ccm 9proz. Rheinweines, auf einmal getrunken, entsprechen. Die Untersucher bestätigen den Befund, daß mit steigender Diurese die *absoluten* Alkoholmengen im Harn zunehmen, doch bestehen keine gesetzmäßigen Beziehungen zwischen Diurese und Alkohol im Urin. Die größten Konzentrationen des Alkohols im Harn betrugen 100 mg%.

Auch mit dieser Frage haben sich HAGGARD und GREENBERG beschäftigt, sie kommen zu der Ansicht, daß die Konzentration des Blutes der einzige Faktor für den prozentischen Gehalt des Urins sei. Allerdings ist der Gehalt in beiden Flüssigkeiten nicht gleich, sondern der des Urins liegt immer über dem des Blutes, was sich ungezwungen durch die höhere Löslichkeit des Alkohols im Urin erklären läßt. Das Verhältnis der Blut- und Urinlöslichkeitskoeffizienten beträgt in vitro bei 35° 1:1,148 und das Verhältnis des Blut-Uringehaltes 1:1,147. Um diese Werte zu erhalten, ist es allerdings notwendig, daß der Urin aus dem Nierenbecken mit dem Katheter gewonnen wird, da der Blasenurin nicht dem Blutalkohol zur Zeit der Harnbildung entspricht. Damit werden auch die abweichenden Befunde von MILES[2] und SOUTHGATE[3] erklärt, die wesentlich höhere Werte für den Urinalkoholgehalt im Vergleich zum Blut finden. Sie haben den Blasenurin untersucht, der zu einer Zeit abgesondert wurde, als der Blutalkoholspiegel noch hoch war, höher als zur Zeit der Urinentnahme. Für die Befunde von KIONKA und HAUFE[1] werden wahrscheinlich ähnliche Verhältnisse zutreffen.

In gutem Einklang mit den HAGGARDschen Versuchsergebnissen stehen dagegen die Untersuchungen von WIDMARK[4], AMBARD[5] sowie CHABANIER und IBARRA-LORING[6], die fanden, daß der Urin-Alkoholgehalt dem des Serums parallel geht oder vollkommen gleich ist. Die Mengen des durch den Urin ausgeschiedenen Alkohols betragen nach den Versuchen HAGGARDs und GREENBERGs 2,1—4,3% der einverleibten Menge, wobei in den ersten 4 Stunden etwa 2% den Körper durch die Nieren verlassen. Die Werte entsprechen denen von SOUTHGATE, nach dem 3—4% durch die Nieren ausgeschieden werden, und für die ersten 4 Stunden hat auch MILES Werte gefunden (1,2—1,6%), die sich sehr stark denen HAGGARDs nähern. HAUFE und KIONKA geben als Ausscheidungsgröße 0,041—1,19% der einverleibten Menge an.

Die Frage, ob der Alkoholausscheidung durch die Nieren ein einfacher Diffusionsvorgang oder eine sekretorische Leistung zugrunde liegt, muß natürlich verschieden beantwortet werden, je nachdem eine gesetzmäßige Abhängigkeit des Harn- vom Blutalkohol gefunden wird oder nicht. Man wird nach den

---

[1] KIONKA, H., u. M. HAUFE: Arch. f. exper. Path. **128**, 150 (1928).

[2] MILES, W. R.: J. of Pharmacol. **20**, 267 (1922).

[3] SOUTHGATE, H. W.: Brit. med. J. **1926**, 463 — Biochemic. J. **19**, 737 (1925).

[4] WIDMARK, E.: Skand. Arch. Physiol. (Berl. u. Lpz.) **33**, 85 (1914) — Biochem. Z. **218**, 445 (1930).

[5] AMBARD, J.: Physiol. norm. et Path. d. reins. Paris 1920.

[6] CHABANIER, H., u. E. IBARRA-LORING: C. r. Soc. Biol. Paris **79**, 8 (1916).

Ergebnissen WIDMARKS und HAGGARDS u. a. wohl genötigt sein, die Ausscheidung als eine reine Diffusion zu deuten (vgl. auch Abschnitt Niere).

Die Ansichten über die Größe der Alkoholausscheidungen durch die *Lungen* haben sich nicht wesentlich geändert. Nach intraperitonealer Einverleibung von 10% Alkohol wurden bei Kaninchen höchstens 5% in der Ausatmungsluft wiedergefunden (TERROINE und BONNET[1]). Der Alkoholgehalt der Alveolarluft richtet sich nach den aufschlußreichen Versuchen von LILJESTRAND und LINDE[2] nach dem Verteilungskoeffizienten zwischen Blut und Luft; dieser beträgt bei 31° 0,00048, d. h. 1 ccm Blut enthält ebensoviel Alkohol wie 2 Liter Luft. Die Bestimmungen des Alkohols in der Alveolar- und Ausatmungsluft entsprechen diesem Verteilungskoeffizienten. Daraus ergibt sich, daß der Alkohol nach den Gesetzen der Diffusion aus dem Blut austritt, und daß der Alkoholgehalt der Ausatmungsluft als ein zuverlässiger Wegweiser für den Gehalt der Körperflüssigkeiten angesehen werden könne. Die mit der Ausatmungsluft ausgeschiedenen Alkoholmengen sind bei niedrigem Alkoholgehalt des Blutes und geringer Ventilation verhältnismäßig klein, können aber bei Steigerung der Alkoholzufuhr und der Ventilation unter Umständen nicht unbeträchtlich zunehmen. HAGGARD und GREENBERG kommen bei ihren Versuchen am Hund grundsätzlich zu den gleichen Ergebnissen. Von 56 g Alkohol (4 g/kg per os) werden in den ersten 8 Stunden 2,82 g oder 5% (nicht 3,94%, wie die Forscher angeben) durch die Atmung ausgeschieden. Das entspricht unter Berücksichtigung der Atemgröße einem Verteilungskoeffizienten zwischen Blut und Luft von 1:1141. Durch Kohlensäureatmung kann die in der 1. bis 2. Stunde ausgeatmete Alkoholmenge auf 10% der Einfuhr erhöht werden.

Ob geringfügige Ausscheidungen des Alkohols durch die Ausatmungsluft an dem Geruch zu erkennen sei, muß nach den Versuchen von SUOMINEN und KUUSISTO[3] verneint werden. Der nach Alkoholgenuß auftretende Geruch wird wahrscheinlich durch Aldehyde hervorgerufen.

Daß der Alkohol infolge seiner großen Löslichkeit in den Körperflüssigkeiten in geringen Mengen in vielen Ex- und Sekreten vorkommen kann, ist leicht zu verstehen. So hat ihn LINDE[4] auch im Speichel nachweisen können. Der Gehalt des reinen Parotisspeichels lag immer etwas über dem des Blutes, so daß das Verhältnis durchschnittlich 1:1,21 betrug (1,15—1,26) und damit dem Verhältnis des Alkoholgehaltes im Blutplasma und Vollblut entspricht, woraus der Verfasser auf einen einfachen schnell verlaufenden Diffusionsvorgang schließt. Auch der Alkoholgehalt des Gesamtspeichels, der etwas geringer als der des Parotisspeichels ist, ist immer höher als der des Blutes. Die Bestimmung des Alkoholgehaltes des Speichels kann angesichts dieser Sachlage für gerichtlich-medizinische Zwecke unter Umständen von Nutzen sein.

Der Übergang des Alkohols in die Milch beim Menschen wurde von FIORENTINI[5] erneut untersucht, da in Italien angeblich wiederholt Vergiftungserscheinungen bei den Säuglingen nach Alkoholgenuß der stillenden Mütter beobachtet wurden. Auch ohne Alkoholgenuß enthält die Milch Spuren von Alkohol, schwankend von 2—20 mg%. Nach Verabreichung von 300 ccm Wein oder 175 ccm Marsala mit 30 g Alkohol konnte ein erhöhter Alkoholgehalt der Milch von 16—66 mg% festgestellt werden. Der Übertritt begann bereits 15 bis

---

[1] TERROINE, E., u. R. BONNET: Bull. Soc. Chim. biol. Paris **11**, 1223 (1929).

[2] LILJESTRAND, G., u. P. LINDE: Arch. exp. Path. **157**, 100 (1930) — Skand. Arch. Physiol. (Berl. u. Lpz.) **60**, 273 (1930).

[3] SUOMINEN, Y. K., u. P. KUUSISTO: Acta Soc. Medic. fenn. Duodecim **8**, 1 (1927).

[4] LINDE, P.: Arch. exp. Path. **167**, 285 (1932).

[5] FIORENTINI, A.: Probl. alimentare **2**, 40 (1933).

30 Minuten nach der Aufnahme und dauerte in der Mehrzahl der Fälle 3, selten
5 Stunden. Die höchste Konzentration wurde durchschnittlich nach $1^1/_2$ Stunden
erreicht. Im Blut der Kinder konnten 1 Stunde nach der Mahlzeit kleine Mengen
Alkohol (0,13—0,14%) nachgewiesen werden; doch wurden keine Störungen bei
ihnen beobachtet.

Von Lukas[1] wurden die nach rectaler Darreichung in den *Magen* ausgeschiedenen Alkoholmengen bestimmt, die außerordentlich gering sind und der Menge
der sezernierten Salzsäure parallel verlaufen. Diese Versuche stimmen mit den
am Hunde gewonnenen Ergebnissen (Bd. 1, S. 288) überein. Es ist selbstverständlich,
daß diese geringen Mengen im Darm wieder resorbiert werden und den Weg
des resorbierten Alkohols gehen müssen. Schließlich sei noch eine Arbeit von
Gosselin[2] erwähnt, der die Ausscheidung bei alkoholvergifteten Fischen ver-
folgte. 7—8 Fische werden 4 Stunden lang in Alkoholkonzentrationen von 1,0
bis 16,0 g im Liter bis zum Konzentrationsausgleich gehalten und dann in fließen-
des Wasser übertragen. In bestimmten Zeitabständen wurde je ein Fisch auf
seinen noch vorhandenen Alkoholgehalt untersucht. Die Ausscheidung, die bei
gleichem Alkoholgehalt des Gesamtorganismus beim homoiothermen Tiere sehr
viel langsamer verläuft, war beim Fisch in 4 Stunden vollendet.

Aus den erwähnten Versuchen ergibt sich wie früher, daß der einverleibte
Alkohol nur zu einem Bruchteil in unverändertem Zustand ausgeschieden wird.
Die Mengen können aber in nicht unerheblichen Grenzen schwanken. Man wird
annehmen dürfen, daß etwa 5% der Einfuhr durch den Urin, 5—10% durch die
Atmung und vielleicht 1—2% durch die Haut und die Exkrete den Körper
verlassen, so daß die Gesamtausscheidung auf 11—17% veranschlagt werden
kann. Durch Steigerung der Atmung und Diurese kann aber die Ausscheidungs-
größe des unveränderten Alkohols schätzungsweise auf 20—25% steigen. Der
Rest, also unter gewöhnlichen Umständen 84—89% werden im Körper oxydiert.
Diese Vorgänge lassen sich am besten durch Bestimmung des Blutalkoholgehaltes
verfolgen, der ja nach Untersuchungen von Haggard und Greenberg zum
Alkoholgehalt des übrigen Körpers in dem Verhältnis von 1:0,62 steht. Auf
diese Weise gelingt es, die Gesamtmenge des im Organismus zu einer bestimmten
Zeit vorhandenen Alkohols zu berechnen und durch Vergleich mit der eingeführten
Menge den Anteil des oxydierten Alkohols zu ermessen.

Bevor wir auf diese Untersuchungen eingehen können, sollen zunächst die
Arbeiten besprochen werden, die sich mit dem Blutalkohol im normalen und
pathologischen Zustand und nach Einverleibung von Alkohol beschäftigen. Von
einer vollständig erschöpfenden Darstellung muß bei der Fülle der Untersuchungen
abgesehen werden.

Normaler Alkoholgehalt des Blutes. Im erwachsenen Organismus des
Menschen wurde bekanntlich der Blutalkoholgehalt von Schweisheimer[3] mit
29,55—36,68 mg durchschnittlich 33,21 mg im Liter gefunden. Kionka und
Schüler[4] konnten beim Menschen im nüchternen Zustande größere Schwankungen feststellen, die sowohl bei den verschiedenen Menschen wie auch bei
demselben Individuum nicht unbeträchtlich waren. Im Durchschnitt (bei
Fortlassen ausnahmsweise hoher Werte, die nicht ohne weiteres erklärt werden
können) betrug der Gehalt 38,6 mg/Liter. Auch Baglioni[5] findet große Schwankungen im Alkoholgehalt des Blutes, den er mit 24—60 mg/Liter angibt (40 mg

[1] Lukas, A.: Arch. Verdgskrkh. **48**, 332 (1930).
[2] Gosselin, G.: C. r. Soc. Biol. Paris **110**, 709, 712 (1932).
[3] Schweisheimer: Dtsch. Arch. klin. Med. **109**, 271 (1913).
[4] Kionka, H., u. Schüler: Pharmakol. Beiträge zur Alkoholfrage. H. 1 u. 2. Jena 1927.
[5] Baglioni, S.: Atti Accad. naz. Lincei, Rend. Ser. **6**, 545 (1926).

Durchschnitt). TUOVINEN[1] findet ähnliche Zahlen. Bei Kindern in den ersten Lebensjahren liegen die Werte höher als bei Erwachsenen. Im Alter von 6 bis 10 Jahren ist der Mittelwert mit 49 mg/Liter kaum noch höher. Während bei schwangeren Frauen im 3. Schwangerschaftsmonat nach CANDELA[2] der Alkoholgehalt 40 mg/Liter, also nicht höher wie sonst ist, nimmt er bis zum 9. Schwangerschaftsmonat bis auf 62 mg/Liter zu. Während der Geburt ist er sehr viel höher und erreicht kurz vor der Austreibung der Frucht Werte von 135 mg/Liter im Mittel; in einzelnen Fällen steigt er sogar bis auf 220 mg%. Nach der Geburt sinkt er wieder ab und ist 3—5 Tage nachher auf 38 mg$^0/_{00}$, also normale Werte, gesunken. Im Nabelschnurblut von zwei Neugeborenen wurde von demselben Untersucher ein Alkoholgehalt von 14 mg/Liter festgestellt. KALTER und KATZENSTEIN[3] zeigen, daß der Alkoholgehalt des Blutes schlafender Menschen meistens höher ist als im wachen Zustand.

Bei Tieren ist der Alkoholgehalt ebenfalls schwankend. So ist er z. B. für ein Kaninchen nach AOKI[4] 25 mg/Liter, was annähernd den früher gefundenen Werten von PRINGSHEIM[5] 18 mg/Liter entspricht; GÜRFINKEL[6] gibt nach Angaben des Schrifttums und seinen eigenen Versuchen die Zahlen von 11—31 mg/Liter an, OLOW[7] mit 20—50 mg/Liter. Der Einfluß der Nahrung ist wieder von KIONKA[8] untersucht worden; eine kohlehydratreiche Mahlzeit hat keine größere Bedeutung. Muskelarbeit (Langstreckenlauf und Boxen) hatte in 2 von 8 Fällen einen Anstieg des Blutalkohols auf etwa das Doppelte des Ruhewertes zur Folge, bei den übrigen war keine wesentliche Änderung wahrzunehmen (CASSINIS und BRACALONI[9]). Ein Schluß auf die Entstehung bei Muskelarbeit ist deshalb nicht mit Sicherheit zu ziehen. Sehr interessant ist der Befund von PFEIFER[10], der angibt, daß unter Einwirkung einer starken Diurese durch 500—1000 ccm Wasser und 0,5 g Theophyllin der normale Alkoholgehalt stark erniedrigt, ja sogar zum Verschwinden gebracht werden kann. Nach den Versuchen von AOKI[11] wird der Blutalkohol bei Hühnern und Kaninchen durch Adrenalininjektion erhöht und durch Insulindarreichung 90 Minuten nach der Injektion erniedrigt, während bei Zusatz zum Blut in vitro das Insulin den Alkohol erhöht.

Im Anschluß an die Angaben über den Alkoholblutgehalt beim Normalen sei noch eine Arbeit von BAGLIONI[12] erwähnt, der den Alkoholgehalt der Cerebrospinalflüssigkeit untersucht hat. Bei gesunden Menschen wird er mit 20 mg% angegeben, bei organischen Erkrankungen des Zentralnervensystems kann er auf 1000—3000 mg% ansteigen und bei akuten und chronischen Infektionen den Wert von 800—1000 mg$^0/_{00}$ erreichen.

Blutalkoholgehalt nach Aufnahme von Alkohol. Daß der Alkoholgehalt des Blutes sich nach Aufnahme von Alkohol erhöht, ist eine Selbstverständlichkeit. Über die Größe der Alkoholämie sind grundlegende Versuche von WIDMARK[13], KIONKA[14], NICLOUX und vielen anderen Untersuchern angestellt worden. Der

[1] TUOVINEN, P. I.: Skand. Arch. Physiol. (Berl. u. Lpz.) **51**, 287 (1927) — Duodecim (Helsingfors) **47**, 41 (1931).   [2] CANDELA, N.: Ann. Obstetr. **52**, 325, 363 (1930).
[3] KALTER, S., u. CL. KATZENSTEIN: Münch. med. Wschr. **1932**, 793.
[4] AOKI, M.: J. of Biochem. **5**, 327 (1925).
[5] PRINGSHEIM, H.: Abderhaldens Handb. d. biol. Arbeitsmeth. 2, 3. Berlin-Wien 1910.
[6] GÜRFINKEL: C. r. Soc. Biol. Paris **115**, 1051 (1934).
[7] OLOW, J.: Biochem. Z. **148**, 433 (1924).   [8] KIONKA, H.: Zit. S. 200.
[9] CASSINIS, U., u. L. BRACALONI: Atti Accad. naz. Lincei **9**, 806 (1929).
[10] PFEIFER, E.: Beiträge zur Alkoholfrage v. KIONKA-Jena. H. 3 (1927).
[11] AOKI: J. of Biochem. **7**, 333, 405 (1927).
[12] BAGLIONI, A.: Bull. Accad. med. Roma **58**, 140 (1932).
[13] WIDMARK, E. M. P.: Biochem. Z. **265**, 237 (1933); **270**, 297 (1934).
[14] KIONKA, H.: Pharmakol. Beiträge zur Alkoholfrage, hrsg. v. H. KIONKA, H. 1/VI (1927) — Arch. f. exper. Path. **128**, 133 (1928).

Alkoholgehalt kann unter Umständen sehr hohe Grade annehmen. Wenn mehr
als 1000 mg/Liter im Blut vorhanden ist, so ist dies nach McNally[1] ein Beweis,
daß Alkohol aufgenommen worden ist. Nach Naville[2] soll bei leichter Trunkenheit der Blutalkohol 2000 mg, bei deutlichen Erscheinungen 2500 mg und bei
schwerer Berauschtheit 3000 mg betragen. Bei komatösen Zuständen und tödlichen Vergiftungen wurden Werte von 3500—4000 mg angegeben. 2—6 Stunden
nach der Aufnahme beträgt nach den Untersuchungen McNallys der Alkoholgehalt
bei schwerer Trunkenheit 4000—5000 mg/Liter und bei tödlichen Vergiftungen
8000 mg/Liter und darüber. Auch nach Kaiser und Wetzel[3] weisen 2000 mg auf
Rausch hin, und Goldhahn[4] spricht die Ansicht aus, daß bei 2700 mg pro Liter
klinisch sicher Alkoholrausch nachzuweisen ist. Ähnliche Werte sind auch beim Hund
von Turner[5] gefunden worden, der die ersten Zeichen einer Vergiftung bei einem
Alkoholgehalt von 2500 mg/Liter und komatöse Zustände bei 4000—5000 mg/Liter

1— 2,5 Vol.-⁰/₀₀	normaler Zustand
3 ,,	gelinder Rausch
4,5— 6,0 ,,	tiefer Rausch
7—10 ,,	Bewußtlosigkeit.

feststellte. Zu ähnlichen Ergebnissen kommt
auch Nicloux[6], wenn er am Tier folgenden Zusammenhang zwischen der Konzentration im
Blut und dem Grad der Berauschung feststellt.
Also erst bei einer Konzentration von
etwa 2,6 g Promille lassen sich deutliche Berauschungssymptome beobachten.

In vielen Mitteilungen des In- und Auslandes wird über die mit der Blut-
alkoholbestimmung gesammelten Erfahrungen berichtet, ob der Tod oder eine
Gesetzübertretung durch übermäßigen Alkoholgenuß veranlaßt worden sei (vgl.
Tuovinen[7]). Im übrigen sei auf die Monographie Widmarks[8] verwiesen, in
der weitere Angaben vorhanden sind. Aus dieser Abhandlung sind auch folgende
Tabelle und Kurve entnommen:

Tabelle 43.

Konzentration in ⁰/₀₀	Anzahl der untersuchten Fälle	Prozent der Diagnose, vom Alkohol „beeinflußt"
0,01—0,20	19	0
0,21—0,40	2	0
0,41—0,60	5	0
0,61—0,80	7	0
0,81—1,00	20	30
1,01—1,20	40	40
1,21—1,40	61	46
1,41—1,60	63	68
1,61—1,80	100	79
1,81—2,00	64	88
2,01—2,20	73	93
2,21—2,40	49	96
2,41—2,60	29	97
2,61—2,80	12	100
2,81—3,00	10	100
3,01—3,20	6	100
3,21—3,40	2	100

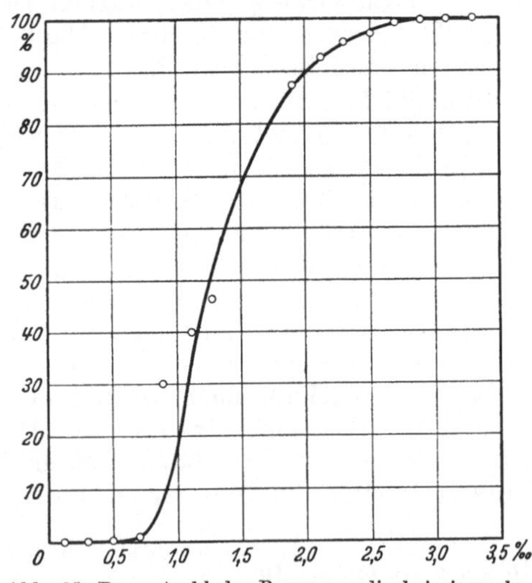

Abb. 25. Prozentzahl der Personen, die bei einem bestimmten Blutalkoholgehalt des Blutes einen deutlichen
Einfluß des Alkohols erkennen lassen. (Nach Widmark.)

[1] McNally, W. D., u. H. C. Embree: Arch. of Path. 5, 607 (1928).
[2] Naville, F.: Rev. méd. Suisse rom. 48, 849 (1928).
[3] Kaiser, H., u. E. Wetzel: Z. angew. Chem. 1933, 622.
[4] Goldhahn, R.: Klin. Wschr. 1932 II, 1834.
[5] Turner, R. G.: J. of biol. Chem. 92, LXXXVI (1931).
[6] Nicloux, M.: Rech. expérim. sur l'éliminat. de l'alc. dans l'organis. Paris 1928.
[7] Tuovinen, P. I.: Duodecim (Helsingfors) 45, 403 (1930).
[8] Widmark, E. M. P.: Die theoretischen Grundlagen und die praktische Verwendbarkeit der gerichtlich-medizinischen Alkoholbestimmung. Berlin 1932.

An dieser Stelle sei eine Tabelle von BOGEN[1] wiedergegeben, die einen Vergleich mit dem Harnalkoholgehalt im Verhältnis zu den klinischen Erscheinungen aufzeigt (nach Untersuchungen an 500 Fällen).

Nahrungsaufnahme beeinflußt die Alkoholkurve sehr wesentlich, da die Resorption verzögert wird. So verläuft im allgemeinen die Alkoholkurve flacher und erreicht auch nicht dieselbe Höhe, als wenn der Alkohol auf nüchternen Magen eingeführt wurde. Nach HANDWERK[2] ist das besonders der Fall, wenn vor der Alkoholaufnahme ein kräftiges fettreiches Frühstück verzehrt wird, während Kohlehydratzufuhr kaum einen größeren Einfluß ausüben. Nach WIDMARK[3] ist der niedrige Kurvenverlauf dem Eiweißgehalt der aufgenommenen Nahrung zuzuschreiben, indem die Aminosäuren den Alkohol während der Resorption chemisch binden. (Spezifischer Effekt der Nahrungsbestandteile.)

Tabelle 44.

g ‰ Alkohol im Harn	Prozentzahl der Personen, die eine akute Alkoholintoxikation aufweist
0—1	0
1—2	56
2—3	66
3—4	88
4—5	97
über 5	100

Auch die Art der peroralen Darreichung spielt selbstverständlich eine große Rolle; es ist nicht gleichgültig, ob die Alkoholmenge auf einmal aufgenommen wird oder auf einen mehr oder weniger langen Zeitraum verteilt wird (KIONKA und Schüler, SIMONIN[4], GALAMINI[5]). Ferner ist die Konzentration des aufgenommenen Alkohols von Bedeutung, wobei es bemerkenswert ist, daß nicht immer die hohen Konzentrationen auch die höchsten Alkoholwerte im Blut bedingen. Die Kohlensäure, die Temperatur und die Art des alkoholischen Getränkes üben ebenfalls immer einen Einfluß aus. So berichtet beispielsweise JUNGMICHEL[6], daß die Kurve des Blutalkohols nach Bier flacher verläuft als nach reinem Alkohol in der gleichen Konzentration und Menge. Zwischen den einzelnen Angaben sind allerdings manchmal nicht unerhebliche Verschiedenheiten festzustellen.

Nicht ganz verständlich ist eine Angabe von OLOW[7], daß bei Kaninchen gelegentlich der Blutalkohol nach intravenöser Injektion des Alkohols nicht sofort am größten ist, sondern erst ein wenig später ansteigt. Verfasser kann diesen eigentümlichen Befund nicht erklären, Fehler bei der Injektion waren aber nicht vorhanden. Vielleicht darf die Vermutung ausgesprochen werden, daß der offenbar sehr konzentrierte Alkohol eine Gefäßkontraktion der Venen oder der Lungenarterie bedingt habe oder vom Lungengewebe einige Zeit zurückgehalten wurde. Wichtig scheint die Feststellung OLOWS[7] zu sein, daß die Kurve nachher fast linear absinkt. FALCONER und GLADNIKOFF[8] fanden 15—20 Minuten nach einer intravenösen Alkoholinjektion keinen Unterschied zwischen arteriellem und venösem Blut, während bei peroraler Eingabe sehr beträchtliche Verschiedenheiten zwischen dem Blut der V. portae und der V. cava inf. bestehen. $^1/_2$ bis 1 Stunde nach der Eingabe des Alkohols waren sie am größten, ihre Verminderung zeigte, daß die Resorption sich dem Ende näherte.

---

[1] BOGEN, E.: J. amer. med. Assoc. **1927**, 1508.

[2] HANDWERK, W.: Der Blutalkohol nach Genuß alkoholischer Getränke unter verschiedenen Resorptionsbedingungen. Beiträge zur Alkoholfrage, hrsg. v. KIONKA-Jena, H. 2. 1927.

[3] WIDMARK, E. M. P.: Biochem. Z. **265**, 237 (1933); **270**, 297 (1934).

[4] SIMONIN, C.: J. Physiol. et Path. gén. **28**, 596 (1930).

[5] GALAMINI, A.: Boll. Soc. ital. Biol. sper. **3**, 483 (1928).

[6] JUNGMICHEL, G.: Dtsch. Z. gerichtl. Med. **22**, 153 (1933).

[7] OLOW, J.: Biochem. Z. **148**, 433 (1924).

[8] FALCONER, B., u. H. GLADNIKOFF: Skand. Arch. Physiol. (Berl. u. Lpz.) **68**, 245 (1934).

HAGGARD und GREENBERG haben den Blutalkoholgehalt in den Gefäßen
verschiedener Körperregionen miteinander verglichen, wobei sie bei einem Hund
von 15 kg, der 3 g/kg per os erhalten hatte, folgende Werte fanden:

Tabelle 45.

Zeit nach der Aufnahme Min.	Arterie g⁰/₀₀	V. jugul.	V. femor.	Rechtes Herz	Haut-capillaren
30	2,31	2,0	1,09	—	2,13
60	2,86	2,65	2,10	2,85	—
90	2,91	2,80	2,60	—	2,74
150	2,58	2,50	2,46	—	—
210	2,22	2,17	2,09	2,21	2,14
270	1,90	1,88	1,82	—	—
330	1,65	1,63	1,60	1,65	1,62

Wichtig ist der Befund, daß der Gehalt des peripheren Venenblutes keinen
Aufschluß über den Blutgehalt des arteriellen Blutes gibt, daß dagegen das
periphere Capillarblut den gleichen Alkoholgehalt aufweist wie das arterielle
Blut, was sicher bei der Blutentnahme für forensische Zwecke von Bedeutung ist.

OLOW stellte fest, daß nach der Alkoholaufnahme gebärender Frauen der
Alkohol schon nach 12 Minuten auch im Blut der Nabelschnur nachweisbar ist;
nach 40 Minuten ist der Ausgleich annähernd erreicht. Ob Muskelarbeit den Blutalkoholgehalt beeinflussen kann, steht noch nicht ganz fest. Nach CASSINIS[1]
ist der Anstieg der Alkoholkonzentration nach Aufnahme von 0,5 ccm/kg verlangsamt, die Ausscheidung durch den Urin aber nicht beeinflußt, was mit den
Angaben von NYMAN und PALMLOW[2] insofern übereinstimmt, als das Verschwinden des Alkohols (0,4—0,5 g/kg Mensch) aus dem Blut durch die Arbeit
in keiner Weise verändert wird. Der Einfluß einer vermehrten Diurese auf den
Blutalkohol wurde von CHABANIER und IBARRA-LORING und WIDMARK untersucht, die aber zu dem Ergebnis kommen, daß keine Wirkung vorhanden sei.

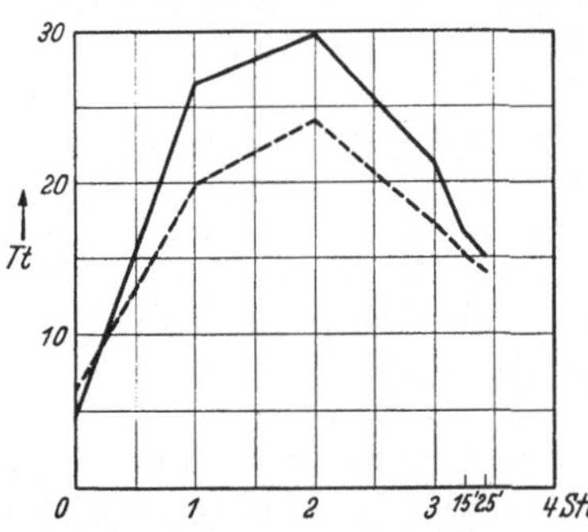

Abb. 26. Alkoholspiegel des Blutes unter
Einwirkung von Theophyllin im Vergleich
zu dem ohne Diureticum.
(Nach PFEIFER.)

PFEIFER[3] hat diese Frage von neuem untersucht
und gefunden, daß nach Aufnahme von 100 ccm
40 proz. Alkohol (Weinbrand) der Alkoholblut-
spiegel unter der diuretischen Einwirkung von
0,5 Theophyllin und 140 ccm Wasser deutlich
tiefer liegt als ohne Vermehrung der Harnflut.
Auch die klinischen Erscheinungen sollen durch
die vermehrte Diurese verringert werden können.
Über den Verlauf dieser Versuche unterrichtet
die nebenstehende Durchschnittskurve.

Blutalkoholkurve. Ihr Verlauf in zeitlicher
und mengenmäßiger Beziehung ist für verschiedene Fragestellungen von einschneidender Bedeutung. Daß nach intravenöser Injektion das Maximum sofort erreicht ist, ist wohl selbstverständ-
lich. Sie fällt dann in verschieden langer Zeit allmählich bis auf Null ab. Nach
MELLANBY[4], dem sich WIDMARK (Hund), OLOW (Kaninchen) und andere Forscher

[1] CASSINIS, U., u. L. BRACALONI: Atti Accad. naz. Lincei 10, 382 (1929) — Arch. di
Fisiol. 29, 19 (1930).
[2] NYMAN, E., u. A. PALMLOW: Skand. Arch. Physiol. (Berl. u. Lpz.) 68, 271 (1934).
[3] PFEIFER, E.: Pharmakol. Beiträge zur Alhoholfrage, hrsg. v. H. KIONKA, H. 3 (1927).
[4] MELLANBY, E.: Brit. med. Res. com., Sp. Rep. ser. 31, 1 (1919) — Proc. roy. Soc.
Med. 13, 31 (1920).

anschließen, geht dieser Abfall in einer Geraden vor sich. Olow hat allerdings am Anfang und Ende eine Exponentialkurve erhalten, doch glaubt er diese Abweichungen von der Geraden auf Störungen beziehen zu sollen. Die Mengen des ausgeschiedenen, oder was bei Außerachtlassung des durch die Nieren und die Atmung eliminierten Anteils dasselbe ist, oxydierten Alkohols müssen infolgedessen in der Zeiteinheit immer gleich sein. Das Ausmaß der Oxydation ist, wie Mellanby sagt, während des ganzen Versuches am Hund vom Beginn der Absorption bis zum Ende der Elimination gleichmäßig, obwohl die Alkoholmenge im Körper allmählich abnimmt. Die Erklärung für diese Tatsache ist die, daß, wie groß auch immer die Alkoholmenge im Körper sein mag, das Ausmaß der Oxydation von der Menge des aufgenommenen Alkohols unabhängig ist. Die Oxydationsgröße beträgt beim Hund annähernd 0,185 ccm oder 0,148 g je Kilogramm und Stunde.

Dieser Auffassung haben Haggard und Greenberg[1] widersprochen. In ihren Versuchen, ebenfalls am Hund, finden sie keinen geradlinigen Abfall nach intra-

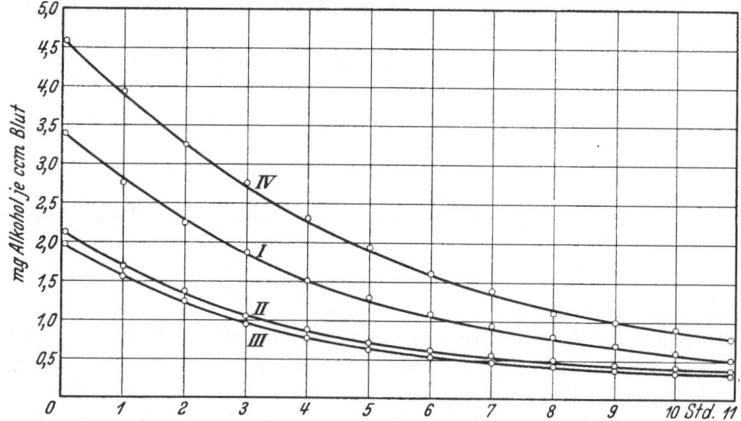

Abb. 27. Abfall des Blutalkohols nicht in gerader Linie, sondern in Gestalt einer logarithmischen Kurve. (Nach Haggard u. Greenberg.)

venöser Injektion, sondern vielmehr ein Absinken in Form einer logarithmischen Kurve. Mit anderen Worten: In jedem Zeitpunkt wird immer ein bestimmter Prozentsatz im Durchschnitt 17,6% des im Körper befindlichen Alkohols verbrannt. Bei den verschiedenen Hunden zeigt der Prozentsatz ziemlich erhebliche Abweichungen, wie die Abb. 27 beweist. Wenn diese Befunde auch für den Menschen zutreffen würden, wären alle Berechnungen, die aus der Zeit, die nach der Alkoholaufnahme vergangen ist und dem Blutalkoholgehalt auf die Menge des aufgenommenen Alkohols schließen, hinfällig oder doch sehr ungenau. Aber die jüngst erschienenen Versuche von Newman und Cutting[2] an 20 Menschen kommen zu denselben Ergebnissen wie Mellanby. Nach intravenöser Injektion von 0,5—1,5 g Alkohol ist die Kurve des Abfalls eine gerade Linie, so daß also das Ausmaß der Oxydation von der Anfangskonzentration unabhängig ist. Und diejenige Menge, die imstande ist, die Konzentration bei einem Alkoholspiegel von 15—94 mg⁰/₀₀ auf einer gleichmäßigen Höhe zu erhalten, beträgt unabhängig von dem jeweiligen Blutalkoholspiegel 0,174 ccm/kg und Stunde (Mellanby 0,185 beim Hund). Bei den verschiedenen Menschen sind allerdings gewisse Schwankungen der Werte zu verzeichnen.

---

[1] Haggard, H. W., u. L. A. Greenberg: J. of Pharmacol. **53**, 167 (1934).
[2] Newman, H. W., u. W. C. Cutting: J. of Pharmacol. **54**, 371 (1935).

Die voneinander abweichenden Befunde HAGGARDS und GREENBERGS einerseits und NEWMANS und CUTTINGS andererseits dürften möglicherweise auf die verschiedenen Mengen des einverleibten Alkohols zurückzuführen sein. Die ersteren haben 2,5—5,9 ccm/kg Hund, die letzteren 0,5—1,0 g/kg Mensch gegeben. Die Tierart spielt aber offenbar keine Rolle, da MELLANBY und HAGGARD ihre Versuche am Hund anstellten.

Jedenfalls hat auf Grund der MELLANBYschen Ansichten WIDMARK ein in forensischer Beziehung sehr wichtiges Verfahren ausgebildet, das gestattet, aus dem Blutalkoholgehalt und der Zeit die per os aufgenommene Alkoholmenge mit einiger Sicherheit zu berechnen. Die Formel, nach der die Berechnung vorgenommen wird, lautet

$$A = pr(c_t + \beta t),$$

wobei A die aufgenommene Alkoholmenge in Gramm, p das Körpergewicht in Kilogramm, c_t die Konzentration in Promille (g im Liter) zu einer bestimmten Zeit t, t die Zeit seit Beginn der Alkoholaufnahme in Minuten bedeutet. Die Größen r und β sind empirisch gefundene Konstanten und betragen für den Menschen:

Männer:　$r = 0,68$ ($\pm 0,085$)　$\beta = 0,0026$ ($\pm 0,00056$)
Frauen:　$r = 0,55$ ($\pm 0,055$)　$\beta = 0,0026$ ($\pm 0,00037$)

Beim Hund sind die Konstanten: $r = 0,71$—$0,76$, $\beta = 0,0016$—$0,0020$[1].

Die forensische Bedeutung der Blutalkoholuntersuchung liegt darin, daß festgestellt werden kann

1. ob der Untersuchte Alkohol zu sich genommen hat (mehr als $1^0/_{00}$ läßt diesen Schluß zu),

2. ob zur Zeit der Untersuchung noch toxische Mengen im Organismus vorhanden sind,

3. welche Alkoholmengen aufgenommen wurden, die sich unter Zuhilfenahme der WIDMARKschen Formel aus der Blutalkoholkonzentration berechnen lassen, vorausgesetzt, daß die Zeit bekannt ist, die nach der Aufnahme verflossen ist.

Von der Beobachtung ausgehend, daß der Alkohol im Hochgebirge weniger berauschend wirkt als in der Ebene, stellte BIEHLER[2] fest, daß bei Kaninchen nach peroraler Gabe von 2 ccm Alkohol abs. die Blutalkoholkurve langsamer ansteigt, einen niedrigeren Gipfelpunkt zeigt und die Abgabe aus dem Blut in 1500 m Höhe schneller erfolgt als im Tiefland, was auf die größere Atmung in der Höhe zurückgeführt wird. In einem gewissen Gegensatz dazu stehen die Ergebnisse von BORNSTEIN und LOEWY[3], die im Hochgebirge (2450 m) einen etwas schnelleren Anstieg und höheren Gipfelpunkt fanden, während das Verschwinden aus dem Blut sich ebenso schnell vollzog wie in der Ebene. Die Unterschiede werden dadurch erklärt, daß bei den Versuchen am Menschen der Alkohol nüchtern getrunken wurde, während beim Kaninchen der Magen selbst nach mehrtägigem Hungern nicht leer ist.

Einfluß des Alkohols auf die Blutbestandteile. HAYASHI[4] beschäftigt sich mit der Frage, ob beim Zusatz von Alkohol zum Blutserum die *Viscosität* sich im Verhältnis zur Menge des Alkohols ändert oder ob bei gewissen Konzentrationen ein Minimum und ein Maximum durchlaufen wird. Er konnte die

---

[1] Wenn man den Versuch von HAGGARD und GREENBERG nach der WIDMARKschen Formel durchrechnet, so kommt man zu Ergebnissen, die mit den analytischen Befunden nicht in Einklang zu bringen sind. In der Praxis aber scheint sich die Formel für den Menschen durchaus bewährt zu haben.

[2] BIEHLER, W.: Arch. f. exper. Path. **107**, 20 (1925).

[3] BORNSTEIN, A., u. A. LOEWY: Biochem. Z. **191**, 271 (1927).

[4] HAYASHI, K.: Kolloid-Z. **36**, 227 (1925).

früheren Befunde nicht bestätigen, sondern feststellen, daß die Viscosität gleichmäßig mit der Alkoholkonzentration zunimmt, sofern das Gesamtvolumen von Serum und Alkohol, aber auch der Serumanteil und damit die Eiweißkonzentration gleichgehalten werden. Di Macco[1] konnte sowohl in vitro wie in vivo bei einem Alkoholgehalt von 2% eine Viscositätssteigerung beobachten, wobei der refraktometrisch festgestellte Eiweißgehalt in vivo um ungefähr 10% ansteigt. Di Macco hat auch die *Senkungsgeschwindigkeit* der in Kochsalzlösung aufgeschwemmten roten Blutkörperchen wie im Citratblut untersucht und fand sie unter Alkoholwirkung (1%) verlangsamt im Gegensatz zu György[2] u. a., der nur bei hohen hämolytischen Alkoholkonzentrationen eine Hemmung feststellen konnte. Für das Citratblut konnte Baumecker[3] Hemmung durch 1% Alkohol, sogar schon bei 0,3% beobachten. Di Macco stellte die Hemmung auch im Blut des Hundes fest, dem 2 ccm/kg Tier intravenös injiziert worden war. Die berechnete Alkoholkonzentration würde also in diesem Falle etwa 2,5% betragen. Die Hemmungswirkung wird von Baumecker auf eine Stabilisierung der Plasmaeiweißkörper bezogen.

Die *Zahl* der *Erythrocyten* wird durch eine einmalige Gabe des Alkohols kaum verändert. Bei längerer Darreichung aber fanden Obregia und Mitarbeiter[4] beim Meerschweinchen eine erhebliche Verminderung, die durch eine Schädigung des Knochenmarks erklärt wird. Daß der Alkohol schon in Konzentrationen, die weit unterhalb der hämolytischen liegen, die Erythrocyten verändert, geht aus Versuchen von Williams[5] hervor, der bei $2{-}5^0/_{00}$ unregelmäßige Formen und bei $10^0/_{00}$ Quellung auftreten sah.

Die *Leukocyten* werden nach den Versuchen von Schloss[6] beim Menschen durch einmaligen Alkoholgenuß deutlich vermehrt, am meisten bei Abstinenten. Bei Trinkern trat nicht selten ein Leukocytensturz ein, der wohl auf eine Schädigung der Leberfunktion zu beziehen ist. An der Leukocytose waren besonders polymorphkernige Leukocyten und Lymphocyten beteiligt. Beim Hund wurde, allerdings nach sehr großen Gaben von 3—5 ccm/kg per os, die Zahl der phagocytierenden Leukocyten heruntergedrückt, eine Alkoholwirkung, die 2—3 Tage anhielt. Aus den Versuchen von Obregia geht hervor, daß beim Menschen nach mehrfacher Alkoholdarreichung die mononucleären Zellen vermehrt, die Polynucleären und Lymphocyten vermindert sind.

Die *Blutgerinnbarkeit* wird nach Shinozaki[7] durch kleine subcutan beigebrachte Alkoholgaben (0,1—0,5 ccm/kg Kaninchen) gefördert, durch größere (1—5 ccm/kg) vermindert. In vitro hemmen erst 10proz. Lösungen des Alkohols, während 5proz. unwirksam sind. Der Beeinflussung des Blutgerinnungsvermögens am lebenden Tier und der Gerinnung in vitro liegen offenbar ganz andere Mechanismen zugrunde.

Der Gehalt an *Fett*säuren und *Cholesterol* steigt bei längerer peroraler Eingabe von 3 g/kg Hund um 100 bzw. 70% an; nach Aussetzen des Alkohols sinken die Werte nach 1—2 Tagen wieder ab, um erst nach 20 Tagen den Ausgangswert zu erreichen (Nitzescu[8]). Bei einmaligem Alkoholgenuß von 0,5 ccm/kg Mensch

---

[1] Di Macco, G.: Gazz. internaz. med.-chir. **1925**, Nr 10, 153.

[2] György, P.: Biochem. Z. **115**, 71 (1921).

[3] Baumecker, W.: Biochem. Z. **152**, 64 (1924).

[4] Obregia, A. A., u. Mitarbeiter: C. r. Soc. Biol. Paris **102**, 671, 722 (1929); **105**, 919 (1930).

[5] Williams, J.: Proc. Soc. exper. Biol. a. Med. **28**, 445 (1931).

[6] Schloss, J.: Z. exper. Med. **37**, 281 (1923).

[7] Shinozaki, K.: Okayama-Igakkai-Zasshi **43**, 1062 u. dtsch. Zusammenfassung 1076 (1931).

[8] Nitzescu, I.-I.: C. r. Soc. Biol. Paris **110**, 64 (1932).

in Form von Wein beobachtete SERIANNI[1] eine Abnahme des freien Cholesterins und eine Zunahme der Ester. Vermindert sind auch die Seifen und Phosphatide, während die Analyse der Neutralfette schwankende Werte aufweist.

Der *Wassergehalt* des Blutes wird nach Zufuhr kleiner Alkoholmengen beim Menschen vermindert (GALAMINI[2]), während er nach OBREGIA beim Meerschweinchen nach einmaliger Zufuhr großer Alkoholmengen vermehrt wird, was auf ein Einströmen von Gewebswasser ins Blut zurückgeführt wird. Die Zufuhr von Alkohol verursacht bei Hunden keine wesentliche Veränderung des Säure-Basengleichgewichts, da nur bei einem von zwei Tieren eine ganz leichte Alkalose auftrat. Mit dem Einfluß des Alkohols auf den *Jodspiegel* im Blut beschäftigt sich SCHITTENHELM[3]; er fand, daß nach intraperitonealer Injektion von 45 ccm 96proz. Alkohol bei einem Tier im Rauschzustand der Jodspiegel abfiel und im darauffolgenden Schlafzustand wieder anstieg. Nach 65 ccm 96proz. Alkohol trat bei einer 20,5 kg schweren Hündin im Rauschzustand ein Absinken, während der Vollnarkose ein Anstieg des Blutjodspiegels ein, dem die Rückkehr zum Ausgangswert kurz vor dem Erwachen folgte. Bei schilddrüsenlosen Tieren waren keine Veränderungen des Blutjodspiegels festzustellen; die Wirkung des Alkohols muß sich infolgedessen auf eine Beeinflussung der Schilddrüse erstrecken.

Über die Veränderung des *Blutzuckergehaltes* nach Aufnahme von Alkohol liegt eine große Reihe von Arbeiten vor[4], deren Ergebnisse ziemlich auseinandergehen. Der Grund dafür ist wohl wie fast immer darin zu suchen, daß die Versuchsbedingungen recht verschieden sind, Aufnahme des Alkohols auf nüchternem Magen oder nach Nahrungsaufnahme, Gewöhnung an Alkohol oder Enthaltsamkeit usw., vor allem aber die Gabengröße und die Konzentration. Systematische Untersuchungen am Tier, an dem gerade die Einflüsse der Gabengröße meßbar sind, scheinen nicht angestellt worden zu sein.

Untersuchungen am Menschen scheinen zu ergeben, daß Gaben von 0,3 und 0,4 g/kg eine Senkung des Blutzuckers hervorrufen; 0,5—0,75 g/kg aber eine Steigerung. Um einen Begriff von diesen Mengen zu geben, so möge daran erinnert sein, daß die geringen Gaben (0,3—0,4 g) für einen 60 kg schweren Menschen der Menge von etwa 225—300 ccm 10 volumproz. Weines und 675 bis 900 ccm 3,3proz. Bieres entsprechen, also Mengen, die schon nicht mehr als unerheblich anzusprechen sind. 0,5—0,75 g/kg würden 375—465 ccm 10 volumproz. Weines und 1125—1395 leichten Bieres entsprechen.

Im einzelnen wurden die Versuche wie folgt vorgenommen: KOLTA[5] gab sechs Stoffwechselgesunden 10 ccm Alkohol in 250 ccm Tee; danach trat sofort eine Senkung des Blutzuckers ein, der nach etwa 10 Minuten einem leichten Anstieg Platz machte. GAVRILA[6] gab 0,4 g Alkohol 4fach mit Wasser verdünnt, je kg Gewicht; nach einer halben Stunde konnte er eine Senkung um 25 mg% nachweisen. MORETTI und BELLINGHIERI[7] verabreichten 0,5 g/kg Mensch mit Wasser verdünnt innerhalb 30 Minuten in 6 Einzelgaben und fanden den Blutzucker leicht erhöht. BAGLIONI und Mitarbeiter[8] führten den Alkohol in Form von Marsalawein (16,3% Alkohol, 4,6% Zucker) in Gaben von 0,48 ccm/kg ein. Die gesunden Versuchspersonen zeigten nach 20—60 Minuten eine deutliche Zunahme des Blutzuckers, die in den meisten Fällen auf den Alkohol im Marsala

---

[1] SERIANNI, E.: Boll. Soc. ital. Biol. sper. **9**, 42 (1934).
[2] GALAMINI, A.: Atti Accad. naz. Lincei, VI. s. **13**, 143 (1931).
[3] SCHITTENHELM, A., u. B. EISLER: Z. exper. Med. **86**, 368 (1933).
[4] Die folgenden Auseinandersetzungen machen keinen Anspruch auf Vollständigkeit.
[5] KOLTA, E.: Dtsch. Arch. klin. Med. **175**, 376 (1933).
[6] GAVRILA, J., u. T. SPARCHEZ: C. r. Soc. Biol. Paris **98**, 65 (1928).
[7] MORETTI, P., u. P. BELLINGHIERI: Rass. Ter. e Pat. clin. **2**, 465 (1930).
[8] BAGLIONI, S., u. Mitarbeiter: Atti Accad. naz. Lincei **6**, 34 (1927).

zurückgeführt wird. ALBERTONI[1] gab seiner abstinenten Versuchsperson längere Zeit täglich 45 g Alkohol in 250 g Flüssigkeit (Zuckerwasser) und beobachtete einen Anstieg des Blutzuckerspiegels von 0,7 auf 1,42 mg%. Bei dem Versuch von ALBERTONI kann auch der eingeführte Zucker eine Rolle mitgespielt haben.

Interessant ist die Beobachtung, daß beim Diabetiker der Alkohol zum Teil anders wirkt. KOLTA sah hier nach den gleichen Gaben, die die Stoffwechselgesunden erhielten, also etwa 0,3 g/kg, einen schnellen Anstieg mäßigen Grades, GAVRILA nach 0,4 g/kg eine Senkung um 70%, MORETTI nach 0,5 g/kg eine Senkung (bei Gesunden eine Erhöhung) und LABBÉ und Mitarbeiter[2] ebenfalls einen Abfall nach den gleichen Gaben, die beim Gesunden einen Anstieg bewirkten. HUNT[3] stellte beim Diabetiker nach 28 g 40proz. Kognaks (also ungefähr 0,2 g/kg) innerhalb von 1—2 Stunden in allen Fällen eine Verminderung des Blutzuckers um 32—122 mg% fest. Von Tierversuchen seien noch erwähnt: BLATHERWICK, MAXWELL und LONG[4] fanden beim Kaninchen nach peroral zugeführtem Alkohol eine deutliche Verminderung des Blutzuckers, und NITZESCU[5] sah nach 0,5—1 g Alkohol/kg Hund bei Einführung in den Magen im Verlauf von 1—2 Stunden eine leichte Hyperglykämie, beim pankreasdiabetischen Tier war keine sichere Wirkung zu erkennen. Die Adrenalin- und Pilocarpinhyperglykämie wurde beim Kaninchen durch intravenöse Alkoholeinverleibung unterdrückt. Diese Hypoglykämie ist vom vegetativen Nervensystem unabhängig; eine später folgende Hyperglykämie soll durch Hemmung der Zuckerverbrennung bedingt sein. Wird gleichzeitig mit dem Alkohol Glykose verabreicht, so kommt es bei Tier und Mensch zu einem schnellen Anstieg des Blutzuckerspiegels (ALBERTONI, GALAMINI).

Die Unterschiede in den gefundenen Ergebnissen lassen sich ohne eigens dazu angestellten Versuch kaum erklären, und es soll deshalb auch darauf verzichtet werden, die zahlreichen Möglichkeiten zu erörtern.

Gehirn, Rückenmark (*zu Bd. I, S. 297*). Die Wirkungen auf das Zentralnervensystem sind wiederum vielfach untersucht worden; insbesondere haben die Veränderungen der feineren psychischen Tätigkeiten des Gehirns unter dem Einfluß des Alkohols die Untersucher gereizt, mit neuen und älteren Methoden, zum Teil unter Berücksichtigung der Gabengröße und der Konzentration von praktischen Gesichtspunkten aus, die berühmten Versuche von KRAEPELIN zu wiederholen und zu ergänzen.

Unter Benutzung einer von HOPKINS und FRISCH angegebenen Methode gelingt es FROMHERZ[6], graue Mäuse auf Unterscheidung von Farben zu dressieren. Aus der Veränderung dieses Farbenunterscheidungsvermögens unter der Einwirkung des Alkohols läßt sich ein Schluß auf die Beeinflussung höherer Nervenzentren ziehen. In gewisser Beziehung erinnern diese Versuche am Tier an die Messung der Reaktionszeit bei Wahlversuchen unter Verwendung von optischen Signalen. Bei peroraler Eingabe von Alkohol in Gaben von 0,18—0,39 ccm 4%/20 g Maus, die schon eine deutliche lähmende Wirkung motorischer Funktionen (Laufen, Springen, Klettern an einer senkrechten Stange und Festhalten) bedingen, ist die Farbunterscheidung noch verhältnismäßig gut erhalten. Daraus scheint sich zu ergeben, daß die motorischen Hirnteile dem Alkohol gegenüber

[1] ALBERTONI, P.: Boll. Soc. ital. Biol. sper. **1**, 261 (1926).
[2] LABBÉ, M., u. Mitarbeiter: Arch. des Mal. Appar. digest. **19**, 1053 (1929).
[3] HUNT, T. C.: Lancet **1930 I**, 121.
[4] BLATHERWICK, N. R., L. C. MAXWELL u. L. LONG: Amer. J. Physiol. **67**, 346 (1924).
[5] NITZESCU, I.-I.: C. r. Soc. Biol. Paris **97**, 1104 (1927).
[6] FROMHERZ, K.: Arch. f. exper. Path. **121**, 273 (1927).

keineswegs widerstandsfähiger sind als die, welche für die Farbenwahl verantwortlich sind, was mit den Ergebnissen der KRAEPELINschen Versuche in einem gewissen Widerspruch steht. MACHT[1] hat seine Versuche im Irrgarten an Ratten fortgesetzt (s. auch Bd. I, S. 299). Nach intraperitonealer Injektion von 2 ccm 4proz. Alkohollösung war die Laufzeit um 8%, die Fehlerzahl um 5% vermehrt; sicher eine geringe Beeinträchtigung, wenn man die Art der Darreichung und die Gabengröße berücksichtigt. Um von dieser eine Vorstellung zu bekommen, würde sie unter Berücksichtigung des Körpergewichtes für den Menschen mit 600 ccm 4proz. Bieres errechnet werden können.

Am Menschen kommt TIGERSTEDT[2] bei seinen Versuchen mit 2 Liter 1,38, 1,51, 1,66% und 2,18 grammproz. Alkohollösungen oder Bieren zu der Schlußfolgerung, daß Geschicklichkeitstätigkeiten (Einfädeln von Nadeln) nur bei der letzteren Konzentration beeinträchtigt werden. TIGERSTEDT bezeichnet auf Grund der Versuchsergebnisse Biere mit 2,18 g% = 2,74 Vol.-% als die Grenze für den Alkoholgehalt der Getränke, die vom Standpunkt strengster Temperenz noch als unwirksam gelten können. HAHN[3] stellt fest, daß nach 20 und 50 g Alkohol in Brauselimonade das Haften des eingeprägten Lernstoffes und das Lesen erschwert sind, daß aber die Lerngeschwindigkeit anfangs zunehmen kann. HANSEN[4] bestimmte die Reiz- und Unterschiedsschwelle für Töne von 200—300 Doppelschwingungen und verglich die Veränderungen mit dem Alkoholgehalt des Blutes. Nach mittleren Gaben von 0,33—1,0 g/kg Mensch wurde anfangs eine Verfeinerung der Ton- und Unterschiedsempfindung, später eine Verschlechterung hervorgerufen. Diese Wirkung des Alkohols nimmt mit der Zeit zu, in der sich ein bestimmter Alkoholgehalt des Blutes gleich hoch hält. Die Wirkung ist im großen ganzen dem Blutalkoholgehalt proportional. Für die Art und Stärke des Einflusses ist vor allem auch die Gewöhnung der Versuchsperson an Alkohol von Bedeutung. Bemerkenswert scheint in diesen Versuchen die Feststellung zu sein, daß eine Verbesserung einer feineren psychischen Funktion unter Alkoholwirkung möglich ist. PALTHE VAN WULFFTEN[5] konnte bei Aufmerksamkeitsbestimmungen nach Gaben von 100—245 ccm 10proz. Alkohols manchmal eine Verbesserung feststellen. Er scheint geneigt zu sein, dies einem Hemmungsfortfall zuzuschreiben, so daß über das eigentliche Leistungsvermögen kein Urteil abgegeben werden kann. Nach 10 g Alkohol in 150 ccm Flüssigkeit wurden nach CATTELL[6] die intellektuellen Leistungen verbessert, die Gedächtnisleistungen verschlechtert, während 20 g Alkohol nur schädigend wirkten. KANTOROVIC[7] nimmt auf Grund seiner Versuche mit 0,3—0,6 g Alkohol/kg an, daß die corticale assoziativreflektorische Tätigkeit gestört, subcorticale Zentren aber erregt werden können.

Sehr bemerkenswert sind Untersuchungen von ZEINER-HENRIKSEN[8], der selbst bei großen Gaben von Alkohol (5—10—30 ccm), die den Gehalt im Blut auf 2—3 g im Liter treiben, die Unterschiedsempfindlichkeit für blaues ($470\,\mu$) indigofarbenes ($448\,\mu$) und violettes Licht ($420\,\mu$) beträchtlich gesteigert, für rotes, gelbes und grünes aber verschlechtert fand. Es soll diesem Befund eine zentrale Wirkung zugrunde liegen. Jedenfalls geht aus diesen Versuchen hervor, daß

[1] MACHT, D., u. H. LEACH: Proc. Soc. exper. Biol. a. Med. **26**, 330 (1929).
[2] TIGERSTEDT, C.: Pflügers Arch. **205**, 171 (1924).
[3] HAHN, G.: Psychol. Arb. **9**, 343 (1926).
[4] HANSEN, K.: Arch. internat. Pharmacodynamie **30**, 355 (1926).
[5] PALTHE VAN WULFFTEN, P. M.: Geneesk. Tijdschr. Nederl.-Indië **68**, 588 (1928).
[6] CATTELL, R. B.: Brit. J. med. Psychol. **10**, 20 (1930).
[7] KANTOROVIC, N.: Nov. Refleksol. i Fiziol. nervn. Sist. **3**, 210 (1929).
[8] ZEINER-HENRIKSEN, K.: Sinnesphysiol. Augenuntersuchungen über die Wirkung von Alkohol usw. Oslo 1927. (Norwegisch.) Zit. n. Ber. Physiol. **44**, 150 (1928).

man nicht schlechthin von einer lähmenden Alkoholwirkung sprechen kann, sondern daß die eine Tätigkeit gelähmt, die andere durch die gleiche Gabe unbeeinflußt oder gar gefördert werden kann. Das geht aus Versuchen von ANDREYEV[1] am Hund hervor, der feststellte, daß positive „bedingte Reflexe" durch kleine Alkoholgaben gehemmt, während negative nicht beeinflußt werden. Im weiteren Verlauf und nach größeren Alkoholgaben war allerdings nur eine Lähmung festzustellen. Bemerkenswert war in diesen Versuchen eine längere Nachwirkung im schädigenden Sinne, obgleich der Alkohol wohl schon sicher aus dem Organismus verschwunden war. KOCHMANN und HESSEL[2] fanden, daß bei einfachen Reaktionsversuchen, bei denen die Aufmerksamkeit bald auf den Reiz (sensoriell), bald auf die muskuläre Tätigkeit gerichtet wurde (muskulär), die Reaktionszeit in ganz geringem Umfange geändert wurde. Bei 15 ccm 10proz. Alkohol wird die muskuläre Reaktionszeit besonders im letzten Teil des 1stündigen Versuches etwas verlängert, während die sensorielle Reaktionszeit im letzten Drittel verkürzt wurde. 100 ccm 10proz. Alkohols haben keine Wirkung (nichtveröffentlichte Versuche). Von allein lähmenden Wirkungen berichten VARÉ[3] selbst nach kleinen, aber nicht angegebenen Gaben, MACCO[4] (0,5—2 ccm/kg), SCHOTTKY[5], MILES[6] und ENKLING[7], der langdauernde Versuche anstellte. Die Gaben waren hierbei allerdings zum Teil verhältnismäßig hoch, da in einer Versuchsreihe 60 g Alkohol auf einmal oder in zwei und vier Teilgaben, in anderen Reihen 40, 20 und 10 ccm abs. Alkohols verabreicht wurden. GRAF[8] hat Versuche an zwei Personen mit einem Testverfahren angestellt, das den Vergleich mit den sog. Fahr- und Lenkberufen nahelegt und hohe Anforderungen an Bewegungskoordination stellt. Nach rasch aufgenommenen Gaben von 40 und 80 g Alkohol in 30proz. Lösung erfuhr die Leistung eine qualitative Verschlechterung: die Fehlerzahl stieg, die Reaktionszeiten waren länger und bei den höheren Gaben war auch die Geschwindigkeit vermindert. Die Gabe von 80 g bewirkte eine mehr als doppelte Schädigung wie die von 40 g. An einer zweiten Versuchsperson wurden nach 142 g Alkohol erhebliche Schädigungen besonders auch auf dem Gebiete der Muskelleistung beobachtet. Ein Vergleich zwischen der Blutalkoholkonzentration und der Schädigung zeigte ein Ansteigen der letzteren im Quadrat der Konzentration. Der Höhepunkt der Schädigung lag etwas später, der Gipfel der Konzentration und die Erholung ging dem Abfall des Blutalkohols voran. Für die Beurteilung aller derartiger Versuche ist vielleicht wichtig, die Gabengröße einer Betrachtung zu unterziehen. 40 g Alkohol entsprechen 500 ccm Rheinwein oder 1200 ccm Bier. Diese und die doppelten Mengen wurden also in ganz kurzer Zeit aufgenommen. Die von der zweiten Versuchsperson getrunkene Alkoholmenge würde mehr als zwei Flaschen Rheinwein gleichkommen. Wenn die Konzentration 30%, also die eines schnapsartigen Getränkes, betrug, so wird man verstehen, daß nur schädliche Wirkungen zutage traten. Auch MILES scheint bei der Untersuchung des Urinalkoholgehaltes im Vergleich mit den psychischen Leistungen einer ähnlichen Ansicht zuzuneigen wie GRAF. Aus den Versuchen SCHOTTKYS geht hervor, daß die Wirkungen des Alkohols geringer sind, wenn der Alkohol zusammen mit Fett und besonders Eiweiß aufgenommen wird, weil, wie auch WIDMARK hervorhebt, eine Bindung des Alkohols und eine

[1] ANDREYEV, L. A.: Arch. internat. Pharmacodynamie **48**, 117 (1934).
[2] HESSEL, G.: Inaug.-Diss. Halle 1924.
[3] VARÉ, P.: C. r. Soc. Biol. Paris **111**, 70 (1932).
[4] DI MACCO, G.: Arch. di Fisiol. **21**, 131 (1923).
[5] SCHOTTKY, J.: Psychol. Arb. **9**, 384 (1928).
[6] MILES, W. R.: Proc. nat. Acad. Sci. U. S. A. **10**, 333 (1924).
[7] ENKLING, J.: Psychol. Arb. **9**, 274 (1926).
[8] GRAF, O.: Arb. physiol. **6**, 169 (1932).

Hemmung der Resorption möglich ist. HOLLINGWORTH[1] macht besonders auf
individuelle Unterschiede aufmerksam, die die Alkoholwirkung wandeln können.
In welcher Weise die Konzentration des Alkohols bei gleicher Menge die geistigen
Fähigkeiten verschieden beeinflussen kann, sucht GYLYS[2] durch seine Versuche
am Menschen zu entscheiden, dem 30 ccm Alkohol in 10- und 30proz. Lösungen
gegeben werden. Es zeigen sich nicht sehr erhebliche Unterschiede, die sich aus
der Tabelle 46 entnehmen lassen.

Tabelle 46.

	Addieren, Lernen, Qualität der Wortreaktionen			Auffassung (Bourdon-Versuch)			Geschicklichkeit, Wahlreaktions- und Assoziationsschnelligkeit		
	A	B	C	A	B	C	A	B	C
Alkoholfreie Tage	100	100	101	100	100	102	100	101	103
10% Alkohol . .	100	91	88	100	92	88	100	87	86
30% Alkohol . .	100	79	90	100	88	85	100	90	93

A, B, C sind drei Arbeitsperioden von 20 Minuten, die durch zwei Pausen von gleicher
Zeitdauer unterbrochen wurden.

MULLIN, KLEITMAN und COOPERMAN[3] haben die Wirkung von 300—375 ccm
19proz. Alkohols auf den Schlaf untersucht. Während des ersten Teiles der Nacht
tritt eine Verminderung der Bewegungen und der Temperatur auf, während
sich beide Größen im zweiten Teile der Nacht über die Werte der Vergleichs-
personen erheben.

An Tieren wurde eine Reihe von Versuchen über die Reflextätigkeit angestellt,
die mit den *Gleichgewichtsorganen* im Zusammenhang stehen. Tauben, denen
auf einer Seite der häutige Kanal des sagittalen Bogenganges freigelegt war,
reagieren auf wiederholte akustische Reize mit sehr gleichmäßigem Senken des
Kopfes. Nach intramuskulärer Injektion von 0,1—0,25 ccm Alkohol kommt
es nach TULLIO und DE MARCO[4] sofort zu einer Abschwächung des Reflexes,
welcher später eine Verstärkung zu folgen pflegt, was durch graphische Auf-
zeichnungen festgestellt wird. SHINOMIYA, NAGAMI und TSUKAMOTO[5] finden, daß
die vom Labyrinth ausgehenden Haltungsreflexe im Sinne von MAGNUS durch
Alkohol vermindert oder aufgehoben werden, und zwar Halsstellreflexe, Körperstellreflexe, Liftreaktion, Sprungbereitschaft, Labyrinthstellreflex, Körperstell-
reflex auf den Kopf.
Die Reizung des motorischen Rindenfeldes für das rechte Vorderbein des
Hundes mittels 1proz. Strychninlösung konnte nach den Untersuchungen von
BANDERATI[6] durch Aufbringen von verschiedenen Alkoholen auf das Rindenfeld
(auch des Äthylalkohols) sofort aufgehoben werden. Durch die täglich vor-
genommene Einverleibung von 1 ccm Alkohol/kg Hund konnte die reflektorisch
bedingte Rindenepilepsie verschieden beeinflußt werden. Bei solchen Tieren,
die wenig empfindlich waren, steigerte der Alkohol den Status epilepticus, und
bei denen die Epilepsie leicht auszulösen war, wurde es durch die genannte oder
größere Alkoholgabe unmöglich, die Epilepsie reflektorisch hervorzurufen. Die
nach Exstirpation einer Kleinhirnhälfte und faradischer Reizung des Kleinhirns

[1] HOLLINGWORTH, H. L.: J. abnorm. a. soc. Psychol. 18, 204 (1924).
[2] GYLYS, A.: Psychol. Arb. 9, 157 (1925).
[3] MULLIN, F. J., N. KLEITMAN u. N. R. COOPERMAN: Amer. J. Physiol. 106, 478 (1933).
[4] TULLIO, P., u. R. DE MARCO: Boll. Soc. ital. Biol. sper. 8, 898 (1931) — Arch. di Fisiol.
31, 369 (1932).
[5] SHINOMIYA, M., H. NAGAMI u. H. TSUKAMOTO: J. of orient. Med. 16, 33 (1932).
[6] BANDERATI, U.: Atti Accad. naz. Linzei, Rend. 33, 201 (1924).

auftretenden tonischen Krampfzustände können durch Alkohol in Gaben von 50—60 ccm 10—80 proz. Alkohols vermindert oder gänzlich unterdrückt werden. Gleichzeitig stellten die Untersucher KURÉ und Mitarbeiter[1] den Alkoholgehalt der verschiedenen Hirnabschnitte fest und kamen zu denselben Ergebnissen wie DOBROVICKIJ[2]. Hier mögen auch die Versuche von ESSEN[3] Erwähnung finden, nach dem bei großhirnlosen Fröschen die Alkoholnarkose im Verhältnis zu den nichtoperierten Tieren wesentlich vertieft wird.

Um die Wirkung des Alkohols auf die einzelnen Teile des Zentralnervensystems isoliert hervorrufen zu können, haben FRIEDEMANN und ELKELES[4] bei gekreuztem Kreislauf Hirn- und Rückenmarksreflexe geprüft. Es gelang ihnen, auf diese Weise eine isolierte Hirn- und Rückenmarksnarkose herbeizuführen. Neben dem Alkohol wurden auch eine Reihe anderer Narkotica untersucht.

Über die Art der Impulse, die von den psychomotorischen Zentren zu den Erfolgsorganen fließen, sollen Untersuchungen von ATHANASIU[5] Aufschluß geben, der das vom Gastrocnemius des frei umherlaufenden Meerschweinchens abgeleitete Aktionsstrombild analysierte. Die Zahl der elektromuskulären Wellen wurde nach Alkohol (7,5 ccm 96 proz. Alkohol in 100 ccm Ringerlösung intraperitoneal) von 180 auf 120 vermindert und ihre Größe gleichzeitig verkleinert. Ebenso sinkt die Zahl der elektroneuromotorischen Oszillationen von etwa 600 auf 400. Beide Wellen nehmen also im gleichen Ausmaß ab, ohne daß eine vorübergehende Vergrößerung der Amplitude oder Vermehrung der Wellenzahl stattfindet.

Unter Einwirkung von peroral zugeführtem Alkohol sinken nach VARÉ und Mitarbeitern[6] im Exzitationsstadium die Chronaxiewerte der motorischen Rindenfelder ganz erheblich, während sie im Stadium der Betäubung weit über die Norm ansteigen. Die Rheobase zeigt entsprechende, wenn auch nur geringfügige Änderungen. Zu ähnlichem Ergebnis kommen CHAUCHARD und Mitarbeiter[7]. PALTHE VAN WULFFTEN[8] gibt an, daß die Lähmungserscheinungen, die sich am Menschen nach Aufnahme von 120 ccm 40 proz. Alkohols an feineren psychischen Tätigkeiten bemerkbar machen, durch Atmung reinen Sauerstoffs verhindert werden können und wieder auftreten, wenn die Sauerstoffatmung unterbrochen wird.

Erwähnt seien hier noch einige Alkoholwirkungen auf das Gehirn, die zeigen, daß anatomische und physikalische Änderungen herbeigeführt werden können. Durch perorale Zufuhr wässeriger Lösungen in großen Gaben steigt der prozentuale Wert der Gefrierpunktserniedrigung für die Hirnsubstanz (BRANDINO[9]). Über anatomische Veränderungen berichten TESTA[10], WASCHETKO[11], UEPRUS[12]. Letzterer fand auch eine erhöhte Durchgängigkeit der Hirnhäute für Farbstoffe, was auch von STERN und LOKSCHINA[13] bei akuter und längerer Darreichung an Meerschweinchen und Kaninchen beobachtet wurde. Den Sauerstoffverbrauch

[1] KURÉ, K. T., u. Mitarbeiter: Z. exper. Med. **38**, 326 (1923).
[2] DOBROVICKIJ, P.: Med.-biol. Z. **5**, 117 (1929).
[3] ESSEN, K. W.: Arch. f. exper. Path. **159**, 387 (1931).
[4] FRIEDEMANN, U., u. A. ELKELES: Z. exper. Med. **80**, 229 (1933).
[5] ATHANASIU, J.: J. Physiol. et Path. gén. **22**, 52 (1924).
[6] VARÉ, G. u. P., H. VERDIER u. M. VIDACOWITCH: C. r. Soc. Biol. Paris **103**, 1255 (1930).
[7] CHAUCHARD, A. u. B., u. G. KAJIWARA: C. r. Soc. Biol. Paris **105**, 778 (1930).
[8] PALTHE VAN WULFFTEN, P. M.; Dtsch. Z. Nervenheilk. **92**, 79 (1926).
[9] BRANDINO, G.: Arch. Farmacol. sper. **47**, 84, 97 (1929).
[10] TESTA, U.: Riv. sper. Freniatr. **52**, 559 (1929).
[11] WASCHETKO, N., u. B. DEJKUN: Z. exper. Med. **81**, 184 (1932).
[12] UEPRUS, W.: Fol. neuropath. eston. **11**, 82 (1931).
[13] STERN, L., u. E. LOKSCHINA: C. r. Soc. Biol. Paris **100**, 307 (1929).

von Hirnschnitten von Kaninchen, die 5 ccm/kg Alkohol erhalten hatten, fanden
ROBERTSON und STEWART[1] nicht unerheblich erhöht.

Schließlich mögen hier noch drei Arbeiten erwähnt werden, welche die Feststellung des Alkoholgehalts des Gehirns und seine Verteilung in den verschiedenen
Hirnteilen zur Aufgabe haben. Nach Eingabe von 6 g/kg Kaninchen beträgt
der Alkoholgehalt des Gehirns 5 Stunden später im Durchschnitt 0,4% (RUSSEL
und THIENES[2]). DOBROVICKIJ hat im Gehirn von im Rausch verstorbenen
Menschen den Alkoholgehalt beider Hirnhälften zwar gleich gefunden, aber in
den einzelnen Hirnteilen Cerebellum, Wurm usw. verschieden; am meisten enthielt
das Cerebellum, am wenigsten das Pallidum. Die Einzelheiten lassen sich hier
nicht wiedergeben.

GETTLER[3] schließlich zeigt die Beziehungen auf, die zwischen dem Alkoholgehalt des Gehirns und dem Grade der Wirkung vorhanden sind. Während
der normale Alkoholgehalt des Gehirns weniger als 0,0025 g% beträgt, ist er
bei Leuten, die Alkohol genossen haben, 0,05—0,6 g%; klinische Störungen
waren bei einem Alkoholgehalt von 0,1—0,25 g% beobachtet worden (Angriffs-
lust, Verlust an Vorsicht, aber keine Gleichgewichtsstörungen). Diese traten
erst auf, wenn sich im Gehirn mehr als 0,25 g% fanden. Für den Grad der
Schädigung ist nicht die Menge des aufgenommenen Alkohols maßgebend, sondern
der Alkoholgehalt des Gehirns. Bei Alkoholtoleranten ist er geringer als bei
alkoholempfindlichen Personen, da er von ersteren schneller zerstört wird und
sich infolgedessen weniger im Gehirn anreichern kann.

Auch am Rückenmark sind je nach Zeit der Einwirkung und Gabengröße
des Alkohols verschiedene Wirkungen (Erregung und Lähmung) beobachtet
worden. Nach der Einstellung des Untersuchers werden die fördernden Wirkungen
auf eine Steigerung der Erregbarkeit oder auf eine Lähmung von Hemmungs-
vorgängen bezogen, ein alter Streit, der sich wahrscheinlich kaum jemals aus-
tragen lassen wird, besonders wenn die Gaben klein genug gewählt werden,
um eine erregbarkeitssteigernde Wirkung überhaupt denkbar erscheinen zu
lassen.

PETACCI[4] brachte mit Alkohol von 0,1—1,0% getränkte Wattebäusche auf
das nach BAGLIONI hergestellte Präparat von Bufo vulgaris und fand, daß 0,1 bis
0,4% unwirksam waren, während nach 1 proz. Alkohollösung das Präparat lange
reaktionsfähig blieb und anfangs eine Steigerung der Reflexerregbarkeit eintrat.
Wird an dem Baglioni-Präparat durch Strychnin eine Erregung hervorgerufen,
so wird diese durch Alkoholanwendung aufgehoben (TAVOLARO[5]). Beim enthirnten Frosche, dessen Rückenmark freigelegt wird, wird durch Reizung des
N. peronaeus die reflektorische Erregung in den antagonistischen Muskeln,
M. semitendinosus und triceps, untersucht. Alkohol von 70—85%, unmittelbar
auf das Rückenmark gebracht, ruft nach MOGENDOVIC[6] eine Lähmung hervor,
bei welcher der Extensor eher gehemmt wird als sein Antagonist. Als Nachwirkung ist eine Steigerung der Rückenmarkserregbarkeit festzustellen, die als
eine Enthemmung aufgefaßt wird.

Rückenmark. Eine anfängliche Steigerung der Reflexerregbarkeit des Rückenmarks von Fischen unter Einwirkung von Alkohol und anderen Narkotica wird
von FÜHNER[7] beobachtet; der Erregbarkeitssteigerung folgt dann erst ein Läh-

[1] ROBERTSON, J. D., u. C. P. STEWART: Biochemic. J. **26**, 65 (1932).
[2] RUSSEL, E. R., u. C. H. THIENES: Proc. Soc. exper. Biol. a. Med. **30**, 23 (1932).
[3] GETTLER, A.: Arch. Path. a. Labor. Med. **3**, 218 (1927).
[4] PETACCI, C.: Atti Accad. naz. Lincei, Rend. **33**, 205 (1924).
[5] TAVOLARO, P.: Atti Accad. naz. Lincei, Rend. **33**, 206 (1924).
[6] MOGENDOVIC, M.: Med.-biol. Ž. **6**, 499 (1930).
[7] FÜHNER, H.: Arch. f. exper. Path. **119**, 83 (1927).

mungsstadium. Zu ähnlichen Ergebnissen kommt BLUME[1] an der enthirnten Katze, bei der der homolaterale Beugereflex unter Einwirkung von 0,3—0,5 ccm der 5proz. Lösung intravenös oder von 1—3 ccm einer 2proz. Lösung untersucht wird. Im Gegensatz zu diesen kleinen Gaben wirken größere 3 ccm 10proz., 5 ccm 5proz. Alkohols nur reversibel lähmend.

Das Verhalten des Patellarreflexes unter dem Einfluß des Alkohols ist an Mensch und Tier untersucht worden. In den Versuchen von TUTTLE[2] am Menschen betrug die Einzelgabe 10—100 ccm Whisky (also etwa 40proz. Alkohol), sie wurde, wenn keine Wirkung eintrat, unter Umständen mehrmals wiederholt und bis auf 300 ccm gesteigert. Bei neun an Alkohol nicht gewöhnten Personen wurde nach einer Latenzzeit von wenigen Minuten eine 7—20 Minuten andauernde Steigerung des Reflexes festgestellt, der eine Rückkehr zum regelrechten Verhalten oder eine Verminderung folgte. Nach erneuter Alkoholzufuhr wurde der Reflex wieder lebhafter. Bei zwei an Alkohol gewöhnten Menschen trat eine Verkleinerung der Ausschläge ein. 50 ccm Whisky erwiesen sich als unwirksam. Beim Hund wie beim Menschen (nach 20 ccm 97proz. Alkohols mit 80 ccm Ringerlösung intravenös einverleibt) wurden die Reflexzeiten deutlich verkürzt gefunden. Diese fördernde Wirkung wird von DOSEY und TRAVIS[3] auch als eine Hemmungslähmung aufgefaßt, da sie bei den Tieren eine allgemein narkotische Wirkung beobachten konnten.

Nerv und Muskel (*Bd. I, S. 306*). Am peripheren Nerv bringt Alkohol in Konzentrationen von 0,1—40% zunächst eine Steigerung, dann eine Verminderung der Erregbarkeit hervor, der immer schnelle Erholung folgt (DANILEWSKY[4]). Auch HANDOVSKY[5] bestätigt, daß kleine Konzentrationen die Erregbarkeit des Nerven steigern können; die lähmende Konzentration beträgt 0,003 Mol. Die bekannte, durch höhere Gaben immer hervorgerufene Lähmung des Nerven vom Kalt- oder Warmblüter wird nicht selten dazu benutzt, um Klarheit in den Lähmungsvorgang zu bringen. DAVIS und Mitarbeiter[6] zeigen am Peroneus der Katze, daß die Erregungsleitung im durch Alkohol gelähmten Nerventeil ohne Dekrement verläuft; die Ergebnisse decken sich also mit denen KATOS am Krötennerven. In ganz anderer Versuchsanordnung hat TSAI[7] eine ähnliche Fragestellung mit Hilfe des Alkohols zu lösen versucht; auch nach diesem Autor rufen 3—4proz. Alkohollösungen die Lähmung ohne Dekrement der Erregungsleitung hervor. SUZUKI[8] untersucht die Wirkung 2—15proz. Alkohollösungen auf den Nerven, bei dem der Aktionsstrom, elektrischer Widerstand, elektrischer Quotient usw. festgestellt werden. Die einzelnen Teilwirkungen sind im Lähmungs- und Erholungsstadium der Alkoholwirkung voneinander weitgehend unabhängig, die gemessenen Werte laufen keineswegs parallel.

ETS und BOYD[9] gehen von der Arbeitshypothese aus, daß die Lähmung des peripheren Nerven durch eine veränderte Verteilung des Kaliumions zu erklären sei. Die zur Begründung dieser Annahme angestellten Versuche mit Alkohol, Urethan und Cocain verliefen nicht gleichartig, da sich nur die Wirkungen der beiden letzteren mit der Hypothese vertragen, während bei den Alkoholwirkungen keine Übereinstimmung erzielt werden konnte. Nach den Untersuchungen von

---

[1] BLUME, W.: Arch. f. exper. Path. **114**, 156 (1926).

[2] TUTTLE, W. W.: J. of Pharmacol. **23**, 163 (1924).

[3] DOSEY, J. M., u. L. E. TRAVIS: Arch. of Neur. **24**, 48 (1930).

[4] DANILEWSKY, B., u. J. PERICHANJANZ: Arch. f. exper. Path. **105**, 319 (1925).

[5] HANDOVSKY, H., u. R. ZACHARIAS: Arch. f. exper. Path. **100**, 288 (1924).

[6] DAVIS, H., u. Mitarbeiter: Amer. J. Physiol. **72**, 177 (1925).

[7] TSAI, C.: J. of Physiol. **73**, 382 (1931).

[8] SUZUKI, M.: Jap. J. med. Sci., Trans. III Biophysics **2**, 347 (1933).

[9] ETS, H. N., u. T. E. BOYD: Amer. J. Physiol. **108**, 129 (1934).

OLMSTEDT[1] gelingt es, die durch Enthirnung hervorgerufenen tonischen Erscheinungen bei der Katze durch lokale Anwendung von Alkohol auf den Nerven aufzuheben. Die Reflexe verschwinden in verschiedener Reihenfolge und kehren in umgekehrter zurück, ein Verhalten, das mit verschiedenen Innervationsfrequenzen erklärt wird. Der zuerst versagende Vorgang besäße demnach die größte Innervationsfrequenz, so daß dadurch die Reize am ehesten in das Refraktärstadium der Erregbarkeit fallen.

Daß der Alkohol bei lokaler Anwendung auf die Haut eine Reizwirkung entfalten kann, ist schon mehrfach betont worden. Es ist deshalb selbstverständlich, daß ebenso wie durch andere Substanzen auch durch den Alkohol die Temperatur-, taktile und Schmerznerven spezifisch gereizt werden, wobei nach kurzer Einwirkungsdauer die Grenzschicht zwischen Corium und Epidermis nicht überschritten wird (GOLDSCHEIDER und JOACHIMOGLU[2]).

Einen eigenartigen Wirkungserfolg sah MORIMURA[3], wenn er ätherische Öle, Alkohol usw. zentralwärts in den freigelegten Rattennerv injizierte. Es trat nämlich nicht nur eine Hypästhesie des Nerven, sondern auch eine allgemeine Betäubung auf, was der Verfasser auf eine Wanderung des Alkohols im peripheren Nerven zurückzuführen scheint, und zwar in Übereinstimmung mit anderen Versuchen, in denen er die Wanderung des ätherischen Öles in den perineuralen Räumen des Nerven verfolgen konnte.

BLUME[4] hat die Einwirkung des Alkohols auf den Nerven, den Muskel und die motorischen Nervenendigungen im Muskel miteinander verglichen (Nervmuskelpräparat des Frosches). Am Nervenstamm ist eine erregbarkeitssteigernde Wirkung bei Konzentrationen von 1—3% festzustellen; 4proz. Alkohollösungen lähmen von vornherein. Die Erregbarkeitssteigerung kann unter Umständen mehrere Stunden lang anhalten, ohne später in Lähmung überzugehen. Am *Muskel* können noch 4proz. Alkohollösungen die Erregbarkeit steigern. Während aber hier die Steigerung durch die 4proz. Lösung nach 30 Minuten vorübergeht, ist sie bei der 1proz. Lösung besonders lange erhalten. Bei 8stündigem Aufenthalt in 4proz. Lösung wird der Muskel gelähmt. Steigerung und Lähmung der Erregbarkeit sind durch Einbringen in giftfreie Lösung rückgängig zu gestalten. Durch Einbringen des ganzen Nervmuskelpräparates z. B. in 1proz. Lösung, die sowohl die Erregbarkeit des Nerven wie des Muskels allein erhöht, läßt sich bei Reizung des Nerven schon nach kurzer Zeit ein Lähmungszustand feststellen. Aus diesem Befund wird der Schluß gezogen, daß eine Lähmung der motorischen Nervenendigungen stattgefunden hat, die also dem Alkohol gegenüber am empfindlichsten sind. Auch PULCHER[5] verlegt den Angriffspunkt des Alkohols zum Teil in die motorischen Endplatten. Bei Durchströmung von Wasserfröschen mit 1—1,3—5proz. Äthylalkohol von der V. cava aus zeigt sich eine Verlängerung der Latenzzeit und eine Verstärkung, sowie Verlängerung des tonischen Anteils der Kontraktion. Nach Curarisierung fallen diese Veränderungen fort. Der gleiche Verfasser findet einen merkwürdigen Unterschied des 25proz. Äthylalkohols in der Wärme und Kälte. Während bei der Durchströmung der Winterfrösche bei 18° nur narkotische Wirkungen zustande kommen, treten bei kühlgehaltenen Tieren automatische Kontraktionen der Skeletmuskeln auf, die durch elektrische Reize bis zur tetanischen Zuckung gesteigert werden können. Am M. sartorius curarisierter und nichtcurarisierter Winterfrösche stellte

[1] OLMSTEDT, J. M. D., u. J. BALL: Univ. California Publ. Physiol. **7**, 43 (1929).
[2] GOLDSCHEIDER, A., u. G. JOACHIMOGLU: Pflügers Arch. **206**, 325 (1924).
[3] MORIMURA, M.: Arb. III. Abt. anat. Inst. Kyoto H. **3**, 126 (1932).
[4] BLUME, W.: Arch. f. exper. Path. **110**, 46 (1926).
[5] PULCHER, C.: Arch. di Sci. biol. **5**, 425 (1924); **7**, 143 (1925).

UMRATH[1] fest, daß das absolute Refraktärstadium unter der Einwirkung von Alkohol (4,5%) bis auf das 13fache verlängert wird. Die Beziehung der Rheobase und Chronaxie von durch Narkose veränderten Nerven oder Muskeln zeigt nach den Untersuchungen von HOU[2], daß die Chronaxie nicht allein das Maß der zeitlichen Erregbarkeit sein kann. Bei der Alkoholnarkose von Nerven steigt die Reizschwelle für längerdauernde schwache Ströme (Rheobase) stärker an, als für kurzdauernde, aber starke Reizströme. Infolgedessen erscheint die Chronaxie des narkotisierten Nerven kürzer als die des normalen. Vielleicht sind durch derartige Befunde die Ergebnisse von BONNET und LELU[3] bis zu einem gewissen Grade zu erklären, die am Nervmuskelpräparat des Frosches kurz nach dem Eintauchen in Alkohol die Chronaxie erheblich länger fanden, während sie später zwar weiter absinkt, aber nur unter erheblichen Schwankungen des Wertes und kurz vor dem Verlust der Erregbarkeit wieder ansteigt, so daß der Nerv dann meist eine niedrige Chronaxie aufweist. Die Rheobase hingegen wird dauernd bis zur Unerregbarkeit größer.

MALAMUD und Mitarbeiter[4] untersuchen die Veränderungen der Rheobase und Chronaxie an den Muskeln des Menschen nach der Aufnahme von 100 bis 200 ccm Alkohol. Während die Rheobase sich nur sehr wenig oder gar nicht ändert, wird für die Chronaxie das Beuger- und Streckerverhältnis in verschiedenem Sinne beeinflußt. In zwei Drittel der Fälle besteht die Neigung zum Ausgleich des Unterschiedes zwischen Beuger und Strecker oder sogar Umkehr der normalen Verhältnisse. Bei einem Drittel der Fälle war der normale Unterschied zwischen Beuger und Strecker erhöht. Bei den letzteren Fällen überwogen gleichzeitig die psychischen, bei den ersteren die Koordinationsstörungen. In ähnlicher Weise untersuchen COURTOIS und NEEUSSIKINE[5] die Wirkung von 100—160 ccm 17—27proz. Alkohols an Kranken; sie finden die Chronaxie der Fingerstrecker um 39—150%, die der Flexoren nur um 28—36% verändert. Bald werden die Chronaxieunterschiede beider Muskelgruppen größer, bald kleiner.

MENSCHEL und Mitarbeiter[6] zeigen, daß durch ein Armbad von 4—5° C die Arbeitsfähigkeit der Muskulatur stark geschädigt wird, so daß sehr bald Ermüdung eintritt. Die Aufnahme von 50—100 ccm 3proz. Alkohols vermag diese Kältelähmung aufzuheben. Nach MARTINO[7] nimmt unter der Einwirkung von Alkohol die Menge des Phosphagens ab und die der organischen Phosphorsäure stark zu. DI MACCO und FORMICOLA[8] machen darauf aufmerksam, daß die Oxydation im Muskel nicht allein durch den Sauerstoffverbrauch gemessen werden könne, sondern auch durch die Prüfung der dehydrierenden Prozesse, so daß man von diesem Standpunkt aus die Wirkung des Alkohols erneut untersuchen müsse. Die Verfasser finden, daß die Veränderungen von den Gaben abhängig sind. Bei kleinen Gaben erfahren die Dehydrierungen zunächst eine Steigerung, dann eine Senkung; bei höheren Gaben eine flüchtige Verminderung, der eine Steigerung folgt. Die kleinen Gaben wirken infolgedessen überwiegend oxydationshemmend, die großen dagegen fördernd. Der Sauerstoffverbrauch aber wird durch Alkoholkonzentrationen von 2% an gleichmäßig gesteigert.

Kreislauf (*Bd. I, S. 311*). Aus den früheren Ausführungen (Bd. I, S. 311) ging hervor, daß kleine Gaben von Alkohol den Blutdruck erhöhen, große ihn senken.

---

[1] UMRATH, K.: Pflügers Arch. **217**, 1116 (1927).
[2] HOU, CH. L.: Pflügers Arch. **226**, 676 (1931).
[3] BONNET, R., u. P. LELU: Arch. internat. Pharmacodynamie **46**, 13 (1933).
[4] MALAMUD, W., u. Mitarbeiter: Arch. of Neur. **29**, 790 (1933).
[5] COURTOIS, A., u. B. NEEUSSIKINE: C. r. Soc. Biol. Paris **113**, 1342 (1933).
[6] MENSCHEL, H., u. Mitarbeiter: Z. Biol. **84**, 402 (1926).
[7] MARTINO, G.: Boll. Soc. ital. Biol. sper. **3**, 225 (1928).
[8] DI MACCO, G., u. P. FORMICOLA: Riv. Pat. sper. **3**, 44 (1928).

Die Blutdrucksteigerung ist durch Vasokonstriktion im Splanchnicusgebiet erzeugt, welche die Vasodilatation der Haut- und Hirngefäße übertönt. Das Herz selbst wird vom Alkohol beim Warmblüter außer durch ganz hohe Gaben wenig beeinflußt. Während der Blutdrucksteigerung ist mittelbar durch bessere Durchblutung der Kranzgefäße ein günstiger Einfluß auf das Herz möglich. Beim Kaltblüter sind unmittelbar günstige Wirkungen gefunden worden.

Neuere Untersuchungen an Mensch und Tier haben an diesen Ergebnissen im wesentlichen nichts ändern können. TAKAHASHI[1] untersuchte die Wirkung schwacher und hoher Alkoholkonzentrationen am Mensch und Tier. Er glaubte, daß die anfängliche Blutdrucksteigerung durch eine örtliche Reizung der Schleimhaut hervorgerufen, also reflektorisch bedingt sei. Geringkonzentrierte Lösungen von 10% riefen nur gelegentlich eine Blutdrucksteigerung hervor, während größere Mengen von 50—250 ccm 10proz. Alkohols nach 20 Minuten immer eine Senkung des Blutdruckes bedingen. Bei Abstinenten waren die Erscheinungen immer deutlicher ausgeprägt als bei alkoholgewöhnten Personen. Die Versuche am Kaninchen hatten ungefähr das gleiche Ergebnis. Bei diesen Versuchen, die ja frühere Ergebnisse umstoßen würden, ist zu sagen, daß, wie KOCHMANN gezeigt hat, die Blutdrucksteigerung beim Menschen erst 10 Minuten nach der peroralen Aufnahme beginnt, nach 30 Minuten das Maximum erreicht und nach 1 Stunde abgeklungen ist (50 ccm 20proz. Alkohols). Wenn es sich hier um eine reflektorische Wirkung handelte, so würde sie am stärksten gleich am Anfang sein müssen, da ja hier der Alkohol zuerst am konzentriertesten ist; ganz abgesehen davon, daß subjektiv ein Reiz des 18proz. Alkohols gar nicht wahrzunehmen war. Nach den Versuchen von DI MACCO[2] rufen Gaben von 1—2 ccm/kg Hund intravenös immer eine Erhöhung des arteriellen Blutdruckes hervor, der um so beträchtlicher ist, wenn gleichzeitig isotonische Salzlösungen in größeren Mengen mitinjiziert werden.

Beim Kaninchen konnte YOKOTA[3] durch gleichzeitige Messung des Druckes in der A. carotis und V. jugularis nachweisen, daß nach intravenösen Injektionen von Alkohol in mäßigen Gaben, die aber schon eine Senkung des arteriellen Druckes hervorrufen, auch eine Verminderung des Venendruckes eintritt. Im Gegensatz dazu wird durch große Gaben infolge Herzschädigung der Venendruck erheblich erhöht. Verfasser gibt keine Gaben an, sondern weist nur darauf hin, daß die Wirkungen die gleichen sind wie beim Urethan; hier werden aber schon als mäßige Gaben solche bezeichnet, die den Blutdruck fast auf die Hälfte absinken lassen. McDOWALL[4] kommt in Versuchen an der Katze zu ähnlichen Ergebnissen, wenn er nach 2 ccm einer 50proz. Alkohollösung bei 2—3 kg schweren Katzen einen bemerkenswerten Abfall bis 50 mm H_2O in der Vene feststellte, während der arterielle Druck unverändert bleibt oder größer wird. Bei hohen Gaben fallen arterieller und venöser Blutdruck gleichzeitig. Aus diesem Grunde glaubt der Verfasser, daß bei einer Stauung im kleinen Kreislauf eine Entlastung des Herzens durch Alkohol möglich ist. GROLLMAN[5] hat sich mit dem Einfluß von Alkohol und anderen Genußmitteln auf den Blutkreislauf des Menschen beschäftigt. Er zeigt, daß der Blutdruck, die Pulszahl, der Sauerstoffverbrauch und das Minutenvolumen nach kleinen Gaben, z. B. 15 ccm Alkohol, keine wesentlichen Veränderungen erleiden; bei größeren Gaben von

[1] TAKAHASHI, H.: Tohoku J. exper. Med. 7, 169 (1926).
[2] DI MACCO, G.: Riv. Pat. sper. 1, 59 (1926).
[3] YOKOTA, M.: Tohoku J. exper. Med. 4, 23 (1923).
[4] McDOWALL, R. J. S.: J. exper. Pharmacol. a. Ther. 25, 289 (1925) — J. of Physiol. 58, VIII (1923).
[5] GROLLMAN, A.: J. of Pharmacol. 39, 313 (1930).

35 ccm können die Werte etwas erhöht sein, indem der Blutdruck um 10 mm
steigt und das Minutenvolumen des Herzens um 0,6 l vergrößert wird. Der
Unterschied im Sauerstoffgehalt zwischen Arterie und Vene nimmt dabei nicht
unbeträchtlich ab. Die Befunde stimmen durchaus mit den oben erwähnten Ergebnissen früherer Versuche überein. Auch der Ausfall der Versuche über die
Veränderung der Pulsfrequenz nach dem Genuß von 15—20 ccm Alkohol steht
insofern im Einklang mit früheren Befunden, als LINDROTH und WESTERLUND[1]
fast ein Gleichbleiben der Pulsfrequenz (geringfügige Steigerung um 2—4 Schläge
in der Minute) feststellen.

Von anderen Wirkungen des Alkohols auf den Kreislauf sind noch die auf
die Gefäße und das Herz vielfach untersucht worden. Die isolierten Gefäße der
menschlichen Placenta wurden nach den Versuchen von ORDUNSKIJ[2] vom Alkohol
nur in starken Lösungen (1 : 50—100) verengt, wobei die Reversibilität durch
Auswaschen leicht gelingt. Mit Hilfe der GANTERschen Methode wurde an
urethanisierten und zum Teil auch an decerebrierten Katzen der Gefäßtonus
unter Alkoholwirkung untersucht (SCHRETZENMAYR[3]). Es soll eine muskulär
bedingte Tonussenkung und eine an den sympathischen Nervenendigungen an-
greifende Tonussteigerung der Arteriolen stattfinden. Die gefäßverengernde

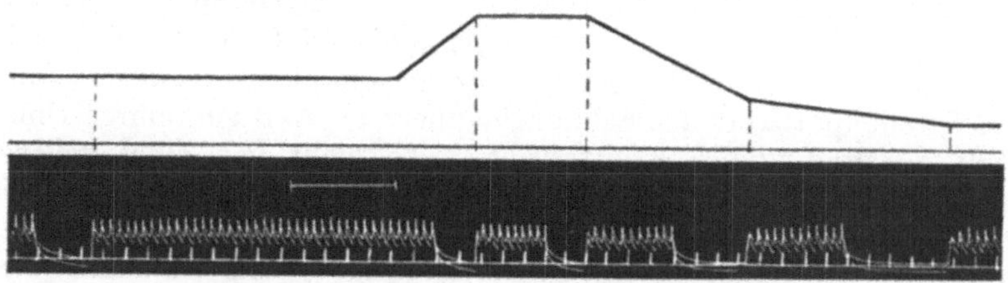

Abb. 28. Katze, 3¹/₄ kg Gewicht, Urethannarkose. Registrierung der Gefäße der linken Hinterextremität.
Bei |——| intraarterielle Injektion von 0,2 ccm, 1proz. Alkohollösung durch eine in die A. mesaraic. inf. aorten-
wärts eingebundene Kanüle. (Nach SCHRETZENMAYR.)

Wirkung kommt bei kleinen Gaben des Alkohols zustande, wodurch eine Blutdrucksteigerung hervorgerufen wird, während große Gaben eine Erweiterung
bedingen, die eine Senkung des Blutdruckes bewirken. HEIDE und SCHILF[4]
sehen bei der Durchströmung am Bein des Hundes eine Erweiterung der Gefäße,
die bei hohen Konzentrationen in eine Verengerung umschlägt. Es hat den Anschein, als ob die von SCHRETZENMAYR gefundene anfängliche Vasokonstriktion
von den letzteren am isolierten Bein nicht beobachtet wurde, was vielleicht auf
Unterschiede in der Versuchsanordnung und der Alkoholkonzentration zurückzuführen ist. Es ist aber nach den früheren Versuchen wahrscheinlich, daß die
anfängliche Vasokonstriktion am ganzen Tier zentral bedingt ist. SIVERZEV[5]
konnte nach Äthylalkohol an den Gefäßen verschiedener Gefäßgebiete des
Frosches keine einheitliche Wirkung feststellen. Die gefäßerweiternde Wirkung
des Alkohols bei der Durchströmung des isolierten Hinterbeines des Hundes
wurde von RICHET[6] auf die Beeinflussung der Gefäßmuskulatur zurückgeführt.
KARITZKY[7] findet nach sehr großen Gaben von Alkohol bei den Versuchen an

[1] LINDROTH, C. E., u. O. WESTERLUND: Skand. Arch. Physiol. (Berl. u. Lpz.) **45**, 156
(1924).
[2] ORDUNSKIJ, S.: Arch. biol. Nauk. **35**, 156 (1934).
[3] SCHRETZENMAYR, A.: Z. exper. Med. **92**, 667 (1934).
[4] HEIDE, E., u. E. SCHILF: Z. Kreislaufforsch. **21**, 673 (1929).
[5] SIVERZEV, I.: Z. eksper. noj. Biol. i Med. **8**, 142 (1927).
[6] RICHET FILS, C.: C. r. Soc. Biol. Paris **89**, 890 (1923).
[7] KARITZKY, B.: Arch. Gynäk. **146**, 88 (1931).

der weißen Maus keine Veränderung der Milzgefäße im Sinne der Aufhebung der Milzsperre. Wenn die Hirngefäße von Katzen und Kaninchen sich unter der Einwirkung von Alkohol stark erweitern, so finden sich in der Umgebung der Gefäße Blutungen und Ödeme des Gewebes (KÖÖGERDAL[1]). FISCHER[2] zeigt am Vorderarm des Menschen, daß 80proz. Alkohol, der auf elektroosmotischem Wege von der Anode her in die Haut einwanderte, eine geringe Capillarerweiterung, Strömungsbeschleunigung und Steigerung des Capillardruckes bewirkt. Nach den Versuchen von GRABOVSKAJA-SCERBOVA[3] vermag der Alkohol in Konzentrationen von 8—12% in der Regel eine kurzdauernde Verengerung der Gefäße hervorzurufen, aber andererseits die Adrenalinwirkung aufzuheben.

Das isolierte und in situ befindliche Herz von Warm- und Kaltblütern wurde vielfach untersucht. Am isolierten Herz der Schildkröte beobachtete DI MACCO[4] eine Verlängerung der Fortpflanzungszeit vom Vorhof zum Ventrikel. In situ vermögen kleinere Alkoholgaben die Reizleitungszeit zu verkürzen. Die Aufnahme des Alkohols von der Muskulatur des Schildkrötenherzens vollzieht sich außerordentlich schnell, da schon nach 5 Minuten eine maximale Aufnahme erreicht ist, und ebenso wird der Alkohol bei der Durchströmung mit giftfreien Lösungen sehr schnell abgegeben, was durch Bestimmung des Alkohols bewiesen wird (ROBERTSON und CLARK[5]). Durch örtliche Anwendung auf verschiedene Herzabteilungen wurde von MARSIGLIA[6] gefunden, daß der Sinus des Krötenherzens offenbar dem Alkohol gegenüber am empfindlichsten ist, und SELISKAR[7] zeigte am Streifenpräparat des Schildkrötenherzens, daß eine unter Umständen eintretende Schädigung der Kontraktionsgröße nicht von einer gleichstarken Schädigung der Reizleitung begleitet wird. Nach TOYOSHIMA[8] läßt sich am isolierten Froschherzen immer nur eine lähmende Wirkung herbeiführen; beim Auswaschen der Alkohollösung mit giftfreier Ringerlösung wird aber die Herztätigkeit deutlich über die Norm gesteigert (Entgiftungserregung). Wenn unter dem Einfluß des Alkohols eine Schädigung eintritt, so ist diese einerseits auf eine Verminderung der Erregbarkeit des Herzmuskels selbst zu beziehen, sowie auf eine Beeinträchtigung der Reizentstehung im Sinus, in den Vorhöfen und in der Kammer, vielleicht aber auch auf eine gleichzeitige Schädigung der Reizleitung. Große Konzentrationen von Alkohol führen am isolierten Froschherzen zu Schädigungen, wie man sie auch bei Chloralhydrat oder anderen Narkotica beobachten kann (Gipfelgleichheit, Superposition der Extrasystolen[9]). Aus Versuchen an Frosch-, Kröten- und Schildkrötenherzen ergibt sich durch schwache Lösungen (1 : 4000—8000 beim Frosch, 1 : 3000 bei der Schildkröte) eine Verstärkung der Vorhof- und Kammersystole mit Erhöhung des Schlagvolumens. Absterbende Herzen können durch Alkohol wieder zum Schlagen gebracht werden. Große Gaben schädigen natürlicherweise das Herz (MAESTRINI[10]). RADNAI[11] findet, daß durch mittlere Gaben die Zeitdauer der Systole verkürzt, der Diastole verlängert wird, während bei großen Gaben die anfängliche Verkürzung nur einen geringen Grad erreicht. MACKEITH[12] konnte am überlebenden Kaninchenherzen

[1] KÖÖGERDAL, E.: Fol. neuropath. eston. **5**, 54 (1926).
[2] FISCHER, L.: Z. Biol. **87**, 197 (1928).
[3] GRABOVSKAJA-SCERBOVA, V.: Russk. fiziol. Z. **9**, 223 (1926).
[4] DI MACCO, G.: Ann. di clin. Med. **12**, 450 (1923).
[5] ROBERTSON, J., u. A. J. CLARK: Biochemic. J. **27**, 83 (1933).
[6] MARSIGLIA, M.: Atti Accad. naz. Lincei, VI. s., **17**, 325 (1933).
[7] SELISKAR, A.: J. of Physiol. **61**, 294 (1926).
[8] TOYOSHIMA, J.: Fol. pharmacol. jap. **8**, 12 (1928).
[9] MONONOBE, K.: Narkose u. Anästh. **1**, 273 (1928).
[10] MAESTRINI, D.: Riv. Biol. **5**, 168 (1923).   [11] RADNAI, P.: Orv. Hetil. **1934**, 424.
[12] MACKEITH, M. H.: J. of Physiol. **62**, VI (1926).

bei Konzentrationen von 1:50 bis 1:1250 ebenfalls eine erregende Wirkung feststellen und zeigen, daß Herzen, die durch passende Alkoholkonzentrationen bei einer Temperatur der Durchströmungsflüssigkeit von 40° zum Stillstand gekommen waren, durch Alkohollösungen gleicher Konzentration bei einer Temperatur von 20° wieder zum Schlagen gebracht werden. Am LANGENDORFschen isolierten Herzpräparat des Kaninchens findet KLEWITZ[1] bei der Durchströmung mit 0,2—0,3 proz. Alkohollösung häufig eine vorübergehende Zunahme der Kontraktionshöhe, manchmal nach anfänglicher Verminderung. Der Alkoholgehalt der Nährlösung nimmt bei der Durchströmung ab, wobei es aber ungewiß ist, ob er „für dynamische Zwecke verwendet wird". Am STARLINGschen Herzpräparat haben SULZER[2] und VISSCHER[3] gearbeitet. Ersterer findet, daß durch Alkoholkonzentrationen von 0,06% eine Vergrößerung des systolischen und diastolischen Herzvolumens eintritt, was als Anzeichen einer Verschlechterung des funktionellen Zustandes des Herzens betrachtet wird; denn nach STARLING ist dieser um so besser, ein je geringeres Herzvolumen notwendig ist, um eine bestimmte Arbeit zu leisten. Bei höheren Konzentrationen von 0,3—0,4% zeigt sich eine Verminderung des Schlagvolumens und eine beträchtliche Stauung in den Venen und dem Lungenkreislauf. 0,1—0,2% verursacht eine Verengerung der Kranzgefäße. VISSCHER kann ebenfalls an dem gleichen Präparat immer nur eine Beeinträchtigung des Herzens insofern sehen, als kleine Alkoholmengen eine Erweiterung beider Kammern zur Folge haben, während das Herz die gleiche Arbeit leisten soll. Da der Sauerstoffverbrauch nach STARLING direkt proportional dem Volumen der Ventrikel ist, so verbraucht das Herz unter der Einwirkung des Alkohols für die gleiche Arbeit mehr Sauerstoff als ohne Alkohol.

Über die Nachwirkung des Alkohols auf den Kreislauf des Menschen hat ROSENFELD[4] Versuche angestellt, indem er den „Zeitraum mißt, der vergeht, bis eine Pulsbeschleunigung nach Arbeit wieder verschwunden ist" (Herzerholungszeit). Nach Alkoholgenuß am vorhergehenden Tage wird diese Herzerholungszeit auf etwa das Dreifache verlängert. Es sind also, da der Alkohol in dieser Zeit bereits aus dem Blute verschwunden ist, schädliche Nachwirkungen vorhanden (Gaben wahrscheinlich 25 g Alkohol.)

Bei einem Überblick über diese Versuche kommt man zu der Ansicht, daß die früheren Versuchsergebnisse keine wesentlichen Änderungen erfahren haben. Im einzelnen sind sie aber ergänzt und erweitert worden.

Atmung (*Bd. I, S. 324*). Die erregende Wirkung des Alkohols auf die Atmung ist durch mannigfache Versuche einwandfrei bewiesen, wobei gezeigt worden ist, daß auch verhältnismäßig große Gaben noch Erregung hervorrufen. Dieser Einfluß ist auch durch neuere Untersuchungen bestätigt worden, die zum Teil mit neuartigen Methoden und wegen des Vergleichs mit anderen Narkotica angestellt wurden. Mit Hilfe des DRESERschen Apparates zeigte BLUME[5], daß nach etwa 10 ccm 5proz. Alkohols eine Erregung der Atmung zustande kommt, die ihren Angriffspunkt im Atemzentrum besitzt und nicht reflektorisch bedingt ist. BORNSTEIN und LOEWY[6] beobachteten, daß auch im Hochgebirge ebenso wie im Tiefland der Alkohol beim Menschen in Gaben von 25—30 g per os eine erregende Wirkung auf das Atemzentrum besitzt. Da nämlich die alveolare Kohlensäurespannung trotz Schlafeintritts häufig vermindert ist, so muß daraus

---

[1] KLEWITZ, F.: Arch. f. exper. Path. **99**, 250 (1923).
[2] SULZER, R.: Heart **11**, 141 (1924).
[3] VISSCHER, M. B.: Amer. J. Physiol. **81**, 512 (1927).
[4] ROSENFELD, G.: Med. Klin. **23**, 466 (1927).
[5] BLUME, W.: Arch. f. exper. Path. **133**, 202 (1928).
[6] BORNSTEIN, A., u. A. LOEWY: Biochem. Z. **191**, 271 (1927).

geschlossen werden, daß der Alkohol das Atemzentrum selbst erregbarer gemacht hat. DE LAURENZI[1] maß die Zeit der Apnoe nach einer maximalen Ein- und Ausatmung. Nach 5—10 ccm Alkohol zeigten einzelne Versuchspersonen, 10 bis 20 Minuten nach der Aufnahme, eine kürzere willkürliche Apnoe, die von einer sehr ausgesprochenen Verlängerung der Apnoedauer abgelöst wurde. Nach 10—15 ccm Alkohol blieb die primäre Verkürzungszeit aus, nur die Verlängerung war sichtbar. Mit ganz kleinen Gaben unter 5 ccm war aber nur eine geringe Verkürzung der Apnoe auszulösen, der sich keine Verlängerung anschloß. Die zeitliche Verkürzung spricht für eine Steigerung, die Verlängerung für eine Abnahme der Erregbarkeit des Atemzentrums.

Wirkung auf Drüsen (*Bd. I, S. 327*). **Niere.** Bei der Einwirkung des Alkohols auf manche Gewebe und Organe weichen die experimentellen Ergebnisse und die daraus gezogenen Schlüsse so sehr voneinander ab, daß sie sich nur schwer zu einem einheitlichen Bilde verschmelzen lassen. Bei dem Einfluß auf die Niere bzw. auf die Urinabsonderung und die Ausscheidung des Alkohols durch die Niere ergänzen die Versuchsergebnisse einander und gestatten, die beiden von der Niere abhängigen Tätigkeiten von einem übergeordneten Gesichtspunkt aus zusammenzufassen. Trotzdem bleiben noch eine ganze Reihe von Fragen unbeantwortet.

Daß im Urin auch des alkoholfrei ernährten Organismus immer eine geringe Menge Alkohol enthalten ist, wurde schon früher ausgeführt; ebenso daß der in den Organismus eingeführte Alkohol zu einem sehr kleinen Anteil durch den Urin den Körper unverändert verläßt. Ob die Ausscheidung ein reiner Diffusionsvorgang ist oder eine aktive Sekretion der Niere sich daran beteiligt, wird verschieden beantwortet. WIDMARK[2] sowie HAGGARD und GREENBERG (Zit. S. 195) sprechen sich am energischsten für eine Diffusion, BORNSTEIN[3] und KIONKA[4] für eine Sekretion aus. MILES und SOUTHGATE nehmen insofern eine Mittelstellung ein, als sie anfangs eine Diffusion für möglich halten, für die späteren Ausscheidungszeiten aber ablehnen. Gegen die Diffusion spricht die Tatsache, daß der Alkoholgehalt des Harns nicht unbeträchtlich über dem des Blutes liegt. Aber zu einem Teil ließe sich dieser Befund durch die Diffusionsversuche von NICLOUX in vitro leicht erklären, denen zufolge nach Herstellung des Diffusionsgleichgewichts 87,8 Teile Wasser ebensoviel Alkohol enthalten wie 100 Teile Blut. Es würde also durch diese Versuche ein Überschuß des Urinalkohols über den Blutalkohol um 12% verständlich sein. Der Alkoholgehalt des Harns darf außerdem, wie WIDMARK betont, nicht mit dem des Gesamtblutes, sondern mit dem des Plasmas in Beziehung gesetzt werden, das unter Umständen 10—20% höher konzentriert ist als das Gesamtblut. HAGGARD und GREENBERG kommen auf Grund der Löslichkeit des Alkohols in Blut und Urin fast zu den gleichen Zahlen (14,7%). Allerdings sagen MILES u. a., daß in manchen Zeiten der Alkoholausscheidung der Unterschied zwischen Blut- und Harnalkohol so groß sei, daß sich dieser Unterschied auch durch den Befund des Plasmaalkohols nicht erklären lasse. Demgegenüber sei aber betont, daß die absoluten Zahlen, die analytisch festgestellt werden (zum Teil Mikromethoden) so gering sind, daß eine kleine Abweichung des berechneten Wertes nicht ins Gewicht fällt. Dazu kommt noch, daß bei fallendem Blutalkoholgehalt das alkoholarme Blut einer späteren Zeit mit dem Harn verglichen wird, der aus einer Zeit stammt, zu welcher der

---

[1] DE LAURENZI, V.: Arch. Farmacol. sper. **42**, 42 (1926).
[2] WIDMARK, E. M. P.: Biochem. Z. **218**, 445 (1930).
[3] BORNSTEIN, A., u. G. BUDELMANN: Arch. f. exper. Path. **150**, 47 (1930).
[4] KIONKA, H., u. M. HAUFE: Über das Verhalten des Alkohols im Harn. Pharmakol. Beiträge zur Alkoholfrage. H. 4. Jena 1928.

Blutalkoholgehalt noch höher lag. Dies dürfte auch der Grund sein, daß BORN-STEIN und BUDELMANN[1] von der zweiten Stunde an das Verhältnis von Harn-alkohol zu Blutalkohol mit 1,52—1,67 fanden. Auf Grund der eben geschilderten Verhältnisse kann die Tatsache, daß der Alkoholgehalt des Urins 30% und mehr höher liegt als der des Blutes, ziemlich ungezwungen erklärt werden. Noch ver-wickelter werden die Verhältnisse durch die Tatsache, daß der Alkohol bei längerem Verweilen in der Blase von dieser resorbiert wird (NICLOUX und NOWICKA[2] in Übereinstimmung mit älteren Versuchen von VÖLTZ und Mit-arbeitern).

Die *diuretische* Wirkung des Alkohols ist eigentlich immer als feststehende Tatsache angenommen worden und wird auch in neueren Versuchen zum Teil unter Berücksichtigung des Alkoholgehalts des Blutes und Urins bestätigt. GALAMINI[3] sah bei manchen seiner Versuchspersonen nach peroraler Eingabe von 0,5—0,75 ccm/kg eines mit der gleichen Menge Wassers verdünnten 95proz. Alkohols eine Verdoppelung der Urinmenge, während gleichgroße Wassermengen die Harnabsonderung nur wenig beeinflußten. Der Alkoholgehalt des Blutes stieg von 4—7 mg% auf 63 mg%, der des Urins von 3—9,5 mg% auf 67 mg%. In den Versuchen DI MACCOS[4] am Menschen wurden in $2^1/_2$—4 Stunden nach Aufnahme von 10 ccm Wasser/kg nur 65% des Wassers wieder ausgeschieden, nach der gleichen Flüssigkeitsmenge mit 0,5 g Alkohol/kg 75,6—144,6% (Mittel 97,4%). Der Höhepunkt der Harnflut lag bei Alkoholaufnahme etwas später als bei den reinen Wasserversuchen. Ähnliche Ergebnisse wurden auch am Hund erzielt, bei dem nach 1 g Alkohol/kg 3,44mal mehr Wasser ausgeschieden wurde als eingeführt worden war. Daß nach großen Alkoholgaben die Harnmenge die eingeführte Flüssigkeitsmenge sehr wesentlich übertreffen kann, hat auch DEIN-HARDT[5] am Menschen in Selbstversuchen beobachten können, so daß angenom-men werden muß, daß Gewebswasser zu Verlust gegangen war. Tatsächlich hatte sich auch ein starkes Durstgefühl eingestellt. Dagegen hatten kleine Alkohol-gaben von 57 ccm Alkohol auf 2000 ccm Flüssigkeit im Vergleich zu derselben Wassermenge keine erhebliche Wirkung. Alkohol in Form von Weinbrand ohne Wasser rief eine Diurese hervor. Das spezifische Gewicht des Harns geht der Diurese parallel und die Wasserstoffionenkonzentration im Urin wird nach der sauren Seite verschoben. Auch KIONKA und HAUFE[6] beobachteten eine diure-tische Wirkung des Alkohols, wobei sie gleichzeitig die Ausscheidung des Alko-hols durch den Urin untersuchten.

Ob die Niere während der Alkoholdiurese Konzentrationsarbeit leisten kann, wird verschieden beantwortet. BORNSTEIN und BUDELMANN[1] bejahen diese Frage, indem sie an der in den Herz-Lungenkreislauf nach STARLING eingeschalteten Niere feststellen, daß ihre Fähigkeit, N-haltige Substanzen zu konzentrieren und Chloride zu verdünnen, bei Zusatz von Alkohol zur Durch-strömungsflüssigkeit nicht verloren geht. Nach DI MACCO und RAOS[7] aber wird die Konzentrations- und Verdünnungsarbeit der Niere bei einer Eingabe von 0,5 ccm Alkohol und 0,25 g Kochsalz/kg Mensch geradezu geschädigt. So kommt es, daß auch der Mechanismus der Alkoholdiurese verschieden gedeutet wird. KIONKA und HAUFE, sowie BORNSTEIN fassen sie als eine wirkliche sekretorische

---

[1] BORNSTEIN, A., u. G. BUDELMANN: Arch. f. exper. Path. **150**, 47 (1930).
[2] NICLOUX, M., u. V. NOWICKA: J. Physiol. et Path. gén. **15**, 297 (1913).
[3] GALAMINI, A.: Atti Accad. naz. Lincei, Rend. ser. VI, **6**, 347 (1927).
[4] DI MACCO, G.: Rass. Ter. e Pat. clin. **2**, 151 (1930) — Riv. Pat. sper. 8, 459 (1932) — Boll. Soc. ital. Biol. sper. **7**, 1290 (1932).
[5] DEINHARDT, D.: Pharmakol. Beiträge zur Alkoholfrage. Heft 6. Jena 1931.
[6] KIONKA, H., u. M. HAUFE: Arch. f. exper. Path. **128**, 150 (1928).
[7] RAOS, M.: Rass. Ter. e Path. clin. **4**, 473 (1932).

Leistungssteigerung der Niere auf, MURRAY[1] als Folge einer Permeabilitätssteigerung der Niere, offenbar innerhalb physiologischer Grenzen, MOSONYI[2]
bringt sie mit einer Beeinflussung der Plasmakolloide durch Alkohol im Sinne
ELLINGERS in Zusammenhang, hält aber auch eine Narkose der Nierenepithelien
für möglich, und DI MACCO glaubt dann, sie als Folge einer Nierenschädigung
auffassen zu sollen. KURISHITA[3] endlich scheint die Alkoholdiurese mit dem
Blutdruck in Zusammenhang zu bringen; jedenfalls gibt Verfasser an, daß sie
sich beim Kaninchen mit dem Steigen und Fallen des Blutdrucks ändere. Im
übrigen bringen auch die Versuche KURISHITAS keine Klärung der Frage, ob
eine Leistungssteigerung der Niere vorliegt. Er beobachtet, daß zwar kleine
Gaben keine Diurese und auch keine Steigerung des Sauerstoffverbrauchs der
Niere hervorrufen, und daß etwas größere Gaben die Diurese erhöhen und den
Sauerstoff gewöhnlich steigern. Es kann sich aber auch ereignen, daß letzterer
eine Zunahme erfährt, ohne daß die Diurese ansteigt. Aber erst bei hohen Alkoholgaben kommt es zur Diurese mit beträchtlicher Steigerung des O_2-Verbrauches.
Ein Zusammenhang zwischen Sauerstoffverbrauch und Diurese scheint infolgedessen nicht angenommen zu werden. Es läßt sich leider nicht entscheiden, ob
bei Betrachtung der Versuche selbst — es lag nur ein Referat vor — die Vermehrung der Oxydationsvorgänge nicht doch für eine aktive Nierenarbeit auszuwerten sind.

Zusammenfassend kann die diuretische Wirkung durch die neuen sowie
früheren Versuche als sicher angenommen werden. Über den Mechanismus
herrscht keine volle Klarheit; wahrscheinlich sind aktive und passive Vorgänge
miteinander verknüpft, wobei die Gabengrößen des Alkohols eine Rolle spielen
können, ob bald die einen oder anderen Faktoren mehr in den Vordergrund
treten. Bei der Ausscheidung des Alkohols scheinen hauptsächlich „Diffusions-
vorgänge" von Bedeutung zu sein; am wenigsten kann eine Rückresorption des
Wassers in den Harnkanälchen, die zu einer prozentualen Erhöhung des Alkoholgehalts des Harns im Vergleich zum Blutalkohol führen würde, angenommen
werden, um die höhere Alkoholkonzentration zu erklären.

Leber. Die Schädigung der Leber durch langdauernde Alkoholzufuhr steht
nach den früheren Versuchen wohl fest. Es wird aber jetzt auch gezeigt, daß
eine einmalige Alkoholdarreichung nicht ganz ohne Einfluß ist. So gibt ROSEN-
THAL[4] an, daß 2 ccm 96proz. Alkohols/kg Tier zwar den Urobilingehalt des
Harns und des Blutes nicht beeinflussen, aber die Empfindlichkeit der Tiere
gegenüber der leberschädigenden Wirkung des Chloroforms erhöhen. Ausschei-
dungsversuche von Phenoltetrachlorphthalein und Phenolsulfophthalein zeigen
nach MACNIDER[5] auf große Gaben von Alkohol (mehrmalig 1—15 ccm 40proz.)
deutlich eine Leberschädigung, und gleichzeitig konnten anatomische Veränderungen festgestellt werden. Ebenso konnte WALLACE[6] durch Bestimmung des
Urobilins und Bilirubins im Harn des Menschen mit akuter Alkoholvergiftung
eine Leberschädigung nachweisen. Nach den Angaben von MACNIDER[7] zeigt die
Leber alter Hunde gegenüber Chloroform und Alkohol eine auffällige Resistenz.
Auch hier war Phenoltetrachlorphthalein und Phenolsulfophthalein als Test angewendet worden.

[1] MURRAY, M. M.: J. of Physiol. **76**, 379 (1932).
[2] MOSONYI, J.: Arch. f. exper. Path. **124**, 73 (1927).
[3] KURISHITA, Y.: Jap. J. med. Sci., Trans. IV Pharmacol. **5**, 117 (1931).
[4] ROSENTHAL, S. M.: J. of Pharmacol. **38**, 291 (1930).
[5] MACNIDER, WM DE, B.: Proc. Soc. exper. Biol. a. Med. **30**, 78 (1932).
[6] WALLACE, R. P.: Proc. Soc. exper. Biol. a. Med. **24**, 598 (1927).
[7] MACNIDER, WM DE, B.: Proc. Soc. exper. Biol. a. Med. **30**, 237 (1932).

Magen-Darmkanal (*Bd. I, S. 329*). Daß Alkohollösungen, die per os aufgenommen werden, die Saftsekretion des Magens fördern, ist sichergestellt. Die Wirkung ist von EHRMANN bekanntlich zur Prüfung der Sekretionsverhältnisse auch beim kranken Menschen benutzt worden. Die Gaben und Konzentrationen werden von den Untersuchern etwas verschieden gewählt (etwa 50 ccm 7proz. Alkohols).

LEDDIG[1] weist darauf hin, daß beim gesunden Magen die Sekretion, gemessen an der Salzsäuremenge, durchschnittlich etwas geringer ist als nach dem EWALD-schen Probefrühstück. Bei subaciden Mägen wurden beim Alkoholprobetrunk meistens höhere Säurewerte und ein abweichender Verlauf der Sekretionskurve gefunden. Bei superacidem Magen sind die Säurewerte und die Sekretionsdauer im Vergleich zum Probefrühstück vergrößert. Bei subaciden Mägen wurde auch gezeigt, daß der Abbau von Semmel bei Alkoholgegenwart weiter getrieben wird als ohne Alkoholzusatz. Auch FRANZEN[2], der seinen Versuchspersonen 50 ccm ungeronnenes Hühnereiweiß mit und ohne Alkohol in verschiedenen Gaben verabreichte, findet, daß die Eiweißspaltung unter Alkohol größer ist. Im übrigen geht aus diesen Versuchen hervor, daß die Vermehrung der Salzsäureabsonderung und die für geringe Alkoholkonzentrationen von FRANZEN festgestellte Begünstigung der Pepsinfermenttätigkeit (s. Fermente) die bessere Verdauung bedingen. Über die Absonderungsgröße des Pepsins geben die Versuche keinen Aufschluß, doch weist FRANZEN darauf hin, daß eine solche Mehrabsonderung des Fermentes bisher nicht eindeutig bewiesen werden konnte.

Die Frage, ob der Alkohol nur bei peroraler Darreichung safttreibend wirkt oder auch bei rectaler und parenteraler Einverleibung, ist vielfach an Tier und Mensch untersucht worden. Fast alle Arbeiten kommen zu der Ansicht, daß auch bei nicht peroraler Einverleibung die Saftsekretion gefördert werde. So findet STEINITZ und SCHERESCHEWSKY[3], daß nach 300 ccm 5proz. Alkohols per rectum die Säurewerte des Magens zunehmen. Die Verfasser schließen aus der Tatsache, daß auch in diesem Falle Alkohol im Magen nachweisbar ist, auf eine Reizung der parasympathischen Zwischensubstanz der Magendrüsenzelle im Sinne BICKELS[4].

Zu ähnlichen Ergebnissen gelangen auch PETROVITCH und BOKANOVA[5], wenn sie nach intravenöser Einverleibung von 5—25 ccm 15proz. Alkohols eine verspätete Saftsekretion auftreten sehen. Der Alkohol wird nach Ansicht der Verfasser vom Blut in die Magenwand oder die Lichtung übergehen und dann chemisch oder unter Vermittlung des vegetativen Nervensystems als Reiz auf die Drüsenzellen wirken können. Scheinbar abweichend von den eben mitgeteilten Befunden stellen NEWMAN und MEHRTENS[6] fest, daß die Wirkungen auf die Saftsekretion des Magens bei Darreichung von 50 ccm 7proz. Alkohols per os und 0,5 ccm/kg Mensch 25proz. Alkohols intravenös auch zeitlich vollkommen gleich sind. Sie verlegen infolgedessen den Angriffspunkt nicht allein in die Magenschleimhaut, sondern auch in das Gefäßsystem der Magenwandung. EGOLINSKIJ[7], der Hunden 200 ccm 5proz. Alkohols rectal verabreichte und ebenfalls eine stärkere Magensekretion feststellte, konnte eine gewisse Gewöhnung an Alkohol beobachten. Die Alkoholwirkung auf den Magen ist nach dem Verfasser als ein unbedingter Reflex anzusehen.

---

[1] LEDDIG, K.: Arch. klin. Med. **150**, 232 (1926).
[2] FRANZEN, G.: Der Alkohol als Stomachicum. Pharmakol. Beiträge zur Alkoholfrage. Hrsg. v. H. KIONKA. H. 5. Jena 1929.
[3] STEINITZ, H., u. R. SCHERESCHEWSKY: Arch. Verdgskrkh. **42**, 520 (1928).
[4] BICKEL, A., u. C. v. EWEYK: Z. exper. Med. **54**, 75 (1927).
[5] PETROVITCH, A., u. E. BOKANOWA: C. r. Soc. Biol. Paris **102**, 633 (1929).
[6] NEWMAN, H. W., u. H. G. MEHRTENS: Proc. Soc. exper. Biol. a. Med. **30**, 145 (1932).
[7] EGOLINSKIJ, J.: Sibir. Arch. Med. **4**, 672 (1929).

Daß bei Verabreichung von alkoholischen Getränken nicht nur der Alkohol selbst eine fördernde Wirkung ausübt, ist schon häufig betont worden. Bickel[1] zeigt, daß bei Hunden nach Verabreichung von 200 ccm Bier per os außer dem Alkohol die Bitterstoffe und andere Extraktstoffe, unter Umständen auch die Kohlensäure als Reiz wirken.

Die *Motilität* des Magens, die nach früheren Versuchen durch Alkohol eine Förderung zeigte, scheint doch nicht einheitlich beeinflußt zu werden, wenigstens nicht in vivo. Größere Gaben haben wahrscheinlich infolge der lokalen Reizwirkungen eine die Entleerung beschleunigende Wirkung. Aber 5—7% Alkohol, peroral verabreicht, soll nach Franzen[2] hemmen, und noch geringere wieder beschleunigen. Am ehesten könnte man sich dieses verschiedene Verhalten dadurch erklären, daß Konzentrationen unter 5% die Muskulatur erregen, 5—7% die Muskulatur der Sphincteren reizen und hohe Konzentrationen durch einen intramuralen Reflex den Auerbachschen Plexus erregen und dadurch die Peristaltik fördern.

An der Muskulatur des isolierten Kaninchendünndarmes kommt es nach Jendrassik und Tangl[3] durch Alkohol zuerst zu einer Kontraktur, der bald Bewegungen mit verminderter Kontraktionsamplitude folgen. Beim Auswaschen des Präparates mit alkoholfreier Ringerlösung werden vorübergehende Hemmungswirkungen beobachtet. Es sind hier sehr erhebliche Alkoholkonzentrationen (0,5—1 : 75) zur Verwendung gekommen; nach Milanesi[4] haben nämlich schon Konzentrationen von 1 : 1000 eine lähmende Wirkung, indem der Tonus absinkt und die automatischen Bewegungen aufhören. Die Pilocarpinwirkung ist in diesem Stadium abgeschwächt, so daß der Angriffspunkt in den parasympathischen Nerven gesucht wird. Daß kleine Alkoholkonzentrationen erregend auf die Bewegungen wirken können, hatte Kuno früher bewiesen. Auch die Tierart spricht mit; anders wäre es nicht zu erklären, daß nach Schulte[5] schon Verdünnungen von 1 : 10000 hemmend auf den Tonus des Meerschweinchendarmes einwirken.

Die *resorptionsfördernde* Wirkung, die schon längst bekannt ist, wird durch neuere Versuche beleuchtet. Traubenzucker, der im Magen kaum resorbiert wird, verschwindet nach Edkins[6] bei dem nach dem Oesophagus und Dünndarm hin völlig abgeschlossenen Magen der enthirnten Katze in höherem Ausmaße mit als ohne Alkoholzusatz, nämlich zu 13% nach Einführung von 5 g Traubenzucker in 25proz. Lösung mit, gegen 6% ohne Alkohol. Auch im Dünndarm läßt sich die resorptionsfördernde Wirkung nachweisen. Beim Menschen konnten dies Edkins und Murray[7] nach Eingabe von 75 g Glykose in 300 ccm Citronenlimonade mit und ohne Alkohol (30 ccm) durch Bestimmung des Blutzuckers wahrscheinlich machen. Mit Alkohol ist der Gipfel der Blutzuckerkurve höher, der Abfall aber schneller als ohne Alkoholzusatz. An abgebundenen Dünndarmschlingen der Katze war aber eine Förderung der Resorption von Salzlösungen mit 8% Alkohol nicht festzustellen. Eine Hemmung beschreibt Nakamura[8], der ähnliche Versuche an abgebundenen Dünndarmschlingen des Kaninchens anstellte, da die wiedergefundene Menge von Wasser, Kochsalz, Traubenzucker, Aminosäuren und Fettsäuren größer ist als ohne Alkohol. Bei

---

[1] Bickel, A., u. A. Elkeles: Arch. Verdgskrkh. **39**, 349 (1926).
[2] Franzen, G.: Arch. f. exper. Path. **134**, 129 (1928).
[3] Jendrassik, L., u. H. Tangl: Biochem. Z. **173**, 393 (1926).
[4] Milanesi, E.: Arch. di Sci. biol. **11**, 55 (1928).
[5] Schulte, H.: Arb.physiol. **2**, 519 (1930).
[6] Edkins, N.: J. of pyhsiol. **65**, 381 (1928).
[7] Edkins, N., u. M. Murray: J. of Physiol. **62**, 13 (1926); **71**, 403 (1931).
[8] Nakamura, M.: Tohoku J. exper. Med. **5**, 29 (1924).

diesen Versuchen wird man jedoch berücksichtigen müssen, daß das Abbinden der Darmschlingen ein sehr schwerer Eingriff ist, dessen Einfluß zusammen mit der lokalen und resorptiven Alkoholwirkung nicht ohne weiteres zu übersehen ist. Immerhin kann nicht geleugnet werden, daß die Resorption der *Nährstoffe* auch in früheren Versuchen durch Alkohol anscheinend nicht gefördert wird, während andere Substanzen mit Alkoholzusatz schneller aufgesaugt werden.

Endokrine Drüsen. Es ist auffallend, daß der Einfluß des Alkohols auf die Hormondrüsen und auf die Wirkung der Hormone bisher scheinbar nur in geringem Umfang bearbeitet worden ist.

Die Arbeit von STIEVE auf die männlichen Sexualorgane von Mäusen ist schon früher erwähnt worden, doch gehören diese Arbeiten ebenso wie die von HION-JON[1] mehr in das Gebiet der akuten und chronischen tödlichen Vergiftung. Die Tätigkeit der weiblichen Geschlechtsorgane wird durch Alkohol in kleinen Gaben wenig beeinflußt. Die Dauer des Brunstcyclus, die Anzahl der Corpora lutea, der Eintritt der Brunst nach dem Alter der Tiere, die Anzahl der lebend geborenen Jungen erleiden keine wesentlichen Veränderungen, so daß offenbar die Fortpflanzungsfähigkeit der Tiere nicht beeinträchtigt wird[2].

Aus der Tatsache, daß der Alkohol die blutzuckersenkende Wirkung des Insulins verstärkt, und aus manchen anderen Wirkungen, die in derselben Richtung liegen wie die des Insulins, schließt JONATA[3], daß der Alkohol das Pankreas zu einer vermehrten Ausschüttung von Insulin veranlasse; er befindet sich mit dieser Ansicht in Übereinstimmung mit HUNT (Zit. S. 209), welcher die therapeutisch günstige Wirkung des Alkohols bei Diabetes als eine Anregung der LANGERHANSschen Zellen betrachtet. Eine Wirkung des Alkohols auf die glykämischen Wirkungen des Adrenalins konnte von JONATA nicht festgestellt werden. In einer älteren Arbeit wird von NIKOLAEFF[4] berichtet, daß die Ausschüttung von Adrenalin aus der isolierten Nebenniere bei Durchströmung mit einer 1promilligen Alkohollösung gesteigert sei. Auch das Melanophorenhormon soll bei Amphibien unter der Einwirkung des Alkohols und anderer Narkotica in vermehrtem Maße abgesondert werden, da bei Ausrottung des Hirnanhangs die Alkoholwirkung ausbleibt (HOUSSAY und UNGAR[5]). Das Oxytocin, das uteruswirksame Hormon des Hypophysenvorderlappens, scheint nach DIXON[6] nicht in größerem Umfang abgeschieden zu werden, wenigstens wird es im Hirnliquor nach Alkoholdarreichung nicht vermehrt gefunden.

(Über den Einfluß des Alkohols auf den Jodspiegel im Blut und seine Abhängigkeit von der Alkoholwirkung auf die Schilddrüse vgl. Abschnitt Blut.)

Auge (*zu Bd. I, S. 334*). Daß Alkohol nach der Resorption auch in das Innere des Auges eindringen kann und sich dort in nicht unerheblichen Mengen nachweisen läßt, hat NICLOUX[7] gezeigt; er gab Kaninchen 2,0—2,7 g/kg und findet im Glaskörper eine Alkoholkonzentration wie sie sich im Blut vorfindet, nämlich 2 $^0/_{00}$, während die Linse noch nicht ganz die Hälfte, nämlich 0,8 $^0/_{00}$ erreicht.

Die *Adaption*, die unter großen Gaben von Alkohol geschädigt wird, setzt sich nach LASAREFF[8] aus zwei Faktoren zusammen, nämlich der Empfindlichkeit des Sehzentrums und der Regeneration des Sehpurpurs. Unter der Einwirkung des Alkohols kann der zentrale Vorgang geschädigt, der periphere viel-

---

[1] HION-JON, V.: Fol. neuro-path. eston. **3/4**, 288 (1925).

[2] MacDOWELL, E. C.: Proc. Soc. exper. Biol. a. Med. **21**, 480 (1924).

[3] JONATA, R.: Giorn. Clin. med. **15**, 371 (1934).

[4] NIKOLAEFF, M. P.: Z. exper. Med. **42**, 213 (1914).

[5] HOUSSAY, B. G., u. J. UNGAR: C. r. Soc. Biol. Paris **93**, 253 (1925).

[6] DIXON, W. E.: J. of Physiol. **57**, 129 (1923).

[7] NICLOUX, M., u. E. REDSLOB: C. r. Soc. Biol. Paris **107**, 997 (1931).

[8] LASAREFF, P.: C. r. Acad. Sci., Paris **187**, 907 (1928).

leicht begünstigt werden. Aus der kurzen Mitteilung des Verfassers gehen diese Verhältnisse nicht ganz deutlich hervor. SCHMIDT[1] findet, daß die subconjunctivale Einspritzung von 6% Alkohol den intraokulären Druck unter Abnahme des Augenvolumens vermindert, im Gegensatz zum Eserin, das die Druckabnahme unter Vermehrung des Volumens herbeiführt.

DE KLEYN[2] stellt fest, daß Kaninchen, die 5 ccm 96proz. Alkohols in 100 ccm H_2O erhalten hatten, in Seitenlage gebracht, einen starken Nystagmus aufweisen, der nach 35 Minuten seinen Höhepunkt erreicht und nach 60 Minuten wieder verschwunden ist. Wenn die Tiere nunmehr auf die entgegengesetzte Seite gelegt werden, tritt wiederum Nystagmus ein, der durch Sauerstoffatmung unbeeinflußt blieb; es konnte also die günstige Einwirkung des Sauerstoffs, die PALTHE VAN WULFFTEN (Zit. S. 213) bei der Alkoholvergiftung festgestellt hatte, nicht bestätigt werden.

Stoffwechsel (*Bd. I, S. 334*). Die Frage, in welchem Ausmaß der Alkohol an den Stoffwechselvorgängen Anteil hat und wie er den Stoffwechsel beeinflußt, schien bis zu einem gewissen Grade geklärt zu sein. Daß er bis auf einen Bruchteil, der unverändert durch die Atmung, die Nieren und vielleicht auch durch die Haut, die Milch, die Tränenflüssigkeit, den Speichel usw. ausgeschieden wird, im Stoffwechsel oxydiert wird, kann als Tatsache angesehen werden. Dagegen sind manche Teilfragen noch nicht in vollkommener Weise beantwortet, z. B. in welchem Umfang er *neben* den Nährstoffen verbrennt und dadurch den Sauerstoffverbrauch erhöht, ob er den Grundumsatz beeinflußt, ob er bei seiner Verbrennung unmittelbar Energie zu liefern imstande ist u. a. Inwiefern die neueren Arbeiten hierüber Aufschluß geben, soll im folgenden auseinandergesetzt werden[3].

Bei Bestimmung des Grund- oder Nüchternumsatzes zeigt sich nach großen und kleinen Gaben im allgemeinen eine Steigerung des Sauerstoffverbrauchs. Doch ist das Ausmaß von der Gabengröße und der Empfindlichkeit gegenüber Alkohol abhängig. In den Versuchen von MONALDI[4] erhielten die Versuchspersonen 0,4—0,5 g/kg Alkohol in 100 ccm Flüssigkeit. Die meisten zeigten eine Zunahme des O_2-Verbrauchs unter Absinken des respiratorischen Quotienten zum Teil unter 0,7, was deutlich dafür spricht, daß der Sauerstoff für die Verbrennung des Alkohols benutzt und die Oxydation anderer organischer Körperbestandteile beinahe vollkommen ausgeschaltet wurde. In einem Drittel der Fälle zeigte sich aber nur eine geringfügige Steigerung der Sauerstoffaufnahme und der Kohlensäureabgabe unter Verminderung des respiratorischen Quotienten auf nur 0,8.

WEISS und REISS[5] sahen beim hafergefütterten Kaninchen, dessen Muskelbewegungen durch Urethannarkose verhindert wurden, nach 48stündigem Hungern auf 4 ccm 97proz. Alkohols/kg per os eine deutliche 8—9 Stunden anhaltende Vermehrung der O_2-Aufnahme bei gleichzeitigem Absinken des R.Q., der aber fast niemals den theoretischen Wert von 0,67 erreichte. KANAI[6] kam am Menschen teilweise zu anderen Ergebnissen. Nach 0,25 ccm/kg per os konnte zwar auch hier ein Absinken des R.Q. beobachtet werden, aber der Grundumsatz sank in der ersten halben Stunde oder stieg erst etwas an, um dann nach $1^1/_2$ Stunden zu fallen. Nach der 3. Stunde erhob er sich und überschritt dann deutlich

[1] SCHMIDT, K.: Z. Augenheilk. **62**, 221 (1927).
[2] DE KLEYN, A.: Nederl. Tijdschr. Geneesk. **1934**, 2267.
[3] Vgl. R. ROSEMANN: „Alkohol", in C. Oppenheimers Handb. d. Biochem. 8. 2. Aufl. Jena: Gustav Fischer 1925.
[4] MONALDI, V.: Probl. alimentare **1**, 60 (1931).
[5] WEISS, R., u. M. REISS: Z. exper. Med. **38**, 420 (1923).
[6] KANAI, I.: Biochem. Z. **262**, 41 (1933).

den Nüchternwert. Die anfängliche Senkung wird als eine vorübergehende Wirkung kleiner, nicht berauschender Alkoholgaben angesehen.

Nach wesentlich größeren Gaben, nämlich 80—180 g Alkohol in Form von Glühwein, Cognac oder Rheinwein, findet sich in den Versuchen von ZAHN[1] am Menschen in der Hälfte der Fälle eine Steigerung des Grundumsatzes von 7 bis 15%, die auch noch am folgenden Tage bemerkbar war. Diese Stoffwechselerhöhung hat nach der Ansicht ZAHNs nichts mit der Alkoholoxydation zu tun, sondern muß als toxische Nachwirkung aufgefaßt werden.

Das Sinken des R.Q. unter Einwirkung des Alkohols ist von BORNSTEIN und LOEWY[2] im Hochgebirge beobachtet worden. Hier wurden tatsächlich Werte von 0,66 festgestellt, ohne daß der Sauerstoffverbrauch wesentliche Änderungen erfuhr. Im Tiefland war die Verkleinerung des R.Q. bedeutend geringer. Die Oxydationsvorgänge gingen also im Hochgebirge zu 100% auf Kosten des Alkohols, in der Ebene aber war er nur zu 19% an den Verbrennungsvorgängen beteiligt. In den Fällen, in denen der R.Q. sogar unter 0,66 herunterging, kann nach den genannten Forschern die Frage erörtert werden, ob nicht eine Umwandlung von Alkohol in Fett stattgefunden hätte.

Während bei gefütterten Tieren zu mindestens ein Teil der Nahrungsstoffe nach der Resorption verbrannt wird, z. B. der Zucker nach Eingabe von Glucose, werden bei der Bestimmung des Grund- oder Nüchternumsatzes die Bestandteile des Körpers selbst oxydiert. Aus diesem Grunde kann es im nüchternen Zustande unter der Einwirkung des Alkohols eigentlich niemals zu einem Ansatz von Körpersubstanz kommen, sondern höchstens zu verminderter Verbrennung. Aus manchen Versuchen ergibt sich, daß (R.Q. = 0,66) überhaupt nur der Alkohol und gar keine Körpersubstanz verbrannt wird. In manchen anderen Versuchen ist die Oxydation des Alkohols in wechselndem Ausmaß an den Verbrennungsvorgängen der körpereigenen Substanzen beteiligt.

Der Sauerstoffverbrauch wird rechnerisch bei Alkoholverbrennung immer vermehrt sein müssen, da der sauerstoffarme Alkohol mehr O_2 bedarf als Eiweiß, Kohlehydrate und selbst Fette. Aber diese Mengen sind doch nur gering, so daß selbst in den Versuchen von BORNSTEIN und LOEWY während des Hochgebirgsaufenthaltes, bei denen nur Alkohol verbrannte, die Sauerstoffvermehrung nur unbedeutend war oder in die Fehlergrenzen fiel. Wenn also in den meisten Versuchen der O_2-Verbrauch deutlich größer wird, so ist dies nur dadurch zu erklären, daß unter der Einwirkung des Alkohols die Oxydationsgröße quantitativ oder qualitativ zugenommen hat. Letzteres würde bedeuten, daß eine vermehrte „Durchoxydation" im Sinne von BICKEL[3] stattgefunden hat. Die Einschränkung des Sauerstoffverbrauchs bei sinkendem R.Q. im Anfang der Wirkung kleiner Gaben läßt sich kaum anders erklären, als daß ein Teil des Alkohols verbrennt, aber gleichzeitig sich seine Wirkung im Sinne einer Oxydationshemmung bemerkbar macht, womit eine geringe anfängliche Zunahme des Blutzuckers in Parallele gesetzt werden kann (KANAI).

Bei *Nahrungsaufnahme*, besonders Kohlehydratfütterung in Gestalt von Traubenzucker, ist die Stoffwechselwirkung des Alkohols leichter festzustellen. Hier gelingt es in der Tat häufig, wie allgemein bekannt ist, den R.Q. von 1 auf 0,67 herunterzudrücken. Wenn dies bei einseitiger Eiweiß- oder Fettfütterung nicht ohne weiteres möglich ist, so liegt dies vielleicht daran, daß eine solche Nahrung für fast alle Tiere, besonders aber für Pflanzenfresser, nicht ohne Schaden durchgeführt werden kann, ganz abgesehen davon, daß der R.Q. für

---

[1] ZAHN, M.: Z. Hyg. **107**, 304 (1927).
[2] LOEWY, A., u. A. BORNSTEIN: Biochem. Z. **191**, 271 (1927); **230**, 51 (1931).
[3] BICKEL, A., u. I. KANAI: Biochem. Z. **255**, 289 (1932).

Fett kaum von dem des Alkohols unterschieden ist. Ob in jedem Fall eine Vermehrung des Sauerstoffverbrauchs eintritt, erscheint nach den Versuchen von LE BRETON und SCHAEFFER[1] fraglich zu sein. Sie fanden nämlich, daß bei „Neutraltemperaturen" (Kaninchen 21°, Ratten 28°, Tauben 30°) nach peroraler und subcutaner Darreichung von 2 g Alkohol/kg der Sauerstoffverbrauch nicht zunimmt. Da aber bei den gleichen Tierarten durch andere Versuche von LE BRETON[2] gezeigt wird, daß der Alkohol unabhängig von der Umgebungstemperatur gleichmäßig oxydiert wird, so muß man annehmen, daß er unter den gewählten Versuchsbedingungen zunächst allein unter Schonung der Körpersubstanz und Nährstoffe verbrennt. Wenn unter Alkoholwirkung bei niederer Umgebungstemperatur von etwa 7° der Sauerstoffverbrauch zunimmt, so dient er den Zwecken der chemischen Wärmeregelung.

Aus diesen Versuchen ergibt sich also im großen ganzen die Folgerung, daß im nüchternen Zustand wie bei Fütterung der Alkohol oxydiert wird und vor allem die Kohlenhydrate schont, was mit früheren Ergebnissen übereinstimmt, aber es scheint, daß der Alkohol doch auch noch andere Wirkungen entfalten kann. Nach den Versuchen von KANAI kann nämlich eine Glykogenstapelung in der Leber stattfinden, während gleichzeitig der Blutzuckerspiegel absinkt, eine Ansicht, die auch JONATA[3] vertritt. Anscheinend wird als Quelle des gestapelten Glykogens der Blutzucker in Anspruch genommen[4]. Daß fortgesetzte Alkoholgaben oder hohe Dosen die Glykogenolyse befördern, sei an dieser Stelle erwähnt (JONATA, HINWICH und Mitarbeiter[5]). Da nach peroraler, chronischer Eingabe von 1,7 g Alkohol/kg Kaninchen die Harnquotienten C:N und Vakat O:N absinken, der Harnquotient Vakat O:C unverändert bleibt oder steigt, so folgert KANAI im Sinne von BICKEL, daß die genannten Gaben bei anfänglicher Schonung des Zuckers und Förderung seiner Glykogenisierung eine quantitative und qualitative Steigerung der Materialoxydation bedinge. Größere berauschende Gaben (2,7 g/kg) sollen dagegen die Oxydationen einschränken. Am sinnfälligsten tritt die Anregung der Oxydation oder Glykogenisierung durch Alkohol auf, wenn nach Eingabe von Zucker oder Aminosäuren eine alimentäre Hyperglykämie erzeugt wird. Der Alkohol greift also, wenigstens in kleineren Gaben, unter Oxydationssteigerung auch in den intermediären Zuckerstoffwechsel ein.

Diese Angaben, die zweifellos unsere Kenntnisse von der Stoffwechselwirkung des Alkohols vertiefen würden, sind einer Nachprüfung wert, da, wie die Berechnung zeigt, gewisse Unstimmigkeiten noch beseitigt werden müssen. Die Möglichkeit aber, der Alkohol könne die Oxydationen anfachen, scheint nach den Versuchen von BURGE und VERDA[6] allerdings nicht am Warmblüter, sondern an Goldfischen, tatsächlich vorzuliegen. Werden nämlich je 2 Tiere in eine Dextrose-, Lävulose- oder Galaktoselösung gebracht und alle 8 Stunden 1 ccm Alkohol zugesetzt, so stieg der Zuckerverbrauch, am meisten der Dextrose, an. Man könnte allerdings daran denken, daß der Zucker wenigstens zum Teil als Glykogen angelagert worden sei und nicht einer Oxydation anheimfalle.

[1] LE BRETON, E., u. G. SCHAEFFER: C. r. Acad. Sci. Paris **197**, 1066 (1933).

[2] LE BRETON, E.: C. r. Soc. Biol. Paris **116**, 82 (1934).

[3] JONATA, R.: Giorn. Clin. med. **15**, 1 (1934).

[4] KANAI findet eine Glykogenzunahme der Leber von 40%. Bei einer 50 g schweren Leber eines mittleren Kaninchens würde die Glykogenanreicherung etwa 200 mg betragen. Ein solches Tier besitzt aber in seinem Gesamtblut sicher nicht mehr als 100—120 mg Zucker. Man müßte also als Quelle des Glykogens, da die Leber nicht in Betracht kommt, nur die Muskeln annehmen oder einen Aufbau des Alkohols zu Glykogen.

[5] HINWICH, H. E., L. H. NAHUM, N. RAKIETEN, J. F. FAZIKAS u. D. DU BOIS: Verh. 14. internat. Kongr. Physiol. **1932**, 118.

[6] BURGE, W. E., u. D. J. VERDA: J. of Pharmacol. **34**, 299 (1928) — Amer. J. Physiol. **85**, 409 (1928).

Die sehr wichtige Frage, ob der Alkohol bei seiner Oxydation für Energie-
leistungen (Muskelarbeit) verwertet werden könne, ist vielfach bearbeitet worden.
Wenn Froschmuskeln in 0,6 proz. Lösungen eingebracht werden, so wird der
Alkohol bis zu Acetaldehyd, und wenn dieser nicht abgefangen wird, auch noch
weiter oxydiert. Der R.Q sinkt dabei von 1 auf 0,87. Nach Ansicht der Untersucher verbrennen bei der Arbeit zunächst die Kohlehydrate. Stehen diese nicht
in genügender Menge zur Verfügung, so kann der Muskel auch die Oxydations-
energie des Alkohols ausnutzen und verwerten.

Daß aber auch beim Menschen der Alkohol als Energiequelle für Muskelarbeit dienen kann, scheint aus den Versuchen von BRECHMANN[1] und anderen
hervorzugehen. Früher war diese Möglichkeit von BENEDICT[2], VÖLTZ[3] usw. geleugnet worden; sie beobachteten selbstverständlich die Oxydation des Alkohols
im Organismus und die damit verbundene Wärmebildung, aber sie glaubten,
daß der Alkohol sich weder an der Energielieferung noch an der Gewebs-
neubildung beteiligen könne (BENEDICT).

Nach BRECHMANN wird durch die Zufuhr von Frucht- oder Traubenzucker
der R.Q. zunächst in der Ruhe auf 1 gebracht und gehalten. Werden nun der
Versuchsperson 28 g Alkohol gegeben, so sinkt der R.Q. sowohl in der Ruhe
wie besonders während der Arbeit stark ab. Wie die Berechnungen ergeben, ist
der Alkohol in erheblicher Menge verbrannt und in Muskelarbeit umgewandelt
worden. Dies scheint wenigstens die einfachste Erklärung der Versuche zu sein.
Ob der Alkohol aber unmittelbar oder nur mittelbar als Energiequelle dient, ist
eine Frage, die in Anbetracht der verwickelten chemischen Vorgänge bei der
Muskelkontraktion, dem In- und Übereinandergreifen von aeroben und anaeroben Umsetzungen, Abbauvorgängen und Resynthesen nicht leicht zu entscheiden sein dürfte.

Zu ganz ähnlichen Ergebnissen wie BRECHMANN kommen auch HITCHCOCK[4]
und SOMMERKAMP[5], der sich gleichfalls dahin ausspricht, daß ein Teil des bei
der Muskelarbeit geleisteten Energieaufwandes vom Alkohol geliefert werde.
Allerdings macht er auf einen Unterschied zwischen Alkohol und Zucker aufmerksam, der nach seiner Ansicht darin besteht, daß beim Alkoholzusatz die
Menge des ausgeschiedenen Stickstoffs ansteigt, bei dem des Zuckers aber abfällt. Auch MALES[6] zieht aus seinen Versuchen am Tier (Ratten und Hund) den
Schluß, daß der Alkohol als Energiespender wirken könne. GALAMINI[7] beobachtete bei seinen Versuchspersonen wohl einen geringeren Anstieg der Blutalkoholkurve infolge von Muskelarbeit, aber er ist trotz dessen der Ansicht, daß
der Alkohol nicht unmittelbar bei der Muskelarbeit verbrannt werde. Auch
TROSCHKE[8] neigt einer ähnlichen Anschauung zu. Bei seinen Untersuchungen
erhalten 5 gesunde Männer von 22—24 Jahren nüchtern 25 ccm Alkohol mit
45,6 g Rohrzucker in 400 ccm Wasser. Im Ruhe- und Arbeitsversuch (30 Minuten
Velotrab, 15 Minuten Pause und nochmals 15 Minuten Arbeit) wird das Maximum der Blutalkohol- und Zuckerkurve zu gleicher Zeit erreicht, doch ist im
Arbeitsversuch die Kurve niedriger und flacher. Er erklärt den Befund durch
die Annahme, daß der Alkohol im Nichtmuskelgewebe als Ersatz für anderes
Nährmaterial verbraucht und nur der Zucker für die Muskelarbeit unmittelbar

---

[1] BRECHMANN, H. J.: Z. Biol. **86**, 447 (1927).
[2] BENEDICT, F. G.: Ind. a. Eng. chem. **17**, 423 (1925).
[3] VÖLTZ, W.: Klin. Wschr. **1926**, 123.
[4] HITCHCOCK, F. A., u. R. M. KRAFT: Amer. J. Physiol. **101**, 57 (1932).
[5] SOMMERKAMP, H.: Pflügers Arch. **204**, 528 (1924).
[6] MALES, B.: Boll. Soc. ital. Biol. sper. **4**, 465 (1929).
[7] GALAMINI, A.: Boll. Soc. ital. Biol. sper. **2**, 972 (1927).
[8] TROSCHKE, G.: Pflügers Arch. **235**, 785 (1935).

herangezogen werde. Nach dieser Anschauung fördert also der Alkohol indirekt die Versorgung des Muskels mit Zucker.

Daß im Organismus aus Alkohol Zucker synthetisch aufgebaut werden und dadurch dem Muskel als Energiequelle dienen könne, scheint bisher wenig erörtert worden zu sein. Wenn aber KANAI bei einem 48 Stunden hungernden Kaninchen eine sehr bedeutende Zunahme des Leberglykogens beobachtet, dessen Menge den gesamten Zuckergehalt des Blutes übersteigt, so kann dieser Befund eigentlich nur dadurch erklärt werden, daß das Glykogen dem Muskel entzogen wurde oder aus dem dargereichten Alkohol Glykogen entstanden ist (vgl. Anm. S. 230). Auch manche anderen Versuche könnten in dieser Weise gedeutet werden.

Man sieht also, daß noch viele Lücken in unseren Kenntnissen vorhanden sind, auf die auch CARPENTER[1] in seinen sehr kritischen Erörterungen aufmerksam macht. Erwähnt sei hier noch eine Arbeit von SIMONSON[2], der angibt, daß die Erholung des Menschen nach beendeter Arbeit durch geringe Alkoholgaben 3—6 ccm beschleunigt werde, wodurch der Energieverbrauch um 8—15% herabgesetzt wird.

Die Einwirkung auf den Eiweißstoffwechsel ist, wie Bd. I, S. 339 erwähnt wurde, zunächst von der Gabengröße des Alkohols abhängig. Die Einschränkung bei kleineren und mittleren Gaben läßt sich ebenso erklären wie die Einsparung durch Kohlehydrate, die durch Alkohol ersetzt und vertreten werden. Der Umsatz und die Ausscheidung der Purinkörper geht dabei dem des Gesamteiweiß keineswegs parallel. Zwei neuere Arbeiten, über die berichtet werden soll, haben die Fragen weiter verfolgt. LA GRUTTA[3] berücksichtigte bei seinen Untersuchungen am Menschen besonders die Gabengrößen. Während hohe Gaben eine Verstärkung des Eiweiß- und Purinkörperabbaus, sowie eine Zunahme der Endprodukte im Harn herbeiführen, vermindern einmalige oder wiederholte kleinere und mittlere Gaben die Ausscheidung des Gesamtstickstoffs, des Phosphors und Purin-N, was auf eine Sparwirkung des Alkohols schließen läßt. Entsprechende Versuche am Hund ergänzen die am Menschen gewonnenen Ergebnisse.

Aus dem Befund, daß bei Menschen, die eine gemischte Kost erhielten, die Harnsäureausscheidung durch den Urin und der Harnsäurespiegel im Blut nach Aufnahme von 20 ccm Alkohol in 300 ccm Wasser erhöht, bei purinfreier Kost aber vermindert werden, folgern INAOKA und RETZLAFF[4], daß der Alkohol die Purindepots ausschwemmt und die Ausscheidung durch die Nieren fördert.

Die Wirkung des Alkohols auf den Glutathiongehalt der Organe, dem sicher eine große Bedeutung für den Stoffwechsel zukommt, wird nicht einheitlich angegeben. Ob der Unterschied in den Ergebnissen von PRISI[5] und JONATA der Dosierung oder dem Tiermaterial (Meerschweinchen, Kaninchen) zuzuschreiben ist, läßt sich noch nicht übersehen.

Im engen Zusammenhang mit der Stoffwechselwirkung des Alkohols steht als Funktion derselben der Einfluß auf das Wachstum. ELHARDT[6] findet bei peroraler Eingabe von 10 proz. bzw. 20—30 proz. Alkohols ein um 20% gesteigertes Wachstum von weißen Leghornkücken, während bei höheren Konzentrationen ein Zurückbleiben gefunden wurde. Zu gleichen Ergebnissen kommt BAGLIONI[7] in Versuchen an wachsenden weißen Ratten. Derselbe Untersucher

[1] CARPENTER, T. C.: J. Nutrit. **6**, 205 (1933).
[2] SIMONSON, E.: Arch. f. exper. Path. **120**, 259 (1927).
[3] LA GRUTTA, L.: Riv. Pat. sper. **2**, 185 (1927).
[4] INAOKA, T., u. K. RETZLAFF: Klin. Wschr. **1924**, 1947.
[5] PRISI, D.: Fol. med. (Napoli) **1934**, 36.
[6] ELHARDT, W. E.: Amer. J. Physiol. **92**, 450 (1930).
[7] BAGLIONI, S., u. A. GALAMINI: Atti Accad. naz. Lincei, Rend., VI. s. **5**, 239 (1927).

und GALAMINI[1] finden, daß der Tod erwachsener weißer Ratten, die bei unzureichender einseitiger Nahrung Gewichtsabnahmen wie im Hunger zeigten, durch Alkoholzufuhr verzögert wird, vorausgesetzt, daß der Alkohol nicht von Versuchsanfang, sondern erst bei Gewichtsabnahme von etwa 50% dargereicht wird. Diese erhöhte Widerstandsfähigkeit ist aber nicht einer Einsparung von Eiweiß zuzuschreiben, dessen Umsatz durch die Alkoholzulage eher vergrößert worden war. Die Ergebnisse decken sich bis zu einem gewissen Grade mit denen KOCHMANNs, der bei hungernden Kaninchen eine verlängerte Überlebungsdauer feststellen konnte.

Wärmehaushalt (*Bd. I, S. 352*). Daß bei der Verbrennung des Alkohols Wärme gebildet wird, gilt als feststehende Tatsache. Ob er aber die Körpertemperatur des homoiothermen Tieres verändert oder verändern kann, hängt offenbar von der Gabengröße ab. Wenn unter Alkoholwirkung die Wärmeabgabe durch Erweiterung der Hautgefäße steigt, so wird, wenn die Regulationsmechanismen nicht geschädigt sind, eine Steigerung der Wärmeproduktion einen Ausgleich schaffen. Das ist, wie sich aus den früheren Versuchen ergibt, bei kleinen Gaben noch möglich. Durch größere Gaben wird aber das Wärmeregulationszentrum geschädigt, so daß bei niedriger Außentemperatur die Eigenwärme fallen muß und bei hoher leicht eine Überhitzung des Körpers eintreten kann. So ist es zu verstehen, daß nach Alkoholaufnahme bei einer Temperatur der umgebenden Luft unterhalb des „Indifferenzpunktes" der O_2-Verbrauch gewöhnlich zunimmt, aber bei einer „Neutraltemperatur" nicht verändert ist (vgl. die Versuche LE BRETON und SCHAEFFER[2]).

Beim Erfrierungstod spielt auf Grund dieser Verhältnisse der Alkoholrausch eine große Rolle, da einer vermehrten Abgabe infolge der motorischen Lähmung und der Schädigung der Regulation keine genügende Mehrbildung von Wärme entspricht. Bei Versuchen am Meerschweinchen finden DI MACCO[3] und PELUSO[4] scheinbar keine Bestätigung dieser Ansichten. Sie stellen nämlich fest, daß bei der Abkühlung die Überlebensdauer der Tiere nach mäßigen Alkoholgaben (1,6 ccm/kg) nicht beeinflußt wird; sie nehmen an, daß die Verbrennung des Alkohols teilweise den gesteigerten Wärmeverlust kompensieren kann, da der Alkohol auch ohne Muskelbewegungen oxydiert wird. Trotz dieser Versuche mit mäßigen Alkoholgaben werden die Ansichten über das Zustandekommen des Erfrierungstodes bzw. seine Beschleunigung durch große Rauschgaben nicht geändert werden[5]; aber die Ergebnisse der Versuche tragen sehr dazu bei, unsere Kenntnisse über die Wärmetopographie des Organismus zu erweitern, da gleichzeitige Temperaturmessung des Gehirns und der Leber während der Alkoholwirkung ausgeführt wurden. Versuche von CRILE und Mitarbeitern[6] zeigen, daß durch Adrenalin der nach großen Alkoholgaben auftretende Temperaturabfall zeitweilig durchbrochen werden kann.

Alkoholvergiftung (*Bd. I, S. 358*). Wenn vom Alkoholmißbrauch und den Schädigungen gesprochen wird, so wird es heute kaum noch bestritten werden können, daß berauschende Gaben, welche die feineren psychischen Tätigkeiten, geistige Konzentration, Umsicht, Überlegung, Unterscheidungsfähigkeit, Geschicklichkeit usw. beeinträchtigen, für den, der den Alkohol zu sich genommen hat,

---

[1] GALAMINI, A.: Atti Accad. naz. Lincei, Rend., VI. s. **7**, 526 (1928).

[2] LE BRETON, E., u. G. SCHAEFFER: C. r. Acad. Sci. Paris **197**, 1066 (1933).

[3] DI MACCO. G.: Boll. Soc. ital. Biol. sper. **7** 1291 (1932) — Rass. Ter. e Pat. clin. **4**, 454 (1932).

[4] PELUSO, A.: Ann. Med. nav. e colon. **39**, 280 (1933).

[5] Die Ergebnisse können wegen des Haarkleides nicht ohne weiteres vom Tier auf den Menschen übertragen werden.

[6] CRILE, G. W., A. F. ROWLAND u. G. W. WALLACE: J. of Pharmacol. **21**, 429 (1923).

wie für die Umwelt eine große Gefahr bedeuten. Darauf braucht also hier nicht eingegangen zu werden. Die Wirkungen, die in den vorhergehenden Abschnitten, ergänzend zu der früheren Schilderung, beschrieben wurden, lassen leicht diese Schlußfolgerungen zu. Daß aber auch noch nicht berauschende Gaben von denen zu meiden sind, die eine die ganze Persönlichkeit zu einem bestimmten Zeitpunkt verlangende Tätigkeit ausüben müssen (Kraftwagenführer, Flieger usw.), diese Ansicht ist heutzutage glücklicherweise im ganzen Volk verbreitet. Leider sind Überschreitungen dieses Gebotes noch recht häufig. Die Frage, ob auch für solche Tätigkeiten ein mäßiger Alkoholgenuß erlaubt oder völlige Enthaltsamkeit notwendig sei, kann nur schwer beantwortet werden; jedenfalls können keine Zahlen angegeben werden, da die Wirkungen des Alkohols von verschiedenen Faktoren abhängen: Konstitution des Individuums, Resorptionsgeschwindigkeit, Maß und Dauer der verlangten geistigen und körperlichen Arbeit u. a.

Wenn aber über die akuten Wirkungen des Alkoholgenusses wenigstens bis zu einem gewissen Grade Übereinstimmung herrscht, weil hier das Experiment an Mensch und Tier einigermaßen Klarheit geschaffen hat, so ist die Frage, ob und welche Schädigungen bei einer chronischen Aufnahme, besonders mäßiger Gaben eintreten, noch keineswegs beantwortet. Die Verfechter einer vollkommenen Abstinenz dürften möglicherweise vom wirtschaftlichen Standpunkt ihre Ansicht besser begründen können als vom hygienisch-pharmakologischen.

Jedenfalls sind im Schrifttum Angaben vorhanden, daß ein mäßiger Alkoholgenuß nicht unbedingt schädlich sei. BENEDICT[1] spricht die Ansicht aus, daß der Alkoholgehalt der Getränke 2,75% nicht überschreiten solle, TIGERSTEDT[2] hält Getränke mit 2,18—2,74% selbst vom Standpunkt einer strengen Mäßigkeit für unbedenklich, und P. SCHMIDT[3] vertritt die Meinung, daß eine Alkoholmenge von 25 g täglich, in Form eines leichten Bieres, die oberste Grenze des Erlaubten sei.

Am meisten umstritten ist die Frage, wie sich die chronische Alkoholaufnahme auf Wachstum, Lebensalter, Zeugungsfähigkeit, Fortpflanzung und die Nachkommenschaft auswirke. Es scheint aus den experimentellen Arbeiten hervorzugehen, daß die Schädigungen nicht allzu groß sind. Zunächst sei eine ältere Arbeit von HANSON und HANDY[4] erwähnt, die später von HANSON und HEYS[5] ergänzt wurde. Weiße Ratten wurden täglich mit Ausnahme von Sonntag Alkoholdämpfen ausgesetzt, bis Narkose eintrat. Die dazu notwendigen Mengen mußten immer größer gewählt werden. Es wurden im ganzen 10 Generationen vom 20. Lebenstage bis zur Paarung, die übrigens nicht unter Alkoholwirkung stattfand, in dieser Weise behandelt. Insgesamt erfolgten 482 Würfe, 244 mit 1391 Tieren bei den Kontrollen und 238 mit 1650 Tieren bei den alkoholisierten. Mit Ausnahme der 3. und 6. Generation war das Durchschnittsgewicht der Alkoholtiere nicht wesentlich niedriger als bei den Kontrollen. In einer früheren Versuchsreihe waren von 6 Weibchen 3 steril und eines warf rasch sterbende Junge. MACDOWELL und LORD[6] haben ähnliche Versuche angestellt. Bei den alkoholisierten Weibchen, die mit nicht alkoholisierten Männchen gepaart wurden, war die Tragezeit verlängert. Das erste Auftreten des Brunstcyclus, die Zahl der Corpora lutea, die Größe des Wurfes und die Höhe

---

[1] BENEDICT, FR. G.: Ind. Chem. **17**, 423 (1925).
[2] TIGERSTEDT, C.: Pflügers Arch. **205**, 171 (1924).
[3] SCHMIDT, P.: Dtsch. med. Wschr. **1932**, Nr. 22, Sonderdruck.
[4] HANSON, F. B., u. V. HANDY: Amer. Naturalist **57**, 532 (1923).
[5] HANSON, F. B., u. F. HEYS: Amer. Naturalist **61**, 503 (1927) — Genetics **10**, 351 (1925).
[6] MACDOWELL, E. C., u. E. M. LORD: Arch. Entw.mechan. **109**, 549 (1927).

der Sterblichkeit war gegen die Kontrollen nicht verändert. Der Brunstcyclus war verlängert, wenn die Alkoholisierung nach dem Eintritt des Cyclus begann. In einer von der ersten Reihe etwas verschiedenen Versuchsanordnung war die Wurfgröße etwas verkleinert, die Sterblichkeit vor der Geburt erhöht, ebenso wie die Zahl der Totgeburten, die Zahl der Männchen im Verhältnis zu den Weibchen nicht verändert (51,2%). Nach CHAUDHURI[1], der die Angaben von BLUHM[2] bestätigte, war bei der weißen Maus nach subcutaner Alkoholinjektion dieses Verhältnis von männlichen zu weiblichen Tieren um 14,59% höher als bei den Vergleichstieren. GYLLENSWÄRD[3] setzte weiße Mäuse Alkoholdämpfen aus. Bei den Männchen, die über die Hälfte des Lebens fast täglich schwere Alkoholvergiftungserscheinungen aufwiesen, war kein merklicher Nachteil für die Nachkommenschaft zu beobachten. Dies war aber bei den Nachkommen der alkoholisierten Weibchen der Fall, denn sie starben häufiger und wurden oft von der Mutter aufgefressen. Die alkoholisierten Weibchen pflegten auch ihre Jungen schlechter als die Vergleichstiere. Nach PICTET[4] ist die Fruchtbarkeit von Meerschweinchen, die 15 Monate lang täglich Alkoholdämpfen ausgesetzt wurden, nicht vermindert. Das Gewicht der Neugeborenen, die keinerlei krankhafte Erscheinungen darboten, war etwas geringer als das der Vergleichstiere; sie wuchsen aber sehr rasch. Das Gewicht der älteren Tiere war nicht beeinträchtigt. In den Versuchen von RICHTER[5] erhielten Ratten als alleinige Flüssigkeitszufuhr 16proz. Alkohollösungen; sie nahmen so täglich 1,52—2,28 g Alkohol auf. Das Wachstum der Tiere, die im Alter von 25—30 Tagen in den Versuch kamen, wurde nicht gehemmt, die Motilität nicht eindeutig geändert und die rhythmischen Schwankungen der Bewegungen, die mit den Brunstzeiten verknüpft sind, nicht beeinflußt. Die vom Alkohol gelieferten Calorien werden auf etwa 22—28,8% des Gesamtbedarfs berechnet. Die Werte entsprechen den von ATWATER und BENEDICT für den Menschen gefundenen, wenn die aufgenommenen Alkoholmengen ziemlich vollkommen oxydiert werden. In den Versuchen von ROST und WOLF[6] erhielten weibliche Kaninchen über $2^1/_2$ Jahre 2—10 ccm 10proz. Alkohol per os, die Männchen bis zu 20 ccm. Die Hälfte der Zeit bekamen sie leichten Rausch verursachende Alkoholmengen; 6 ccm beim Weibchen, beim Männchen wurden größere Gaben gegeben. Die Paarung erfolgte zwischen alkoholisierten Weibchen und normalen Böcken, zwischen normalen Weibchen und alkoholisierten Böcken und auch zwischen alkoholisierten Weibchen und Böcken. Es ergaben sich keinerlei Einwirkungen auf die Fortpflanzungsfähigkeit, die Tragdauer, das Gewicht und Allgemeinbefinden der Nachkommen und keine keimverderbenden und fruchtschädigenden Wirkungen. Auch Organschädigungen der getöteten Tiere wurden nicht beobachtet, insbesondere auch nicht an der Leber. In Versuchen von MACDOWELL[7] zeigt sich, daß bei Ratten von alkoholisierten Eltern eine deutliche Abweichung des Verhaltens im Irrgarten von MACHT vorhanden ist, wenn die Versuchstiere selbst nicht dem Alkohol ausgesetzt waren. Die Nachkommen von Eltern, die mit *schwachen* Alkoholdosen behandelt worden waren, unterschieden sich nicht von den normalen Kontrolltieren. Die chronische Alkoholwirkung scheint sich also an den Nachkommen alkoholisierter Eltern nicht stark bemerkbar zu machen.

[1] CHAUDHURI, A. C.: Brit. J. exper. Biol. **5**, 185 (1928).
[2] BLUHM, A.: Z. Sex.wiss. **18**, 145 (1931).
[3] GYLLENSWÄRD, C.: Z. geg. Alkoholismus **32**, 49 (1924).
[4] PICTET, A.: C. r. Soc. Physique Genève **41**, 29 (1924).
[5] RICHTER, C. P.: J. of exper. Zoöl. **44**, 397 (1926).
[6] ROST, E., u. E. WOLF: Arch. f. Hyg. **95**, 140 (1925).
[7] MACDOWELL, E. C.: J. of exper. Zoöl. **37**, 417 (1923).

Im Gegensatz dazu glaubt Bluhm (Zit. S. 235) den Beweis einer Keimschädigung dadurch erbracht zu haben, daß die männlichen Nachkommen eines alkoholisierten Männchens auch bei der Kreuzung mit normalen Weibchen Schädigungen aufwiesen, die an die Chromosomen gebunden und somit vererbbar sind. Just spricht die Ansicht aus, daß ein völlig sicherer Beweis für die von Bluhm aufgestellte Behauptung einer Alkoholschädigung des Erbgutes noch nicht erbracht sei.

Es mögen noch Versuche von Hanzlik[1] Erwähnung finden, der an Tauben feststellen wollte, ob durch chronische Alkoholdarreichung Krankheitserscheinungen auftreten. Die Tiere bekamen täglich 2—4% Alkohol während 13 Monaten bzw. 2 Jahre zu trinken, woran sie sich bald gewöhnten. Bei 4% Alkohol kamen zeitweilig Rauscherscheinungen vor. Die einzige Veränderung war eine Abnahme des Körpergewichts, obwohl die Futteraufnahme nicht geringer wurde. Herz, Nieren, Leber zeigten keine vom regelrechten Verhalten abweichende Befunde. Etwaige Schädigungen des Menschen durch schwache alkoholische Getränke müssen daher nach Ansicht des Untersuchers teilweise auf andere Bestandteile und nicht ohne weiteres auf den Alkohol zurückgeführt werden. Mit diesen Ansichten stehen Versuche von MacNider und Mitarbeitern[2] im Einklang, die die Schädigung der Niere unter Einwirkung alkoholischer Getränke nicht auf den Alkohol, sondern auf die Beimengungen beziehen.

Auf eine sehr belangreiche statistische Arbeit von Pearl[3] sei hingewiesen. Unter Zugrundelegung der voraussichtlichen Lebensdauer von Menschen jenseits des 30. Lebensjahres, wie sie von den Lebensversicherungsgesellschaften berechnet worden ist, kommt Pearl nach eingehender Ermittlung an 6000 Individuen der weißen Arbeiterbevölkerung von Baltimore zu dem Ergebnis, daß schwere Trinker eine kürzere „Lebenserwartung" haben als mäßige Personen. Vom 75. Lebensjahr wird die Lebenserwartung männlicher Säufer günstiger als die der Abstinenten, weil durch die hohe Sterblichkeit in den früheren Jahren eine Auslese stattgefunden hat. Die Lebenserwartung der Mäßigen soll größer sein als die von Abstinenten; die Unterschiede sind aber sehr gering. Bedeutsam ist aber die Tatsache, daß die Sterblichkeit der Abstinenten nicht kleiner ist als die der Mäßigen. Für die Beantwortung dieses immerhin auffälligen Ergebnisses reichen aber selbst die Angaben der umfangreichen Erhebungen Pearls nicht aus. So könnte man vielleicht denken, daß unter den Abstinenten sich eine ganze Reihe Menschen befinden, die an einer Krankheit leiden, bei der der Alkoholgenuß gemieden wurde, um keine Verschlimmerung des Leidens herbeizuführen. Auch andere Möglichkeiten, die hier nicht erörtert werden sollen, könnten eine Rolle spielen. An der Tatsache selbst, gleichgültig wie sie zu begründen ist, kann nicht gezweifelt werden, nämlich daß ein mäßiger Alkoholgenuß die Lebensdauer nicht immer ungünstig beeinflussen muß.

Der Stoffwechsel der Tiere kann selbstverständlich durch längere Darreichung des Alkohols erheblich verändert werden. Über hierher gehörende Arbeiten ist bereits in dem Abschnitt Stoffwechsel berichtet worden.

Ergänzend sei noch folgendes erwähnt: Nach chronischer Zufuhr von täglich 1 ccm/kg Hund, 5 Monate lang, waren die Blutcalciumwerte nicht eindeutig verändert, die Kaliumwerte dagegen stiegen bis auf 27,14 mg% ; die Alkalireserve ist deutlich vermindert. Für Chlor und Cholesterin wurden regelrechte Werte gefunden. (Über die Bedeutung des Calciums und Kaliums vgl. Schlaftheorie.)

---

[1] Hanzlik, P. J.: J. of Pharmakol. **43**, 339 (1931).
[2] MacNider, Wm. de B., u. Mitarbeiter: J. of Pharmacol. **25**, 171 (1925); **26**, 97 (1925) — Proc. Soc. exper. Biol. a. Med. **29**, 581 (1932).
[3] Pearl, R.: Brit. med. J. Nr **3309**, 948 (1924).

Nuzum und Maner[1] zeigen, daß die Werte für den Reststickstoff und den Harnstickstoff bis aufs Doppelte ansteigen.

Im Blut chronischer Alkoholiker finden sich angeblich basophil getüpfelte Erythrocyten. Ziervogel[2] fand auch in der Tat bei 12% ihrer Kranken eine Zahl basophiler Blutkörperchen, die über das regelrechte Maß hinausgeht; eine Fehldiagnose auf Bleivergiftung ist aber immerhin gering. Gagarina und Jankovskij[3] haben die Änderung des Katalasesystems bei chronischer Alkoholvergiftung von Meerschweinchen und Ratten untersucht und gefunden, daß eine bedeutende Verminderung des Katalasesystems in der Leber und Niere, im Blut und in den Muskeln aber eine Steigerung festzustellen sei. Es ergibt sich jedenfalls aus diesen Versuchen, und deshalb werden sie hier angeführt, daß bei chronischer Alkoholvergiftung auch die Fermente geschädigt werden können, obwohl diese bei Versuchen in vitro eine ziemlich erhebliche Widerstandsfähigkeit besitzen. E. Keeser und I. Keeser[4] haben bei der chronischen Alkoholvergiftung ebenfalls Fermentstörungen nachgewiesen, die wahrscheinlich mit der veränderten Konzentration der die Fermente bald hemmenden, bald fördernden Phosphatide zusammenhängen.

Die Widerstandsfähigkeit gegen Alkoholwirkungen ist individuell sicher sehr verschieden. Einen experimentellen Beweis dafür erbringen Abderhalden und Wertheimer[5], die zeigen konnten, daß ein Faktor dabei das Geschlecht der Versuchstiere ist. Von 50 männlichen Mäusen, die täglich 0,1—0,2 ccm 30proz. Alkohol subcutan erhielten, starben innerhalb 14 Tagen 84%, während von weiblichen Tieren nur 30% zugrunde gingen.

Einfluß des Alkohols auf die Resistenz gegen Infektionen usw. Antagonismus, Synergismus und Gewöhnung (*Bd. I, S. 368*). Aus den früher erwähnten Versuchen scheint hervorzugehen, daß selbst kleinste Alkoholgaben am Tier die Widerstandsfähigkeit des Organismus gegenüber Infektionen vermindern; nur selten wurde das Gegenteil berichtet. In dieser Allgemeinheit ist diese Ansicht aber offenbar nicht zutreffend, wie eine Anzahl neuerer Arbeiten zeigt. Zwar spricht sich Sarno[6] dahin aus, daß die Alkoholdarreichung die Bildung von Antikörpern beim Kaninchen stets hemmt, aber Di Macco und Mitarbeiter[7] zeigen, um die Rolle des Alkohols bei Infektionen zu erhellen, daß Kaninchen, denen 3 ccm einer Hammelblutkörperchenaufschwemmung in Abständen von 3 Tagen als Antigen zugeführt wird, eine erhebliche Steigerung des Hämolysingehaltes des Serums aufweisen, wenn ihnen 1,7 ccm einer 35proz. Alkohollösung per os verabreicht wird. Diese Versuche, die auch die Bedingungen der vermehrten Antikörperbildung unter dem Einfluß des Alkohols erleuchten, stehen mit Versuchen in vitro insofern im Zusammenhang, als auch in ihnen bewiesen wird, daß der Alkohol bei passender Gabengröße fördernd in die Immunitätsvorgänge eingreifen kann. So zeigt Franzen[8], daß geringe Alkoholkonzentrationen von 0,5% die Hämolyse und Agglutination von Bakterien durch aktive Sera fördern und erst hohe Konzentrationen von 10% aufwärts sie hemmen. Die Hemmungswirkung hoher Konzentrationen wird auch durch die Versuche von Tokunaga[9] mit Meerschweinchenkomplement

[1] Nuzum, F. R., u. G. D. Maner: J. amer. med. Assoc. **81**, 456 (1923).
[2] Ziervogel, K.: Fol. haemat. (Lpz.) **48**, 67 (1932).
[3] Gagarina, E., u. V. Jankovskij: Ž. eksper. Biol. i Med. **9**, 59 (1928).
[4] Keeser, E., u. I. Keeser: Arch. f. exper. Path. **119**, 285 (1927).
[5] Abderhalden, E., u. E. Wertheimer: Biochem. Z. **186**, 252 (1927).
[6] Sarno, D.: Riv. Pat. nerv. **35**, 200 (1930).
[7] Di Macco, G., u. Mitarbeiter: Riv. Pat. sper. **6**, 369 (1931).
[8] Franzen, G.: Arch. f. exper. Path. **147**, 288 (1930).
[9] Tokunaga, H., u. Yamuchi: Acta Scholae med. Kioto **11**, 313 (1928).

und von BRONFENBRENNER und KORB[1] am D'HÉRELLEschen Bakteriophagen gezeigt.

Das reticuloendotheliale System, dem eine Mitwirkung an der Abwehr infektiöser Vorgänge zugeschrieben werden kann, wird nach den Versuchen von GUAZZIRI[2] gereizt und in erhöhte Tätigkeit versetzt (längerdauernde Darreichung von 20—25 ccm 70proz. Alkohols dem Futter der Kaninchen zugesetzt).

Sygnergismus. Antagonismus. Daß der Alkohol mit anderen Narkoticis synergistische Wirkung entfalten kann, erscheint selbstverständlich. Von diesem Standpunkt aus ist ja, zum Teil wenigstens, der Zusatz von Alkohol bei der Chloroform-Äthernarkose angewendet worden. NITZESCU[3] empfiehlt aus ähnlichen Erwägungen heraus eine Mischung von Alkohol und Paraldehyd in Traubenzuckerlösung für die Narkose der Laboratoriumstiere.

Vom toxikologischen Standpunkt aus ist es von Bedeutung, daß gleichzeitige Darreichung von Äthyl- und Methylalkohol in Mengen, von denen jede der beiden allein keinerlei toxische Erscheinungen bei Katzen hervorbringt, schwere Vergiftungserscheinungen und selbst den Tod herbeiführen kann. Während die Tiere 10 g vom Methyl- bzw. Äthylalkohol täglich, im ganzen 100 g, ohne weiteres vertragen, gehen sie schon nach einer Gesamtmenge von je 30 g beider Alkohole innerhalb von 7—13 Tagen zugrunde. PANTALEONI[4] nimmt an, daß der leicht oxydierbare Äthylalkohol die Oxydation und Ausscheidung des Methylalkohols hindert.

Der *Antagonismus* zwischen Alkohol und anderen Narkotica einerseits und Erregungsmitteln wie z. B. Strychnin, Coffein andererseits ist von praktischen und theoretischen Gesichtspunkten aus vielfach untersucht worden: Am Nerv-Muskelpräparat von Rana temp. von FLAMM[5], der den gegenseitigen Antagonismus Alkohol-Coffein feststellte, oder an Rückenmarkfröschen von TAKAHASHI[6], der die Strychninwirkung durch Alkohol hemmen konnte. Am ganzen Tier, Hund, Kaninchen, Frosch prüfte BRANDINO[7] die günstigsten Bedingungen der antagonistischen Wirkung des Alkohols gegenüber der Strychninvergiftung. An der weißen Maus konnte umgekehrt außer Strychnin auch Coffein und Hexeton die Alkoholvergiftung günstig beeinflussen (SHIRATORI[8]). In sehr eingehenden Versuchen unter Prüfung des Narkosestadiums durch die MAGNUSschen Labyrinth- und Körperstellreflexe untersuchte SCHOEN[9] am Kaninchen die antagonistische Wirkung von Coffein, Campher, Hexeton und Cardiazol auf die Alkohol-Urethan- und Paraldehydnarkose. Cardiazol, mit dem auch am großhirnlosen Tier Erfolge erzielt werden konnten, erwies sich am wirksamsten.

In einem gewissen Gegensatz zu den Beobachtungen, daß der Alkohol die Wirkung anderer Narkotica zu verstärken vermag, steht eine Arbeit von CARRIÈRE und Mitarbeitern[10]. Nach ihnen soll die intravenöse Injektion von 1 ccm 30proz. Alkohols die toxische Wirkung einer nachfolgenden Gabe von Luminal verzögern, da der Eintritt des Komas später erfolgt und durch stündliche Gaben von 1 ccm 30proz. Alkohols die Tiere vorzeitig aus dem komatösen Zustand erweckt werden können. Diesem Antagonismus, der mit dem des Coramins und

---

[1] BRONFENBRENNER, J. J., u. CH. KORB: J. of exper. Med. **42**, 419 (1925).
[2] GUAZZIRI, G.: Fol. med. (Napoli) **10**, 91 (1924).
[3] NITZESCU, I.-I.: C. r. Soc. Biol. Paris **111**, 337 (1933).
[4] PANTALEONI, M.: Ann. Igiene **37**, 537 (1927).
[5] FLAMM, S.: Arch. f. exper. Path. **143**, 79 (1929).
[6] TAKAHASHI, M.: Fol. pharmacol. jap. **16**, 1 (1933).
[7] BRANDINO, G.: Studi sassar. **8**, 377 (1930).
[8] SHIRATORI, F.: J. of orient. Med. **4**, 7 (1925).
[9] SCHOEN, R.: Arch. f. exper. Path. **113**, 275 (1926).
[10] CARRIÈRE, G., CL. HURIEZ u. P. WILLOQUET: C. r. Soc. Biol. Paris **116**, 188 (1934).

Veronals in Parallele gesetzt wird, liegen verwickelte biologische Vorgänge zugrunde.

In Versuchen, die die Aufgabe hatten, die Wirkungsweise der Reizkörpertherapie zu erfassen, zeigte VOLLMER[1], daß Caseosanbehandlungen die narkotische Alkoholwirkung von 4,73 mg/g Tier zum Teil wesentlich abschwächen könne, was auf eine gesteigerte Oxydation des Alkohols zurückgeführt wird. Demselben Entgiftungsmechanismus schreibt VOLLMER den entgiftenden Einfluß des Thyroxins auf die Alkoholwirkung der weißen Maus zu[2]. KOCHMANN und PREUSSE[3], die allerdings mit anderer Zielsetzung und unter anderen Versuchsbedingungen die Versuche anstellten, gelang es nicht, eine entgiftende Wirkung des Thyroxins dem Alkohol gegenüber in dem gleichen Ausmaß wie VOLLMER zu finden. Doch ist besonders bei subcutaner Einverleibung des Thyroxins eine wenn auch geringe Entgiftung des subcutan oder peroral verabreichten Alkohols festzustellen.

Von der Auffassung ausgehend, daß die Giftwirkung des Alkohols auf einen O_2-Mangel der Gewebszellen beruhe, versuchte PALTHE VAN WULFFTEN[4] durch Sauerstoffatmung die Alkoholwirkung beim Menschen und Tier günstig zu beeinflussen. Er berichtet über Erfolge, die von BARACH[5] aber nur teilweise bestätigt werden konnten, und DE KLEYN[6] konnte bei seinen Versuchen über den Alkoholnystagmus beim Tiere keine Veränderung der Erscheinungen durch Sauerstoffatmung beobachten. GALAMINI[7] gelang es, eine gewisse antagonistische Wirkung des Alkohols auf die Insulinvergiftung des Kaninchens festzustellen, was im übrigen den schon erwähnten Versuchen von JONATA nicht zu widersprechen braucht. MURRAY[8] gibt an, daß bei Katzen die glykämische Wirkung des Pituitrins durch Alkohol stark abgeschwächt oder sogar aufgehoben werden könne.

Versuche von BEUTNER und HYDEN[9] in vitro, die hauptsächlich einen Beitrag zur Theorie der Narkose liefern sollen, können auch manche Fälle von Antagonismus und Synergismus verständlich machen, indem die Untersucher finden, daß der Alkohol, Äther usw. physikalische Bindungen der Alkaloide (Pilocarpin im Serum) durch Oberflächenverdrängung zu sprengen vermag.

Gewöhnung. Daß der Alkohol zu den gewöhnbaren Giften gehört, kann keinem Zweifel unterliegen. Die hierher gehörenden experimentellen Ergebnisse sind zum Teil schon früher aufgezählt worden (PRINGSHEIM, MARMALDI[10] u. a.). Bei Fröschen konnte LENDLE[11], die dauernd in Alkohollösung gehalten wurden, eine etwas erhöhte Widerstandsfähigkeit gegenüber dem Alkohol beobachten, die auf eine verminderte Hautpermeabilität der in der Alkohollösung schwimmenden Frösche zurückgeführt wird. TOYOSHIMA[12] hat bei weißen Mäusen durch dauernde Alkoholzufuhr eine gewisse Resistenzsteigerung herbeiführen können.

---

[1] VOLLMER, H.: Arch. f. exper. Path. **155**, 160 (1930).

[2] Auf die gleiche Ursache, nämlich die schnellere Oxydation, führt VOLLMER auch die Beobachtung zurück, daß kleinere Tiere (Mäuse) mit regem Stoffwechsel dem Alkohol gegenüber widerstandsfähiger sind als größere Tiere.

[3] PREUSSE, H.: Inaug.-Dissert. Halle 1933.

[4] PALTHE VAN WULFFTEN, P. M.: Geneesk. Tijdschr. Nederl.-Indië **68**, 588 (1928).

[5] BARACH, A. L.: Amer. J. Physiol. **107**, 610 (1934).

[6] DE KLEYN, A.: Nederl. Tijdschr. Geneesk. **1934**, 2267.

[7] GALAMINI, A.: Bull. Accad. med. Roma **58**, 76 (1932).

[8] MURRAY, M. M.: J. of Physiol. **77**, 247 (1933).

[9] BEUTNER, R., u. E. HYDEN: J. of Pharmacol. **35**, 25 (1929).

[10] PRINGSHEIM, J.: Biochem. Z. **12**, 143 (1908). — MARMALDI: Giorn. internaz. Sci. med. **20**, Fasc. 17 (1898).

[11] LENDLE, L.: Arch. f. exper. Path. **120**, 129 (1927).

[12] TOYOSHIMA, J.: Fol. pharmacol. jap. **7**, 378 (1928).

Selbst am isolierten Säugetierherzen glaubt KUNO[1] eine Toleranzsteigerung durch oftmalige Durchspülung mit Alkohol auf Angewöhnung zurückführen zu können. KOCHMANN und HOLZKÄMPER[2] haben an der weißen Maus Gewöhnungsversuche vorgenommen, um Umfang und Schnelligkeit der Gewöhnung festzustellen. Als Beweis für die eintretende Gewöhnung prüften sie das Auftreten gewisser Narkoseerscheinungen bzw. des Todes, die beim nicht vorbehandelten Tier sich durch folgende Alkoholgaben erzielen ließen:

Tabelle 47.

	Subcutan	Peroral
Drehversuch positiv bei Passive Seitenlage vorhanden	0,3 ccm 20% Alk. = 47,76 mg/20 g	0,5 ccm = 79,60 mg/20 g
	0,4 „ „ = 63,68 mg/20 g	0,55 „ = 87,56 „
Spontane Seitenlage vorhanden . . . . . . Schmerzempfindlichkeit aufgehoben	0,5 „ „ = 79,60 „	0,6 „ = 95,52 „
Dosis letalis	1,0 „ „ = 159,20 „	1,1 „ = 175,12 „

Bei den gewöhnten Tieren verschoben sich die Gaben um durchschnittlich 13—15 mg pro 20 g Tier nach oben.

Bei täglicher Darreichung des Alkohols stellten sie fest, daß die Angewöhnung an Alkohol bei peroraler Einnahme rascher vor sich geht als bei subcutaner Injektion, daß die Erscheinungen der leichten und mittelstarken Narkose sehr bald verschwinden, während die Angewöhnung im Bereich tödlicher Gaben nur schwer zu erzielen ist. Bemerkenswert ist es, daß die Gewöhnung, wenn auch nur in geringem Umfang, sehr schnell in wenigen Tagen bereits sichtbar wird. Am Menschen hat schon früher RIEGEL[3] gefunden, daß bei Prüfung höherer geistiger Tätigkeiten (Addieren, Einfädeln von Perlen usw.) eine deutliche Gewöhnung an Alkoholgaben stattfand, die anfangs eine schädigende Wirkung ausgeübt hatten. 20 Tage nach Beendigung der Alkoholdarreichung (jeden zweiten Tag 60 ccm per os) war die Beeinträchtigung der Leistung sehr viel größer als am Schluß der Alkoholzeit. Während dieser waren auch die Nachwirkungen am alkoholfreien Tage viel geringer gewesen.

Die Gewöhnung geht auch aus Versuchen hervor, in denen ein ungeheurer Alkoholgenuß die körperliche Leistungsfähigkeit eines Alkoholisten gar nicht oder nicht wesentlich schädigt (ATZLER und MEYER[4]). Die Alkoholmengen waren hier 240 ccm Alkohol in Form von Schnaps oder Bier, d. h. fast $^3/_4$ l Schnaps oder 6 l Bier, die nur zu einer leichten „Animiertheit", aber niemals zum Rausche führten. 10 Flaschen Dortmunder Bier waren ohne jeden Einfluß. Das sind natürlich Mengen, die beim Abstinenten nicht bloß schwere Vergiftungen hervorrufen, sondern (bei $^3/_4$ l Schnaps) sich nicht mehr. weit von der tödlichen Gabe entfernen. Es muß allerdings hervorgehoben werden, daß in einem späteren Versuch, den GRAF (Zit. S. 211) mit derselben Versuchsperson anstellte, 142 g Alkohol sehr schwere Berauschtheit und eine außerordentlich hohe Abnahme der Arbeitsleistung hervorriefen. Ob eine Entwöhnung stattgefunden hatte oder andere nicht mehr festzustellende Ursachen den Ausfall der Versuche änderte, ließ sich leider nicht mehr ausfindig machen. An der Tatsache, daß Alkohol-

---

[1] KUNO, Y.: Arch. f. exper. Path. 74, 399 1913 u. 77, 206 1914.
[2] HOLZKÄMPER, K. E.: Inaug.-Dissert. Halle 1932.
[3] RIEGEL, A.: Psychol. Arb. 8, 48 (1923).
[4] ATZLER, E., u. F. MEYER: Arb.physiol. 4, 410 (1931). — MEYER, F.: Ebenda 4, 433 (1931).

gewöhnte Gaben „vertragen", die bei anderen, insbesondere Abstinenten, schwerste Intoxikationen hervorrufen, ist nicht zu zweifeln, da jeder Beobachter oftmals Gelegenheit hatte, sich davon zu überzeugen.

Mechanismus der Gewöhnung. Der Begriff der Gewöhnung enthält mehrere Komponenten, einmal die Sucht, sich das Gift von neuem einzuverleiben, die beim Alkoholismus des Menschen, aber auch des Tieres, wie vielfältige Beobachtungen zeigen, wohl vorhanden ist; sie wurde beim Hund sicher, bei der Ratte und sogar bei der Taube bis zu einem gewissen Grade beobachtet. Die zweite Komponente, die aber nicht immer vorhanden sein braucht, ist die *Toleranzsteigerung*, die größere Widerstandsfähigkeit gegen das Gift, d. h. es werden vom gewöhnten Organismus größere Mengen, unter Umständen selbst das Mehrfache der tödlichen Gabe, ohne akute Schädigung ertragen.

Gewöhnung ohne Toleranz ist nach JOËL und FRÄNKEL[1] beim Mißbrauch des Cocains vorhanden, mit Toleranzsteigerung vor allem beim Morphin und auch Alkohol. Ob die Sucht nur ein vom Zentralnervensystem abhängiger Vorgang ist (vgl. JOËL und MEYER) oder ob sie auch somatisch durch Veränderungen in allen Zellen bedingt wird, läßt sich bisher nicht genau sagen. Wahrscheinlich wird beides der Fall sein. Die Toleranzsteigerung kann — und das trifft auch für den Alkohol zu, wie früher auseinandergesetzt wurde und hier nicht noch einmal wiederholt werden soll — zum Teil durch eine gewisse „Gewebsimmunität" (s. Schluß dieses Abschnittes) bedingt sein, teils wird sie auf eine beschleunigte Zerstörung des Giftes zurückgeführt. PRINGSHEIM, SCHWEISHEIMER haben gezeigt, daß die Blutalkoholkurve bei peroraler Darreichung im gewöhnten Organismus sehr schnell ansteigt, rasch abfällt, nicht die Höhe wie beim ungewöhnten Organismus erreicht. Die gewöhnten Tiere verbrannten den Alkohol nach den Angaben PRINGSHEIMS in zwei Drittel der Zeit, welche die nichtgewöhnten Tiere beanspruchen, und der Alkoholprozentgehalt des Körpers erreicht bei nichtgewöhnten Tieren höhere Werte als bei den gewöhnten — er beträgt 66% mehr. Auch nach intravenöser Alkoholinjektion sank die Alkoholblutkurve bei Alkoholikern schneller ab als bei nichtgewöhnten Menschen (GABBE). Diese an Kaninchen und Menschen gewonnenen Versuchsergebnisse sind am Hund von BALTHAZAR und LARUE nicht erzielt worden. VÖLTZ und DIETRICH fanden beim Hund nach 15 Stunden eine Verbrennung des Alkohols von 86,9% beim ungewöhnten und von 90,5% beim gewöhnten Tier. LIEBESNY[2] kommt auf Grund der Alkoholbestimmung im Harn zu der Ansicht, daß der Alkoholgewöhnte den Alkohol rascher ausscheide, da der Gipfelpunkt der Ausscheidungskurve schneller erreicht ist (1—2 Stunden gegenüber 4 Stunden).

Sehr umfangreiche Untersuchungen an Kaninchen haben FAURE und LOEWE[3] angestellt, indem sie das Verhalten der Alkoholkonzentration im Blut nach einem Probetrunk (3 ccm Alkohol/kg Tier in 6 proz. Lösung peroral) an 4 stark (3 bis 6 Monate), 6 mäßig (33—82 Tage) und 12 nichtgewöhnten Tieren feststellten. Ein deutlicher Unterschied zwischen ungewöhnten und gewöhnten Tieren wird vermißt. Die Höchstkonzentration des Blutes wird bei beiden ungefähr nach einer $1/_2$ Stunde erreicht. Die Alkoholkurve ist bei gewöhnten Tieren durch einen ein wenig steileren Anstieg und Abfall ausgezeichnet. Aus der Kurve kann auf eine schnellere Oxydation des Alkohols nicht geschlossen werden, dagegen ist die Resorptionsgeschwindigkeit bei den gewöhnten Tieren größer.

---

[1] JOËL, E., u. F. FRÄNKEL: Der Cocainismus. Berlin 1924.
[2] LIEBESNY, P.: Klin. Wschr. **1928 II**, 1959.
[3] FAURE, W., u. S. LOEWE: Biochem. Z. **143**, 47 (1923).

Die Ergebnisse von FAURE und LOEWE stehen also im Gegensatz zu denen PRINGSHEIMS, aber auch zu den Versuchen von HANSEN[1], der unter ausnahmsweise günstigen Umständen seine Gewöhnungsversuche an zwei jungen, vollkommen enthaltsamen Personen verschiedenen Geschlechts ausführen konnte. Die beiden Versuchspersonen erhielten 3—4 Wochen lang täglich 0,5 g absoluten Alkohol/kg Körpergewicht. Es wurden im ganzen drei Blutuntersuchungen, und zwar die erste bei Beginn, die zweite in der Mitte und die dritte am Ende des Versuches vorgenommen. Sie ergaben bei der männlichen Versuchsperson am Ende des Versuches eine Konzentrationskurve, die deutlich unterhalb der Anfangskurve verläuft (Abb. 29). Auch bei der weiblichen Versuchsperson hatte die Konzentrationskurve im Blut in der Mitte des Versuches eine ähnliche Lage, während sie am Ende des Versuches wieder etwas angestiegen war. Jedenfalls sprechen die Ergebnisse der Versuche von HANSEN dafür, daß eine schnellere Zerstörung des Alkohols an der Gewöhnung beteiligt ist.

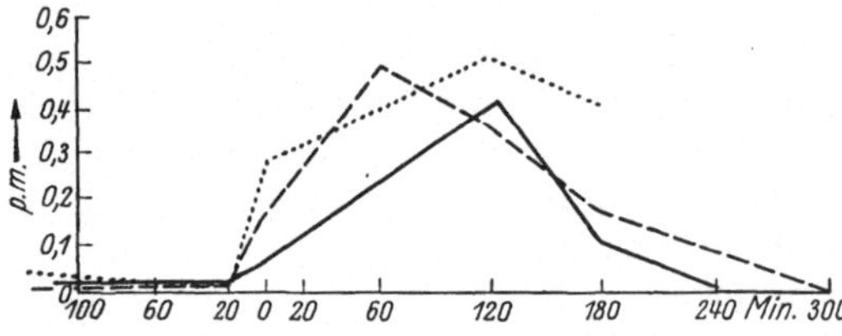

Abb. 29. Blutalkohol bei Gewöhnung. Alkoholkurve ·········· für den ersten, — — — — für den zweiten und ———— für den dritten Versuchstag. Ordinate bezeichnet die Konzentration in Promille, die Abszisse die Zeit in Minuten in positiver und negativer Richtung vom Schluß der Alkoholaufnahme gerechnet. (Nach HANSEN.)

Wie die noch bestehenden Unterschiede zu erklären sind, ist ohne neuere Versuche nicht zu entscheiden. Es ist aber sicher, daß Sorge dafür getragen werden muß, die Veränderungen der Resorption bei den gewöhnten Individuen auszuschalten, was technisch durchaus möglich ist. Vielleicht könnte die Anwendung der Bestimmungsmethode von WIDMARK, bei der nur 0,1 ccm Blut notwendig ist und mit der Reihenversuche angestellt werden können, einen schwerwiegenden Vorteil bei solchen Versuchen bedeuten, die theoretisch sicher von größter Bedeutung sind.

Sehr aufschlußreich für die Gewöhnung erscheinen auch Untersuchungen von JUNGMICHEL[2], der den Blutalkohol von Menschen nach Alkoholgenuß untersucht. Er fand deutliche Unterschiede der objektiven und subjektiven Berauschungszeichen zwischen Nichtgewöhnten und Gewöhnten zuungunsten der ersteren, und zwar auch dann, wenn die Nichtgewöhnten einen niedrigeren Blutalkoholgehalt aufweisen. Man kann dies kaum anders deuten, als daß bei den gewöhnten Personen eine gewisse Art von „Immunität" vorhanden ist. Der Standpunkt, der schon früher in Bd. I des Handbuches scharf betont wurde, daß nämlich die Gewöhnung an Alkohol zum Teil durch schnellere Oxydation des Alkohols, zum Teil durch eine Gewebsimmunität noch vollkommen unbekannter Art bedingt sei, erfährt in letzter Beziehung eine Bestätigung durch Versuche von KIRIHARA[3], der sich mit der Alkoholgewöhnung an Fibroblastenkulturen beschäftigt.

Andere Alkohole.

Im I. Band dieses Handbuches ist auseinandergesetzt worden, daß die Wirkung homologer Reihen mit dem Molekulargewicht anwächst. Diese von RICHARDSON aufgestellte Regel hat sich auch für die Reihe der aliphatischen Alkohole bestätigen lassen, wenn auch die Wirkung nicht, wie TRAUBE, FÜHNER u. a. annehmen, ganz streng im Verhältnis von $1 : 3^1 : 3^2 : 3^{n-1}$ ansteigt. Im ein-

[1] HANSEN, KL.: Biochem. Z. **160**, 291 (1925).
[2] JUNGMICHEL, G.: Z. Konstit.lehre **17**, 589 (1933).
[3] KIRIHARA, S.: Fol. pharmacol. jap. **14**, 27 (1932).

zelnen mögen folgende Arbeiten, die nach dem Erscheinen des ersten Handbuchbandes veröffentlicht wurden, hier aufgeführt werden.

An Paramäcien hat BILLS[1] Untersuchungen über die geringsten Konzentrationen angestellt, die eine narkotische Wirkung entfalten oder den Tod bedingen. Ein wichtiges Ergebnis scheint darin zu bestehen, daß die beiden Wirkungen einander nicht parallel gehen. So ist z. B. der Isopropylalkohol weniger toxisch und stärker narkotisch als der n-Butylalkohol; infolgedessen ist das Verhältnis beider Wirkungen beim Isopropylalkohol günstiger. Ebenso weist dieses Verhältnis auf eine gute narkotische Wirkung des Methylalkohols hin.

An Fibroblasten machte KIRIHARA[2] die zu erwartende Beobachtung, daß eine Wachstumshemmung unter der Einwirkung der verschiedenen aliphatischen Alkohole eintrete; aber außerdem konnte er feststellen, daß mit der „Passagehäufigkeit" die Wirkung schwacher Konzentrationen abnimmt, stärkere aber eine Wirkungssteigerung aufweisen.

Die desinfizierende Wirkung der primären Alkohole bis zum n-Octylalkohol wurde von TILLEY[3] mit der des Phenols verglichen (Phenolkoeffizient); sie nimmt in der Reihe der primären Alkohole zu. Der Molekularkoeffizient $\frac{\text{Molekulargewicht des Alkohols}}{\text{Molekulargewicht des Phenols}} \times$ Phenolkoeffizient wächst vom niederen zum höheren Alkohol in geometrischer Progression mit dem Quotienten 3,36, wobei aber dem Methylalkohol eine Sonderstellung zukommt. Sekundäre Alkohole wirken weniger stark als primäre, tertiäre in dem gleichen Verhältnis weniger als sekundäre. Bei höheren Alkoholen läßt sich wegen der schlechten Wasserlöslichkeit die zur Keimtötung nötige Konzentration nicht erreichen. Die erregende Wirkung der homologen Glieder der primären Alkohole wurde von COLE und ALLISON[4] an den Reizerscheinungen gemessen, die bei verschiedenen niederen Tieren beobachtet wurden. So konnten bei Balanus tintinnabulum, Planaria dorotocephala, aber auch an Rana pipiens Reizwirkungen festgestellt werden, deren Ausmaß der TRAUBEschen Regel entsprach.

Daß Alkohole bei *örtlicher* Einwirkung die peripheren Nerven und ihre Endigungen zu lähmen vermögen, ist nach den Versuchen verschiedener an anderer Stelle genannter Forscher unzweifelhaft. SCHRÖDER und MACHT[5] haben die örtlich betäubende Wirkung der 23 dargestellten Octylalkohole von 89 theoretisch möglichen im TÜRCKschen Versuch am Frosche untersucht. Die primären Alkohole wirken stark lokalanästhetisch, während die tertiären nur eine kurzdauernde örtliche Betäubung hervorrufen.

ELHARD[6] zeigte an weißen Leghornkücken, daß Methyl-, Propyl- und Butylalkohol in den ersten 3 Wochen ein schnelleres Wachstum bedingen. Später bleiben die Tiere deutlich im Wachstum zurück und zeigen im Allgemeinverhalten und im Federkleid Zeichen der Schädigung.

Am isolierten Herzen des Frosches und Herzstreifenpräparaten ist nach CLARK[7] eine Zunahme der Wirkung parallel mit der Zahl der Kohlenstoffatome vom Methyl- bis Duodecylalkohol festzustellen; sie läßt sich mit der Verminderung der Oberflächenspannung (TRAUBE) in Zusammenhang bringen. LENDLE[8]

---

[1] BILLS, CH. E.: J. of Pharmacol. **22**, 49 (1923).
[2] KIRIHARA, S.: Fol. pharmacol. jap. **14**, 16 (1932).
[3] TILLEY, F. W., u. J. M. SCHAFFER: J. Bacter. **12**, 303 (1926).
[4] COLE, W. H., u. J. B. ALLISON: J. gen. Physiol. **14**, 71 (1930) — Proc. Soc. exper. Biol. a. Med. **27**, 688 (1930).
[5] SCHRÖDER, H., u. D. J. MACHT: Arch. f. exper. Path. **158**, 53 (1930).
[6] ELHARD, W. P.: Amer. J. Physiol. **100**, 74 (1932).
[7] CLARK, A. J.: Arch. internat. Pharmacodynamie **38**, 101 (1930).
[8] LENDLE, L.: Arch. f. exper. Path. **129**, 85 (1928).

hat an Silberorfen die narkotischen Grenzkonzentrationen und die Schnelligkeit des Narkoseeintritts bestimmt, die ebenso wie die narkotische Wirkung mit der Länge der Kohlenstoffkette zunimmt. Auch hier zeigt sich, wie aus der Tabelle 48 hervorgeht, der normale Amylalkohol stärker wirksam als die Isoverbindung und der sekundäre und tertiäre Alkohol.

Nach Versuchen von Macht und Davis[1] an Pflanzen und Tieren läßt sich das Richardsonsche Gesetz nur für die niederen Glieder der primären Alkohole bestätigen. Hexyl- und Heptylalkohol waren schwächer wirksam als Amylalkohol, Nonyl- und Decylalkohol erwiesen sich wieder als sehr giftig. Alkohole mit 16—18 C-Atomen sind feste Körper mit abführender Wirkung. Wie in den Versuchen von Tilley u. a. (s. o.) waren die primären Alkohole stärker wirksam als die sekundären, die ihrerseits eine größere Wirkung entfalteten als tertiäre.

Tabelle 48.

Alkohol	Volumprozent
Methylalkohol . . .	4,0
Äthylalkohol . . .	2,0
Propylalkohol . . .	0,7
Butylalkohol . . .	0,2
Amylalkohol . . .	0,045
Heptylalkohol . . .	0,005
n-Amylalkohol. . .	0,04—0,045
Isoamylalkohol . .	0,09
Sek. Amylalkohol .	0,13
Tert. Amylalkohol .	0,33

Daß narkotische und toxische Wirkungen nicht parallel gehen, worauf Bills (s. o.) an Paramäcien aufmerksam gemacht hat, läßt sich auch den Versuchen von Munch und Schwartze[2] entnehmen, die den Kaninchen verschiedene Alkohole per os zuführten. Das Verhältnis $\frac{\text{Dosis letalis}}{\text{Dosis efficax}}$ ist beim n-Butylalkohol sehr günstig, am besten beim sekundären Amylalkohol.

Mit den Wirkungen der optischen Isomeren des sekundären Butylalkohols beschäftigt sich Vieditz[3]. Es ergab sich kein meßbarer Unterschied zwischen der inaktiven, rechts- und linksdrehenden Modifikation in der narkotischen Beeinflussung von Kaulquappen, Ellritzen, des N. ischiadicus, des Nerv - Muskelpräparates des Frosches und des isolierten Froschherzens. Im Gegensatz dazu waren größere Unterschiede in der Wirkung auf fermentative Vorgänge festzustellen. Die Verseifung des Äthylbutyrats durch Schafleberesterase wurde durch den linksdrehenden sekundären

Tabelle 49.

Alkohol	ccm/kg		Dosis letalis / Dosis efficax
	Dosis efficax	Dosis letalis	
Methylalkohol . . .	7,5	18,0	2,4
Äthylalkohol . . .	5,5	12,5	2,27
n-Propylalkohol . .	1,75	3,5	2,0
Isopropylalkohol . .	2,85	10,0	3,51
n-Butylalkohol . .	1,05	4,25	4,05
Isobutylalkohol . .	1,75	3,75	2,14
Sek. Butylalkohol .	1,25	6,0	4,8
Tert. Butylalkohol .	1,8	4,5	2,5
Isoamylalkohol . .	0,875	4,25	4,86
Sek. Amylalkohol .	0,5	3,5	7,0
Tert. Amylalkohol .	0,75	2,5	3,3

Butylalkohol je nach der Konzentration 1,5- bis 5mal stärker gehemmt als durch den rechtsdrehenden. Durch Hefe wurde der Alkohol mit erheblicher Geschwindigkeit oxydiert, und zwar die rechtsdrehende Modifikation rascher als die linksdrehende.

Aus gewerbehygienischen Gründen hat Weese[4] die Giftigkeit der Dämpfe niederer aliphatischer Alkohole vom Methyl- bis Butylalkohol und deren Isomeren an der weißen Maus untersucht. Bei ungesättigten Dämpfen ließ sich

[1] Macht, D. I., u. M. E. Davis: Amer. J. Physiol. 101, 71 (1932).
[2] Munch, J. C., u. E. W. Schwartze: J. Labor. a. clin. Med. 10, 985 (1925) — J. of Pharmacol. 19, 252 (1922).
[3] Vieditz, F.: Arch. f. exper. Path. 172, 668 (1933).
[4] Weese, H.: Arch. f. exper. Path. 135, 118 (1928).

auch bei der Einverleibung per inhalationem die RICHARDSONsche Regel bestätigen. In gesättigten Dämpfen tritt aus physikalischen Gründen eine Verschiebung ein, indem n-Butylalkohol und Isobutylalkohol weniger narkotisch wirken als die Propylalkohole, sekundärer und tertiärer Butylalkohol dagegen stärker. Wurden die Tiere wiederholt kürzere Zeit narkotisierenden Dampfspannungen ausgesetzt, so wurden außer bei Methylalkohol niemals ein tödlicher Ausgang, sondern nur geringfügige Organveränderungen beobachtet. Bei der chronischen Einwirkung von nicht tiefnarkotisierenden Konzentrationen konnten unmittelbare lebensbedrohende Wirkungen nicht festgestellt werden.

Von ähnlichen Gesichtspunkten aus wurde im Anschluß an gewerbliche Vergiftungen von McCORD[1] die Giftwirkung der Allylalkoholdämpfe bei Einatmung untersucht. Affen, Kaninchen und Ratten wurden 7 Stunden lang verschiedenen Konzentrationen des Allylalkohols ausgesetzt (50, 200 und 1000 Teile auf 1 Million Teile Luft). Nach hohen Konzentrationen trat der Tod in 3—4 Stunden ein, während die niedrigen Schädigungen erzeugten, die erst nach mehreren Tagen zum Tode führten. Die klinischen Erscheinungen bestanden in Erbrechen, Diarrhöe und Lungenödem, und pathologisch-anatomisch wurden als Beweis für die Reizwirkung Entzündungen und Blutungen besonders in der Lunge und im Darmkanal gefunden.

Unter den genannten Alkoholen ist der Isopropylalkohol und der Methylalkohol noch näher untersucht worden. Bei dem ersteren ist wohl daran gedacht worden, ihn zumindestens bei der äußeren Anwendung als Ersatz für den Äthylalkohol zu benutzen; bei dem letzteren, weil er toxikologisch von großer praktischer Bedeutung ist.

GRANT[2] hat die bactericide Wirkung des Isopropylalkohols an getrockneten und feuchten Kulturen von Staphylococcus pyogenes aureus, Bac. coli communis, subtilis, anthracis und Essigsäurebakterien untersucht und ihn dem Äthylalkohol überlegen gefunden. Das Optimum der Wirkung liegt bei 30—50%. GRANT hält ihn für geeignet zur Händedesinfektion und zur Aufbewahrung von Catgut. Nach den Untersuchungen von SPRANGER[3] ist der Isopropylalkohol in desinfektorischer Beziehung dem Äthylalkohol gleichwertig. Nach einem Gutachten des *Reichsgesundheitsamtes*[4], mit dem die Versuchsergebnisse BIJLSMAS[5] im Einklang stehen, ist die Verwendung des Isopropylalkohols in äußerlich anzuwendenden Mitteln, Cosmetica, Mundwässer u. a. möglich und unbedenklich, da er sich in qualitativer Beziehung vom Äthylalkohol nicht unterscheidet; denn die örtlichen und allgemeinen Vergiftungserscheinungen, die Schnelligkeit der Ausscheidung, sowie die Verbrennung im Organismus sind bei beiden Alkoholen ungefähr gleich. In annähernder Übereinstimmung mit GRANT, der den Isopropylalkohol doppelt so giftig findet wie Äthylalkohol, gibt BIJLSMA an, daß er 1,8mal giftiger sei als der Äthylalkohol. Auch ROST und BRAUN[6] finden den Isopropylalkohol stärker wirksam als den Äthylalkohol.

In ausgedehnten Versuchen haben sich dann FULLER und HUNTER[7] mit den Wirkungen des Isopropylalkohols beschäftigt. Sie gaben Hunden, Katzen, Ziegen, Meerschweinchen und Affen mit Schlundsonde den Alkohol in einer Gabe von

---

[1] McCORD, C. P.: J. amer. med. Assoc. **98**, 2269 (1932).
[2] GRANT, D.: Amer. J. med. Sci. **166**, 261 (1923).
[3] SPRANGER, H.: Zbl. Bakter., I Orig. **101**, 236 (1927).
[4] Reichsgesdh.bl. **1926**, 810.
[5] BIJLSMA, U. G.: Arch. internat. Pharmacodynamie **34**, 204 (1928) — Ber. öffentl. Gesdh.pflege, August-H., 955 (1926).
[6] ROST, E., u. A. BRAUN: Arb. Reichsgesdh.amt **57**, 580 (1926).
[7] FULLER, H. C., u. O. B. HUNTER: J. Labor. a. clin. Med. **12**, 326 (1927).

3—20 ccm täglich oder mehrmals in der Woche. Akute Vergiftungserscheinungen traten nur bei den höchsten Gaben auf. Mit der Zeit gewöhnten sich die Tiere an die Alkoholwirkung und vertrugen Mengen, die anfangs Koordinationsstörungen, Nausea usw. hervorriefen. Die chronischen Wirkungen sind die gleichen wie beim Äthylalkohol. Beim Menschen waren nach Einnahme von 20—30 ccm 50proz. Isopropylalkohols eine vorübergehende geringe Blutdrucksenkung und Wärmegefühl wie nach Äthylalkohol zu beobachten. Nach ROST und BRAUN ist der lange Zeit verabreichte Isopropylalkohol bei Hunden nach Gaben von 0,65—1,5 g täglich per os ohne Einfluß auf das Befinden, die Freßlust und das Körpergewicht der Tiere. Die Untersucher machen aber darauf aufmerksam, daß die Ergebnisse sich nicht ohne weiteres auf den Menschen übertragen lassen.

Über die Ausscheidung hat KEMAL[1] an 4 verschiedenen Personen Untersuchungen angestellt, die den Alkohol in Form eines 40proz. Schnapses, und zwar in Mengen von 20—0,1 g zu sich nahmen. Bei wiederholter Zufuhr kamen Mengen von 5 g in 2—3stündigen Abständen zur Aufnahme. Zum Teil wurde der Alkohol als Aceton im Harn ausgeschieden, das nach einer Stunde bereits nachgewiesen werden konnte und sich bis zu 48 Stunden verfolgen ließ. Auch in der Ausatmungsluft war Aceton nachweisbar, doch waren die ausgeschiedenen Mengen gering und betrugen nur wenige Prozente der zugeführten Gabe. Reichliche Flüssigkeitsaufnahme vergrößert die Menge des durch den Harn ausgeschiedenen Acetons. Acetessigsäure konnte als Abbauprodukt nicht gefunden werden.

Die neueren Untersuchungen bestätigen also im wesentlichen die Versuchsergebnisse von POHL, der schon auf die Ähnlichkeit der Wirkung mit der des Äthylalkohols aufmerksam gemacht hat, besonders was Resorption, Ausscheidung, Verhalten im Stoffwechsel, Gewöhnung usw. angeht (vgl. auch BIJLSMA).

Methylalkohol. Die akuten Wirkungen des Methanols ähneln, wie früher auseinandergesetzt wurde, denen des Äthylalkohols; bei den meisten Versuchen an den üblichen Laboratoriumstieren wurde seine narkotische Wirkung geringer gefunden als die der höheren Alkohole. Das geht z. B. aus den Versuchen von ROST und BRAUN, sowie HUFFERD[2] deutlich hervor. Die Ähnlichkeit der Wirkung zeigt sich sogar in der Beeinflussung der Kochsalzdiurese beim Kaninchen, nur daß die Wirkung des Methylalkohols schwächer ausgeprägt ist als beim Äthylalkohol (ANGELO[3]).

Die Besonderheit der Wirkung des Methanols vom Standpunkt der Vergiftung aus besteht darin, daß seine Ausscheidung außerordentlich lange dauert und im Organismus Formaldehyd und Ameisensäure entstehen kann. Da der Alkohol wegen seiner Lipoidlöslichkeit leicht in die Zellen eindringen kann (HARNACK), so kann die Ameisensäure in statu nascendi schwere Schädigungen in den giftempfindlichen Zellen z. B. des Auges hervorbringen.

Von neueren Arbeiten seien folgende besprochen: NEUBERG und KOBEL[4] weisen nach, daß beim Verrauchen von 10 kg Pfeifentabak in mechanisch arbeitenden Apparaten Methylalkohol entsteht. Als Muttersubstanz sprechen NEUBERG und OTTENSTEIN[5] Pectin, Nicotin und Nebenalkaloide sowie Substanzen mit ätherartig gebundenem Methoxyl an. Höchstens der zehnte Teil des ursprünglich im Tabakrauch enthaltenen Methylalkohols verläßt mit der Atemluft den

---

[1] KEMAL, H.: Biochem. Z. **187**, 461 (1927).
[2] HUFFERD, R. W.: J. amer. pharmaceut. Assoc. **21**, 548 (1932).
[3] ANGELO, S.: Arch. Farmacol. sper. **47**, 71, 81 (1929).
[4] NEUBERG, C., u. M. KOBEL: Biochem. Z. **206**, 240 (1929).
[5] NEUBERG, C., u. B. OTTENSTEIN: Biochem. Z. **188**, 217 (1927).

Körper, während die größte Menge sich im Speichel löst. Rechnerisch ergibt sich, daß ein Raucher mit täglichem Verbrauch von 10 mittelgroßen Zigarren (70 g) 42 mg Methylalkohol, bei einem Verbrauch von 20 Zigaretten (20 g) 40 mg adsorbiert. Ob diese Mengen im Rauch eine Giftwirkung ausüben können, ist bisher noch nicht geklärt.

Für die Umsetzung des Methylalkohols sind Versuche von KEESER[1] aufschlußreich. Er stellte fest, daß Glaskörper frisch getöteter Rinder mit Methylalkohol im Brutschrank Formaldehyd bilden. Auch im Liquor und im Glaskörper von Kaninchen, die mit Methylalkohol vergiftet worden waren, findet man gelegentlich Formaldehyd, von dem Verfasser annimmt, daß er bei der Vergiftung eine Rolle spielt. Wurden zu Kalbsaugen in vitro nach Zusatz von Methylalkohol Ammoniumcarbonat zugesetzt, so bildete sich Hexamethylentetramin. Wahrscheinlicherweise kann auch in vivo eine derartige Umsetzung vor sich gehen, da sich bei Kaninchen, die täglich 3 ccm Methylalkohol und außerdem 0,5 g Ammoniumcarbonat 2 Wochen lang erhalten hatten, geringere Organveränderungen vorfanden als bei denjenigen Tieren, die nur Methylalkohol erhalten hatten. Nach LEO[2] muß als eigentlicher Giftfaktor der Methylalkoholvergiftung die Ameisensäure betrachtet werden, doch könnte sich daran auch der Formaldehyd beteiligen. Bei Hunden, aber nicht bei anderen Tieren, gelang es, gewissermaßen in Bestätigung der Ansicht der Formiatvergiftung durch Natriumbicarbonat eine antitoxische Wirkung zu erzielen. ROST und BRAUN, die in ihren Versuchen die hohe und z. B. für die nervösen Apparate des menschlichen Auges spezifische Giftigkeit des Methylalkohols auch beim Tier nachweisen konnten, beziehen die Schädlichkeit des Methanols auf seine schwere Angreifbarkeit und die seines Umwandlungsproduktes, der Ameisensäure.

Im Gegensatz dazu kommen die italienischen Untersucher SAMMARTINO[3] und SIMON[4] zu der Ansicht, daß Formaldehyd und Ameisensäure bei der Methylalkoholvergiftung keine Rolle spielen. Die Erscheinungen, die am ganzen Tier oder isolierten Organen mit Methylalkohol, Ameisensäure und Formaldehyd beobachtet werden, sind in qualitativer und quantitativer Beziehung verschieden. SIMON erklärt die besondere Giftigkeit des Methylalkohols mit der längeren Verweildauer im Organismus und einer spezifischen Beeinflussung der Serumeiweißkörper selbst durch kleine Konzentrationen. Die Versuche haben aber doch wohl keine durchschlagende Beweiskraft, da Formaldehyd und Ameisensäure als solche vielleicht nicht in die bei der Methylalkoholvergiftung betroffenen Organe eindringen können, während ihre Entstehung und daher ihre Giftwirkung aus dem bereits in den Zellen befindlichen Methylalkohol durchaus möglich, sogar sicher erscheint.

Mit der wichtigen Frage der Ausscheidung haben sich WIDMARK und BILDSTEN[5] sowie BERNHARD und GOLDBERG[6] beschäftigt. Kaninchen wurde der Methylalkohol intravenös injiziert, und zwar in Gaben von 0,56—2,1 g/kg Körpergewicht. Nach Beendigung der Zufuhr fällt die Konzentrationskurve im Blut geradlinig ab, wenn der Anfangswert 1,4—1,6 g⁰/₀₀ betragen hat. In 50 bis 60 Minuten ist die Ausscheidung fast vollkommen beendet; geringere Mengen scheinen sich aber längere Zeit zu halten. Unter Zugrundelegung der Ergebnisse würde bei einem Menschen von 75 kg Körpergewicht, der 60 g Methylalkohol

[1] KEESER, E.: Arch. f. exper. Path. **160**, 687 (1931) — Dtsch. med. Wschr. **1931**, 398.
[2] LEO, H.: Dtsch. med. Wschr. **1925**, 1096.
[3] SAMMARTINO, U.: Arch. Farmacol. sper. **56**, 351, 364 (1933).
[4] SIMON, I.: Boll. Soc. ital. Biol. sper. **8**, 1376 (1933).
[5] WIDMARK, E. M. P., u. N. V. BILDSTEN: Biochem. Z. **148**, 325 (1924).
[6] BERNHARD, C. G., u. L. GOLDBERG: Skand. Arch. Physiol. (Berl. u. Lpz.) **67**, 117 (1933).

in 40 proz. Lösung täglich in Intervallen zu sich nimmt, der Methylalkohol auch in den Zwischenzeiten nicht völlig aus dem Blute verschwinden. Die Ausscheidung kann durch Einatmung von 6—7% Kohlensäure nicht unwesentlich beschleunigt werden.

LEO[1] hat die sehr interessante Beobachtung gemacht, daß sich Hunde an sicher tödliche Gaben von Methylalkohol gewöhnen lassen (8 ccm/kg per os). Ein 12,5 kg schweres Tier erhielt in noch nicht 7 Wochen 1000 ccm 97 proz. Methanols. Parallel mit der Gewöhnung sinkt die Ausscheidung der Ameisensäure durch den Harn. Reinster synthetischer Methylalkohol unterscheidet sich in seinen Wirkungen nicht von dem gewöhnlichen käuflichen Methanol, was mit der Beobachtung von BERTARELLI[2] übereinstimmt. Auch ROST und BRAUN geben an, daß der Methylalkohol auch in reinsten Präparaten narkotisch und entsprechend giftig wirkt. Infolgedessen kann die Giftwirkung des Methylalkohols nicht auf Verunreinigungen zurückgeführt werden.

Die therapeutische Beeinflussung der Methylalkoholvergiftung ist, wie eben erwähnt wurde, von KEESER durch Ammoniumcarbonat und von LEO durch Natriumbicarbonat versucht worden, wobei in jedem Fall die Bindung der etwa entstehenden Ameisensäure, im Falle des Ammoniumcarbonats auch noch die Bildung von Hexamethylentetramin bedingt sein könnte. HALE und GANS[3] konnten Meerschweinchen und Kaninchen, die Methylalkohol in tödlicher Dosis erhalten hatten, retten, wenn Tag und Nacht Kalium- und Natriumsalze organischer Säuren zugeführt wurden, was letzten Endes auch auf eine Bildung von Carbonaten hinausläuft. Auf diese Weise gelingt es, Gaben zu entgiften, die die Dosis letalis um 20% übersteigen. Im übrigen wirken hier Kaliumsalze günstiger als Natriumsalze.

D. Theorie der Narkose[4].

Die Theorie über die Wirkungsweise der sog. indifferenten Narkotica, kurz Narkosetheorie genannt, ist in Bd. I ausführlich besprochen worden. Aber im letzten Jahrzehnt sind eine Reihe von wichtigen Arbeiten erschienen, die zeigen, daß die Ansichten keineswegs geklärt sind, ja daß sie scheinbar unvereinbar, einander schroffer als je gegenüberstehen. In aller Kürze soll das Wesentliche erörtert werden, allerdings mit dem nicht erfreulichen Ergebnis, daß keine der aufgestellten Theorien allen Tatsachen gerecht wird.

Im weitesten Sinne verstehen wir unter Narkose eine reversible Lähmung von Zellen oder Zellabkömmlingen durch chemische oder physikalische Eingriffe; ja manche Forscher sprechen auch von einer Narkose bei physikochemischen Vorgängen, an denen lebendes biologisches Material überhaupt nicht beteiligt ist. Man sollte sich dabei aber immer vor Augen halten, daß es sich hier nur um Gleichnisse handelt, lediglich um das Bemühen, einen biologischen Vorgang, wie es die Narkose ist, auf einen physikalischen oder chemischen Nenner zu bringen.

Die reversible Lähmung kann nach der obigen Definition nicht nur die Zellen und Nervenfasern des zentralen und peripheren Nervensystems treffen, sondern

[1] LEO, A.: Biochem. Z. **191**, 423 (1927).

[2] BERTARELLI, E.: Ann. Igiene **42**, 665 (1932).

[3] HALE, W., u. R. GANS: J. of Pharmacol. **25**, 144 (1925).

[4] Zusammenfassende Darstellungen: MEYER, H. H., in Die experimentelle Pharmakologie. 8. Aufl. 1933. Berlin-Wien: Urban u. Schwarzenberg. — Die Narkose und ihre allgemeine Theorie, in Handb. d. norm. u. path. Physiol. **1**, 531. Berlin: Julius Springer 1927. — WINTERSTEIN, H.: Die Narkose. 2. Aufl. Berlin: Julius Springer 1926. — HENDERSON, V. E.: The present status of the theories of narcosis. Physiologic. Rev. **10**, 71 (1930). — KOCHMANN, M.: Theorie der Wirkung der Narkotica aus der Alkoholreihe (Theorie der Narkose). Handb. d. exper. Pharmakol. **1**, 449. Berlin: Julius Springer 1923.

auch jede andere Zelle; man kann also auch von Muskel-, Leber-, Herz- usw. Narkose sprechen. Trotz dessen wird man sich der Berechtigung der Ansicht des Klinikers nicht verschließen dürfen, der mit Narkose die reversible Lähmung des Zentralnervensystems, vielleicht sogar nur gewisser Teile des Gehirns bezeichnet. Von einem Narkoticum im klinischen Sinne verlangt man jedenfalls, daß es vorzugsweise diejenigen Hirnteile lähmt, die der Sitz des Bewußtseins, der Schmerzempfindung und der willkürlichen Bewegungen sind, ohne andere, lebenswichtige Organfunktionen, wie Atmung, Herzschlag, Vasomotion usw. in erhebliche Mitleidenschaft zu ziehen. Von diesem Standpunkt allein sind auch die Bemühungen zu verstehen, an Stelle der schon bekannten Substanzen neue in die Praxis einzuführen, welche die Hirntätigkeit lähmen, aber eine Wirkung auf Kreislauf, Atmung, Stoffwechsel vermissen lassen.

So berechtigt eine solche klinisch-praktische Anschauung auch ist, so soll doch im folgenden der weitere Begriff der Narkose den Besprchungen zugrunde gelegt werden, wobei die Frage erörtert werden soll, wie das Zustandekommen der reversiblen Lähmung durch narkotisch wirkende Substanzen einheitlich erklärt werden kann oder vielmehr, welche Ansichten darüber geäußert worden sind.

Eine Theorie der Narkose muß, wie ich früher ausgeführt habe, und wie es WELS[1] auch neuerdings ausspricht, zwei Fragen zu beantworten suchen, nämlich welche Eigenschaften ein Narkoticum besitzen muß, um an die Zellen heranzukommen und in sie einzudringen, und dann, wie der Wirkungsmechanismus sich gestaltet, wenn diese Vorbedingungen erfüllt sind.

Bei der Beantwortung der ersten Frage stehen sich zwei Ansichten gegenüber: Die überaus fruchtbare Theorie von H. H. MEYER und OVERTON besagt, daß nur solche Substanzen narkotisch wirken, die in den Lipoiden der Zelle löslich sind. Die Adsorptionstheorie dagegen, die auf TRAUBE[2] zurückgeht und als deren Weiterentwickler LOEWE[3], WARBURG[4] und WINTERSTEIN angesprochen werden müssen, stellt die Adsorbierbarkeit des Narkoticums an die Zellstrukturen in den Vordergrund. Eine Brücke zwischen beiden Ansichten suchen diejenigen Forscher zu schlagen, die zwar die Adsorption als wesentlichsten Vorgang auffassen, aber den Lipoiden dabei eine große Bedeutung zumessen (LOEWE und neuerdings auch TRAUBE).

Auch für die Lösung der zweiten Frage nach dem Wirkungsmechanismus ist die Lipoidlöslichkeit und Adsorbierbarkeit herangezogen worden. Dabei aber werden andere Ansichten und Möglichkeiten, nach unserer Auffassung zu Unrecht, gänzlich außer acht gelassen.

Wenn man unvoreingenommen an die Narkosetheorien herangeht, so wird man die Zweiteilung der Frage, Transport des Narkoticums und Mechanismus der Wirkung, als berechtigt nicht ablehnen dürfen. Bei der Verquickung beider Teilfragen könnte sich leicht der Fall ereignen, daß die eifrigsten Verfechter der Lipoidtheorie die Bedeutung der Adsorption und die der Adsorptionstheorie die Wichtigkeit der Lipoidlöslichkeit gänzlich leugnen, was, wie jede extreme Meinung, kaum haltbar ist. Wir wollen zunächst beide Theorien vom Standpunkt des Narkoticumtransportes betrachten:

Transport der Narkotica. H. H. MEYERS erster Satz lautet bekanntlich: Alle zunächst indifferenten Stoffe, die für Fett und fettähnliche Körper löslich sind,

---

[1] WELS, P., in L. LUTOWSKI: Inaug.-Dissert. Greifswald 1930.

[2] TRAUBE, J.: Biochem. Z. **279**, 166 (1935). Hier sind auch die früheren Arbeiten TRAUBES und der jetzige Stand seiner Ansichten wiedergegeben.

[3] LOEWE, S.: Biochem. Z. **42**, 150, 190, 205, 207 (1912); **57**, 161 (1913); **206**, 194 (1929).

[4] WARBURG, O.: Biochem. Z. **119**, 134 (1921) — Jb. ges. Physiol. **1**, 136 (1923). In beiden Arbeiten werden die früheren Veröffentlichungen zusammenfassend aufgeführt.

müssen auf lebendes Protoplasma, sofern sie sich darin verbreiten können, narkotisch wirken. Die Richtigkeit des Satzes steht und fällt mit der Beantwortung der Frage: Gibt es lipoidlösliche Substanzen, die nicht narkotisch wirken und umgekehrt, gibt es nicht lipoidlösliche Stoffe, die narkotische Eigenschaften besitzen? Soweit das Schrifttum darüber Aufschluß gibt, können wohl beide Fragen verneint werden; denn die wenigen scheinbaren Ausnahmen lassen sich dadurch erklären, daß einige Substanzen neben der narkotischen Wirkung bei manchen Tierarten auch noch andere Einflüsse erkennen lassen, während beispielsweise beim Menschen die Narkose das Wirkungsbild beherrscht (Benzol u. a.). Damit ist aber schließlich nur gesagt, welche Eigenschaften eine Substanz, Lipoidlöslichkeit und Verbreitungsmöglichkeit im Protoplasma, besitzen muß, um narkotisch zu wirken.

Von diesen qualitativen Eigenschaften des Narkoticums, um in die Zellen eindringen zu können, ist scharf die Frage zu trennen, ob die Zellipoide für das Zustandekommen der Narkose notwendig sind oder, mit anderen Worten ausgedrückt, ob auch lipoidfreie Gebilde narkotisierbar seien. Das berührt aber schon den Wirkungsmechanismus, auf den später eingegangen werden soll. Weil dies aber als möglich hingestellt worden ist, hat sich WINTERSTEIN für die Entbehrlichkeit der Lipoidtheorie überhaupt ausgesprochen und das Eindringen in die Zelle durch adsorptive Vorgänge für wahrscheinlicher gehalten.

Die Adsoptionstheorie — wieder vom Standpunkt des Transportes — geht von den Feststellungen TRAUBES aus, daß die Narkotica die Oberflächenspannung der wässerigen Phase gegenüber Luft vermindern, wodurch die mit geringerer Kraft nach dem Innern gezogenen Teilchen sich an der Oberfläche ansammeln (GIBBSches Theorem). Je oberflächenaktiver ein Stoff ist, um so geringer ist sein Haftvermögen in der wässerigen Phase und um so leichter wird er in eine andere flüssige oder feste Phase hineinwandern können. Abgesehen davon, daß im Organismus Luft/flüssige Phase nicht vorkommt, sondern nur flüssig/flüssig oder flüssig/fest, so bleibt es doch das Verdienst von TRAUBE, zum erstenmal die Bedeutung der Zellstrukturen betont zu haben. Streng genommen ist dabei noch nichts über die Art des Eindringens in die Zelle, Lösung oder Adsorption, ausgesagt. In seinen letzten Arbeiten über diesen Gegenstand schreibt TTAUBE den Zellipoiden eine große Bedeutung zu, aber auch die adsorptiven Vorgänge sollen nach ihm eine Rolle spielen.

Schärfer hat sich LOEWE für eine Adsorption ausgesprochen, und WARBURG hat in Verfolg der TRAUBESchen Gedanken die Adsorptionstheorie entwickelt und sogar in eine mathematische Formulierung gebracht. Wenn man die Adsorptionstheorie in einen Gegensatz zur Lipoidtheorie stellen will, so wird man zunächst erörtern müssen, ob sich die Aufnahme des Narkoticums durch Adsorption beweisen läßt. Bisher hatte man die Ansicht vertreten, daß die Adsorptionsvorgänge durch eine Exponentialkurve (Adsorptionsisotherme), die Lösungsvorgänge durch eine gerade Linie dargestellt werden könnten. Nach den Versuchen und Berechnungen von LOEWE soll nun tatsächlich die Bindung der Narkotica in einer Exponentialkurve verlaufen, und zu den gleichen Anschauungen kommen WINTERSTEIN[1] und LAZAREW[2] für die Bindung des Chloroforms im Blut sowie WARBURG[3] bei seinen Untersuchungen an Erythrocyten, entfetteten Erythrocytenstomata und am Kohlemodell.

Nach den Auseinandersetzungen von K. H. MEYER und HEMMI[4] aber darf man annehmen, daß dieses Unterscheidungsmerkmal zwischen Adsorption und

[1] WINTERSTEIN, H., u. E. HIRSCHBERG: Biochem. Z. **186**, 172 (1927).
[2] LAZAREW, N. W., u. E. NUSSELMANN, Biochem. Z. **244**, 417 (1932).
[3] WARBURG, O.: Zit. S. 249.
[4] MEYER, K. H., u. H. HEMMI: Biochem. Z. **277**, 39 (1935).

Lösung zu mindestens nicht mehr in vollem Umfange zu Recht besteht und daß daher eine Reihe von Behauptungen über das Vorliegen adsorptiver Vorgänge bei der Narkose keineswegs als bewiesen gelten könne. Wenn man unter Umformung der LANGMUIRschen Formel zur Gleichung $a = k \cdot c$ gelangt, wobei a die Anzahl der Moleküle, c die Konzentration des Narkoticums, k eine berechnete Konstante bedeutet und durch Bestimmung des Gleichgewichtes bei verschiedenen Konzentrationen $a = c$ findet, so beweist dies, daß man sich im verdünnten Gebiet befindet. Abweichungen zeigen nur, daß man sich nicht mehr im ideal verdünnten Gebiet bewegt, gleichgültig, ob eine Lösung oder eine Adsorption vorliegt. Da LOEWE bei steigender Konzentration des Chloroforms den Teilungskoeffizienten Hirn/Wasser stark absinken sah, so schloß er daraus auf eine Adsorption, aber MEYER und HEMMI sind der Ansicht, daß LOEWE in zu hohen Konzentrationen gearbeitet habe und deshalb eine Konstanz der Gleichgewichtskonstanten gar nicht zu erwarten war. Auch andere Beweise zugunsten adsorptiver Vorgänge widerlegen die genannten Forscher anscheinend mit guter wissenschaftlicher Begründung, ebenso wie die Beweisführung WINTERSTEINS, der ebenso wie LAZAREW aus der Verteilungskurve des Chloroforms zwischen Serum und roten Blutkörperchen auf eine Adsorption schloß. Auf die sehr verwickelten Erörterungen, die MEYER und HEMMI auch zur Ablehnung der WARBURGschen Ansichten führen, soll hier nicht näher eingegangen werden. Sie kommen sogar zu der Schlußfolgerung, daß „eine Reihe experimenteller Tatsachen entschieden gegen einen Zusammenhang zwischen beiden Erscheinungen (Adsorbierbarkeit und narkotischer Wirksamkeit) sprechen". Dieser Satz zeigt auf das deutlichste, wie unheilvoll die Verquickung der Theorie des Transportes und der des Wirkungsmechanismus ist. Es ist doch a priori durchaus möglich, daß die Adsorbierbarkeit bei dem für das Zustandekommen der Narkose sehr wichtigem Heranschaffen des Narkoticums von Bedeutung ist, ohne an dem narkotischen Vorgang selbst beteiligt zu sein.

Bei der Erörterung, ob tatsächlich die Adsorption für den Transport eine Rolle spielt, muß die Frage gestellt werden: Gibt es narkotisch wirkende Stoffe, die nicht adsorbiert werden? Unseres Erachtens scheint ein solcher Fall nicht vorzuliegen. Etwas anderes ist es, ob die für die Adsorption beigebrachten Beweise jeder Kritik standhalten, oder ob die beobachteten Erscheinungen auch anders erklärt werden können. Von diesem Standpunkt aus scheint eine Arbeit von LUTOWSKI[1] unter WELS Interesse zu beanspruchen. WARBURG hatte mit seinem Schüler USUI[2] gezeigt, daß entfettete Erythrocyten Thymol, das ja zu den indifferenten Narkotica gerechnet werden kann, in demselben Ausmaße zu binden vermögen wie nicht entfettete, daß also Lipoide für die Bindung gar nicht in Betracht kommen und diese sich ebenso wie an Kohle durch Adsorption vollzieht. WELS weist demgegenüber nach, daß dieses Ergebnis nur deshalb zustande kam, weil eine einzige Konzentration des Thymols bei sehr kurzer Einwirkungsdauer untersucht wurde. Bei Vermeidung dieser Fehlerquellen binden aber die entfetteten Stromata bedeutend geringere Thymolmengen, als die nicht vorbehandelte Stromasubstanz. Außerdem lassen sich die Stromata nach dem Verfahren von USUI gar nicht vollkommen entfetten, da sich in ihnen auch nach der Entfettung immer noch lipoidartige Substanzen färberisch nachweisen lassen. Aus diesem Grunde verläuft auch die Bindung verschiedener Thymolkonzentrationen in Form einer geraden Linie und nicht einer Adsorptionsisotherme. Indem sich WELS der Ansicht MEYERS anschließt, daß zwischen dem miszellaren Aufbau der Zellstrukturen und dem festen Gefüge eines Kohlepartikelchen sehr wesentliche Unter-

---

[1] LUTOWSKI, L.: Inaug.-Dissert. Greifswald 1930.
[2] USUI, R.: Hoppe-Seylers Z. **81**, 175 (1912).

schiede vorhanden sind, untersucht er vergleichend die Bindungsform des Thymols in Olivenöl, Tierkohlepulver und einem Gemisch von beiden, das als Modell für die Stromata dienen sollte. Die Bindung erfolgt bei der Kohle in Form einer Adsorptionsisotherme, bei Olivenöl und dem Gemisch wie bei einer echten Lösung in einer Geraden, wobei die gebundene Thymolmenge im Sinne einer Steigerung beeinflußt wird. Wenn man nun annimmt, daß die Strukturteile der Zelle in ähnlicher Weise aus einer lipoiden Phase und nichtlipoiden adsorbierenden Elementen zusammengesetzt ist, so wäre die Schlußfolgerung erlaubt, daß in der lebenden Zelle ähnlich wie in dem Öl-Kohle-Gemisch ein Nebeneinander von Lipoidlösung und Adsorption für die Bindung des Narkoticums verantwortlich sei. Da sich aber ein adsorptiver Vorgang auch an den entfetteten Stromata nicht nachweisen läßt, so glaubt WELS auf Grund seiner Versuchsergebnisse, daß die Lipoidtheorie bezüglich des Eindringens des Narkotica in die Zelle durch die Versuche von WARBURG-USUI nicht erschüttert worden sei, da ja die Beweiskraft eines am meisten für eine ausschließliche Adsorption sprechenden Versuches als anfechtbar angesehen werden muß. Andererseits wird man aber zugeben müssen, daß durch die Versuche von WELS und LUTOWSKI die Möglichkeit der Adsorption nicht ausgeschlossen werden kann. Unseres Erachtens gibt die Auffassung von WELS, die sich der von TRAUBE sehr annähert und die auch schon früher von uns vertreten worden ist, den heutigen Stand unserer Erkenntnis in einer Weise wieder, die den experimentellen Tatsachen am besten entgegenkommt.

Daß auch eine gewisse Wasserlöslichkeit des Narkoticums notwendig ist, um im lebenden Organismus von der Stelle der Applikation bis zur Zelle herangeführt zu werden, wird von H. H. MEYER mit Recht betont.

Zusammenfassend kann also gesagt werden, daß für den Transport des Narkoticums sowie die Bindung an die Zelle und das Eindringen in sie außer einer, wenn auch nur geringen Wasserlöslichkeit die Adsorbierbarkeit an die Zellstrukturen und vor allem die Lipoidlöslichkeit notwendige Eigenschaften eines Narkoticums sind. Der Übertritt aus der wässerigen Phase (Blut) an und in die Zelle kann unterstützt werden durch die Verminderung der Haftintensität des Narkoticums im Sinne TRAUBES.

Möglichkeit einer chemischen Umsetzung der Narkotica im Organismus. Bevor wir uns mit dem Wirkungsmechanismus der Narkotica befassen, sei noch die Frage erörtert, ob die sog. indifferenten Narkotica diesen Namen mit Recht verdienen, d. h., ob sie als ganzes Molekül wirken oder ob erst einzelne Atome oder Molekülgruppen abgespalten werden und diese, gleichgültig ob physikalisch oder chemisch, die Narkose hervorrufen. BINZ[1] u. a. hatten die Beobachtung gemacht, daß der Eintritt eines Halogenatoms die Wirkung verstärke oder überhaupt erst bedinge. Die Forscher schlossen daraus, daß das Halogen der Träger der Wirkung sei und knüpften daran wohl auch die Vorstellung, daß beispielsweise das abgespaltene Chlor in chemische Wechselbeziehungen mit Zellbestandteilen treten könne. BAUMANN und KAST[2] schrieben den Alkoholradikalen einen großen Einfluß auf die Wirkungsintensität zu. Dies steht mit dem Befund im Einklang, daß innerhalb von homologen Reihen die Wirkungsstärke von der Methyl- zur Äthyl-, Propyl- usw. Gruppe zunimmt.

Die heutigen Ansichten über die Narkose, die einer mehr physikochemischen Betrachtungsweise zuneigen, vernachlässigen die älteren Anschauungen vollständig. Und in der Tat sprechen manche gewichtigen Gründe gegen die Annahme einer Abspaltung von angeblich wirksamen Atomgruppen. So zeigte z. B. KIONKA[3],

---

[1] BINZ, C.: Arch. f. exper. Path. **6**, 310 (1877); **13**, 139, 157 (1881).
[1] BAUMANN, E., u. A. KAST: Hoppe-Seylers Z. **14**, 52 (1890).
[8] KIONKA, H.: Arch. internat. Pharmacodynamie **7**, 475 (1900).

um nur eine Arbeit anzuführen, daß Acetaldehyd und Trichloracetaldehyd in äquimolekularen Verhältnissen narkotisch wirken. Höchstens wird dem Eintritt des Halogens oder höherer Alkoholradikale insofern eine Wirkung zugeschrieben, als die die Narkose bedingenden Eigenschaften geändert werden (Lipoidlöslichkeit usw.).

Wenn man unvoreingenommen an die Frage herangeht, so muß man doch sagen, daß ein bündiger Beweis für die Unmöglichkeit der Abspaltung wirksamer Gruppen nicht erbracht zu sein scheint. Gewiß sind die physikalischen Eigenschaften, wie eben erörtert worden ist, für den Transport und damit für die Wirksamkeit von einschneidender Bedeutung. Aber die Abspaltung ist damit noch nicht widerlegt. Auch der Befund, daß man ein Narkoticum zu 90—95% wiedergewinnen könne, braucht kein eindeutiger Beweis zu sein. Gerade die nicht wiederzufindende Menge des Chloroforms, Äthers könnte ja die Wirkung entfalten. Man wird natürlich sofort den Einwand machen können, daß der Verlust von 5—10% der Methode des Nachweises zuzuschreiben ist, aber auf der anderen Seite wäre doch auch die Vorstellung möglich, daß das abgespaltene Halogen usw. sofort wieder neue Bindungen eingeht, die beim Nachweis nicht als solches erkannt werden. So wäre die Möglichkeit vorhanden, daß das lipoidlösliche Bromural als solches in die Zelle eindringt, hier eine Umsetzung erfährt und das abgespaltene Brom sich sofort mit den Lipoiden oder Eiweißen der Zelle bindet, so daß es in die Extraktionsmittel übergeht, die auch das ungespaltene Molekül aufnehmen. Es ist eigentlich nicht ganz verständlich, daß man die Umsetzung und Spaltung bei den Narkoticis grundsätzlich leugnet[1], während man doch für die Wirkung anderer Substanzen derartige Vorgänge nicht ohne weiteres verwirft. Es sei nur an die Auffassung erinnert, daß im Bleitriäthyl letzten Endes die Wirkung in den Nervenzellen dem Blei zugeschrieben wird, nachdem die Lipoidlöslichkeit des Molkelüls den Eintritt in die Nervenzelle ermöglicht hatte. Etwas Ähnliches wird für die toxische Wirkung des Methylalkokols angenommen, der als lipoidlösliche Substanz zu den giftempfindlichen Zellen gelangen kann und dann nach der Umwandlung in Formaldehyd oder Ameisensäure den bekannten, gefürchteten Einfluß entfaltet. Es sei zugegeben, daß es sich hier um toxische Wirkungen handelt, aber es erscheint fraglich, ob ein grundsätzlicher Unterschied gemacht werden kann.

Bei der Undurchsichtigkeit der ganzen Sachlage soll weder zugunsten noch zu ungunsten einer chemischen Umsetzung Stellung genommen werden. Aber es ist vielleicht nicht unnötig zu betonen, daß bisher ein bündiger Beweis gegen derartige Vorgänge auch nicht erbracht worden ist. Jedenfalls versperrt man sich bei einer derartigen Betrachtungsweise nicht von vornherein den Weg für eine Forschungsrichtung, die allerdings von der jetzt gerade herrschenden abweicht.

Wirkungsmechanismus. Mit voller Absicht ist die Theorie des Narkoticumtransportes von der der eigentlichen Wirkung getrennt worden. Die Berechtigung für eine solche Zweiteilung möge an einem — wie zugegeben werden soll — banalen und scheinbar unwissenschaftlichen Gleichnis gezeigt werden. Die Lipoidlöslichkeit und Adsorbierbarkeit können mit den Anmarschwegen (vgl. auch Loewe, Zit. S. 249) verglichen werden, auf denen eine Truppe zum Kampf geführt wird. Am Bestimmungsort angekommen, *kann* sie in die Kampfhandlung eingreifen, aber über den Erfolg entscheiden nicht ihre Anwesenheit,

---

[1] Versuche von G. H. W. Lucas [J. of biol. Chem. **78**, lxix (1928)] — J. of Pharmacol. **33**, 264 (1928): beweisen, daß nach Eingabe von Bromoform und auch bei der Narkose durch andere Bromderivate anorganisches Brom in der Leber abgespalten wird, womit allerdings nur toxische Wirkungen in Zusammenhang gebracht werden. — Vgl. auch Ito: Zit. S. 122.

auch nicht ihre Zahl, sondern ihre Eigenschaften. Also die Gegenwart einer
Substanz auch in großer Menge braucht noch keine Wirkung (Narkose) hervorzurufen, wenn sie nicht bestimmte Veränderungen in dem biologischen Substrat
hervorrufen kann.

Bei der Lipoid- und Adsorptionstheorie wird das aber behauptet, und es
soll nunmehr auseinandergesetzt werden, wie man sich mit Hilfe der beiden
Theorien die Wirkung vorstellt.

Zweifellos wird man einen ursächlichen Zusammenhang zwischen Lipoidlöslichkeit bzw. Adsorbierbarkeit annehmen dürfen, wenn die durch diese Eigenschaften bedingte Substanzmenge in einem gesetzmäßigen Verhältnis zur Wirkungsstärke steht. Für die Lipoidtheorie ist diese Abhängigkeit von H. H. MEYER
dahin definiert worden, daß die Wirkungsstärke dem Teilungskoeffizienten
zwischen wässeriger Flüssigkeit und Lipoiden einigermaßen proportional ist.
Als Modell zur Bestimmung des Verteilungsquotienten wurde von OVERTON
und H. H. MEYER Öl/Wasser benutzt. In vielen Einzelversuchen ist eine solche
Abhängigkeit auch tatsächlich gezeigt worden, die allerdings bei der Unvoll-
kommenheit des Modells, wie MEYER selbst hervorhebt, keine ideale sein kann.
Aber auch nach den Versuchen von MANSFELD[1], der den Teilungskoeffizienten
zwischen Hirn und dem übrigen Körper für Alkohol und Chloralhydrat bestimmte, fand sich eine gute Übereinstimmung. Derselbe Forscher bewies auch,
daß bei hungernden Tieren die Wirksamkeit bei einzelnen Narkotica zunimmt,
wenn durch die Abnahme des Körperfettes die Verteilung sich zugunsten des
Gehirns verschiebt. In ähnlicher Weise zeigte er auch, daß die Wirkung sich
steigerte, wenn bei wachsenden Tieren das Gehirn sich allmählich besser entwickelt, und FÜHNER[2] nimmt an, daß die Narkotica mit hohem Teilungskoeffizienten bei höheren Tieren stärker wirken als bei solchen, die in der Tierreihe
tiefer stehen und deren Gehirn weniger entwickelt ist. Dabei wird immer stillschweigend vorausgesetzt, daß in dem Gehirn erwachsener oder in der Ent-
wicklungsreihe höher stehender Tiere auch die Menge der Lipoidsubstanzen
vermehrt ist. Als bester Beweis wird aber vor allem der Befund gewertet, daß
die Wirksamkeit bei verschiedener Temperatur sich gleichsinnig mit dem Teilungskoeffizienten ändert. Allerdings ist dieses Ergebnis H. H. MEYERS[3] nicht
unwidersprochen geblieben oder wenigstens nicht in vollem Umfang bestätigt
worden (UNGER[4], HARTMANN[5], STORM VAN LEEUWEN und VAN DER MADE[6],
BIERICH[7] u. a. Aber HENDERSON (Zit. S. 248) hebt doch wohl mit Recht hervor, daß die Nachprüfer die Versuchstechnik MEYERS nicht eingehalten hätten
und deshalb zu anderen Ergebnissen gekommen wären.

Immerhin liegt in der oft nicht hinreichenden Übereinstimmung zwischen
Wirkungsgröße und Teilungskoeffizienten eine Angriffsmöglichkeit gegen die
MEYERSCHEN Anschauungen vor. Um diese auszuschalten, hat K. H. MEYER in
Verbindung mit GOTTLIEB-BILLROTH und HOPFF[8] die narkotischen Stoffe nicht
in wässeriger Lösung, sondern in Dampfform per inhalationem zugeführt. Da-
bei ist die endliche Menge in den Hirnlipoiden allein von dem Partiardruck in

---

[1] MANSFELD, G.: Arch. internat. Pharmacodynamie **17**, 343 (1907). — MANSFELD, G. u.
L. FEJES: Ebenda **17**, 347 (1907). — MANSFELD, G. u. P. LIPTÁK: Pflügers Arch. **152**, 68
(1913).
[2] FÜHNER, H.: Z. Biol. **57**, 465 (1912).
[3] MEYER, H. H.: Arch. f. exper. Path. **46**, 338 (1901).
[4] UNGER, R.: Biochem. Z. **89**, 238 (1918).
[5] HARTMANN, O.: Pflügers Arch. **170**, 585 (1918).
[6] STORM VAN LEEUWEN, W., u. M. VAN DER MADE: Pflügers Arch. **165**, 37 (1916).
[7] BIERICH, R.: Pflügers Arch. **174**, 202 (1919).
[8] MEYER, K. H., u. H. GOTTLIEB-BILLROTH: Hoppe-Seylers Z. **112**, 55 (1921). — MEYER,
K. H., u. H. HOPFF: Ebenda **126**, 281 (1923).

der Einatmungsluft abhängig und nicht auch von der Lösung in den wässerigen Phasen. „Es bedarf daher nur der wesentlich einfacheren und genaueren Bestimmung des Teilungskoeffizienten des narkotischen Gases zwischen der Atemluft und dem Lipoid, d. h. seines einfachen, von der Temperatur und dem Druck abhängigen Löslichkeitskoeffizienten im Lipoid bzw. Öl. Auch hier wird mit Fehlern von mindestens 20—30% zu rechnen sein." Die Ergebnisse K. H. MEYERS sind in der folgenden Tabelle zusammengestellt.

Tabelle 50.

	Narkotische Konzentration in Vol.-%	Löslichkeitskoeffizient Öl-/Gasphase	Konzentration der Narkotica in Mol/Liter Lipoid
Methan	370	0,54	0,08
Äthylen	80	1,3	0,04
Stickoxydul	100	1,4	0,06
Acetylen	65	1,8	0,05
Dimethyläther	12	11,6	0,06
Methylchlorid	6,5	14,0	0,07
Äthylenoxyd	5,8	31	0,07
Äthylchlorid	5,0	40,5	0,08
Diäthyläther	3,4	50	0,07
Amylen	4,0	65	0,10
Methylal	2,8	75	0,08
Äthylbromid	1,9	95	0,07
Dimethylacetal	1,9	100	0,06
Diäthylformal	1,0	120	0,05
Dichloräthylen	0,95	130	0,05
Schwefelkohlenstoff . . .	1,1	160	0,07
Chloroform	0,5	265	0,05

K. H. MEYER ist infolgedessen der Ansicht, daß ein Narkoticumgehalt von durchschnittlich 0,05—0,06 Mol/Liter in den Hirnlipoiden vorhanden sein müsse, um Narkose eintreten zu lassen. Eine nähere Betrachtung zeigt aber, daß die Unterschiede doch ziemlich beträchtlich sind, 40 bzw. 55% vom Durchschnittswert, vor allem aber, daß die für das Auftreten der Narkose angenommenen Konzentrationen ebenso wie die Werte der Öllöslichkeit nicht mit denen übereinstimmen, die von anderen Untersuchern gefunden wurden. So nimmt WIELAND[1] als narkotische Konzentration des Acetylens nicht 65 Vol.-%, sondern 45 Vol.-% an und berechnet infolgedessen die Zahl 0,034 Mol/Liter Lipoid, die sich durch Einführung des richtigen Löslichkeitskoeffizienten von Acetylen bei 37° noch weiter erniedrigen würde. Und wenn MEYER beim Stickoxydul als narkotische Konzentration für die weiße Maus 100% angibt, so setzt er sich

Tabelle 51.

	Narkotische Konzentration für Kaulquappen in Mol/Liter	Teilungskoeffizient Öl/Wasser	Konzentration der Narkotica in Mol/Liter Lipoid
Alkohol	0,4	0,03	0,012
Propylalkohol	0,11	0,13	0,014
Valeramid	0,05	0,07	0,004
Äthylurethan	0,04	0,03	0,005
Äther	0,024	2,4	0,05
Benzamid	0,005	0,44	0,003
Schwefelkohlenstoff . . .	0,0005	50	0,03
Thymol	0,000055	600	0,033

---

[1] WIELAND, H.: Arch. f. exper. Path. **92**, 96 (1922).

mit neueren Befunden von LENDLE[1] in Widerspruch, der die narkotische Konzentration mit 1,89 Atmosphären gefunden hatte. In diesem Fall würden nicht 0,05 Mol. in den Hirnlipoiden berechnet werden, sondern 0,095. Also auch hier zeigen die quantitativen Verhältnisse noch erhebliche, wenn auch geringere Abweichungen als bei der Bestimmung des Teilungskoeffizienten und seiner Beziehung zur Wirkungsgröße, was sich aus vorstehender Tabelle 51 K. H. MEYERS ersehen läßt (Zit. S. 250).

Diese starken Unstimmigkeiten werden, wie schon erwähnt, darauf zurückgeführt, daß Olivenöl nur ein mangelhaftes Modell für die Lipoide sind, da „den Triglyceriden im allgemeinen eine geringere physiologische Bedeutung für die Narkose zukommt als etwa den Alkoholen Cholesterin und Kerasin oder den Phosphatiden". Aus diesem Grunde wird von MEYER und HEMMI nunmehr der Oleinalkohol als Modellsubstanz benutzt. Die Versuche sind in folgender Tabelle vereinigt.

Tabelle 52.

	Narkotische Konzentration in Wasser in Mol/Liter	Teilungskoeffizient Oleinakohol/Wasser	Konzentration in Mol/Liter Lipoid
Äthylalkohol	0,33	0,10	0,033
Propylalkohol	0,11	0,35	0,038
n-Butylalkohol.	0,03	0,65	0,02
Valeramid	0,07	0,30	0,021
Antipyrin	0,07	0,30	0,021
Pyramidon	0,03	1,30	0,039
Benzamid	0,013	2,50	0,033
Dial	0,01	2,40	0,024
Salicylamid	0,0033	5,9	0,021
Luminal	0,008	5,9	0,048
Adalin	0,002	6,5	0,013
o-Nitranilin	0,0025	14,0	0,035
Thymol	0,000047	950	0,045
Veronal	etwa 0,03 nicht völlig narkosiert	1,38	0,041

MEYER und HEMMI ziehen die Schlußfolgerung, daß Kaulquappen narkotisiert werden, wenn sich „in ihren Zellipoiden eine molare Konzentration von etwa 0,03 Mol pro Liter an indifferentem Stoff eingestellt hat. Eine bessere Übereinstimmung sei kaum noch zu erwarten, da über die allgemeine Lipoidlöslichkeit noch besondere Affinitäten zu bestimmten Lipoiden lagern, die an den verschiedenen Mechanismen des Nervensystems maßgebend beteiligt sind".

Trotz dessen darf nicht verschwiegen werden, daß manche andere Befunde nicht ganz zu dem Bilde passen. So scheint die Angabe mancher Forscher, daß die Narkotica sich immer in den lipoidreichsten Organen ansammelten, nicht zu Recht zu bestehen. Jedenfalls kann man dies, wie WINTERSTEIN (Zit. S. 248) ausführt, auch nach den neuesten Befunden HANSENS[2] nicht mit Sicherheit annehmen. Außerdem scheint es auch noch sehr fraglich zu sein, ob die Wirkung sich an denjenigen Teilen des Nervensystems am ehesten bemerkbar macht, in denen die Narkotica in größter Menge gefunden werden. Sehr lehrreich sind in dieser Hinsicht die Befunde von NICLOUX, der für Chloroform eine sehr eigentümliche Verteilung fand (vgl. Abschnitt Chloroform, Tabelle 6, S. 36). Wenn also tatsächlich die Verteilung nach dem Lipoidgehalt vor sich gegangen ist und dieser für die Zellfunktion ausschlaggebend ist, so müßte eigentlich am

---

[1] LENDLE, L.: Arch. f. exper. Path. **138**, 152 (1928); **139**, 201 (1929); **146**, 167 (1929).
[2] HANSEN, K.: Zur Theorie der Narkose. Oslo: Olaf Norli 1925.

Vagus eine starke Wirkung zu erwarten sein, was den Tatsachen aber nur in geringem Maße entspricht. Allerdings kann hier der Einwand gemacht werden, daß die Lipoide im peripheren Nerven eine andere Rolle spielen als in den Zellen.

An dieser Stelle muß noch auf zwei Befunde eingegangen werden, die gegen die Lipoidtheorie ins Feld geführt worden sind. HANSTEEN-CRANNER[1] wies an Pflanzenzellen nach, daß die Lipoide in destilliertem Wasser teilweise löslich sind und infolgedessen in den Grenzschichten offenbar gar nicht in dem Zustande vorkommen, in dem sie uns bekannt sind, nämlich nach der Behandlung mit Äther und anderen Extraktionsmitteln. Auch ließen sich die Ergebnisse der Untersuchungen an derartig veränderten Lipoiden gar nicht mit denen vergleichen, die mit den genuinen Stoffen gewonnen würden. H. H. MEYER aber kommt im Gegensatz zu WINTERSTEIN, der die Beobachtungen HANSTEEN-CRANNERS[1] gegen die Lipoidtheorie auswertet, gerade zu der Schlußfolgerung, daß die genuinen Lipoide so empfindliche Substanzen seien, daß die Narkotica mit Leichtigkeit Veränderungen herbeiführen, deren Folge eben die Narkose sei. Ebenso wie sich hier die Ansichten diametral entgegenstehen, ist dies in kaum geringerem Umfang bei einer anderen Beobachtung der Fall, nämlich daß lipoidfreie Gebilde ebenfalls narkotisierbar seien, wobei natürlicherweise die Eigenschaft der Lipoidlöslichkeit keine Rolle spielen könne. Es muß, worauf noch eingegangen werden wird, zugegeben werden, daß gewisse Vorgänge, die sich an der Tierkohle abspielen, durch Narkotica gehemmt werden. Aber es fragt sich doch, ob die Erscheinungsänderungen an einem Modell auch ohne weiteres für das biologische Material gültig sind. Die Versuche WARBURGS (Zit. S. 249) und seiner Schüler an Acetonhefe und entfetteten Blutkörperchenstromata halten der Kritik nicht stand, da auch dieses Material nicht lipoidfrei gewesen ist.

Aus allen Untersuchungen ergibt sich unseres Erachtens, daß die Anschauungen, die gegen die Lipoidtheorie geäußert worden sind, nicht vollkommen überzeugen, daß aber auch die Kette der Beweise für eine quantitative Abhängigkeit der Wirkungsgröße von der Lipoidlöslichkeit und damit für die kausale Bedeutung der Lipoide im Wirkungsmechanismus der Narkotica erhebliche Lücken aufweist.

Aber selbst wenn man den Lipoiden und der Lipoidlöslichkeit der Narkotica eine ausschlaggebende Rolle zuweisen würde, so wäre damit doch noch nichts über die Art des Wirkungsmechanismus ausgesagt. H. H. MEYER hat zunächst an einen Entmischungsvorgang aus dem Verbande der übrigen Zellbestandteile gedacht. Später wurde von ihm und seinem Schüler CHIARI[2] eine Vermehrung der Ionenpermeabilität angenommen, welche die Erregbarkeit im Sinne einer Narkose verändert. Auch ALCOCK[3] kommt zu der Auffassung, daß die Narkotica die Permeabilität der Zellen erhöhen, während umgekehrt HÖBER[4], LILLIE[5] u. a. auf eine Permeabilitätsverminderung der Grenzflächen schließen. BEUTNER[6], der mit LOEB der Permeabilitätsänderung keine Bedeutung zugesprochen hatte, kommt auf Grund von Versuchen an einem Modell bei Messung der elektrischen Kräfte zu der Auffassung, daß diese von der Verteilung der Salze zwischen zwei nicht mischbaren Flüssigkeiten und der Ionisierung in Öl und Wasser abhängt.

---

[1] HANSTEEN-CRANNER, B.: Meldinger fra Norges Landbrukshoiskole 2, H. 1/2 (1922). Zit. nach V. E. HENDERSON.

[2] CHIARI, R.: Arch. f. exper. Path. 60, 256 (1909).

[3] ALCOCK, N. H.: Proc. roy. Soc. Lond. 77, 267 (1906); 78, 159 (1906).

[4] HÖBER, R.: Physikal. Chemie der Zelle und Gewebe. 6. Aufl. Leipzig 1926. (Hier Behandlung des gesamten Permeabilitätsproblems.)

[5] LILLIE, R. S.: Amer. J. Physiol. 24, 14 (1909).

[6] BEUTNER, R.: Anest. a. Analg. 1929 (März-April), Sonderdruck.

Die Narkotica sollen nun einen bedeutsamen und mit der Lipoidlöslichkeit parallel gehenden Einfluß auf die Verteilung der Elektrolyte ausüben, was mit der Wirkung im Sinne der Narkose in Zusammenhang stehen könnte. Bürker[1], Mansfeld[2] und Woker[3] nehmen an, daß die Lösung der Narkotica in den Zelllipoiden die Sauerstoffversorgung irgendwie hindert. Sie verbinden also bis zu einem gewissen Grade die Erstickungstheorie Verworns[4] mit der Lipoidtheorie, nicht ohne auf den entschiedenen Widerspruch Wintersteins zu stoßen.

Die angebliche Entbehrlichkeit der Lipoide für den narkotischen Vorgang hat den Boden für die Adsorptionstheorie bereitet. Winterstein, ihr eifrigster Verfechter, geht von den Versuchen Warburgs aus, der zeigte, daß die Narkotica besonders leicht von Tierkohle adsorbiert werden, wobei diese die Adsorption anderer Stoffe verhindern oder, wenn diese bereits adsorbiert waren, sie aus der adsorptiven Bindung verdrängen. „Die Besetzung der für den Ablauf der chemischen Reaktionen wichtigen Strukturen und die Verdrängung der für sie erforderlichen Enzyme durch die Narkotica erklärt die Behinderung und Einschränkung aller Arten von Stoffwechselvorgängen und damit die Lähmung der von ihnen abhängigen Lebensprozesse."

Nach den Anschauungen Warburgs (Zit. S. 249) muß die gleiche Wirkung verschiedener Narkotica dann eintreten, wenn der gleiche Bruchteil der wirksamen Oberflächen mit Narkoticum bedeckt ist. Dies hängt von der Zahl der adsorbierten Moleküle und von der von einem Molekül beanspruchten Fläche ab. Ist x die Zahl der adsorbierten Moleküle und V_m das Molekularvolumen, so muß $x \cdot (V_m)^{2/3} = K$, eine Konstante sein. Für die Cystinoxydation an Kohle ist dies weitgehend der Fall. Sind nun die Adsorptionskonstanten und das Molekularvolumen bekannt, so läßt sich seine Wirkungsstärke c nach der Adsorptionsgleichung $k \cdot c^{1/n} \cdot V_m^{2/3} = K$ berechnen. Aus dieser mathematischen Formulierung[5] ergibt sich die Abhängigkeit der Wirkungsgröße von der Adsorptionsgröße. Einen weiteren Beweis für die einschneidende Bedeutung der Adsorption für die Narkose sieht Warburg darin, daß Enzymwirkungen in strukturlosen Flüssigkeiten durch die Narkotica nur in geringem Ausmaße gehemmt werden, weil hier die Adsorptionsmöglichkeiten fehlen.

Winterstein stellt sich nun alsdann den Mechanismus der Wirkung auf die lebende Zelle in der Weise vor, daß durch die Adsorption die Grenzflächen besetzt werden und dadurch die Zelle oder die Strukturen von einer Narkoticumhülle umgeben werden, wodurch die Poren der Grenzflächen verstopft und die Permeabilität verringert oder aufgehoben wird.

Die Adsorptionstheorie hat aber von Meyer und Hemmi (Zit. S. 250), die die Anschauungen Warburgs einer scharfen Kritik unterziehen, eine vollkommene Ablehnung erfahren. Aber auch Weese[6] sagt, daß die Adsorptionstheorie die Hoffnungen nicht erfüllt habe, die man auf sie gesetzt hätte, eine Ansicht, die auch aus den Besprechungen Hendersons und Liesegangs[7] hervorgeht. Und in der Tat lassen sich mehrere bedeutsame Einwendungen erheben. Die Versuche Warburgs sind an Tierkohle und nicht am lebenden Material angestellt worden, höchstens sind hier vergleichende Versuche zwischen der narkotischen Oxydationshemmung an der Tierkohle und Atmungsbehinderung von

[1] Bürker, K.: Münch. med. Wschr. 1910, 1443.
[2] Mansfeld, G.: Pflügers Arch. 129, 69 (1909); 131, 457 (1910); 143, 175 (1912).
[3] Woker, G.: Z. allg. Physiol. 17, 28 (1915). — Woker, G., u. H. Weyland: Ebenda 16, 265 (1914).
[4] Verworn, M.: Dtsch. med. Wschr. 1909, 1593.
[5] In der Fassung von Winterstein in Tabulae biologicae 1, 521. Berlin: W. Junk 1925.
[6] Weese, H.: Verh. dtsch. pharmak. Ges. 1936, 47.
[7] Liesegang, R. E.: Biologische Kolloidchemie. Dresden-Leipzig: Th. Steinkopff 1928.

Erythrocyten zu nennen, wobei ein gewisses gleichsinniges Verhalten festgestellt wird. MEYER und HEMMI heben mit Recht hervor, daß die Unterschiede zwischen der festgefügten Oberfläche der Tierkohle und der Zelle so erheblich seien, daß die Übertragung der Versuchsergebnisse nicht angängig erscheint. Und selbst WINTERSTEIN betont, daß „die experimentelle Verifizierung der Theorie im lebenden Substrat bisher nicht durchgeführt wurde".

Ferner handelt es sich in Versuchen WARBURGS um die Aufhebung von Oxydationsvorgängen; aber WINTERSTEIN bestreitet gerade, daß die Oxydationshemmungen im Wirkungsmechanismus eine kausale Rolle spielen. Und die Versuchsergebnisse, die bei der Narkose von Enzymvorgängen gewonnen wurden, sind nach MEYER und HEMMI nicht auf die mangelnde Adsorption in strukturlosen Medien, sondern auf den Umstand zurückzuführen, daß fast die gleichen Konzentrationen bereits die Nukleoproteide fällen.

Auch die mit dem Begriff der Narkose verbundene Reversibilität scheint in den Versuchen am Kohlemodell kaum genügend betont zu sein. Eine gleichsinnige Änderung der Wirkungsgröße und der Adsorption bei verschiedenen Temperaturen konnte nach den Ausführungen von H. H. MEYER (Zit. S. 248) bisher nicht festgestellt werden, während die Temperaturabhängigkeit sicher eine der einleuchtendsten Beweise der Lipoidtheorie bildet. Diese Tatsache ist für H. H. MEYER schon ausreichend, um die Adsorptionstheorie überhaupt zu verwerfen.

Nach alledem wird man zugeben müssen, daß sie Adsorptionstheorie bezüglich des Wirkungsmechanismus nicht besser, sondern eher weniger gut begründet ist als die Lipoidtheorie; denn bei dieser sind doch trotz mancher Einwände, die vorgebracht werden mußten, auch am lebenden Tier Zusammenhänge zwischen Wirkungsgröße der Narkotica und Lipoidlöslichkeit festzustellen, während die Adsorptionstheorie in dieser Beziehung noch keine Stütze gefunden hat.

Permeabilitätstheorie. Auf dieses Problem braucht hier kaum ausführlich eingegangen werden, da es bereits in den vorstehenden Auseinandersetzungen berührt wurde und auch später noch einmal in den Kreis der Betrachtungen gezogen werden soll. Hier soll nur erwähnt werden, daß die Frage, ob mit dem Vorgang der Narkose eine Verminderung oder eine Steigerung verknüpft ist, noch durchaus der Lösung harrt. Für beide Ansichten sind Versuche ins Feld geführt worden, deren an pflanzlichem und tierischem Material gewonnenen Ergebnisse als mittelbare und unmittelbare Beweise dienen sollten. WINTERSTEIN kommt auf Grund einer ausführlichen Besprechung des Schrifttums und eigener Versuche zu der Schlußfolgerung, daß in der Narkose die Permeabilität vermindert sei. Im Gegensatz dazu haben ALCOCK (Zit. S. 257), H. H. MEYER und CHIARI (Zit. S. 257), LEPESCHKIN[1], HÖFLER und WEBER[2], HERWERDEN[3] u. a. die Ansicht geäußert, daß die Permeabilitätserhöhung dem Zustand der eigentlichen Narkose entspreche. Auf die Untersuchungen von VAN HERWERDEN als eine der neueren Arbeiten auf diesem Gebiet sei hier noch eingegangen, besonders weil sich die Ergebnisse auf unmittelbare Besichtigung des lebenden Tieres stützen. Froschlarven, die in eine 0,04—0,1 proz. Essigsäure gesetzt wurden, lassen den Durchgang der Säure an dem Sichtbarwerden der Kerne der Schwanzepithelien erkennen. In leichter Chloretonnarkose wird dieser Vorgang deutlich beschleunigt; die Permeabilität ist also durch das Narkoticum erhöht worden. Im Gegensatz zeigt die leicht narkotisierte Froschlarve eine verminderte Permeabilität für Neutralrot und Nilblau. Man sieht also aus diesen Versuchen, daß auch hier die Verhältnisse noch keineswegs geklärt sind.

---

[1] LEPESCHKIN, W. W.: Physiol. Zool. **5**, 479 (1932).
[2] HÖFLER, K., u. F. WEBER: Jb. wiss. Bot. **65**, 643 (1926).
[3] VAN HERWERDEN, M. A.: Protoplasma (Berl.) **17**, 359 (1932).

Erstickungstheorie. Auf diese Theorie VERWORNS (Zit. S. 258), die sich nicht mit dem Transport, sondern lediglich mit dem Wirkungsmechanismus befaßt, wurde in Band 1 ausführlicher eingegangen und gesagt, daß sie als widerlegt betrachtet werden könne. Die Beweise, die zu dieser Folgerung führten, waren, daß die Hemmung der Sauerstoffatmung durch Cyanide keine Narkose bedingt, daß bei manchen Formen der Narkose (Alkohol) sogar eine Steigerung des Sauerstoffverbrauchs gefunden wurde, und schließlich, daß auch anaerobe Lebensvorgänge, die gar nicht an die Anwesenheit von Sauerstoff gebunden sind, narkotisierbar seien.

Koagulations- und Dehydratationstheorie. Bekanntlich hat CLAUDE BERNARD die Ansicht ausgesprochen, daß die Narkose mit der Fähigkeit der Narkotica, Eiweiß zu koagulieren, in Zusammenhang stehe. Zweifellos hat BERNARD auch gewußt, daß die durch hohe Gaben im Reagensglas herbeigeführten Fällungen nicht reversibel sind. Wenn er trotz dessen den Wirkungsmechanismus mit der Koagulation in Parallele setzte, so mußte bei ihm die Vorstellung herrschen, daß geringe Anfänge der Fällung reversibel gestaltet werden können. Es scheint auch tatsächlich bewiesen zu sein, daß dies unter bestimmten Bedingungen der Fall ist (FREUNDLICH und RONA[1], BANCROFT[2] u. a.). Ob das Eiweiß aber nicht doch im Sinne einer Denaturierung verändert worden ist, entzieht sich bisher unserer Kenntnis. In neuester Zeit haben BANCROFT und Mitarbeiter die Koagulationstheorie wieder stark in den Vordergrund geschoben, allerdings nicht ohne auf sehr heftigen Widerstand zu stoßen (HENDERSON[3], NORD[4]).

Aber es ist gar nicht notwendig, eine Koagulation als Ursache der Narkose anzunehmen. Jeder Fällung geht eine Dehydratation und eine Dispersitätsverminderung der Kolloide voraus, und KOCHMANN (vgl. Bd. I, S. 466) hat die Ansicht ausgesprochen, daß eine solche, im übrigen reversible Dehydratation das Gefüge der Zellen so erschüttere, daß ihre Tätigkeit zum Erliegen kommt. Als Versuchsmodell diente die Fibrinflocke, deren Quellung in $^n/_{100}$ Salzsäure durch Narkotica gehemmt wird, während geringere Konzentrationen die Quellung fördern. Ferner wurde gezeigt, daß bei Eintritt der Narkose eines Froschmuskels dieser immer einen geringen Gewichtsverlust aufweist. Bestätigt wurde der tatsächliche Befund durch WELS[5] an einem anderen Modell. Er geht von den Untersuchungen HÖBERS aus, der die Ansicht vertrat, daß die Aufhebung der Reaktion der Grenzschichtkolloide auf Ionen die Narkose hervorrufe. Der Ioneneinfluß auf Biokolloide (Albumin, Globulin) läßt sich durch die Zahl der Ultramikronen bestimmen, die unter der Einwirkung von 0,5% Alkohol abnimmt, während geringere Konzentrationen von 0,25% diese erhöhen. Diese gegensätzlichen Wirkungen des Alkohols in Mengen, die denen im Blut vorkommenden vergleichbar sind, finden ebenso wie die Quellungshemmung und -Förderung der Fibrinflocke eine Parallele in der lähmenden und erregenden Wirkung verschiedener Konzentrationen beim Menschen.

Eine weitere Bestätigung ergibt sich aus den Untersuchungen SIVADJIANS[6], der zeigte, daß bei Zusatz verschiedener Narkotica das Quellungsvermögen von Krötenmuskulatur abnimmt und daß die Hemmung um so stärker ist, je größer die Wirksamkeit des Anaestheticums. Auch die Versuche von BARBOUR[7] können

---

[1] FREUNDLICH, H., u. P. RONA: Biochem. Z. **81**, 86 (1917).

[2] BANCROFT, W. D., u. G. H. RICHTER: J. of physiol. Chem. **35**, 215 (1931).

[3] HENDERSON, V. E.: Amer. J. Psychiatr. **13**, 313 (1933). — LUCAS, G. H. W.: J. of Pharmacol. **44**, 253 (1932).

[4] NORD, F. F.: Science (N. V.) **1934** I, 159.

[5] WELS, P.: Arch. f. exper. Path. **116**, 67 (1926).

[6] SIVADJIAN, J.: Bull. Sci. pharmacol. **40**, 292 (1933).

[7] BARBOUR, H. G.: Science (N. V.) **73**, 346 (1931).

in dem Sinne einer Dehydratationswirkung gedeutet werden. In früheren Versuchen war festgestellt worden, daß mehrere Stunden nach einer Morphininjektion eine Dehydratation des Gehirns und Rückenmarks eintrat, während nach 2 Stunden das Rückenmark eine Wasserzunahme, das Gehirn eine Abnahme zeigte. Der Vergleich des Wassergehalts der beiden Teile des Zentralnervensystems unter Einwirkung von Äther und Amytal ließ dann ebenfalls eine Wasserverarmung des Gehirns und relative Zunahme des Rückenmarks erkennen. Das Verhältnis des Wassergehalts Medulla/Cerebellum beträgt bei nichtnarkotisierten Ratten 0,92 und in der Narkose 0,94. Werden die Ätherkonzentrationen niedrig gehalten, so daß nur das Erregungsstadium erscheint, so tritt die Wasserverschiebung auch nach mehr als einer Stunde nicht ein. BARBOUR, dessen Beobachtungen besonders wertvoll sind, weil sie am lebenden Tier gewonnen wurden, kommt infolgedessen zu der Auffassung, „that anesthesia in mammals is associated with the dehydratation of nerve cell bodies".

Sicherlich ließen sich noch andere Befunde für eine Dehydratation zum Beweise heranziehen, wenn man die Arbeiten berücksichtigen würde, die sich mit den Veränderungen der Viscosität beschäftigen. Es sei aber nur auf die Untersuchungen von WEBER (Zit. S. 259) und FREDERIKSE[1] verwiesen, die beide in der Narkose eine Verminderung beobachteten.

KOCHMANN hatte sich dann weiter vorgestellt, daß die Dehydratation der Biokolloide zu einer Verminderung der Permeabilität führe, während WELS aus seinen Versuchen gerade auf eine Steigerung schloß und diese mit dem narkotischen Vorgang in Parallele setzte. Aber die Permeabilitätsveränderungen, von denen ja nach den obigen Ausführungen nicht feststeht, ob die Steigerung und Verminderung der Narkose entspricht, sind erst *Folge* der Dehydratation, bilden aber nicht den Kernpunkt der Theorie. Im übrigen könnte man sich vorstellen, daß die Permeabilität sich ganz verschieden ändern könne, je nach der Stelle, an der sie in der Zelle vor sich geht. In den Versuchen von KNAFFL-LENZ[2] an roten Blutkörperchen tritt die Hemmung unter Volumenverminderung ein. Das gleiche wäre an der Nervenzelle ebenfalls möglich; denn anders könnte man sich den Wasserverlust des Gehirns in den Versuchen von BARBOUR kaum vorstellen. Sicherlich hat auch schon HÖBER (Zit. S. 257) dies angenommen. Aber auch eine andere Ansicht soll vorsichtig geäußert werden. Wenn das Narkoticum infolge seiner Lipoidlöslichkeit in die Zelle eingedrungen ist, erleiden die einzelnen kolloiden Teilchen oder Gruppen eine Dehydratation, aber das Wasser braucht nicht aus der Zelle auszutreten, sondern nur das Intermiscellarwasser zu vermehren. So könnte vielleicht durch Erweiterung der Poren die Permeabilität der ganzen Zelle vermehrt, die einzelner Teilchen oder Komplexe aber vermindert werden. Derartige Betrachtungen sind aber nur angängig, wenn man das Vorhandensein von Poren annimmt (die nach WINTERSTEIN durch die Adsorption der Narkotica verstopft werden sollen). Da aber vorderhand die Existenz der Poren mehr oder weniger theoretisch ist, so sei zugegeben, daß es vielleicht recht müßig ist, die Veränderungen der Permeabilität durch sie einheitlich erklären zu wollen. Eine Tatsache aus einem anderen Gebiet der Pharmakologie möge aber noch erwähnt werden, weil sie in gewissen Beziehungen zu unserer Frage steht. Die Wirkung der Adstringentien wird nach der herrschenden Auffassung auf Dispersitätsverminderung und Koagulation der Eiweißsubstanzen in der Schleimhautoberfläche zurückgeführt, wodurch ihre abdichtende Wirkung erklärt wird. (Zum Teil abweichende Ansichten haben HAN-

---

[1] FREDERIKSE, A. M.: Protoplasma (Berl.) **18**, 194 (1933).
[2] v. KNAFFL-LENZ, E.: Pflügers Arch. **171**, 51 (1918).

DOVSKY und HEUBNER geäußert.) Also mit anderen Worten: Dispersitätsverminderung und Hemmung der Permeabilität können sehr wohl miteinander verknüpft sein (vgl. auch HÖBER).

Daß gegen die Dehydratationstheorie Bedenken erhoben worden sind, erscheint für den Fortschritt der Erkenntnis durchaus notwendig. Zunächst der Einwand WINTERSTEINS, daß Wasserverlust nicht zu einer Narkose, sondern zu einer Erregung führe und daß eigentlich „eine narkotische Lähmung bei *jeder* Art der Entquellung beobachtet werden müßte". Als Beweis dafür, daß Dehydratation Erregung hervorrufe, führt er einen Versuch LANGENDORFFS an, der „nach Injektion von Glycerin in den Rückenlymphsack getöteter oder curaresierter Frösche die Muskeln in einen Zustand geraten sah, in welchem ein leichter Stoß Bewegungserscheinungen des Tieres hervorruft, die Strychinkrämpfen täuschend ähnlich sehen". Daß diese Erscheinungen bei unverletztem Kreislauf als Folgen der Wasserentziehung erst nach einigen Stunden eintreten, zeigt schon, daß man diese Art von Entwässerung mit den narkotischen Vorgängen gar nicht vergleichen kann. Ein so grober Eingriff wie die Glycerininjektion kann unmöglich mit der narkotischen Wirkung in Parallele gesetzt werden. Dann hat WINTERSTEIN vollkommen übersehen, daß Glycerin weder lipoidlöslich noch adsorbierbar ist (eigene Versuche), daß ihm somit alle Eigenschaften fehlen, die den Transport an die narkotisierbaren Gebilde der Zelle ermöglichen und die KOCHMANN als notwendige Vorbedingung für die Narkosewirkung fordert. Der zweite Teil der Einwendung WINTERSTEINS, daß Entquellung *immer* zur Narkose führen müsse, erscheint aus denselben Gründen verfehlt, und mit demselben Recht könnte man die Forderung aufstellen, daß *jede* Art von *Adsorption* Narkose bedinge. Schon MEYER macht darauf aufmerksam, daß Pepton adsorbierbar sei, aber nicht narkotisiere, und die stark adsorbierbaren Alkaloide Coffein und Strychnin zeigen nicht nur keine narkotischen, sondern erregende Wirkungen. Im übrigen hebt LIESEGANG (Zit. S. 258) hervor, daß „man aus einzelnen Stellen des Adsorptionskapitels in der Monographie WINTERSTEINS (S. 396) ebenfalls fast eine Dehydratationstheorie herauslesen könne, wenn er davon spricht, daß das Dispersionsmittel (Wasser) vom Narkoticum aus der Zellmembran herausgedrängt werde, wie es schon GRAHAM am Kieselsäuregel gezeigt hat, und daß die wasserärmere Schicht weniger permeabel sei".

Schwerer wiegen die Einwände von JURISIČ[1]. Er bestätigt zwar im allgemeinen die Versuche an der Fibrinflocke, ist aber der Ansicht, daß dadurch nur eine Quellungshemmung, nicht aber eine Entquellung bewiesen sei. Wenn man aber die Fibrinflocke bis zu einem Maximum aufquellen läßt und dann das Narkoticum zusetzt, so tritt eine reversible Entquellung ein. Bei Urethan soll nach JURISIČ überhaupt keine Entquellung, sondern immer nur eine Quellungsförderung vorhanden sein. Sicher ist dies ein sehr wichtiger Punkt, der noch der Aufklärung durch weitere Versuche bedarf. Aber vielleicht tut man gut, die Urethane zunächst aus den Betrachtungen fortzulassen, da bei ihrer Konstitution als Ester Dissoziationen vorhanden sind, bei denen quellungsfördernde Säureionen auftreten und die Salzsäurequellung der Fibrinflocke unterstützen könnten. Schließlich macht JURISIČ noch geltend, daß es ihm nicht gelungen sei, eine Gewichtsabnahme des narkotisierten Muskels zu erzielen. Abgesehen davon, daß SIDVADJIAN (Zit. S. 260) an der Krötenmuskulatur eine Quellungshemmung beobachten konnte, und Nachprüfungen das alte Ergebnis KOCHMANNS bestätigt haben, zeigen die Versuche von BARBOUR (Zit. S. 260), daß

---

[1] JURISIČ, P. J.: Protoplasma (Berl.) **10**, 533 (1930).

auch am lebenden Tiere in der Narkose eine Dehydratation der Nervenzellen eintritt, was mit einem Gewichtsverlust verknüpft sein muß.

Wenn man die Dehydratation als wesentlich für das Zustandekommen des narkotischen Vorgangs ansehen will, so müßte man fordern, daß auch die narkotischen Gase Entquellung, Dispersitätsverminderung und sogar Koagulation zustande bringen. NORD (Zit. S. 260) ist es nicht gelungen, dies nachzuweisen, aber eindeutige Versuche, bei denen Stickoxydul, Acetylen und Äthylen unter höheren Drucken zur Anwendung kommen, stehen noch aus.

Der wesentlichste Unterschied zwischen der Lipoid- und Dehydratationstheorie dürfte wohl darin liegen, daß bei letzterer *alle* Biokolloide der Zelle den Angriffspunkt der Narkoticumwirkung bilden und nicht allein die Lipoide.

Zusammenfassung. Aus allen Erörterungen, die in den vorstehenden Auseinandersetzungen gepflogen wurden, geht hervor, daß die Narkose ein sehr komplexer Vorgang zu sein scheint, der keineswegs auf einen einzigen Nenner gebracht werden kann. Aus diesem Grunde wurde betont, daß es angebracht ist, die Theorie des Transportes des Narkoticums an und in die Zelle scharf von der Theorie des Wirkungsmechanismus zu trennen und vorbedingende und bedingende Eigenschaften zu unterscheiden. Dadurch wird man am ehesten die verwickelten Vorgänge einer Erklärung näherbringen können.

Im übrigen kann man sich mit gutem Recht der Ansicht HENDERSONS anschließen, daß keine der aufgestellten Theorien allen Forderungen entgegenkommt, wenn er sagt: „Das Schlußkapitel über die Theorien der Narkose ist noch zu schreiben."

Namenverzeichnis.

18*